SUZUKI

Vergasermodelle
Modelljahr 1999
ıspritzmodelle
Modelljahr 2003

/650
SV 650 S
SV 650 A
SV 650 SA

Modell SV 650
Vergasermodell, Modelljahre 1999 bis 2002

Modell SV 650 S
Vergasermodell, Modelljahre 1999 bis 2002

Modell SV 650
Modell SV 650 A
Einspritzmodell, Modelljahre 2003 bis 2009
A = wahlweise mit ABS ab Modelljahr 2007

Modell SV 650 S
Modell SV 650 SA
Einspritzmodell, Modelljahre 2003 bis 2009
A = wahlweise mit ABS ab Modelljahr 2007

Stand der Recherche April 2010

In diesem Buch werden die abgebildeten Modelle für die Märkte Deutschland, Österreich und Schweiz behandelt.

Redaktioneller - Hinweis: *Wenn die Bezeichnung »SV 650« verwendet wird, gilt sie für alle vier Modelle. Wenn es um ein bestimmtes Modell geht, wird dieses genannt, z. B. »SV 650 SA« für die Variante mit Verkleidung und ABS. Bestehen Unterschiede in den Modelljahren, werden diese detailliert aufgeführt.*

In Zusammenarbeit mit der Zeitschrift

MOTORRAD
Europas größte Motorradzeitschrift

bucheli verlag

Impressum

Impressum

ISBN 978-3-7168-2142-8

Motorrad-Reparaturanleitung
Band 5295

Redaktion und Gestaltung: Büro Schermer, D-70563 Stuttgart
Texte: Bernd Burbulla (Beratung und Assistenz), Franz Josef Schermer, Dipl. Ing. (FH) Helmut Städele, Helmut Strauß
Fotos: Sandra Hauber, Axel Schermer, F. J. Schermer
Zeichnungen: Steven Flier, Daniel Horvat, Stefanie Schenk, Wolf Kurz

Für diese Motorrad-Reparaturanleitung wurden unter anderem Bilder und Texte aus den Archiven der Zeitschrift MOTORRAD, dem Motorbuch-Verlag und dem Suzuki-Pressearchiv verwendet.

Ein ganz spezieller Dank geht an Ralf-Eric Unfried (Suzuki-Vertragshändler RU-Motorradshop in D-71636 Ludwigsbug), der uns bei Zerlegung und Zusammenbau der Suzuki-Modelle SV 650 und SV 650 S über alle Maßen geholfen hat. Auch hat er uns viele Tipps zu diesem Motorrad gegeben, damit wir diese an die Leser dieses Buchs weitergeben können. Ein weiteres Dankeschön geht an Harry Humke und Ralph Söhner von MOTORRAD für ihre unbürokratische Hilfe bei der Besorgung von Fotos und Unterlagen für die Suzuki SV 650.

Satz, Layout und Produktion: Stefanie Schenk
Lektorat: Myrta Baumberger
Druck: Druck- und Medienzentrum Gerlingen GmbH
D-70839 Gerlingen
Bindung: K. Dieringer
D-70839 Gerlingen

Verkauf:
Gewerbestraße 10
CH-6330 Cham
Postadresse:
Postfach 4161
CH-6304 Zug
Telefon: ++41 (0)41 741 77 55
Telefax: ++41 (0)41 741 71 15
www.bucheli-verlag.ch

1. Auflage 2010

In diesem Buch finden Sie jede Menge Tipps und Kniffe in Text und Bild zur fachgerechten Durchführung von Pflege, Wartung und kleineren Reparaturen rund um das Naked-Bike SV 650 und die sportive SV 650 S. Beispielhaft aus Kapitel 5 »Räder« hier ein Blick auf den abgenommenen Kettenblattträger und die Nabe des Hinterrads mit den fünf eingesetzten Ruckdämpfern.

Warum dieses Buch wichtig ist

Die Suzuki SV 650 mit dem charakterstarken V2-Motor kam zur Saison 1999 in zwei Varianten neu auf den Markt: Als Basismaschine im typischen Naked-Bike-Design und als Alltagssportler mit kleiner Oberteilverkleidung. Der wassergekühlte V2 mit zwei obenliegenden Nockenwellen und vier Ventilen pro Zylinder leistete 70 PS; auf Wunsch gab es auch eine Einsteiger-gerechte Version mit 34 PS. 2003 bekam der Motor eine Benzineinspritzung, beim Rahmen wurde von Rund-Ovalrohren auf Kastenprofile umgestellt. Ausstattung und Verkleidung bekamen ein Facelift verpasst. 2007 bekam der Motor Doppelzündung und geregelten Katalysator, die Leistung stieg auf 72 PS. Auf Wunsch gab es das sicherheitsfördernde ABS (Anti-Blockier-System). 2009 wurde die Produktion der SV 650 eingestellt. Alle SV-Modelle bieten ein exzellentes Preis-Leistungsverhältnis: »Bezahlbarer Fahrspaß« zeichnet sie aus.

Zuverlässigkeit kann man von einem modernen japanischen Motorrad erwarten, dennoch können Probleme auftreten, wenn es in die Jahre gekommen ist. Lösungen und Ansätze für Probleme bietet diese Motorrad-Reparaturanleitung in Bild und Text ebenso wie eine Menge Tipps, die man kennen sollte, um eine Suzuki SV 650 mit Vergaser oder Einspritzung, ohne oder mit ABS zuverlässig am Laufen zu halten.

Doch diese Reparaturanleitung will mehr sein als nur ein Buch, das man nur dann zur Hand nimmt, wenn etwas kaputt ist. Wenn Sie sich dieses Buch gekauft haben, um Ihr Motorrad besser kennen zu lernen und zu erfahren, was in ihm steckt, ist das gut so. Dieses Buch kann Ihnen helfen, die komplexe Mechanik der SV 650 begreifen zu können und bietet gleichzeitig sinnvollen Lesestoff, der Ihnen hilft, Ihr Motorrad besser zu verstehen. Denn wer sein Motorrad versteht, geht sorgsamer damit um. Was hilft, Probleme entweder schon im Ansatz zu erkennen oder gar nicht erst auftreten zu lassen.

Sportive SV 650 S mit Oberteilverkleidung und Naked Bike SV 650 mit ABS bieten bezahlbaren Fahrspass

Auf Zerlegung und Zusammenbau des Motors wird in diesem Buch bewusst verzichtet, weil eine Operation am offenen Herzen der SV 650 den Umfang dieses Buches bei Weitem sprengen würde. Jedoch sind alle bei Zerlegung und Zusammenbau des Motors wichtigen Verschleißmaße in diesem Buch enthalten, womit Mechaniker, die sich mit japanischen V2-Motoren auskennen, ihren Erfahrungsschatz anwenden können. Für Laien gilt der Ratschlag, dass größere Arbeiten an Motor und Getriebe den Suzuki-Händlern und -Spezialisten vorbehalten bleiben sollten; denn diese wurden in Technik-Lehrgängen bei den Importeuren speziell geschult.

Der Spagat zwischen allgemein verständlicher Technik und stimmiger Anleitung zum Selbstschrauben bestimmt also den Inhalt dieses Buches. In diesem Sinne wünschen wir Ihnen, lieber Leser, viel Spaß bei der Lektüre – und hoffen gleichzeitig, dass Sie keinen Ärger mit Ihrer Maschine haben. Sollte dennoch ein Problem auftreten, kann Ihnen dieses Buch bei der Reparatur helfen.

Einige Grundsätze zum Buch:

- Die Lektüre dieses Buchs kann weder eine Lehre zum Motorradmechaniker noch mehrjährige Praxis im Kfz-Handwerk ersetzen.
- Interessierte Laien sollten sich vor allem die Pflegetipps zu Herzen nehmen, denn gute Pflege erhält den Wert des Motorrads und sorgt dafür, dass man es besser kennen lernt.
- Die Anwendung der im Buch beschriebenen Arbeitsschritte setzt einiges an gutem Werkzeug voraus. Deswegen behandeln wir dieses Thema sehr ausführlich in einem entsprechend umfangreichen Kapitel (Kapitel 2 »Werkstatt«).
- Inhalte wie beispielsweise Ventile einstellen, Kupplung reparieren, Radlager erneuern oder Arbeiten an den Bremsen erfordern umfangreiches Basisfachwissen, entsprechende Werkzeuge und sehr genaues Arbeiten.
- An sicherheitsrelevanten Baugruppen wie Radaufhängung und Bremse darf nur arbeiten, wer sein Handwerk wirklich beherrscht. Und das gilt eigentlich nur für ausgebildete Mechaniker. Für alle anderen heißt es: Geben Sie Ihr Motorrad zum Suzuki-Händler, dort arbeiten geschulte Fachleute.

In diesem Sinne wünsche ich Ihnen gute Fahrt mit Ihrer SV 650!

Herzlichst, Ihr
F. J. Schermer
(verantwortlicher Redakteur)

Wenn in diesem Buch von »Fahrern« die Rede ist, meinen wir natürlich auch die weiblichen Leser. Der leichteren Lesbarkeit halber beschränken wir uns jedoch auf die allgemeine (männliche) Form.

Inhalt

Folgende Symbole verdienen während der Arbeiten besondere Beachtung:

Sichtprüfung:
Teil genau ansehen, besonders beachten

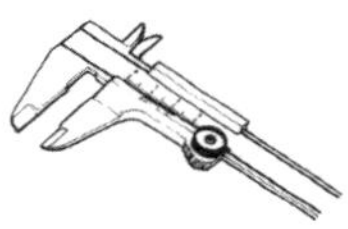

Messen:
Messschieber oder anderes Messwerkzeug nötig

Achtung:
Besondere Vorsicht geboten, Sicherheitshinweise beachten

Tipp:
Wertvoller Hinweis für einfacheres Schrauben

Folgende Symbole verdeutlichen den Schwierigkeitsgrad der Arbeiten:

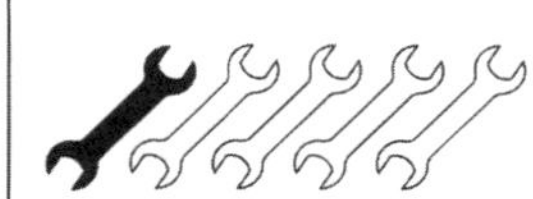

Ein Schlüssel:
Einfache Arbeit, erweitertes Bordwerkzeug reicht aus

Zwei Schlüssel:
Anspruchsvolle Arbeit, extra Werkzeug notwendig

Drei Schlüssel:
Gutes Werkzeug und Spezialkenntnisse erforderlich

Vier Schlüssel:
Spezialwerkzeug und sehr gute handwerkliche Fertigkeit gefragt

Fünf Schlüssel:
Spezialwerkzeug und meisterliche Fertigkeiten notwendig: Fachwerkstatt!

Modelle · Wartung · Pflege

In diesem Kapitel: Modellübersicht SV 650 und SV 650 S ohne und mit ABS, Modellcodes, Modelljahre 1999 bis 2009 · Wartungs- und Inspektionsintervalle · Regelmäßige Kontrollen · Seitenständerschalter prüfen · Waschen · Waschen im Winter · Wasser- und Ölkühler sauber halten · Lackpflege und Politur · Öl- und Graphitspray · Schmierstellen · »Einmotten« über Winter · Inbetriebnahme nach der Winterpause.

Modellübersicht

Auf dieser Doppelseite haben wir alle Modelle der unverkleideten SV 650 und der teilverkleideten SV 650 S aufgelistet. In der unten stehenden Tabelle und den Texten zu den Bildern auf der nächsten Seite haben wir die wesentlichen Modellspezifikationen und die über die Jahre durchgeführten Modellpflege-Änderungen stichwortartig aufgelistet.

Als besonderen Service haben wir in der letzten Spalte der Tabelle die Nummer des zugehörigen Schaltplanes (Stromlaufplan) aufgelistet. Die Wartungs- und Inspektionsintervalle finden Sie auf der folgenden Seite; auch hierbei sind die zugehörigen Kapitel angegeben.

Bild 1

Bild 1: Herzstück der Suzuki SV 650 ohne und mit Verkleidung ist der Zweizylinder-Viertakt-V-Motor mit 90 Grad Zylinderwinkel, vier Ventilen und zwei obenliegenden Nockenwellen pro Zylinder. Die Modelle von 1999 bis 2002 hatten Vergaser, ab Modelljahr 2003 Einspritzung. Ab 2007 hatte jeder Zylinder zwei Zündkerzen (»Doppelzündung«).

Zur nebenstehenden Tabelle

- Modellbezeichnung ist die offizielle Verkaufsbezeichnung. »S« steht bei SV 650 mit Verkleidung. »**A**« steht für ABS.
- Modellcode: »**X**« bis »**K9**« sind Suzuki-interne Kürzel, sie weisen auf die Modelljahre hin.
- Ein zusätzliches »**U**« in der Verkaufsbezeichnung weist auf die serienmäßig gedrosselte Variante mit 34 PS hin.

Diese Modellvarianten der Suzuki SV 650 werden in diesem Buch behandelt

Modell-bezeichnung	Modell-code	Modell-jahr(e)	Modellbeschreibung	Bild-Nr.	Schaltplan Nr. ... in Kapitel 31
Ab 1999 Markteinführung als Vergasermodell					
SV 650	X	1999	Modell ohne Verkleidung, ohne ABS	2	1
SV 650 S	X	1999	Modell mit Verkleidung, ohne ABS	3	2
SV 650	Y	2000	Modell ohne Verkleidung, ohne ABS	2	3
SV 650 S	Y	2000	Modell mit Verkleidung, ohne ABS	3	4
SV 650	K1	2001	Modell ohne Verkleidung, ohne ABS	2	3
SV 650 S	K1	2001	Modell mit Verkleidung, ohne ABS	3	4
SV 650	K2	2002	Modell ohne Verkleidung, ohne ABS	2	5
SV 650 S	K2	2002	Modell mit Verkleidung, ohne ABS	3	6
Ab Mj. 2003: Modellpflege Einspritzung statt Vergaser, elektronische Warmlaufsteuerung AFIS, neuer Rahmen aus Oval- und Rechteckrohren					
SV 650	K3	2003	Modell ohne Verkleidung, ohne ABS	4	7
SV 650 S	K3	2003	Modell mit Verkleidung, ohne ABS	5	8
SV 650	K4	2004	Modell ohne Verkleidung, ohne ABS	6	9
SV 650 S	K4	2004	Modell mit Verkleidung, ohne ABS	7	10
SV 650	K5, K6	2005, 2006	Modell ohne Verkleidung, ohne ABS	8	11
SV 650 S	K5, K6	2005, 2006	Modell mit Verkleidung, ohne ABS	9	12
Ab Mj. 2007: Einführung ABS (Anti-Blockier-System), geregelter Katalysator mit Lambdasonde, zwei Zündkerzen pro Zylinder (»Doppelzündung«), automatische Leerlaufdrehzahl-Regelung ISC statt AFIS					
SV 650	K7	2007	Modell ohne Verkleidung, ohne ABS	10	13
SV 650 A	K7	2007	Modell ohne Verkleidung, mit ABS	10	14
SV 650 S	K7	2007	Modell mit Verkleidung, ohne ABS	11	15
SV 650 SA	K7	2007	Modell mit Verkleidung, mit ABS	11	16
SV 650	K8, K9	2008, 2009	Modell ohne Verkleidung, ohne ABS	10	–
SV 650 A	K8, K9	2008, 2009	Modell ohne Verkleidung, mit ABS	10	–
SV 650 S	K8, K9	2008, 2009	Modell mit Verkleidung, ohne ABS	11	–
SV 650 SA	K8, K9	2008, 2009	Modell mit Verkleidung, mit ABS	11	–

SV 650 Mj. 1999 (Modellcode X), 2000 (Y), 2001 (K1), 2002 (K2) *Bild 2*

***1999:** SV 650 und SV 650 S kommen auf den Markt mit Vergasermotor, Rahmen aus Rundrohren. Die S-Variante ist mit einer rahmenfesten Oberteilverkleidung ausgestattet. Unverändert gebaut bis 2002.*

SV 650 S Mj. 1999 (Modellcode X), 2000 (Y), 2001 (K1), 2002 (K2) *Bild 3*

SV 650 Mj. 2003 (Modellcode K3) *Bild 4*

***2003:** Umfangreiche Modellpflege: Einspritzanlage, ungeregelter Katalysator, Sekundärluftsystem, neuer Rahmen aus Oval- und Rechteckrohren. Hinterer Bremssattel oben auf Schwinge angeordnet.*

SV 650 S Mj. 2003 (Modellcode K3) *Bild 5*

SV 650 Mj. 2004 (Modellcode K4) *Bild 6*

***2004:** Anderer Heckrahmen, besser geformte und gepolsterte Sitzbank, Fahrer- und Soziusfußrasten sowie Auspufftopf tiefer angebracht.*

SV 650 S Mj. 2004 (Modellcode K4) *Bild 7*

SV 650 Mj. 2005 (Modellcode K5), 2006 (K6) *Bild 8*

***2005:** SV 650 mit Intrumentenverkleidung. Beide Modellvarianten erhalten einen 40 mm schmaleren Kühler. Änderung der Rahmenfarbe von früher silber in dunkelgrau.*

SV 650 S Mj. 2005 (Modellcode K5), 2006 (K6) *Bild 9*

SV 650 Mj. 2007 (Modellcode K7), 2008 (K8), 2009 (K9) *Bild 10*

***2007:** Doppelzündung (zwei Zündkerzen pro Zylinder), automatische Leerlaufdrehzahl-Regelung ISC, geregelter Katalysator und Lambdasonde. Beide Modelle auch mit ABS erhältlich.*

SV 650 S Mj. 2007 (Modellcode K7), 2008 (K8), 2009 (K9) *Bild 11*

Sichtprüfung Messen

Fußnoten zur Wartungstabelle:

1) Ab 30 000 km die Wartungsintervalle ab 6000 km wiederholen.
2) Bei häufigen Fahrten und Extrembedingungen wie Staub, Schmutz, viel Kurzstrecke, Wintereinsatz, etc. ist eine häufigere Wartung ratsam.
3) Entgegen der Suzuki-Empfehlung raten wir dazu den Ölfilter bei jedem Ölwechsel zu erneuern.

Wartungs- und Inspektionstabelle

In der unten stehenden Tabelle sind die von Suzuki vorgegebenen Inspektionsintervalle und die zugehörigen Arbeiten aufgelistet. Die SV 650 muss zum ersten Mal bei 1000 km, dann bei 6000 km und danach alle weiteren 6000 Kilometer zur Inspektion in die Werkstatt. Die Inspektionen alle 6000 km bezeichnet man als »kleine Inspektionen«, die alle 12 000 km als »große Inspektionen«.

Wenn 6000 km als Jahresfahrleistung nicht erreicht werden, sollte man das Motorrad dennoch einmal im Jahr in der Werkstatt inspizieren und die nötigen Arbeiten durchführen lassen (bzw. selbst machen). Bis Modelljahr 2003 waren sogar zwei Jahresinspektionen vorgeschrieben. Das erscheint aus heutiger Sicht aber nicht notwendig.

Bei einer Inspektion werden Motor- und Fahrwerk durchgesehen, verschlissene Teile ersetzt und zu enge oder weite Ventilspiele korrigiert. Zu »verschlissene Teile« gehören z. B. Motoröl und Ölfilter und, je nach Abnutzungsgrad, auch Bremsbeläge und Reifen.

Innerhalb der ersten 24 Monate ab Kauf bzw. Datum der Erstzulassung sollten alle Inspektio-

Wartungs- und Inspektionsintervalle Suzuki SV 650/S

Intervall 1) / Bauteil	bei 1000 km nach 2 Monaten	bei 6000 km nach 12 Monaten	bei 12 000 km nach 24 Monaten	bei 18 000 km nach 36 Monaten	bei 24 000 km nach 48 Monaten	usw. → siehe Kapitel
Motor						
Motoröl 2)	Erneuern	Erneuern	Erneuern	Erneuern	Erneuern	1, 23
Ölfilter 2), 3)	Erneuern	–	–	Erneuern	–	23
Ventilspiel	–	–	–	–	Prüfen/Einstellen	27
Zündkerzen	–	Prüfen	Erneuern	Prüfen	Erneuern	17
Luftfilter 2)	–	Prüfen	Prüfen	Erneuern	Prüfen	19
Leerlaufdrehzahl	Prüfen/Einstellen	Prüfen /Einstellen	Prüfen/Einstellen	Prüfen/Einstellen	Prüfen/Einstellen	20, 21
	Betrifft Maschinen bis Modelljahr 2006. Ab Modelljahr 2007 (Modellcode K7) erfolgt Leerlaufeinstellung automatisch.					
Gaszüge: Gaszugspiel, Funktion 2)	Prüfen/Einstellen	Prüfen/Einstellen	Prüfen/Einstellen	Prüfen/Einstellen	Prüfen/Einstellen	20
Vergaser-Synchronisierung (V)	–	–	Prüfen/Einstellen	–	Prüfen/Einstellen	21
Drosselklappen-Synchronisierung (E)	–	–	Prüfen/Einstellen	–	Prüfen/Einstellen	21
Kraftstoffschlauch	–	Prüfen	Prüfen	Prüfen	Prüfen	20, 21
	Kraftstoffschlauch alle vier Jahre erneuern.					
PAIR-System (ab Mj. 2003)	–	–	Prüfen	–	Prüfen	21
Kühlerschläuche, Schlauchschellen	–	Prüfen	Prüfen	Prüfen	Prüfen	24
	ab Mj. 2003 Kühlerschläuche alle vier Jahre erneuern.					
Kühlmittel	Kühlmittelstand regelmäßig prüfen. Kühlmittel alle 2 Jahre erneuern					1, 24
Auspuffschellen und Befestigungen	Prüfen/Anziehen	–	Prüfen/Anziehen	–	Prüfen/Anziehen	22
	ab Mj. 2007 alle 6000 km Prüfen/Anziehen					
Antrieb						
Hinterrad-Antriebskette 2)	Prüfen/Einstellen	Prüfen/Einstellen	Prüfen/Einstellen	Prüfen/Einstellen	Prüfen/Einstellen	7
	Antriebskette alle 1000 km reinigen und schmieren					
Kupplungszug, Kupplungsspiel	–	Prüfen/Einstellen	Prüfen/Einstellen	Prüfen/Einstellen	Prüfen/Einstellen	25
Bremsen						
Bremsflüssigkeit	–	Prüfen	Prüfen	Prüfen	Prüfen	6
	Bremsflüssigkeit alle 2 Jahre erneuern					
Bremsen: Wirkung, Beläge, Scheiben	Prüfen	Prüfen	Prüfen	Prüfen	Prüfen	6
Bremsschläuche, Anschlüsse	–	Prüfen	Prüfen	Prüfen	Prüfen	6
	Bremsschläuche alle 4 Jahre erneuern					
Rahmen und Fahrwerk						
Lenkung 2)	Prüfen/Einstellen	–	Prüfen/Einstellen	–	Prüfen/Einstellen	9
Telegabel: Federung, Dämpfung 2)	–	–	Prüfen	–	Prüfen	8, 10, 11
Hinterradaufhängung 2)	–	–	Prüfen	–	Prüfen	8, 11
Räder und Reifen 2)	–	Prüfen	Prüfen	Prüfen	Prüfen	4, 5
Wichtige Befestigungselemente	Prüfen	Prüfen	Prüfen	Prüfen	Prüfen	29

(V) = Vergasermodell bis Mj. 2002; (E) = Einspritzmodell ab Mj. 2003

nen von einer Suzuki-Fachwerkstatt durchgeführt und im Wartungsheft abgestempelt werden, damit die Ansprüche auf Garantie oder Kulanz gegenüber Importeur und Hersteller erhalten bleiben. Wer nach der zweijährigen Garantiezeit seine Maschine selbst warten und inspizieren möchte, erhält in diesem Buch die notwendigen Basisinformationen. Es liegt also im Ermessen jedes Fahrzeugbesitzers, wie er damit umgeht.

Tipp: Die vorgeschriebenen Wartungsintervalle müssen bei normaler Fahrweise und Belastung nicht immer ganz genau eingehalten werden. Wenn das Motorrad grundsätzlich gut gepflegt wird, kann man z. B. eine während einer Urlaubsfahrt fällig werdende »große Inspektion« durchaus um 1000 bis 2000 Kilometer hinausschieben – wobei es generell besser ist, eine anstehende Inspektion rechtzeitig *vor* einer längeren Urlaubsfahrt durchzuführen.

Für alle kleinen wie großen Wartungsarbeiten gilt: Nur mit gutem Werkzeug in den entsprechenden Größen (siehe dazu auch Kapitel 2 »Werkstatt«) mit dem Schrauben anfangen. Lesen Sie vor Beginn aller Arbeiten das betreffende Kapitel in aller Ruhe durch, um die benötigten Werkzeuge und den Zeitaufwand abschätzen zu können.

Wartungs- und Inspektionstabelle

In der Tabelle stehen die von Suzuki vorgeschriebene Wartungs- und Inspektionsarbeiten. In der letzten Spalte »siehe Kapitel« sind Verweise zu den entsprechenden Kapiteln.

■ Bei »Erneuern«, wie z. B. beim »Ölwechsel«, kommt bei 1000 km, bei 6000 km und dann alle weiteren 6000 km neues Öl in den Motor. Erneuern des Ölfilters ist nur alle 18 000 km vorgeschrieben, wohingegen wir bei jedem Ölwechsel auch einen neuen Ölfilter empfehlen.

■ »Prüfen/Einstellen« bedeutet zum Beispiel beim Punkt »Ventilspiel« alle 24 000 km neben der Prüfung des vorgeschriebenen Ventilspiels auch gegebenenfalls eine Neueinstellung – wozu neue Einstellplättchen zwischen Ventilschaftkopf und Tassenstößel unter den Nockenwellen eingesetzt werden müssen. Weil dazu die Nockenwellen ausgebaut werden müssen, ist diese Arbeit sehr zeit- und arbeitsintensiv; entsprechende Werkzeuge und hohes fachliches Können sind eine wichtige Grundlage. Deswegen empfehlen wir schon an dieser Stelle allen Lesern, die weder die nötigen Werkzeuge noch fachliches Können haben, diese Arbeit in der Suzuki-Fachwerkstatt durchführen zu lassen.

■ »Wichtige Befestigungselemente« betrifft die Kontrolle wichtiger Schraubverbindungen, z. B. Vorder- und Hinterachse, Befestigungsschrauben der Bremssättel, Motorhalteschrauben alle 6000 km bzw. einmal im Jahr.

■ Suzuki empfiehlt, die offen laufende Hinterrad-Antriebskette alle 1000 km zu reinigen und zu schmieren, wobei dabei auch die Kettenspannung (»Kettendurchhang«) geprüft und ggf. korrigiert wird. Die Angabe »alle 1000 km« ist in der Praxis variabel zu sehen, denn bei schlechtem Wetter oder überwiegendem Fahrbetrieb in staubigen, schmutzigen Gegenden ist Kette reinigen und schmieren sicher alle 500 km nötig; während bei reinem Schönwetterbetrieb und sanfter Fahrweise die Kette vielleicht nur alle 1500 bis 2000 km gepflegt werden muss.

Über die Betrachtung und Einhaltung der vorgeschriebenen Wartungspunkte hinaus sollten Hand- und Fußhebelgelenke regelmäßig mit einigen Tropfen Öl bedacht werden. Im Kapitelabsatz »Schmierstellen« weiter hinten und in Bild 29 werden die Schmierstellen beschrieben und gezeigt.

Regelmäßige Kontrollen

Auf dieser Seite unten steht eine Tabelle mit der alles aussagenden Überschrift »Regelmäßige Prüfpunkte der Fahrsicherheit und Maschinentechnik«. Daraus geht hervor, was an der Maschine einmal am Tag (bzw. bevor man losfährt), während der Fahrt, beim Tanken und mindestens einmal die Woche alles geprüft werden sollte.

Beleuchtung: Werfen Sie vor jeder Fahrt einen Blick auf die Beleuchtung und betätigen Sie dabei auch beide Bremsen: Leuchtet das

Reparaturauftrag geben

Wenn Ihre Maschine eine Störung hat und Sie zum Auffinden und Beheben des Fehlers weder technische Fertigkeiten noch Spezialwerkzeuge haben, dann ist es zu empfehlen, die Fehlersuche und Behebung beim Suzuki-Händler gezielt in Auftrag zu geben.

Ein »gezielter Auftrag« beim Händler sollte schriftlich erfolgen, das Problem möglichst klar schildern und eine finanzielle Obergrenze enthalten.

Beispiel: »Motor stottert beim Beschleunigen und geht bei Kolonnenfahrt öfter aus. Wenn die Reparatur 120 Euro übersteigen sollte, rufen Sie mich bitte an«.

Regelmäßige Prüfpunkte der Fahrsicherheit und Maschinentechnik		
Beleuchtungs- und Signalanlage	vor jeder Fahrt	siehe Kapitel 12
Reifenprofil, Luftdruck	vor jeder Fahrt, bei jedem Tanken	siehe Kapitel 4
Hand- und Fußbremse	vor jeder Fahrt und während der Fahrt	siehe Kapitel 6
Warn-/Kontrollleuchten, Instrumente	Prüfung vor und während der Fahrt	
Lenkung, Federung und Dämpfung	mindestens einmal wöchentlich und nach Gefühl beim Fahren	
Bremsflüssigkeit	vor jeder Fahrt und während der Fahrt	siehe Kapitel 1, 6
Schaltung	vor jeder Fahrt und während der Fahrt	siehe Kapitel 26
Motoröl	Ölstand prüfen beim Tanken	siehe Kapitel 23
Batterie	Wartung/Laden wichtig nach Winterpause	siehe Kapitel 14
Seitenständerschalter	mindestens einmal wöchentlich	siehe Kapitel 1

Sichtprüfung Messen

Bilder 12 bis 14b: Stand der Bremsflüssigkeit regelmäßig prüfen. Wenn die Flüssigkeit dunkel ist, ist sie wahrscheinlich älter als zwei Jahre und es ist höchste Zeit, sie zu wechseln.

Bild 15: Ist der Motorölstand nahe an der unteren Markierung oder gar darunter, muss Öl nachgefüllt werden: Darauf achten, dass Sie die Ölsorte nachfüllen, die bereits drin ist (siehe Kapitel 23 »Schmiersystem«).

Bremslicht auf, brennen alle Kontrolllampen, hupt die Hupe (»Signalhorn«), geht die Lenkung nach beiden Seiten bis zum Anschlag gleichmäßig leicht, federn Vorder- und Hinterrad leicht ein und gedämpft aus? Bei einem gut gepflegten Motorrad kann man davon ausgehen, dass alles in Ordnung ist; bei einem eher schlecht gewarteten Motorrad quietscht möglicherweise etwas. Gehen Sie der Sache auf den Grund, bevor sich ein größerer Schaden entwickelt!

Reifen: Einmal die Woche, spätestens alle 500 Kilometer, einen Blick auf die Reifen werfen: Profil ok? Klemmt irgendwo ein Stein in einer Profilrille? Ist die Ventilkappe noch vorhanden, sitzt sie fest?

Luftdruck bei kalten Reifen prüfen. Die Pneus dürfen von der Kurzstreckenfahrt zur Tankstelle maximal handwarm sein: 2,25 bar vorne und 2,5 bar hinten lauten die vorgeschriebenen Luftdruckwerte (siehe auch Kapitel 4 »Reifen«).

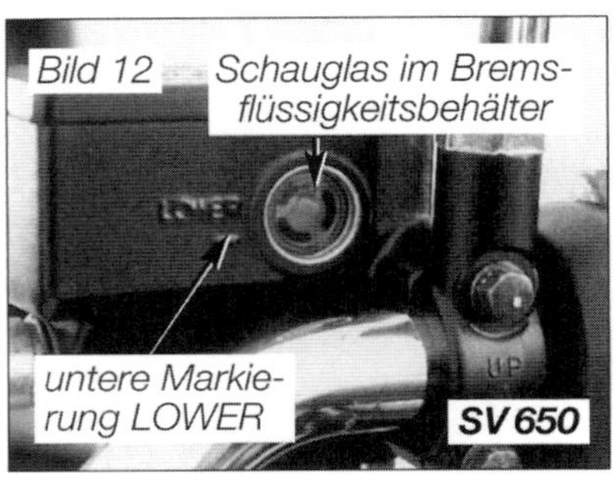

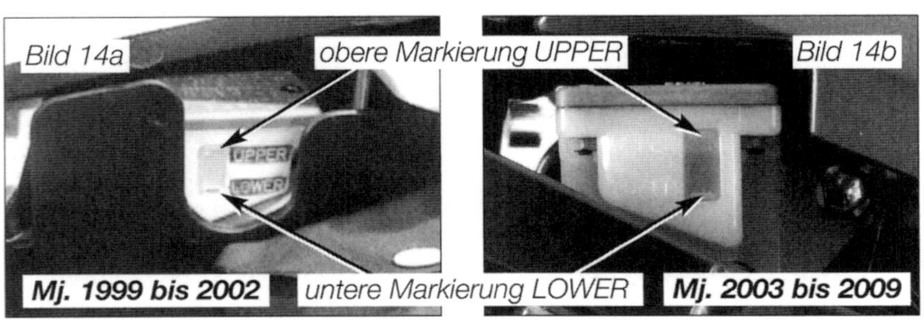

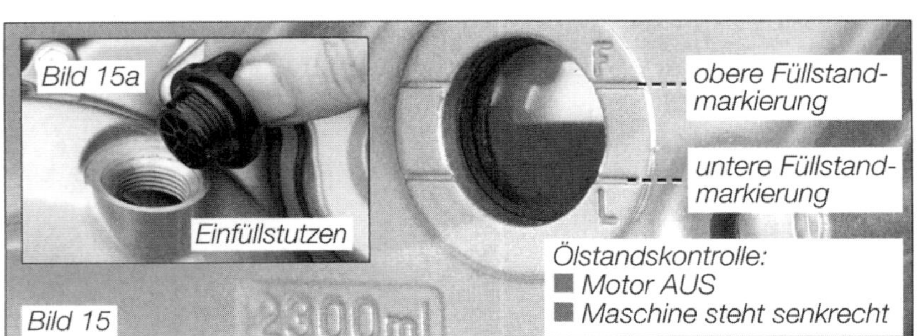

Bremsen: Den beiden Vorratsbehältern für die Bremsflüssigkeit (Bilder 12 bis 14b) täglich einen Blick schenken: Sinkt der Pegelstand im Schauglas unter die Mitte in Richtung LOWER ab, wird es höchste Zeit, nach der Dicke der Bremsbeläge zu sehen. **Wichtig:** Verdunkelt sich die Bremsflüssigkeit in den Behältern, ist sie alt und muss schleunigst erneuert werden.

Achtung: Arbeiten an den hydraulischen Scheibenbremsen dürfen aus Sicherheitsgründen nur von ausgebildeten Mechanikern durchgeführt werden, die sehr gute technische Kenntnisse, handwerkliche Fertigkeiten und passende Werkzeuge haben. Dies gilt vor allem für die von Suzuki alle vier Jahre vorgeschriebene Erneuerung der Bremsschläuche. Bei allen Fragen zur Bremsanlage gilt: Zuerst den Suzuki-Händler um Rat fragen, dieser ist immer aktuell und bestens informiert.

Motorölstand: Ölstand nicht vor dem Start des Motors bei kaltem Motor kontrollieren, sondern erst dann, wenn der Motor mindestens 10 Minuten gelaufen und warm ist.

■ Zum korrekten Prüfen des Ölstands den Motor abschalten, Motorrad in die Senkrechte bringen und mindestens zwei Minuten warten, bis das Öl von oben im Motor nach unten in die Ölwanne abgelaufen ist.

■ Ölstand im Schauglas (Bild 15) sollte sich zwischen den Markierungen befinden.

Mehr zum Thema Motorölstand und Motoröl finden Sie im Kapitel 23 »Schmiersystem«.

Kühlflüssigkeit

Modelljahre 1999 bis 2002: Ausgleichsbehälter des Kühlsystems ist rechts unter dem Luftfilterkasten angebaut. Obere (F = full = voll) und untere (L = low = niedrig) Markierung am Ausgleichsbehälter sind beim Blick von rechts auf den Behälter zu sehen (Bild 17a). **Modelljahre 2003 bis 2009:** Ausgleichsbehälter ist links neben stehendem Zylinder angebaut. Markierungen am Ausgleichsbehälter sind beim Blick von links auf den Behälter zu sehen (Bild 17b).

Wichtig: Pegelstand der Kühlflüssigkeit muss stets zwischen den Markierungen sein.

Beachten: Der Stand der Kühlflüssigkeit im Ausgleichsbehälter ist bei heißem Motor etwas höher als bei kaltem: Es kann durchaus sein, dass der Pegelstand bei kaltem Motor unter der Markierung »Lower« ist; bei warmem Motor steigt der Pegel bis zwischen die Markierungen an.

Wenn der Pegelstand der Kühlflüssigkeit jedoch dauernd unter der unteren Markierung ist oder überhaupt keine Kühlflüssigkeit mehr zu sehen ist, stimmt etwas nicht: Entweder ist die Kühlflüssigkeit schon zu lange drin und ein Teil davon ist verdunstet oder das Kühlsystem hat ein Leck. Bevor aber der komplette Kühlkreislauf umgekrempelt wird, zuerst den Ausgleichsbehälter mit Kühlflüssigkeit bis zur oberen Markierungslinie auffüllen, weiterfahren und beobachten, wo das Zeug bleibt.

Zum Einfüllen von Kühlmittel den schwarzen Gummideckel am Stutzen des Behälters abziehen (Bilder 16a und 16b) und Kühlflüssigkeit mit Hilfe eines Trichters einfüllen, damit nichts danebenschwappt, denn Kühlflüssigkeit hinterlässt hässliche Flecken.

Achtung: Falls Sie unterwegs Kühlmittelverlust feststellen und deswegen Kühlmittel kaufen und auffüllen müssen, achten Sie darauf, dass dieses für Aluminiummotoren und -kühler geeignet ist. Deckel des Kühlmittel-Ausgleichsbehälters nicht bei heißem Motor öffnen. Heißes Kühlmittel kann plötzlich herausschießen. Verbrühungen sind die Folge.

Tipp: Falls nur eine kleine Menge Kühlmittel fehlt, können Sie auch reines Wasser auffüllen. Aber: Füllen Sie niemals Leitungswasser ein (denn das ist kalkhaltig), sondern ausschließlich destilliertes Wasser.

Mehr zum Thema »Kühlkreislauf und Kühlmittel« erfahren Sie in Kapitel 24 »Kühlsystem«.

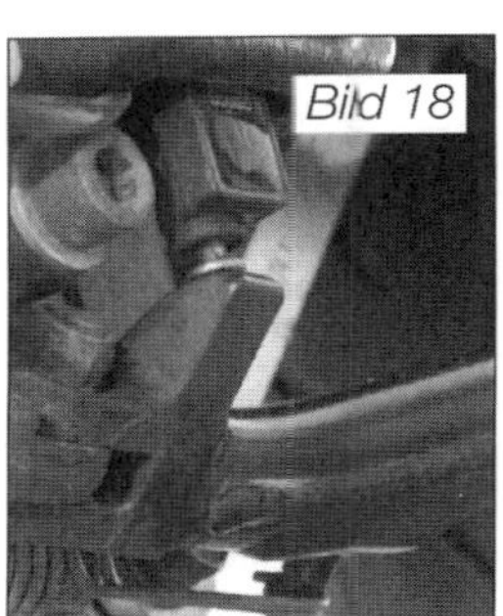

Bilder 18 bis 20: Der Seitenständerschalter ist über dem Seitenständergelenk angebracht. Alle Gelenkstellen müssen immer gut geschmiert sein.

Seitenständerschalter prüfen

Der Seitenständerschalter sitzt links über dem Seitenständergelenk (Bilder 18 bis 20). Wenn er defekt ist, verhindert er entweder das Starten des Motors, oder im anderen Extremfall wird ein Wegfahren der Maschine mit ausgeklapptem Seitenständer ermöglicht – und das ist ziemlich gefährlich. Auch wenn die beiden Federn den Seitenständer nicht zuverlässig in Position »oben« halten, läuft der Motor nicht sauber, weil der Seitenständer »schlabbert« und deswegen der Kontaktstift nicht in eingefahrener Stellung (Bild 18) gehalten wird.

Seitenständerschalter auf Funktion prüfen:

- Motor mit ***aus**geklapptem* Seitenständer, gezogener Kupplung und eingelegtem Leerlauf starten.
- Gang einlegen: Motor muss ausgehen.

Umkehrprobe:

- Motor mit ***ein**geklapptem* Seitenständer, gezogener Kupplung und eingelegtem Leerlauf starten.
- Gang einlegen. Kupplung gezogen halten, Seitenständer ausklappen: Motor muss ausgehen.

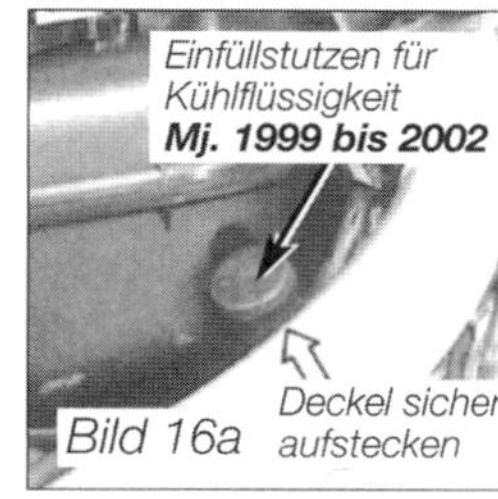

Bilder 16a bis 17b: Im Lauftext sind die zu den Bildern gehörenden Arbeitsschritte beschrieben.

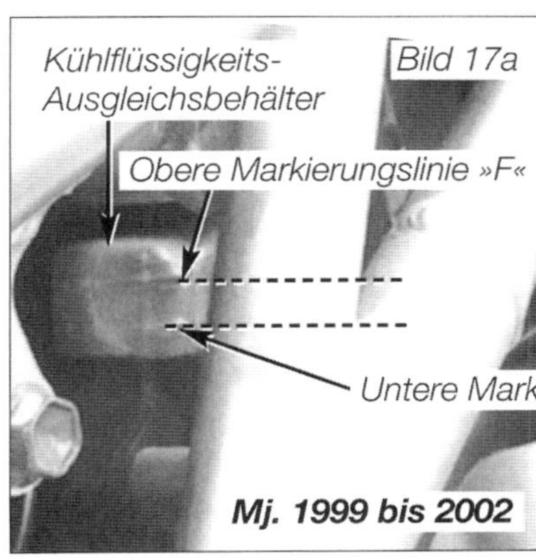

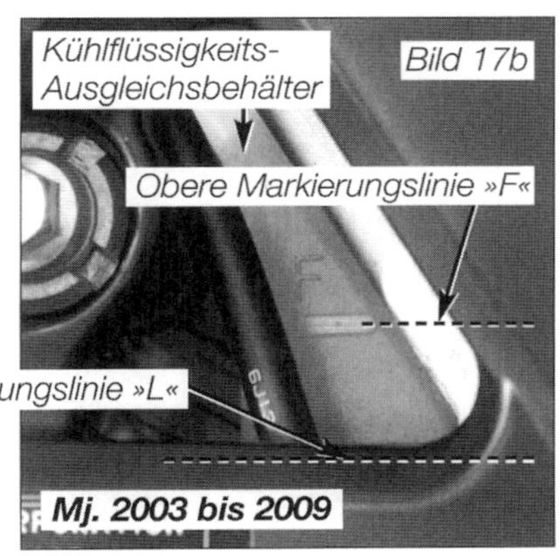

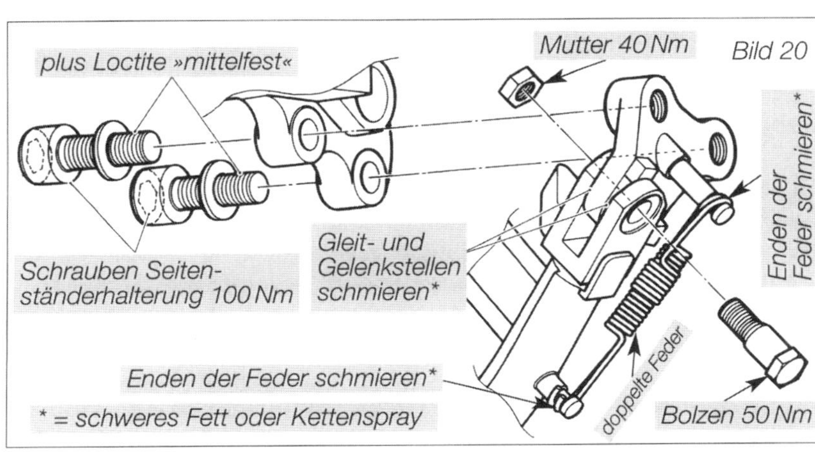

Pflegemittel

⚠ Silikonspray und andere silikonhaltige Pflegemittel immer fein dosiert verwenden (also nie zu viel auftragen!), sonst können Lack- und Verkleidungsoberflächen »blind« werden!

Hat der Seitenständerschalter diese Tests bestanden, ist er technisch und elektrisch in Ordnung. Ansonsten, wenn sich also z. B. mit ausgeklapptem Seitenständer der Gang einlegen und womöglich sogar losfahren lässt, ist entweder der Seitenständerschalter oder das Seitenständerrelais, das mit dem Blinkerrelais in einem gemeinsamen Gehäuse sitzt, defekt. Das Durchmessen und Prüfen von Seitenständerschalter und Seitenständerrelais ist in den Kapiteln 13 »Sicherungen · Relais · Stecker« und Kapitel 16 »Anlasser« beschrieben.

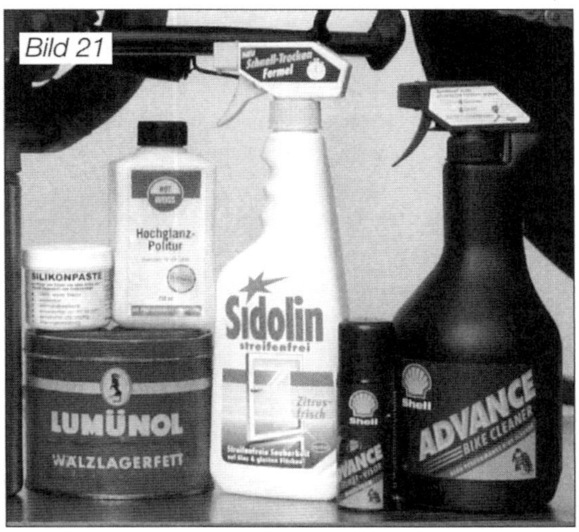

Bild 21: Verschiedene Pflegemittel.

Waschen

Sowohl die SV 650 S mit ihrer großflächigen Oberteilverkleidung als auch die unverkleidete SV 650 soll man nur mit milden Waschmitteln und weichen Schwämmen oder Lappen waschen. Bei Verwendung von aggressiven Reinigungsmitteln und harten Bürsten werden Lack-, Alu- und Kunststoffteile zerkratzt, sie werden dann matt und damit hässlich.

Wichtig: Motorrad in kaltem Zustand an einem schattigen Platz waschen. Bei warmem Motor oder in direkter Sonneneinstrahlung verdunstet das Waschwasser schnell, und die rückständigen Waschmittelzusätze brennen sich in die heißen Oberflächen von Motor, Auspuffkrümmer und Auspufftopf regelrecht ein.

Ein großer Eimer lauwarmes Wasser mit einem Schuss Reinigungsmittel und ein großer, weicher Schwamm genügen. Die in Motorrad- und Zubehör-Fachgeschäften angebotenen speziellen Motorradreiniger sind sehr zu empfehlen, sie lösen Dreck und Fettrückstände gut ab. In der Not kann man auch Mutters Geschirrspülmittel verwenden. **Nicht zu viel Reiniger verwenden!** Nach der warmen Erstwäsche mit reichlich klarem, kaltem Wasser nachspülen.

Sicherheitshinweise ⚠ Achtung und ☞ Tipps für diesen Kapitelabsatz

⚠ Das Waschen von Kraftfahrzeugen im »öffentlichen Verkehrsraum« (Straßen, Wege, Plätze) ist grundsätzlich dann nicht erlaubt, wenn zusätzliche Waschmittel benutzt werden – nur mit klarem Wasser darf gewaschen werden. Waschen mit Mitteln ist nur auf speziellen Waschplätzen erlaubt.

⚠ Motorrad NIEmals mit einem Dampfstrahler reinigen! Denn das unter Druck stehende heiße Waschwasser enthält sehr aggressive Reinigungsmittel, welche die Dichtungen in der Bremsanlage beschädigen können. Überdies dringt Wasserdampf überall ein, wo er nicht soll: Hebelgelenke, Gaszüge, Steckkontakte und Schalter der Elektrik, Radlager, Gabelbeine, Federbein und Umlenkhebel – und an all diesen Stellen kann er Schäden anrichten!

☞ Motorrad immer von oben nach unten waschen, die weniger verschmutzten Teile zuerst. Waschwasser fern halten von elektrischen Anschlüssen, Schaltern, Steckern und den Gaszügen unten an den Drosselklappen.

⚠ Nach dem Waschen besonders Reifen und Bremsscheiben mit reichlich klarem Wasser abspülen, damit alle glitschigen Rückstände abgespült werden – denn rutschige Reifen können in der ersten Kurve für Überraschungen sorgen und die Bremsen mit einem Schmierfilm überzogen sein, was der Bremsleistung nicht förderlich ist.

⚠ Schmieren Sie niemals den Gaszug mit Kettenspray oder Motoröl. Ein mit ungeeignetem Öl geschmierter Gaszug ist nicht mehr leichtgängig, was bis zum völligen Festsitz des Gaszuges führen kann! Wenn ein Schmieren des Gaszuges nötig sein sollte, verwenden Sie entweder dünnflüssiges, harzfreies Nähmaschinenöl oder Ölspray WD-40.

⚠ Schmieren Sie keinesfalls die Gelenkstellen der Drosselklappen mit Fett, Öl oder Kettenspray, denn das Schmiermittel kann durch die Hitze festbacken und die Beweglichkeit der Drosselklappen beeinträchtigen, was bis zum Festgehen führt!

☞ Wenn Sie eine Abdeckhaube kaufen, um die Maschine darunter überwintern zu lassen, dann nehmen Sie eine, die unten Ösen hat, in welche die Haken von Gepäckgummis eingehängt werden können, damit die Plane gesichert ist und nicht beim ersten Windstoß abhebt.

☞ »Richtig überwintern« heißt vor allem, dass die Maschine über die Wintermonate so abgestellt werden soll, dass beide Räder frei in der Luft sind, also keinen Bodenkontakt haben. Wenn die SV 650 etwa monatelang auf dem Seitenständer steht und die Reifen womöglich schleichend Luft verlieren, bekommen die Reifen einen »schrägen Standplatten«, also eine abgeflachte Stelle.

■ Nach der Klarwasser-Nachwäsche umgehend Tank und Verkleidungsteile mit Waschleder oder weichem Tuch abtrocknen.

■ Angetrocknete Insektenreste auf Verkleidung, Lampen- und Blinkergläser, Rückspiegel, Telegabel sowie vorderes Schutzblech mit reichlich Wasser einweichen (z. B. nasses Tuch auflegen) und abwaschen. Nicht mit harten Gegenständen versuchen, den Schmodder abzukratzen!

■ Wenn mit heißem Wasser, Reiniger und Putzlappen nichts mehr geht, hilft nur noch Insektenentferner aus dem Fachhandel. Glasreiniger ist die preisgünstigere Lösung! Betroffene Stellen triefend nass einsprühen und mit einem Massagewaschlappen (Handschuh mit unterschiedlich rauen Seiten, zu finden in gut sortierten Drogerien) feste rubbeln, so wird auch die hartnäckigste Fliegenleiche im Nu verschwinden.

■ Wenn Flecken auf der Verkleidungsscheibe sind, die mit Sidolin nicht weggehen, hilft »Polierpaste für Acryl- und Plexiglas« vom Hersteller Rot-Weiß (Bild 24). Die zweitbeste Lösung ist ein »Tiefenreinigungsmittel«, wie es für Kunststoff-Heckscheiben von Cabrioverdecken im Autozubehörhandel angeboten wird.

Waschen im Winter

Nach jeder Winterfahrt das Motorrad mit kaltem Wasser abspülen und mit weichem Lappen trocknen. Kein heißes Wasser verwenden, denn dieses verstärkt die korrodierende Wirkung des Streusalzes. Lauwarm darf das Waschwasser im Winter sein. In den Bildern 22 und 23 sind korrodierte Schraubenköpfe und Bremsleitungsanschluss einer Maschine zu sehen, die nach einer Winterfahrt auf trockenen (!) Straßen nicht gewaschen, sondern einfach abgestellt wurde. Oberflächenkorrosion dieser Art lässt sich mit Topfreiniger (»Akopads«) einigermaßen entfernen.

Wasser- und Ölkühler sauber halten

Wasser- und Ölkühler regelmäßig mit viel Wasser und einer Wurzelbürste reinigen: Beim Reinigen die Lamellen nicht beschädigen!

Lackpflege und Politur

Suzuki-Händler haben spezielle Politurmittel, die auf die Grundfarben der Maschine abgestimmt sind. Mit diesen sind Sie auf der sicheren Seite.

Wichtige Pflegetipps:

■ Wenn Sie sich bei einem Lackpflegemittel nicht sicher sind, ob es geeignet ist, prüfen Sie es erst an einer wenig sichtbaren Stelle auf Tauglichkeit!

■ Lack- und Kunststoffteile sowie Metalloberflächen nicht mit Benzin oder anderen Lösungsmitteln bearbeiten: Erstens ist das Zeug giftig und zweitens brennen sich solche Mittel in die Oberflächen ein und hinterlassen dort Flecken, die nicht mehr entfernt werden können.

Eingebrannte Flecken im Auspuff

Wenn sich z. B. ein Stück Schuhsohle in den Auspuff eingebrannt hat oder die Krümmer durch Straßenschmutz fleckig geworden sind, kann man ihre Oberflächen mit WD-40 und der rauen Seite eines Haushaltsschwammes oder einem sehr feinem Schleifkissen bearbeiten (Bilder 26 und 27). Selbst hartnäckige Teerflecken lassen sich damit entfernen, die Oberflächen werden wieder metallisch rein bzw. der Chrom glänzt wieder unversehrt.

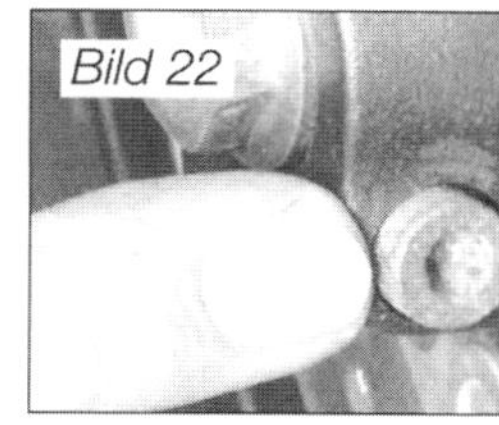
Bild 22

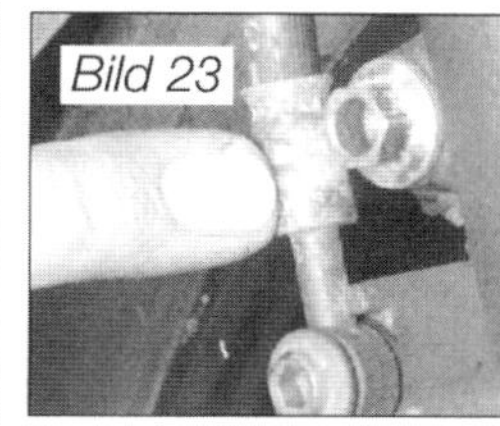
Bild 23

Bilder 22 und 23: Wegen schlechter Pflege korrodierte Schraubenköpfe und Bremsleitungsanschluss.

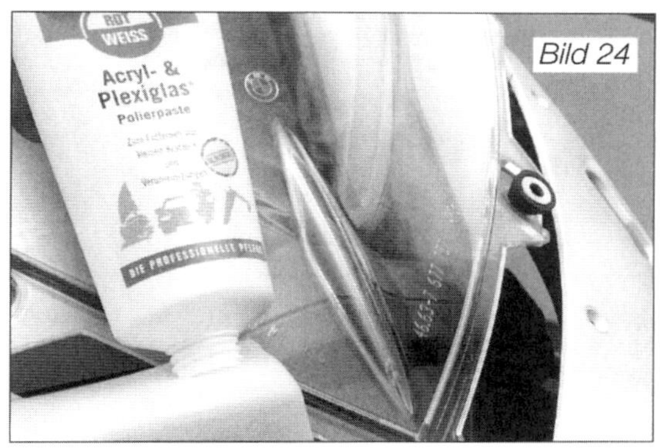

Bild 24

Bild 24: Flecken im Windschild können auspoliert werden.

Bild 25

Bild 25: Verschiedene Pflege- und Poliermittel.

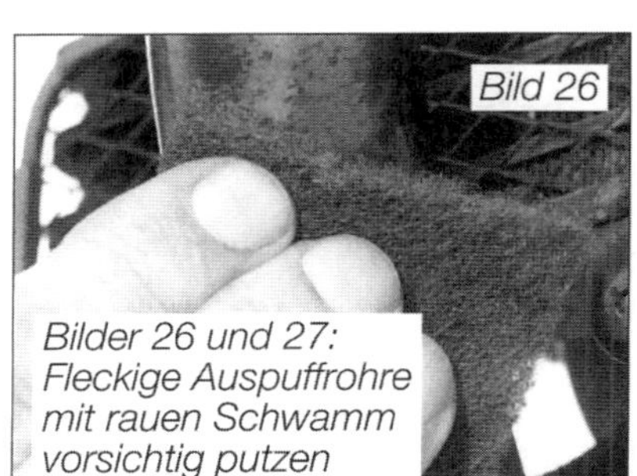
Bild 26

Bild 27

Bilder 26 und 27: Fleckige Auspuffrohre mit rauen Schwamm vorsichtig putzen

Sichtprüfung Messen

Öl- und Graphitspray

Nach dem Waschen den Gelenkstellen von Fußrasten, Brems- und Schalthebel einen guten Schuss Allzweck-Ölspray geben. Nach dem Sprühen nicht alle Ölüberschüsse, die neben die eigentlichen Schmierstellen gelangt sind, wieder abwischen, sondern diese einfach dort lassen (sofern Sie nicht auf den Reifen oder die Bremsscheiben gesprüht haben!). Denn ein dünner Ölfilm bindet Staub und Schmutz, und dieser lässt sich bei der nächsten Fahrzeugwäsche besser abputzen, ohne dass die teils empfindlichen Oberflächen zerkratzt werden. Vor allem, wenn das Motorrad durch Regen gefahren wird, schützt das Allzweck-Ölspray davor, dass die Nässe in jede Ritze kriecht.

Verwenden Sie bei der regelmäßigen Pflege ein gutes Allzweck-Ölspray wie etwa WD-40. Nach einer Regenfahrt zu Hause jeder Schmierstelle einen Schuss Öl spendieren; das aufgesprühte Öl wirkt sichtbar wasserverdrängend. Leichter Lauf und Gelenkstellen ohne Korrosionsrückstände werden es Ihnen danken.

Wichtig 1: Zünd-Lenkschloss, Schloss im Tankdeckel und Sitzbankschloss NICHT mit Ölspray oder gar Kettenspray schmieren, sondern verwenden Sie zum Schmieren der Schlösser spezielles Schlossspray auf Graphitbasis.

Wichtig 2: Halten Sie jede Art von Schmiermittel und Ölspray fern von Sensoren und elektrischen Steckverbindungen.

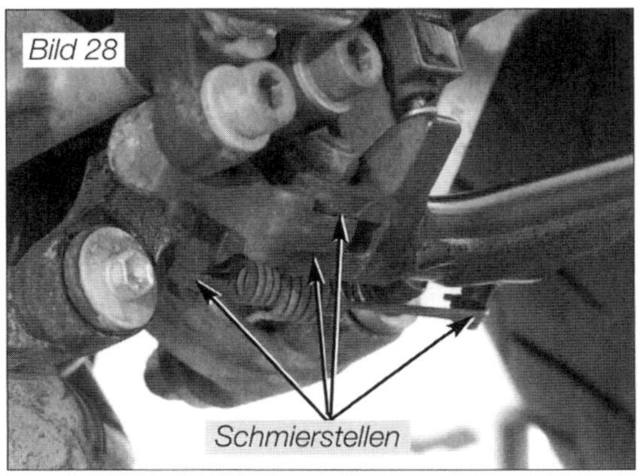

Bild 28: Nach dem Waschen den Gelenkstellen einen guten Schuss Öl- oder Kettenspray geben verhindert Korrosion.

Bild 29: Schmier- und Pflegestellen an der SV 650.

Schmierstellen

Abschmieren beweglicher Teile dient in erster Linie dazu, Schmutz und Wasser von ihren Gelenkstellen fern zu halten und Rost vorzubeugen, damit Leichtgängigkeit und lange Lebensdauer gewährleistet werden. Auch die zueinander beweglichen Aluminiumteile korrodieren, wie z. B. die Gelenke von Kupplungs- und Bremshebel. Wenn diese Gelenk- und Kontaktstellen nicht regelmäßig gepflegt werden, gibt es im Laufe der Zeit Schwergängigkeit. Denn wenn das Motorrad im Freien abgestellt ist, lagert sich Umgebungsdreck aus der Luft darauf ab und kriecht in die Gelenkstellen hinein.

Gasdrehgriff: Wenn er schwer geht, muss er mit leichtem Molybdänfett geschmiert und dazu geöffnet werden. Das Öffnen des Gasgriffs und »Gaszüge wechseln« ist in Kapitel 20 »Gasgriff · Gaszüge« beschrieben.

»Einmotten« über Winter

Mit einem Saisonkennzeichen an der SV 650 braucht man die Maschine für die Winterpause nicht abzumelden, darf aber in bestimmten Monaten nicht am öffentlichen Straßenverkehr teilnehmen.

Wichtig: Eine Maschine mit Saisonkennzeichen darf ebenso wenig wie ein abgemeldetes Motorrad während der Stilllegemonate auf der Straße im öffentlichen Verkehrsraum abgestellt werden. Deswegen: Ab mit der Maschine in eine gut gelüftete Garage oder in einen trockenen Hofraum, wo sie abgedeckt überwintern kann.

Zum Einmotten in die Winterpause folgende Vorbereitungen treffen:
1. Maschine ordentlich heiß fahren.
2. Tank randvoll machen, einen Schuss »Fuel Guard« (Bild 30) dazugeben.
3. An der Tankstelle gleich die Reifen auf vorne 3 bar und hinten 3,5 bar aufpumpen.
4. Zügig zum Winterabstellplatz fahren und Motor abstellen.
5. Batterie ausbauen (mehr dazu in Kapitel 14 »Batterie«).
6. Gelenkstellen von Brems- und Kupplungshebel, Fußrasten und Seitenständer mit Ölspray einsprühen.
7. Blanke und verchromte Teile mit säurefreiem Fett (Vaseline) dünn einreiben.
Wichtig: Auspuff vorher kalt werden lassen.
8. Maschine auf Heckmontageständer abstellen, Lenkschloss sperren. Noch besser: Maschine auf Front- und Heckmontageständer abstellen, dann haben beide Reifen keinen Bodenkontakt und können keine »Standplatten« bekommen.

Ganz penible Menschen wechseln vor der Überwinterung das Motoröl. Folgende Vorgehensweise hat sich bewährt: Wenn der Ölwechsel vor der Überwinterung länger als drei Monate oder mehr als 3000 km zurückliegt, machen Sie einen Öl- samt Filterwechsel. Sollten Sie Ihr Motorrad vor der Winterpause zum Ölwechsel in die Suzuki-Werkstatt geben, lassen Sie gleich eine komplette Inspektion machen. Dann können Sie im Frühjahr gleich durchstarten (zum Saisonstart sind sämtliche Werkstätten grundsätzlich überlastet!).

Was Sie noch tun können: Alle paar Tage Vorder- und Hinterrad einige Male durchdrehen und in eine andere Ruheposition bringen. Das verhindert das Festkleben der Bremsbeläge an den Bremsscheiben bzw. hässliche Flecken an der Bremsscheibe.

Inbetriebnahme nach der Winterpause
1. Motorrad abdecken, Fettschicht von den blanken und verchromten Teilen mit weichem Lappen abwischen, kein Benzin oder ähnliche Lösungsmittel verwenden!
2. Betriebsbereite, gut geladene Batterie einbauen, Polanschlüsse mit säurefreiem Fett (»Polfett«) dick einschmieren (Kapitel 14 »Batterie«).
3. Reifenluftdruck prüfen und ggf. korrigieren (Luftdrücke siehe Kapitel 4 »Reifen«).
4. Sicherheitskontrollen: Fern-Abblendlicht, Rücklicht, Bremslicht, Blinker, Warnblinker und Hupe prüfen.
5. Motor starten: Zündung einschalten und VOR dem Betätigen des Starterknopfes zwei- bis dreimal Gas geben, damit das Motorsteuergerät Signale vom Drosselklappen-Potentiometer empfangen und sich einstellen kann.
6. Wenn die Batterie abgeklemmt war, muss sich das Motorsteuergerät erst wieder neu einjustieren. Deswegen läuft der Motor direkt nach dem Anspringen nicht gleich rund und braucht einige Sekunden, bis er seinen Rhythmus gefunden hat.
7. Motor nicht zu lange im Standgas laufen lassen, sondern nach spätestens drei Minuten losfahren.
8. Motor sanft warm fahren. Darauf achten, dass alle Funktionen in Ordnung sind: Öldruck, Bremsleistung, Federung und Dämpfung.

■ Gute Fahrt in die neue Saison!

Bild 30: Wundermittel wie »Fuel Guard« verhindern Rost im Tank und Ablagerungen in der Einspritzanlage.

Fit in die neue Saison
Nicht nur die im Frühjahr aus der Winterpause entmottete Maschine, sondern auch der Fahrer müssen sich wieder langsam an das Motorradfahren mit all seinen Eigenheiten gewöhnen. Üben Sie vor allem das Bremsen, am besten auf einem großen, leeren Parkplatz (sonntags beim Supermarkt). Besser noch: Nehmen Sie an einem Frühjahrs-Sicherheitstraining teil.

Bild 1 ganz rechts: Sinnvolles Basis-Werkzeugsortiment für die Hobbywerkstatt. Teilebezeichnungen siehe nächste Seite unten.

Bild 2 unten: Digitaler Messschieber (A), Bügelmessschraube (B), Fühlerlehren (C).

Bild 3: Besteckkasten als Werkzeug- und Teileablage.

Werkstatt

In diesem Kapitel: Werkzeug · Bordwerkzeug · Aufbockhilfen · Werkzeug für die Hobbywerkstatt · Werkzeugwagen und Hebebühne · Öl und Fett · Werkstatthilfsmittel · Spezialwerkzeug · Richtig schrauben · Schrauben, Scheiben, Muttern · Fetten, Ölen, Kleben, Sichern · Anziehdrehmomente · Seegerringe · Simmerringe · Flächendichtmittel · Gewindereparatur mit Heli-Coil · Technik-Fachbücher.

Werkzeug

Für jede Wartungsarbeit und Reparatur braucht man gutes Werkzeug. Die Idee, kleinere Servicearbeiten oder größere Reparaturen mit dem Bordwerkzeug durchführen zu wollen, ist und bleibt eine Illusion.

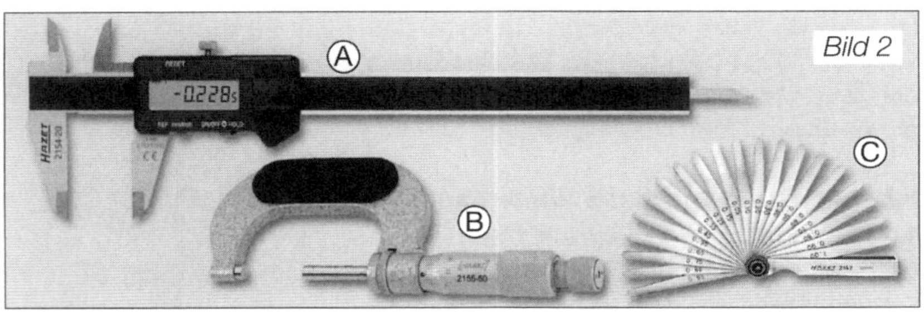

Bild 2

Sicherheitshinweise ⚠ Achtung und ☞ Tipps

⚠ Werkzeug nicht im Baumarkt kaufen, auch wenn dessen Sonderangebot noch so verlockend ist! Das in Baumärkten angebotene Werkzeug ist generell eher schlecht als recht, in vielen Fällen sogar gefährlich, weil es aus minderwertigem Material besteht und deswegen bruchgefährdet ist.

☞ Ein Blick ins Internet rentiert sich bei der Werkzeugrecherche. Echtes Qualitätswerkzeug ist im Internet unter *www.hazet.de* zu finden. Hazet ist einer der bekanntesten deutschen Hersteller von Kraftfahrzeug-Qualitätswerkzeugen.

☞ Im Haushaltswarengeschäft (z. B. bei IKEA) gibt es für kleines Geld Besteckablagen für Schubladenkästen in verschiedenen Unterteilungen. Diese eignen sich ganz hervorragend als Schrauben- und Kleinteileablage (Bild 3).

☞ Wenn teure Spezialwerkzeuge benötigt werden, bei der Werkstatt um die Ecke nachfragen, ob man gegen ein hinterlegtes Pfand und einen Obolus in die Trinkgeldkasse das Werkzeug geliehen bekommt.

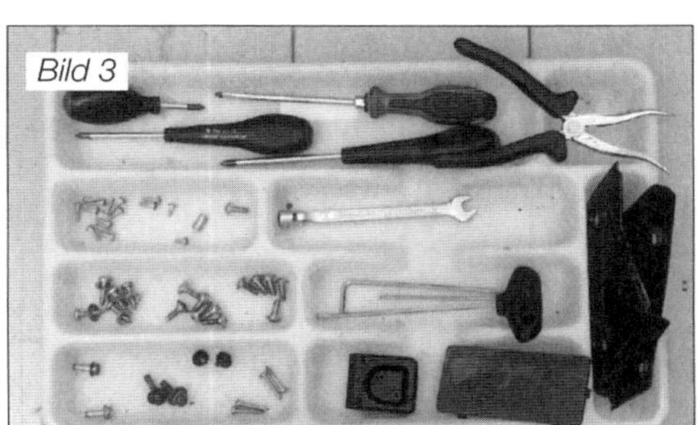

Bild 3

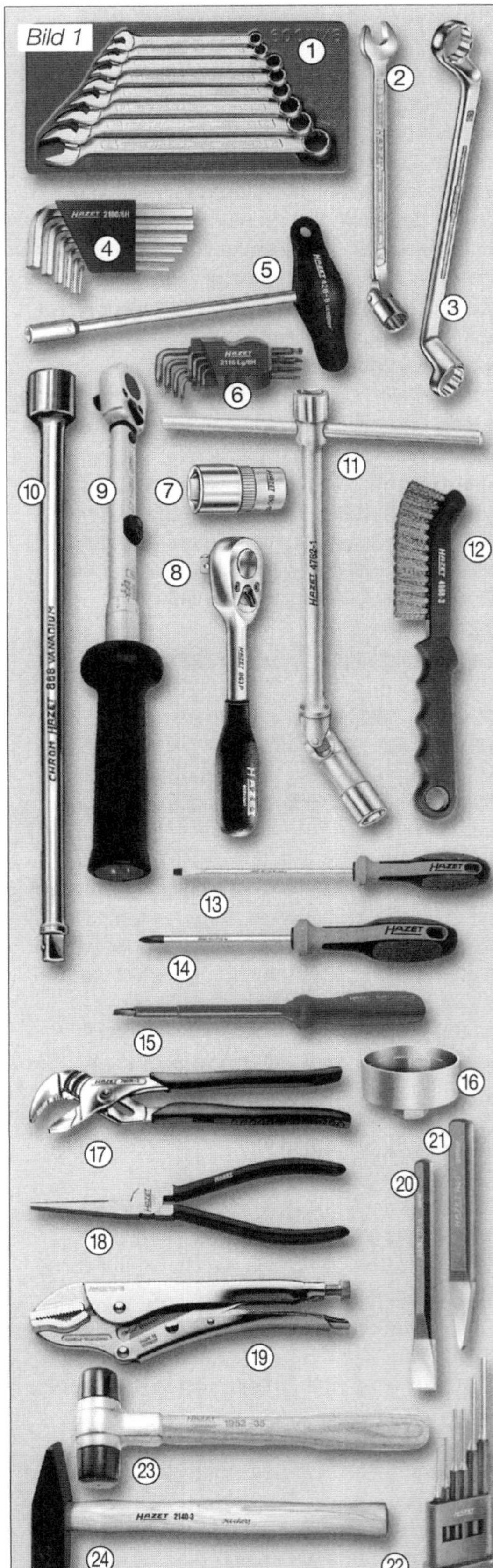

Bild 1

Für die kleine Notreparatur unterwegs wie für alle Wartungs- und Pflegearbeiten zu Hause in der Garage oder (Hobby-)Werkstatt gilt: Mit schlechtem Werkzeug kann man keine guten Arbeiten machen! Beispielhaft für »schlechtes Werkzeug« sind die geplatzte Nuss (Bild 4) und die ausgefranste Bürste (Bild 5).

Merke: Vermurkste Schrauben und Muttern oder gar hässliche Kratzer im Umfeld von Schraubverbindungen, die von abgerutschten, weil nicht passenden Schlüsseln herrühren, sehen schlimm aus. Ganz zu schweigen von den Verletzungen, die ein »Mechaniker« sich beim Schrauben zuziehen kann, wenn er mit schlechtem Werkzeug arbeitet.

Schlüsselweite, Schraubenzieher

Die Sechskantköpfe der meisten serienmäßig verbauten Schrauben sind oben abgerundet und zusätzlich noch schräg angefast (Pfeil in Bild 6), damit bei der Fahrzeugmontage im Werk die Werkzeuge (»Nüsse«) besser über den Kopf rutschen. Um diese Schrauben sicher öffnen und anziehen zu können, braucht man Qualitäts-Sechskantnüsse, die möglichst eng am Schraubenkopf anliegen.

Der Begriff SW ist die Abkürzung für »Schlüsselweite«. SW 12 bedeutet also, dass dieser Schlüssel für einen Schraubenkopf oder eine Mutter mit 12 mm bestimmt ist, gemessen über die Mitte an zwei zueinander parallelen Flächen. M8-Schrauben oder Muttern brauchen einen 12er- oder 13er-Schlüssel; M6 einen 8er- oder 10er-Schlüssel.

Zu dem normgerecht als »Schraubendreher« bezeichneten Werkzeug sagen wir hier in dieser Reparaturanleitung »Schraubenzieher«, weil das unter Motorradfahrern üblich ist.

Teilebezeichnungen in Bild 1 links: Satz Ring-Maulschlüssel (1), Maul-Steckschlüssel (2), Doppelringschlüssel (3), Satz Inbusschlüssel (4), Sechskant-Steckschlüssel mit Querknauf (5), Satz Torx-Schlüssel (6), Steckschlüsselnuss mit Innensechskant (7), Umschaltknarre (8), Drehmomentschlüssel (9), Verlängerung (10), Zündkerzenschlüssel (11), Bremssattelbürste mit Messingborsten (12), Schlitz-Schraubenzieher (13), Kreuzschlitz-Schraubenzieher (14), Elektriker-Schraubenziener (15), Ölfilterschlüssel (16), Universalzange (17), Flachzange (18), Gripzange (19), Flachmeißel (20), Kreuzmeißel (21), Satz Splinttreiber (22), Kunststoffhammer (23), Schlosserhammer (24).

Bordwerkzeug

Das serienmäßige Bordwerkzeug (Bild 7) der SV 650 ist mangelhaft: Es ist z. B. für Mj. 2003 bis 2009 kein 12er-Inbus für die Vorderachse enthalten; man kann also noch nicht einmal das Vorderrad ausbauen. Im Textabsatz »Besseres Bordwerkzeug« auf der nächsten Seite nennen wir Ergänzungswerkzeuge.

Ob Sie bereit sind, Geld für besseres Bordwerkzeug auszugeben, wissen wir nicht. Doch zwei Dinge sollten Sie unbedingt haben:
Flickzeug: Reifen-Flickzeug für Schlauchlosreifen vom Hersteller »TIP TOP« (Bild 8). Damit lässt sich ein Loch im Schlauchlosreifen bis ca. 4 mm Durchmesser unterwegs zur Not reparieren.
Reifendruckprüfer: Bitte verwenden Sie KEIN Plastikteil aus dem Baumarkt, sondern ein Präzisionsmessgerät (Bild 9). Das beste Druckmessgerät, das wir kennen und in unserer Werkstatt

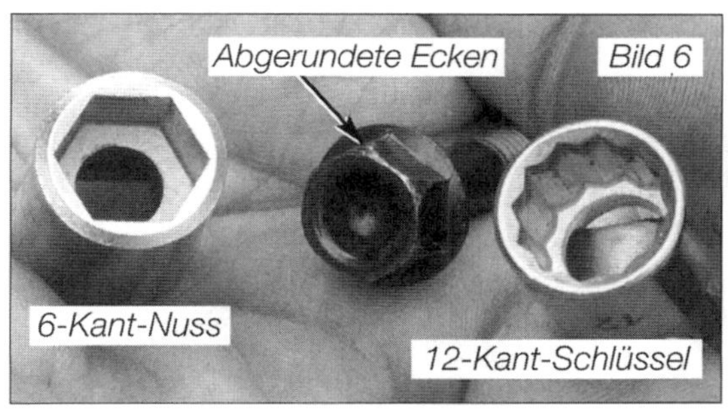

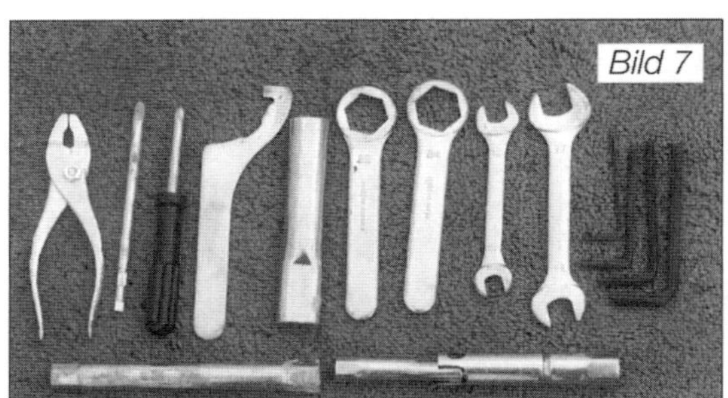

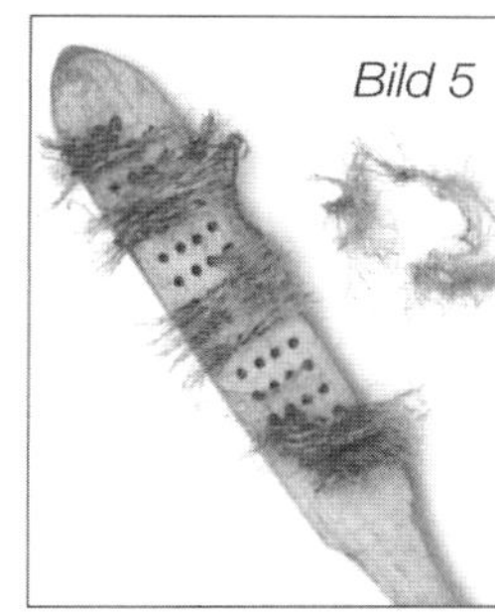

Bilder 4 und 5: Schlechtes Werkzeug aus dem Baumarkt.

Bild 6: Sechskantkopf einer Schraube mit abgerundeten Ecken am besten mit 6-Kant-Nuss bearbeiten, nicht mit 12-Kant-Nuss oder -Ringschlüssel.

Bild 7: Serienmäßiges Bordwerkzeug der SV 650.

Bild 8: Reifen-Pannenhilfeset zur notdürftigen Reparatur eines Plattfußes.

Bild 9: Flaig-Reifendruckprüfer.

Bild 10: Werkzeuge zur Radmontage.

Bilder 11 und 12: Praktische Front- und Heckständer aus dem Zubehörhandel. ■ Beim Vorderradständer beachten, dass Gabelfaust links (Bild 11c) anders ist als rechts (Bild 11d).

Bild 13: Maschine ist hinten auf Montageständer aufgebockt, Motor mit Wagenheber unterbaut.

täglich verwenden, stammt vom deutschen Hersteller Flaig und hat ein stabiles Alu-Gehäuse. Erhältlich ist es in gut sortierten Zubehörläden und bei Motorradhändlern.

Bild 9

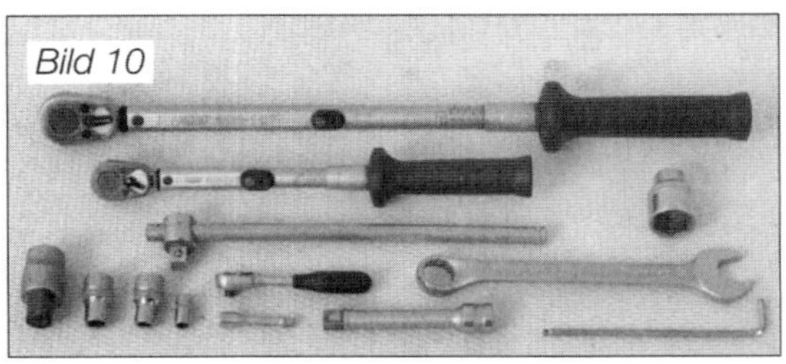
Bild 10

Bild 11a

Bild 11b
Bild 11c
Bild 11d

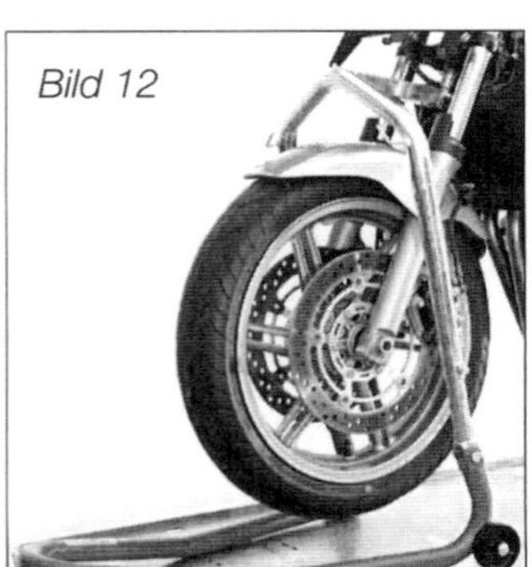
Bild 12

Bild 13

Besseres Bordwerkzeug
Das Bordwerkzeug ist unter der Sitzbank untergebracht. Zusätzliches Werkzeug dick in Lappen einwickeln; es ist genug Platz unter dem Sitz.

Damit man unterwegs die Räder aus- und einbauen kann, braucht man folgende Teile:
- Nuss SW 12 für Achsklemmschraube und Befestigungsschrauben ABS-Sensor bei ABS-Maschinen
- Nuss SW 14 für Bremssattelschrauben
- Knebel (Querknauf) für die Nüsse

Zusätzlich für Mj. 1999 bis 2002:
- Nuss SW 17 für Vorderachskopf
- Nuss SW 22 für Hinterachsmutter
- 17er-Schlüssel für Hinterachskopf
- 5er-Inbusschlüssel für Kettenspannschrauben

Zusätzlich für Mj. 2003 bis 2009:
- Inbusnuss SW 12 für Vorderachskopf
- Nuss SW 24 für Hinterachsmutter
- 22er-Schlüssel für Hinterachskopf
- 12er-Schlüssel für Kettenspannmuttern

Bordwerkzeug für die Reise
Entsprechend dem Alter einer SV 650 und ihrem technischen Pflegezustand braucht man mehr oder weniger Werkzeug, damit eine Panne selbst in einem dünn besiedelten Gebiet ordentlich beschraubt werden kann.
- Maul-Steckschlüssel SW 8, 10, 12, 14 und 17
- Inbusschlüssel von 3 mm bis 6 mm mit Kugelsechskant auf der langen Seite
- Schraubenzieher mit Flach- und Kreuzschlitzklinge 5 mm und Elektriker-Schraubenzieher
- Kombizange
- einige mitteldicke Kabelbinder und eine Rolle Gewebe-Klebeband, damit können z. B. zerstürzte Verkleidungsteile prima geflickt werden.

Wichtig: Unbedingt Qualitäts-Gewebeband nehmen, KEIN durchsichtiger Büro-Tesafilm oder das ekelige, braune Karton-Packband!
- Prüflampe oder kleines Multimeter
- kleiner Schlosserhammer (100 Gramm)
- mittelgroße Wasserpumpenzange
- eine Tube benzin-/ölfestes Silikondichtmittel
- Messingdrahtbürste, Dose Ölspray (WD-40), Schmutzlappen, ein paar Arbeitshandschuhe

Aufbockhilfen

Für die SV 650 ohne Mittelständer sind »Montageständer« für vorne und hinten (Bilder 11a, 11b und 12) sehr zu empfehlen. Ohne diese kann man kein Rad ausbauen. Die alten Tricks mit geschichteten Holzklötzen unter dem Motor oder Seitenständer links ausgeklappt und Auto-Wagenheber rechts unter dem Rahmen sind extrem gefährlich! Der Frontständer wie in Bild 12 gezeigt ist unten ins Lenkkopfrohr eingesetzt; ein solcher wird beim Aus- und Einbau der Gabelbeine benötigt.

Werkzeug für die Hobbywerkstatt

Hier Werkzeugempfehlungen für eine Hobby-Motorradwerkstatt, in der Arbeiten und Reparaturen durchgeführt werden, die über die Behebung einer Panne am Straßenrand hinausgehen.

Zwei Drehmomentschlüssel: Einen großen mit Einstellbereich 40 bis 200 Nm und einen kleinen mit 5 bis 40 Nm. Diese werden zwingend beim Aus- und Einbau der Räder benötigt sowie bei Arbeiten an Kettenritzel und Kettenrad, Lichtmaschinenrotor (»Schwungrad«) und Kupplung; bei Rahmen, Telegabel, Federbein und Schwinge.
Ölauffangwanne mit integriertem Öltank für den Ölwechsel
Fächer-Fühlerlehre von 0,05 bis 1,0 mm zum Prüfen des Ventilspiels
Batterieladegerät 12 Volt, elektronisch geregelt
Kupferpaste (oder Keramikfett) für Dichtungen, Schraub- und Klemmstellen am Auspuff
Silikondichtpaste für Gehäusedichtflächen
Flachspitzzange klein und **Seitenschneider**
Messing- und **Stahldrahtbürsten** in verschiedenen Größen
Schlosserhammer mit 250 Gramm sowie ein rückschlagfreier **Kunststoffhammer**
Satz **Durchschläge**, auch »Splint-Austreiber« genannt
Messschieber mit Messbereich von 0 bis 250 oder 0 bis 300 mm
Isolierter **Seitenschneider** (»Elektro-Knipser«)
Digitales **Multimeter** und **Prüflampe**

Und wenn Sie jetzt noch Geld übrig haben, kaufen Sie sich noch Folgendes:
Schlagschrauber, mit dem lassen sich z. B. große, sehr fest angezogene Schrauben und Muttern (wie z. B. die der Kupplungsnabe) relativ einfach öffnen (Bild 14). Es gibt Druckluft- oder Akku-Schlagschrauber.
Akkubohrmaschine mit Bohrersatz von 2 bis 12,5 mm.
Druckluft-Kompressor, Druck bis 8 bar, mit Druckluftpistole, Reifenfüllmanometer (Bild 15).
HeliCoil-Gewindereparaturkits M5, M6, M8 und M10 sowie für das Zündkerzengewinde.

■ Weiter hinten in diesem Kapitel zeigen wir die richtige Anwendung von HeliCoil.
Heizplatte mit 25 cm Durchmesser oder einen starken Werkstatt-**Heißluftföhn**.
Lötkolben mit 150 Watt Leistung.
Schleifbock: Er ist immer nützlich, und wenn man daran nur ab und zu Bohrer scharf schleift und sich am Funkenflug freut.

Werkzeugwagen, Hebebühne

Als Ablage beim Schrauben direkt am Motorrad benutzen wir einen Besteckkasten (Bild 3). Darin lassen sich momentan benötigte Werkzeuge und abgebaute Kleinteile wunderbar ablegen. Für kleines Geld gibt es diese Besteckkästen in

Bild 14: Ein drehmomentstarker Schlagschrauber mit Druckluftantrieb leistet gute Dienste beim Öffnen der Befestigungsmuttern an Kupplungsnabe (Bild) und Kettenritzel oder der Schraube des Schwungrads.

Bild 15: Druckluft-Kompressor mit Luftpistole, Reifenfüller und langem Schlauch.

jedem Haushaltswarenladen (z. B. bei IKEA, dort sind sie besonders billig!). Man kann auch (ausgespülte!) Joghurt-Becher sammeln, um darin Muttern, Schrauben und Kleinteile nach Baugruppen geordnet abzulegen.

Werkzeug muss nicht nur vorhanden, sondern auch auffindbar sein. Und weil es mit der Ordnung immer so eine Sache ist, empfehlen wir, das am meisten benötigte Werkzeug im fahr- und faltbaren Hazet-Werkzeugwagen »Assistent« aufzubewahren. Dieser ist innen größer, als er von außen aussieht. Das Grundmaß des »Assistent« beträgt 725 mm x 398 mm, aufgezogen ist er etwas mehr als einen Meter hoch, zusammengeschoben kaum noch die Hälfte (Bild 16).

Bild 16: Der fahr- und faltbare Werkstattwagen »Assistent« ist seit vielen Jahren ein Klassiker in den Werkstätten von Hobby- und Profischraubern.

Perfekt ist eine Hebebühne. Sie erleichtert alle Schraubarbeiten am Motorrad, denn man kann die Maschine in die gewünschte Arbeitshöhe bringen, muss sich also nicht bücken. Preiswerte Hebebühnen gibt es in den Shops der Motorrad-Zubehörketten.

Öl und Fett

Öl: Öl ist das wichtigste Werkstatthilfsmittel. Ein stilvolles Ölkännchen (Bild 17) muss auf jede Werkbank, weil ein Tropfen Öl vor der Montage an Schrauben und Muttern gehört. Natürlich kann man auch Öl-Allzweckspray oder WD-40 verwenden, aber die häufige Benutzung von Spray wird mit der Zeit richtig teuer.

In das Ölkännchen gehört gutes Qualitätsöl. Also eine weitere Warnung vor dem Baumarkt: Dort kein »prima Ölkännchen mit 150 ml Allzwecköl für nur 1,95 Euro« kaufen, das ist viel zu teuer für Schmierfusel. Besser ist es z. B. die letzten Reste aus Motoröldosen oder -flaschen zu sammeln, indem man die Ölflasche zum Austropfen kopfüber in einen Becher stellt (Bild 18) und so »Tropföl« sammelt. Das ist nun beileibe kein übertriebener Geiz, aber warum die scheinbar leere Öldose wegwerfen, wenn sich noch ein paar Kubikzentimeter gutes (und teueres!) Motoröl darin befinden?

Bild 17

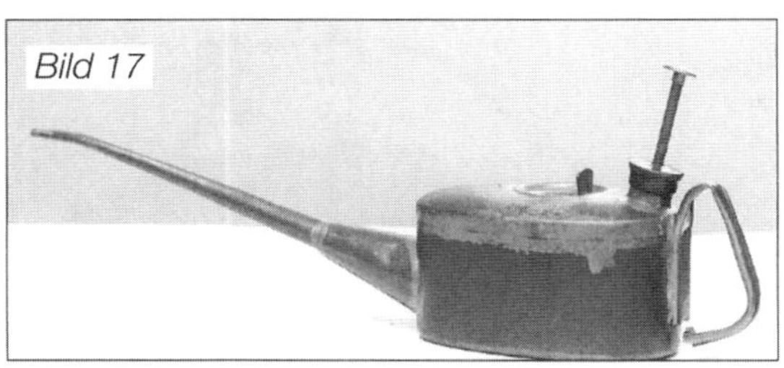

Bild 18

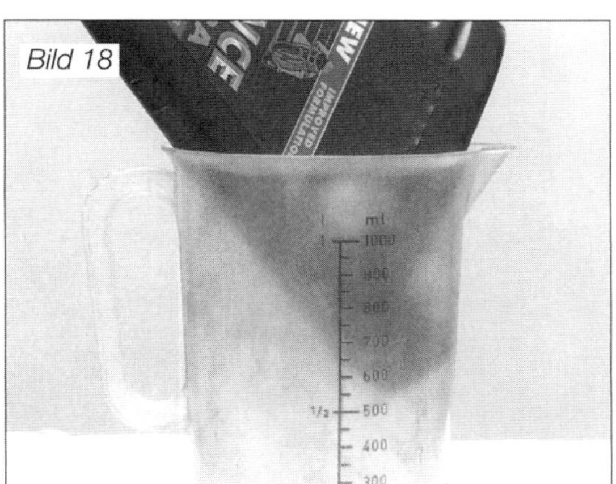

Bilder 17 und 18: Aus scheinbar leeren Öldosen kommt immer noch so viel Öl heraus, dass es als Tropföl im stilvollen Ölkännchen zum täglichen Hilfsmittel wird.

Fett: Schmierfett ist neben Öl ein weiteres wichtiges Grundhilfsmittel in der Motorradwerkstatt. Motorrad-Schmierfett sollte möglichst (Salz-)wasserresistent sein. Wir brauchen in unserer Hobbywerkstatt zwei Fettarten (Bild 19):

- »**Schweres Wälzlagerfett**« ist für langsam drehende Bauteile wie Lenkkopf- und Schwingenlager, Gelenkbolzen von Fußrasten, Schalt- und Bremshebel. Man spürt beim Reiben zwischen den Fingern, dass das schwere Fett ziemlich steif ist. Deswegen ist es für schnell drehende Bauteile wie z. B. Radlager nicht geeignet, hält aber dafür sehr hohe Drücke aus.
- »**Leichtes Wälzlagerfett**« schmiert man in schnell drehende Bauteile wie Radlager und

auch Radlager-Simmerringe beim Radeinbau. Wie die Bezeichnung »leicht« schon sagt, ist das Fett »leicht« und besonders geschmeidig. Wenn man es zwischen den Fingern verreibt, wird es extrem glitischig. Man spürt während des Reibens quasi den Schmierfilm, und danach lässt sich das Fett kaum mehr von der Haut abwaschen. Weiteres zu Öl und Fett weiter hinten im Kapitelabsatz »Richtig schrauben«.

Werkstatthilfsmittel

Die meisten der von uns benötigten Werkstatthilfsmittel (Bild 20) werden vom Chemiegiganten Henkel hergestellt, wie z. B. flüssige Schraubensicherungen (»**Loctite**«) und Dichtmittel. Im Internet unter *www.loctite.de* findet man Loctite-Produktbeschreibungen und kann sich über deren Anwendung informieren. Suzuki-Händler sind in der Regel gut sortiert und haben alle Werkstatthilfsmittel auf Lager.

Zu den weiter vorne im Text schon besprochenen Fetten sollte man noch haben: Bremsenreiniger, Kontaktspray, Molykote 111 (Silikonfett), Dichtmittel 3-Bond (Flächendichtmittel), Loctite 243 (Schraubensicherung »mittelfest«) und Loctite 2701 »hochfest«, wie es für die Bremsscheiben-Schrauben gebraucht wird.

Spezialwerkzeug

Spezialwerkzeug: Für tiefer gehende Arbeiten werden spezielle Werkzeuge benötigt. Man kann diese beim Suzuki-Händler kaufen, aber sie sind teuer. Auf die verschiedenen originalen Suzuki-Spezialwerkzeuge und preiswerte, weil selbst herzustellende Alternativwerkzeuge gehen wir in den entsprechenden Kapiteln ein.

Hakenschlüssel (Bild 21)**:** Wird benötigt zur Einstellung der Lenklagerung. Kaufen Sie am besten zwei exakt auf die Nutmuttern Ihrer Maschine passende Schlüssel – Hakenschlüssel sind nicht teuer, sie gehören zur Werkzeug-Grundausstattung.

Kupplungsnabenhalter (Bild 22)**:** Wird benötigt zum Halten der Kupplungsnabe, wenn die Zentralmutter gelöst oder festgezogen werden muss.

Rotorhalter (Bild 23)**:** Wird benötigt zum Halten des Lichtmaschinenrotors, wenn die Zentralschraube gelöst oder festgezogen werden muss.

■ Wenn der Rotorhalter zum Kauf zu teuer ist:

Mit einem der schon erwähnten Schlagschrauber kann man die Verschraubungen von Lichtmaschine und Kupplungsnabe öffnen, ohne mit einem weiteren Werkzeug gegenzuhalten.

Schweres Fett ist für langsam drehende Lager und Bauteile, wie z. B. Lenkkopf- und Schwingenlager. *Bild 19*

Leichtes Fett für schnell drehende Lager, z. B. Radlager, und zum Schmieren von Simmerringen.

Bild 19: Zur Schmierung bestimmter Bauteile ist schweres oder leichtes Fett nötig.

Bild 20: Wichtige Werkstatthilfsmittel wie Bremsenreiniger (1), Kältespray zum Einbau von Lagern (2), Kontaktspray für Elektrostecker (3), Lagerfett (4), Loctite-Schraubensicherung »mittelfest« (5) und »hochfest« (6), Chrom-Politurpaste (7), Dichtmasse für Gehäusedeckel (8), Molykotefett (9).

Bilder 21 und 22: Spezialwerkzeuge.

Bild 20

Bild 21

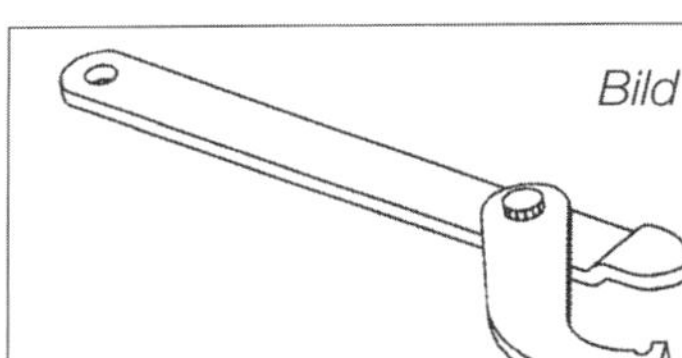

Verstellbarer Hakenschlüssel

Bild 22

Kupplungsnabenhalter

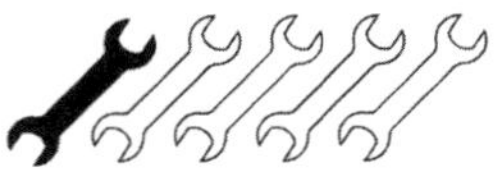

Allerdings wird beim Festziehen der Lichtmaschinen-Zentralschraube ein Drehmomentschlüssel benötigt, wobei man den Rotor gegenhalten muss – und genau dazu wird das Spezialwerkzeug »Rotorhalter« benötigt!

Limarotor-Abzieher (Rotorausbau-Werkzeug, Bild 23): Dieser wird zwingend benötigt zur Demontage des Lichtmaschinenrotors, denn nur mit ihm kann man den Rotor vom Kurbelwellenstumpf abbauen. In Bild 23 sind Rotorhalter und Abzieher im Einsatz gezeigt.

Bild 23: Diese Suzuki-Spezialwerkzeuge sollten bei der Montage des Lichtmaschinenrotors vorhanden sein. Die Rotor-Befestigungsschraube wird sinnvollerweise mit einem Schlagschrauber geöffnet; beim Festziehen ist ein Drehmomentschlüssel nötig.

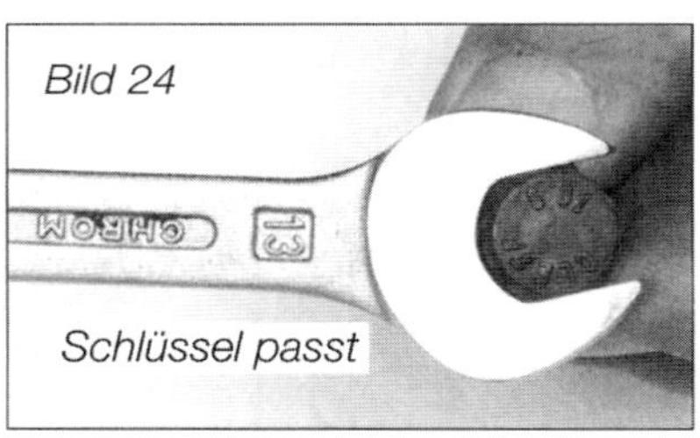

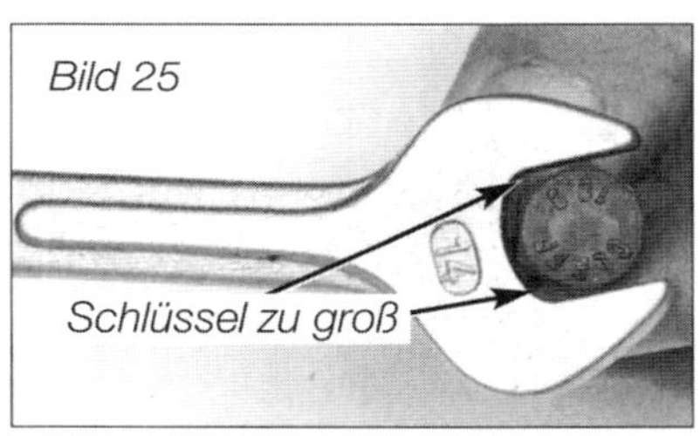

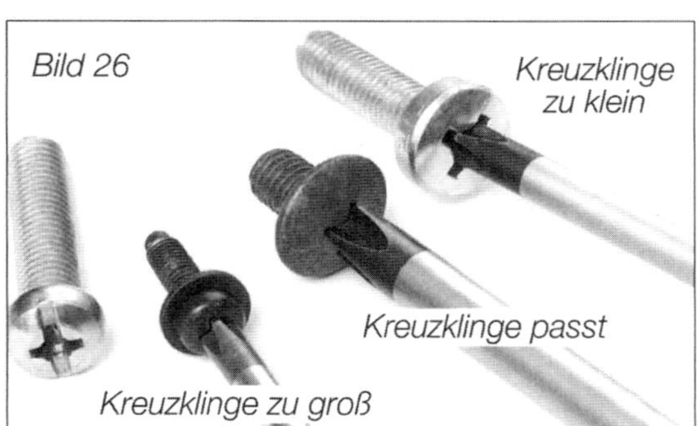

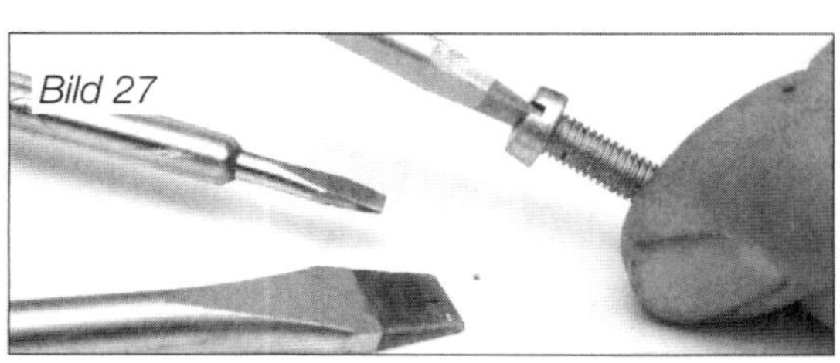

Bilder 24 bis 27: Immer passendes Werkzeug verwenden. Ein zu großer Schlüssel vermurkst beim ersten Ansatz den Schraubenkopf, ein zu kleiner Schraubenzieher rutscht durch, ein zu großer versaut den Schlitz im Schraubenkopf.

Gewindeschneider, HeliCoil: Unter die Rubrik »Spezialwerkzeug« fällt auch ein kompletter Satz Gewinde-Schneid- und Bohrwerkzeuge. Damit lassen sich Außen- wie Innengewinde anfertigen oder nachschneiden, wenn z. B. Reste von Loctite daran hängen, Farbe oder Rost. Weiter hinten im Kapitelabsatz »Gewinde reparieren« zeigen wir den Umgang mit Gewinde-Reparaturmittel »HeliCoil«.

Kühler- und Verschlussdeckel-Prüfgerät: Wird benötigt zum Prüfen des Öffnungsdrucks des Kühlersystemdeckels und zum »Abdrücken« des Kühlsystems bei einer Prüfung auf Lecks. Weil dieses Teil selten gebraucht wird, kann man mit dem Deckel auch zum Suzuki-Händler gehen und dort prüfen lassen.

Lagereintreiber: Wird benötigt zum Einbau von Lagern. Man kann sich aber auch mit passenden Nüssen helfen (siehe dazu Absatz »Radlager wechseln« in Kapitel 5 »Räder«).

Gabeldichtring-Treiber mit Treibhülse: Wird benötigt zum Einbau von Gleitbuchsen, Dichtringen (»Gabelsimmerringen«) und Staubmanschetten, wozu das Gabelbein zerlegt werden muss.

Mit mechanischer Erfahrung und einer Drehbank kann man sich ein solches Einbauwerkzeug selbst machen; im Kapitel 10 »Telegabel« gehen wir darauf ein.

Richtig schrauben

Gut schrauben zu können ist keine angeborene Gottesgabe, sondern eine Sache der realen Einschätzung: Was habe ich bisher gelernt, kann ich schon, traue ich mir zu, kann ich noch lernen? Und: Von was lasse ich die Finger weg, weil Wissens- und Könnenstand sowie der Werkzeugbestand nicht ausreichend genug sind? Das Wissen um die eigenen Fähigkeiten ist beste Voraussetzung, um ein guter Schrauber zu sein – oder zu werden.

Ordnung halten in der Bude!
Wer Ordnung hält, ist nur zu faul zum Suchen. Eine blödere Ausrede als diese gibt es nicht, wenn man in eine Garage oder Hobbywerkstatt kommt, wo alte Dichtungen und Ölfilter auf gebrauchten Reifen gestapelt sind, leere Bierflaschen und Pizzapappen vor sich hin stinken. Ähnlich der Ordnung in der Werkstatt verhält es

sich mit der Sauberkeit der Maschine: Bevor man anfängt an irgendeiner Baugruppe zu schrauben, sollte man die Maschine gründlich waschen, denn an verdreckten Bauteilen und verschmutzten Schrauben lässt sich Werkzeug nur unsicher ansetzen.

Sicherer Werkzeuggebrauch
Am Anfang dieses Kapitels haben wir es schon gesagt, hier wiederholen wir es: Mit schlechtem Werkzeug kann man keine gute Arbeit machen! Hier ergänzen wir thematisch: Mit gutem Werkzeug muss man auch umgehen können.

Die Bilder 24 bis 27 zeigen, was wir meinen:
- Wenn ein Schraubenkopf oder eine Mutter einen 13er-Schlüssel braucht (Bild 24), dann ist der 14er (Bild 25) das falsche Werkzeug.
- Ein Kreuz- bzw. Schlitz-Schraubenkopf braucht einen passenden Kreuz- oder Schlitz-Schraubenzieher (Bilder 26 und 27). NICHT versuchen, eine Kreuzschlitzschraube mit einem Flachklingen-Schraubenzieher zu öffnen!

Schrauben, Scheiben, Muttern

Stahlschrauben, die in Aluminium wie z. B. Motorgehäuse gedreht werden, müssen mindestens mit der Länge des 1,5-fachen Schraubendurchmessers in das Innengewinde eingeschraubt werden (M6 also 9 mm). In Bild 28 sieht man eine zu kurze Schraube, in Bild 29 eine in der richtigen Länge und zwei zu kurze.

Natürlich ist die serienmäßige Schraube immer die beste Schraube, aber manchmal geht halt eine verloren – deswegen nachstehend einige Grundlagen für die Verwendung von nicht serienmäßigen Schrauben.

- Wenn man keine Schrauben in der passenden Länge bekommt und nur solche, die 5 mm zu kurz oder 20 mm zu lang sind, dann lieber die zu langen kaufen und auf passende Länge zurechtsägen.
- Wenn Schmutz oder Reste von Schraubenkleber an der Schraube haften, diese mit einer Messingbürste reinigen (Bild 30). KEINE Stahlbürste verwenden, denn die scharfen Stahldrähte reißen die Oberflächen des Gewindes auf!
- Bei jeder ausgedrehten Schraube und abgedrehten Mutter vor der Montage das Gewinde begutachten: Bei den in Bild 31 gezeigten Schrauben sind die Gewinde defekt (»überdreht«) und damit sind sie reif für die Mülltonne. Die Begutachtung der Gewinde VOR der Montage (oder gleich nach der Demontage, also dem Ausschrauben!) ist besonders wichtig bei sicherheitsrelevanten Baugruppen wie Fahrwerk mit Rahmen, Federung, Rädern und Bremsen.

Bild 32 zeigt spezielle Scheiben und Muttern: **Unterlag- oder Wellenscheiben** sollen zwischen Stahlmuttern und Aluminium gelegt werden, das verbessert die Flächenpressung und schont das Alu.
Eine **Federscheibe**, auch »Sprengring« genannt, hat zwei »Zacken«, die bis zu einem gewissen Maße das Lösen der Schraube/Mutter verhindern. Nur bei Stahl auf Stahl verbauen!
In eine **Stoppmutter** ist ein Sicherungsring aus Kunststoff (oder ein mehrteiliges Stahlsegment) eingesetzt, der (das) die Mutter auf dem Gewinde der Schraube »verklemmt« und damit sichert. Eine Stoppmutter mit Kunststoff-Sicherungsring soll nur einmal (zulässige Ausnahme: höchstens

Bilder 28 und 29: Bei Stahlschrauben in Alu auf genügend Einschraublänge achten.

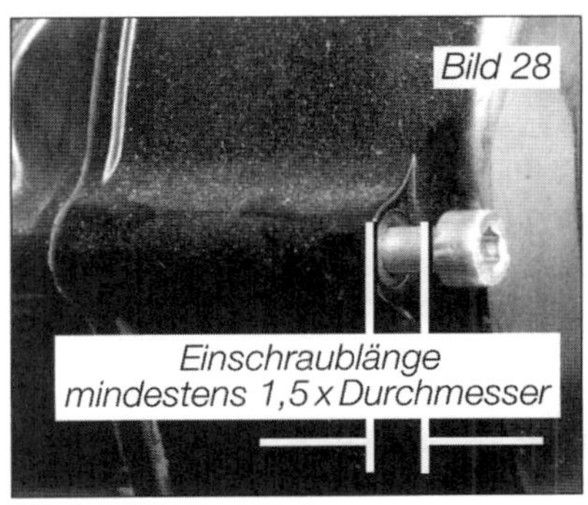

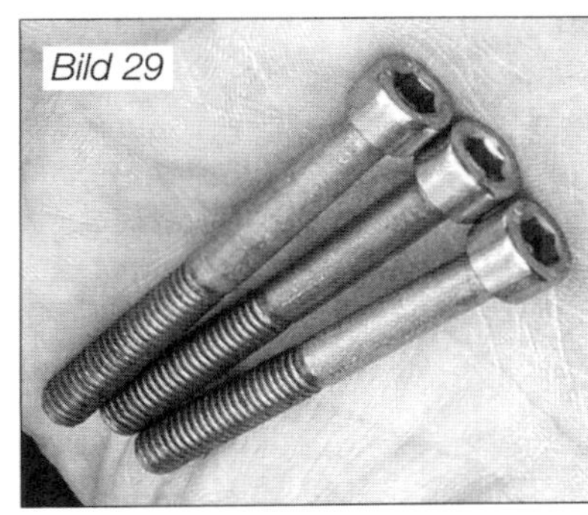

Bild 30: Gewinde immer nur mit einer Messingbürste reinigen.

Bild 31: Schrauben mit defekten Gewinden.

Bild 32: Verschiedene Scheiben und Muttern.

zweimal) verwendet werden; eine Stoppmutter mit mehrteiligem Stahlsegment kann mehrmals verbaut werden.

Eine **Stahlmutter** mit fest angefügter Feinzahnscheibe wird ohne zusätzliche Unterlegscheibe auf Alu oder Stahl verschraubt. Nach zwei- oder dreimaliger Verwendung ist die Verzahnung »flach« und sichert nicht mehr richtig. Für die Befestigung einer Nummernschildschraube ist eine solche Mutter aber immer noch gut genug!

Fetten, Ölen, Kleben, Sichern

■ Wenn blanke Bauteile miteinander verschraubt werden, die Kontaktflächen beider Teile gut mit etwas Fett einschmieren, dann rosten sie nicht zueinander fest, weil Fett zwischen den Passflächen das Eindringen von Feuchtigkeit verhindert. Dies gilt auch für Alu auf Alu oder Alu auf Stahl, denn ohne schützende Fettschicht dazwischen bildet sich mit der Zeit böse Korrosion!
■ Wenn Schrauben und Muttern verarbeitet werden, immer einen Tropfen Öl auf/in ihre (gereinigten!) Gewinde und Anlageflächen geben.
■ Loctite »mittelfest« hält jede Schraubverbindung zuverlässig zusammen. Bei extrem belasteten Schraubverbindungen, wie z. B. den Befestigungsschrauben der Bremsscheiben, ist Loctite »hochfest« vorgeschrieben. Bei Schrauben einen Tropfen auf (Bild 33), bei Muttern in das Gewinde (Bild 34) geben.
Wichtig: Wenn Loctite verwendet wird, beide Gewinde sorgfältig von Öl und Fett reinigen, am besten mit Bremsenreiniger.

Bilder 33 und 34: Zur Gewindesicherung einen Tropfen Loctite auf die Schraube bzw. in die Mutter geben.

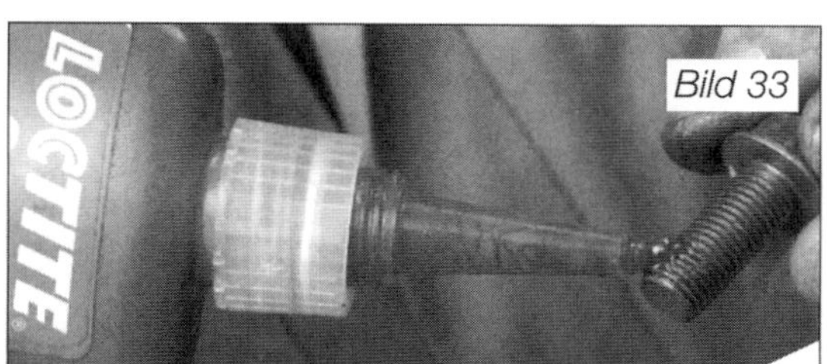

Bild 35: Farbmarkierung zur Sichtprüfung.

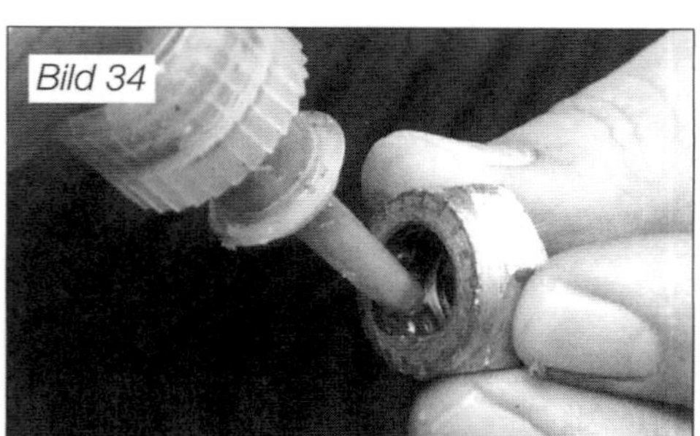

Farbmarkierung: Profis zeichnen jede Schraube (Mutter), die sie mit dem vorgeschriebenen Anziehdrehmoment angezogen haben, mit einer Farbmarkierung (Bild 35). Sollte sich eine Schraubverbindung wider Erwarten öffnen, sieht man das an den zueinander verdrehten Farbstrichen!

Anziehdrehmomente

Um eine notwendige Verbindungs-Haltekraft ausüben zu können, muss eine Schraube (Mutter) in dem ihr zugeordneten Innengewinde (Außengewinde) mit einem bestimmten Anziehdrehmoment festgezogen werden. Nur damit ist garantiert, dass die durch die Schraube (Mutter) zueinander verspannten Bauteile ausreichend fest sind und sich die Schraubverbindung nicht von alleine löst (z. B. durch Vibrationen).

Wichtig zu wissen:
■ Werden Schrauben/Muttern zu leicht angezogen, besteht die Gefahr, dass sich die Schraubverbindung lockert.
■ Werden Schrauben/Muttern zu fest angezogen, werden ihre Gegengewinde »weich«, reißen bzw. brechen dabei aber (noch) nicht, die Schraubverbindung erscheint »gefühlt fest«. Später lockert sie sich und fällt ab.

In den Kapiteln nennen wir die Anziehdrehmomente. Im Kapitel 29 »Anziehdrehmomente« sind alle von Suzuki vorgeschriebenen Anziehdrehmomente aufgelistet.

Seegerringe

Zum Aus- und Einbau von Seegerringen werden spezielle Zangen benötigt: Innenseegerringe werden zusammengedrückt (Zange Bild 36) und aus der Bohrung gezogen, Außenseegerringe auseinandergezogen (Zange Bild 37) und von der Welle abgezogen. Ausgebaute Seegerringe sollen durch Neuteile ersetzt werden. Ausnahme: Wenn man den Seegerring ganz vorsichtig ausbaut, damit er dabei nicht bleibend verformt wird, kann man ihn noch einmal verwenden.

Beim Einbau muss die scharfe Kante des Seegerrings in Druckrichtung (also quasi »nach außen«) eingebaut werden (Bilder 38 und 39). Auch muss der Seegerring richtig satt in seiner Nut sitzen: Lieber zwei- als nur einmal nachsehen, ob er wirklich richtig sitzt!

Simmerringe

Simmerringe, auch »Wellendichtring« genannt, dichten drehende (Radlager) oder zueinander gleitende Bauteile (Gabelbeine) zu den stehenden Teilen nach außen und/oder innen ab. Simmerringe müssen mit der Aufschrift nach außen eingebaut werden, egal wie der Simmerring geformt ist!

Wichtig beim Einbau (Bild 40):

- Einmal ausgebaute Simmerringe nicht mehr einbauen, also immer Neuteile verwenden.
- Simmerring mit leichtem Wälzlagerfett einfetten (Bilder 40a und 40c), niemals »trocken« über die Welle schieben oder in seinen Sitz einpressen!
- Die dünne Spannfeder (Bild 40b) im Simmerring muss vorhanden sein – sie keinesfalls entfernen in dem Glauben, dass dann die Welle (oder das Rad) leichter läuft!

Flächendichtmittel

Spezielle Kraftfahrzeug-Silikondichtmasse, öl- und fettverträglich mit einer Temperaturbeständigkeit von −40 °C bis 250 °C wird benötigt, wenn Bauteil auf Bauteil ohne zwischengelegte Papierdichtung verbaut wird.

Mit Silikondichtmasse kann man eine normalerweise eingebaute (und vorgeschriebene!) Papierdichtung ersetzen, wenn keine neue zur Hand ist (z. B. bei Nachtarbeit, wie das bei Hobby-Motorradschraubern so üblich ist).

Bei Silikondichtmasse beachten:

- Bei einer _neuen_ Papierdichtung keine zusätzliche Silikondichtmasse verwenden.
- Wenn eine _gebrauchte_, ausgehärtete Papierdichtung verwendet werden muss, dann beide Seiten dieser Dichtung leicht und gleichmäßig mit Silikondichtmasse einschmieren (Bild 41).
- Vor dem Zusammenfügen der Bauteile die Silikondichtmasse ca. 10 Minuten »ablüften« lassen.

Bei der SV 650 kann der Gebauch von Dichtmasse nötig werden, wenn man unterwegs einen Kupplungsschaden hat, den Kupplungsdeckel abbauen muss und sich beim Zusammenbau herausstellt, dass die Dichtung unterm Kupplungsdeckel zerrissen ist (siehe dazu auch Kapitel 25 »Kupplung«). Auch wenn die Dichtung zwar ganz, aber schon stark ausgehärtet ist, kann man sich mit beidseitig dünn aufgebrachter Silikondichtmasse helfen.

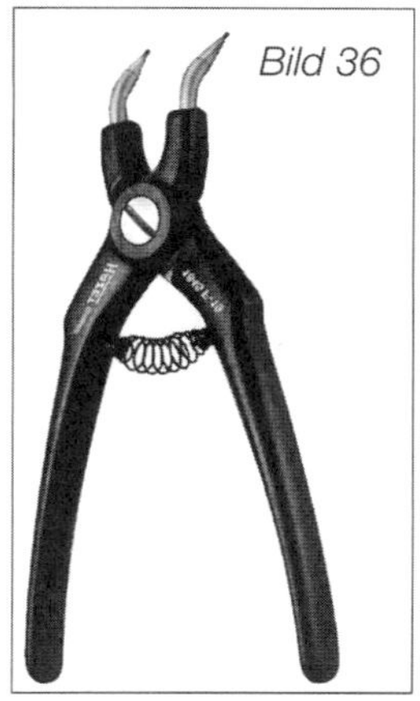
Bild 36

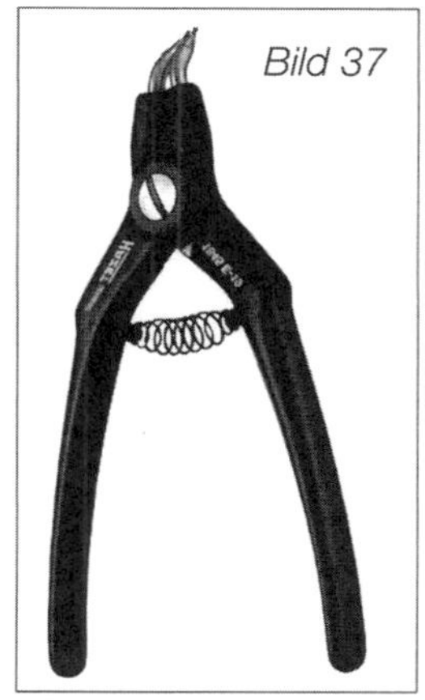
Bild 37

Bilder 36 bis 39: Im Lauftext sind die zu den Bildern gehörenden Arbeitsschritte nummeriert beschrieben.

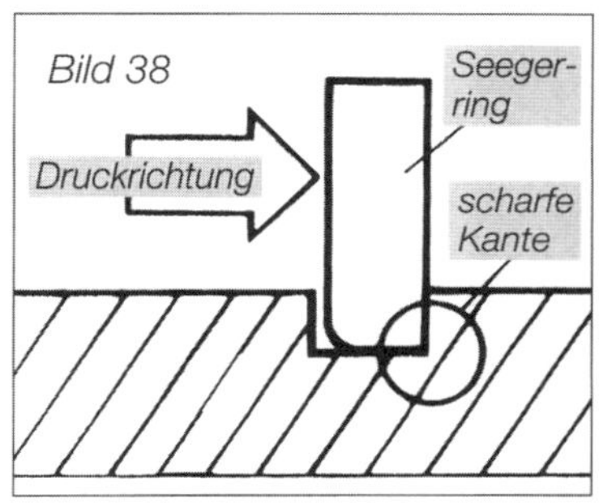

Bild 38

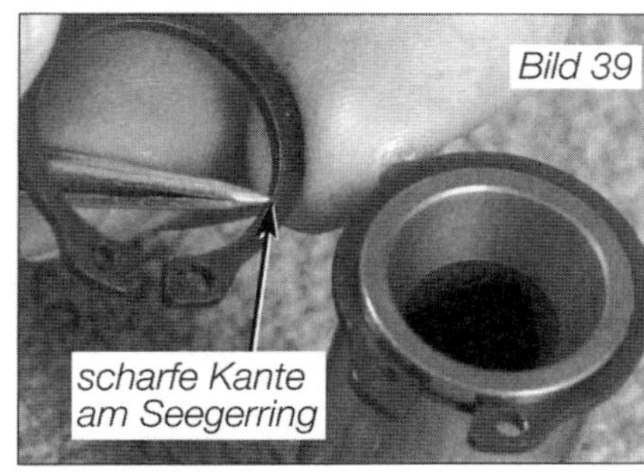

Bild 39

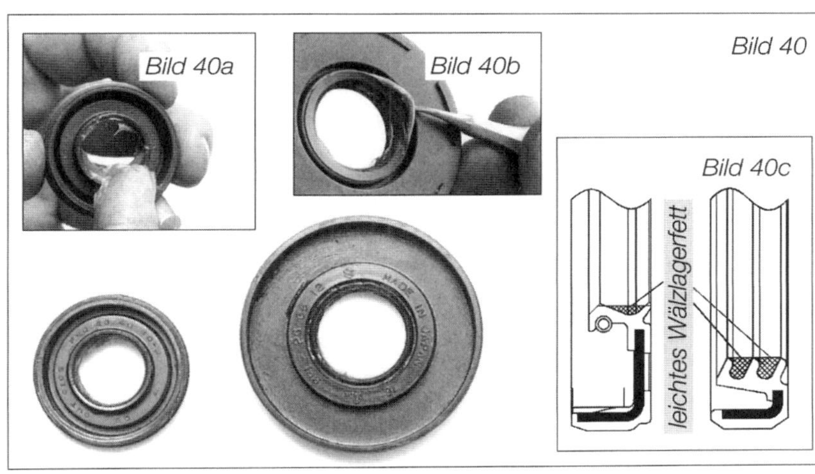

Bild 40

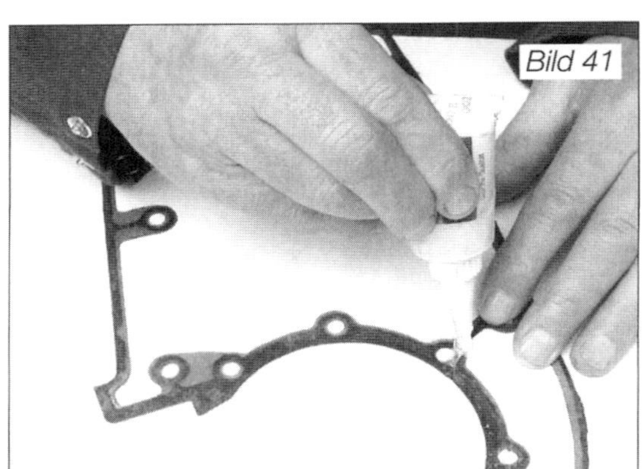
Bild 41

Bild 40: Simmerringe mit der Aufschrift nach außen einbauen. Vor Zusammenbau mit leichtem Wälzlagerfett einschmieren (Bilder 40a und 40c).

Bild 41: Silikondichtmittel verwenden, wenn eine Papierdichtung ein weiteres Mal eingebaut wird.

Sichtprüfung Messen

Bilder 42 bis 50:

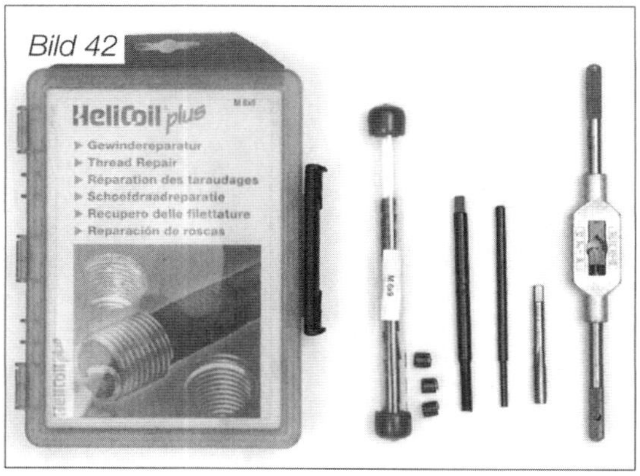

Bild 42

■ 42: Kompletter HeliCoil-Reparaturkit.

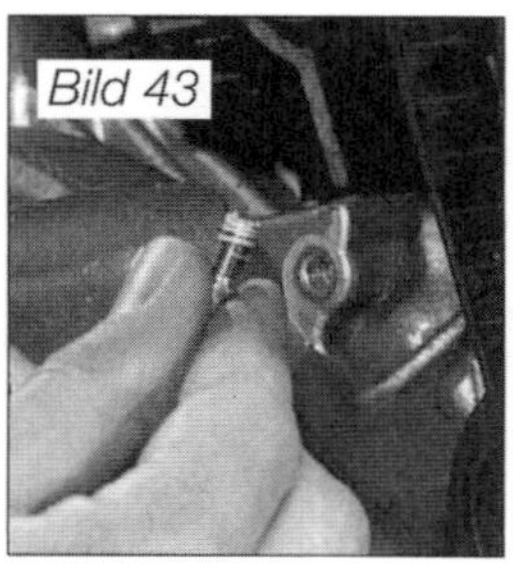

Bild 43

■ 43: Defektes Gewinde, überdrehte Schraube.

Bild 44

■ 44: Schraubenreste ausbohren, sauberes Kernloch erzeugen.

Bild 45

■ 45: Neues Aufnahmegewinde für den HeliCoil-Gewindeeinsatz schneiden.

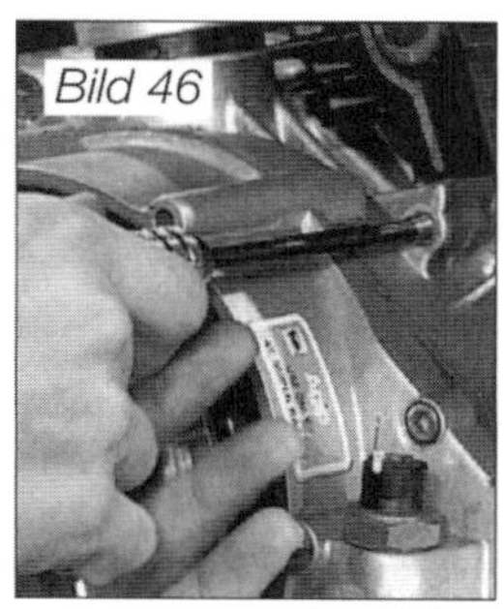

Bild 46

Bild 47

■ 46 und 47: HeliCoil-Gewindeeinsatz mit der Einbauspindel montieren.

Bild 48

■ 48: Zapfen brechen und entfernen.

Bild 49

■ 49: Perfekt ist das neue Gewinde mit HeliCoil-Gewindeeinsatz.

Bild 50

■ 50: Schraube eindrehen und anziehen, fertig!

Gewindereparatur mit HeliCoil

An älteren Motorrädern sind oft Gewinde beschädigt oder zerstört, weil häufiges Lösen und Anziehen zu Verschleiß oder Zerstörung des Gewindes geführt haben. Es kann auch sein, dass Schrauben oder Muttern mit zu großen Anziehdrehmomenten angezogen wurden und deswegen das Gewinde »ausgerissen« ist. Es kann auch durch Korrosion (»Rost«) zwischen Schraube und Bauteilwerkstoff zum »Festbacken« gekommen sein, und beim Versuch die Schraube zu lösen wird das Mutterngewinde zerstört.

Zerstörte Gewinde können mit geringem Aufwand und Kosten einfach und zuverlässig repariert werden, indem das defekte Innengewinde ausgebohrt und ein aus gewickeltem Draht bestehender Gewindeeinsatz eingedreht wird: »HeliCoil« nennt sich dieses Reparaturverfahren, das von der Firma Böllhoff Verbindungstechnik GmbH in Bielefeld hergestellt und weltweit vertrieben wird (*www.helicoil.de*).

HeliCoil bietet so genannte »Repairkits« in den Abmessungen von M2 bis M36 an. Ein HeliCoil-Repairkit (Bild 42) kostet ca. 40 Euro, ist im Fachhandel erhältlich und enthält:

- Kernlochbohrer mit dem Kernloch-Gewindedurchmesser für das neue Gewinde.
- HeliCoil-Gewindebohrer.
- HeliCoil-Einbauwerkzeug, das ist eine Einbau-Gewindespindel mit einem kleinen Ansatz vorne.
- 20 HeliCoil-Drahtgewindeeinsätze aus hoch korrosionsbeständigem Stahl der Legierung 1.4301 (Festigkeit mehr als 1.400 N/mm^2).

Gewinde reparieren

Am Beispiel eines ausgerissenen M6-Gewindes in einem Motorblock (Bilder 43 bis 50) erklären wir die Gewindereparatur mit HeliCoil:

1. Schritt: Wenn der Rest einer abgebrochenen Schraube (Bild 43) im alten Gewinde steckt: Den sichtbaren Schraubenrest exakt mittig ankörnen und mit scharf geschliffenem Bohrer, der 0,5 mm kleiner ist als der alte Gewinde-Nenndurchmesser (Beispiel M6: Bohrer 5,5 mm), das abgebrochene Gewindestück vorsichtig ausbohren.

2. Schritt: Mit dem im HeliCoil-Repairkit befindlichen Bohrer das beschädigte Gewinde komplett ausbohren (Bild 44). Der Bohrerdurchmesser entspricht dem Kerndurchmesser des neuen Aufnahmegewindes für den HeliCoil plus-Drahtgewindeeinsatz.

3. Schritt: Aufnahmegewinde für den HeliCoil-Drahtgewindeeinsatz mit dem beiliegenden Gewindebohrer schneiden (Bild 45).
Wichtig: Damit keine Späne in Gewindebohrungen hineinfallen, den Gewindebohrer vor dem Gewindeschneiden in Fett eintauchen, dann bleiben die Späne am Gewindebohrer haften.
4. Schritt: Gewinde reinigen, z. B. mit Druckluft ausblasen. ALLE Späne entfernen!
5. Schritt: HeliCoil-Drahtgewindeeinsatz mit der Einbauspindel montieren. Dieses ist sehr einfach, der Drahtgewindeeinsatz wird mit der Spindel wie eine Schraube in das vorbereitete Aufnahmegewinde eingedreht (Bilder 46 und 47).
6. Schritt: Nach der Montage des Drahtgewindeeinsatzes dessen Mitnehmerzapfen abbrechen (Bild 48).
■ Zapfenwerkzeug zuvor in etwas Fett tauchen, ganz in den Drahtgewindeeinsatz einführen, mit einem kleinen Hammer einen leichten Schlag auf das Zapfenwerkzeug geben und den abgebrochenen Mitnehmerzapfen aus dem Drahtgewindeeinsatz entfernen.
Wichtig: Bei der Reparatur von Durchgangsbohrungen muss Obacht gegeben werden, dass der abgebrochene Mitnehmerzapfen nicht in den Motor zwischen empfindliche Mechaniken gerät!

Eine solche Gewindereparatur ist innerhalb von zehn Minuten ohne Schweißaufwand erledigt. Nach der Reparatur mit HeliCoil ist das Gewinde um ein Vielfaches belastbarer als das Originalgewinde. Das Gewinde wurde nicht etwa »geflickt«, sondern seine Qualität wurde deutlich verbessert: Der HeliCoil-Drahtgewindeeinsatz aus Edelstahl macht das Gewinde verschleißfester und korrosionsbeständiger. Zukünftige Wartungsarbeiten können diesem Gewinde nichts mehr anhaben (Bilder 49 und 50).

Bücher

Titel: Fachkunde Kraftfahrzeugtechnik
ISBN-Nummer: 978-3-8085-2239-4
Preis: 37,80 Euro
www.europa-lehrmittel.de

Wer seine Technikkenntnisse erweitern und vervollständigen möchte, dem sei das Buch »Fachkunde Kraftfahrzeugtechnik« aus dem Europa-Lehrmittel-Verlag ans Herz gelegt. Bei dem 688 Seiten starken Werk handelt es sich zwar um ein Übungsbuch und Nachschlagewerk für Auszubildende des Kfz-Handwerks, dennoch werden auch Laien mit geringen Vorkenntnissen nicht überfordert.

Die Themen reichen von Werkstoffkunde über Elektrotechnik bis hin zur genauen Beschreibung der Baugruppen eines Kraftfahrzeugs. Fotos und Zeichnungen sind farbig, außerdem liegt dem Buch eine CD mit über 2000 Prüfungsfragen bei. »Fachkunde Kraftfahrzeugtechnik« legt zwar den Schwerpunkt auf Automobile, doch die Zweiradtechnik kommt nicht zu kurz.

Titel: Motorradtechnik
Autor: Jürgen Stoffregen
ISBN-Nummer: 978-3-8348-0104-3
Preis: 29,95 Euro
www.vieweg.de

Ein Stück tiefer und (vor allem!) motorradspezifischer als das zuvor beschriebene Buch behandelt der ehemalige BMW-Pressesprecher Jürgen Stoffregen die Materie. Das mittlerweile schon in siebter Auflage im Vieweg-Verlag erschienene Werk »Motorradtechnik – Grundlagen und Konzepte von Motor, Antrieb und Fahrwerk« hat 470 Seiten und bietet neben 357 Fotos und Zeichnungen auch 21 Tabellen.

Berechnungsformeln bei vielen Kapiteln vervollständigen das Buch, das unter Spezialisten als Referenzwerk gilt. Aber: Ein gewisser Grundstock technischer Kenntnisse sollte bei der Lektüre vorhanden sein.

Wichtige Adressen:

■ **Gedore** (Werkzeuge)
Gedore Tool Center KG
Remscheider Straße 149
D-42899 Remscheid
www.gedore.de
www.gedore.at
www.omnitool.ch

■ **GL Motorradtechnik**
(Beta-Werkzeug, Montageständer, Messwerkzeuge)
Truchtelfinger Straße 110
D-72458 Albstadt
www.gl-motorradtechnik.de

■ **Hazet** (Spezialwerkzeuge für Kraftfahrzeuge)
Hazet Werk, Postfach 10 04 61
D-42804 Remscheid
www.hazet.de
www.karlernstag.ch

■ **Helicoil Gewindeeinsätze Böllhoff GmbH & Co. KG**
Archimedesstraße 1–4
D-33649 Bielefeld
www.boellhoff.de

■ **Kern Montagetechnik**
(Montageständer, Hebebühnen)
Gewerbestraße 13–16
D-79364 Malterdingen
www.kern-stabi.de

■ **Loctite Deutschland GmbH**
(Schraubenkleber, Dichtmittel)
Henkel AG & Co. KGaA
Gutenbergstraße 3
D-85748 Garching
www.henkel.de
www.loctite.de
www.loctite.ch

■ **Profi Products** (Kettenfluchttester, Spurprüfsysteme)
Flörsheimer Ring 6
D-67705 Trippstadt
www.profi-products.de
www.faie.at
www.gcg-gering.ch

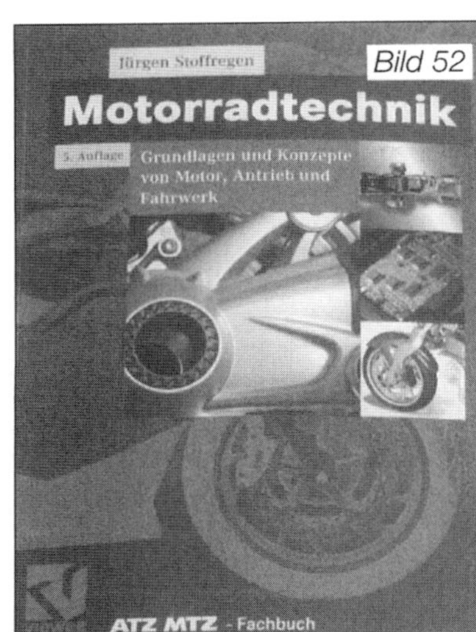

Bilder 51 und 52: Für spannende und gleichzeitig lehrreiche Leseabende empfehlen wir diese beiden Technikfachbücher ganz besonders.

Verkleidung · Tank · Rahmen

In diesem Kapitel: Tipps für Arbeiten an der Verkleidung · Verbindungsnippel · Verkleidungsteile ab- und anbauen · Tank ab- und aufbauen · Tank reinigen, entrosten · Nummern und Aufkleber · Lenkanschlag prüfen · Seitenständer ab- und anbauen · Fußrasten erneuern, Fußrastenhalterung · Motor aus- und einbauen.

Bilder 1 bis 4: Bezeichnung der Verkleidungsteile an den verkleideten und unverkleideten Modellen.

Arbeiten an der Verkleidung

In den Bildern 1 bis 4 sind die Verkleidungsteile der unterschiedlichen Grundmodelle der Modelljahre 1999 bis 2009 bezeichnet. Im Laufe des Kapitels zeigen wir An- und Abbau der so bezeichneten Verkleidungsteile.

Wichtig: Bitte schauen Sie alle Zeichnungen und Fotos genau an, bevor Sie sich an den Abbau von Verkleidungsteilen machen; vergleichen Sie diese mit den Teilen an Ihrer Maschine.

Und: Achten Sie besonders auf Schrauben, Scheiben und Gummibuchsen.

Beim Ab- und Anbau aller Verkleidungsteile sowie des vorderen und hinteren Kotflügels beachten:

- Kein Verkleidungsteil mit Gewalt abziehen oder einstecken, denn vor allem mit fortschreitendem Alter spröde gewordener Kunststoff kann leicht brechen!
- Merken Sie sich gut, wie Sie die Verkleidungsteile abgebaut haben. Sie werden in umgekehrter Reihenfolge wieder angebaut. (Noch einmal: Zeichnungen zu Hilfe nehmen!)
- Legen Sie abgebaute Verkleidungsteile auf sauberen Lappen ab (altes Bettzeug) oder hängen Sie sie mit S-Haken an die Wand.
- Platzieren Sie abgeschraubte Verkleidungsteile außerhalb jeglicher Fußreichweite, denn während des Schraubens an der Maschine tritt man rasch auf ein am Boden liegendes Teil. Im Extremfall bricht es, garantiert zerkratzt es.

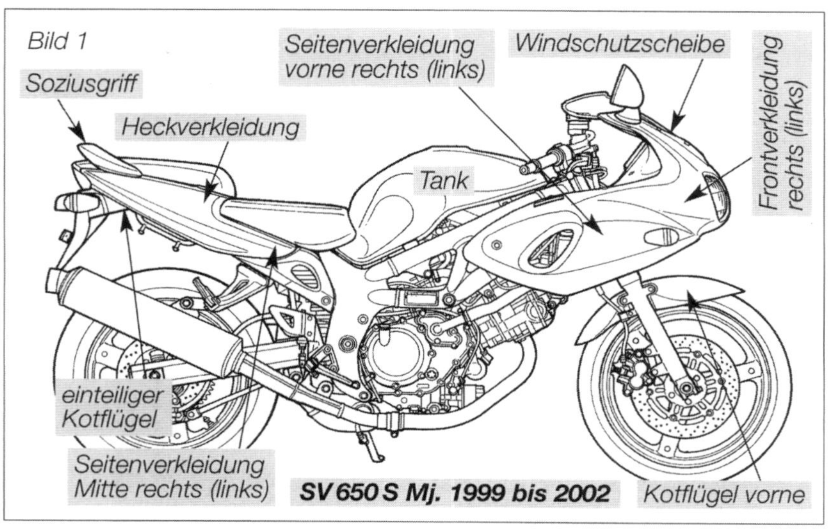

Bild 1 – **SV650 S Mj. 1999 bis 2002**

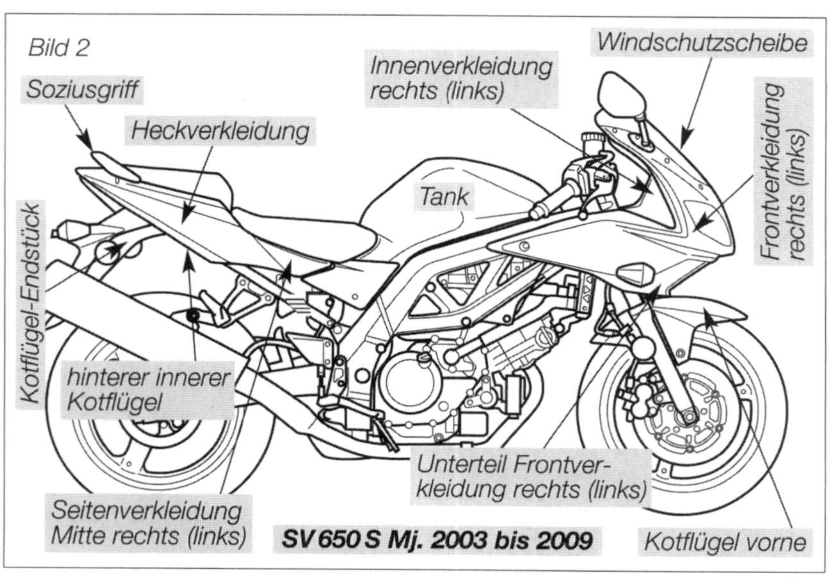

Bild 2 – **SV650 S Mj. 2003 bis 2009**

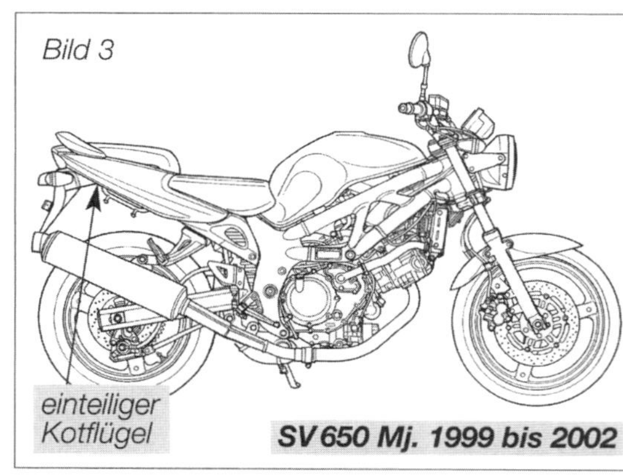

Bild 3 – **SV650 Mj. 1999 bis 2002**

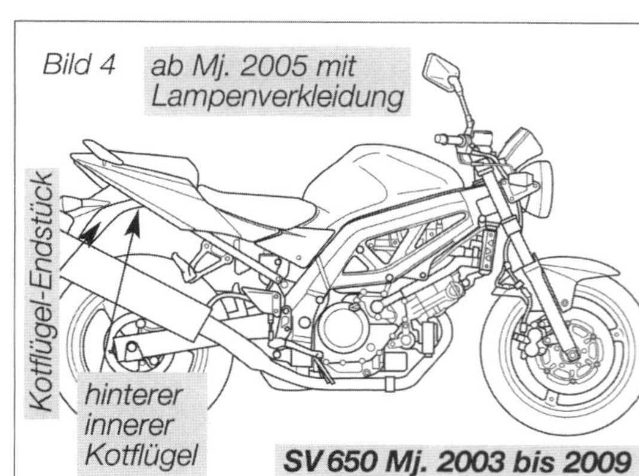

Bild 4 – **SV650 Mj. 2003 bis 2009**

■ Schrauben Sie immer mit exakt passenden Werkzeugen – wenn Sie Billigwerkzeug nehmen, werden die Schraubenköpfe beschädigt und sehen dann vermurkst und damit hässlich aus.
■ Bei der Montage im Suzuki-Werk werden die Verkleidungsschrauben »trocken« eingeschraubt, also ohne Öl. Wenn die Maschine einige Zeit auf dem Buckel hat, sind die Schrauben korrodiert. Gönnen Sie den Verkleidungsschrauben beim Wiedereinschrauben etwas Öl oder Silikonpaste.
■ Wenn man die Gummibuchsen, in welche die kleinen Zapfen der Seitenverkleidungen eingesteckt werden (Bilder 5 und 5a) vor der Montage reinigt und leicht mit Silikonpaste einstreicht, bleiben sie flexibel und weich.
■ Achten Sie beim An- und Zusammenbau der Verkleidung darauf, dass keine Kabel, Stecker oder Bowdenzüge eingeklemmt werden, dies gilt besonders für die Seitenverkleidungen vorne rechts und links sowie die Front- und Innenverkleidungen. Wenn es doch passiert, nehmen Sie das Verkleidungsteil wieder ab und verlegen Kabel, Stecker oder Bowdenzüge sauber und klemmfrei.
■ Die Schrauben der Windschutzscheibe werden in so genannte »Gummimuttern« eingeschraubt (»*Gm*« in Bilder 16), die sich beim Festziehen der Schraube in sich spannen. Ziehen Sie die Schrauben mit viel Gefühl an – denn wenn sie zu fest angezogen werden, besteht die Gefahr, dass die Verkleidungsscheibe reißt oder die Gummimutter zerstört wird.

Verbindungsnippel

An einigen Stellen der Verkleidung sind Verbindungsnippel (»*Vn*«) aus Kunststoff eingesetzt: Im unteren Bereich der Frontverkleidung und im unteren Bereich der Heckverkleidung (Bilder 10, 12, 14, 16 und 17), sie werden auch »Nietschnapper« oder »Druckniet« genannt (Bilder 6 bis 9). Wenn man nicht weiß, wie die Dinger funktionieren und aufs Geratewohl an ihnen herumdrückt, bricht man leicht überstehende Teile ab – der Verbindungsnippel ist kaputt, aber immer noch nicht draußen. Dabei ist seine Bedienung einfach.

■ **Lösen:** Mit einem spitzen Dorn in der Mitte leicht eindrücken, so dass der Mittelzapfen einschnappt (Bild 7). Der entspannte Verbindungsnippel kann jetzt herausgezogen werden.
■ **Befestigen:**
1. Ausgebauten Verbindungsnippel mit eingedrücktem Mittelstück zwischen zwei Finger nehmen, mit Daumen der anderen Hand Bolzen ganz zur Oberseite durchschieben, es klickt zweimal (Bild 8).
2. Jetzt Verbindungsnippel satt in Befestigungsbohrung einsetzen (Bild 9) und Mittelstück bis zum Kopf bündig einschieben; wenn es fühl- und hörbar klickt, ist er richtig befestigt.
■ **Pflege:** Weil diese Verbindungsnippel die Teile nur zusammenhalten, aber nicht fest verspannen, sind sie während der Fahrt hohen Vibrationen ausgesetzt. Wenn sie ausgebaut sind, sollten sie gepflegt werden, dann behält der innere Spannbolzen mit den Zacken seine Freigängigkeit.
1. Verbindungsnippel mit Bürste in heißem Wasser reinigen.
2. Zwei Tropfen Silikonpaste auf einen spitzen Schraubenzieher nehmen und in Verbindungsnippel einbringen.
3. Innenteil einige Male hin und her bewegen, um das Silikonfett gleichmäßig zu verteilen – fertig.

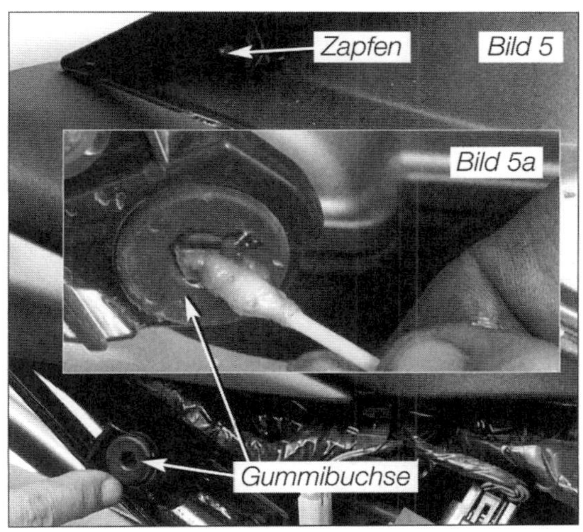

Bilder 5 und 5a: Gummibuchsen mit Silikonpaste fetten, dann bleiben sie elastisch.

Bilder 6 bis 9: Kunststoff-Verbindungsnippel, auch »Nietschnapper« oder »Druckniet« genannt und ihre Bedienung beim Aus- und Einbau.

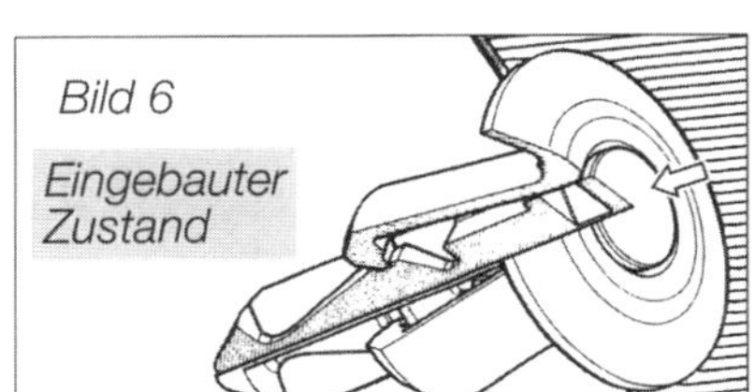

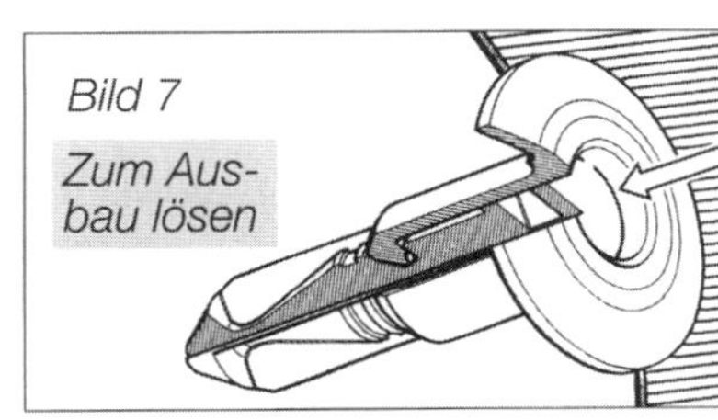

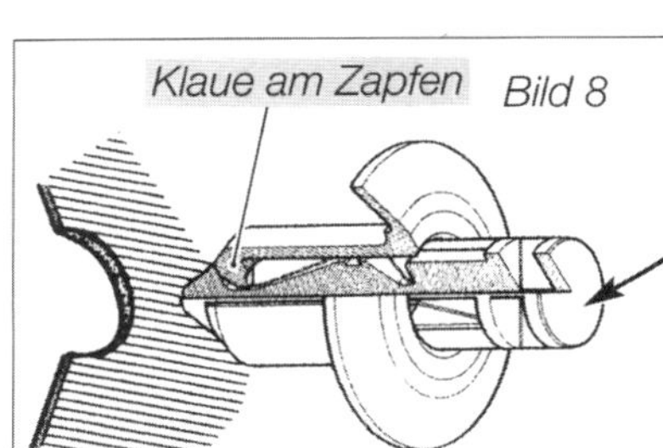

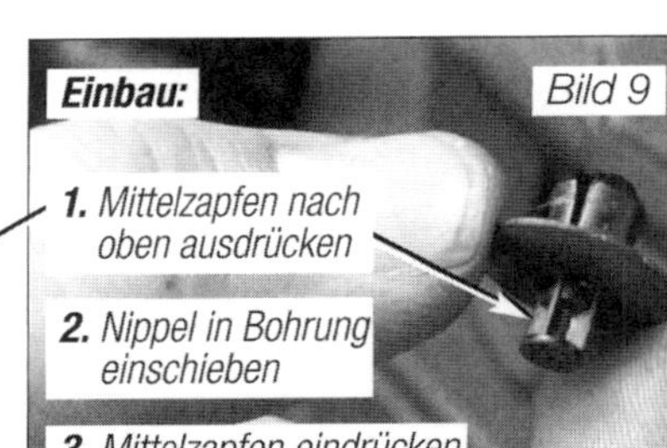

Verkleidungsteile ab-/anbauen

SV 650 S, Modelljahre 1999 bis 2002
Windschutzscheibe (Bild 10): Scheibe ist mit vier Schrauben befestigt.
- Zwei hinten rechts und links von innen.
- Zwei vorne rechts und links von oben eingeschraubt.

Hintere Schrauben ausdrehen, Innenverkleidungen links und rechts abnehmen, vordere Schrauben ausdrehen, Windschutzscheibe nach hinten-oben wegziehen.

Frontverkleidung abbauen (Bild 10)
1. Windschutzscheibe abbauen wie im Text weiter vorne beschrieben. Beide Rückspiegel abschrauben.
2. Frontverkleidung links und rechts abbauen: Pro Seite fünf Schrauben ausschrauben (Kreise in Bildern 14 und 15) und Verbindungsnippel (***Vn***) ausbauen (Pfeil in Bild 14), Frontverkleidung links und rechts abnehmen.
3. Frontverkleidung Mitte abbauen: Links und rechts je eine Schraube oben und unten zum Verkleidungshalter ausschrauben, Frontverkleidung Mitte abnehmen.
4. Instrumentenabdeckung abbauen: Oben links und rechts und unten Mitte je eine Schraube ausschrauben.
5. Scheinwerfereinheit abbauen: Je zwei Muttern links und rechts abschrauben, mit Unterlagscheiben abnehmen, Lampenkabel ausstecken, Scheinwerfereinheit nach vorne abnehmen.
6. Instrumenteneinheit abbauen: Eine Mutter rechts, eine Mutter Mitte, zwei Muttern links abschrauben, mit Unterlagscheiben abnehmen, Kabel ausstecken, Instrumenteneinheit nach oben abnehmen.

Frontverkleidung anbauen
Anbau grundsätzlich umgekehrt zum Abbau. Bitte beachten Sie, dass einzelne Teile mit verschiedenen Schrauben befestigt sind. Schrauben sind in Bild 10 mit »***S***« bezeichnet.

Bilder 10 bis 15: Verkleidungsteile Modelljahre 1999 bis 2002.

Bilder 11: Befestigung Vorderradkotflügel.

Bild 12: Seitenverkleidungen vorne und ihre Befestigungen.

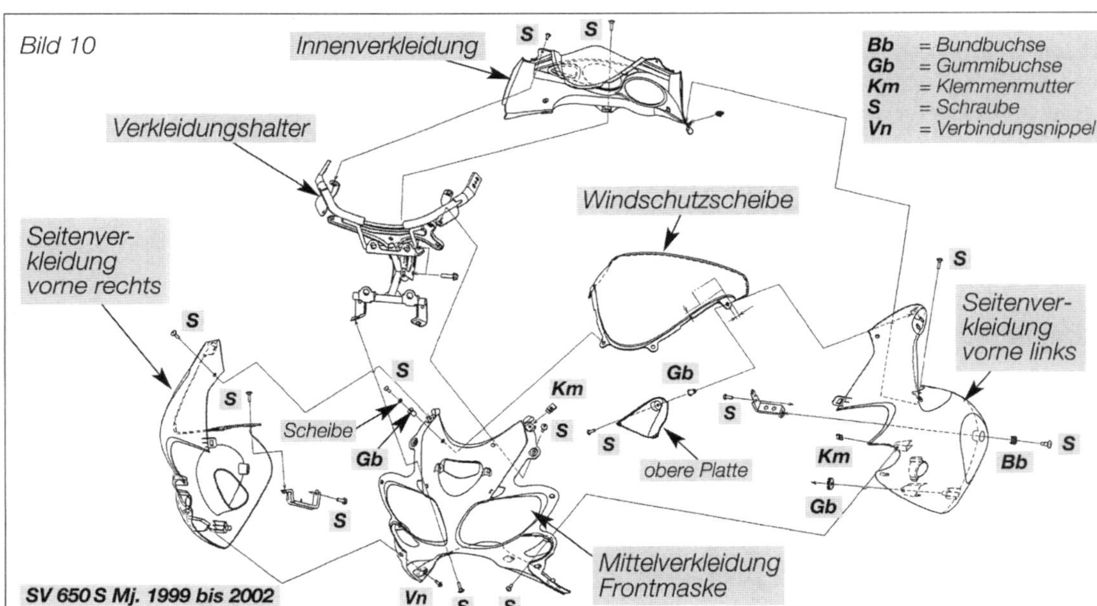

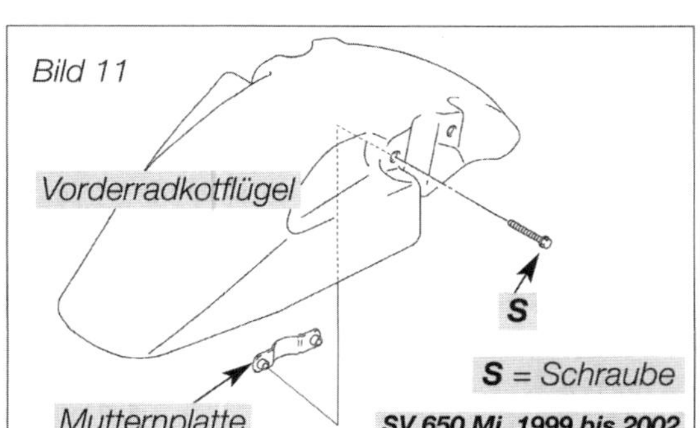

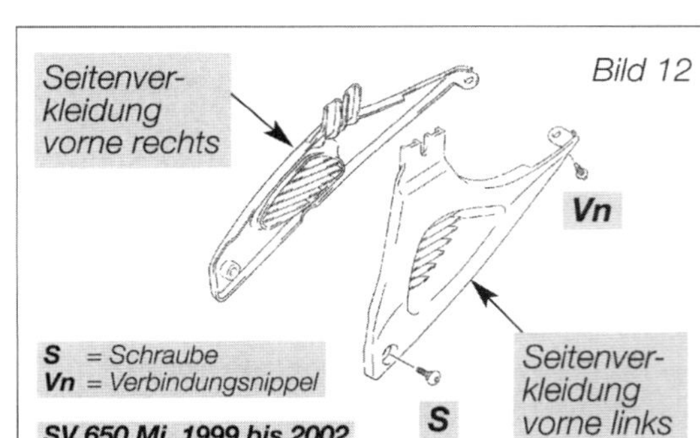

SV 650 Modelljahre 1999 bis 2009
Lampenhalter: Lampenhalter und Blinkerhalter der unverkleideten SV 650 sind ein Bauteil, das an einen Halter zwischen oberer und unterer Gabelbrücke angeschraubt ist.

Verkleidungsteile bei SV 650 und SV 650 S, Modelljahre 1999 bis 2002
Seitenverkleidungen rechts und links (Bilder 10 und 12): Sind jeweils mit einer Schraube vorne und einem Verbindungsnippel hinten-unten befestigt. Nachdem diese ausgeschraubt/ausgebaut sind, Seitenverkleidung nach unten abziehen.

Vorderradkotflügel (Bild 11)
Kabel des Raddrehzahl-Sensors oben am Kotflügel lösen. Je zwei Verbindungsschrauben links und rechts von den Tauchrohren zum Kotflügel ausschrauben, Kotflügel abnehmen.

Hinterradkotflügel
Eine Montage des Hinterradkotflügels ist nur dann nötig, wenn er z. B. durch einen Unfall zerbrochen ist. Kotflügel ist von unten in Heckrahmen eingesetzt und von unten mit vier Schrauben, hinten-oben mit zwei Schrauben am Heckrahmen verschraubt.

Heckverkleidung (Bild 13)
1. Fahrer- und Soziussitz abbauen.
2. Seitenverkleidungen links und rechts abbauen.
3. Schrauben am Soziusgriff lösen, ausdrehen, auf Hülsen und Gummibuchsen achten.
4. Schrauben Heckverkleidung oben lösen, ausdrehen, auf Hülsen und Gummibuchsen achten.
5. Links und rechts je eine Schraube unten im Hinterradkotflügel auf Höhe der Blinker ausschrauben.
6. Nippel Sitzschlosszug am Sitzbankschloss aushängen.
7. Heckverkleidung mit beiden Händen vorne rechts und links anpacken und vorsichtig auseinanderziehen, dann nach hinten abziehen.

SV 650 Modelljahre 2005 bis 2009
Instrumentenverkleidung: Rechts und links mit je zwei Schrauben befestigt. Schrauben ausdrehen, Instrumentenverkleidung vorsichtig abziehen.

SV 650 S, Modelljahre 2003 bis 2009
Scheibe und Frontverkleidung ab- und anbauen (Bild 16)
1. Beide Rückspiegel abschrauben.
2. Verkleidungsscheibe abbauen: Sechs Schrauben ausschrauben, nach hinten abnehmen.
3. Innenverkleidung abbauen: Vier Halteschrauben unten ausschrauben, zwei Verbindungsnippel hinten ausziehen.
4. Deckel der Instrumentenverkleidung links und rechts: Je eine Schraube ausschrauben, Deckel abnehmen.
5. Frontverkleidung abbauen: Stecker der Blinker- und Scheinwerferkabel trennen. Rechts und links je eine Schraube hinten zu den kleinen Verkleidungshaltern und je eine Verbindungsschraube zur Instrumentenabdeckung ausschrauben.

Bild 13: Befestigung der Heckverkleidung bei SV 650 und SV 650 S.

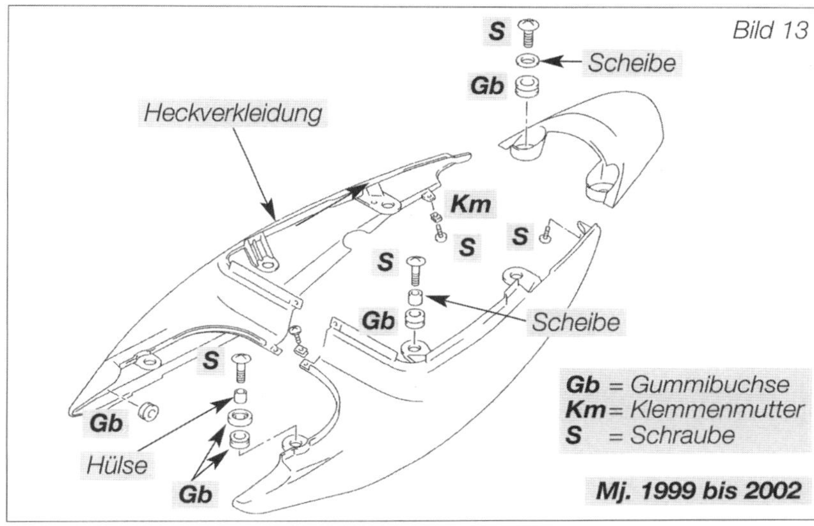

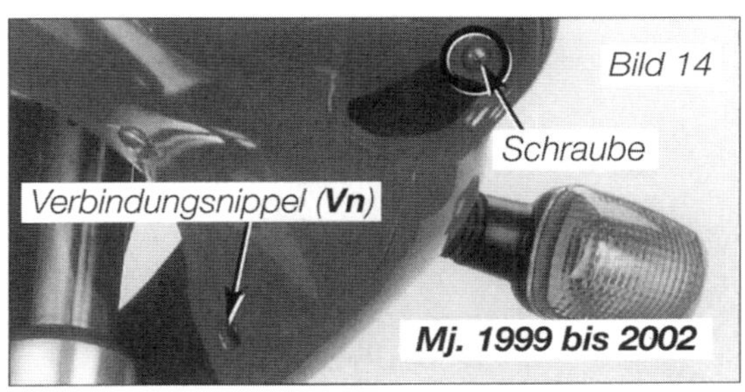

Bild 14: Verbindsnippel und Schraube (Kreise) Frontverkleidung SV 650 S zu Heckverkleidung.

Bild 15: Vier Schrauben (Kreise) der Frontverkleidung.

■ Verkleidung steckt zusätzlich vorne mit zwei Zapfen in Gummitüllen im Verkleidungshalter. Verkleidung nach vorne abziehen.

6. Instrumentenverkleidung abbauen: Verbindungsnippel vorne Mitte ausziehen, Instrumentenverkleidung steckt vorne mit zwei Zapfen in Gummitüllen im Verkleidungshalter. Instrumentenverkleidung nach hinten abziehen.

SV 650/A und SV 650 S/SA, Mj. 2003 bis 2009
Seitenverkleidungen rechts und links

Mit je einer Schraube und zwei Zapfen, die in Gummibuchsen eingesteckt sind, befestigt. Schraube ausdrehen, Seitenverkleidung vorsichtig abziehen.

Vorderrad- und Hinterradkotflügel

Wie weiter vorne schon beschrieben.

Heckverkleidung (Bild 17)

1. Soziussitz abnehmen.
2. Seitenverkleidungen rechts und links abbauen.
3. Fahrersitz abbauen.
4. Befestigungsschrauben Soziusgriff lösen, ausdrehen, auf Hülsen und Gummibuchsen achten. Soziusgriff abnehmen.
5. Die vier an der Unterseite zum Kotflügel eingesetzten Verbindungsnippel ausbauen, plus den oben vor dem Sitzbankschloss.
6. Die vier Schrauben zum Heckrahmen ausschrauben, auf Hülsen/Gummibuchsen achten.

Bild 16: Explosionszeichnung Frontverkleidung SV 650 S Modelljahre 2003 bis 2009.

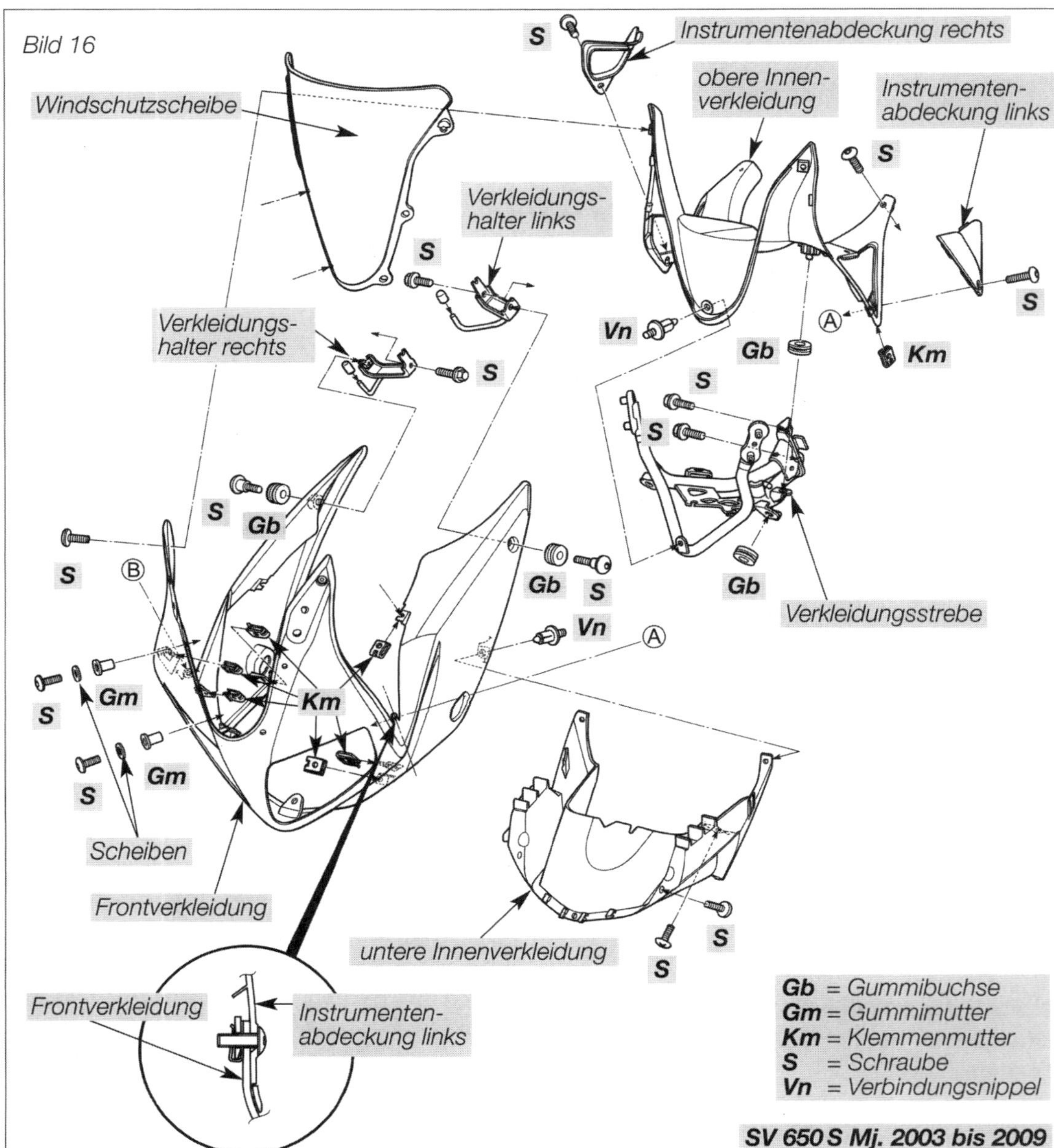

7. Schraube, die beide Verkleidungshälften verbindet, ausschrauben.
8. Nippel Sitzschlosszug am Sitzbankschloss aushängen. Dazu Sitzbankschloss abschrauben.
9. Stecker von Brems- und Rücklicht trennen.
10. Heckverkleidung mit beiden Händen vorne rechts und links anpacken und vorsichtig auseinanderziehen, dann nach hinten abziehen.

Tank ab- und aufbauen

Wenn der Tank abgebaut wird, soll er möglichst leer sein, weil er dann weniger wiegt und die Gefahr geringer ist, dass Sprit ausläuft.

Achtung: Beim Abbau des Tanks nicht rauchen, keine offenen Flammen und kein Funkenflug in weitem Umkreis der Schraubstelle!

Tank hoch stellen
1. Fahrersitz abbauen.
2. Beide Tankbefestigungsschrauben vorne ausschrauben.
3. Tank vorne anheben.
4. Unter dem Soziussitz befindet sich eine Stütze: Damit den Tank zum Rahmen hin abstützen.

Tank abbauen
1. Motor muss nicht nur kalt sein, sondern auch AUSgeschaltet, Zündung AUS, Zündschlüssel am besten abziehen.
2. Tank anheben (Bild 18).
3. Mj. 1999 bis 2002: Stecker an Kabel zum Benzinstandgeber trennen (Bild 19).
3. Mj. 2003 bis 2009: Stecker an Kabel zur Benzinpumpe trennen (Bild 20).
4. Lappen unter Tank schieben und unter Benzinschlauch legen.
5. Mj. 1999 bis 2002: Benzinschlauch und Unterdruckschlauch von Benzinhahn abschieben (Bild 19).
5. Mj. 2003 bis 2009: Kupplung des Benzinschlauchs abziehen:
5.1. Kupplungsstück an beiden Seiten (Bild 21) eindrücken und so entsichern.
5.2. Benzinschlauch bei gedrückten Sicherungen vom Stutzen abziehen (Bild 22).
■ Auslaufendes Benzin auffangen.
6. Mj. 1999 bis 2002: Hinten am Tank ist der Tankbelüftungsschlauch, von Stutzen abschieben.
6. Mj. 2003 bis 2009: Rechts hinten am Tank sind zwei Schläuche, ein dünner und ein etwas dickerer (Bild 23): Beide von den Stutzen abschieben.
7. Tank vorne wieder ablassen.
8. Mj. 1999 bis 2002: Tankbefestigungsschrauben ausschrauben (Kreise in Bild 24).
8. Mj. 2003 bis 2009: Tankbefestigungsschraube ausschrauben (Bild 25).
9. Tank hinten etwas anheben, mit anderer Hand vorne unter Kante greifen, Tank nach hinten oben abnehmen.
10. Tank so auf der Seite lagern, dass aus den Stutzen kein Benzin ausläuft!
■ Ausgelaufenes Benzin sofort aufputzen

Aufbau des Tanks in umgekehrter Reihenfolge. Besonders darauf achten, dass:
Mj. 1999 bis 2002:
■ ... Benzinschlauch und Unterdruckschlauch richtig auf die Stutzen aufgeschoben sind.
■ ... Stecker für Benzinstandgeber richtig zusammengesteckt ist (muss klicken).
■ ... Schlauch für Tankbelüftung richtig auf Stutzen aufgeschoben und knickfrei nach unten verlegt ist.
Mj. 2003 bis 2009:
■ ... Benzinschlauchkupplung richtig aufgesteckt ist, es muss beim Aufschieben hörbar klicken als Zeichen, dass die Sperren verriegelt sind.

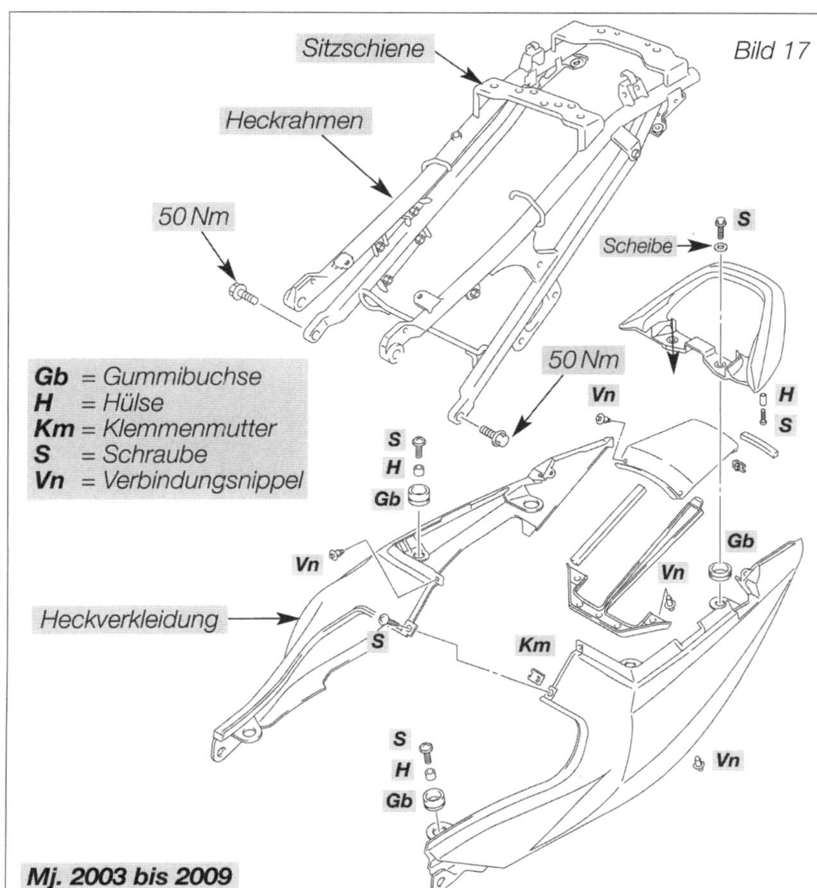

Bild 17: Heck- und Verkleidungsteile ab Mj. 2003 bis 2009.

Sichtprüfung Messen

■ ... Stecker für Benzinpumpe richtig zusammengesteckt ist (muss klicken).
■ ... beide Schläuche knickfrei nach unten verlegt sind.

Wichtig: Entlüftungs- und Überlauf-Ablassschläuche müssen nicht nur knickfrei von oben am Tank bis ganz nach unten verlegt sein, sondern auch rechts unten durch die zugebogene Drahthalterung am Kupplungsdeckel geführt sein. Wenn dies nicht so ist, können die Schläuche an den heißen Auspuff geraten und zusammenschmelzen – was nicht nur Brandgefahr mit sich bringt, sondern auch eine Nicht-Belüftung des Tanks, der Motor bleibt dann stehen und man weiß nicht warum!

Tank reinigen

Der Tank der Suzuki SV 650 ist zwar nicht grundsätzlich rostempfindlich, aber wenn die Maschine über Winter mit leerem Tank im Freien abgestellt war oder der Tank in abgebautem Zustand nicht fachgerecht gelagert wurde, kann sich innen tiefer Rost bilden und den Sprit so verunreinigen, dass das Motorrad immer wieder mit verdreckten Vergasern stehen bleibt. Ein neuer Tank muss her? Der Preis für einen lackierten Originaltank liegt bei mehr als 1000 Euro!

Ein innen angerosteter oder ziemlich vergammelter Tank (Bild 26) muss nicht unbedingt auf dem Schrottplatz landen. Solange der Rost nur an der Oberfläche sitzt, also das Blech noch nicht durchgerostet ist, gibt es verschiedene Methoden zum Entrosten:
■ Man kann z. B. den Tank mit der Menge von zwei Fäusten mit Glasscherben oder Bleikugeln füllen und diesen dann kräftig und ausgiebig schütteln. Erspart fünf Stunden Fitness-Studio!
■ Man kann auch den mit Glasscherben oder Bleikugeln gefüllten Tank dick in mehrere Decken einwickeln, in eine Betonmischmaschine stecken und diese ein paar Stunden lang laufen lassen.

Kleine Bleikugeln kann man in Waffengeschäften als Bleischrot für Schrotflinten kaufen. Wenn Glasscherben verwendet werden sollen, müssen diese möglicht klein sein. Zu diesem Zweck alte Flaschen fest in ein dickes Tuch einwickeln und so lange mit dem Hammer drauf dreschen, bis die Scherben klein genug (»bröselig«) sind.

Allerdings führen diese Methoden meist nicht zum erhofften Erfolg, weil die verwinkelten Ecken

Bilder 18 bis 25: Im Lauftext sind die zu den Bildern gehörenden Arbeitsschritte beschrieben.

Bild 23: Schläuche für Tankentlüftung und Überlauf müssen sicher auf ihren Stutzen angebracht sein und knickfrei nach unten verlaufen, wo sie in einer Öse geführt sind.

Bild 18

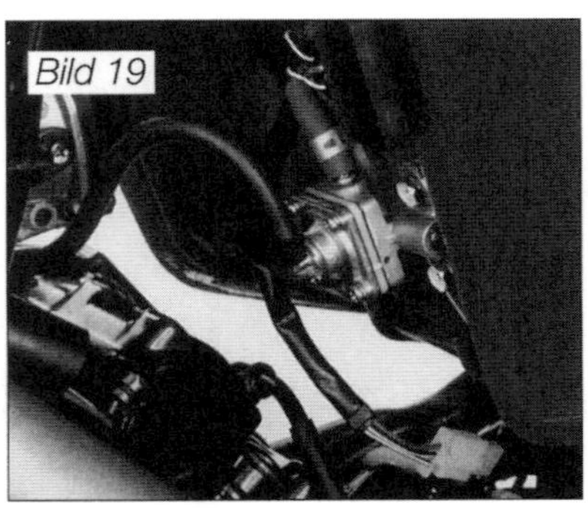
Bild 19

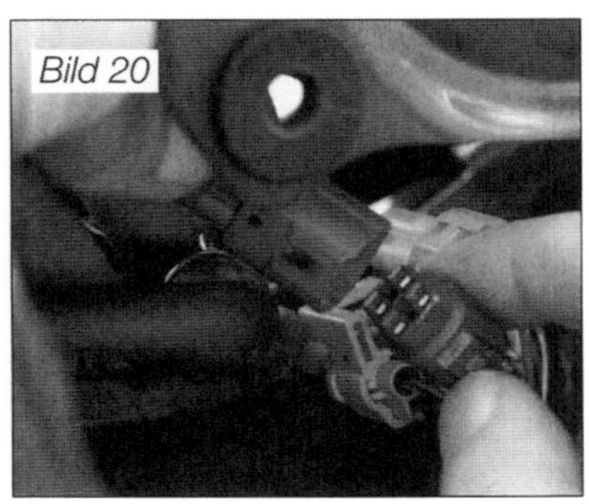
Bild 20

Bild 21

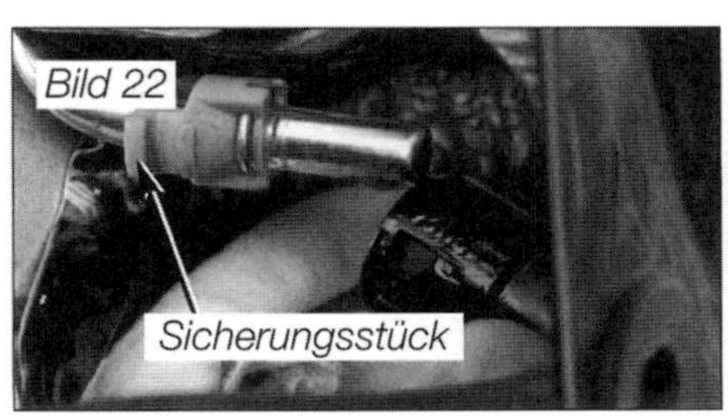

Bild 22

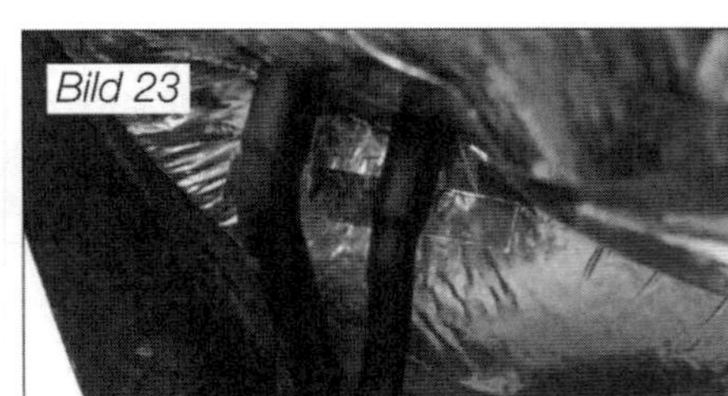
Bild 23

Bild 24

Bild 25

innerhalb des Tanks von den Bleikugeln oder Glassplittern nicht erreicht und deswegen der Rost nicht abgeschliffen wird. Schon der kleinste Rest-Rostfleck reicht zur Bildung eines neuen Rostnestes aus, und alle Mühe war umsonst.

Eine gründliche Reinigung eines Tanks, und sei er noch so verrostet, ist Sache von Spezialbetrieben. Der Preis richtet sich je nach Zustand und Größe des Tanks und liegt zwischen 150 und 200 Euro. Je nach Wunsch und Umfang der Arbeiten erhalten Sie gegen entsprechenden Aufpreis einen perfekt sandgestrahlten Tank mit kompletter Innenversiegelung.

Nummern und Aufkleber

- **Fahrgestellnummer:** Dient zur Identifikation der Maschine, ist rechts am Lenkkopf eingestanzt (Bild 28) und ein zweites Mal auf dem Typenschild zu finden, das auf dem rechten (Mj. 1999 bis 2002) bzw. linken (Mj. 2003 bis 2009) unteren Rahmenrohr aufgenietet/aufgeklebt ist. Beide Nummern müssen gleich sein und mit Nummer im Fahrzeugbrief/Fahrzeugschein übereinstimmen.
- **Motornummer:** Auf linker Seite im Motorgehäuse eingeschlagen (Bild 29). Ist nicht identisch mit Fahrgestellnummer, hat keine zulassungsrechtliche Bedeutung und ist auch weder im Kraftfahrzeugbrief noch Fahrzeugschein bzw. Zulassungsbescheinigung Teil I oder II vermerkt. Dennoch ist zu empfehlen, sie für eigene Zwecke zu notieren. Ebenfalls sollte die Motornummer bei Verkauf des Fahrzeugs oder Gebrauchtkauf im Kaufvertrag festgehalten werden.
- **Reifenkleber:** Ist auf Kettenschutz zu finden (Bild 30), es sind serienmäßige Bereifung und empfohlener Reifenluftdruck vermerkt (siehe Kapitel 4 »Reifen«)

Lenkanschlag

Rechts und links unten am Lenkkopf sind zwei Angüsse zu sehen, das sind die »rahmenfesten Lenkanschläge«. Als Gegenstücke sind auf der unteren Gabelbrücke zwei nach oben zeigende »Warzen«, diese begrenzen die Lenkbewegung nach rechts und links (Bild 31). **Ganz wichtig:** Lenkanschlag am Rahmen und besonders die Gegenstücke auf unterer Gabelbrücke gelegentlich kontrollieren. Weist auch nur eines davon Risse auf oder ist gar abgebrochen, ist dies ein sicherer Hinweis auf einen Unfall der Maschine (wichtig beim Gebrauchtkauf!).

Seitenständer

Hinweis: Prüfung des Seitenständerschalters (Bild 32) gelegentlich durchführen, wie das geht steht in Kapitel 2 »Modelle · Wartung · Pflege«. Der Seitenständer ist hohen Belastungen ausgesetzt, er hat viel Gewicht zu tragen, wenn das Motorrad darauf abgestellt wird. Beim Einklappen muss er sich leicht bewegen lassen und zuverlässig nach oben an den Anschlag in die Waagerechte schnappen. Deswegen muss das Gelenk immer gut geschmiert sein (Bilder 33 und 34).

Wenn der Seitenständer-Lagerbolzen längere Zeit trocken (also ungeschmiert) betätigt wird, verschleißen Lagerbolzen und Lagerstelle; das

Einer der führenden Tankreinigungs- und Beschichtungsspezialisten:
»Der Tank-Spezialist«
Roland Behrend
Sandstraße 8a
D-49733 Wesuwe
www.tank-spezialist.de

Bild 26: Blick in einen rostigen Tank

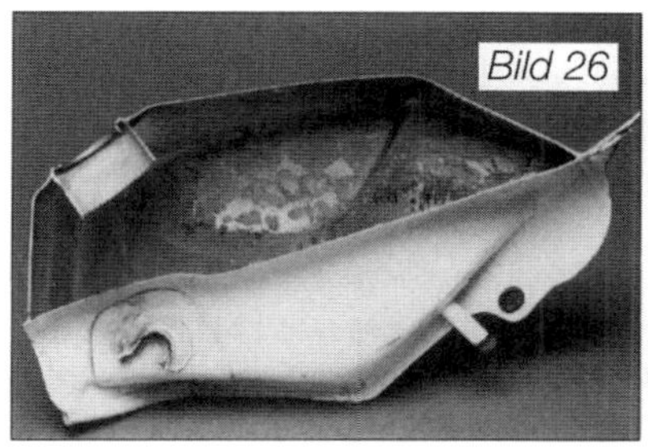

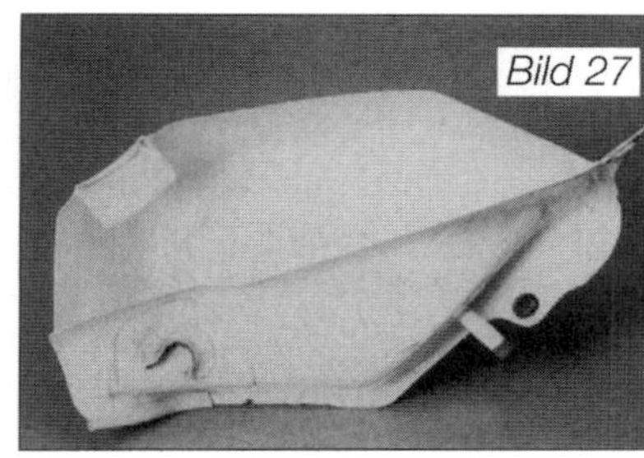

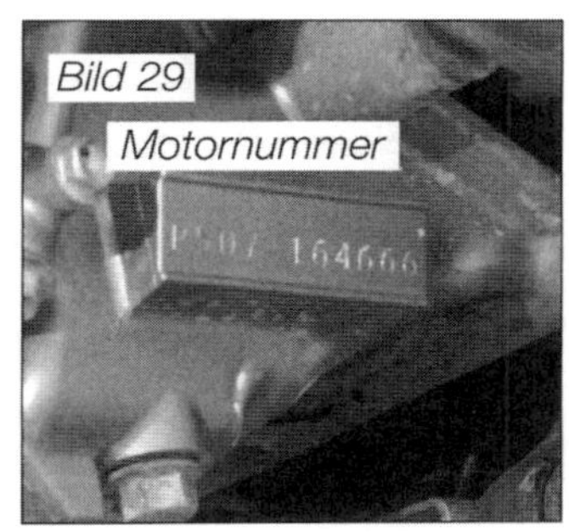

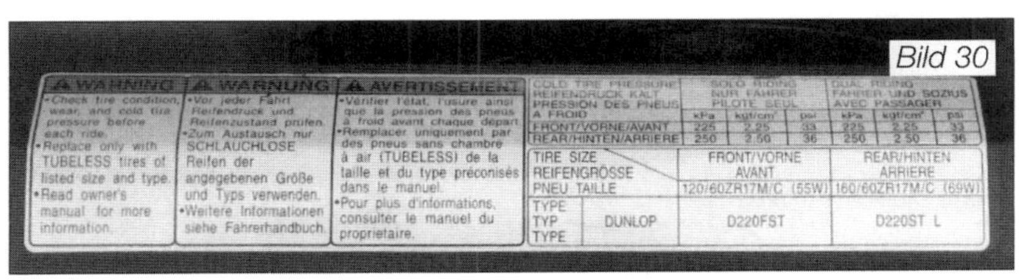

Bild 27: Tank nach Beschichtung

Bilder 28 bis 30: Fahrgestell- und Motornummer, Reifenkleber.

Bild 31: Lenkanschläge.

ist bei alten und schlecht gepflegten Motorrädern oft der Fall; siehe dazu auch Kapitel 1 »Modelle · Wartung · Pflege«. Suzuki empfiehlt zur Schmierung dieser Lagerstelle das Hochleistungsschmierfett Suzuki Super Grease »A«; man kann auch Kettenspray verwenden. Die beiden ineinandergeschlungenen Federn (Bild 33) dürfen weder gerissen noch an ihren umgebogenen Enden verschlissen sein. Wenn doch, ersetzen!

Seitenständer ab- und anbauen

Abbau:

1. Motorrad auf Heckmontageständer abstellen, Seitenständer muss hochgeklappt sein.

2. Kontermutter von Lagerbolzen lösen und abschrauben (Bild 33).

3. Lagerbolzen ausschrauben, Seitenständer dabei gegen Federdruck etwas hin und her bewegen.

4. Seitenständer abnehmen, Federn hängen sich dabei von selbst aus.

Wichtig: Wenn das Gewinde des Lagerbolzens nicht mehr einwandfrei in Ordnung ist, einen neuen Originalbolzen mit Originalmutter kaufen. NIE eine billige Eisenschraube aus dem Baumarkt oder unbekannter Herkunft aus einer typischen Werkstatt-Schraubenkiste verwenden!

Anbau:

1. Bolzen und Lagerstelle an Seitenständer und Rahmen mit hochwertigem, druckstabilem Wälzlagerfett satt einschmieren.

2. Seitenständer ansetzen und gleichzeitig die Federn an ihre Lagerstellen ansetzen.

■ Feder muss mit kurzer Seite nach vorne zeigen, Federende nach unten; lange Seite am Bolzen des Seitenständers mit Federende nach oben.

3. Seitenständer in waagerechte Position bringen, nach hinten ziehen, gleichzeitig Lagerbolzen einschrauben und mit 50 Nm festziehen.

3.1. Kontermutter aufdrehen, mit 40 Nm festziehen.

Bild 32: Seitenständerschalter.

Bild 33: Explosionszeichnung der Seitenständerlagerung.

Bild 34: Schmierstellen am Seitenständer.

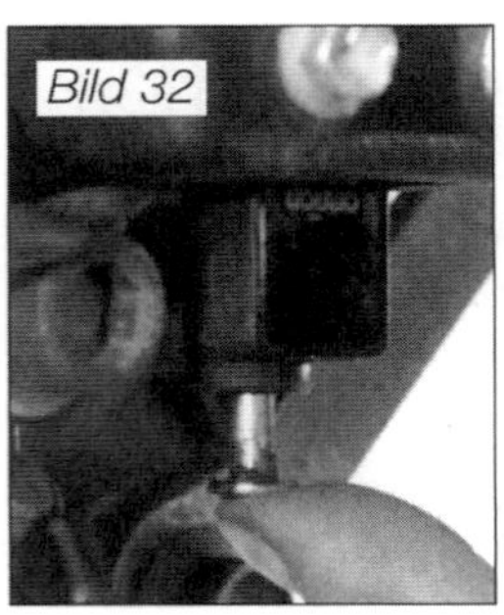

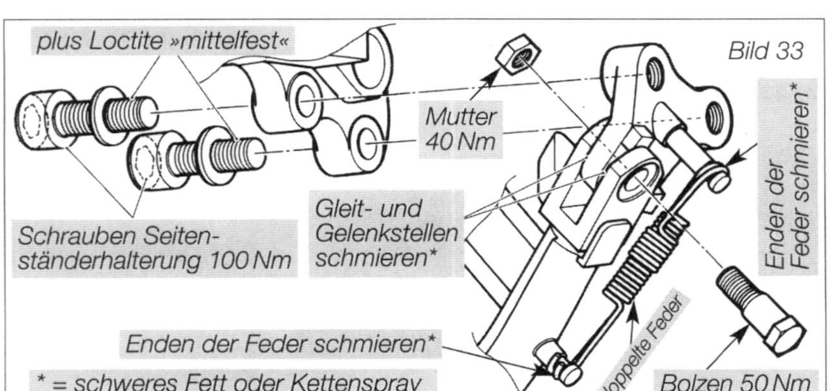

Fußrasten

Fahrer-, Soziusfußrasten und Fußrastenplatten sind aus Aluminium. Die U-förmigen Fahrerfußrastenhalter bis Mj. 2003 sind aus Stahl. Ab Mj. 2004 sind Fahrerfußrastenhalter an Fußrastenplatten angegossen. Wenn die Fußrasten durch einen Umfaller oder Sturz abbrechen, können sie einfach erneuert werden.

1. Sicherungsscheibe mit Schraubenzieher vom Bolzen abhebeln (Bild 35).

2. Bolzen ausdrücken, Raste mit Feder herausnehmen.

3. Bolzen und Lagerstelle reinigen und satt mit frischem dickem Fett einschmieren.

4. Feder auf neuer Fußraste ansetzen (bzw. Rückhalteplatte bei den Soziusrasten), in Einbauposition in U-förmige Gelenkhalterung einsetzen und halten.

5. Bohrungen zur Deckung bringen, Bolzen einschieben.

6. Sicherungsscheibe aufschieben.

■ Dabei beachten, dass sie mit der scharfen Kante in Druckrichtung nach außen eingesetzt wird (Bild 36).

Der Fußschalthebel sitzt bis Mj. 2003 auf der Fußraste, ab Mj. 2004 auf einem Bolzen, der in die Rastenplatte eingeschraubt ist. Der Fußbremshebel sitzt bei allen Modellen auf der Fußraste. Beide Hebellagerungen vor dem Einbau reinigen und gut einfetten.

Fußrastenhalterung

Wenn die komplette Fußrastenanlage mit Rastenplatten (Bilder 35 bis 38) vom Rahmen abgeschraubt wurde, geben Sie beim Anschrauben einen Tropfen Loctite »mittelfest« auf die (gereinigten!) Gewinde der Befestigungsschrauben, drehen diese ein und ziehen sie mit 23 Nm fest. Die Fußrastenhalter bis Mj. 2003 werden mit 39 Nm an die Rastenplatten angeschraubt.

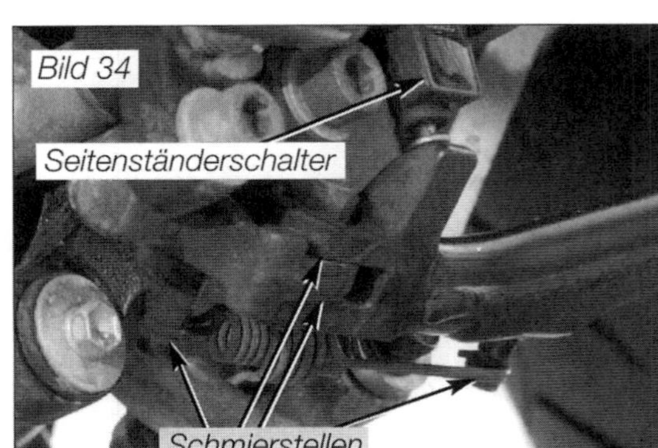

Motor aus- und einbauen

Vorbereitende Arbeiten

1. Motorrad sicher auf Heckmontageständer aufbocken, Vorderradbremshebel mit einem Kabelbinder gegen den Lenker ziehen.
2. Verkleidung abbauen bei SV 650 S.
3. Soziussitz abnehmen, Fahrersitz abbauen.
4. Benzintank abbauen.
5. Batterie ausbauen.

Anbauteile abbauen

1. Kühlflüssigkeit und Motoröl ablassen.
1.1. Wegen drohender Ölsauerei die Ölablassschraube wieder einschrauben, leicht handfest anziehen.
2. Luftfilterkasten abbauen.
Mj. 1999 bis 2002:
2.1. Vergaser-Spannschrauben am Luftfilterkasten lösen.
2.2. Entlüftungsschläuche von Luftfilterkasten abziehen.
2.3. Luftfilterkasten abnehmen.
Mj. 2003 bis 2009:
2.1. Drosselgehäuse-Spannschrauben am Luftfilterkasten lösen.
2.2. Stecker und Schlauch von Ansaugluftdruck-Sensor (ab Mj 2007 von beiden Sensoren) abtrennen.
2.3. Ansauglufttemperatur-Sensorstecker ausstecken.
2.4. Kurbelgehäuse-Entlüftungsschläuche von Luftfiltergehäuse abziehen.
2.5. Stecker und Schlauch von PAIR-Steuermagnetventil abziehen.
2.6. Luftfilterkasten abnehmen.
2.7. Ölkühler abbauen ist nicht unbedingt nötig, aber sinnvoll, damit er beim Montieren nicht beschädigt wird: Schlauchanschlüsse lösen, Ölkühler abnehmen.
3. Mj. 1999 bis 2002: Hupe mit Halterung abschrauben.
4. Stecker von Kühlerventilatorschalter und Kühlerventilator abziehen.
5. Mj. 2003 bis 2009: Stecker von Hupe abziehen.
6. Schlauchschellen aller Kühlerschläuche öffnen, Schläuche abziehen. Kühler abbauen.
7. Mj. 1999 bis 2002: Vergaser abbauen:
7.1. Unterdruckschlauch zum Benzinhahn und Benzinschlauch abziehen.
7.2. Stecker des Drosselklappenpositions-Sensors ausstecken.
7.3. Chokekolben vom hinteren Vergaser abschrauben.
7.4. Befestigung der Leerlaufeinstellschraube abschrauben.
7.5. Schrauben in den Klemmschellen der Vergaser lösen.
7.6. Chokekolben vom vorderen Vergaser abschrauben.
7.7. Kontermuttern beider Gaszüge lösen, Gaszüge aushängen.
7.8. Unterdruckschlauch zur Benzinpumpe abziehen.
7.9. Vergaser abnehmen.
7. Mj. 2003 bis 2009: Drosselgehäuse abbauen:
7.1. Stecker von Drosselklappenpositions-Sensor, Sekundärdrosselklappenpositions-Sensor und Sekundärdrosselklappen-Stellantrieb ausstecken.
7.2. Befestigung der Leerlaufeinstellschraube abschrauben (bis Mj. 2006).
7.3. Befestigungsschellen des Drosselgehäuses lösen.
7.4. Gaszüge am Drosselgehäuse aushängen.
7.5. Drosselgehäuse abnehmen.
8. Auspuffanlage komplett abbauen.
9. Ritzelabdeckung und kleinen Schalthebel abschrauben.
10. Kupplungszug aus Widerlager ausbauen.
11. Unteren Kupplungseinsteller abschrauben, Kupplungsdruckstange ausziehen.
12. Ritzel abbauen:
12.1. Ritzelmutter abschrauben.

Korrespondenzkapitel:
- 7 »Kette«
- 13 »Sicherungen · Relais · Stecker«
- 14 »Batterie«
- 19 »Luftfilter«
- 21 »Kraftstoffsystem«
- 22 »Auspuffanlage«
- 23 »Schmiersystem«
- 24 »Kühlsystem«
- 25 »Kupplung«

Bilder 35 und 36: Bolzen und Sicherungsscheibe der Fußrasten.

Bilder 37 und 38: Anziehdrehmomente der Fußrasten-Befestigungsschrauben. Schrauben mit einem Tropfen Loctite »mittelfest« einbauen.

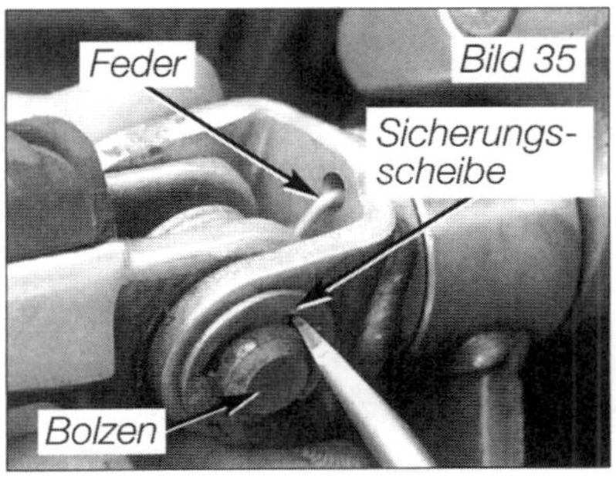

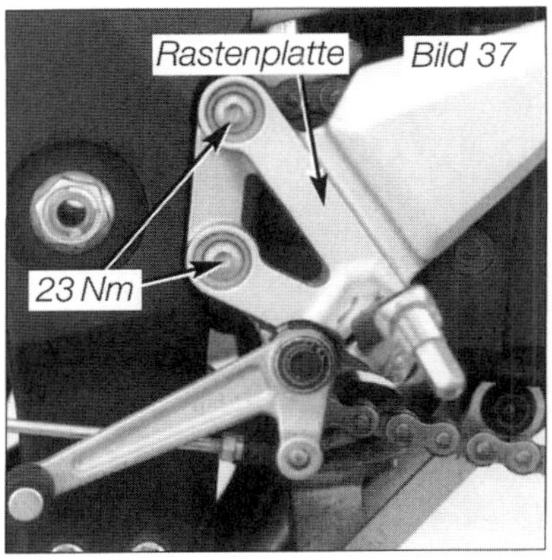

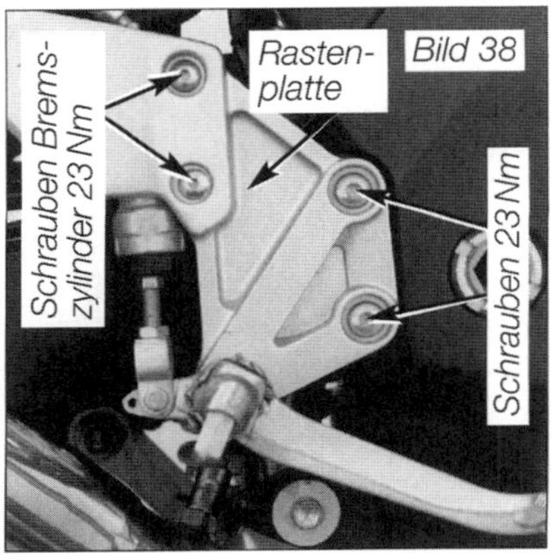

12.2. Kette entspannen: Hinterachsmutter lösen, Kettenspannmuttern so drehen, dass Hinterrad ganz nach vorne gedrückt wird.
12.3. Kette von Kettenrad abnehmen, Lappen auf Schwinge legen, Kette darauf ablegen.
12.4. Kette von Kettenritzel abheben, Ritzel von Getriebewelle abziehen.
13. Mj. 2003 bis 2009: Ölkühler abbauen.
14. Kabel von Öldruckschalter und Anlasser abschrauben.
15. Zündkerzenstecker ausstecken.
16. Mj. 1999 bis 2002: Kabel von Kühlmitteltemperaturschalter ausstecken.
Mj. 2003 bis 2009: Kabel von Kühlmitteltemperatur-Sensor ausstecken.
17. Massekabel abschrauben.
18. Stecker von Generator, Kurbelwellenpositions-Sensor und Seitenständerschalter trennen.
19. Stecker Leerlaufschalter (1999 – 2002) bzw. Gangpositions-Schalter (2003 – 2009) trennen.

Motorausbau

1. Motor mit Wagenheber und Holzklotz abstützen (Bild 39a).
2. Muttern von Motorschrauben Mitte und hinten-unten lösen und abschrauben.
3. Mj. 2003 bis 2009: Motorschraube hinterer Zylinderkopf links ausschrauben und ausziehen.
4. Mj. 1999 bis 2002: Schubeinsteller-Sicherungsmuttern der Motorschrauben Mitte und hinten-unten mit Suzuki-Spezialwerkzeug 09940-14990 lösen und abschrauben.
Mj. 2003 bis 2009: Schubeinsteller-Sicherungsmutter der Motorschrauben Mitte, hinterer Zylinderkopf links und hinten-unten mit Suzuki-Spezialwerkzeug 09940-14990 abschrauben.
5. Schubeinsteller lösen, Schrauben Mitte und hinten-unten noch nicht ausziehen.
6. Mj. 1999 bis 2002: Motorschrauben vorderer Zylinderkopf links, hinterer Zylinderkopf links und Gewindebuchse hinten-oben lösen.
Mj. 2003 bis 2009: Motorschrauben vorderer Zylinderkopf links und Gewindehülse hinten-oben lösen.
7. Motorschraube vorderer Zylinderkopf links ausschrauben und ausziehen, Distanzstück abnehmen.
8. Motorschraube vorderer Zylinderkopf rechts

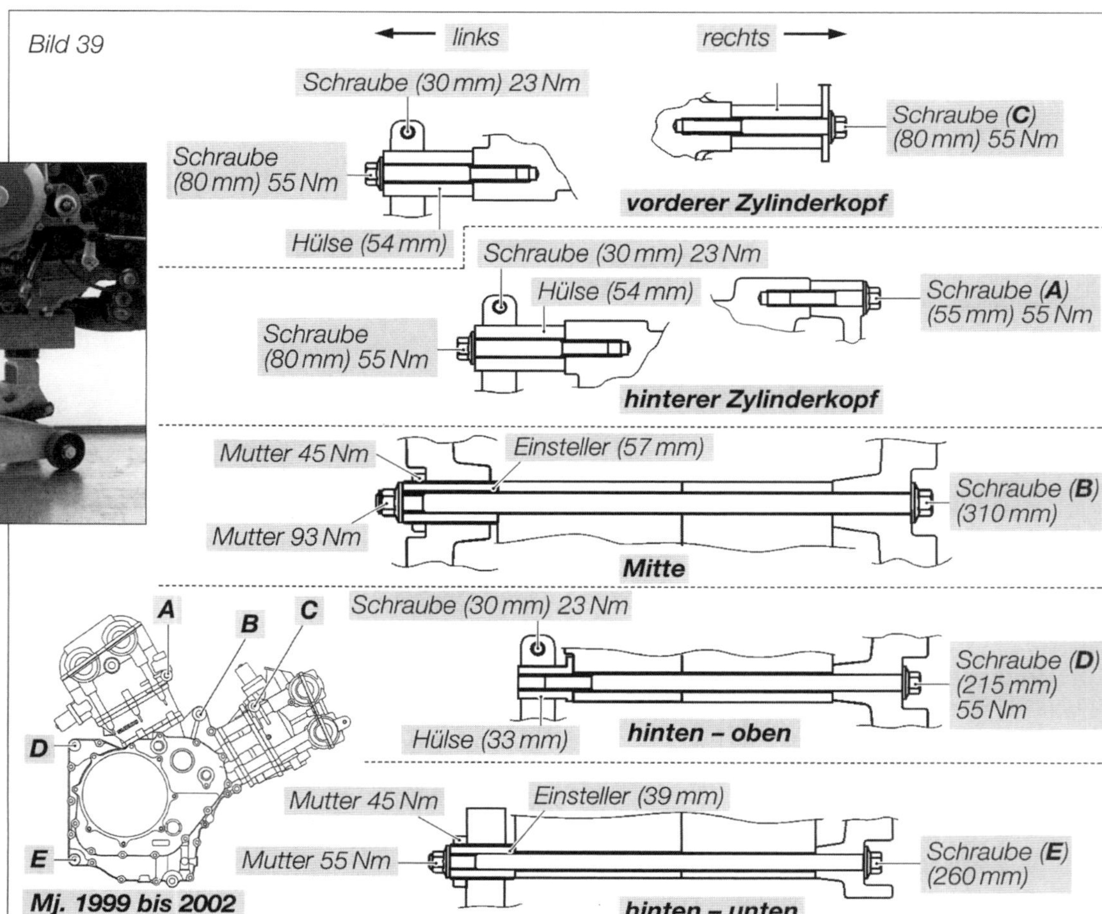

Bild 39: Motorhalterungen mit Anziehdrehmomentwerten der Mj. 1999 bis 2002.

Bild 39a: Motor mit Wagenheber und Holzklotz unterbauen.

ausschrauben und ausziehen, Distanzstück abnehmen.

9. Mj. 1999 bis 2002: Motorschraube hinterer Zylinderkopf links ausschrauben und ausziehen, Distanzstück abnehmen.

10. Motorschraube hinterer Zylinderkopf rechts ausschrauben und ausziehen.

11. Motorschraube hinten-oben ausschrauben und ausziehen.

12. Motorschraube Mitte ausziehen, Motor langsam nach vorne absenken, Kette von Getriebewelle abnehmen.

13. Motorschraube hinten-unten ausziehen, Motor vollständig absenken, nach vorne herausnehmen.

Motoreinbau

Motoreinbau grundsätzlich in umgekehrter Reihenfolge, dabei beachten:

1. Muttern der Motoraufhängung nur einmal verwenden. Unbedingt neue Muttern verwenden und mit dem vorgeschriebenen Anziehdrehmoment anziehen.

2. Vor Motoreinbau folgendes montieren:

Mj. 1999 bis 2002: Distanzstücke der Motorschrauben vorderer Zylinderkopf links und hinterer Zylinderkopf links, Gewindehülse der Motorschraube hinten-oben, Schubeinsteller Mitte und hinten-unten.

Mj. 2003 bis 2009: Distanzstück der Motorschraube vorderer Zylinderkopf links, Gewindebuchse der Motorschraube hinten-oben, Schubeinsteller Mitte, hinterer Zylinderkopf links und hinten-unten.

3. Motor hinten anheben, Kette auf Getriebwelle legen.

4. Motor weiter anheben, darauf achten, dass Gewindehülse der Motorschraube hinten-oben richtig in Aufnahme im Kurbelgehäuse eingreift und sich die Bohrungen von Motor und Rahmen decken (Bild 40a).

5. Alle Motorschrauben einsetzen und provisorisch festziehen.

6. Mj. 1999 bis 2002: Schubeinsteller Mitte und hinten-unten mit 10 Nm festziehen.

Mj. 2003 bis 2009: Schubeinsteller Mitte, hinterer Zylinderkopf links und hinten-unten mit 12 Nm festziehen.

7. Schubeinsteller-Sicherungsmuttern aufdrehen, mit 45 Nm festziehen.

8. Alle Motorschrauben und -muttern auf das vorgeschriebene Anziehdrehmoment festziehen.

9. Motorschrauben mit 23 Nm festziehen.

10. Ab- und ausgebaute Teile an- und einbauen. Kabel, Seilzüge und Schläuche korrekt verlegen, Kabelstecker sicher zusammenklicken.

■ Nicht vergessen, Motoröl und Kühlmittel einzufüllen!

Bild 40: Schraubverbindungen der Motorhalterung.

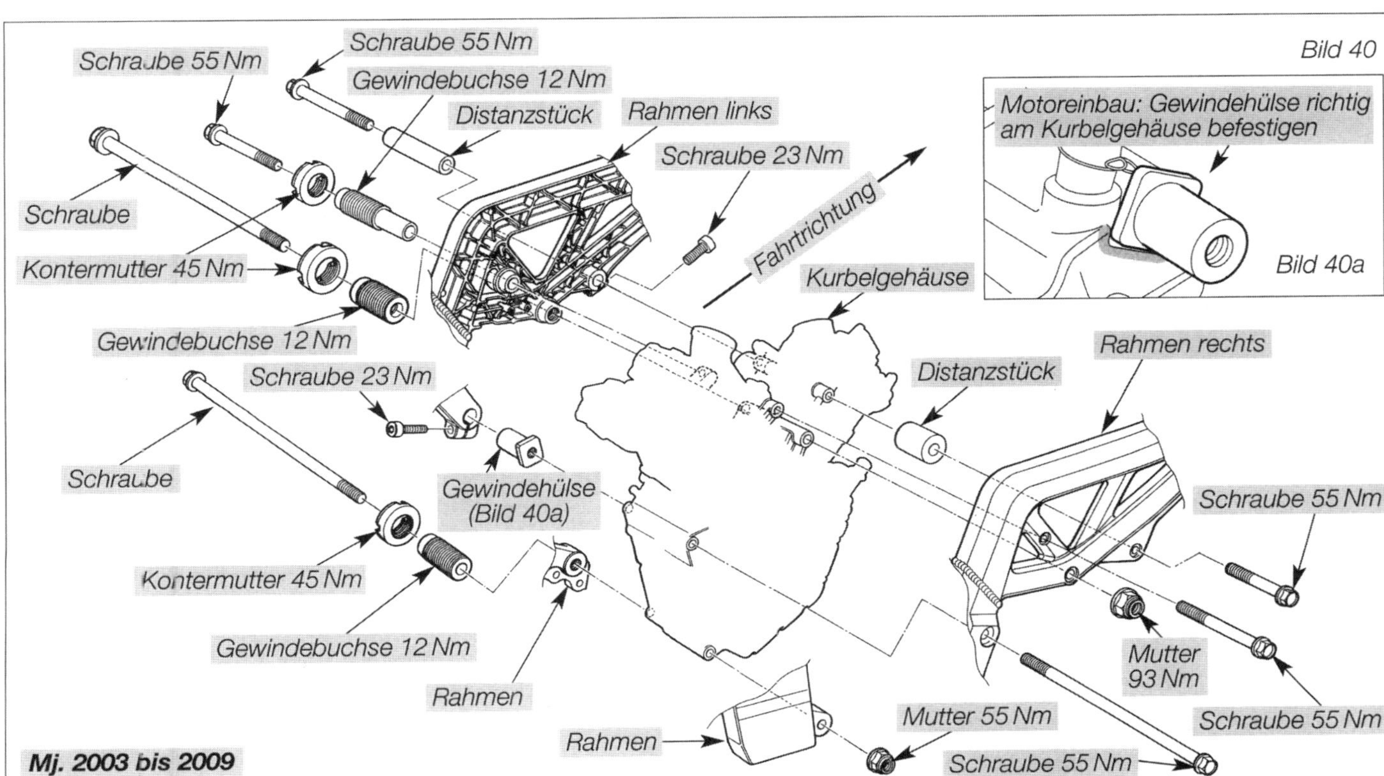

Reifen

In diesem Kapitel: Felgen- und Reifengrößen · Reifenluftdruck · Luftdruckkontrolle · Reifendruckprüfer · Reifenverschleiß · Profiltiefe · Was auf dem Reifen steht · Nachrüstreifen · Reifenlebensdauer, Reifenalter · Montage, Auswuchtung · Adressen der Reifenhersteller und Importeure · Reifenübersicht.

Räder und Reifen

Räder

Gegossene Leichtmetallräder mit drei Speichen, schlauchlose Reifen.

Felgen- und Reifengrößen

Vorderrad:

Felge .... 17 M/C x MT 3.50

Reifen .... 120/60 ZR17 M/C (55W)

Hinterrad:

Felge .... 17 M/C x MT 4.50

Reifen .... 160/60 ZR17 M/C (69W)

Serienmäßig montierte Reifen

SV 650/S Modelljahre 1999 bis 2002:

vorne .... Metzeler MEZ4 Front

hinten .... Metzeler MEZ4

SV 650/S Modelljahre 2003 bis 2009:

vorne .... Dunlop D 220 F ST L

hinten .... Dunlop D 220 ST L

SV 650 A/SA (mit ABS) ab Modelljahr 2007:

vorne (**SV 650 A**)..................... Dunlop D 220 F ST

vorne (**SV 650 SA**)................ Dunlop D 220 F ST M

hinten (**SV 650 A/SA**) .... Dunlop D 220 ST L

Bild 1: Luftdruck bei kaltem Reifen prüfen: Vorgeschriebene Werte beachten!

Bild 2: Auf das Reifenventil gehört eine Schraubkappe mit einwandfreier Dichtung.

Bild 3: So wirken sich verschiedene Luftdrücke auf den Reifenquerschnitt aus.

* = Stand der Recherche zum Redaktionsschluss im April 2010

Mindestprofiltiefe: Suzuki empfiehlt vorne 1,6 mm und hinten 2,0 mm.

Reifenluftdruck: Achten Sie immer auf korrekten Reifenluftdruck. Dieser soll bei kalten Reifen gemessen werden (maximal handwarm, 30 °C).

■ **Vorgeschriebene Reifenluftdrücke**

Solo, mit Gepäck und/oder mit Sozius vorne/hinten .... 2,25/2,5 bar

Luftdruckkontrolle: Der Reifenluftdruck sollte mindestens alle zwei Wochen geprüft (Bild 1) und ggf. korrigiert werden. Immer gut schließende Ventilkappen mit einwandfreier Gummidichtung verwenden (Bild 2). Wenn keine Kappe aufgeschraubt ist, kann Schmutz in das Ventil hinein kommen. Weiterhin kann sich der Ventileinsatz bei hohen Geschwindigkeiten öffnen, dann entweicht Luft – und das ist lebensgefährlich!

Reifendruckprüfer: Verlassen Sie sich bei der Kontrolle des Reifenluftdrucks nicht unbedingt auf die Angabe auf der Skala des Tankstellengeräts, sondern besorgen Sie sich einen ordentlichen Reifendruckprüfer und führen diesen im Motorrad mit.

Kaufen Sie KEIN billiges Plastikteil im Baumarkt, sondern ein Präzisionsmessgerät. Sehr gut ist das Druckmessgerät mit stabilem Alugehäuse vom deutschen Hersteller Flaig (Bild 1). Erhältlich ist es in gut sortierten Motorrad- und Zubehörläden.

Reifenverschleiß

Reifen sind Verschleißteile: Die Oberfläche (»Lauffläche«) des Reifens wird mit fortschreitender km-Leistung immer dünner, die Rillen (»Profilrillen«) immer niedriger. Der Gesetzgeber schreibt vorne und hinten eine Mindestprofiltiefe von 1,6 mm vor. Suzuki empfiehlt für den Hinterreifen eine Mindestprofiltiefe von 2 mm.

Profiltiefe: In die Profilrillen sind 0,8 mm hohe Verschleißanzeiger eingearbeitet; ihre Lage ist außen am Profilrand mit TWI bezeichnet (Bild 4). »TWI« ist die Abkürzung von »Tread Wear Indicator«. Manche Hersteller haben auch nur ein kleines Dreieck angebracht; bei der Reifenmarke Metzeler ist es ein Elefant als deren Markenzeichen (Bild 4).

Ein TWI markiert an der Seitenwand eine Hauptprofilrille, in der diese 0,8 mm hohen Erhebungen eingearbeitet sind: Wenn diese bündig sind mit der Reifenoberfläche, ist der Reifen schon mehr als abgefahren. **Wichtig:** Die TWI-Erhebungen sind, wie schon gesagt, 0,8 mm hoch; dies entspricht der in Amerika vorgeschriebenen Mindestprofiltiefe. Die Höhe der TWIs entspricht also keinesfalls der bei uns gesetzlich vorgeschriebenen Mindestprofiltiefe von 1,6 mm.

Tatsächliche Pofiltiefe: Gemessen wird die tatsächliche Profiltiefe neben einer TWI-Erhebung. Noch einmal: Europaweit gesetzlich vorgeschrieben ist eine Mindestprofiltiefe von 1,6 mm.
Wichtig: Wenn die Profiltiefe bei einer Polizeikontrolle weniger als 1,6 mm beträgt, wird es ungemütlich, denn neben 50 Euro Bußgeld gibt es auch drei Punkte in Flensburg auf's Konto. Weiterhin informiert die Polizei das zuständige Landratsamt und dieses verlangt eine Beseitigung der Mängel innerhalb von zwei Wochen. Wird der Nachweis der »Mängelbeseitigung« nicht erbracht, legt die Behörde das Motorrad zwangsweise still.

Was auf dem Reifen steht

Vorderreifen: 120/60 ZR17 M/C (55W) TL
Hinterreifen: 160/60 ZR17 M/C (69W) TL

Zahlen und Buchstaben bedeuten:
- **120** bzw. **160** = Reifenbreite in mm
- **/60** = Querschnittsverhältnis
  Höhe zu Breite = 60 : 100
  Vorderreifen 60% von 120 = 72,0 mm
  Hinterreifen 60% von 160 = 96 mm
- **ZR** = Reifen in Radialbauweise
- **17** = Felgendurchmesser in Zoll
  (1 Zoll = 25,4 mm; 17 Zoll = 431,8 mm)
- **M/C** = steht für »Motorcycle Tire« (Motorradreifen)
- **55** bzw. **69** = Tragfähigkeitsindex (Loadindex): Der 55er-Vorderradreifen darf maximal mit 218 kg belastet werden, der 69er-Hinterradreifen mit 325 kg
- **(W)** = Symbol für zugelassene Höchstgeschwindigkeit, auch Speed-Index genannt, (W) steht für »über 270 km/h«
- **TL** = tubeless = schlauchloser Reifen

Nachrüstreifen

Für die Nachrüstung sind keine bestimmten Reifen vorgeschrieben: Es können also alle Reifenmarken und Profiltypen in den Größen aufgezogen werden, die den serienmäßigen Größen und Tragfähigkeiten entsprechen:
- vorne 120/60 ZR17 M/C (55W) TL
- hinten 160/60 ZR17 M/C (69W) TL

Eine aktuelle Ausnahme* findet sich bei Michelin, von deren Reifen »Pilot Power« und »Power Pure« kann der Vorderradreifen in 120/70 ZR17 M/C (58W) TL montiert werden (Textkasten Seite 43).

Von den meisten Reifenherstellern gibt es selbst erstellte Freigaben für bestimmte Reifen aus ihrem Programm*. Diese haben wir auf den nächsten Seiten in Text und Bild aufgelistet.

Wenn Sie nach diesen Informationen neue Reifen auswählen, dann schauen Sie auf der Internetseite des Reifenherstellers nach, ob die Reifen noch im Angebot sind oder ob es schon Nachfolgeprofile gibt. Immer gut über Bereifungsmöglichkeiten informiert sind die Suzuki-Motorradhändler. Verfolgen Sie zum Thema »neue Reifen« auch die aktuelle Motorrad-Fachpresse.

Achtung: Ein Reifen mit der Bezeichnung »TT« (= Tube type) darf weder mit noch ohne Schlauch montiert werden.

- Die Bezeichnungen für Tragkraft und Geschwindigkeitsklasse müssen passen: 55W vorne und 69W hinten.
- Vorder- und Hinterradreifen müssen von einem Hersteller sein und vom Profil her zusammenpassen.

Produktionsdatum: An einer Stelle auf der Seitenwand ist die DOT-Buchstabenkombination einvulkanisiert, danach eine vierstellige Zahl ohne Punkt und Komma (Oval in Bild 6), diese steht für die Produktionswoche und das Produktionsjahr.

Herstellergarantie: Für neue Reifen garantiert jeder Reifenhersteller die von ihm zugesagten Qualitätseigenschaften für den Zeitraum von mindestens fünf Jahren. Ein neuer Reifen, der laut Produktionscode vor drei Jahren produziert wurde, gilt als »frisch«. Dazu gibt es folgende offizielle

Bild 4: Verschleißanzeiger in der Profilrille, TWI-Kennzeichnung am Rand des Profils.

Bild 5: Dies ist zwar kein Präzisionsmessgerät, aber es ist besser als zu schätzen: Dieser Reifen hat noch 2 mm Profiltiefe und sollte bald erneuert werden.

Bild 6: Die letzten vier Ziffern nach der DOT-Bezeichnung nennen das Produktionsdatum. Dieser Reifen wurde in der 35. Kalenderwoche 2003 gefertigt.

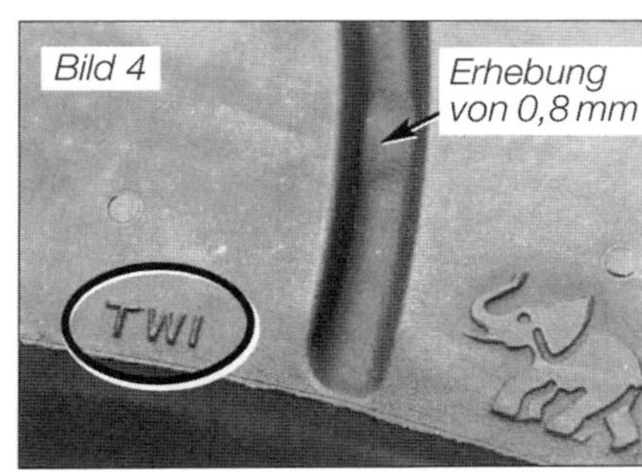

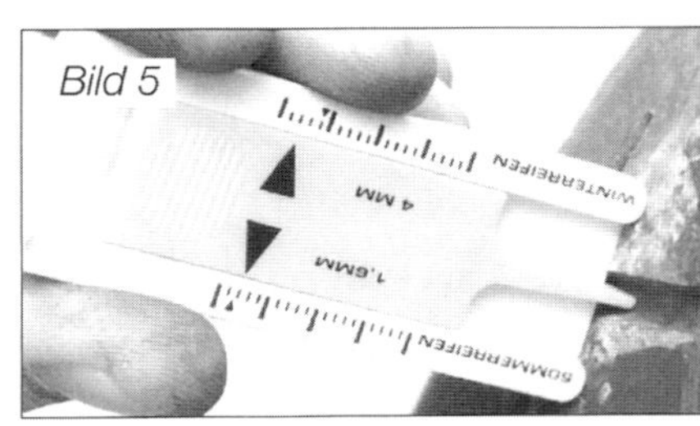

Erklärung aller namhaften Hersteller von Motorradreifen: *»Ein bis zu maximal 5 Jahren sachgemäß gelagerter Reifen entspricht der Spezifikation eines Neureifens und ist in seiner Verwendungstauglichkeit und Qualität nicht beeinträchtigt und damit neuwertig. Daraus ergibt sich jedoch nicht zwangsläufig, dass Reifen, welche älter als 5 Jahre sind und immer sachgemäß gelagert wurden, nicht mehr verkehrssicher sind oder irgendwelchen qualitativen Einschränkungen unterliegen«.*

Reifen länger als fünf Jahre fahren?
Wenn ein neuer Reifen montiert wird, der vor vier Jahren und elf Monaten produziert wurde, ist er in einem Monat fünf Jahre alt (logisch!). Wenn dieser Reifen regelmäßig gefahren wird, bleibt er »frisch«, denn durch die Walkarbeit des Reifens während des Fahrens laufen in seinem Inneren chemische Prozesse ab, die dem Reifen seine zugesicherten Eigenschaften erhalten.

Gebrauchte Reifen: Wenn ein montierter Reifen auf einer Maschine, die regelmäßig gefahren wird, zwar noch genügend Profil hat, aber langsam »blank« wird und älter als fünf Jahre ist, sollte er bei nächster Gelegenheit erneuert werden. Wichtig beim Kauf einer gebrauchten Maschine.

Fazit: Weil Reifen so ziemlich die wichtigsten Fahrwerksbauteile sind, empfehlen wir, auf sie sehr zu achten – und im Zweifelsfall lieber neue Reifen aufzuziehen, als mit alten zu fahren!

Montage, Auswuchtung

Die Montage neuer Reifen sollte generell beim Suzuki-Händler oder Reifenhändler erfolgen, denn mit normalen Reifenmontiereisen lassen sich Schlauchlosreifen weder ab- noch aufziehen. Überdies haben Fachwerkstätten moderne elektronische Auswuchtmaschinen.

Unwucht, Auswuchtgewichte: Für alle SV 650-Modelle gilt die Empfehlung, Ausgleichsgewichte an der Mittelrippe der Felge anzubringen. Wenn flache Klebegewichte zur Verfügung stehen, diese auf beiden Seiten der Felge gleichmäßig anbringen. Beispiel:

- ermitteltes Auswuchtgewicht 40 Gramm
- anzubringen in zwei Gewichten zu je 20 Gramm rechts und links auf der Felge

Zur Obergrenze der verwendeten Auswuchtgewichte macht Suzuki keine Angaben. **Wir empfehlen, 80 Gramm pro Rad nicht zu überschreiten.**

Adressen der Reifenhersteller und Importeure in D, A, CH*

Avon
- **Cooper Tire & Rubber Company Deutschland GmbH**
  Breitefeld 13, D-64839 Münster
  www.avon-motorradreifen.de
- **Autoplus GmbH**
  Richard-Strauss-Str. 14
  A-1230 Wien
  www.avonmotorcycle.com
- **Cooper Tire & Rubber Company Suisse SA,** Urs Gohl
  Ribistrasse 26, CH-4466 Ormalingen
  www.avontyres.com

Bridgestone
- **Bridgestone Deutschland GmbH**
  Bridgestone Deutschland GmbH
  Justus-von-Liebig-Straße 1
  D-61352 Bad Homburg v.d.H.
  www.bridgestone-mc.de
- **Bridgestone Austria GmbH**
  Laxenburgerstraße 252
  A-1230 Wien
  www.bridgestone.at
- **Bridgestone Schweiz**
  Limmatpark
  Pfadackerstrasse 6
  CH-8957 Spreitenbach
  www.bridgestone.ch

Continental
- **Continental Reifen Deutschland GmbH**
  GB Motorradreifen
  Continentalstraße 3–5
  D-34497 Korbach
  www.conti-moto.de

Dunlop
- **Goodyear Dunlop Tires Germany GmbH**
  Abteilung PM-M
  Dunlopstraße 2, D-63450 Hanau
  www.dunlop.de
- **Goodyear Dunlop Tires Austria GmbH**
  Pottendorfer Straße 25, A-1120 Wien
  www.dunlop.at
- **Goodyear Dunlop Tires Suisse SA**
  Industriestrasse 21, CH-8604 Hegnau
  www.dunlop.ch

Heidenau
- **Reifenwerk Heidenau GmbH & Co. KG**
  Hauptstraße 44, D-01809 Heidenau
  www.reifenwerk-heidenau.de
- **Reifen Brawenec GmbH, point-S**
  Goethegasse 61, A-2340 Mödling
  www.reifen-brawenec.at
- **Josef Faber GmbH**
  Carlbergergasse 66 A, A-1230 Wien
  www.faber.at
- **RSD-Jelinek Motorradreifen**
  Hubertsgasse 14, A-1160 Wien
  www.jelinek.at
- **Ofrag Vertriebsgesellschaft**
  Hübelacherstrasse 1, CH-5242 Lupfig
  www.ofrag.ch

Weitere Kooperationspartner:
- **RH Reifen Service AG**
  Amriswilerstrasse 41, CH-8589 Sitterdorf
  www.rh-reifen.ch
- **Hostettler AG**
  Haldenmattstrasse 3, CH-6210 Sursee
  www.hostettler.com

IRC
- **IXS Germany Hostettler GmbH**
  Neuenburger Str. 33
  D-79379 Müllheim
  www.hostettler.com
- **Hostettler AG Pneuservice**
  Haldenmattstrasse 3
  CH-6210 Sursee
  www.pneu-service.ch

Maxxis
- **Maxxis International GmbH**
  Kaddenbusch 31
  D-25578 Dägeling
  www.maxxis.de (siehe »reifen-krupp«)

Metzeler
- **Pirelli Deutschland AG Metzeler Motorradreifen**
  Gneisenaustraße 15
  D-80992 München
  www.metzelermoto.de
- **Metzeler Motorradreifen**
  Salzburger Straße 196
  A-4600 Wels
- **Hostettler AG Pneuservice**
  Haldenmattstrasse 3
  CH-6210 Sursee
  www.pneu-service.ch

Michelin
- **Michelin Reifenwerke AG & Co. KGaA**
  Michelinstraße 4
  D-76185 Karlsruhe
  www.michelin-motorrad.de
- **Michelin Verkaufsgesellschaft**
  Wiegelestraße 10
  A-1231 Wien
- **SA des Pneumatiques Michelin**
  Route Jo Siffert 36
  CH-1762 Givisiez

Pirelli
- **Pirelli Deutschland AG Pirelli Motorradreifen**
  Gneisenaustraße 15
  D-80992 München
  www.pirellimoto.de
- **Pirelli Austria**
  Salzburger Straße 196
  A-4600 Wels
- **Hostettler AG Pneuservice**
  Haldenmattstrasse 3
  CH-6210 Sursee
  www.pneu-service.ch

Reifenfreigaben
- **Alpha Technik GmbH & Co. KG**
  Reifenfreigaben, TÜV-Gutachten
  Äußere Salzburger Str. 201
  D-83071 Stephanskirchen
  www.alphatechnik.de
- **D. Theobald M & A Reifenhandel**
  Reifen-Großhändler
  Lindenstraße 4
  D-97892 Kreuzwertheim
  www.dtheobald.de

* = Stand der Recherche zum Redaktionsschluss im April 2010

Reifen für die SV 650*

Zur nachfolgenden Reifenliste: Nachstehend sind alle zum Redaktionsschluss dieses Buchs* geeigneten Reifen der großen Reifenmarken aufgelistet; die Angaben basieren auf Angaben der Reifenhersteller.

Bitte beachten: Alle Vorder- und Hinterradreifen haben die serienmäßigen Größen:

vorne: 120/60 ZR 17 M/C (55W) TL
hinten: 160/60 ZR 17 M/C (69W) TL

Abweichend von der sereinmäßigen Größe des Vorderradreifens gibt es bei Michelin verschiedene Profile in der Größe:

vorne: 120/70 ZR 17 M/C (58W) TL

Die in unserer Auflistung in der Größe abweichenden Reifen sind mit Größenangaben versehen.

Avon

SV 650/S-Modelle aller Modelljahre

vorne: AV 55 Storm-ST
hinten: AV 56 Storm-ST

vorne: AV 55 Storm 2 Ultra
hinten: AV 56 Storm 2 Ultra

vorne: AV 59 Viper, VP2, Sport, Supersport
hinten: AV 60 Viper, VP2, Sport, Supersport

Bridgestone

SV 650/S-Modelle aller Modelljahre

vorne: BT 003 F Street
hinten: BT 003 R Street

vorne: BT 014 F
hinten: BT 014 R

vorne: BT 016 F
hinten: BT 016 R

vorne: BT 020 F
hinten: BT 020 R U

vorne: BT 021 F
hinten: BT 021 R

vorne: BT 023 F
hinten: BT 023 R

Continental

SV 650/S-Modelle aller Modelljahre

vorne: SportAttack
hinten: SportAttack

vorne: RoadAttack 2
hinten: RoadAttack 2

Dunlop

SV 650/S-Modelle aller Modelljahre

vorne: Sportmax Roadsmart
hinten: Sportmax Roadsmart

vorne: Sportmax Qualifier F
hinten: Sportmax Qualifier

zusätzlich SV 650/S-Modelle Modelljahre 1999 bis Mj. 2002

vorne: Sportmax D 208 F
hinten: Sportmax D 208

vorne: Sportmax D 208 F RR
hinten: Sportmax D 208 RR

vorne: Sportmax D 207 F
hinten: Sportmax D 207

vorne: Sportmax D 207 FE
hinten: Sportmax D 207 E

vorne: Sportmax D 220 F ST
hinten: Sportmax D 220 ST

zusätzlich SV 650/S-Modelle ab Modelljahr 2003 ohne ABS

vorne: Sportmax Roadsmart
hinten: Sportmax D 220 ST L

vorne: Sportmax D 220 F ST L
hinten: Sportmax Roadsmart

vorne: Sportmax D 220 F ST L 1)
hinten: Sportmax D 220 ST L 1)

vorne: Sportmax D 220 F ST
hinten: Sportmax D 220 ST

vorne: Sportmax D 208 F RR
hinten: Sportmax D 208 RR

1) = Serienbereifung ab Mj. 2003 ohne ABS

zusätzlich SV 650 ABS ab 2007

vorne: Sportmax D 220 F ST 1)
hinten: Sportmax D 220 ST L 1)

1) = Serienbereifung ab Mj. 2007 mit ABS

zusätzlich SV 650 S ABS ab 2007

vorne: Sportmax D 220 F ST M 1)
hinten: Sportmax D 220 ST L 1)

1) = Serienbereifung ab Mj. 2007 mit ABS

Metzeler

SV 650/S-Modelle aller Modelljahre

vorne: Roadtec Z6 Front
hinten: Roadtec Z6

vorne: Sportec M-1
hinten: Sportec M-1

vorne: Sportec M-3
hinten: Sportec M-3

zusätzlich SV 650/S-Modelle SV 650/S-Modelle Modelljahre 1999 bis Mj. 2002

vorne: Sportec M-1
hinten: Sportec M-3

vorne: Rennsport
hinten: Rennsport

zusätzlich SV 650/S-Modelle Modelljahre 2003 bis Mj. 2009

vorne: ME Z4 Front 1)
hinten: ME Z4 1)

vorne: ME Z4 Front
hinten: Roadtec Z6

1) = Serienbereifung in Mj. 1999 bis 2002

Michelin

SV 650/S alle Modelljahre ohne ABS

vorne: Pilot Road
hinten: Pilot Road oder

vorne: Pilot Road 1)
hinten: Pilot Road A 1)

vorne: Pilot Sport 2)
hinten: Pilot Sport 2)

vorne: Pilot Power
hinten: Pilot Power

2) = Auslaufreifen, seit 2010 nicht mehr im Programm

zusätzlich SV 650/S Modelljahre 1999 bis 2002

vorne: Pilot Power
hinten: Pilot Sport 2)

vorne: Pilot Power 120/70 ZR 17 M/C (58W) TL
hinten: Pilot Power

vorne: Pilot Power 120/70 ZR 17 M/C (58W) TL
hinten: Power Pure

vorne: Pilot Sport 2)
hinten: Pilot Power

vorne: Power Pure 120/70 ZR 17 M/C (58W) TL
hinten: Power Pure

vorne: Power Pure 120/70 ZR 17 M/C (58W) TL
hinten: Pilot Power

2) = Auslaufreifen, seit 2010 nicht mehr im Programm

zusätzlich SV 650 S Modelljahre 1999 bis 2002

vorne: Pilot Power
hinten: Pilot Power 2CT

vorne: Pilot Power 2CT
hinten: Pilot Power 2CT

vorne: Pilot Power 2CT
hinten: Pilot Power

vorne: Pilot Power 120/70 ZR 17 M/C (58W) TL
hinten: Pilot Power

vorne: Pilot Road
hinten: Pilot Road 2

vorne: Pilot Road 2
hinten: Pilot Road A

vorne: Pilot Road 2
hinten: Pilot Road

vorne: Pilot Road 2
hinten: Pilot Road 2

vorne: Power Pure 120/70 ZR 17 M/C (58W) TL
hinten: Power Pure

zusätzlich SV 650 Modelljahre 2003 bis 2007 ohne ABS

vorne: Pilot Road 2
hinten: Pilot Road 2

zusätzlich SV 650 S Modelljahre 2003 bis 2007 ohne ABS

vorne: Pilot Power
hinten: Pilot Power 2CT

vorne: Pilot Power
hinten: Pilot Sport 2)

vorne: Pilot Power 2CT
hinten: Pilot Power

vorne: Pilot Power 2CT
hinten: Pilot Power 2CT

vorne: Pilot Road 2
hinten: Pilot Road 2

vorne: Pilot Sport 2)
hinten: Pilot Power

vorne: Power Pure 120/70 ZR 17 M/C (58W) TL
hinten: Power Pure

2) = Auslaufreifen, seit 2010 nicht mehr im Programm

SV 650 A/SA Modelljahre 2003 bis 2007 mit ABS

vorne: Pilot Power 2CT
hinten: Pilot Power 2CT

… Fortsetzung Michelin siehe nächste Seite

Achtung: Wenn Reifen in anderen Dimensionen als den serienmäßigen montiert werden sollen, klären Sie vor dem Kauf und Montage der Reifen unbedingt, ob diese Reifen in »Übergröße« auch wirklich montiert und gefahren werden dürfen. Falls »Ja«, müssen Sie eine Unbedenklichkeitsbescheinigung bzw. Reifenfreigabe vom Hersteller ausstellen lassen und als Teil der Fahrzeugpapiere dabei haben.

* = Stand der Recherche zum Redaktionsschluss im April 2010

... Fortsetzung Michelin

vorne: Pilot Road 2
hinten: Pilot Road 2

vorne: Power Pure
120/70 ZR 17 M/C (58W) TL
hinten: Pilot Power

vorne: Power Pure
120/70 ZR 17 M/C (58W) TL
hinten: Power Pure

vorne: Pilot Power
hinten: Pilot Power

vorne: Pilot Power
hinten: Pilot Power 2CT

vorne: Pilot Power 2CT
hinten: Pilot Power

Bridgestone

vorne: BT 003 F Street
hinten: BT 003 R Street

Bridgestone

vorne: BT 021 F
hinten: BT 021 R

Dunlop

vorne: Sportmax D 207 F
hinten: Sportmax D 207

Pirelli

SV 650/S-Modelle aller Modelljahre

vorne: Diablo
hinten: Diablo

vorne: Diablo Rosso
hinten: Diablo Rosso

vorne: Diablo Strada
hinten: Diablo Strada

zusätzlich SV 650/S-Modelle Modelljahre 1999 bis Mj. 2002

vorne: Supercorsa Pro
hinten: Supercorsa Pro

Bridgestone

vorne: BT 014 F
hinten: BT 014 R

Bridgestone

vorne: BT 023 F
hinten: BT 023 R

Dunlop

vorne: Sportmax D 208 F
hinten: Sportmax D 208

Avon

vorne: AV 55 Storm-ST und AV 55 Storm 2 Ultra
hinten: AV 56 Storm-ST und AV 56 Storm 2 Ultra

Bridgestone

vorne: BT 016 F
hinten: BT 016 R

Continental

vorne: SportAttack
hinten: SportAttack

Dunlop

vorne: Sportmax D 208 F RR
hinten: Sportmax D 208 RR

Avon

vorne: AV 59 Viper, VP2, Sport, Supersport
hinten: AV 60 Viper, VP2, Sport, Supersport

Bridgestone

vorne: BT 020 F
hinten: BT 020 R U

Continental

vorne: RoadAttack 2
hinten: RoadAttack 2

Dunlop

vorne: Sportmax D 220 F ST
hinten: Sportmax D 220 ST

Dunlop

vorne: Sportmax Roadsmart
hinten: Sportmax Roadsmart

Metzeler

vorne: Sportec M-1
hinten: Sportec M-1

Michelin

vorne: Pilot Road 2
hinten: Pilot Road 2

Pirelli

vorne: Diablo
hinten: Diablo

Dunlop

vorne: Sportmax Qualifier F
hinten: Sportmax Qualifier

Metzeler

vorne: Sportec M-3
hinten: Sportec M-3

Michelin

vorne: Pilot Power / Pilot Power 2CT
hinten: Pilot Power / Pilot Power 2CT

Pirelli

vorne: Diablo Rosso
hinten: Diablo Rosso

Metzeler

vorne: ME Z4 Front
hinten: ME Z4

Metzeler

vorne: Rennsport
hinten: Rennsport

Michelin

vorne: Pilot Sport (seit 2010 nicht mehr im Programm)
hinten: Pilot Sport (seit 2010 nicht mehr im Programm)

Pirelli

vorne: Diablo Strada
hinten: Diablo Strada

Metzeler

vorne: Roadtec Z6 Front
hinten: Roadtec Z6

Michelin

vorne: Pilot Road
hinten: Pilot Road / Pilot Road A

Michelin

vorne: Power Pure
hinten: Power Pure

Pirelli

vorne: Diablo Supercorsa Pro
hinten: Diablo Supercorsa Pro

Bild 1: Zum Aus- und Einbau der Räder auf Front- und Heckständer aufgebockte Maschine.

Bild 2: Farbmarkierung an einer mit dem richtigen Drehmomentwert angezogenen Schraube.

Räder

In diesem Kapitel: Zum Radaus- und -einbau benötigte Ständer und Werkzeuge · Anziehdrehmomente · Loctite und Holzklotz · Vorderrad aus- und einbauen · Bauteile reinigen, prüfen · Hinterrad aus- und einbauen · Radlager wechseln · Radlager, Räder und Radachsen prüfen · Räder auf Rundlauf prüfen · Radlager aus- und einbauen, Bremsscheiben ab- und anschrauben.

Ständer und Werkzeuge

Montageständer (Bild 1)
Zum fachgerechten Aus- und Einbau des Vorderrads braucht man Front- und Heckmontageständer, womit die Maschine sicher aufgebockt werden kann. Das Hinterrad kann ausgebaut werden, wenn das Motorrad nur auf dem Heckmontageständer steht.

Bei ABS-Maschinen beachten
⚠ **Achtung:** Wenn Sie einen Frontmontageständer verwenden, der unter die Gabelfäuste greift, wie in Bild 1 zu sehen, muss man den ABS-Sensor unbedingt demontieren und sicher mit einem Kabelbinder hochbinden, (Bilder 4, 5 und 6), bevor der Frontmontageständer angesetzt wird, sonst wird das Kabel vom ABS-Sensor abgedrückt.

Werkzeug fürs Vorderrad
- Großer und kleiner Drehmomentschlüssel
- Werkzeuge für Achskopf
  Mj. 1999 bis 2002 .... Nuss SW 17
  Mj. 2003 bis 2009 .... Inbusnuss SW 12
- Bremssattel-Befestigungsschrauben .... Nuss SW 14
- Achsklemmschraube(n) .... Nuss SW 12
- ABS-Sensorschraube .... Nuss SW 12
- Kabelbinder und Gummiflitsche zum Weghängen von ABS-Sensor und Bremssättel

Werkzeug fürs Hinterrad
- Großer und kleiner Drehmomentschlüssel
- Hinterachsmutter
  Mj. 1999 bis 2002 .... Nuss SW 22
  Mj. 2003 bis 2009 .... Nuss SW 24
- Hinterachse
  Mj. 1999 bis 2002 .... Schlüssel SW 17
  Mj. 2003 bis 2009 .... Schlüssel SW 22
- ABS-Sensorschraube .... Nuss SW 12

Bild 1

Sicherheitshinweise ⚠ Achtung und ☞ Tipps für dieses Kapitel

⚠ Hand- bzw. Fußbremshebel nicht betätigen, wenn die Bremssättel abgeschraubt sind! Sonst rutschen die Bremsklötze in den Sattel und man kann ihn nicht mehr montieren.

Bild 2

☞ Lappen so dick um den Gasgriff wickeln, dass er den Handbremshebel blockiert.

⚠ Wenn die Vorder- bzw. Hinterradachse wegen Korrosion festsitzen sollte, NICHT mit einem Eisenhammer oder einem Rohrstück auf das Ende der Achse bzw. auf deren Gewinde klopfen, um die Achse auszutreiben! Falls die Achse festsitzen sollte, was bei einem älteren Motorrad schon mal vorkommen kann, Kriechöl (»Rostlöser«) satt auf die Stellen sprühen, wo die Achse durch die Aufnahmen der Gabel, Schwinge und Radlager führt. Einige Minuten einwirken lassen und erneut versuchen. Gummi- oder Kunststoffhammer zu Hilfe nehmen.

⚠ Nach jeder Radmontage alle Schrauben und Muttern nochmals auf Festsitz kontrollieren! Ganz penible Menschen machen sich Farbmarkierungen an die Schraubenköpfe und Muttern (Bild 2), die mit dem richtigen Drehmomentwert angezogen sind.

⚠ Beim Zusammenbau nur originale Schrauben und Muttern verwenden! Nie Schrauben/Muttern undefinierbarer Herkunft aus einer typischen Schraubenkiste verwenden!

⚠ Niemals versuchen, krumme Räder oder krumme Achsen geradezurichten, sondern Neuteile verwenden.

⚠ Nach der Radmontage alles überschüssige Fett von den Radlagersimmerringen sauber abwischen, damit es nicht auf die Bremsscheiben gelangt!

⚠ Vor der ersten Fahrt die Bremsklötze durch Pumpen am Bremshebel in Position bringen.

- Kettenspannschrauben
  Mj. 1999 bis 2002 .... Inbusschlüssel SW 5
- Kettenspannmuttern
  Mj. 2003 bis 2009 .... Schlüssel SW 12
- Kreuzschlitz-Schraubenzieher für die Schrauben des Kettenschutzes
- Gummiflitsche zum Weghängen des Bremssattels

Anziehdrehmomente Vorderrad

Vorderachse .... 65 Nm
Achsklemmschraube .... 23 Nm
Bremssattel-Befestigungsschrauben .... 39 Nm
Bremsscheibenschrauben .... 23 Nm

- *Loctite »hochfest« an Gewinde geben*

Anziehdrehmomente Hinterrad
Modelljahre 1999 bis 2002

Hinterachsmutter .... 65 Nm
Bremssattel-Befestigungsschrauben .... 26 Nm
Mutter auf Bolzen Zugstrebe
an Bremssatte .... 35 Nm

Modelljahre 2003 bis 2009

Hinterachsmutter .... 100 Nm

Alle Modelljahre

Bremssscheibenschrauben .... 23 Nm

- *Loctite »hochfest« an Gewinde geben*

Wird Loctite gebraucht?
Manche Mechaniker geben einen Tropfen Öl ans Gewinde der Bremssattel-Befestigungsschrauben, manche schwören auf flüssige Schraubensicherung Loctite »mittelfest«.

Es gibt hierfür keine spezielle Suzuki-Vorschrift. Wichtig ist in jedem Fall, dass die Außengewinde der Schrauben und die Innengewinde im Bremssattelhalter einwandfrei in Ordnung sind, die Gewinde der Schrauben vor dem Wiedereindrehen mit einer Messingbürste gesäubert und mit dem vorgeschriebenen Drehmoment festgezogen werden.

Wenn die Bremsscheiben abgebaut waren und wieder angebaut werden, wird Schraubensicherung »Thread Lock Cement Super 1360« benötigt. Man kann auch »Loctite 272 hochfest« verwenden (siehe weiter hinten in diesem Kapitel im Textabsatz »Radlager aus- und einbauen«).

Der Trick mit dem Holzklotz (Bild 3)
Wenn man beim Aus- und Einbau des Vorder- oder Hinterrads alleine arbeiten muss, kann das zu einer ziemlichen Frickelei ausarten, bis Distanzstücke und hinterer Bremssattel korrekt eingebaut sind; eigentlich bräuchte man drei oder vier Hände. Organisieren Sie sich vor dem Radausbau einen Holzklotz, der knapp so dick ist, dass er bei aufgebockter Maschine zwischen Hinterrad und Boden passt. Dann knallt das doch ziemlich schwere Rad nicht plötzlich herunter, wenn die Achse ausgezogen ist, und es lässt sich auch viel einfacher wieder einbauen.

Vorderrad aus- und einbauen

Vorderrad ausbauen
1. Bei ABS-Maschinen: ABS-Sensor demontieren (Bild 4) und mit Kabelbinder nach oben weghängen (Bild 5).
1.1. Jetzt kann der Ständer sicher an der Achsfaust angesetzt werden (Bild 6).

Bild 3: Vor dem Radausbau einen Holzklotz unterlegen, damit das Rad nicht plötzlich herunterknallt, wenn die Achse ausgezogen ist. Auch der Radeinbau ist leichter.

Bild 3

Bild 4

Bilder 4, 5 und 6: Ausbau des ABS-sensors, damit der Frontständer sicher unter den Gabelfäusten angesetzt werden kann.

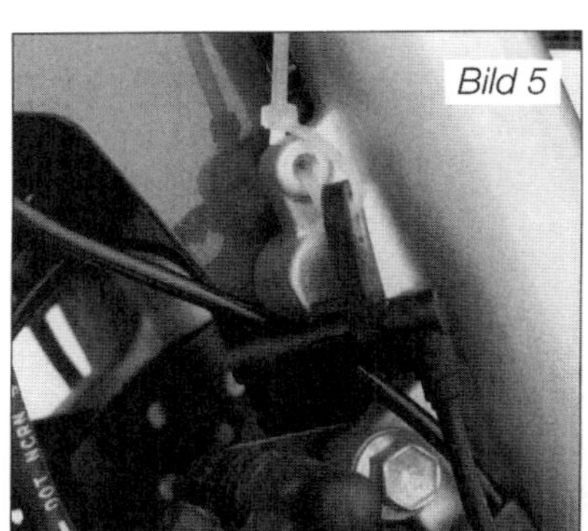
Bild 5

Bild 6

Bilder 7 bis 14: Im Lauftext sind die zu den Bildern gehörenden Arbeitsschritte nummeriert beschrieben.

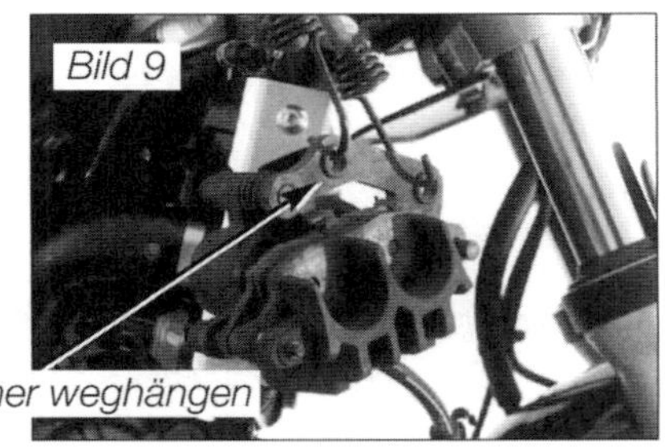

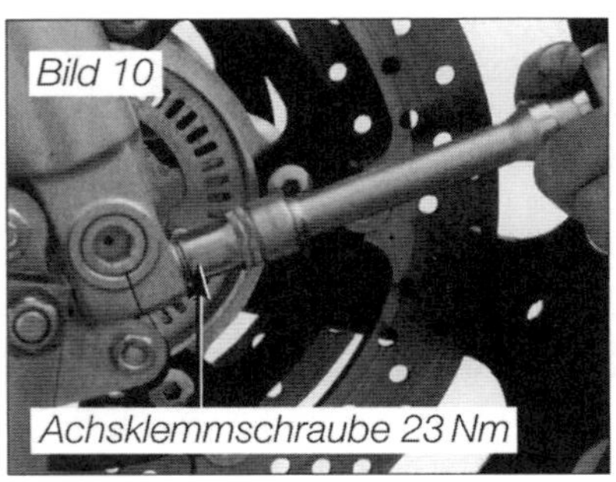

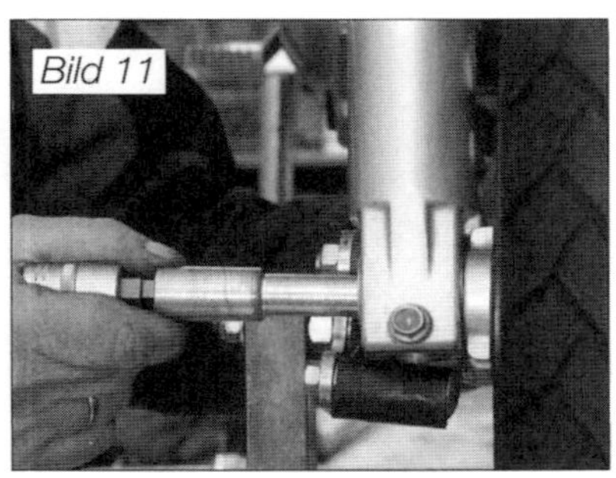

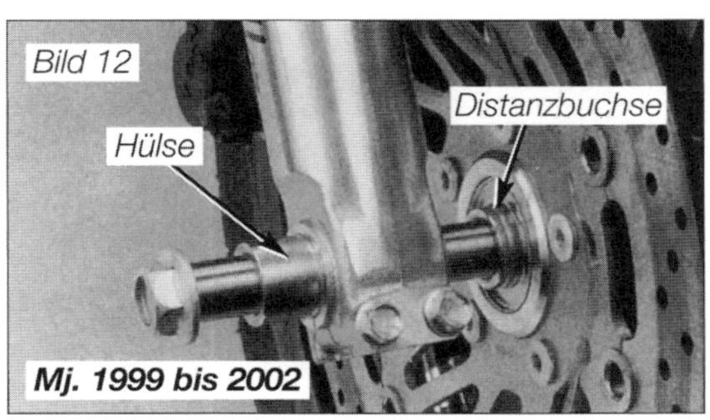

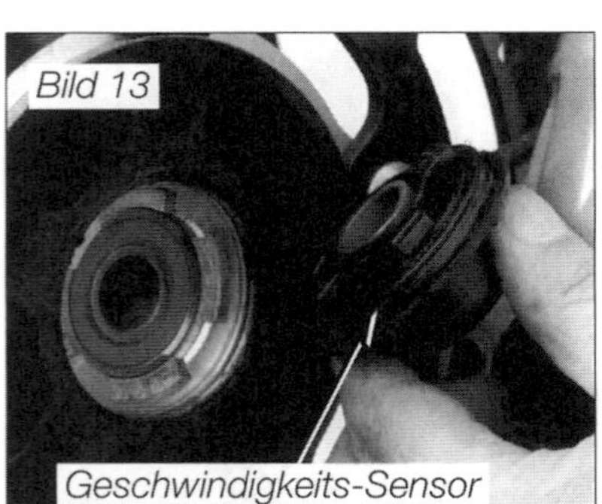

2. Beide Bremssättel abschrauben (Bild 7), von den Bremsscheiben ziehen (Bild 8) und mit Gepäckgummis rechts und links außerhalb des Rades weghängen (Bild 9).
■ Bremsschläuche dabei nicht stark verdrehen!
3. Befestigungen am Kabel des Geschwindigkeits-Sensors abschrauben.
4. Beide Achsklemmschrauben (Mj. 1999 bis 2002) bzw. die eine Achsklemmschraube (Mj. 2003 bis 2009) in rechter Gabelfaust lösen (Bild 10), mindestens zwei Umdrehungen aufdrehen.
5. Achse am Achskopf rechts lösen und ausschrauben, Achse unter gleichzeitigem Drehen und Ziehen ausziehen (Bild 11).
■ Rad dabei mit einer Hand etwas hochhalten und leicht daran wackeln.
5.1. Achse ganz herausziehen, Rad ablassen.
6. Mj. 1999 bis 2002: Hülse aus Bohrung der Achsfaust herausziehen (Bild 12).
6.1. Gehäuse des Geschwindigkeits-Sensors (Tachoantrieb) links aus Rad ausziehen (Bild 13).
6.2. Bei ABS-Maschinen: Buchse mit ABS-Sensorhalter rechts aus Rad ausziehen (Bild 14).
6.3. Ohne ABS: Distanzbuchse ausziehen.
7. Rad nach vorne aus Telegabel herausnehmen.

Bauteile reinigen, prüfen
1. Mit Ölspray und Lappen säubern: Achse, Hülse und Distanzbuchsen, ABS-Sensorhalter, Gehäuse des Geschwindigkeits-Sensors und den daraus ausgezogenen Rotor.
1.1. Gabelfäuste mit Ölspray reinigen. Prüfen, ob Klemmschraube(n) und ihre Gewinde in rechter und Achsgewinde in linker Gabelfaust in Ordnung sind.
■ Wenn »ja«, mit Fett leicht einfetten.
■ Wenn »nein«, Schraube(n) durch Neuteil(e) ersetzen bzw. Gewinde in Achsfaust reparieren mit HeliCoil (siehe Kapitel 2 »Werkstatt«).
2. Radlager prüfen: Zeigefinger in den Innenring des Lagers stecken und drehen. Man spürt mit dieser »Fingerprobe« wie das Lager läuft.
■ Wenn die Lager spielfrei sind, ohne Knacken und Rubbeln laufen, sind sie in Ordnung.
■ Wenn die Lager beschädigt sind, also Luft haben oder laut, knackend oder schwer laufen, müssen sie ersetzt werden. Wie das geht, steht weiter hinten in diesem Kapitel.
3. Radlager-Simmerringe in der Radnabe mit Ölspray und Lappen reinigen:
■ Mj. 2003 bis 2006 rechts und links
■ Mj. 2007 bis 2009 nur rechts
■ Mj. 1999 bis 2002 keine Simmerringe
3.1. Einen kleinen Finger voll Wälzlagerfett in Simmerring(e) schmieren.

4. Dichtring außen am Gehäuse des Geschwindigkeits-Sensors und Lagersitz des Rotors dünn mit Wälzlagerfett einschmieren (Bild 15).
5. Bremssättel mit Bremsenreiniger säubern.
Dicke der Bremsbeläge kontrollieren (siehe dazu auch Kapitel 6 »Bremsen«).
6. Befestigungsschrauben der Bremssättel mit Messingbürste reinigen, entweder leicht einölen oder einen Tropfen Loctite »mittelfest« auf ihre Gewinde geben. In Reichweite auf den Kopf stellen, sie werden gleich gebraucht!

Vorderrad einbauen
1. Rad in die Telegabel einschieben. Drehrichtung des Rads ist mit einem Pfeil auf einer der Gussspeichen markiert (Bild 16).
2. Rechte Seite: Bei ABS-Maschinen: Buchse mit ABS-Sensorhalter in Simmerring einsetzen.
2.1. Ohne ABS: Distanzbuchse einsetzen.
3. Rad einbauen:
3.1. Bei ABS-Maschinen: Nut im ABS-Sensorhalter auf Vorsprung innen oben in rechter Gabelfaust ausrichten.
3.2. Mj. 1999 bis 2002: Hülse in Gabel einsetzen.
3.3. Linke Seite: Gehäuse des Geschwindigkeits-Sensors einsetzen, Mitnehmer am Rotor greifen in Aussparungen in Nabe ein (Bild 13).
3.4. Rad anheben: Darauf achten, dass Nut im ABS-Sensorhalter auf Vorsprung greift.
3.5. Lagerbohrungen im Rad mit Bohrungen in Gabelfäusten in Flucht bringen, gefettete Achse von rechts einführen, durchschieben und von Hand in Gewinde in linker Gabelfaust eindrehen.
3.6. Anschlag am Gehäuse des Geschwindigkeits-Sensors an Anschlag am Tauchrohr anlegen.
4. Achse mit 65 Nm festziehen (Bild 17).
■ Achsklemmschraube(n) noch nicht festziehen.
5. Bremsscheiben mit Bremsenreiniger reinigen, Bremssättel auf Bremsscheiben schieben, Schrauben eindrehen, mit 39 Nm festziehen (Bild 7).
6. Befestigungen des Kabels vom Geschwindigkeits-Sensor anschrauben.
7. Motorrad von Frontmontageständer abbocken, senkrecht stellen, mit nicht betätigter Vorderradbremse einige Male ein- und ausfedern.
■ Dadurch »setzt« sich die Achse in der rechten Gabelfaust, Verspannungen werden ausgeglichen bzw. vermieden.
8. Jetzt Klemmschraube(n) in rechter Gabelfaust mit 23 Nm festziehen (Bild 10).
9. Maschine wieder auf Frontständer aufbocken, Bremse einige Male betätigen, ganz lösen, Rad durchdrehen und prüfen, ob es leicht und frei läuft.

Wichtig: Überschüssiges Fett von Distanzbuchsen in Simmerringen, Gehäuse des Geschwindigkeits-Sensors, Achse und allen Schraubstellen gut abwischen.
10. Maschine vom Frontmontageständer abbocken.
10.1. Bei ABS-Maschinen: ABS-Sensor einstecken, Schraube eindrehen und »gut handfest« anziehen.

Bild 15

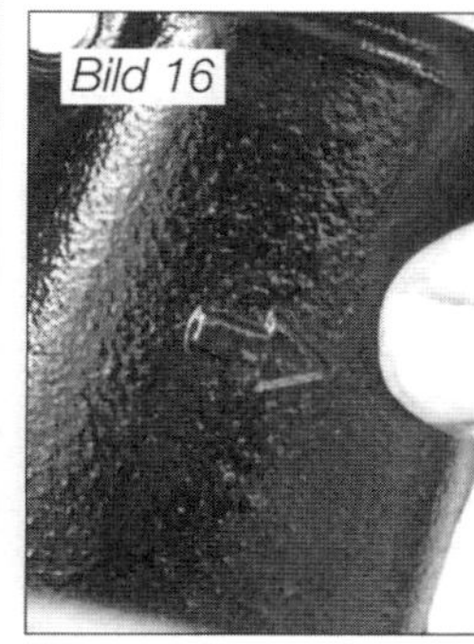
Bild 16

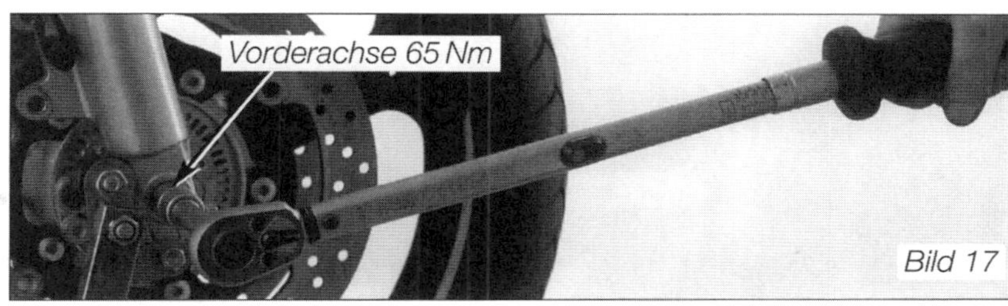

Bild 17

Hinterrad aus- und einbauen

Hinterrad ausbauen
Mj. 1999 bis 2002:
1. Mutter vom Zugstrebenbolzen lösen und abdrehen, Bolzen ausziehen (Bild 18).
1.1. Schrauben Bremssattel an Halteplatte lösen und ausdrehen (Bild 18), Bremssattel nach unten abziehen, nach außen oben weghängen.
Mj. 2003 bis 2009:
1. Bei ABS-Maschinen: ABS-Sensor abschrau-

Bilder 15 bis 19: Im Lauftext sind die zu den Bildern gehörenden Arbeitsschritte nummeriert beschrieben.

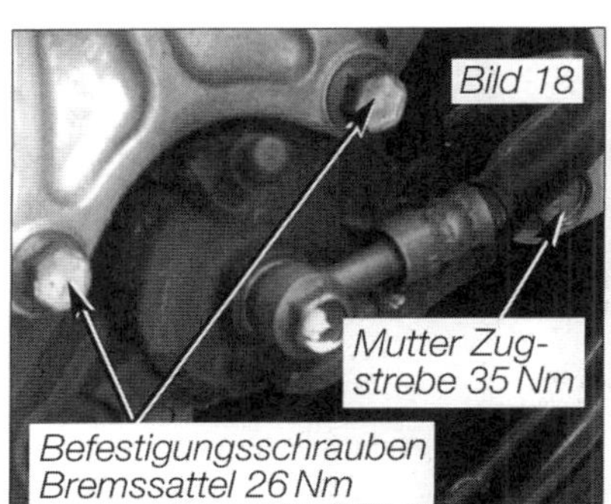

Bild 18

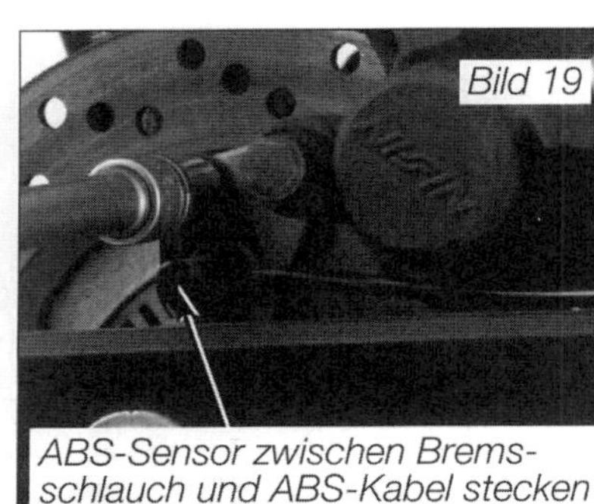

Bild 19

Bilder 20 bis 27: Im Lauftext sind die zu den Bildern gehörenden Arbeitsschritte beschrieben.

ben, ausziehen und zwischen Bremsschlauch und ABS-Kabel stecken (Bild 19).

Mj. 1999 bis 2002:

2. Achsmutter rechts mit Sechskantnuss SW 22 lösen und abschrauben.

2.1. Wenn sich die Achse mitdreht: Achskopf mit 17er-Schüssel gegenhalten.

2.2. Mutter, Scheibe und Achsscheibe abnehmen (Bild 20).

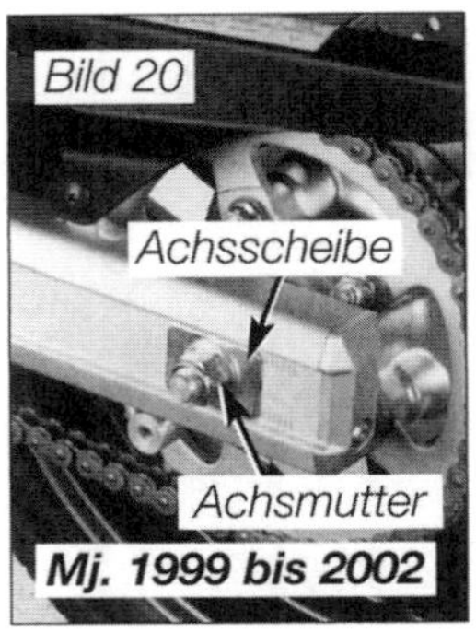

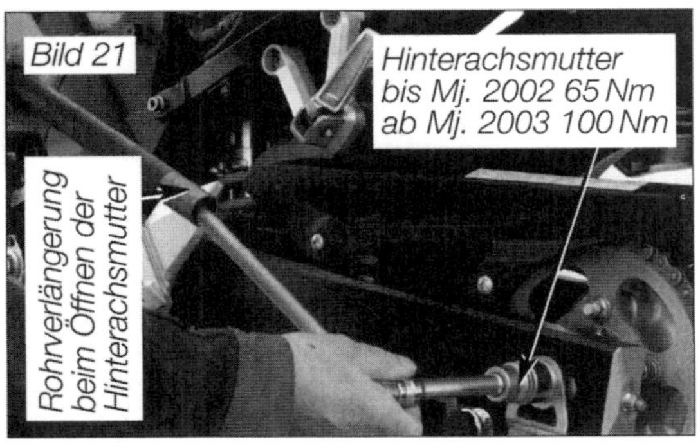

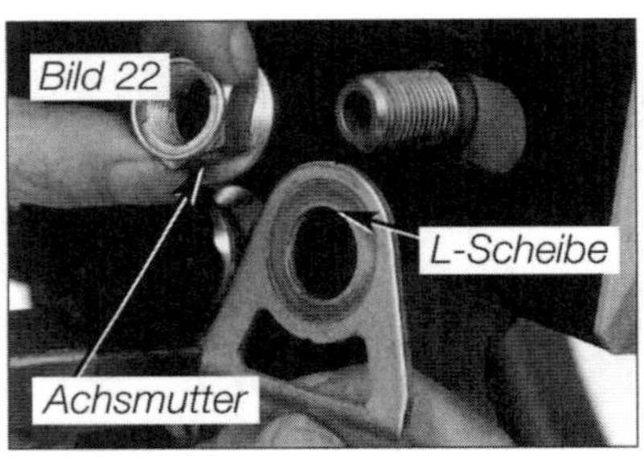

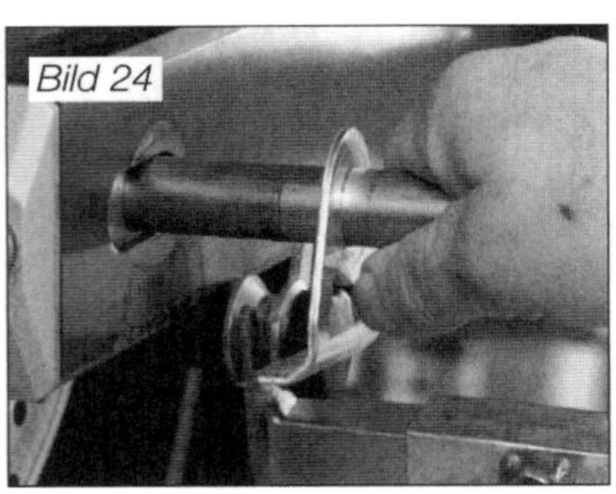

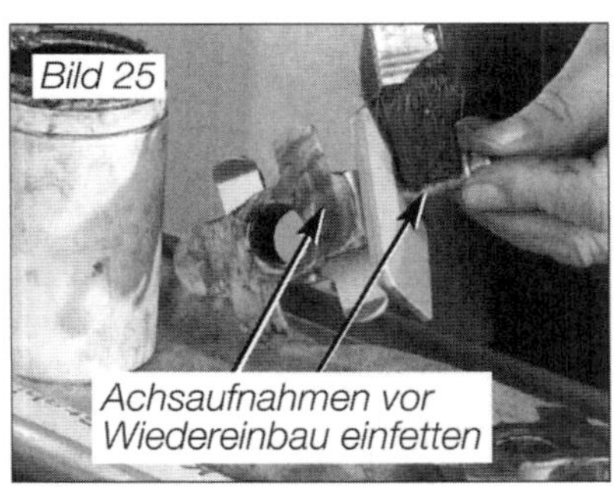

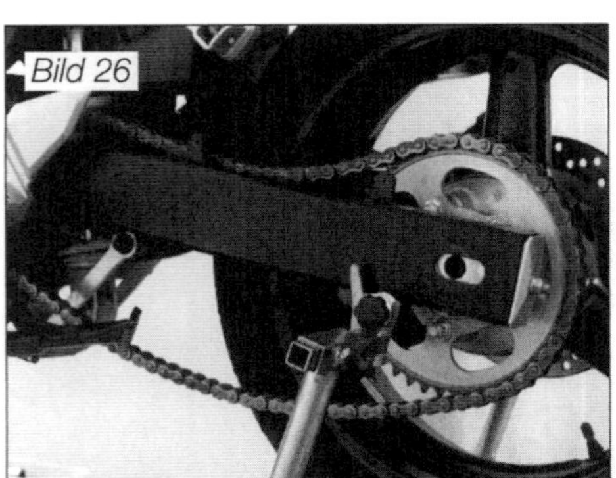

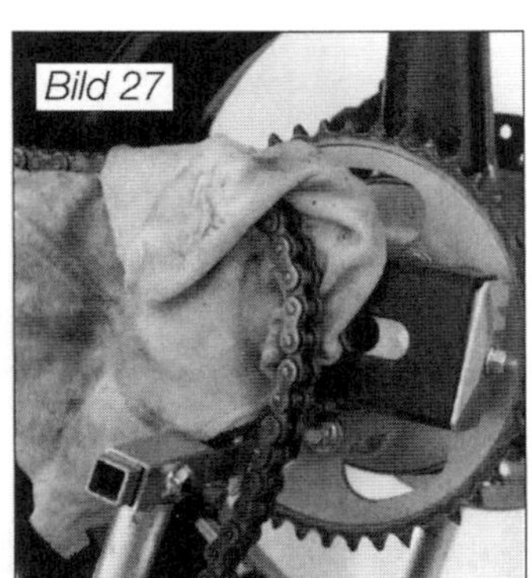

Mj. 2003 bis 2009:

2. Achsmutter links mit Sechskantnuss SW 24 (Bild 21) lösen und abschrauben.

2.1. Wenn sich die Achse mitdreht: Achskopf mit 22er-Schüssel gegenhalten.

2.2. Mutter und L-Scheibe abnehmen (Bild 22).

3. Achse mit Kunststoffhammer etwas ausschlagen (Bild 23).

4. Achse am Sechskantkopf packen und ganz ausziehen (Bild 24). Holzklotz unterm Rad wegnehmen, Rad ablassen, nach vorne rollen.

5. Rad ausbauen Mj. 1999 bis 2002:

5.1. Bremssattelhalter und Buchse abnehmen.

5.2. Schrauben der Kettenabdeckung ausschrauben, Kettenabdeckung abnehmen, Rad weiter nach vorne rollen (Bild 26), Kette nach außen herunternehmen, auf Schwinge ablegen. Lappen zwischenlegen (Bild 27)!

5.3. Achsaufnahmen herausziehen (Bild 25).

5.4. Rad nach hinten rollen, Distanzbuchse links aus Simmerring ziehen, Rad nach hinten herausnehmen.

5. Rad ausbauen Mj. 2003 bis 2009:

5.1. Schrauben der Kettenabdeckung ausschrauben, Kettenabdeckung abnehmen, Rad weiter nach vorne rollen (Bild 26), Kette nach außen herunternehmen, auf Schwinge ablegen. Lappen zwischenlegen (Bild 27)!

5.2. Rad so weit nach hinten ziehen, bis Bremsscheibe aus Bremssattel ist (Bild 28).

5.3. Rad weiter nach hinten rollen, Distanzbuchsen links und rechts (Bild 29) aus Simmerringen ziehen, Rad nach hinten herausnehmen (Bild 30).

5.4. Bremssattelhalter (mit angeschraubtem Bremssattel) auf Widerlager innen an Schwinge stecken lassen (Bild 31).

Räder zum Reifenwechsel vorbereiten

Wenn die Räder zum Reifenwechsel gebracht werden, unbedingt Folgendes tun:

1. Kettenblattträger abziehen (Bild 32), Ruckdämpfergummis herausnehmen.

2. Wichtig: Auf Distanzbuchse im Lager des Kettenblattträgers achten (Bild 33). Sie sitzt normalerweise fest im Lagerinnenring (das heißt aber nicht, dass es immer so sein muss!).

3. Räder immer ohne Kettenblattträger, Ruckdämpfergummis und Distanzbuchsen zum Reifenwechsel geben.

Bauteile reinigen, prüfen

Es gelten die Arbeits- und Prüfschritte wie vorne im Text »Vorderrad ausbauen« beschrieben.

Zusätzlich für das Hinterrad:
1. Ruckdämpfergummis auf Verschleiß prüfen, reinigen, mit etwas Silikonfett einschmieren (Bild 34). So lässt sich der Kettenblattträger leichter in die Ruckdämpfergummis einsetzen.
2. Kettenblattträger außen und innen sowie das Kettenrad gründlich mit Ölspray reinigen.
3. Lager im Kettenblattträger kontrollieren, ob es in Ordnung ist (»Fingerprobe« wie bei den Radlagern, siehe Text weiter vorne). Weil das Lager innen offen ist, etwas leichtes Wälzlagerfett in das Lager schmieren.
4. Achsaufnahmen reinigen, leicht einfetten (Bild 25).

Hinterrad einbauen
1. Ruckdämpfergummis in Hinterradnabe einsetzen. Kettenblattträger auf Nabe schieben. **Wichtig:** Distanzbuchse im Lager des Kettenblattträgers muss eingebaut sein (siehe dazu Bilder 32 und 33).
2. Rad in Schwinge einfädeln und nach vorne schieben, Distanzbuchsen rechts und links einsetzen:
■ Buchse ohne Bund links, Buchse mit Bund rechts (Bild 29).
3. Rad langsam weiter nach vorne schieben. **Mj. 2003 bis 2009:** Bremsscheibe in Bremssattel zwischen Bremsklötze einschieben.
4. Kette auf Kettenrad legen, Rad zurückziehen.
5. Achsaufnahmen in Enden der Schwinge einschieben.
Beachten bei Mj. 1999 bis 2002: Die oben und unten an den Achsaufnahmen angebrachten »Flügel« müssen außen-hinten sitzen, die inneren werden nach vorne weisend eingebaut (Bild 35). Endplatten so einsetzen, dass die Kettenspann-Einstellschrauben unten sitzen (Bild 20).
6. Rad etwas zurückziehen und hochheben.
6.1. Mj. 1999 bis 2002: Bohrungen von Radlager und linker Achsaufnahme zueinander ausrichten.
6.2. Rechteckige Achsscheibe auf Achse schieben. Achse von links ansetzen und mindestens zwei Drittel einschieben.

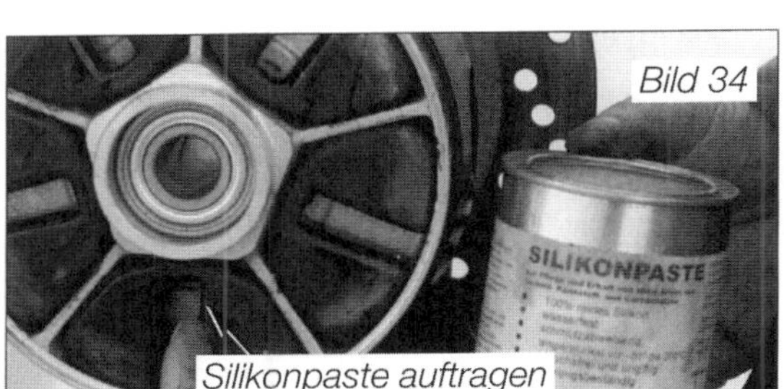

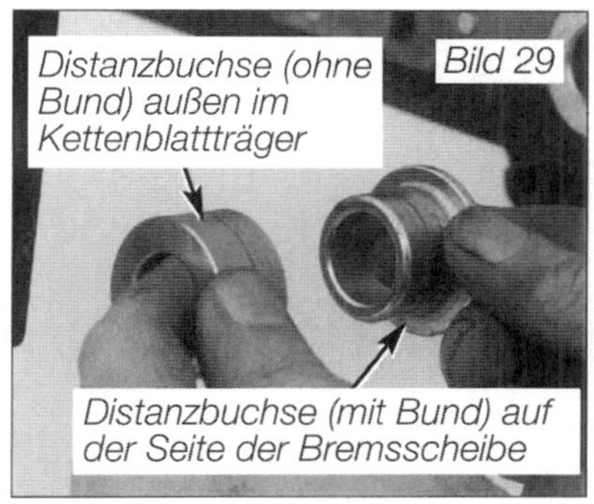

Bilder 28 bis 36: Im Lauftext sind die zu den Bildern gehörenden Arbeitsschritte nummeriert beschrieben.

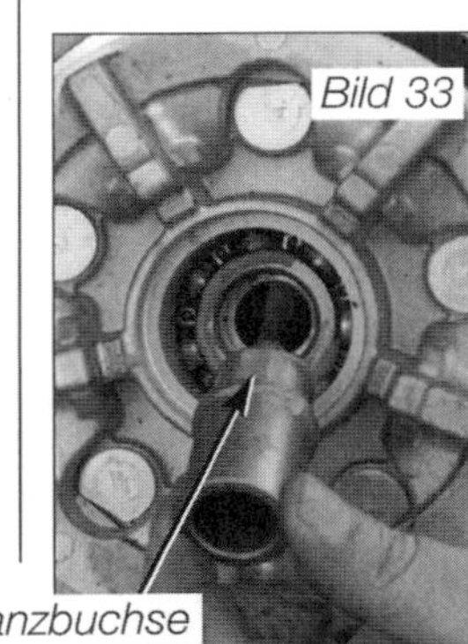

Sichtprüfung Messen

Bild 37: Zum Wechsel der Radlager benötigte Werkzeuge und Hilfsmittel.

6.1. Mj. 2003 bis 2009: Bohrungen von Radlager, Bremssattelhalter und rechter Achsaufnahme zueinander ausrichten.

6.2. L-Scheibe mit abgewinkelter Seite nach unten-innen auf Achse schieben. Achse von rechts ansetzen und mindestens zwei Drittel einschieben.

7. Achse ganz durchschieben, Rad dabei etwas hin und her kippeln.

8. Mj. 1999 bis 2002: Achsscheibe und Scheibe auf Achse schieben.

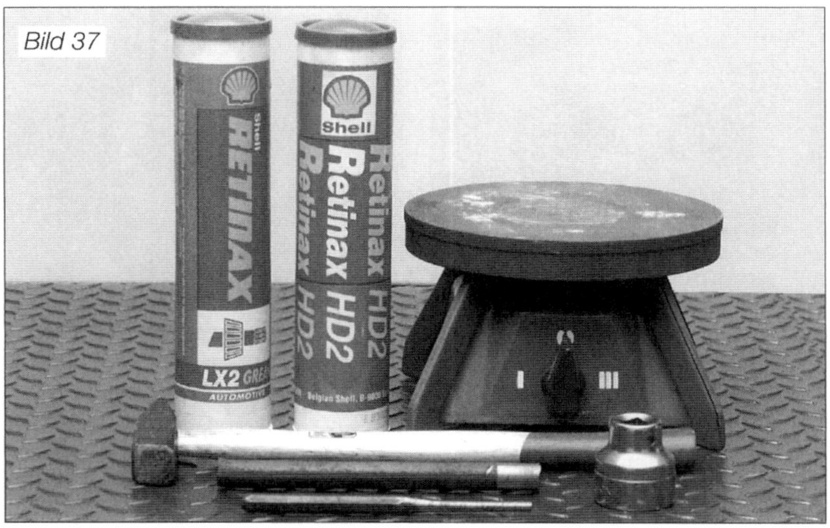

Bild 37

Mj. 2003 bis 2009: L-Scheibe mit abgewinkelter Seite nach unten-innen auf Achse schieben (Bild 22).

8.1. Achsmutter aufdrehen.

9. Endplatten der Achsaufnahmen korrekt in Enden der Schwinge einsetzen, Rad so weit es geht nach vorne drücken.

9.1. Schraubenzieher zwischen Kette und Kettenblatt einstecken (Bild 36), Rad etwas rückwärts drehen: Kette spannt sich und zieht die Achse so weit es geht nach vorne.

10. Achsmutter festziehen:

- 65 Nm bei Mj. 1999 bis 2002
- 100 Nm bei Mj. 2003 bis 2009

Wichtig: Unbedingt darauf achten, dass die Achse bzw. die Achsaufnahmen nicht nach hinten rutschen, beide Endplatten der Achsaufnahmen müssen in Enden der Schwinge sitzen!

11. Bremse einige Male betätigen, damit sich die Bremsbeläge an der Bremsscheibe anlegen.

11.1. Bremse lösen, Rad durchdrehen und prüfen, ob es leicht und frei läuft. Überschüssiges Fett von Buchsen, Simmerringen und Achse gut abwischen.

12. Bei ABS-Maschinen: ABS-Sensor einstecken, Schraube eindrehen, gut handfest anziehen (Bild 19).

13. Kettenabdeckung anschrauben.

14. Kettenspannung kontrollieren, ggf. einstellen.

Radlager, Räder und Radachsen prüfen

Bild 38: Vermessen des Rads auf Seiten- und Höhenschlag.

Bild 39: Vermessen der Radachse.

Radlager prüfen

Zur Prüfung der Lager steckt man den Zeigefinger in den Innenring des Lagers, dreht diesen und spürt im Finger, wie das Lager läuft.

- Wenn die Lager spielfrei sind und ohne fühlbares Knacken und Rubbeln laufen, sind sie o.k.
- Wenn die Lager beschädigt sind, also »Luft« haben oder laut und knackend laufen, Lager ausbauen und durch Neuteile ersetzen.

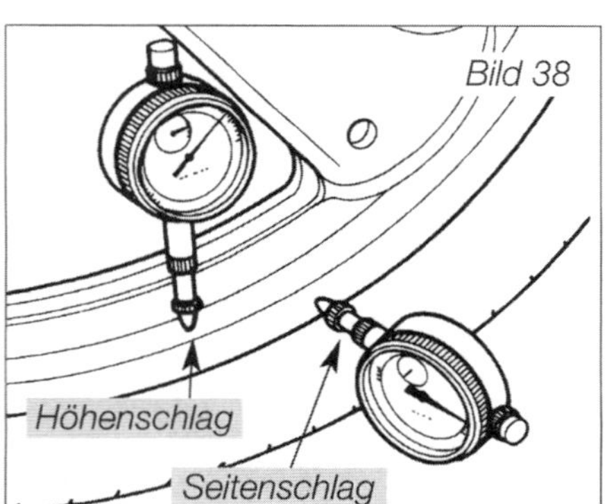

Bild 38

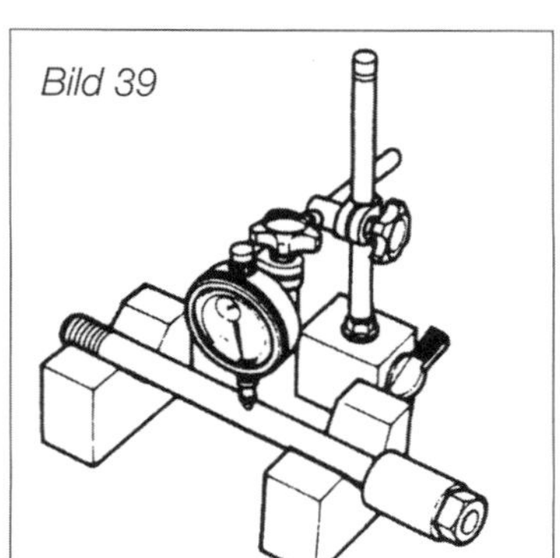

Bild 39

Rad auf Rundlauf prüfen

1. Rad in Zentrierständer einhängen. Wenn keiner zur Verfügung steht:

- Radachse in einen Schraubstock spannen und Messuhrhalter auf der Werkbank befestigen.

Oder eingebaut prüfen:

- Messuhr an Gabelholm (Vorderrad) oder Hinterradschwinge (Hinterrad) befestigen.

2. Felgenrand putzen, mit Allzweckspray einsprühen, Messspitze der Messuhr anführen:

- Zum Messen des Höhenschlags innen am Felgenhorn auf der bearbeiteten Fläche (Bild 38).
- Zum Messen des Seitenschlags außen am Felgenhorn (muss unbeschädigt sein, Bild 38).

3. Verschleißgrenze Axial- und Radialschlag 2,0 mm.

Radachse auf Schlag prüfen: Radachse in Prismenblöcke legen (Bild 39), Achsschlag mit Messuhr feststellen, Verschleißgrenze 0,25 mm.

Beachten: Der tatsächliche Schlag ist nur halb so groß wie der von Messuhr angezeigte Wert.

14.1. Auch wenn die Kette nicht gespannt werden muss: Kettenspannschrauben bzw. Muttern auf den Gewinden der Kettenspanner »gut handfest« festziehen.

Radlager wechseln

Ab einer Laufleistung von ca. 30 000 km besteht die Gefahr, dass die Radlager zu viel Spiel bekommen. Deswegen speziell bei älteren Maschinen bei jedem Radausbau die Radlager prüfen (siehe Text weiter vorne in diesem Kapitel und im Kasten unten auf vorheriger Seite).

In die Räder der SV 650 sind original einseitig offene Lager eingebaut. Besser sind beidseitig abgedeckte Lager aus dem Kfz-Zubehörhandel, denn diese haben eine lange Lebensdauer und brauchen beim Einbau nicht zusätzlich mit Fett versorgt zu werden. Werden Lager mit nur einer Abdeckscheibe verwendet, vor dem Einbau die offene Lagerseite gut mit Wälzlagerfett füllen.

Wichtig: Einseitig offene Lager werden mit der offenen Seite nach innen eingebaut; geschlossene Lager mit der Bezeichnung (auf dem Lageraußenring) nach außen.

Achtung: Aus- und Einbau von Radlagern mit Hammer und Dorn erfordert fachliches Können und Fingerspitzengefühl. Besser ist der von Suzuki als Spezialwerkzeug angebotene Lagerausbausatz oder ein entsprechendes Lagerauszieh-Lagereinbau-Spezialwerkzeug aus dem Kfz-Werkzeughandel. Damit ist die Gefahr, dass sich die Lagersitze beim Ausschlagen der alten Lager durch falsche Behandlung aufweiten oder die neuen Lager beim Einbau beschädigt werden, gering.

Wenn keine Spezialwerkzeuge zur Verfügung stehen, sollte man zumindest eine Heizplatte haben (Bild 37): Zum Ausbau der Lager das Rad mit der Nabe einige Minuten lang auf die kalte Heizplatte legen, Schalter auf mittlere Stufe stellen, Heizplatte und Radnabe zusammen langsam aufheizen bis auf mindestens 80 °C, maximal 120 °C (Bild 40). Dann fallen die Lager fast alleine heraus, wenn das Rad von der Heizplatte heruntergenommen wird. Ist keine Heizplatte vorhanden, kann man auch mit einem Heißluftföhn die Radnabe erwärmen.

Radlager ausbauen

1. Kettenblattträger vom Hinterrad abziehen. Dämpfergummis herausnehmen.

Die weiteren Arbeitsschritte gelten für Vorder- und Hinterrad.

2. Bremsscheiben abmontieren: Vor dem Abbau die Drehrichtung der Bremsscheiben mit einem dicken Filzstift zeichnen.

2.1. Beachten: Die Bremsscheibenschrauben gehen schwer heraus, denn sie sind mit Loctite »hochfest« eingeklebt.

2.2. Schrauben mit Heißluftföhn am Kopf etwas anwärmen, das löst die Verklebung.

2.3. Exakt passenden Inbusschlüssel verwenden: Schrauben über Kreuz lösen und ausdrehen. Bremsscheibe abnehmen.

3. Je nach Mj.: Simmerringe mit Reifenmontierhebel/breitem Schraubenzieher aushebeln (Bild 41).

Bild 40: Radnabe auf mindestens 80 °C, aber maximal 120 °C erwärmen, dann lassen sich die alten Radlager leicht austreiben.

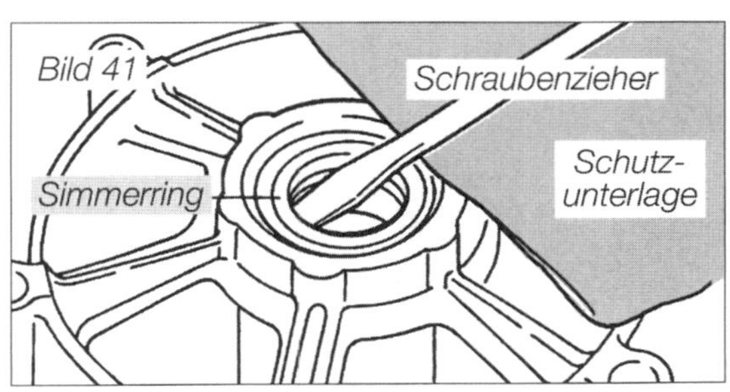

Bild 41: Aushebeln des Radlager-Simmerrings mit einem breiten Schraubenzieher.

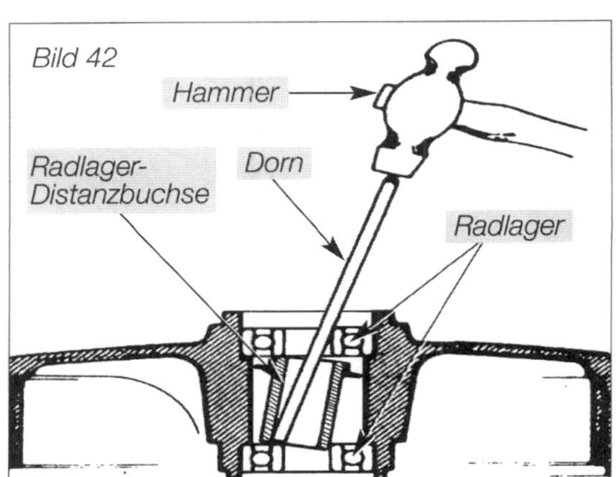

Bild 42: Austreiben der Radlager mit Hammer und einem langen Dorn.

Bilder 43 und 44: Eintreiben des neuen Lagers und Simmerrings mit einer Nuss bzw. speziellen Buchse.

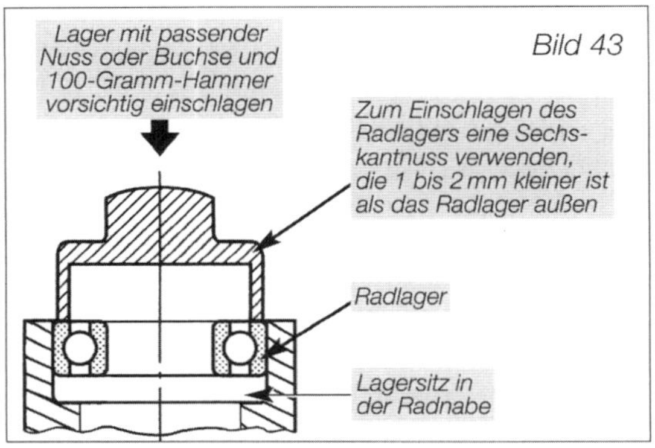

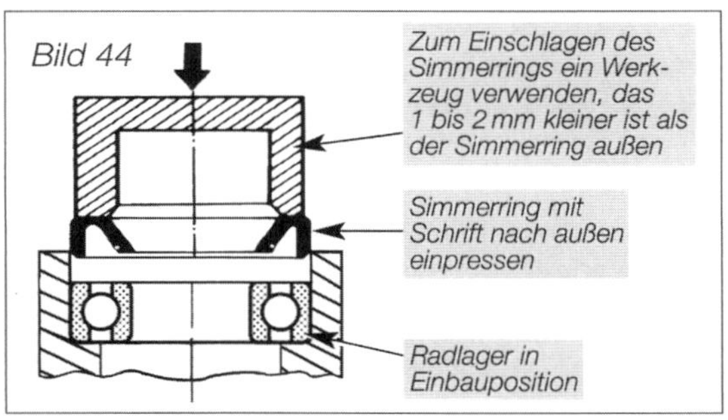

Bilder 45 und 46: Explosionszeichnung der vorderen und hinteren Radlagerung mit Teilebezeichnung und Anziehdrehmomentwerten der Modelljahre 1999 bis 2002.

4. Rad auf feste Unterlage legen, die unten so weit offen ist, dass das auszutreibende Lager Platz hat und beim Herausschlagen nach unten herausfallen kann.

■ Am besten die Backen eines Schraubstocks weit genug öffnen und das Rad unter Zwischenlegen von Hölzern darauf ablegen.

5. Radlager mit einem mindestens 1 cm dicken und mindestens 20 cm langen Dorn schrittweise mit trockenen, bedachten Hammerschlägen am Innenring über Kreuz austreiben (Bild 42). Schrittweise und über Kreuz deswegen, weil dadurch das Lager immer ein kleines Stück weiter ausgetrieben und ein Aufweiten der Lagersitze vermieden wird.

6. Nach dem Austreiben der Lager die Lagersitzbohrungen gut reinigen.

Wichtig: Wenn beim Austreiben der Lager Grate entstanden sind, diese mit sehr feinem Schmirgelleinen (»Läpppapier« oder »Polierleinen«) vorsichtig und punktgenau entfernen. KEINE Rundfeile dazu nehmen!

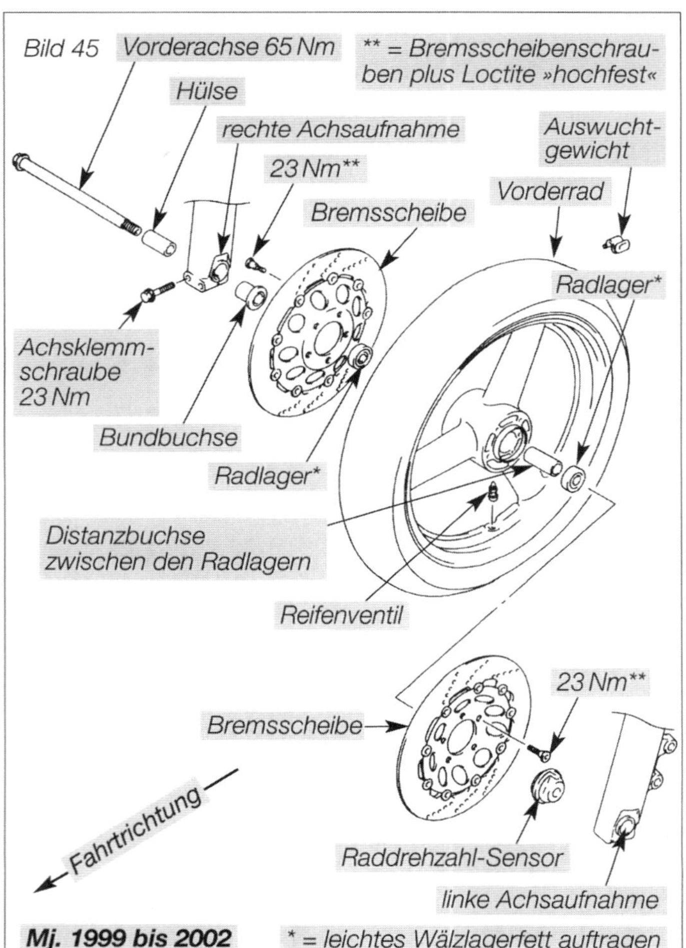

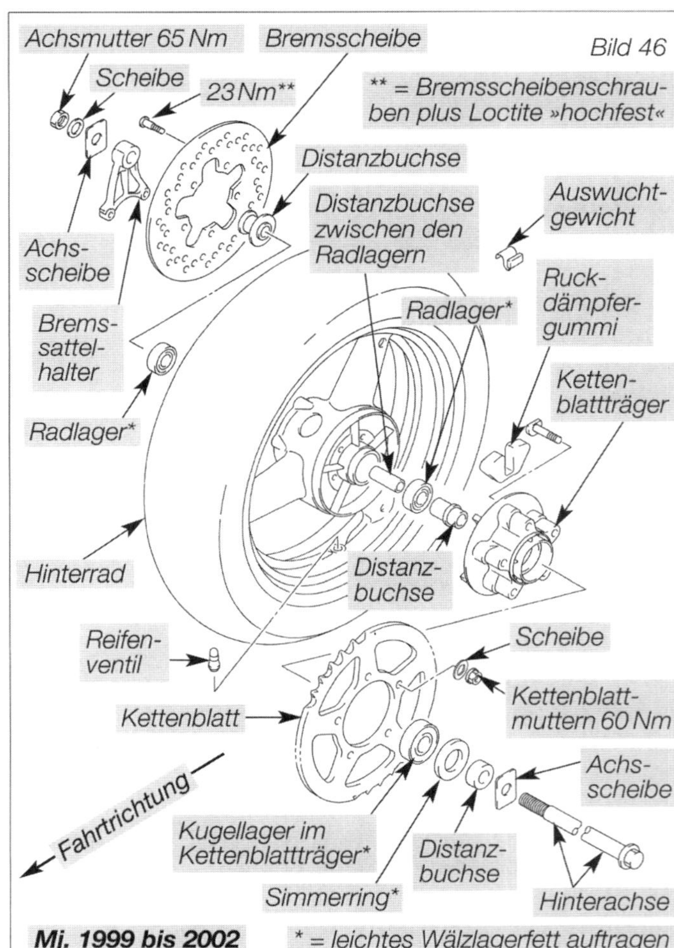

Radlager einbauen

1. Radnabe auf der Heizplatte auf maximal 120 °C anwärmen (Bild 40).

2. Lager in den erwärmten Lagersitz einschieben, es fällt fast von alleine hinein. Lager mit Aufschrift (beidseitig geschlossen) bzw. Abdeckung (einseitig geschlossen) nach außen weisend einbauen.

2.1. Mit passender Nuss, deren Außendurchmesser ca. 1 bis 2 mm geringer ist als der Durchmesser des Lagers (bzw. Passbohrung), und 100-Gramm-Hammer sanft nachklopfen, bis Lager im Grund der Passbohrung aufsitzt (Bild 43).

■ Wenn keine passende Nuss vorhanden ist: Dorn nehmen, aber diesen unbedingt nur am Lageraußenring (!) ansetzen.

2.2. Rad umdrehen.

3. Distanzbuchse einsetzen. Lager der anderen Seite einschieben, evtl. mit Dorn oder einer passenden Nuss (Bild 43) und Hammer am Lageraußenring sanft nachklopfen.

4. Jetzt mit dem Finger prüfen, ob die Distanzbuchse zwischen den Lagerinnenringen fluchtet, nicht zu viel Spiel hat bzw. nicht zu fest sitzt. Sie muss satt zwischen den Lagerinnenringen sitzen und darf sich nur ganz leicht seitlich bewegen!

5. Falls vorgesehen, neue Simmerringe sauber ansetzen und mit einer Nuss einschlagen, deren Außendurchmesser ca. 1 bis 2 mm geringer ist als der Durchmesser der Ringe (bzw. Passbohrung, Bild 44).

Wichtig: Simmerringe rutschen oft schon durch starken Fingerdruck in ihre Passbohrung. Bevor Sie also den großen Hammer nehmen, zuerst mal mit starkem Daumendruck versuchen.

6. Bremsscheiben montieren:

6.1. Anlageflächen der Bremsscheiben und Gewinde der Befestigungsschrauben mit einer Messingbürste reinigen.

6.2. Flüssige Schraubensicherung Loctite »hochfest« auf die Gewinde auftragen.

6.3. Befestigungsschrauben eindrehen und über Kreuz Schritt für Schritt bis auf 23 Nm festziehen.

7. Vor dem Radeinbau die Bremsscheiben mit Bremsenreiniger reinigen.

Bilder 47 und 48: Explosionszeichnung der vorderen und hinteren Radlagerung mit Teilebezeichnung und Anziehdrehmomentwerten der Modelljahre 2003 bis 2009.

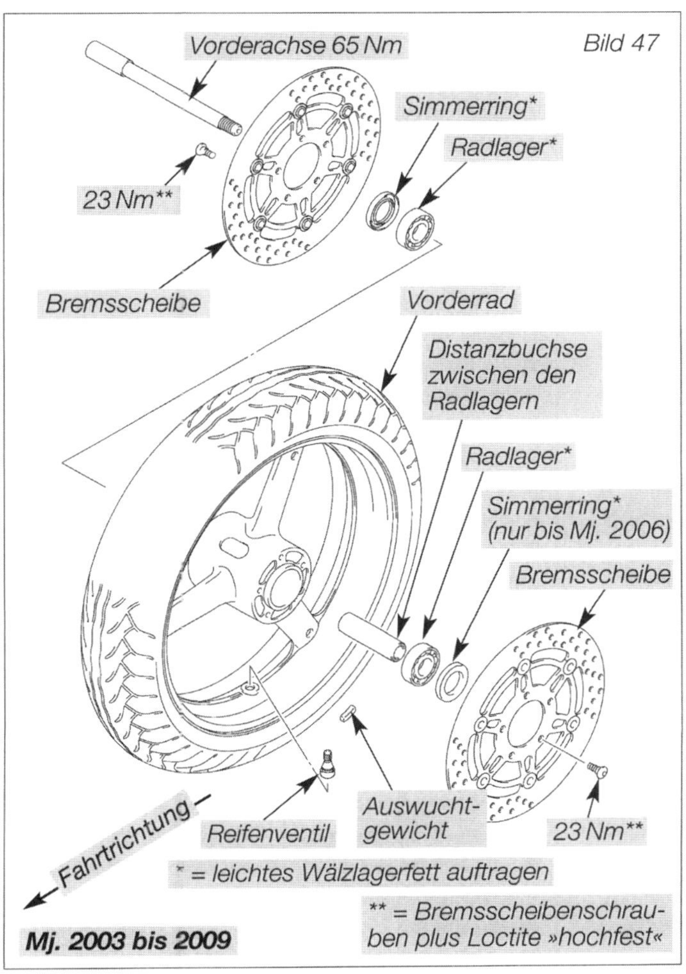

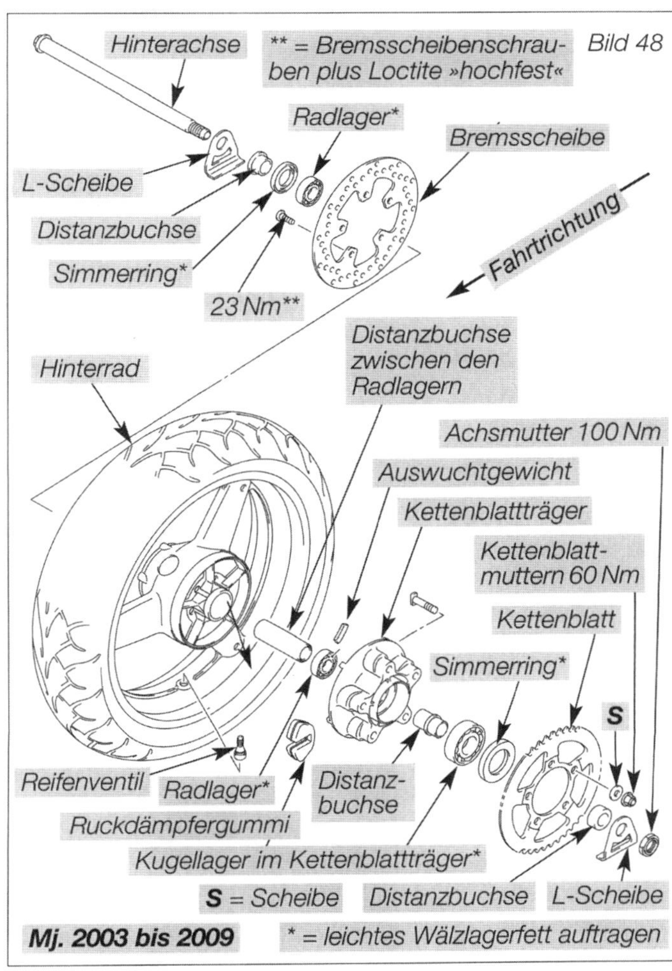

Bremsen

In diesem Kapitel: Bremsanlage · Anziehdrehmomente · Bremsanlage prüfen · Bremsflüssigkeit prüfen, auffüllen · Bremspedal einstellen · Bremslichtschalter einstellen · Bremssättel · Bremsklötze vorne und hinten wechseln · Bremsflüssigkeit wechseln, Bremshydraulik entlüften · Bremsscheiben ab- und anbauen · Erste Hilfe bei Problemen mit dem ABS · Bremsschläuche · Bremsschläuche ab- und anbauen.

Bild 1: Professionelles Bremsflüssigkeitswechsel- und Entlüftungsgerät (Lucas/Schüller).

Bild 2: Farbmarkierung an einer mit dem richtigen Drehmomentwert angezogenen Schraube.

Bremsanlage

Man mag einem Motorrad kurzzeitig einen defekten Auspuff oder ein durchgebranntes Blinkerlämpchen zugestehen, doch beim Thema »Bremsen« gibt es keine Kompromisse: Die hundertprozentige Leistungsfähigkeit und Sicherheit der Bremsanlage muss auf jedem Meter Fahrstrecke zur Verfügung stehen.

An der Bremsanlage selbst arbeiten?
Arbeiten an der Bremsanlage erfordern hochwertige Werkzeuge und qualifizierte Kenntnisse; sie sollten deswegen ausgebildeten Mechanikern vorbehalten bleiben. Wer an der Bremse schrauben möchte und wenig Ahnung von Kfz-Mechanik hat, der gibt seine Maschine besser in eine Suzuki-Fachwerkstatt. Diese verfügt über notwendige Prüf- und Einstellgeräte sowie in speziellen Schulungen beim Suzuki-Importeur entsprechend ausgebildete Mechaniker.

Einfache Arbeiten dagegen, wie z. B. Kontrolle des Bremsflüssigkeitsstandes (Bilder 12 bis15), Nachfüllen von Bremsflüssigkeit, Prüfung der Bremsanlage auf Dichtheit und Kontrolle der Bremsbelagstärke können leicht selbst ausgeführt werden. Etwas höhere Qualifikation wird beim Ab-/Anbau der Bremssättel, ihrer Reinigung und beim Wechseln der Bremsklötze verlangt, wozu ordentliches Werkzeug notwendig ist und ein Drehmomentschlüssel. Beim Wechsel der

Sicherheitshinweise ⚠ Achtung und ☞ Tipps für dieses Kapitel

Bild 1

☞ Im Motorrad-Zubehörhandel sowie im Kfz-Werkzeughandel gibt es Bremsentlüftungs-Vakuumpumpen, mit denen man ohne Kontakt zur Bremsflüssigkeit und ohne Gefahr des Verschüttens die Bremsen entlüften bzw. Bremsflüssigkeit wechseln kann (Bild 1).

⚠ Nach jeder Bremssattelmontage Schrauben und Muttern nochmals auf Festsitz kontrollieren! Ganz penible Mechaniker setzen Farbmarkierungen an die Schraubenköpfe und Muttern (Bild 2), die sie mit dem richtigen Drehmomentwert angezogen haben.

☞ Gebirgstouren mit Passabfahrten, Reisen in besonders staubige Gebiete oder Rennstreckenfahrten bedeuten extreme Belastungen für die Bremsen. Der Verschleiß der Bremsbeläge ist dabei sehr hoch. Bevor Sie mit der Maschine in den Jahresurlaub, auf Passtour oder die Rennstrecke fahren, rechtzeitig vorher einen umfangreichen Check der Bremsanlage machen (lassen).

⚠ Bremsflüssigkeit ist giftig. Hautkontakt vermeiden. Nicht in die Augen, nicht in die Atemwege, nicht auf die Schleimhäute kommen lassen. Nicht trinken! Immer nur geeignete Gefäße verwenden. Bremsflüssigkeit umweltgerecht beseitigen (bei einer Entsorgungsstelle abgeben).

Bild 2

⚠ Wenn ein Bremsflüssigkeitsbehälter offen ist, unbedingt darauf achten, dass kein Schmutz in den Behälter und in die Bremsflüssigkeit gelangt.

⚠ Bei abgebautem Bremssattel bzw. entfernten Belägen den Bremshebel nicht betätigen! Sonst fahren die Kolben ungehindert aus und müssen mühsam wieder in den Sattel gedrückt werden. Wenn sie ganz aus ihren Zylindern im Sattel herausrutschen, verursacht das eine üble Bremsflüssigkeitssauerei!

⚠ Bremsenreiniger ist meist in Spraydosen erhältlich und ziemlich aggressiv. Nur im Freien oder in gut gelüfteten Werkstatträumen verwenden. Nicht rauchen! Nicht auf die Haut, in die Augen oder Atemwege sprühen! Einatmen vermeiden!

- Zur Reinigung von Bremsenbauteilen nur Bremsenreiniger oder Aceton verwenden, KEIN Benzin, Dieselöl, Motorenöl oder Ölspray!
- Bremsenreiniger sparsam und ganz gezielt einsetzen, Sprühkopf direkt auf die zu reinigende Stelle richten und nicht länger als zwei Sekunden betätigen.
- Teile nach Besprühen mit Bremsenreiniger sofort mit weichem, nicht fusselndem Lappen durchputzen.
- Druckluft bei Reinigung und anderen Arbeiten am Bremssattel nur sehr sparsam und gezielt einsetzen.

⚠ Nicht mit scharfkantigen Gegenständen wie Schraubenzieher oder Schraubenschlüssel im Bremssattel herumwerken, sonst können die Gleitflächen der Bremskolben zerkratzt werden!

⚠ Niemals unterschiedlich dicke Bremsklötze oder solche von verschiedenen Herstellern in einem Bremssattel verwenden! Niemals einen neuen und einen alten Bremsklotz in einen Sattel einsetzen!

☞ Riefige Bremsscheiben, die noch nicht ihre Minimaldicke erreicht haben, können nachgeschliffen werden. Solche Arbeiten erledigen Spezialbetriebe zum Preis von etwa 30 bis 50 Euro pro Bremsscheibe. Eine neue Originalbremsscheibe kostet etwa 150 bis 200 Euro.

Bremsflüssigkeit muss äußerst sorgfältig gearbeitet werden. Zerlegung und Zusammenbau der Bremssättel dürfen nur von einem ausgebildeten Mechaniker vorgenommen werden.

Anziehdrehmomente

Vorderradbremse (Bild 3):

Schrauben Bremssattel an Gabeltauchrohr .... 39 Nm
Hohlschrauben Bremsschlauch-Anschlüsse an Bremssattel und Handpumpe .... 23 Nm
Entlüfterventil im Bremssattel .... 8 Nm
Schrauben Bremsscheiben an Rad .... 23 Nm
■ *Loctite »hochfest« auf gereinigte Gewinde*

Hinterradbremse (Bild 4):

Schrauben Bremssattel an Halteplatte
Mj. 1999 bis 2002 .... 26 Nm
Mj. 2003 bis 2009 .... 23 Nm
Mutter auf Bolzen Zugstrebe an Bremssattel Mj. 1999 bis 2002 .... 35 Nm
Verbindungsschrauben Bremssattelhälften Mj. 1999 bis 2002 .... 30 Nm
Bremsklotz-Haltestift Mj. 2003 bis 2009 .... 17 Nm
Kontermadenschraube Mj. 2003 bis 2009 .... 3 Nm
Entlüfterventil im Bremssattel
Mj. 1999 bis 2002 .... 8 Nm
Mj. 2003 bis 2009 .... 6 Nm
Hohlschrauben Bremsschlauch-Anschlüsse .... 23 Nm
Schrauben Bremsscheibe an Rad .... 23 Nm
■ *Loctite »hochfest« auf gereinigte Gewinde*
Bremssattel-Gleitstift Mj. 2003 bis 2009 .... 27 Nm
Befestigungsschrauben Fußbremszylinder .... 10 Nm
Kontermutter auf Druckstange .... 18 Nm

Bremsanlage prüfen

1. Alle Bremsschläuche und Bremsleitungen auf Risse, Knicke und Scheuerstellen überprüfen.

2. Alle Hydraulikanschlüsse der Bremsleitungen sowie Dichtmanschetten der

Bilder 3 bis 5: Bremssättel vorne und hinten.

Vorderrad-Bremssattel Mj. 1999 bis 2009

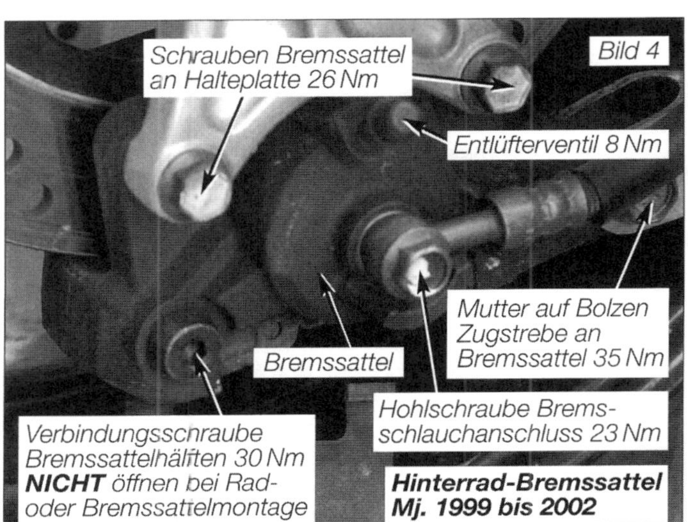

Hinterrad-Bremssattel Mj. 1999 bis 2002

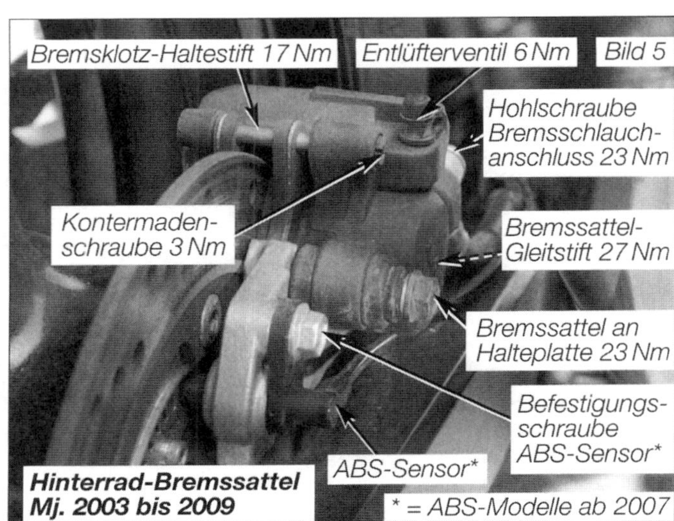

Hinterrad-Bremssattel Mj. 2003 bis 2009

Bilder 6 bis 8: In die Bremsbeläge sind Nuten als Verschleißmarkierungen eingearbeitet.

Bild 9: Dicke der Bremsscheiben an mehreren Stellen messen.

Bremspumpen und Bremssättel müssen in einwandfreiem Zustand sein, also staubtrocken.

3. Verglaste, riefige und abgenutzte Bremsbeläge reduzieren die Bremswirkung, deshalb entsorgen und durch Neuteile ersetzen.

4. Verschmierte Bremsscheiben ausschließlich mit Bremsenreiniger reinigen, NICHT mit Allzwecköl oder ölhaltigen Reinigungsmitteln.

5. Ältere Bremsscheiben haben Riefen (Bild 10), die man beim Drüberfahren mit dem Fingernagel spürt. Bis zu einer gewissen Tiefe ist das ganz normal. Wenn die Riefen sehr tief sind und der Nagel von Riefe zu Riefe deutlich stolpert, ist die Bremsscheibe verschlissen.

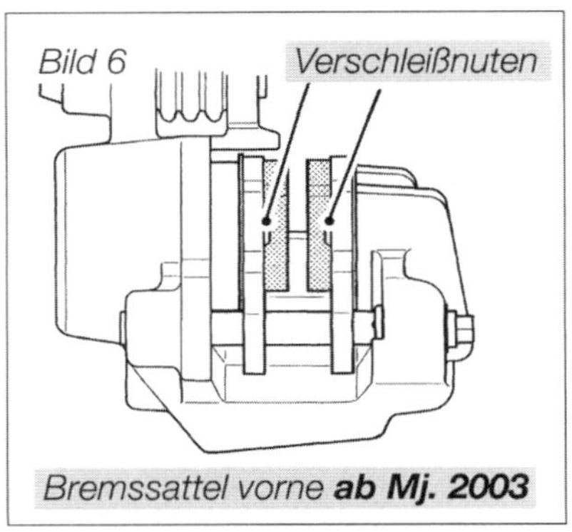

Bremssattel vorne ***ab Mj. 2003***

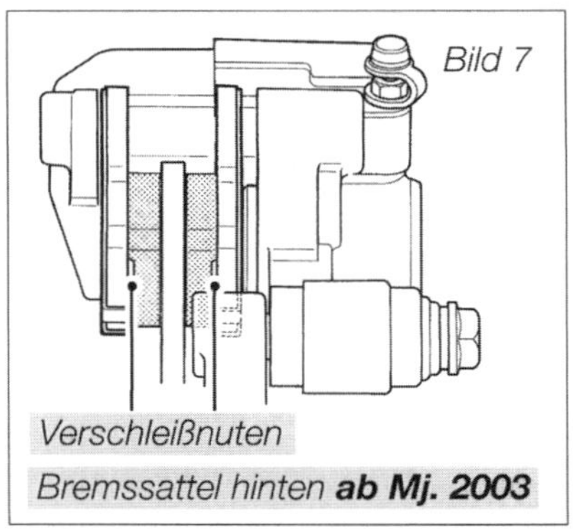

Bremssattel hinten ***ab Mj. 2003***

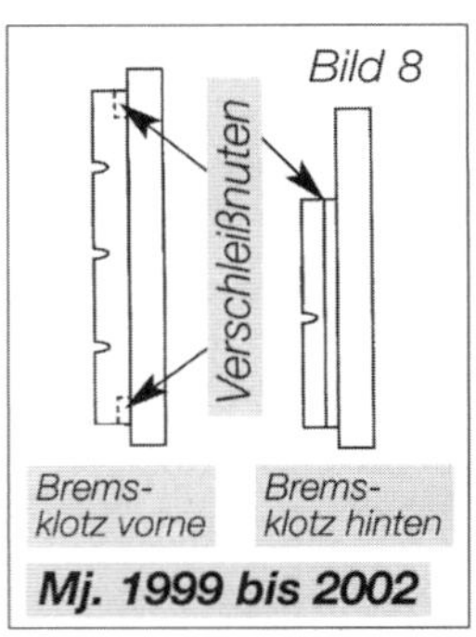

Mj. 1999 bis 2002

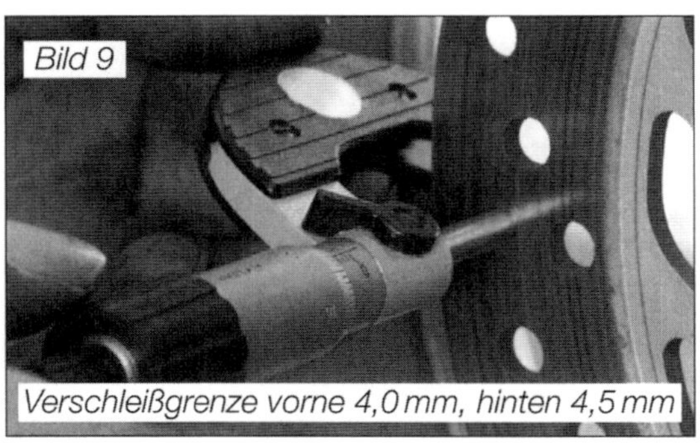

Verschleißgrenze vorne 4,0 mm, hinten 4,5 mm

Bild 10: Im Bild unten eine nachgeschliffene Bremsscheibe, oben eine mit deutlichen Gebrauchsspuren.

6. Weisen die Bremsscheiben im Übergang zur Fläche, die nicht vom Bremsbelag berührt wird (außen am Rand und innen zu den Befestigungsbohrungen hin), tiefe Riefen oder Absätze auf, ist es Zeit für neue Bremsscheiben.

7. Dicke der Bremsscheiben mit Mikrometer an mehreren Punkten messen, Verschleißgrenze vorne 4,0 mm, hinten 4,5 mm (Bild 9).

8. Verzug (Schlag) der Bremsscheiben mit Messuhr ermitteln. Er sollte möglichst nicht messbar sein, darf aber bis zu 0,3 mm betragen.

Bremsbeläge prüfen

In die Beläge der Bremsklötze sind Verschleißmarkierungen eingearbeitet (Bilder 6, 7 und 8): Wenn die Bremsbeläge bis zu den Nuten abgefahren sind, dann sind sie nur noch ca. 1,0 mm oder weniger dick und es ist höchste Zeit für neue Bremsklötze.

Für Vorder- und Hinterradbremse gilt Folgendes:

■ Da am Vorderrad zwei Bremssättel mit jeweils zwei Bremsklötzen montiert sind, braucht man für eine Neubestückung der Vorderradbremse zwei Sätze Bremsklötze. »Ein Satz Bremsklötze« enthält zwei Bremsklötze pro Bremssattel.

■ Wenn einer der beiden Bremsbeläge in einem Bremssattel stärker verschlissen ist als der andere, beide Bremsklötze erneuern.

■ Wenn ein Bremsbelag stärker verschlissen ist als der andere, liegt möglicherweise ein Fehler im Bremssattel vor. So können auf der Seite, auf welcher der weniger (oder schräg) verschlissene Bremsbelag sitzt, die Bremskolben festsitzen oder der Bremssattel ist nicht mehr gängig auf den Gleitstiften (Bild 3b). Das muss schnellstmöglich behoben werden, wozu der Bremssattel von einem Fachmann zerlegt und in Ordnung gebracht werden muss.

Bremsflüssigkeit

Bei Betätigung des Bremshebels wird vom Kolben im Hauptbremszylinder ein Druck auf die Bremsflüssigkeit aufgebaut, der von dieser auf die Kolben in den Bremssätteln weitergegeben wird. Diese Kolben fahren aus ihren Bohrungen aus und pressen die Beläge gegen die sich drehenden Bremsscheiben. Dadurch wird eine Reibkraft aufgebaut, das Rad bremst ab.

■ Um den Betrag, den die Bremsbeläge verschleißen, wandern die Kolben immer weiter aus ihren Bohrungen hinaus. Dementsprechend läuft Bremsflüssigkeit nach. Damit sinkt auch der Pegelstand im Flüssigkeitsbehälter, weswegen der Bremsflüssigkeitsstand regelmäßig überprüft und ggf. ergänzt werden muss. Bremsflüssigkeit gibt es in kleinen, preiswerten Gebinden. Zu einem Wechsel der Bremsflüssigkeit wird ungefähr ein halber Liter benötigt.

- Vorgeschriebene Qualität der Bremsflüssigkeit ist DOT 4 (Bild 11).
- Es kann auch eine höherwertige Bremsflüssigkeit in der Qualität DOT 5.1 (mit höherem Siedepunkt) verwendet werden, wenn diese vom Hersteller für die Verwendung anstelle von DOT 4 freigegeben ist.
- Keinesfalls dürfen Verunreinigungen, Schmutz oder Wasser in die Bremsflüssigkeit gelangen.
- Keine Flüssigkeiten anderer Art verwenden oder dazumischen und nie ältere Bremsflüssigkeitsreste einfüllen.

Wichtig: Im Zweifelsfall immer neue Bremsflüssigkeit aus einer neuen, ungeöffneten Dose benutzen. Bremsflüssigkeit ist hygroskopisch, sie zieht also Wasser aus der Luft an, das sich mit der Bremsflüssigkeit vermischt. Dadurch sinkt der Siedepunkt und die Temperaturbeständigkeit der Bremse wird schlechter.

Achtung: Silikon-Bremsflüssigkeit in der Qualität DOT 5 oder DOT 5.0 darf nicht verwendet werden, weil Kolbenmanschetten und Dichtringe bei Kontakt mit DOT 5 oder DOT 5.0 aufquellen können, was zum Festgehen der Bremskolben führt – und damit zu einem gefährlichen Totalausfall der Bremse!

Stand der Bremsflüssigkeit prüfen

1. Motorrad steht auf ebenem Untergrund auf dem Heckständer oder senkrecht.

- **Bremse vorne**

2. Vorderrad steht gerade in Fahrtrichtung, sodass der Bremsflüssigkeitsbehälter waagerecht steht.

2.1. SV 650: Am Bremsflüssigkeitsbehälter ist ein rundes Schauglas angebracht (Bild 12): Der Stand der Bremsflüssigkeit darf nicht unter Markierung LOWER stehen, sondern leicht darüber.

2.2. SV 650 S: Bremsflüssigkeitsstand lässt sich am transparenten Behälter ablesen (Bild 13). Er sollte über LOWER und leicht unter UPPER stehen.

- **Bremse hinten**

3. Mj. 1999 bis 2002: Bremsflüssigkeitsbehälter sitzt unter Soziussitz rechts neben Werkzeugfach (Bild 14). Stand der Bremsflüssigkeit muss zwischen UPPER und LOWER stehen.

3.1. Mj. 2003 bis 2007: Bremsflüssigkeitsbehälter sitzt rechts unterhalb der Heckverkleidung. (Bild 15). Der Stand der Bremsflüssigkeit muss zwischen UPPER und LOWER stehen.

Bremsflüssigkeit auffüllen

- **Bremse hinten**

1. Fahrer-, Soziussitz und Heckverkleidung müssen abgenommen werden, damit man an den Behälter gelangt.

Bilder 12 bis 17: Bremsflüssigkeits-Vorratsbehälter vorne und hinten.

Bild 11: Die DOT-Angaben sind auf dem Etikett vermerkt.

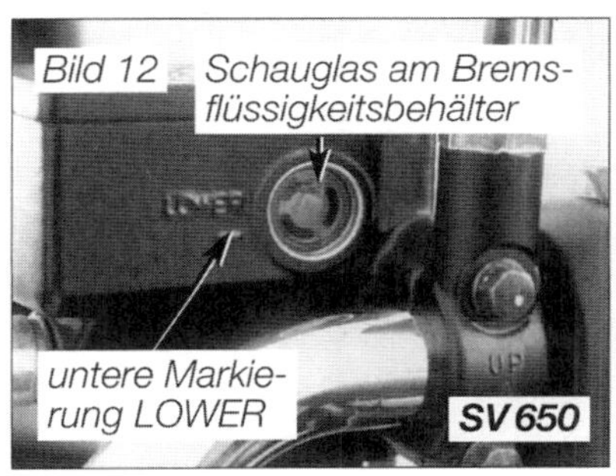

Bild 12 Schauglas am Bremsflüssigkeitsbehälter

Bild 13

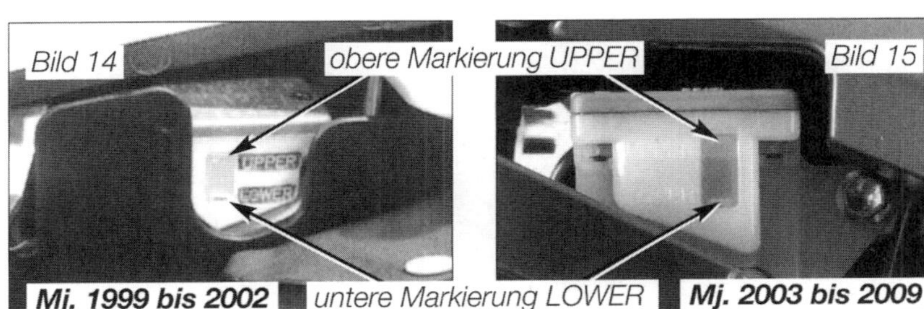

Bild 14 *Bild 15*

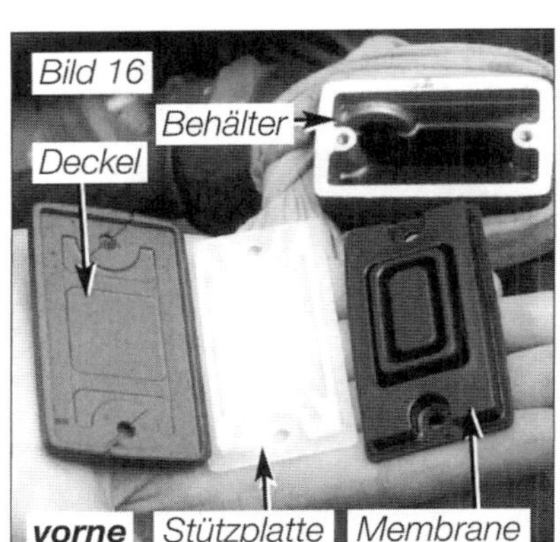

Bild 16

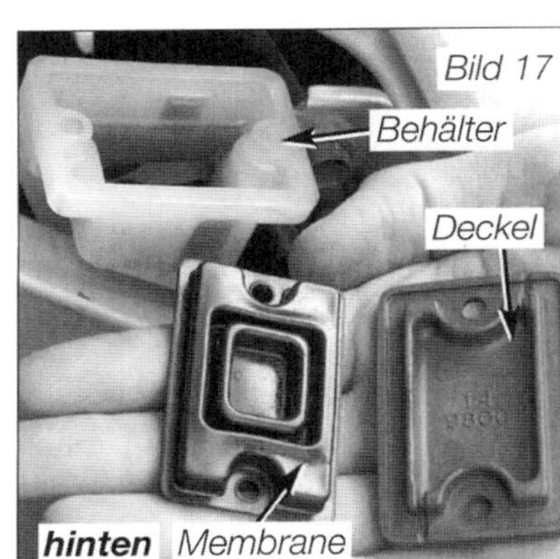

Bild 17

■ **Bremse vorne und hinten**

2. Behälter mit weichem, saugfähigem Lappen umwickeln, damit eventuell ausschwappende Hydraulikflüssigkeit aufgesaugt wird und nicht an Lackteile kommen kann.

3. Kreuzschlitzschrauben des Deckels herausdrehen, Deckel abnehmen, Stützplatte (nur vorne) und Membrane vorsichtig herausnehmen.

Bild 18: Mit Wasserwaage und Maßstab Abstand Fußbremshebel zu Fahrerfußraste messen.

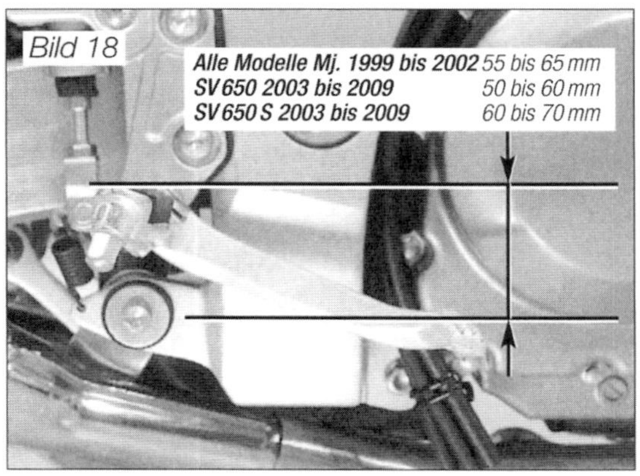

Bilder 19 und 19a: Fußbremshebel einstellen.

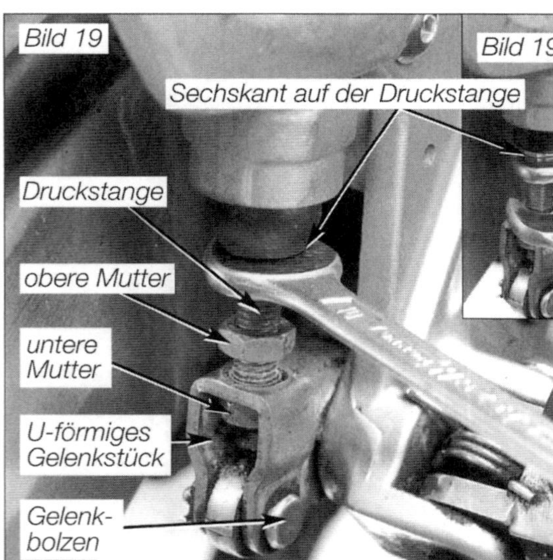

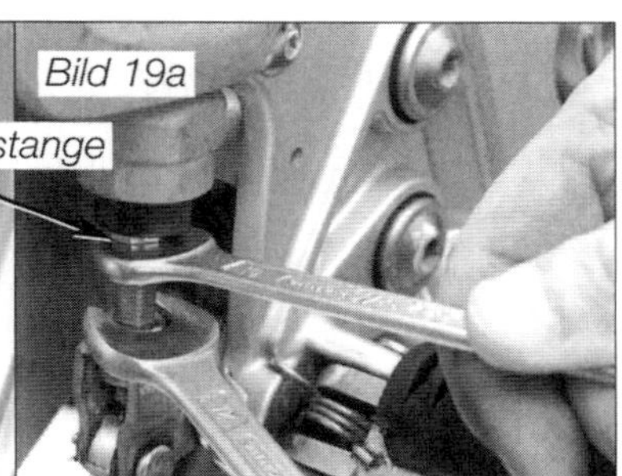

Bilder 20 und 21: Zum Einstellen des Bremslichtschalters den Bremslichtschalter festhalten und die Sitzmutter mit einem 17er-Schlüssel drehen.

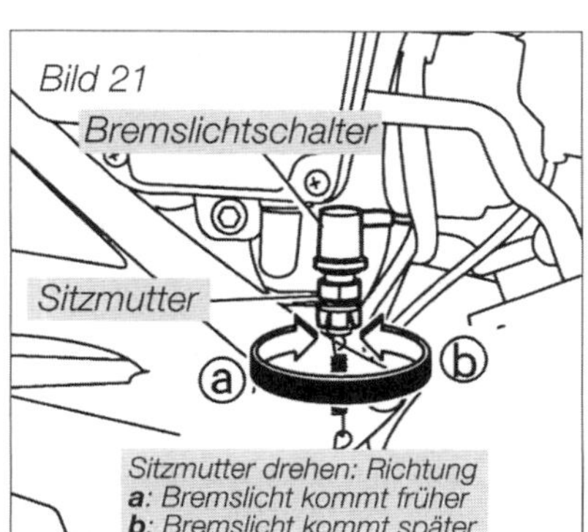

3.1. SV 650 S: Deckel aufdrehen, Stützscheibe und Membrane herausnehmen.

4. Bremsflüssigkeit langsam auffüllen, bis Maximalstand erreicht ist:

■ Vorderer Behälter

SV 650: Auge muss knapp voll sein, es muss noch eine kleine Luftblase vorhanden sein.

SV 650 S: Im Behälter muss der Maximalstand UPPER knapp erreicht sein.

■ Im hinteren Behälter muss der Maximalstand UPPER knapp erreicht sein.

5. Membrane langsam einsetzen, Stützplatte/Stützscheibe aufsetzen (nur vorne, siehe Bild 16), Deckel aufsetzen.

5.1. SV 650 vorne und alle Modelle hinten: Schrauben eindrehen und abwechselnd rechts-links-rechts handfest anziehen.

5.2. SV 650 S vorne: Deckel festdrehen.

Wichtig: Eventuell herausgespritzte oder übergelaufene Bremsflüssigkeit mit reichlich klarem Wasser abspülen und gut abtrocknen.

Bremspedal

Bremspedal und Fußschalthebel sollten sich auf gleicher Höhe befinden. Wasserwaage auf Fußraste waagerecht anlegen, Maß nehmen nach unten zur Hebelspitze (Bild 18).

Vorgeschriebene Höhe des Bremspedals:

Alle Modelle Mj. 1999 bis 2002... 55 bis 65 mm
SV 650 2003 bis 2009.................. 50 bis 60 mm
SV 650 S 2003 bis 2009............... 60 bis 70 mm

Bremspedal einstellen

Einstellung des Bremspedals wird über Sechskant auf Druckstange vorgenommen (Bilder 19 und 19a):

1. Obere Mutter am U-förmigen Gelenkstück mit 12er-Gabelschlüssel lösen.

2. Druckstange mit 10er-Gabelschlüssel am Sechskant so verdrehen (Bild 19), bis die gewünschte Hebelhöhe erreicht ist.

3. Obere Mutter am U-förmigen Gelenkstück festziehen mit 18 Nm: Druckstange dabei mit Gabelschlüssel auf Zug gegenhalten (Bild 19a).

4. Nach Abschluss der Bremspedal-Einstellarbeiten prüfen, ob das Bremslicht richtig funktioniert: Bei halb bis zwei Drittel gedrücktem Pedal muss die Bremslichtlampe aufleuchten.

Bremslichtschalter prüfen und einstellen

Der Bremslichtschalter sitzt hinter dem Rahmen vor rechter Fußrastenplatte (Mj. 1999 bis 2002) bzw. hinter rechter Fußrastenplatte (Mj. 2003 bis 2009, Bild 20) und ist nicht besonders gut erreichbar. Er wird von einer Feder auf Zug betätigt, die auf der einen Seite am Fußhebel und auf der anderen Seite am Zugstück des Bremslichtschalters eingehängt ist: Bei halb bis zwei Drittel gedrücktem Bremspedal muss das Bremslicht aufleuchten.

Wenn die Einstellung des Bremslichtschalters korrigiert werden muss (Bild 21):
1. Sitzmutter mit 17er-Gabelschlüssel entsprechend aus- oder eindrehen.
1.1. Wichtig: Bremslichtschalter dabei unbedingt mit der Hand gegenhalten, damit er sich nicht mitdreht.
2. Bremslichtschalter wird durch Verdrehen der Sitzmutter nach unten oder oben verschoben und schaltet dadurch früher oder später das Bremslicht ein (bzw. wieder aus, siehe Bild 21).

Achtung: Nie den Bremslichtschalter als Ganzes verdrehen! Sonst bricht die Feder ab und das Anschlusskabel verdrillt sich.

Bremssättel

Ab- und Anbau der vorderen Bremssättel siehe Kapitel 5 »Räder«.

Beachten: Der hintere Bremssattel muss zum Aus- und Einbau des Hinterrads:
- ...abgebaut werden bei SV 650/S Modelljahre 1999 bis 2002.
- ...nicht abgebaut werden bei SV 650/S Modelljahre 2003 bis 2009.

Wichtige Extra-Tipps für Bremssättel:
- Bremsklotzschacht im Bremssattel nur mit Bremsenreiniger reinigen, NIEMALS mit Ölspray!
- Warnhinweise zum Bremsenreiniger siehe Anfang dieses Kapitels.
- Bei Benutzung von Bremsenreiniger alle Teile im Umkreis des einzusprühenden Bremssattels mit Lappen großflächig abdecken.
- Bremsenreiniger sparsam und gezielt einsetzen, Sprühkopf direkt auf die zu reinigende Stelle richten und nicht länger als zwei Sekunden betätigen.
- Teile nach Benässen mit Bremsenreiniger sofort mit weichem, nicht fusselndem Lappen durchputzen.
- Druckluft am Bremssattel nur sehr sparsam und ganz gezielt einsetzen.

Bremsklötze

Wichtig 1: Wenn neue Bremsklötze eingesetzt und dazu die Bremskolben zurückgedrückt werden, steigt der Flüssigkeitsstand im Vorratsbehälter. Deswegen den Flüssigkeitsstand im Auge behalten! Nach jeder zurückgedrückten Bremskolbenseite den Pegelstand prüfen. Steigt dieser bis zur Oberkante, mit einer kleinen Spritze etwas Bremsflüssigkeit absaugen.

Wichtig 2: Neue Bremsbeläge müssen eingefahren werden. Deswegen neue Bremsbeläge auf den ersten 100 bis 150 Kilometern sanft einfahren und der Bremse nicht die maximale Leistung abfordern.

Bremsklötze vorne wechseln
Die vorderen Bremsklötze können zwar ohne Abbau der Bremssättel gewechselt werden, jedoch sollten diese vor dem Einbau neuer Bremsklötze gründlich gereinigt werden, wozu man sie am besten abbaut. Maschine dazu wie zum Aus- und Einbau des Vorderrads aufbocken (siehe Kapitel 5 »Räder«).

1. Bremssattel-Befestigungsschrauben (Bild 22) lösen und ausdrehen, Bremssattel von Scheibe abziehen, in der Hand halten.
2. Sicherungssplint aus Bremsklotz-Haltestift ausziehen (Bild 23).

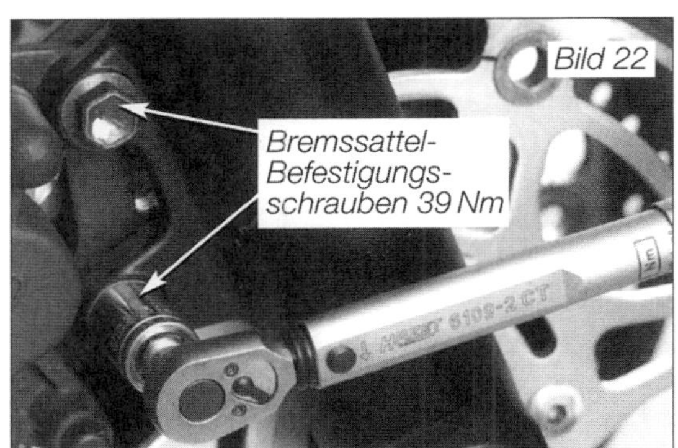

Bilder 22 bis 24: Ausbau der vorderen Bremsklötze.

Bilder 25 bis 28: Ausbau der vorderen Bremsklötze.

Bild 27: Rückseite und Kanten des Bremsklotzes leicht mit Kupferpaste einschmieren.

Bilder 29 und 30: Einen Bremsklotz nach dem anderen einsetzen.

3. Enden der Bremsklötze gegen Bremsbelagfeder drücken, den Bremsklotz-Haltestift ausbauen: Mit Zange am Sechskantkopf packen, leicht hin und her drehen und dabei ausziehen (Bild 24).
4. Bremsbeläge herausnehmen. Belagfeder herausnehmen (Bild 25).

Bremssattel reinigen, Gleitstifte prüfen
1. Bremsbelagschacht, Bremsbelagfeder und Bremssattelhalter mit Bremsenreiniger reinigen und mit sauberem Lappen gut durchputzen.
1.1. Hartnäckige Ablagerungen mit Messingbürste oder harter Zahnbürste entfernen.
2. Gängigkeit der Bremssattel-Gleitstifte prüfen:
2.1. Bremssattel fest in eine Hand nehmen und mit der anderen Hand den Bremssattelhalter vorsichtig hin und her schieben: Er muss sich über beide Gleitstifte gleichmäßig leicht und »saugend« bewegen lassen.
2.2. Gummimanschetten müssen über ihren Bünden der Bremssattel-Gleitstifte sitzen (Bild 3).
3. Falls sich die Gleitstifte nicht leicht bewegen:
3.1. Bremssattelhalter abziehen. Gleitbohrungen im Bremssattel, Gummimanschetten und Bremssattel-Gleitstifte reinigen.
3.2. Etwas Silikonfett in die Gummimanschetten hineinschmieren (Bild 26).
3.3. Bremssattelhalter exakt ansetzen, Bremssattel-Gleitstifte einschieben, Enden der Gummimanschetten sicher über ihre Bünde schieben!

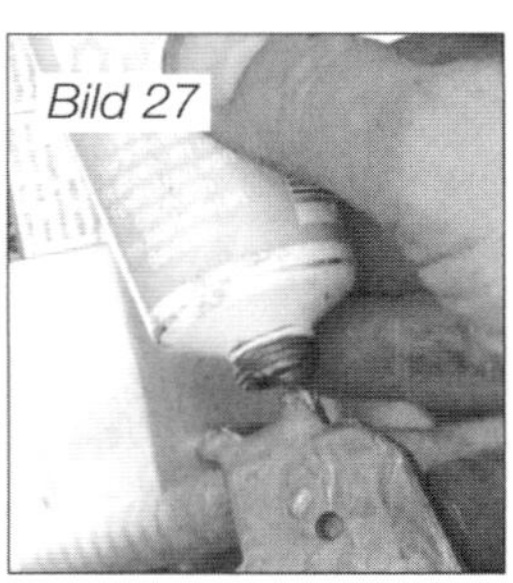

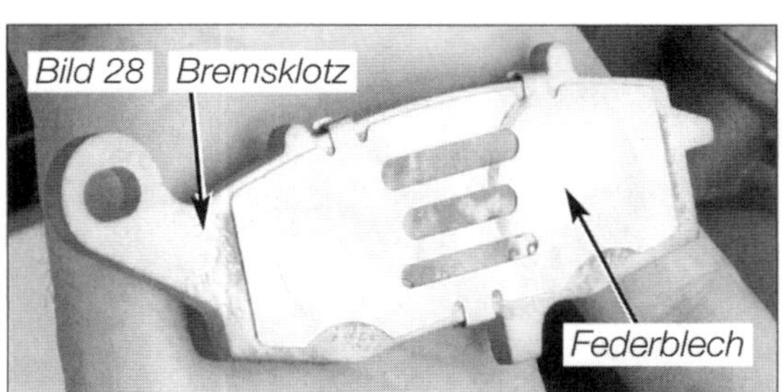

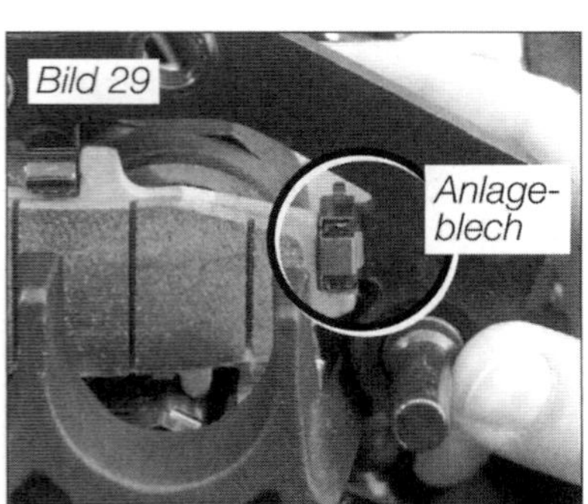

Neue Bremsklötze einbauen
1. Zum Einbau der neuen Bremsklötze müssen nun die Bremskolben zurückgedrückt werden, um Platz für die neuen Bremsklötze zu schaffen.
1.1. Dazu einen alten Bremsklotz auf beide Bremskolben setzen und beide gleichzeitig mit einem kräftigen Daumendruck in ihre Bohrungen drücken.
Wichtig 1: Das muss mit bloßer Handkraft gehen, KEINE Zange zu Hilfe nehmen!
Wichtig 2: Stand der Bremsflüssigkeit im Vorratsbehälter im Auge behalten, er darf nicht überlaufen!
2. Bremsbelagfeder einsetzen: Korrekter Einbau siehe Bild 25.
3. Neue Bremsklötze einbauen:
3.1. Bremsklötze auf Rückseite und vorderen Enden ganz dünn mit Kupferpaste einschmieren, das verhindert Korrosion und Quietschen (Bild 27).
■ **NICHTS auf den Bremsbelag schmieren!**
3.2. Federblech vom alten Bremsklotz abziehen (Bild 28), reinigen und auf neuen kolbenseitigen Bremsklotz aufklicken.
3.3. Neue Bremsklötze mit Belagseiten zueinander nacheinander in Bremssattel einbauen.
■ Radinnerer Bremsklotz: Vorderes Ende auf Anlageblech am Bremssattelhalter setzen (Bild 29).
■ Radäußerer Bremsklotz: Bohrung auf Bolzen schieben (Bild 30), dann in Bremssattel einklappen.
4. Gereinigten Bremsklotz-Haltestift leicht mit Kupferpaste einschmieren.
4.1 Bremsklötze an ihren Enden gegen die Bremsbelagfeder drücken, Bremsklotz-Haltestift durch Bohrungen von Bremssattel und Bremsklötzen führen und ganz einschieben.
4.2. Sicherungssplint in Bohrung im Bremsklotz-Haltestift so einschieben (Bild 23), dass er an der Kante innen im Bremssattel anliegt.

Bremssattel anbauen
1. Bremsscheibe mit Bremsenreiniger und sauberem Lappen reinigen.
2. Bremssattel-Befestigungsschrauben mit Messingbürste reinigen.

3. Bremssattel auf Bremsscheibe schieben, Befestigungsschrauben eindrehen, mit 39 Nm festziehen (Bild 22).
4. Bremsbeläge durch mehrmaliges Pumpen am Handbremshebel an Bremsscheiben anlegen.
5. Stand Bremsflüssigkeit prüfen, entweder das zuviel an Flüssigkeit absaugen oder zu geringen Stand auffüllen.
6. Rad von Hand durchdrehen und prüfen, ob es frei läuft oder etwas schleift. Handbremshebel zwei-, dreimal betätigen, loslassen und Rad drehen: Alles in Ordnung?

Bremsklötze hinten wechseln bei SV 650 und SV 650 S Mj. 1999 bis 2002: Es ist zu empfehlen, den Bremssattel zum Wechsel der Bremsklötze abzubauen.
1. Abdeckkappe mit flachem Schraubenzieher abhebeln (Bild 31).
2. Mutter vom Zugstrebebolzen lösen und abdrehen, Schraube ausziehen (Bild 32).
3. Schrauben von Bremssattel an Halteplatte lösen und ausdrehen (Bild 33).
4. Bremssattel nach unten abziehen, etwas drehen: Sicherungssplinte der Haltestifte und Belagfedern sind zu sehen (Bild 34).
5. Sicherungssplinte aus Bremsklotz-Haltestiften ausziehen.

Bilder 31 bis 39: Aus- und Einbau der hinteren Bremsklötze (Mj. 1999 bis 2002). Im Lauftext sind die zu den Bildern gehörenden Arbeitsschritte nummeriert beschrieben.

Bild 40: Einbauposition der auf die Bremsklötze aufgeklickten Federbleche.

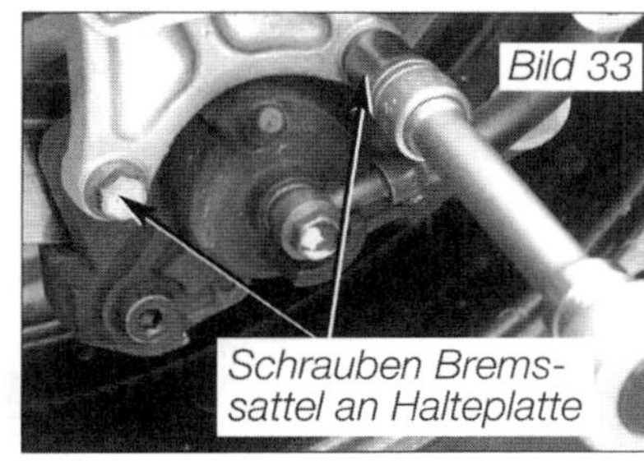

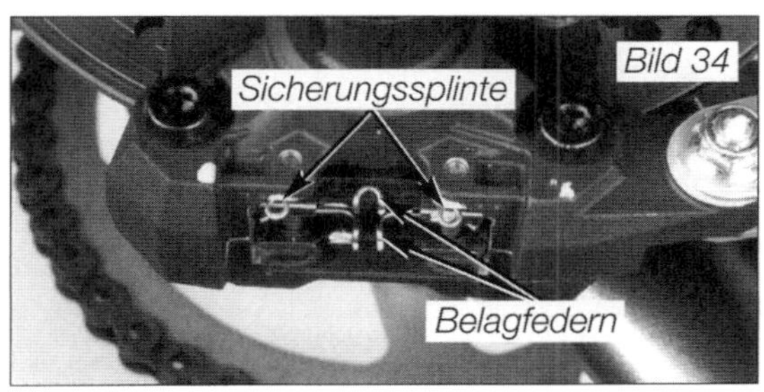

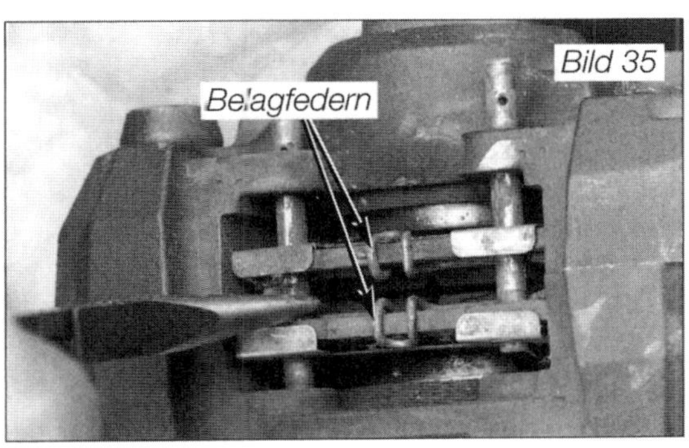

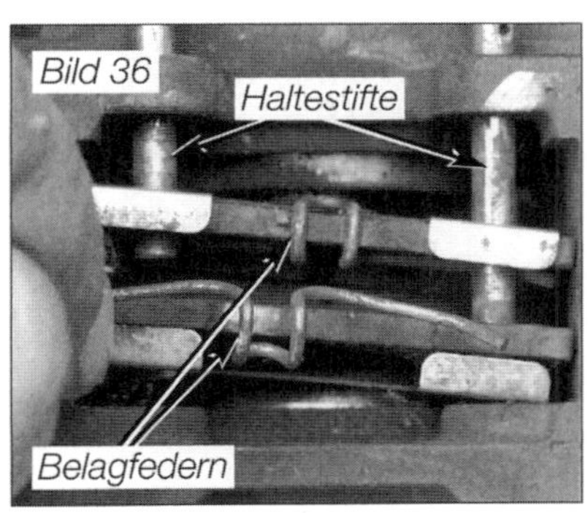

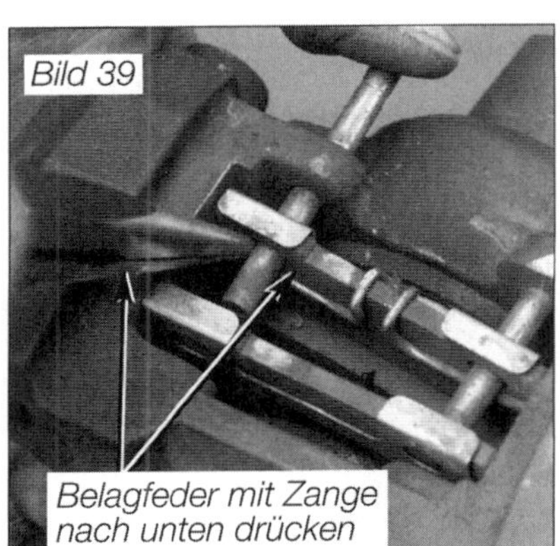

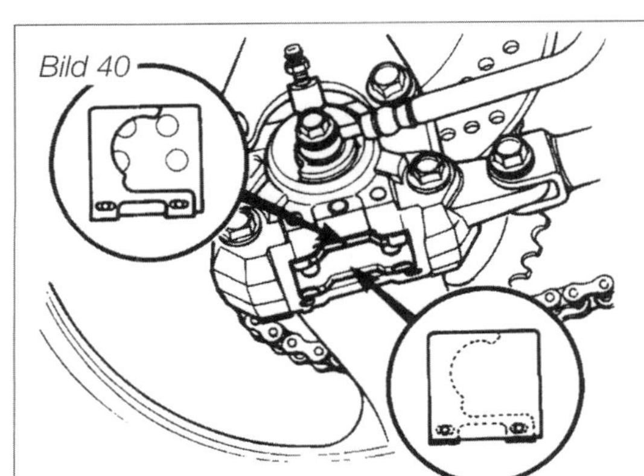

6. Beide Bremsklotz-Haltestifte mit Zange langsam ausschieben (Bilder 35 und 36).
Achtung: Beim Ausziehen der Haltestifte etwas Fingerdruck auf die Belagfedern ausüben, sonst springen beide heraus.
7. Bremsklötze aus Bremssattel herausziehen (Bild 37).
8. Bremssattel außen und innen mit Bremsenreiniger und sauberem Lappen reinigen. Bremsklotz-Haltestifte mit Messingbürste reinigen.
9. Alte Bremsklötze einsetzen, Bremskolben zurückdrücken, um Platz für die neuen Bremsklötze zu schaffen.
10. Kanten und Anlagefläche der Bremsbelag-Trägerplatte zu den Bremskolben hin dünn mit Kupferpaste einschmieren, Federbleche von alten Bremsklötzen abziehen und auf Rückseite der neuen Beläge aufsetzen (Bilder 38 und 40).
11. Die so vorbereiteten neuen Bremsklötze in den Bremssattel einschieben.
11.1. Einen Haltestift durch Bohrungen schieben, Belagfedern auf Bremsklötze aufschieben: Enden der Federn müssen unter dem Haltestift anliegen.
11.2. Zweiten Haltestift durch Bohrung des ersten Bremsklotzes schieben, Ende der Belagfeder mit Zange nach unten drücken, damit der Haltestift durchgeschoben werden kann, beim zweiten Bremsklotz ebenso vorgehen (Bild 39).
11.3. Haltestifte so drehen, dass Sicherungssplinte eingesetzt werden können.
Wichtig: Unbedingt darauf achten, dass beide Belagfedern korrekt auf den Bremsklötzen und unter den Haltestiften sitzen!
12. Abdeckkappe aufdrücken.
13. Bremssattel auf Bremsscheibe schieben, Schrauben eindrehen und mit 26 Nm festziehen (Bild 33).
14. Zugstrebe montieren: Bolzen von innen einschieben, Mutter aufdrehen und mit 35 Nm festziehen (Bild 32).
15. Bremsbeläge durch mehrmaliges Pumpen am Fußbremshebel an die Scheibe anlegen.
16. Stand der Bremsflüssigkeit im Vorratsbehälter prüfen, ggf. auffüllen.
17. Rad von Hand durchdrehen und prüfen, ob es frei läuft oder etwas schleift. Leichte Schleifgeräusche können zu hören sein, das ist normal. Fußbremshebel zwei-, dreimal betätigen, loslassen und Rad drehen: Alles in Ordnung?

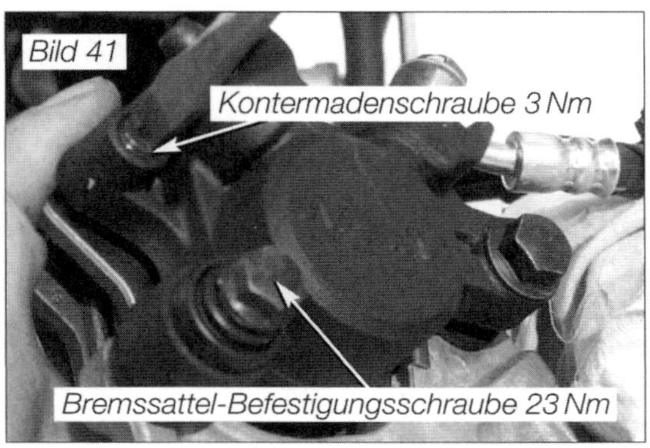

Bilder 41 bis 45: Ausbau der hinteren Bremsklötze (Mj. 2003 bis 2009).

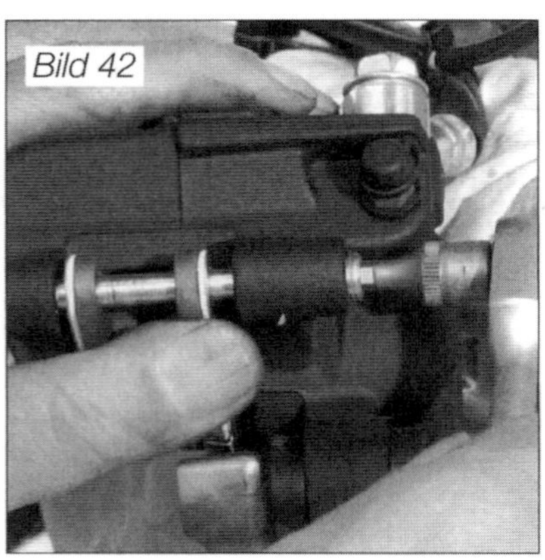

Bremsklötze hinten wechseln bei SV 650 und SV 650 S Mj. 2003 bis 2009:
1. Kontermadenschraube ausschrauben (Bild 41).
2. Bremsklotz-Haltestift lösen, aber noch nicht ausschrauben (Bild 42).
3. Hintere Bremssattel-Befestigungsschraube ausschrauben (Bild 41).
4. Bremssattel hochschwenken (Bild 45).
5. Bremsklotz-Haltestift ausschrauben (Bild 42), dabei Bremsklötze an ihren Enden etwas nach oben drücken.
6. Bremsklötze aus Bremssattel herausziehen (Bild 43).
7. Bremssattel außen und innen mit Bremsenreiniger und sauberem Lappen reinigen. Bremsklotz-Haltestift mit Messingbürste reinigen.
8. Alten Bremsklotz einsetzen und damit den Bremskolben zurückdrücken, um Platz für die neuen Bremsklötze zu schaffen.
9. Von den alten Klötzen die Abdeck- und

Hitzeschutzscheiben abziehen und auf neue Bremsklötze aufbauen (Bild 46).

10. Die so vorbereiteten neuen Bremsklötze in Bremssattel einschieben:

10.1. Vorher sicherstellen, dass die Feder innen-oben im Bremssattel richtig sitzt (Kreis in Bild 47).

10.2. Zuerst äußeren Klotz einsetzen (Bild 48) und darauf achten, dass die Vorderseite im vorderen Anlageblech sitzt (Kreis in Bild 48, Pfeile in Bild 50).

10.3. Dann zweiten Klotz einsetzen, auch hier muss Vorderseite in Anlageblech eingesetzt werden (Bild 49).

11. Bremssattel nach unten schwenken.

11.1. Bremsklotz-Haltestift eindrehen, aber noch nicht festziehen.

11.2. Hintere Bremssattel-Befestigungsschraube eindrehen und mit 23 Nm festziehen.

11.3. Bremsklotz-Haltestift mit 17 Nm festziehen.

11.4. Kontermadenschraube eindrehen und mit 3 Nm festziehen.

12. Bremsbeläge durch mehrmaliges Pumpen am Fußbremshebel an Scheibe anlegen.

13. Stand der Bremsflüssigkeit im Vorratsbehälter prüfen, ggf. etwas absaugen oder auffüllen.

14. Rad von Hand durchdrehen und prüfen, ob es frei läuft oder etwas schleift. Ganz leichte Schleifgeräusche können zu hören sein, das ist normal. Fußbremshebel zwei-, dreimal betätigen, loslassen und Rad drehen: Alles in Ordnung?

Bremsflüssigkeit wechseln

Spätestens nach zwei Jahren (oder 24 000 km) muss die Bremsflüssigkeit erneuert werden. Denn je älter Bremsflüssigkeit wird, desto mehr Wasser hat sie aus der Luft aufgenommen, ihre Temperaturstabilität ist gesunken und deswegen beginnt sie entsprechend früher zu kochen. Wenn die Bremsflüssigkeit extrem mit Wasser versetzt ist, bilden sich bei Hitze regelrechte Dampfblasen in ihr und es besteht die Gefahr, dass die Bremsen bei extremem Einsatz, etwa bei Passabfahrten oder Rennstreckenbetrieb, plötzlich versagen, weil die auftretenden Dampfblasen komprimierbar sind und verhindern, dass der vom Bremshebel aufgebaute Druck an die Bremskolben weitergegeben wird, der Bremshebel fällt regelrecht durch.

Schnelle Fahrer oder pässebegeisterte Biker wechseln die Bremsflüssigkeit alle 12 Monate, weil die Bremsflüssigkeit durch den ständigen Wechsel von Erhitzen und Abkühlen besonders stark belastet wird.

Nachstehend erklären wir die mit einfachen Mitteln durchzuführende Handwerkermethode mit Schlauch, durchsichtigem Behälter (Glas) und Ringschlüssel. **Anmerkung:** Bei allen Modellen ohne oder mit ABS wird beim Bremsflüssigkeitswechsel die gesamte Bremsflüssigkeit erneuert, weil neue Bremsflüssigkeit durchgepumpt wird und die alte ausdrückt.

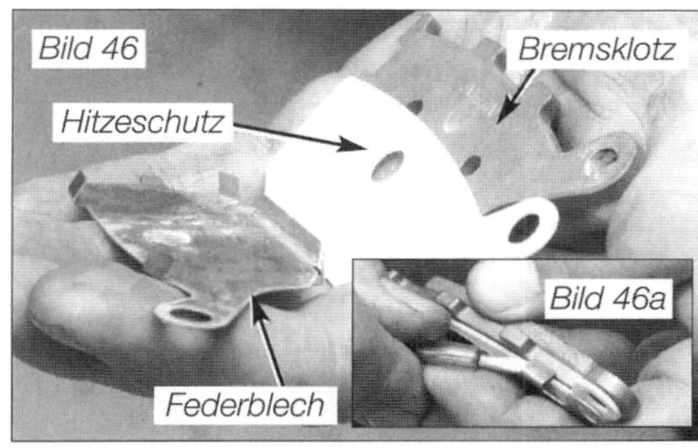

Bild 46: Vor dem Einbau neuer Bremsklötze das Federblech und den Hitzeschutz von den alten abziehen (Bild 46a) und auf die neuen aufklicken.

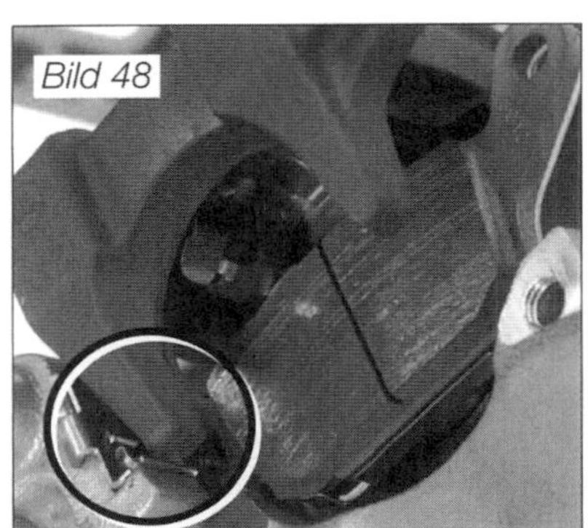

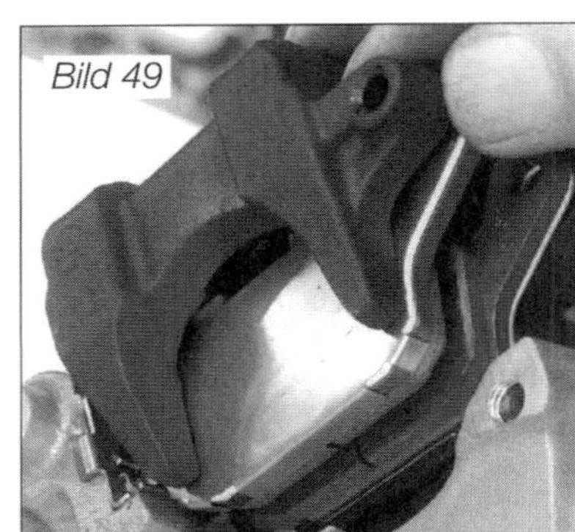

Bilder 47 bis 50: Einbau der hinteren Bremsklötze.

Bilder 51 und 52: Systemanordnung für Bremsentlüftung »per Hand« mit Glas, durchsichtigem Schlauch und Ringschlüssel.

Bild 53: Explosionszeichnung des vorderen Bremssattels.

Bremsflüssigkeit wechseln, Bremshydraulik entlüften

Dieser Text gilt für das Entlüften der vorderen und hinteren Bremse, die Arbeitsschritte sind gleich. Am Vorderrad zuerst den linken, dann den rechten Bremssattel entlüften.

1. Vom Bremsflüssigkeits-Vorratsbehälter Deckel, Stützplatte (wenn vorhanden) und Membrane ausbauen.

2. Alte Bremsflüssigkeit aus dem Behälter absaugen, z. B. mit einer Einwegspritze. Behälter innen mit sauberem, nicht fusselnden Lappen reinigen.

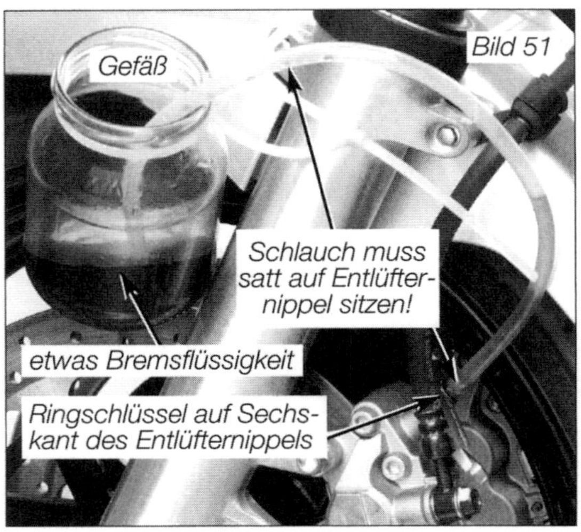

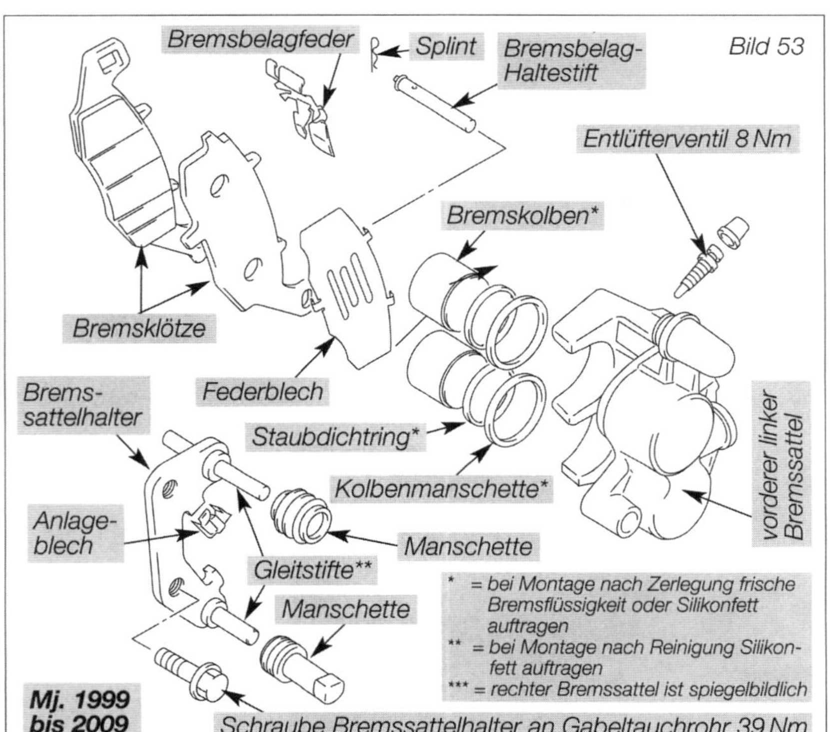

3. Frische Bremsflüssigkeit einfüllen.

4. Am Bremssattel: Gummikappe vom Entlüfternippel abziehen.

4.1. Exakt passenden Ringschlüssel auf Sechskant des Entlüfternippels aufstecken.

4.2. Einen passenden, durchsichtigen Schlauch über den Entlüfternippel stülpen und mit Kabelbinder sichern. Anderes Ende in sauberem Gefäß enden lassen.

5. Etwas Bremsflüssigkeit in das Gefäß geben, Schlauchende in Bremsflüssigkeit eintauchen.

5.1. Gefäß so aufhängen, dass das Niveau der Bremsflüssigkeit etwas höher steht als der Entlüfternippel (Bild 51).

6. Bremshebel bzw. Bremspedal ein paar Mal anziehen/runterdrücken, bis Widerstand spürbar ist. Schön langsam pumpen und den Hebel/das Pedal zwischendurch immer einige Sekunden in Ruhestellung lassen, um zu gewährleisten, dass Bremsflüssigkeit luftfrei nachläuft.

7. Hebel/Pedal betätigen und am Widerstandspunkt gezogen/gedrückt halten.

8. Entlüfternippel 1/4 bis 1/3 Umdrehung öffnen, Hebel/Bremspedal ganz durchziehen/durchdrücken, Entlüfternippel schließen (Bild 52).

9. Hebel langsam wieder loslassen. Einige Male pumpen, Hebel in Druckposition halten, Entlüfternippel aufdrehen und schließen.

10. Schritte 7. bis 9. so lange wiederholen, bis nur noch saubere Bremsflüssigkeit ohne Luftblasen aus dem Schlauch kommt.

10.1. Dazwischen immer wieder nachsehen, ob im Vorratsbehälter noch genügend Bremsflüssigkeit ist: Pegelstand darf nicht unter Minimum-Marke fallen. Rechtzeitig nachfüllen, damit keine Luft ins System gelangt.

11. Tritt am Entlüftungsschlauch nur frische Bremsflüssigkeit ohne Luftbläschen aus, Bremshebel nochmals durchziehen/durchdrücken, Entlüfternippel zudrehen:

- Vorderradbremse.................................... 8 Nm
- Hinterradbremse (Mj. 1999 bis 2002)....... 8 Nm
- Hinterradbremse (Mj. 2003 bis 2009)....... 6 Nm

11.1. Umgebung mit reichlich Wasser reinigen, trocknen, Gummikappe auf Entlüfternippel aufdrücken.

12. Abschließend Bremsflüssigkeitsstand nochmals prüfen und ggf. bis zur Markierung auffüllen.

Bremsscheiben

Bremsscheiben abmontieren

1. Räder müssen dazu ausgebaut sein (siehe Kapitel 5 »Räder«).

2. Schrauben, mit denen die Bremsscheiben am

Rad befestigt sind, gehen schwer heraus, denn sie sind eingeklebt: Deswegen exakt passenden Inbusschlüssel verwenden, sonst werden die Schraubenköpfe vermurkst!

2.1. Schraubenkopf und Radnabe im Bereich der Schraubverbindung mit Heißluftföhn auf max. 80 °C anwärmen, das löst die Verklebung.

3. Schrauben über Kreuz Schritt für Schritt lösen und ausdrehen, Bremsscheibe vom Rad abnehmen.

Bremsscheiben anmontieren

1. Anlageflächen der Bremsscheiben an Rad und Bremsscheibenadapter sowie Gewinde der Befestigungsschrauben mit Bremsenreiniger und Messingbürste reinigen.

2. Bremsscheibe auf Bund an Radnabe aufsetzen, etwas hin und her drehen, Bohrungen zu Gewinden in Deckung bringen.

3. Auf Gewinde der Bremsscheibenschrauben etwas Loctite »hochfest« auftragen.

4. Schrauben eindrehen und nacheinander über Kreuz Schritt für Schritt bis auf 23 Nm festziehen.

5. Bremsscheiben vor Radeinbau mit Bremsenreiniger reinigen.

Probleme mit dem ABS?

Wenn das ABS nicht funktioniert, wird dies durch Blinken oder konstantes Leuchten der ABS-Anzeige (Bild 56) während der Fahrt im Cockpit angezeigt. Wenn angehalten wird, geht die Lampe nicht aus. Um festzustellen, ob die Lampe fehlerhaft arbeitet oder ein echtes Problem mit dem ABS vorliegt, gehen Sie folgendermaßen vor:

1. Wenn die ABS- Lampe während der Fahrt auf-

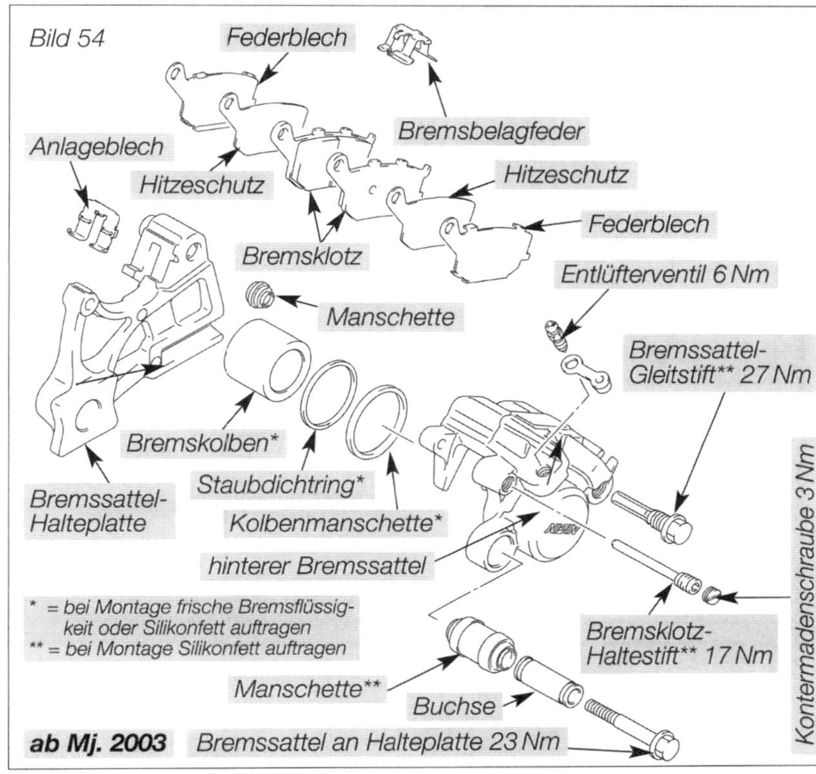

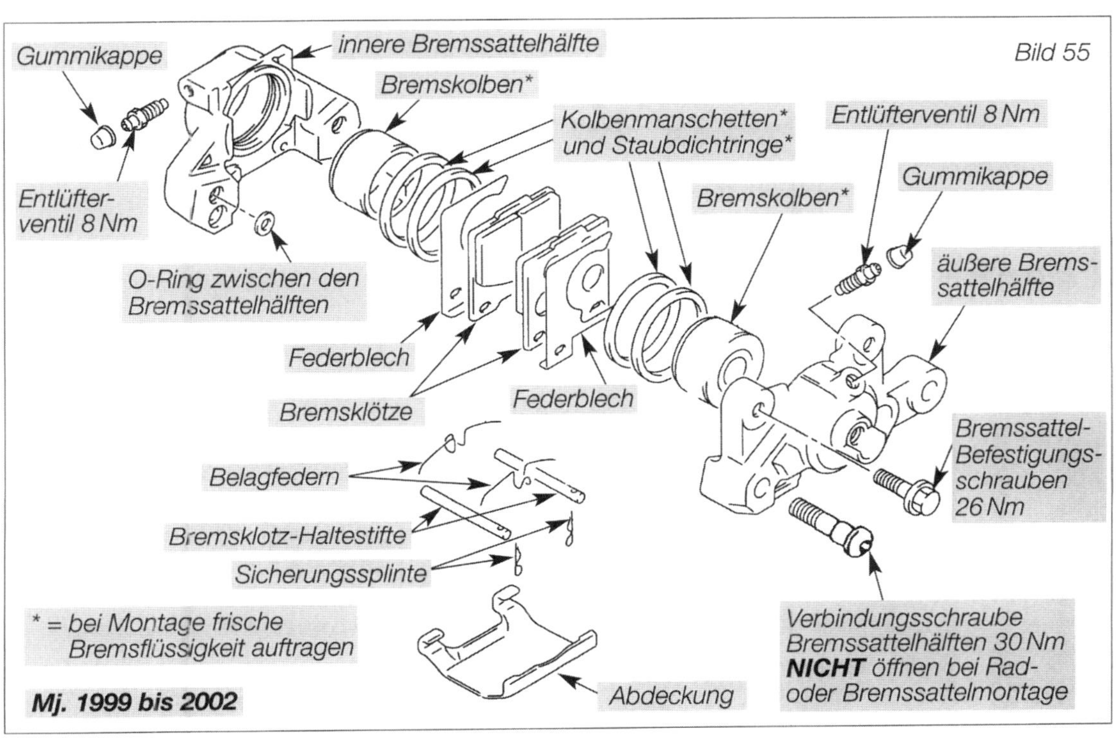

Bild 54: Explosionszeichnung des hinteren Bremssattels der Modelljahre 2003 bis 2009.

Bild 55: Explosionszeichnung des hinteren Bremssattels der Modelljahre 1999 bis 2002.

Speziell beachten:

- *Enden der Belagfedern müssen unter den Haltestiften liegen, siehe dazu auch Bilder 34, 35, 36 und 39.*
- *Haltestifte müssen leicht in ihren Bohrungen gleiten.*

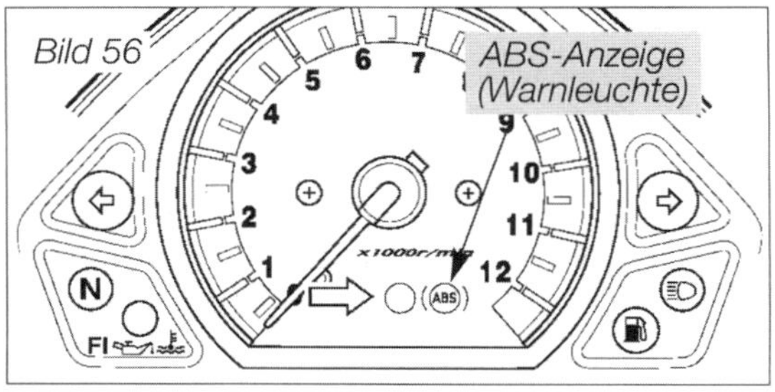

Bild 56: Funktioniert das ABS nicht, wird dies durch Blinken oder Leuchten der ABS-Anzeige im Cockpit angezeigt.

leuchtet, halten Sie an und schalten den Motor aus, indem die Zündung am Zündschlüssel ausgeschaltet wird.

2. Nach einer Pause von ca. einer Minute den Motor starten und losfahren.

3. Wenn die ABS-Anzeige weiter leuchet und nicht ausgeht, funktioniert das ABS nicht.

Anmerkung: Bei einem Ausfall des ABS bleibt die Bremswirkung selbst erhalten.

4. Bild 62 zeigt die Sicherungen »ABS-Magnetventil« und »ABS-Motor« und ihre Einbaulage am Fahrzeug (siehe auch Kapitel 13 »Sicherungen · Relais · Stecker«). Wenn also das ABS nicht funktioniert, zuerst prüfen, ob diese Sicherungen durchgebrannt oder ihre Steckverbindungen korrodiert sind: Defekte Sicherung erneuern, Korrosion mit feinem Schmirgelpapier und Kontaktspray beseitigen.

5. Checken Sie auch den Luftspalt der ABS-Sensoren zum ABS-Sensorring: Er verstellt sich zwar nicht, aber sicher ist sicher. Der Luftspalt darf zwischen 0,3 und 1,5 mm groß sein.

6. Alle Sensoren müssen sauber sein, ihre Kabelstecker ebenso (siehe dazu Bilder 59, 60 und 61).

7. Der 12-polige Zentralstecker muss sicher in die ABS-Steuereinheit (ABS-Steuergerät) eingesteckt sein.

8. Batterie muss ok sein, ihre Spannung muss 12,0 Volt oder mehr betragen!

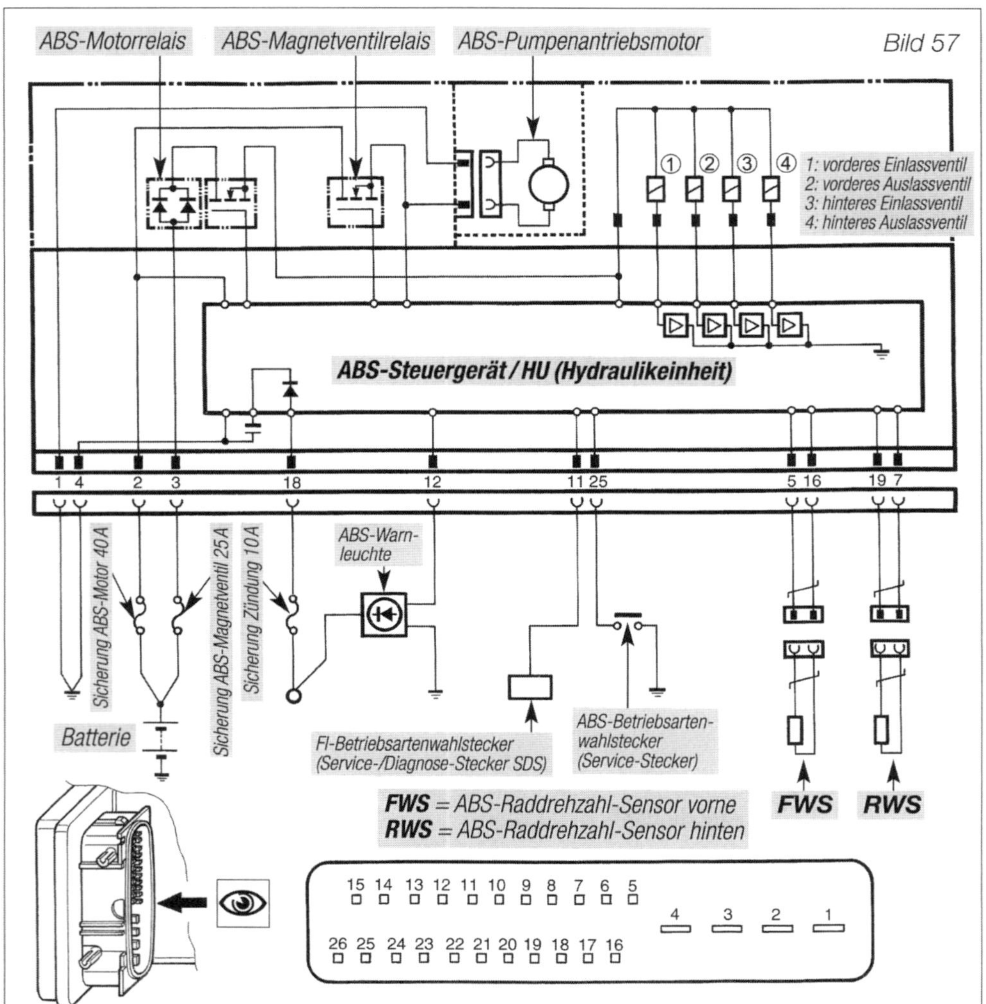

Bild 57: ABS-Systembild.

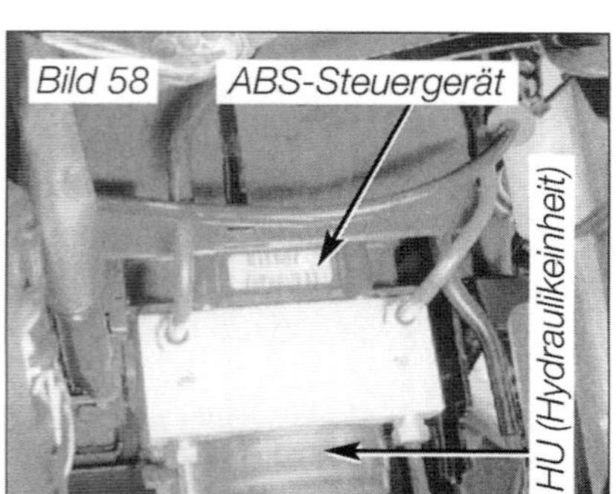

*Bild 58: Das **ABS-Steuergerät** befindet sich unter der Batterie. Es berechnet den Signaleingang vom Vorder- und Hinterradgeschwindigkeitssensor, überwacht die Schlupfbedingungen der Räder und sendet gleichzeitig Steuersignale zur Hydraulikeinheit (HU). ABS-Steuergerät/Hydraulikeinheit (HU) kann nicht zerlegt werden.*

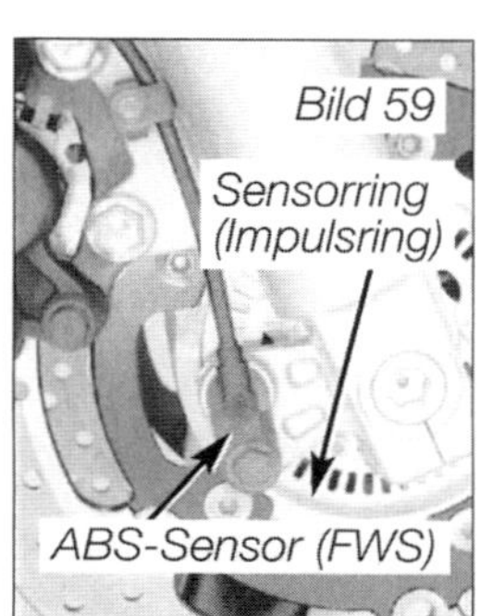

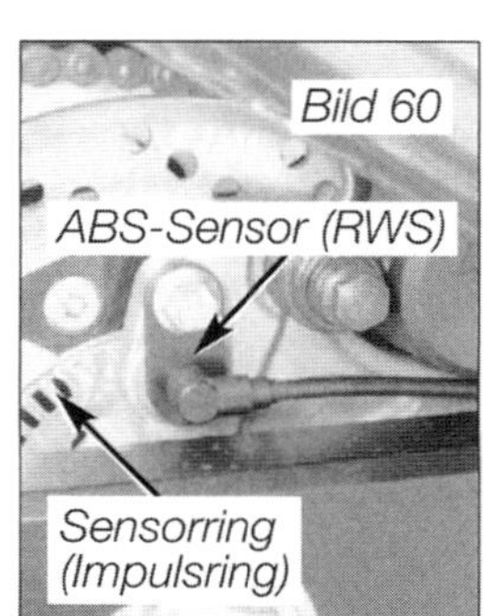

Bilder 59 und 60: ABS-Sensor am Vorder- und Hinterrad.

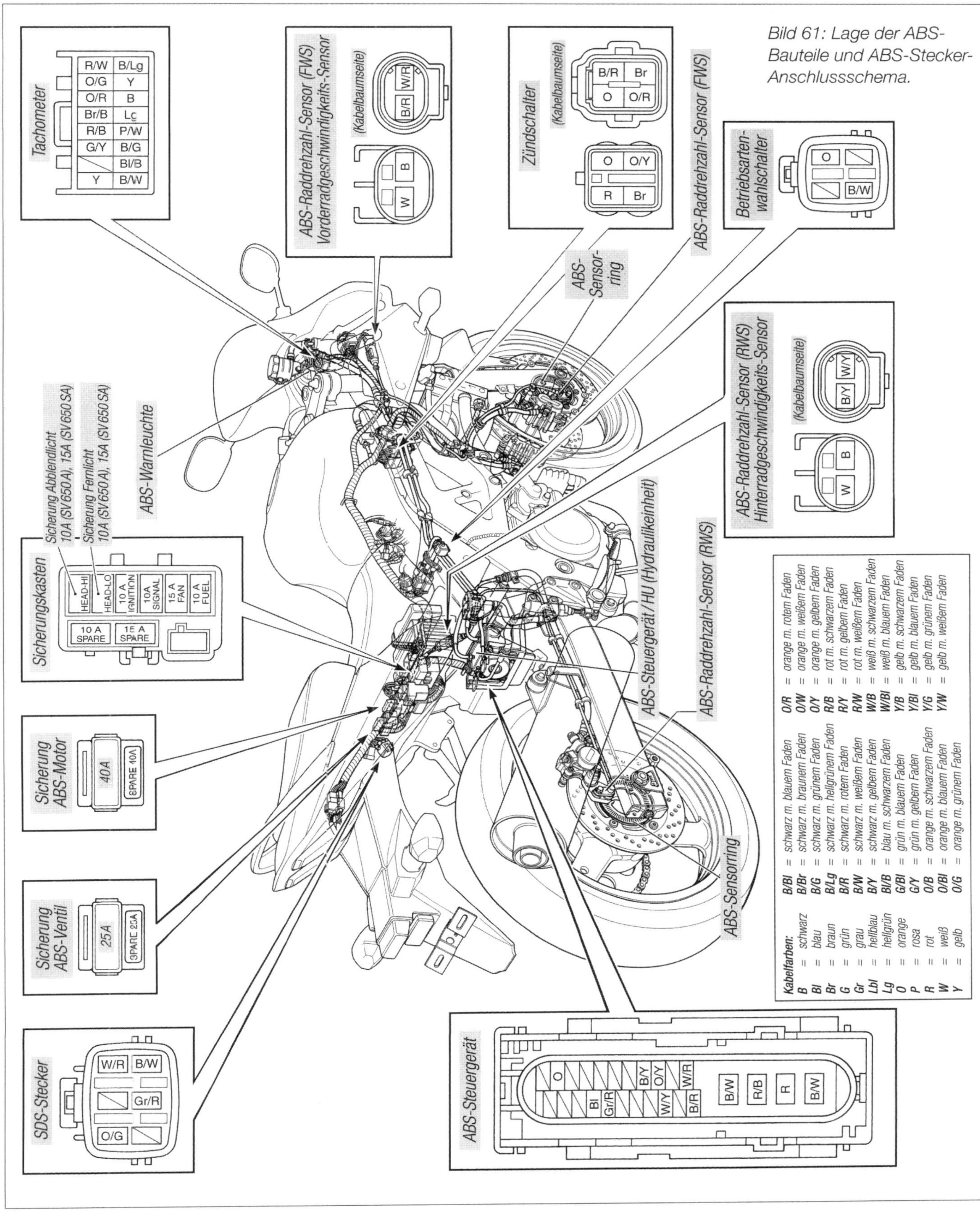

Bild 61: Lage der ABS-Bauteile und ABS-Stecker-Anschlussschema.

Bild 62: Lage der Sicherungen für ABS-Magnetventil und ABS-Motor.

Bild 63: Lage des ABS-Betriebsartenwahlsteckers.

Bild 64: ABS-Schaltschema. ***Beachten:*** *Die Linien symbolisieren ausschließlich die Elektrokabel, nicht jedoch die Verlegung der Bremsschläuche.*

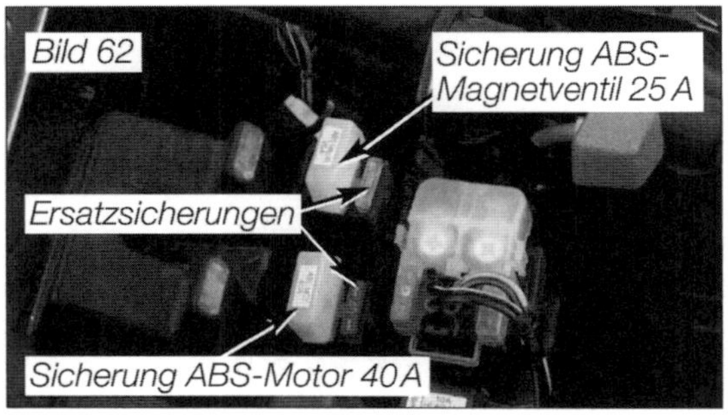

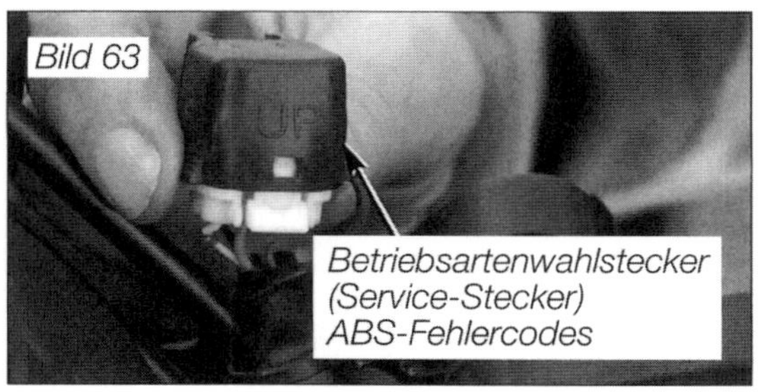

Wenn das ABS dann immer noch nicht funktioniert, bleibt nur noch der Gang zum Suzuki-Händler, der mit dem »SDS« Suzuki Diagnosis System Fehler auslesen und Fehlerquellen eingrenzen kann.

Bremsschläuche

Bremsschläuche Modelle ohne ABS

Die Bremsschläuche bei SV 650/S ohne ABS sind aus einem speziellen Gummimaterial gefertigt, an die auf beiden Enden so genannte »Ringösen« angebracht sind, die an den Bremspumpen und Bremssätteln mit Hohlschrauben befestigt sind. Die Bremsschläuche sollen laut Suzuki Wartungsplan alle vier Jahre erneuert werden, denn das Gummimaterial wird durch den ständigen Kontakt mit Bremsflüssigkeit mit der Zeit »weich«. Man kann auch sagen, dass der Bremsschlauch »innen aufquillt«. Dadurch wird

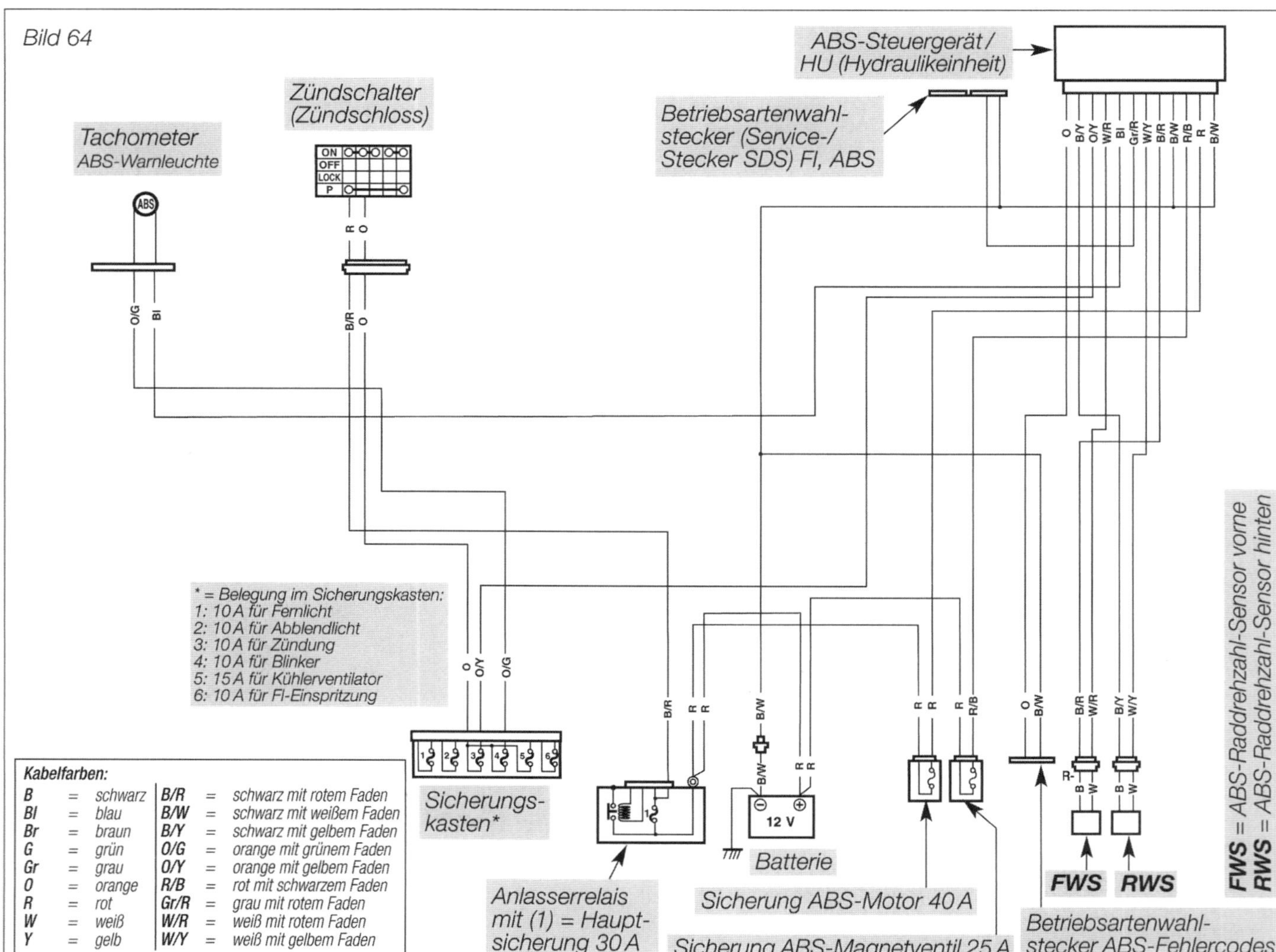

sein Durchgang (innerer Durchmesser) kleiner, der Schlauch wächst also im Laufe der Jahre regelrecht zu. Dass dieses »Zuwachsen« den Durchfluss der Bremsflüssigkeit behindert und dadurch die Bremse immer weniger betriebssicher wird, bis sie irgendwann gar nicht mehr funktioniert, ist eine Folge der Querschnittsverengung. Dass deswegen die Bremsanlage immer weniger betriebssicher wird, ist nur logisch.

Bremsschläuche Modelle mit ABS
Die Bremsschläuche der SV 650 mit ABS sind eigentlich keine durchgehenden, flexible Schläuche im Sinne des Wortes, sondern aus verschieden langen Gummischlauch- und Metallrohr-Stücken zusammengesetzte Bremsleitungen. Umgangssprachlich werden auch sie »Bremsschläuche« genannt. Für ihre Altersbeständigkeit gilt das Gleiche wie bei den durchgehend aus Gummi hergestellten Bremsschläuchen der Modelle ohne ABS.

Speziell bei den ABS-Modellen ist das Erneuern der Bremsschläuche mit großem schrauberischem und finanziellem Aufwand verbunden. Deswegen raten wir Ihnen rechtzeitig vor Ablauf der 4-Jahres-Frist (und somit vor Beginn der Arbeiten) beim Suzuki-Händler nachzufragen, ob die Erneuerungsanweisung »4 Jahre« noch gilt oder ob Suzuki eventuell neue und längere Wechselintervalle vorschreibt.

Der Besuch beim Suzuki-Händler soll auch dazu dienen, dass dieser die Bremsschläuche begutachtet und seine Meinung zu ihrem technischen Zustand abgibt – also ob sie gewechselt werden müssen oder weiterhin an der Maschine bleiben können.

Für die Modelle mit ABS raten wir Ihnen dringend, den Bremsschlauchwechsel beim Händler machen zu lassen, weil die Leitungen zur ABS-Steuereinheit und von ihr weg sehr kompliziert verlegt sind und das Neubefüllen und Entlüften der ABS-Bremsanlage spezielle Werkzeuge und viel schrauberische Erfahrung voraussetzen.

Bremsschläuche ab-/anbauen

Wie schon im Lauftext beschrieben, empfehlen wir dringend, den Aus- und Einbau der ABS-Bremsschläuche dem Suzuki-Händler zu überlassen, weil sehr viele elektrische und mechanische Bauteile abgeschraubt werden müssen. Nachfolgend beschreiben wir Ab- und Anbau der Bremsschläuche ohne ABS.

Abbauen
1. Bremsflüssigkeit aus Behälter aussaugen.
2. Schlauch auf Entlüfternippel am Bremssattel schieben, Ende in geeigneten Behälter stecken.
2.1. Entlüfternippel öffnen, restliche Flüssigkeit abpumpen oder durch die Schwerkraft ablaufen lassen.
3. Hohlschrauben an Bremssätteln abschrauben: Reichlich Lappen bereithalten!
4. Hohlschraube an Bremspumpe abschrauben, Befestigungsstellen der Bremsschläuche abschrauben.
5. Anschlüsse mit Bremsenreiniger putzen.

Einbau: Bremsschläuche verlegen wie ausgebaut. Neue Dichtscheiben verwenden! Hohlschrauben mit 23 Nm an Bremspumpen und Bremssätteln festziehen. Bremsflüssigkeit einfüllen, Bremsen entlüften.

Wichtige Adressen

Alpha Technik (Stahlflexleitungen, Bremsbeläge)
Alpha Technik GmbH & Co. KG
Äußere Salzburger Straße 201
D-83071 Stephanskirchen
www.alphatechnik.de

Import A:
Scooterfactory
Ferdinand Porsche Ring 13
A-2700 Wiener Neustadt
www.scooterfactory.at

Import CH:
Maute Motos
Industriestrasse 1
CH-9542 Münchwilen
www.maute.ch

BRAKING
(Bremsscheiben, Bremsbeläge)
Import D: Uwe Keszler
Import u. Vertriebs GmbH
Mühlenweg 1
D-24796 Bredenbek
www.braking.de

Import CH: Moto Mader
Ausserfeld 2
CH-5036 Oberentfelden
www.moto-mader.ch

Brembo (Bremsen, Ersatzteile, Bremsbeläge)
Import D und A:
Brune Motorradsport GmbH
Wöste 6, D-48291 Telgte
www.brunegmbh.de

Import CH: Hostettler AG
Haldenmattstrasse 3
CH-6210 Sursee
www.hostettler.com

Carbone Lorraine
(Bremsbeläge)
Import D: K-F-Z GmbH
Lise-Meitner-Ring 6
D-89231 Neu-Ulm
www.motorradbremse.de

France Equipement
(Bremsscheiben, Bremsbeläge)
D: France Equipment GmbH
Beinheimer Straße 25
D-76437 Rastatt-Wintersdorf
www.france-equipement.de

Goodridge Deutschland
(Bremsleitungen)
Talstraße 227
D-67434 Neustadt
www.goodridge.de

Lucas Girling
(Bremsscheiben, Bremsbeläge, Bremsleitungen)
D: TRW Kfz-Ausrüstung GmbH
Rudolf-Diesel-Straße 7
D-56566 Neuwied
www.trwmoto.com

Import A:
MB Bike Performance
Inselweg 2
A-2492 Eggendorf
www.wilbers.at

Import A:
M. Müller Importe
Josef Perger Straße 2/B1
A-3031 Pressbaum
www.muellerimporte.at

Import CH:
Freidig Moto-Active GmbH
Dorf 5 H, CH-3456 Trachselwald
www.freidigmotoactive.ch

Import CH:
Meier & Lutziger AG
Kesselstrasse 2
CH-8957 Spreitenbach
www.motoport.ch

Spiegler Bremstechnik GmbH (Bremsscheiben, Bremsbeläge, Bremsleitungen, Bremssättel, Bremspumpen)
Krummholzstraße 5
D-79206 Breisach
www.spiegler.de

Import A: BRS Bremstechnik
Perfektastraße 6–8
A-1230 Wien
www.bremstechnik.at

Import CH: at Tec GmbH
Bucherstrasse 62
CH-8585 Happerswil
www.atec.ch

Kette

Bilder 1, 2 und 3: Aufbau einer hochwertigen Kette (Enuma) mit O- oder X-Ringen zwischen den Laschen. Eine X-Ring-Kette ist teurer als eine O-Ring-Kette, hält aber auch länger. In Bild 2 die Kettenlängen.

In diesem Kapitel: Hinterrad-Antriebskette · Kettenverschleiß · Werkzeuge · Kette und Kettenräder reinigen, kontrollieren, schmieren · Kettenspannung messen und einstellen · Kette und Kettenräder wechseln, vernieten.

Hinterrad-Antriebskette

Bei allen SV 650 ist eine endlose Rollenkette mit O-Ringen zwischen den Laschen verbaut:

- SV 650, alle Modelljahre: DID 525 V8, 110 Rollen lang
- SV 650 S, im Modelljahr 1999 und in den Modelljahren 2003 bis 2009: DID 525 V8, 108 Rollen lang
- SV 650 S, Modelljahre 2000 bis 2002: DID 525 V9, 108 Rollen lang
- SV 650/S mit ABS, Modelljahre 2007 bis 2009: DID 525 V8, 114 Rollen lang

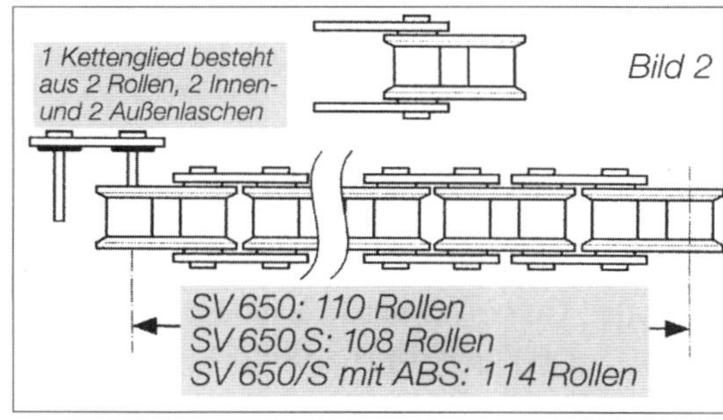

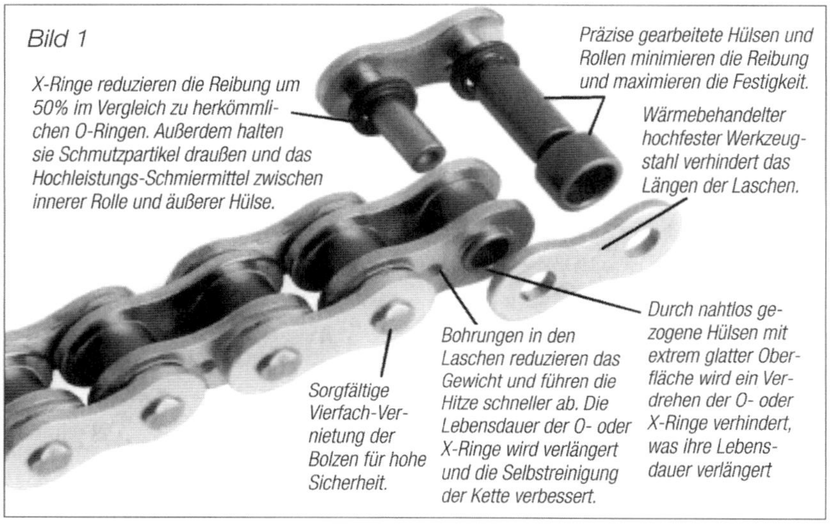

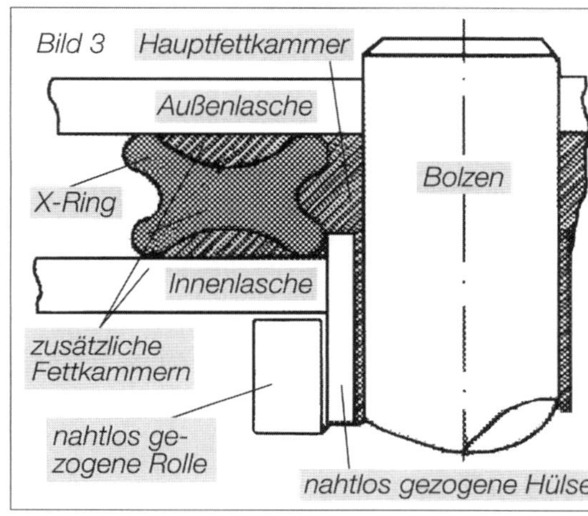

Sicherheitshinweise Achtung und Tipps für dieses Kapitel

Bei allen Arbeiten an der Kette gilt:

- Motor ist ausgeschaltet, Zündschlüssel am besten abgezogen.
- Leerlauf einlegen.
- Maschine auf Heckmontageständer aufbocken, so lässt sich besser daran arbeiten, als wenn sie schräg nach links geneigt auf dem Seitenständer abgestellt ist.

Tipp: Im vorderen Bereich der Kette unter der Abdeckung sammelt sich abgeschleudertes Kettenfett vermischt mit Straßendreck, das zu festen Klumpen zusammenbäckt. Bei jeder größeren Reinigung der Maschine mit anschließender Kettenpflege ist es zu empfehlen, die vordere Kettenritzelabdeckung und den Kettenschutz komplett abzubauen, um den darin sitzenden Dreck herausputzen und alles gut reinigen zu können.

Achtung: Beim Aufflexen der Kette unbedingt folgende Sicherheitsmaßnahmen beachten:

- Schutzbrille aufsetzen.
- Genügend Sicherheitsabstand zu Behältern mit brennbaren Flüssigkeiten oder Materialien einhalten (eventuell abgebauten Tank weit weg legen!).
- Weiter Abstand von der Schleifstelle zu brennbaren Materialien (auch Sägespäne gehören dazu, nicht nur offenes Waschbenzin!).
- Schild gegen den Funkenflug aufstellen, speziell gegen Lack- und Verkleidungsteile des Motorrads, damit diese durch Funkenflug oder herumfliegende Teile der aufgeflexten Kette nicht beschädigt werden.

Tipp: Von der Kettenmarke Enuma (Importeur Schüller, *www.enuma.de*) gibt es Ketten mit Niet- oder Schraubschloss (Bild 4) für die Suzuki SV 650 sowie Kettenräder und Ritzel in Erstausrüstungsqualität. Das Enuma-Schraubschloss kann ohne Spezialwerkzeug montiert werden, es gilt in Fachkreisen als sehr betriebssicher und langlebig. Ebenfalls bei Enuma-Importeur Schüller gibt es ein qualitativ hochwertiges Spezialwerkzeug zum Trennen und Vernieten von Ketten, es nennt sich »Roller Chain Cutter/Reviter«. Enuma-Produkte sind ausschließlich im Motorrad-Fachhandel erhältlich.

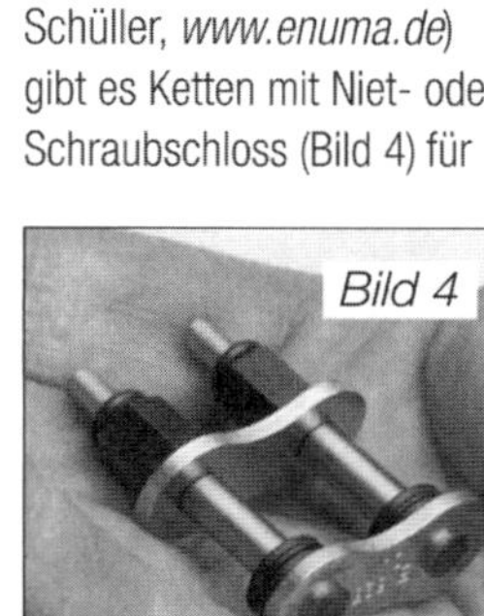

Bild 4: Schraubschloss von Enuma.

Eine Kette kann bei normaler Belastung und sehr guter Pflege eine Lebensdauer von 40 000 bis 50 000 km haben. Entscheidend für eine so lange Lebensdauer von Kette, Kettenritzel und Kettenrad ist, dass sie immer gut und richtig gepflegt werden, was nicht nur regelmäßige Reinigung und Schmierung bedeutet, sondern auch, dass die Kette immer korrekt gespannt ist. Laut Suzuki-Wartungsplan soll die Kette alle 1000 km geprüft, geschmiert und, falls es notwendig sein sollte, gespannt werden. Bei Einsatz unter großer Motorbelastung oder bei schlechtem Wetter soll die Kette öfter gewartet werden. Bei normaler Belastung und Fahrt bei schönem Wetter genügt es, einmal täglich die Kette anzusehen, ob sich noch Schmiermittel auf den Rollen befindet und die Spannung (»Kettendurchhang«) in Ordnung ist. Vorgeschrieben sind 20 bis 30 mm Kettendurchhang (»Kettenspannung«, Bild 5); wenn er größer ist, muss er korrigiert werden (»Kettenspannung einstellen«).

Zum Reinigen, Schmieren und Spannen sowie zu weiteren Arbeiten an der Kette empfehlen wir, die SV 650 auf einem Heckmontageständer aufzubocken, denn wenn das Motorrad auf dem Seitenständer abgestellt ist, werden schon kleine Wartungsarbeiten an der Kette zu mühseligen Angelegenheiten.

Kettenverschleiß

Kettenverschleiß messen
Kettenverschleiß-Maßangabe von Suzuki lautet: *»Verschleißgrenze 319,4 mm über 21 Stifte gemessen«* und wird folgendermaßen gemessen:
1. Hinterachsmutter lösen, ungefähr zwei Umdrehungen aufdrehen.
2. Hinterrad mit den beiden Kettenspannern rechts und links gleichmäßig nach hinten ziehen, bis die Kette straff gespannt ist.
3. An einer beliebigen Stelle der Kette 21 Rollen abzählen und mit einer großen Schieblehre oder einem Maßstab das Maß von Mitte des 1. Nietbolzens zur Mitte des 21. Nietbolzens nehmen (Bild 6): Wenn das Maß 319,4 mm beträgt oder größer ist, dann ist die Kette verschlissen und muss zusammen mit den Kettenrädern erneuert werden.

Weitere Verschleißindizien
Das Lebensende der Kette deutet sich an, wenn die Zähne der Kettenräder stark verschlissen sind und übermäßig »spitz« werden (Bilder 7 und 8) und sich die Kette am hintersten Punkt des hinteren Kettenrads mit den Fingern um mehr als eine halbe Zahnhöhe vom Kettenrad abheben lässt (Bild 8a).

Eine schlecht gepflegte Kette ist meistens »trocken«, also ungeschmiert, weil sich auch das beste Kettenschmiermittel mit der Zeit verflüchtigt: Es wird entweder abgeschleudert und/oder vom Regen abgewaschen. Wenn

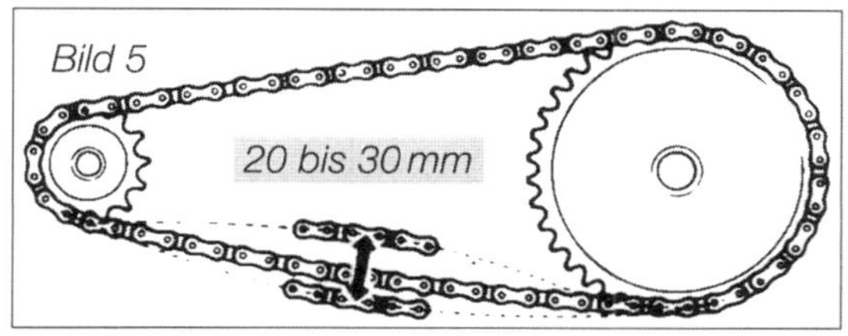

Bild 5: Kettendurchhang 20 bis 30 mm.

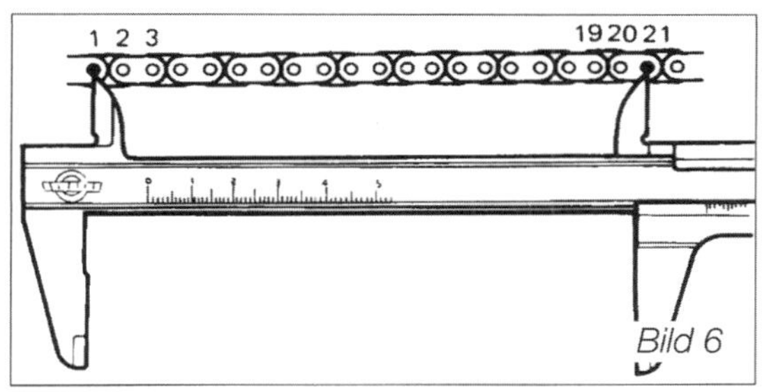

Bild 6: Verschleißgrenze der Kette 319,4 mm, sie wird über 21 Nietbolzen gemessen.

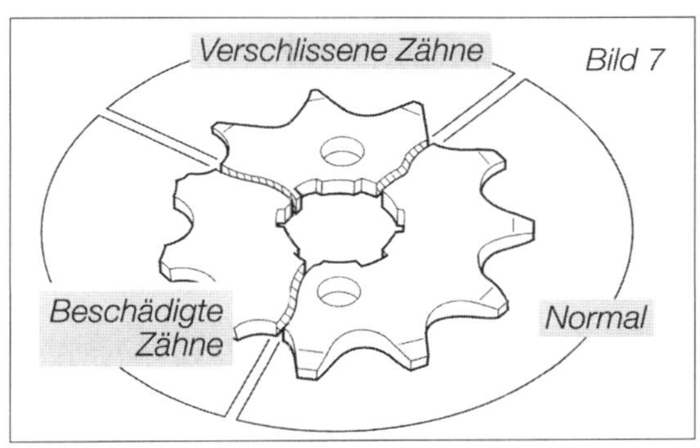

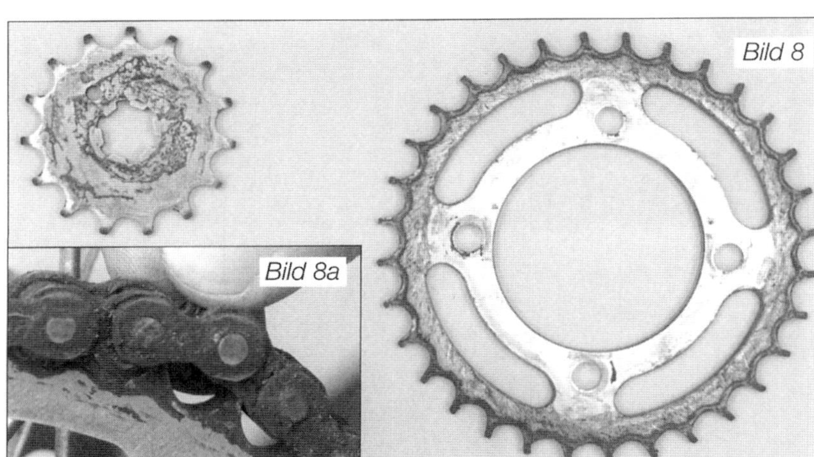

Bilder 7 und 8: Verschleißbilder von Kettenritzel und Kettenrad.

Bild 8a: Lässt sich die Kette am hinteren Punkt des hinteren Kettenrades um mehr als eine halbe Zahnhöhe anheben, sind Kettenräder und Kette verschlissen.

Sichtprüfung Messen

eine Kette über mehrere tausend Kilometer trocken gefahren wird, dann verschleißen die Rollen der Kette und die Zähne der Kettenräder übermäßig schnell, sie werden rau, glänzen metallisch und die Kette »hängt durch«. Dann werden in nächster Zeit 150 bis 250 Euro für einen neuen Kettensatz fällig.

Bilder 9 bis 12:

■ *Zur intensiven Kettenreinigung die vordere Ritzelabdeckung abbauen.*

■ *Reifen zur Kette hin mit einem Stück Pappe abdecken.*

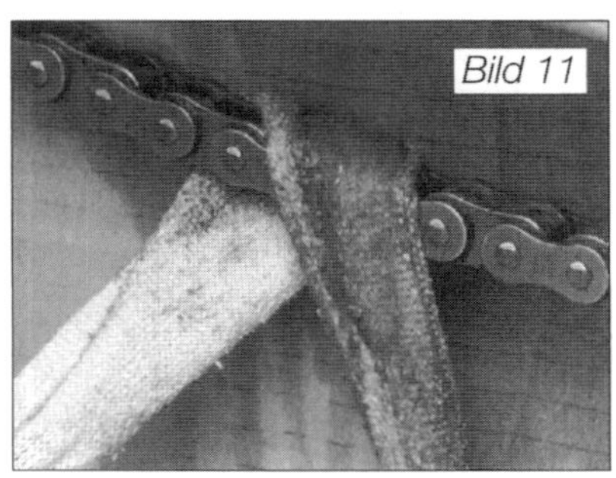

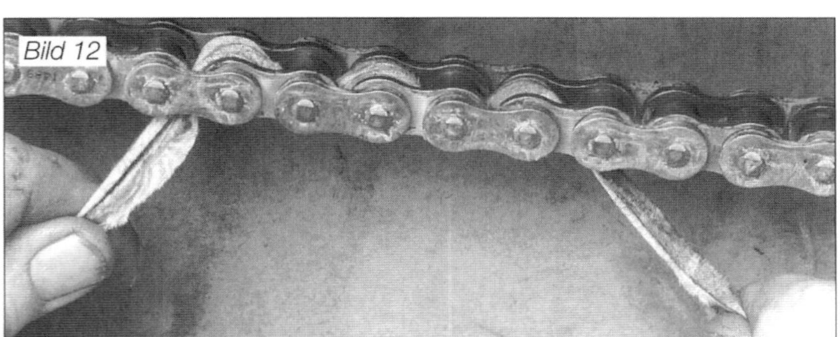

Bild 13: Festes Kettenglied.

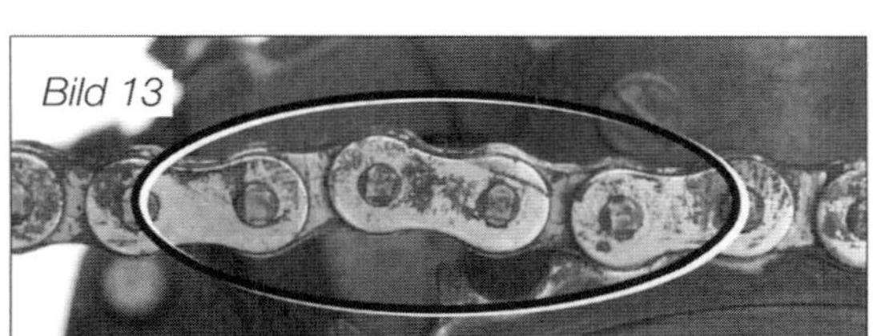

Kette reinigen und schmieren

Wenn man sich im Rahmen einer intensiven Motorrad-Waschaktion zu einer Kettenreinigung entschließt, sollte man auch die vordere Abdeckung am Getriebeausgang abnehmen und den dort sitzenden Dreck herausputzen: Die Abdeckung ist mit drei M6-Schrauben befestigt (Schlüsselweite 8 mm) und rasch abgeschraubt.

■ Zwischen Kette und Reifen ein Stück feste Pappe einstecken, damit weder Reinigungsmittel, Dreck oder Kettenfett auf den Reifen gerät.

■ Kein zu scharfes Reinigungsmittel verwenden, dieses kann die O-Ringe in der Kette zerstören.

■ Ausdrücklich geeignet zur Kettenreinigung ist der Metall-Schnellreiniger von Enuma (Bild 10), er greift die O-Ringe nicht an.

■ Man kann auch dünnes Öl nehmen zur Reinigung der Kette; WD 40 bewährt sich auch hier.

Kette reinigen

1. Motorrad ist so aufgebockt, dass sich das Hinterrad frei drehen lässt.

2. Kette mit speziellem Kettenreiniger (Dieselöl geht auch) und hartem Pinsel reinigen, gut mit nicht fusselndem Lappen abputzen und trocknen lassen (Bilder 10 und 11).

3. Wenn die Kette stark verdreckt ist, weil sie lange Zeit nicht richtig gepflegt wurde, dann nehmen Sie sich die Zeit und reinigen alle Zähne von Ritzel und Kettenrad sorgfältig sowie die Kettenrollen mit einem Lappenstreifen (Bild 12).

■ Das mag zwar im ersten Moment mühsam erscheinen, aber der festgebackene Dreck in den Zähnen der Kettenräder und auf den Rollen der Kette muss ab, weil er wie Schmirgelpaste wirkt und damit den Verschleiß fördert.

Kette kontrollieren

1. Kette sorgfältig Glied für Glied auf lockere Nieten, beschädigte Rollen, trockene, verrostete, geknickte, verklemmte Glieder (Bild 13), übermäßige Abnutzung und fehlende O-Ringe überprüfen.

2. Kettenräder auf übermäßig abgenutzte, z. B. spitz zulaufende, abgebrochene oder beschädigte Zähne kontrollieren (Bild 7).

3. Muttern am hinteren Kettenrad und am vorderen Kettenritzel an der Getriebewelle auf festen Sitz prüfen. Im Normalfall lösen sich diese Schraubverbindungen nicht. »Normalfall« bedeutet: Kettenritzel und Kettenrad sind serienmäßig (Erstausrüstung) oder beim Wechsel der Kette/Kettenräder wurde sorgfältig gearbeitet.

4. Prüfen, ob das Kettenschleif-Führungsteil

(wird auch »Kettengleitstück« oder »Kettenschleifschutz« genannt) links vorne auf der Schwinge genügend dick und an keiner Stelle durchgeschliffen ist.

Wichtig: Wenn der Kettenschleifschutz beschädigt ist, muss er unbedingt erneuert werden, sonst wird die Schwinge von der Kette angeschliffen (zusätzlicher Verschleiß!).

Kette schmieren

Zur Schmierung der Kette eignet sich dickes Motoren- oder Getriebeöl (SAE 80 oder 90). Besser ist natürlich ein spezielles Kettenschmiermittel (»Kettenspray«, Bild 15), wie man es überall kaufen kann. Noch besser ist Kettenfett in der Dose, das mit einem Pinsel oder aus einer Flasche mit Auslaufpipette auf die Kette Rolle für Rolle aufgebracht wird. Das dauert allerdings länger als einfaches Aufsprühen des Schmiermittels, aber ein solches Kettenschmiermittel ist preiswert und effektiv.

Beispielhaft erwähnen wir die »HKS Hochleistungs-Ketten-Schmiere« (Bild 14) von Ing. Czech (*www.hks-czech.de*). Das ist ein synthetisches Schmiermittel mit Festschmierstoffen. Auf den Rollen der Kette erzeugt es einen nahezu dauerhaft dicken, wasserfesten Schmierfilm ähnlich einer Kunststoffversiegelung.

Wichtig ist sowohl beim Schmieren mit Öl, Kettenspray oder Kettenfett, dass die Kette nach dem Reinigen frei von Reinigungsmittelrückständen und absolut trocken ist.

- Schmiermittel immer von innen auf die Kette auftragen (Bild 15).
- Nach dem Schmieren nicht gleich losfahren, sondern gut zehn Minuten warten, denn die im Kettenschmiermittel enthaltenen Lösungsmittel müssen sich erst verflüchtigen.
- Alles Schmiermittel abputzen, das außen auf der Kette hängt (weil auf der Außenseite der Kette aufgebrachtes Schmiermittel nichts nutzt, sondern davonfliegt und die Maschine versaut!).

Kettenspannung

Als Kettenspannung wird der Durchhang der Kette an der straffsten Stelle bezeichnet. Er soll 20 bis 30 mm betragen (Bild 5). Die Kettenspannung wird am unteren Kettentrum zum Schwingenholm gemessen, ungefähr in der Mitte zwischen vorderem Kettenritzel und hinterem Kettenrad (Bilder 17 und 18).

Benötigte Werkzeuge

- Großer und kleiner Drehmomentschlüssel
- Hinterachsmutter
  Mj. 1999 bis 2002 .... Nuss SW 22
  Mj. 2003 bis 2009 .... Nuss SW 24
- Hinterachskopf
  Mj. 1999 bis 2002 .... Schlüssel SW 17
  Mj. 2003 bis 2009 .... Schlüssel SW 22
- Kettenspannschrauben
  Mj. 1999 bis 2002 .... Inbusschlüssel SW 5

Wichtige Adressen:

- **H.G. Czech Ing.** (Spezialschmiermittel für Motorräder) Gyrhofstraße 28, D-50931 Köln *www.hks-czech.de*
- **Motorrad Schüller** (Enuma-Ketten, Kettenzubehör) Jahnstraße 10 D-68649 Groß-Rohrheim *www.enuma.de*
- **Profi Products** (Kettenfluchttester, Spurprüfsysteme) Flörsheimer Ring 6 D-67705 Trippstadt *www.profi-products.de* *www.faie.at* *www.gcg-gering.ch*

Bild 14

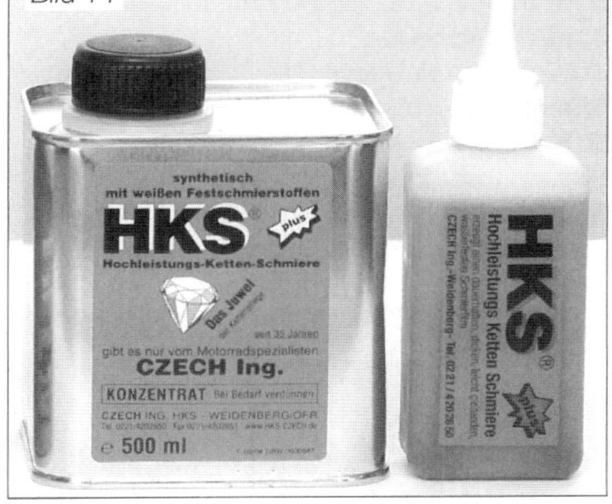

Bild 14: HKS-Kettenschmiermittel in Vorratsdose und Plastikflasche mit Spitze.

Bild 15: Kettenspray innen auf die Kette auftragen.

Bild 15

Bild 16

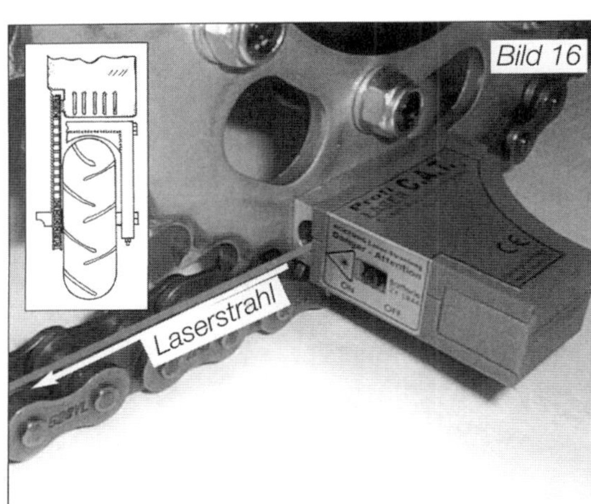

Bild 16: Mit dem Kettenfluchttester »LaserCAT« kann man beim (und nach dem) Spannen der Kette prüfen, ob das hintere Kettenrad in Flucht zum vorderen Kettenritzel ist. Wenn »ja«, ist auch gesichert, dass das Hinterrad in Flucht zum Vorderrad läuft – eine wichtige Voraussetzung für gute und sichere Straßenlage!

Sichtprüfung Messen

Bilder 17 und 18: Messen der Kettenspannung:
■ Kette nach unten ziehen, Maß nehmen (ca. 72 mm in Bild 17).
■ Kette nach oben drücken, Maß nehmen (ca. 23 mm in Bild 18).
■ Die Differenz (ca. 49 mm) ist der Kettendurchhang.

Bilder 19 und 19a: Einstellen der Kettenspannung.

- Kettenspannmuttern
  Mj. 2003 bis 2009 .... Schlüssel SW 12
- Kettenfluchttester »Laser Cat« (Empfehlung)

Wenn Kette und Kettenräder erneuert werden müssen, braucht man zusätzlich zu den Kettenspann-Werkzeugen:

- 8er-Steckschlüssel (Nuss) für Schrauben der Abdeckung des Kettenritzels
- Kreuzschlitzschraubenzieher für Schrauben der Kettenabdeckung
- 10er-Steckschlüssel (Nuss) für Klemmschraube im kleinen Schalthebel und Schrauben der Kupplungsschnecke
- 32er-Nuss für Ritzelmutter
- Verlängerung für Drehmomentschlüssel
- 14er-Nuss für selbstsichernde Muttern am hinteren Kettenrad
- kombiniertes Kettentrenn- und Vernietwerkzeug sowie einen 250-Gramm-Hammer
- Reinigungsmittel (Bremsenreiniger), reichlich Lappen und gutes Wälzlagerfett zum Einfetten der Keilnuten in der Getriebeausgangswelle.

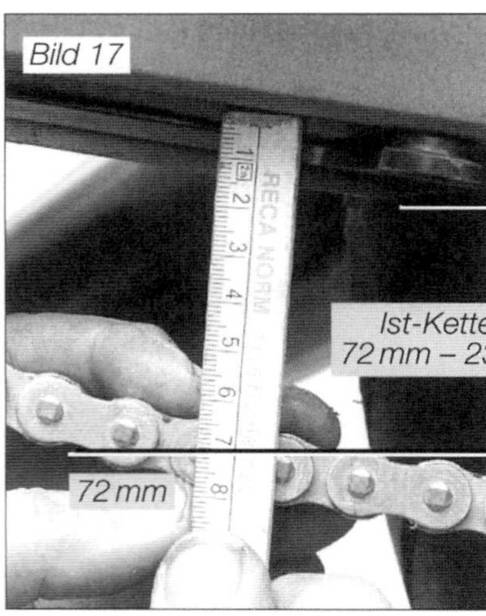

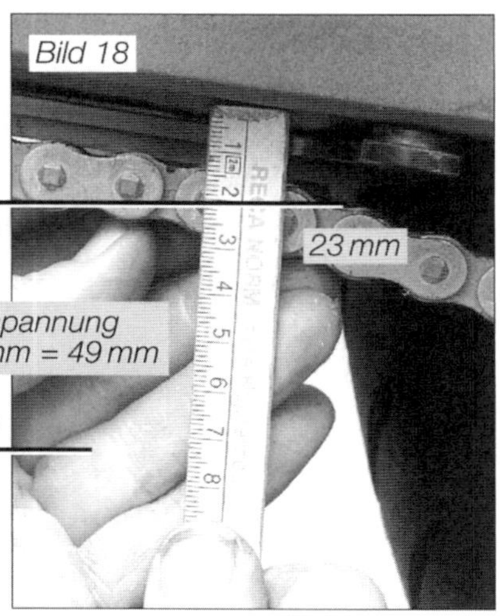

Kettenspannung messen

Motor ist abgeschaltet, Leerlauf eingelegt, Maschine steht auf Heckmontageständer:

- Hinterrad mit einer Hand drehen und gleichzeitig mit der anderen Hand die Kette am unteren Kettentrum wippend leicht nach oben drücken. So sucht man die straffste Stelle, weil sich eine Kette im Laufe ihres Lebens unregelmäßig verzieht.

Kettenspannung einstellen

1. Achsmutter zwei Umdrehungen lösen, damit sich die Hinterachse leicht verschieben lässt.

2. Kette spannen Mj. 1999 bis 2002 (Bild 19a)**:** Zum Spannen der Kette die Einstellschrauben in den Endplatten mit 5er-Inbusschlüssel in Vierteldrehungen rechte Einstellschraube – linke Einstellschraube – rechte Einstellschraube – linke Einstellschraube rechts herum drehen (also quasi in den Schwingenholm einschrauben), bis Kette korrekten Durchhang (Bild 5) hat.

2.1. Dabei kann man sich grob an den Einstell-Markierungen orientieren, die rechts und links am Ende der Schwingenholme oben und unten angebracht sind (Bild 19a). Bezugskante ist die Hinterkante der Achsscheibe: Einstell-Markierungen rechts und links müssen mit der jeweiligen Achsscheibe fluchten.

2. Kette spannen Mj. 2003 bis 2009 (Bild 19)**:** Einstellmuttern gegen die Endplatten rechts herum drehen (Bild 19). In Vierteldrehungen rechte Einstellmutter – linke Einstellmutter – rechte Einstellmutter – linke Einstellmutter vor-

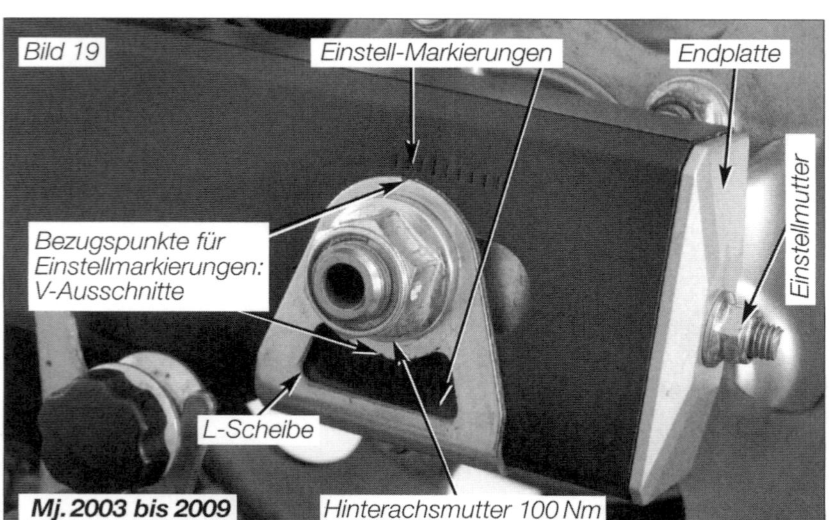

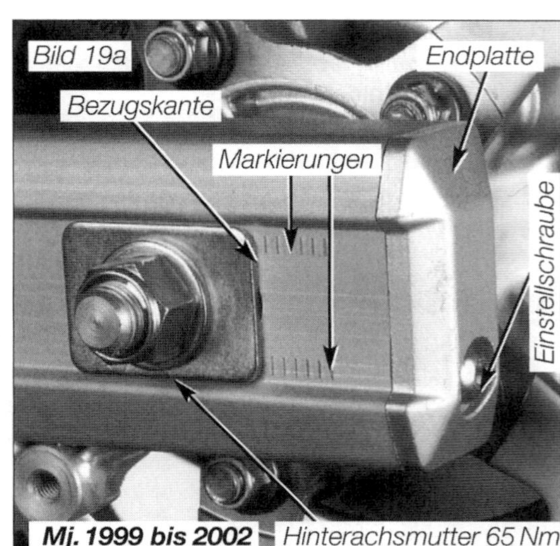

gehen, bis Kette korrekten Durchhang hat.
2.1. Dabei kann man sich grob an den Markierungen orientieren, die rechts und links auf der Schwinge angebracht sind (Bild 19).
- Bezugspunkte zu diesen Markierungen sind die kleinen V-Ausschnitte auf den L-Scheiben.

3. Achsmutter festziehen:
- 65 Nm bei Modelljahren 1999 bis 2002
- 100 Nm bei Modelljahren 2003 bis 2009

4. Einstellschrauben bzw. Muttern »gut handfest« festziehen.
- Kettendurchhang erneut prüfen.

Kette wechseln

Bei normalem Verschleiß sind Kettenräder und Kette zugleich verschlissen und müssen gemeinsam erneuert werden. Nie Neu- und Altteile kombinieren, denn diese nutzen sich gegenseitig extrem schnell ab.

Neue Kette kaufen
Wenn eine neue Kette notwendig wird und Sie sich keine Suzuki-Originalkette kaufen können (oder möchten), haben Sie im Zubehörhandel die Wahl zwischen drei verschiedenen Ketten: endlos vernietete, solche mit Nietschloss oder mit Federclipschloss.
- Um eine **endlos vernietete Kette** zu montieren, muss die Schwinge ausgebaut werden, das ist ziemlich viel Arbeit.
- Am besten eine **offene Kette mit Nietschloss** kaufen. Ein neues Nietschloss ist bei der neuen Kette in der Packung. Zum Vernieten ist allerdings ein Spezialwerkzeug erforderlich.
- **Kaufen Sie in keinem Fall eine Billigkette mit Federclipschloss!**

Falls Sie keine Möglichkeit haben, eine neue Kette mit Nietschloss fachgerecht zu vernieten, können Sie die neue Kette mit einem Schraubschloss montieren (siehe Bild 4 mit zugehörigen Textabsatz in »Achtung und Tipps« am Anfang dieses Kapitels).

Sowohl zum Trennen der alten Kette wie auch zum fachgerechten Zusammenbau und Vernieten der neuen zeigen wir beispielhaft in diesem Kapitel das kombinierte Kettentrenn-Vernietwerkzeug von Enuma. Sollte ein solches Spezialwerkzeug nicht zur Hand sein, kann man die alte Kette zum Abnehmen auch an den Laschen oder den Nietköpfen mit einer Flex durch- bzw. aufschleifen (»aufflexen«). Allerdings verlangt das (nach dem Aufziehen der neuen Kette) »freihändige« Vernieten der Niet-Überstände der Kettengliedbolzen eine geübte Hand, die den Hammer zielsicher führen kann, was nicht jedermanns Sache ist. Deswegen ist ein Kettentrenner-Vernietwerkzeug immer die beste Wahl.

Alte Kette abnehmen
Motorrad steht sicher aufgebockt auf einem Heckmontageständer.
1. Ritzelabdeckung abschrauben. Dreck herauspulen und sauber putzen.
1.1. Kupplungsschnecke (Bild 9) abschrauben: Untere Kontermutter der Einstellschraube lösen, 6er-Schrauben ausdrehen, Kupplungsschnecke abnehmen, Kupplungszug aushängen, Kupplungsdruckstange ausziehen.
2. Mit kleinem Meißel und vorsichtigen Hammerschlägen das Sicherungsblech von der Mutter wegbiegen (Bild 20).
3. Mit exakt passender 32er-Sechskantnuss und Verlängerung die Ritzelmutter öffnen (Bild 22). **NICHT** versuchen, die Ritzelmutter mit einem Gabelschlüssel zu öffnen, das geht schief und

Bilder 20, 21 und 22: Im Lauftext sind die zu den Bildern gehörenden Arbeitsschritte nummeriert beschrieben.

Bild 20

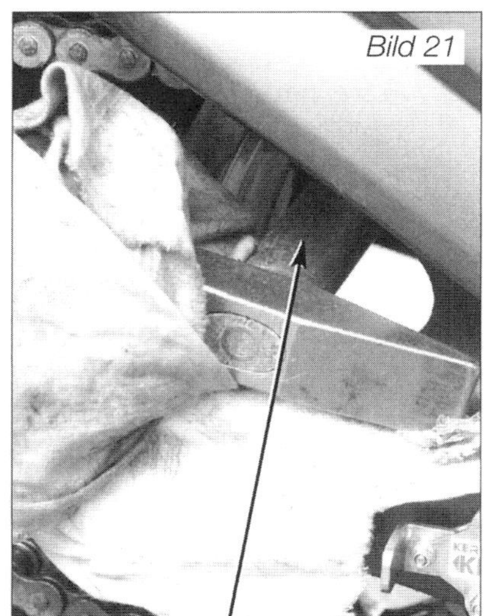
Bild 21

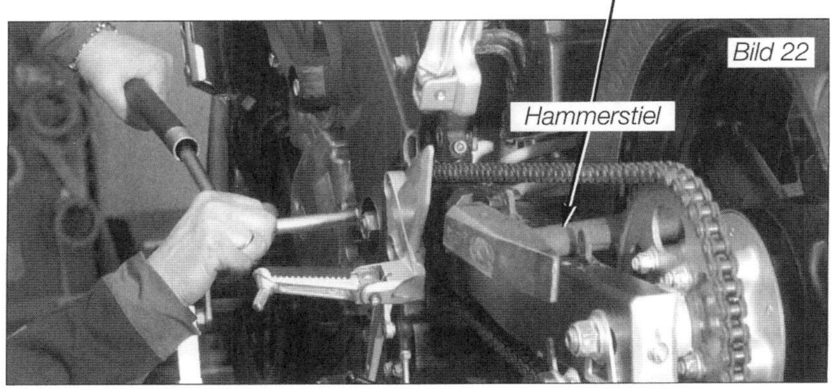

Bild 22

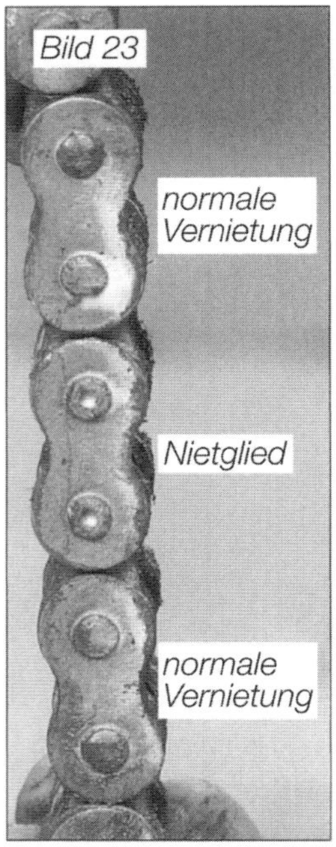

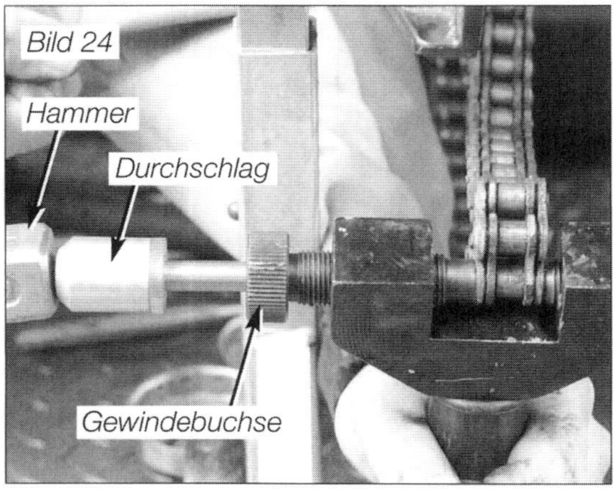

Bilder 23 bis 27: Im Lauftext sind die zu den Bildern gehörenden Arbeitsschritte nummeriert beschrieben.

ist sehr gefährlich, weil man mit Sicherheit abrutscht und sich die Hände verletzt!

3.1. Hinterrad durch Druck auf den Fußbremshebel blockieren. KEINEN Gang einlegen und die Ritzelmutter so öffnen wollen!

3.2. Falls sich das Hinterrad mitdreht, weil die Mutter extrem fest ist und die Bremskraft zum Gegenhalten beim Öffnen der Schraube nicht ausreicht, einen Hammerstiel (Bilder 21 und 22) oder ein Holzstück durch das Rad stecken und eine Speiche gegen die Schwinge blockieren.

3.3. Am einfachsten kann man die Mutter mit einem Druckluft-Schlagschrauber lösen.

4. Nach dem Öffnen der Ritzelmutter alle Kettenrad-Befestigungsmuttern am Hinterrad lösen und zwei Umdrehungen öffnen.

5. Kette mit dem Kettentrennwerkzeug durchtrennen:

5.1. Nietglied suchen (Bild 23).

5.2. Kettentrenner ansetzen, Gewindebuchse mit Zange festziehen, Durchschlag einschieben, Kettentrenner mit einer Hand festhalten und mit dem Hammer in der anderen Hand kräftig auf den Durchschlag klopfen (Bild 24): Bolzen wird entnietet (Bild 25).

6. Kette trennen (Bild 26) und von Kettenrädern abziehen.

Neue Kette und Kettenräder montieren

1. Altes Kettenritzel vorne abziehen. Getriebeabtriebswelle mit Bremsenreiniger reinigen. Keilnuten mit Fett schmieren.

2. Neues Ritzel mit der Aufschrift nach außen aufschieben.

2.1. Neues (oder flach geklopftes!) Sicherungsblech nachschieben.

2.2. Gereinigte, leicht eingeölte Ritzelmutter handfest aufdrehen.

3. Kettenrad hinten wechseln:

3.1. Hinterrad ausbauen, Kettenradmuttern abdrehen, altes Kettenrad abnehmen.

3.2. Anlageflächen am Kettenblattträger und Gewinde der Stehbolzen gut reinigen, Anlageflächen des Kettenrads etwas einfetten oder einölen, neues Kettenrad mit der Aufschrift nach außen weisend aufstecken, eingeölte Muttern aufdrehen, handfest anziehen.

3.3. Einstellschrauben bzw. Einstellmuttern ganz weit lösen, Hinterrad einbauen, Hinterachse möglichst weit nach vorne schieben.

4. Neue Kette auf Kettenräder aufziehen.

4.1. Nietglied gut mit Kettenfett einfetten, neue Dichtringe auf Bolzen schieben (Bild 27).

4.2. Enden der Kette mit Nietglied verbinden, Kette muss sicher auf Kettenrädern sitzen.

4.3. Neue Dichtringe auf herausstehende Bolzen des montierten Nietglieds aufsetzen, Kettenlasche gleichmäßig ansetzen, aufschieben und mit Kettenwerkzeug etwas aufpressen.
5. Abstandslehren auf beiden Seite der Kette einstecken (Bild 28): Damit werden die Dichtringe fixiert und die Kettenlasche mit dem vorgeschriebenen Maß aufgepresst.
Wichtig: Bei Nachrüstketten ohne beigelegte Abstandslehren ist das exakte Maß für die Außenbreite des Nietglieds im Beipackzettel der neuen Kette vermerkt.
6. Kette vernieten:
6.1. Verniet-Gewindebolzen in Kettenwerkzeug montieren.
6.2. Kettenwerkzeug ansetzen und mit der Gewindebuchse die Kettenlasche gleichmäßig auf beide Bolzen aufpressen, bis Kettenlasche mit Abstandslehre Kontakt hat.
6.3. Mit Nietwerkzeug die Bolzenüberstände vernieten (Bild 29). Abstandslehren herausziehen.
6.4. Vernietung kontrollieren (Bild 30): Nietkopf soll bei Serienkette einen Durchmesser von 5,5 bis 5,8 mm haben; bei Nachrüstketten auf dem Beipackzettel nachsehen!
7. Ritzelmutter mit 145 Nm festziehen (Bild 31): Hinterrad mit Bremse blockieren. Wenn die Bremskraft nicht ausreicht, den Hammerstiel gegen eine Radspeiche unter der Schwinge durchstecken (Bild 32).
7.1. Sicherungsblech an einer Stelle umbiegen und an Fläche der Ritzelmutter anlegen (Bild 20).
8. Bundmuttern der hinteren Kettenblatt-Befestigung mit 60 Nm festziehen.
9. Kette spannen (siehe Text weiter vorne). Hinterachsmutter festziehen nicht vergessen!
10. Kupplungsbetätigung montieren: Kupplungsdruckstange reinigen, den zugehörigen Simmerring im Motorgehäuse mit Ölspray und Wattestäbchen reinigen, leichtes Wälzlagerfett in den Simmerring schmieren, Kupplungsdruckstange einschieben, Kupplungsschnecke und Deckel anbauen.

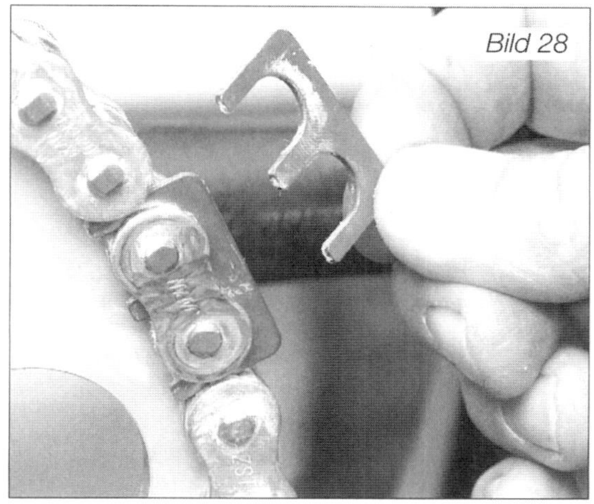
Bild 28

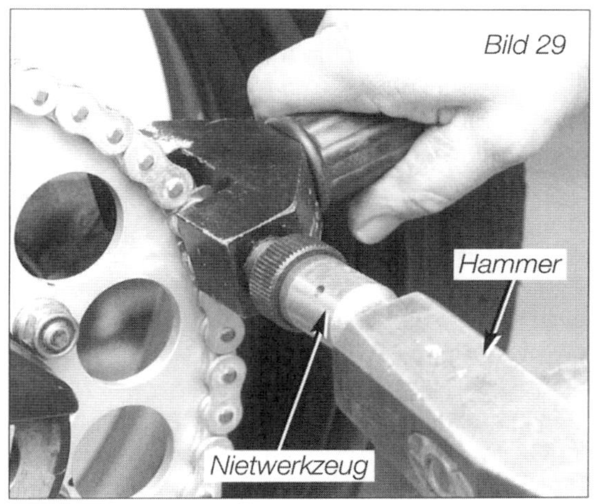

Bild 29

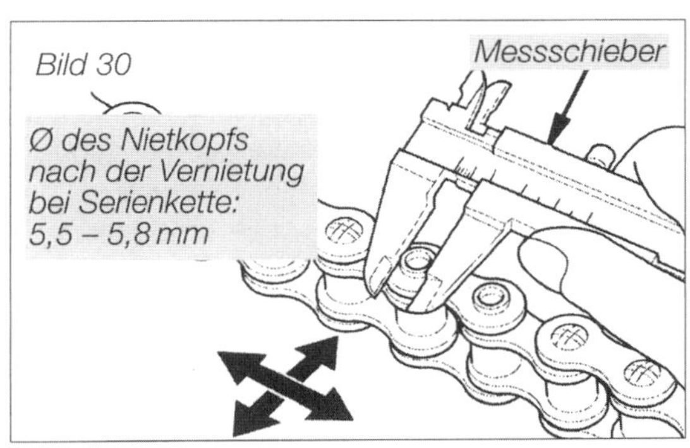

Bild 30

Bilder 28 bis 32: Im Lauftext sind die zu den Bildern gehörenden Arbeitsschritte nummeriert beschrieben.

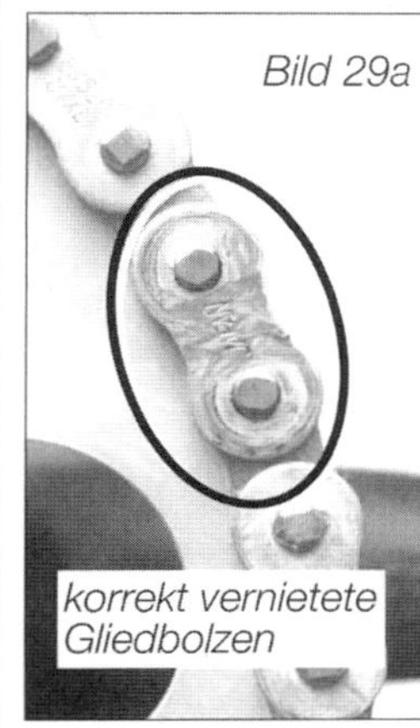

Bild 29a

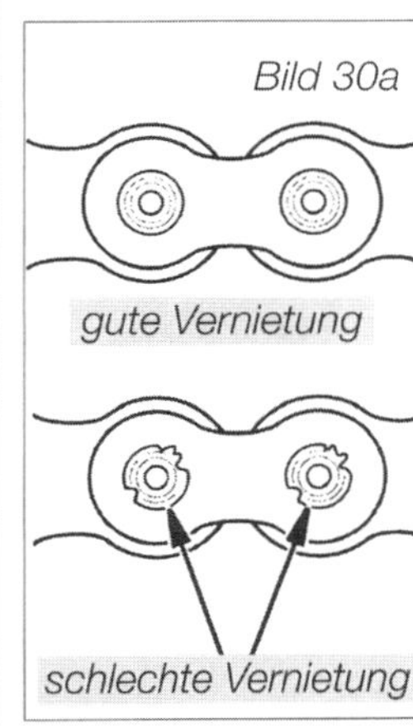

Bild 30a

Bild 31

Bild 32

Federung · Dämpfung

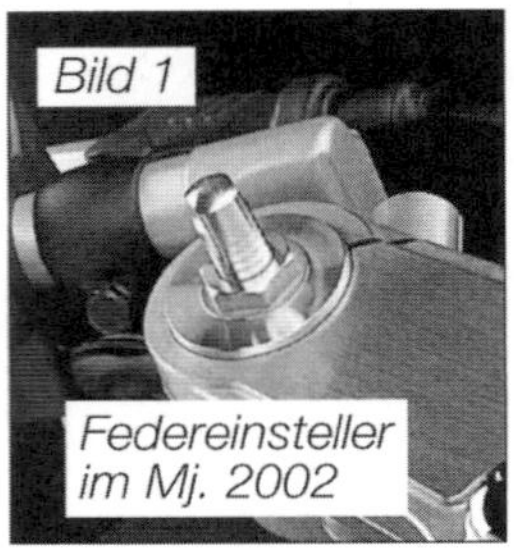

Bild 1

Bild 2

Bilder 1 bis 4: Zugehörige Erklärungen finden Sie im Lauftext.

In diesem Kapitel: Federelemente · Standardeinstellung · Federung einstellen · Federelemente prüfen.

Federelemente

Vorderradfederung: Bei den Modelljahren 2002 bis 2009 kann die Federvorspannung an der Telegabel stufenlos eingestellt werden. Von 1999 bis 2001 gab es keine Einsteller.
Hinterradfederung: Bei allen Modelljahren kann die Federvorspannung am Federbein siebenfach eingestellt werden.
Federvorspannung: Beim Einstellen der Federvorspannung wird eine Feder weder »härter« noch »weicher«, sondern sie wird mehr oder weniger »vorgespannt«.

Telegabel: Werden die Einsteller in den Verschlussschrauben der Gabelstandrohre (Bild 3) <u>ein</u>gedreht, kommt die Maschine vorne höher. Je weiter sie <u>aus</u>gedreht werden, desto tiefer sinkt die Maschine vorne ab. Damit man die Federn rechts und links möglichst gleich einstellen kann, sind in den Einstellern sieben (Mj. 02, Bild 1) bzw. fünf Nuten (Mj. 03 bis 09, Bild 2) eingearbeitet.
■ **Federbein:** Die Federeinstellhülse ist mit sieben stufenförmigen Absätzen versehen (Bild 6): Wird die Feder auf den <u>niedrigsten</u> (1.) Absatz eingestellt, ist das Heck am tiefsten; wird die Federeinstellhülse auf den <u>höchsten</u> (7.) Absatz eingestellt, dann ist die Feder maximal vorgespannt und das Heck ist am höchsten. **Absätze** (oder »Position«) werden gezählt vom niedrigsten (1.) bis zum höchsten (7.) Absatz.

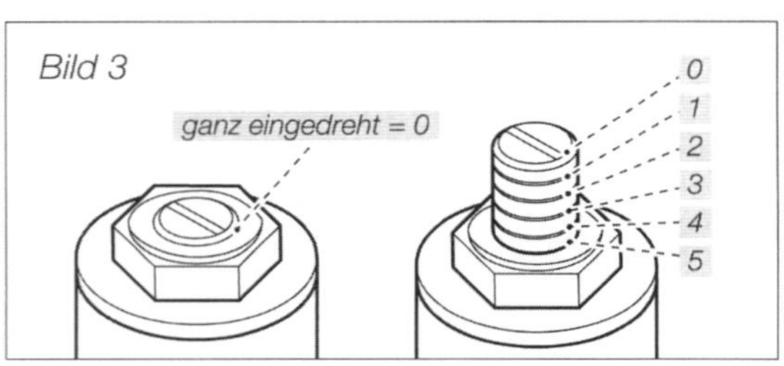

Bild 3

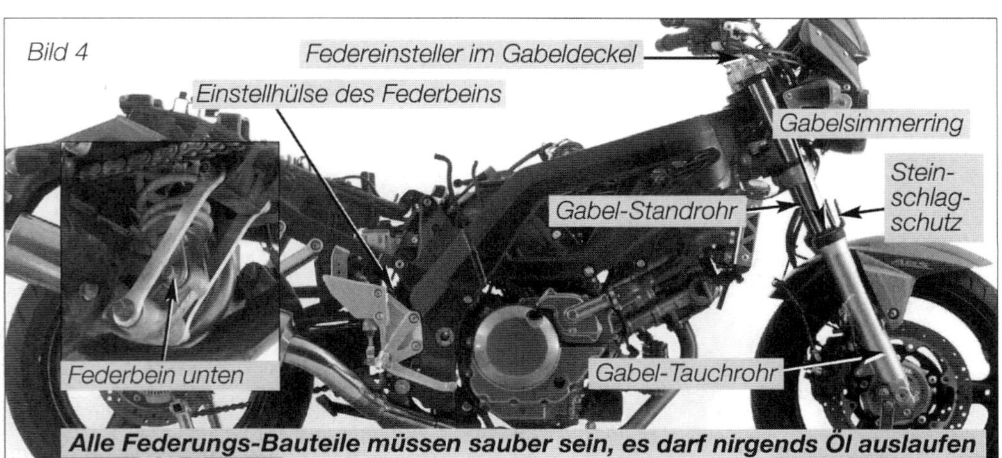

Bild 4

Alle Federungs-Bauteile müssen sauber sein, es darf nirgends Öl auslaufen

Standardeinstellung

Ein Standardfahrer wiegt 75 bis 85 kg und fährt meistens alleine: Für ihn wird die Standardeinstellung empfohlen. Wird für kürzere Strecken Gepäck oder Sozius zugeladen, kann man mit dieser Einstellung sicher fahren, man braucht dann also kein Werkzeug herauskramen, um die Federvorspannung einzustellen.

Telegabel
Modelljahr 2002: Einsteller so weit ausgedreht, dass 6. Nut zu sehen ist (Bild 1).
Modelljahre 2003 bis 2009: Einsteller so weit ausgedreht, dass 3. Nut zu sehen ist (Bild 2).

Federbein
SV 650, Modelljahre 1999 bis 2002:
Federeinstellhülse auf 2. Position
SV 650, Modelljahre 2003 bis 2009:
Federeinstellhülse auf 3. Position
SV 650 S, alle Modelljahre ohne ABS:
Federeinstellhülse auf 4. Position
SV 650 S ABS, Modelljahre 2007 bis 09:
Federeinstellhülse auf 3. Position

Federung einstellen

Wird die Zuladung z. B. für Urlaubsfahrten wesentlich erhöht, muss die Einstellung der Federn in den Gabelbeinen (Mj. 2002 bis 2009) und im hinteren Federbein der Zuladung angepasst werden, sonst verändert sich das Fahrverhalten negativ: Front und/oder Heck sinken zu tief ein, der Federweg ist stark verkürzt, das Handling der Maschine leidet.

Bei schwerem Fahrer und höherer Zuladung sollen die Federn in den Gabelbeinen sowie die Feder im Federbein stärker vorgespannt werden, damit Federweg und Schräglagenfreiheit möglichst erhalten bleiben und die Federung nicht durchschlägt.

Merke 1: Federvorspannung von linkem und rechtem Telegabelbein muss immer gleich eingestellt sein.

Merke 2: Vorder- und Hinterradfederung müssen immer passend zueinander eingestellt sein, damit die Grundgeometrie des Fahrwerks gesichert ist.
Merke 3: Es darf nicht sein, dass die Federn in den vorderen Gabelbeinen maximal vorgespannt sind (»Federeinsteller ganz eingedreht«) und die Feder des hinteren Federbeins nicht oder nur wenig vorgespannt ist (Einstellstufe 1 oder 2). Dadurch steht die Maschine vorne zu hoch und hinten zu niedrig.
Merke 4: Wenn umgekehrt die Federn in den vorderen Gabelbeinen nur minimal vorgespannt sind (»Federeinsteller ganz ausgedreht«), die Feder des hinteren Federbeins jedoch maximal (Einstellstufe 7), steht die Maschine vorne zu niedrig und hinten zu hoch.

Gabelfedern einstellen

Zum Verdrehen der aus Aluminium gefertigten Einsteller passenden Gabelschlüssel (Mj. 2002) bzw. Schraubenzieher mit Klingenbreite 10 bis 12 mm (Mj. 2003 bis 2009) verwenden. Wenn man den schmalen Schraubenzieher aus dem Bordwerkzeug verwendet, besteht die Gefahr, dass der Schlitz im Einsteller vermurkst wird – und das sieht nun wirklich nicht schön aus.

Modelljahr 2002
- **Schwerer Fahrer, Zuladung, Sozius:** Einsteller so hindrehen, dass 3. Nut am Einsteller zu sehen ist.
- **Leichter Fahrer, ohne Zuladung:** Einsteller so hindrehen, dass 7. Nut zu sehen ist.

Modelljahre 2003 bis 2009
- **Schwerer Fahrer, Zuladung, Sozius:** Einsteller so hindrehen, dass 1. Nut zu sehen ist.
- **Leichter Fahrer, ohne Zuladung:** Einsteller so hindrehen, dass 5. Nut zu sehen ist.

Hinterradfederung einstellen

Im Bordwerkzeug ist ein Hakenschlüssel mit Verlängerung (in Bild 6 rechts), mit dem das Federbein eingestellt werden kann. Besser geht es mit einem Hakenschlüssel 58 bis 62 mm (in Bild 6 links, gibt's im Fachhandel). Vor dem Verdrehen der Federeinstellhülse einen Schuss Ölspray daran geben, denn gut geschmiert lässt sie sich leichter verdrehen.

- Einstellhülse rechts herum gegen Feder drehen: Feder wird stärker vorgespannt.
- Einstellhülse links herum von Feder wegdrehen: Feder wird weniger vorgespannt.

Zum Verdrehen der Einstellhülse das Motorrad über den Seitenständer etwas anheben, damit das Hinterrad möglichst frei ist: Je weniger die Feder unter Spannung steht, desto leichter lässt sich die Einstellhülse drehen. Man(n) sollte also zum Einstellen des hinteren Federbeins eine(n) Helfer(in) haben.

Federelemente prüfen

1. Sichtprüfung: Absolut trocken müssen sein: Staubdicht- und Simmerringe (Bild 5) in den Gabeltauchrohren und Einsteller in den Verschlussschrauben auf den Gabelbeinen. Gabeltauchrohre dürfen keine Riefen haben. Ebenfalls trocken muss das Federbein sein.
2. Dynamische Prüfung: Maschine steht frei auf den Rädern (also weder auf dem Seitenständer noch auf dem Front- oder Heckmontageständer), Mechaniker steht über der Sitzbank mit beiden Füßen platt auf der Erde, drückt seinen Unterleib gegen den Tank, umfasst die Lenkerenden und betätigt die Vorderradbremse. Mit stoßenden Bewegungen wird der Vorderbau nach unten gedrückt.
3. Dabei zeigt sich, ob die Telegabel leicht und frei einfedert und die Dämpfung einwandfrei funktioniert: Der Vorderbau muss langsamer zurückfedern, als er einfedert. Man kann damit auch feststellen, ob die Gabelbeine zueinander verspannt und in ihrer Beweglichkeit behindert sind.
4. Einfedern muss schneller gehen als Ausfedern (ca. 1:3). Der Vorderbau darf nicht nachschwingen, sondern muss über den gesamten Einfederweg »saugend« wieder ausfedern. Ganz zum Schluss muss die Telegabel wieder auf den Trage-Nullpunkt zurückfedern.
5. Ähnlich wird die hintere Federung geprüft, man federt das Heck mehrmals ein und beobachtet, ob es »saugend« wieder ausfedert. Dazu muss das Motorrad senkrecht frei stehen, also weder auf Seitenständer noch auf Heckmontageständer abgestellt sein. Fahrer steht dabei mit gespreizten Beinen über der Maschine und lässt sein Körpergewicht immer wieder in den Sitz fallen.

Bild 5: Wenn der Gabelsimmerring defekt ist, sind Stand- und Tauchrohr stark ölig.

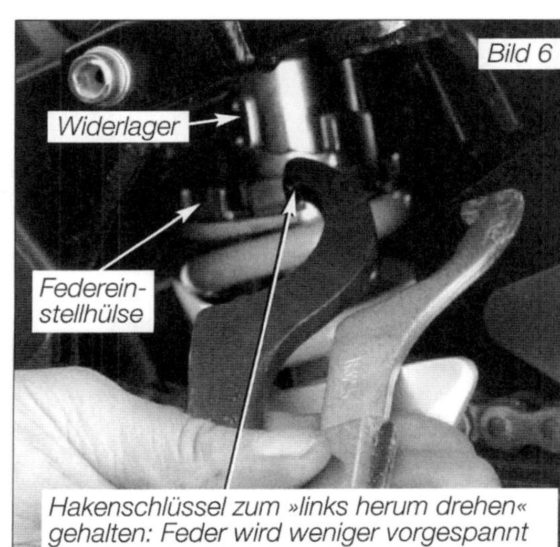

Bild 6: Einstellung der Federvorspannung über die Einstellhülse.

- *Vor dem Verdrehen der Einstellhülse einen Schuss Öl aus der Spraydose darauf geben.*

Lenkung

In diesem Kapitel: Handhebel einstellen · Schrägstellung der Handhebel · Lenkerstellung · Lenker ab- und anschrauben · Lenkergewichte · Lenklagerung prüfen · Losbrechmoment messen · Lenklagerung einstellen · Lenklager reinigen und schmieren · Lenklager erneuern.

Bilder 1, 2 und 3: Spreizung des Bremshebels einstellen. Dazu Einsteller in gewünschte Position drehen – die Zahl muss auf den Pfeil zeigen.

Bilder 4, 5 und 6: Brems- und Kupplungshebel müssen so stehen, dass die gedachte Linie durch Unterarm, Lenker und Hebel möglichst gerade ist.

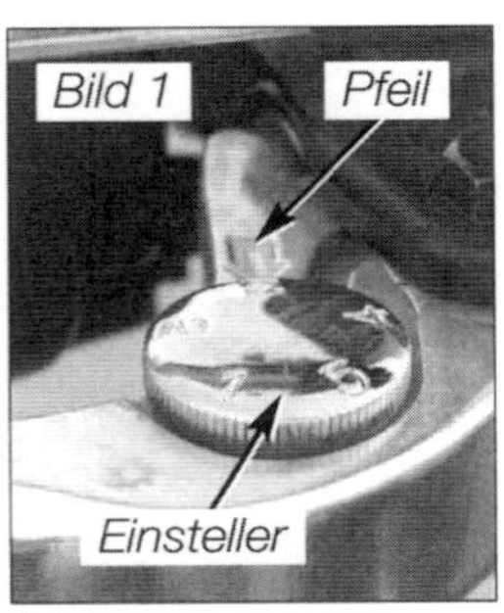

Handhebel einstellen

Hebelspreizung: Der **Handbremshebel** ist mit einem Einsteller versehen (Bild 1). Über diesen Einsteller wird die Hebelspreizung (und damit der Abstand zum Griff) in sechs (bis Mj. 2002) bzw. fünf Stufen (ab Mj. 2003) eingestellt: Wenn Sie lange Finger haben, stellen Sie den Hebel auf einen weiten Abstand ein (Position 1 oder 2 auf dem Einsteller, Bild 2), mit kurzen Fingern auf einen kurzen Abstand (Position 6 oder 5, Bild 3).

Hebelspreizung einstellen

1. Hebel außen packen, nach vorne ziehen.
2. Einsteller entsprechend um eine oder zwei Ziffern nach links oder rechts drehen.
3. Hebel loslassen und prüfen, ob die innere Fläche exakt anliegt: Leicht versuchen am Einsteller zu drehen – wenn er sich nicht bewegen lässt, liegt die Fläche an.

Der **Kupplungshebel** kann nicht eingestellt werden. Wenn Sie sehr kurze Finger haben und deswegen Probleme mit der Dosierung der Kupplung, begehen Sie nicht den Fehler, dem Kupplungszug sehr viel Spiel zu geben, weil dann die Kupplung früher »kommt« – bei zu viel Seilzugspiel beim Ziehen der Kupplung kann diese nämlich den Kraftschluss von Motor zu Getriebe nicht richtig trennen und es kracht beim Schalten, das geht mit der Zeit aufs Getriebe! Fragen Sie Ihren Suzuki-Händler, vielleicht hat er einen Zubehör-Kupplungshebel mit eingebauter Verstellmöglichkeit.

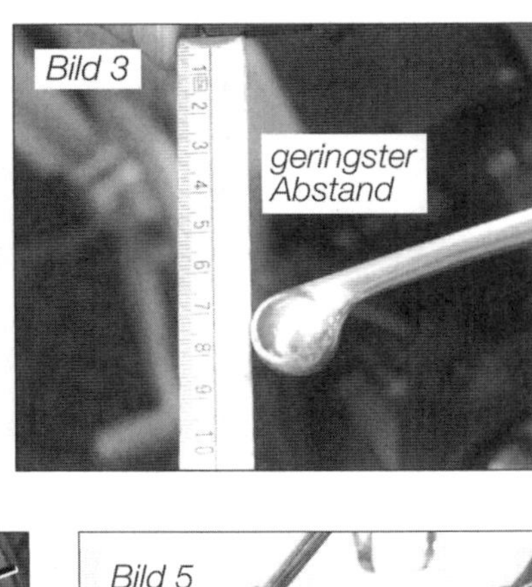

Schrägstellung der Handhebel

Grundeinstellung: Suzuki gibt eine Grundeinstellung der Handhebel-Schrägstellung vor.
■ **Bremshebel:** Unten auf dem Lenker bzw. Lenkerstummel ist eine Körnermarkierung, die sich mit Trennfläche der Klemmhalbschale decken soll (Bild 7a).
■ **Kupplungshebel:** Körnermarkierung unten auf Lenker und Kerbe im Kupplungshalter sollen sich decken (Bilder 7c und 7d).

Schrägstellung der Handhebel prüfen

Wenn Ihnen die von Suzuki vorgegebene Einstellung nicht passt, prüfen Sie die momentane Einstellung folgendermaßen:
1. In Fahrposition aufsitzen, die offenen Hände umfassen die Lenkergriffe locker. Finger auf Kupplungs- bzw. Bremshebel auflegen.
2. Die gedachte Linie durch Unterarm, Handgelenk, über den Lenker zu den Fingerspitzen soll möglichst gerade sein (Bild 4).
2.1. Wenn die Handhebel so stehen, dass die gedachte Linie im Handgelenk nach oben abgeknickt ist, stehen die Hebel zu hoch (Bild 5).
2.2. Ist die Linie nach unten abgebogen, stehen die Hebel zu tief (Bild 6). Beides ist zum entspannten Fahren wenig geeignet.

Handhebel einstellen

1. Klemmschrauben der Handhebel lockern:
■ **Bremshebel:** Obere und untere Schraube der Klemmschale mit 8er-Sechskantnuss.
■ **Kupplungshebel:** Schraube in Klemmschelle mit 10er-Sechskantnuss.
2. Komplette Armatur in richtige Position drehen.
3. Schrauben festziehen:

3.1. Bremshebel: Zuerst obere Schraube dann untere Schraube mit jeweils 10 Nm anziehen.
3.2. Kupplungshebel: Klemmschraube mit 10 Nm festziehen.
4. Beachten: Wenn die Hebelklemmschelle des Bremshebels aus irgendeinem Grund ganz abgeschraubt ist und wieder angebaut wird, müssen kleiner Pfeil und UP auf Oberfläche der Klemmschelle nach oben zeigen (Bild 8).

Lenkerstellung

SV 650: Der Lenker sitzt in zwei Halbschalen (»untere Lenkerhalter«, Bild 7b), die mit je einer Schraube mit der oberen Gabelbrücke verschraubt sind. Mit Schrauben, mit denen die oberen Halbschalen gegen die unteren verspannt sind, wird der Lenker geklemmt und am Verdrehen gehindert (Bilder 13, 14a und 17a).

Achtung: Die Lenkerklemmschrauben müssen jederzeit fest angezogen sein (23 Nm). Wenn sie locker sind, kann sich der Lenker nach hinten wegdrehen, wenn das Motorrad stark beschleunigt wird oder nach vorne wegdrehen, wenn stark gebremst wird.

Lenkerstellung: Standard-Lenkerposition: Auf dem Lenker vorne ist ein Körnerpunkt (Bild 7b), der sich mit der Passfläche des Lenkerhalters decken soll.

Lenker verstellen: Je nach Länge der Arme des Fahrers bzw. seiner Größe kann man den Lenker etwas weiter nach hinten oder vorne verstellen. Die Lenkerenden sollen allerdings weder schräg nach oben oder unten stehen, sondern möglichst waagerecht. Wenn die Lenkerstellung korrigiert werden soll, müssen alle vier Lenkerklemmschrauben gelöst werden. Beim Festziehen zuerst die vorderen Schrauben mit 23 Nm festziehen, dann die hinteren (Bild 13).

SV 650 S: Lenker kann nicht verstellt werden, da Lenkerstummel mit oberer Gabelbrücke verschraubt ist (Mj. 1999 bis 2002) bzw. Nase des Lenkerstummels in Aussparung der oberen Gabelbrücke eingreift (Mj. 2003 bis 2009).

Lenker ab- und anschrauben

SV 650: Abschrauben
1. Abdeckscheiben aus Köpfen der Lenkerklemmschrauben mit kleinem Schraubenzieher aushebeln (Bild 9).
2. Lenkerklemmschrauben lösen, ausdrehen.
3. Obere Halbschalen abnehmen, Lenker aus unteren Aufnahmen herausnehmen und sicher nach vorne ablegen.

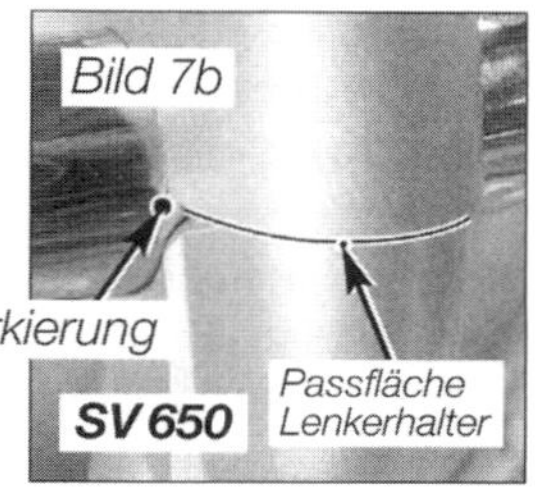

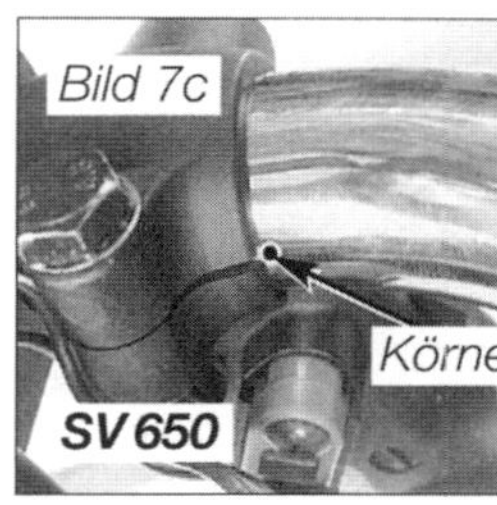

Bilder 7a bis 7d: Körnermarkierungen auf Lenker.

Bild 8: Pfeil und »UP« müssen nach oben weisen. Obere Schraube zuerst festziehen, dann die untere.

Bild 9: Abdeckscheiben, Markierung.

Bilder 10 bis 12: Verschiedene Lenkerstellungen.

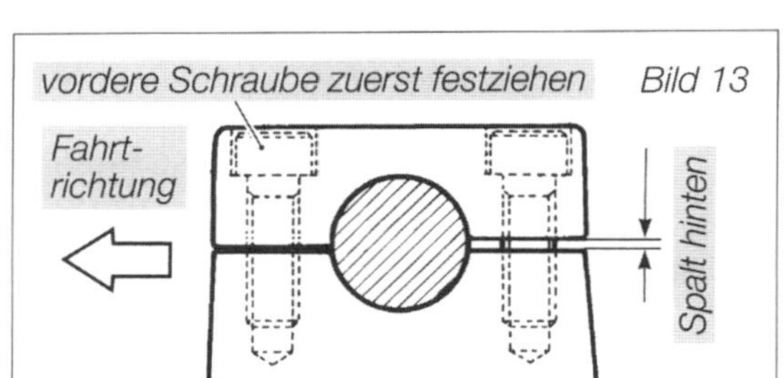

Bild 13: Festziehen der Klemmschrauben.

Sichtprüfung Messen

■ Lenker nicht verdrehen, sonst gerät evtl. Luft in die Hydraulik der Bremse!

Anschrauben

1. Lenker in untere Aufnahmen einsetzen.
2. Obere Halbschalen aufsetzen: Stanzmarkierungen »Körnerpunkte« (Kreis in Bild 9) auf Halbschalen müssen nach vorne weisen.
3. Lenkerklemmschrauben lose eindrehen.
4. Körnerpunkt auf Lenker mit Passfläche Lenkerhalter zur Deckung bringen (Bild 7b).
■ Lenker mit einer Hand festhalten, damit er sich nicht wieder verdreht.
5. Vordere Lenkerklemmschrauben mit 23 Nm festziehen.
6. Hintere Lenkerklemmschrauben mit 23 Nm festziehen.
7. Abdeckscheiben in Schrauben eindrücken.
■ Vorher etwas Fett in die Innensechskante der Schraubenköpfe geben, das verhindert Rost.

SV 650 S: Abschrauben

1. Vorderrad ausbauen (siehe Kapitel 5 »Räder«)
2. Klemmschrauben in oberer Gabelbrücke lösen und ca. drei Umdrehungen öffen.
3. Klemmschrauben der Lenkerstummel lösen und ca. drei Umdrehungen öffnen.
4. Klemmschrauben in unterer Gabelbrücke lösen und ca. drei Umdrehungen öffen.
■ Gabelbeine dabei festhalten, damit sie nicht nach unten herausfallen.
5. Gabelbeine unter Drehen an den Standrohren ca. 10 cm nach unten ziehen.
6. Mj. 1999 bis 2002: Lenkerstummel von oberer Gabelbrücke abschrauben, abnehmen.
6.1. Mj. 2003 bis 2009: Lenkerstummel auf Standrohren nach oben schieben, herausnehmen.

Anschrauben

1. Mj. 1999 bis 2002: Lenkerstummel von unten an obere Gabelbrücke schrauben, Schrauben noch nicht festziehen,
2. Gabelholme von unten durch Lenkerstummel in obere Gabelbrücke einführen.
2.1. Gabelbeine so weit in obere Gabelbrücke einschieben, bis Oberkante des Standrohrs bündig mit Oberfläche der Gabelbrücke abschließt.
3. Standrohr-Klemmschrauben in oberer Gabelbrücke mit 23 Nm festziehen.
3.1. Standrohr-Klemmschrauben in unterer Gabelbrücke mit 23 Nm festziehen.
4. Mj. 1999 bis 2002: Schrauben der Lenkerstummelhalterung mit 10 Nm festziehen.

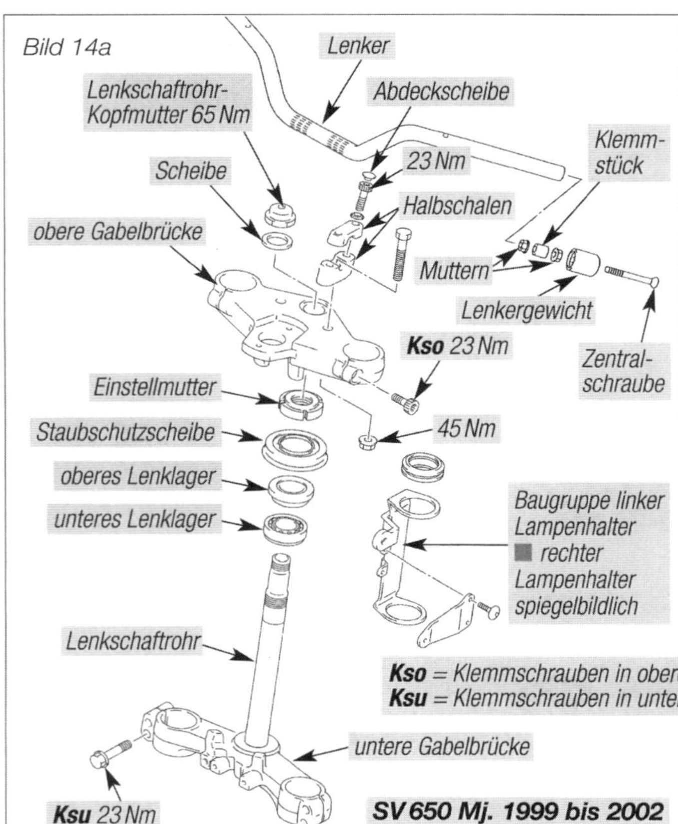

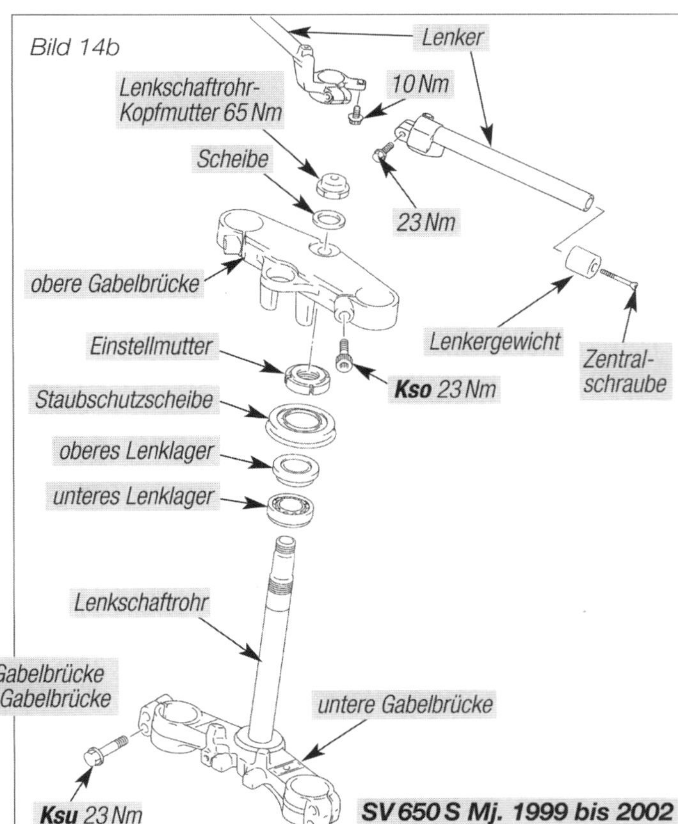

Bilder 14a und 14b: Explosionszeichnungen der Lenklagerung mit Teilebezeichnungen und Anziehdrehmomentwerten der Modelljahre 1999 bis 2002.

4.1. Mj. 2003 bis 2009: Darauf achten, dass Nasen der Lenkerstummel in Aussparungen in oberer Gabelbrücke sitzen.
5. Klemmschrauben mit 23 Nm festziehen.
6. Restliche Teile an- und einbauen.

Lenkergewichte

Wenn der Gasgriff abgebaut werden soll (z. B. zum Reinigen und Schmieren oder zum Erneuern der Gaszüge) oder andere Lenkergriffe aufgebaut werden sollen, müssen die außen in den Lenkerenden eingebauten Lenkergewichte (»Vibrationskiller«) ausgebaut werden.

Lenkergewicht ausbauen
SV 650 S Mj. 2003 bis 2009 (Bild 16)
1. Zentralschraube lösen, vier bis fünf Umdrehungen aufdrehen, NICHT ganz ausdrehen!
2. Lenkergewicht fest mit Hand packen, gleichzeitig auf und ab bewegen und hin und her drehen, bis man spürt, dass sich äußeres Klemmstück von der Lenkerinnenseite gelöst hat.
3. Am Lenkergewicht ziehen und gleichzeitig etwas auf und ab bewegen: Inneres Klemmstück löst sich vom Lenker, Lenkergewicht kann komplett ausgezogen werden.

■ SV 650 aller Modelljahre hat ein Klemmstück (Bild 15), Ausbau erfolgt entsprechend.
■ Bei SV 650 S Mj. 1999 bis 2002 sitzt im Lenkerstummel ein Gewinde, in das die Schraube des Lenkergewichts eingeschraubt ist (Bild 14b).

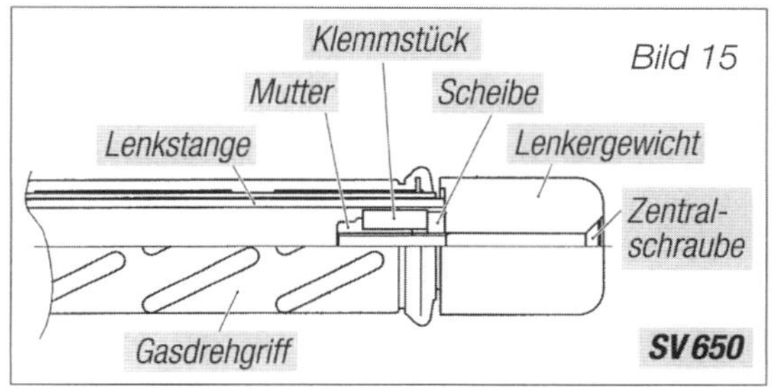

Bild 15

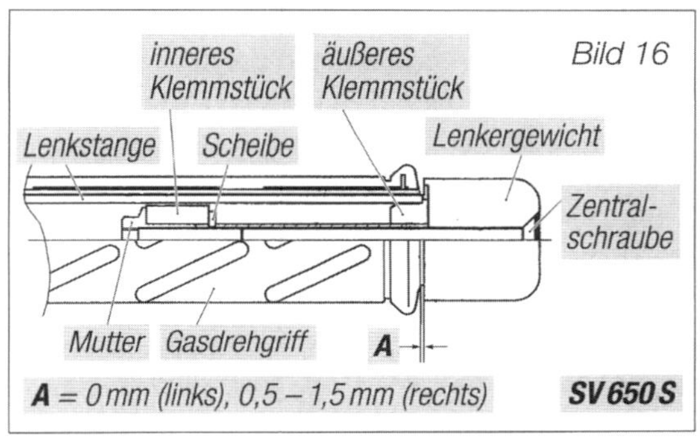

Bild 16

Bilder 15 und 16: Aufbau Lenkergewicht der Modelljahre 2003 bis 2009.

Bilder 17a und 17b: Explosionszeichnungen der Lenklagerung mit Teilebezeichnungen und Anziehdrehmomentwerten der Modelljahre 2003 bis 2009.

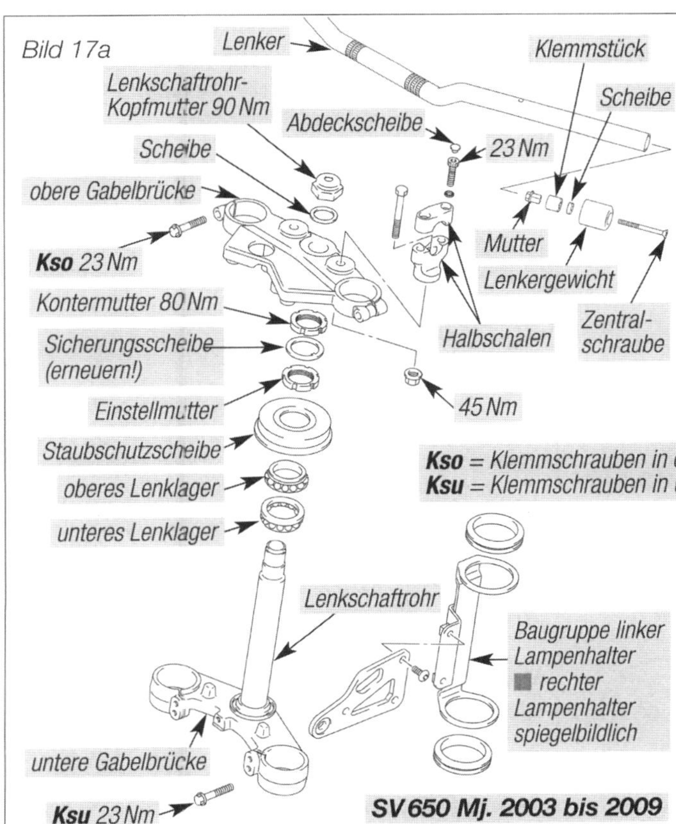

Bild 17a

Kso = Klemmschrauben in oberer Gabelbrücke
Ksu = Klemmschrauben in unterer Gabelbrücke

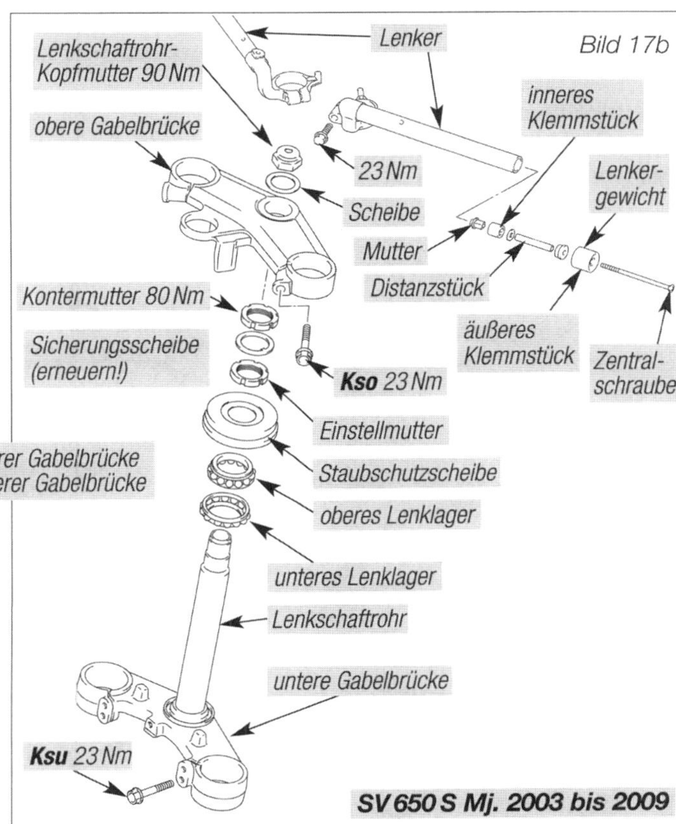

Bild 17b

Sichtprüfung Messen

Lenkergewicht einbauen

1. Ausgebautes Lenkergewicht zerlegen und alle Teile gut reinigen.

2. Zentralschraube mit leichtem Fett einschmieren, Lenkergewicht zusammenbauen wie in Zeichnung in Bildern 15 und 16 dargestellt.

3. Außenseiten der Klemmstücke entfetten.

4. Lenkergewicht in Lenker einschieben, Zentralschraube handfest anziehen.

■ Achten Sie darauf, dass zwischen rechtem Lenkergewicht und Gasgriffgummi ein Sicherheitsabstand ist (***A*** in Bild 16).

Lenklagerung, Einstellung

Die Lenklagerung setzt sich zusammen aus unterem und oberem Lenklager, dem Lenkschaftrohr sowie dem rahmenfesten Lenkkopf (siehe dazu Bilder 14a, 14b, 17a und 17b). Sie wird laut Wartungsplan bei jeder großen Inspektion alle 12 000 km überprüft und ggf. eingestellt.

Einstellung der Lenklagerung

Die Lenklagerung muss so eingestellt sein, dass leichtes Schwenken und sicheres Fahren gewährleistet sind. Wenn die Maschine in lang gezogenen Kurven nicht mehr die gewohnt saubere Linie halten will (sofern die Reifen vom Profil her in Ordnung sind und der Luftdruck stimmt!) und es beim kurzen Anziehen der Vorderradbremse verdächtig in der Lenkung knackt, hat meist die Lenklagerung zu viel Spiel.

■ Eine zu lockere Einstellung der Lenklagerung führt zu instabilem Fahrverhalten bei niedrigen Geschwindigkeiten, bei höheren Geschwindigkeiten flattert das Vorderrad.

■ Eine zu straffe Einstellung der Lenklagerung verursacht Pendelbewegungen der Maschine bei niedrigen und hohen Geschwindigkeiten und erschwert Lenkbewegungen. Vor allem die Zielgenauigkeit bei Kurvenfahrten leidet beträchtlich, man »trifft« die Kurven nicht mehr richtig.

Bild 18

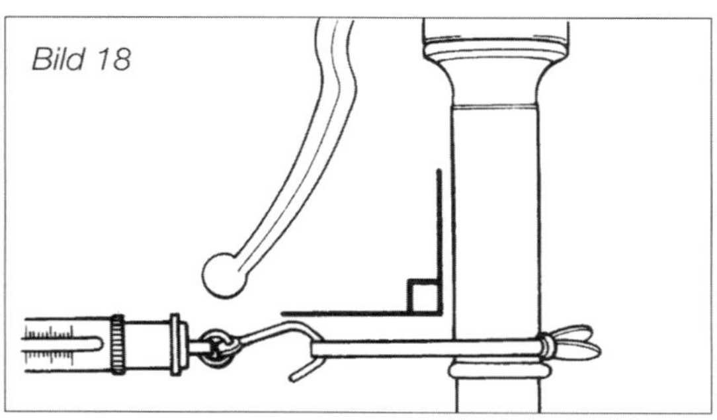

Bild 18: Messen des Losbrechmoments der Lenklagerung mit einer Federwaage; der Sollwert liegt bei 200 bis 500 Gramm.

Bild 19

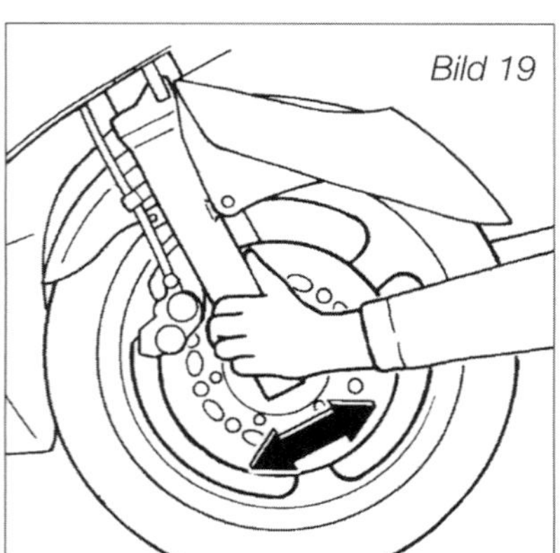

Bild 19: Prüfen der Lenklagerung durch Hin- und Herrütteln der Telegabel.

■ Motorrad muss so aufgebockt sein, dass die Lenkung frei ist und das Vorderrad keinen Bodenkontakt hat.

Bild 20

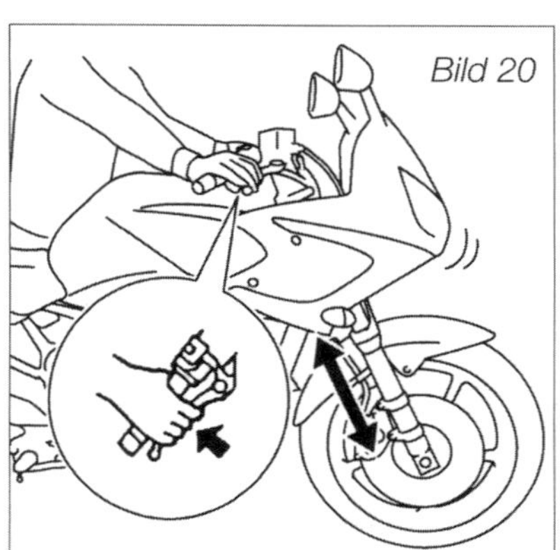

Bild 20: Prüfen der Lenklagerung bei abgebocktem Motorrad: Vorderradbremse betätigen, Zeigefinger und Daumen der linken Hand an Lenkkopf und obere Gabelbrücke, einige Male kräftig einfedern, eventuelles Spiel ist zu spüren.

Lenklagerung prüfen

Zur Überprüfung der Lenklagerung müssen Vorderrad und Lenkung frei beweglich sein.

Grundpüfung der Beweglichkeit

1. Maschine muss so aufgebockt sein, dass das Hinterrad Bodenkontakt bekommt und Vorderrad und Lenkung frei beweglich sind.

■ Hinten auf Heckmontageständer aufbocken, Motor mit Wagenheber und Hölzern so unterbauen, dass das Vorderrad frei kommt.

2. Lenkung von Anschlag zu Anschlag schwenken und dabei auf ungleichmäßige Bewegung, Rastung oder Knacken im Bereich des oberen und unteren Lenklagers achten. Seilzüge und Kabel dürfen den Lenkeinschlag nicht behindern.

3. Falls die Schwenkbewegung der Lenkung ungleichmäßig verläuft und die Lenklagerung Spiel hat, muss sie nachgestellt werden.

4. Rastet die Lenkung in verschiedenen Stellungen ein, sind die Lenklager defekt und müssen erneuert werden. Dann haben sich die Kugeln so in die Oberflächen der Lagerschalen eingedrückt, dass Vertiefungen entstanden sind.

Losbrechmoment

Falls die Lenklagerung Spiel aufweist, sich die Lenkung aber dennoch von Lenkanschlag zu Lenkanschlag bewegen lässt, ohne dass die Lager knacken oder an einem Punkt einrasten, muss die Lenklagerung nachgestellt werden. Vorher und nachher das Lenklager-Losbrechmoment nach Suzuki-Anweisung prüfen, wozu eine kleine Federwaage nötig ist.

Wichtig: Wenn das Losbrechmoment des Lenklagers (z. B. bei Inspektion) gemessen wird, ist es in der Regel zu niedrig, weil das Lagerspiel zu groß ist. Zu großes Lagerspiel entsteht durch »Setzen« der Lagerbauteile und/oder Verschleiß, sie bekommen mit der Zeit »Luft« zueinander.

Losbrechmoment messen

1. Vorderrad und Lenkung sind frei beweglich, Vorderrad in Geradeausstellung, Federwaage mit Kabelbinder an einem Lenkergriff 90 Grad zu den Gabelbeinen parallel zur Fahrzeuglängsachse anbringen (Bild 18).

2. Langsam an der Federwaage ziehen. Sobald sich die Lenkung zu bewegen beginnt, den angezeigten Wert ablesen.

2.1. Die Anfangskraft der Lenkerbewegung soll 200 Gramm bis 500 Gramm betragen.

3. Auf der anderen Seite ebenso verfahren.

Nachstehend zwei populäre Prüfmethoden, zu denen keine Federwaage benötigt wird.

Mechaniker-Methode 1:

1. Motorrad ist so aufgebockt, dass der Vorderbau frei ist.

2. Bild 19: Mechaniker steht vor dem Vorderrad, packt bei gerader Radstellung beide Gabelholme unten und bewegt die Telegabel ruckartig nach vorne und hinten.

■ Wenn das Lenklager Luft hat, spürt man das ganz deutlich.

Mechaniker-Methode 2:

1. Bild 20: Motorrad steht abgebockt auf dem Boden. Mechaniker stellt sich im Bereich des Sitzes neben die Maschine.

2. Rechte Hand betätigt die Vorderradbremse.

3. Linke Hand: Daumen liegt auf der linken Seite der oberen Gabelbrücke, Zeigefinger am Rahmen in Höhe des oberen Lenklagers.

4. Maschine mit gezogener Bremse kräftig mehrmals nach vorne stoßen und zurückziehen.

■ Wenn das Lenklager Luft hat, spürt man dieses Spiel in Daumen und Zeigefinger der linken Hand. Es muss dabei nicht unbedingt hörbar knacken!

Hinweis 1: Das »Erspüren« des Lenklagerspiels ist nicht nur Erfahrungssache, sondern auch von Maschine zu Maschine verschieden. Wichtig ist, dass das Spiel beseitigt wird, die Lenklagerung nicht zu fest angezogen wird, also gleichzeitig spielfrei und leichtgängig bleibt.

Lenklagerung einstellen

Falls die Lenklagerung Spiel aufweist, sich die Lenkung aber dennoch von Lenkanschlag zu Lenkanschlag bewegen lässt, ohne dass die Lager knacken oder an einem Punkt einrasten, muss die Lenklagerung nachgestellt werden.

Lenklager nachstellen

1. SV 650: Schrauben der Lenkerklemmung lösen und ausdrehen, Klemmschalen abnehmen, Lenker nach vorne ablegen.

1.1. SV 650 S Mj. 2003 bis 2009: Schrauben der Lenkerklemmung zwei Umdrehungen lösen

2. Lenkung gegen linken Lenkanschlag drehen, Lenkschaft-Kopfmutter mit einer exakt passenden Nuss lösen und zwei Umdrehungen öffnen.

2.1. Mj. 1999 bis 2002: Untere Standrohr-Klemmschrauben lösen und mindestens zwei Umdrehungen aufdrehen.

2.2. Mj. 2003 bis 2009: Obere Standrohr-Klemmschrauben lösen und mindestens zwei Umdrehungen aufdrehen.

3. Mj. 2003 bis 2009: Mit einem Hakenschlüssel untere Nutmutter (Einstellmutter) auf Zug gegenhalten, mit einem zweiten Hakenschlüssel Kontermutter lösen und zwei Umdrehungen öffnen.

Jetzt beginnt die Nachstellung:

1. Lenklager-Einstellmutter eine Umdrehung lösen, Lenkung einige Male hin und her bewegen.

2. Einstellmutter mit Gefühl handfest anziehen. Lenkung einige Male langsam von Anschlag zu Anschlag schwenken und dabei prüfen, ob sie sich leicht und ohne zu haken bewegen lässt.

2.1. An unterer Gabelbrücke wackeln und Spiel prüfen: Lenklagerung darf keine »Luft« haben!

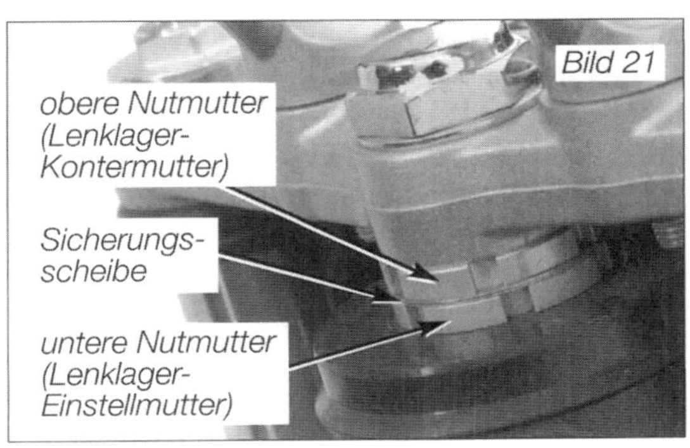

Suzuki-Vorschrift Lenklager einstellen:

1. Lenklager-Einstellmutter mit 45 Nm festziehen.

2. Gabelbrücke mindestens fünfmal von Anschlag zu Anschlag schwenken, damit sich die Lager richtig setzen.

3. Einstellmutter um 1/4 bis 1/2 Umdrehung lösen.

Spezialisten-Erfahrung:
Nach Erfahrungen von Suzuki-Spezialisten sollen die Lenklager nicht mit dem hohen Drehmoment von 45 Nm belastet werden, weil sich dadurch die Kugeln in die Lagerschalen eindrücken können. Auch die Angabe »Einstellmutter um 1/4 bis 1/2 Umdrehung lösen« ist sehr vage. Deswegen weichen die von uns beschriebenen Einstellschritte von der Suzuki-Vorschrift ab.

Bild 21: Obere und untere Nutmutter mit Sicherungsscheibe der Modelljahre 2003 bis 2009.

Bild 22: Zum Beschrauben der Nutmuttern einen korrekt sitzenden Hakenschlüssel verwenden.

Sichtprüfung Messen

Bild 23: Suzuki-Spezialwerkzeug »Lenkschaftmutterschlüssel« (Nr. 09940-14911).

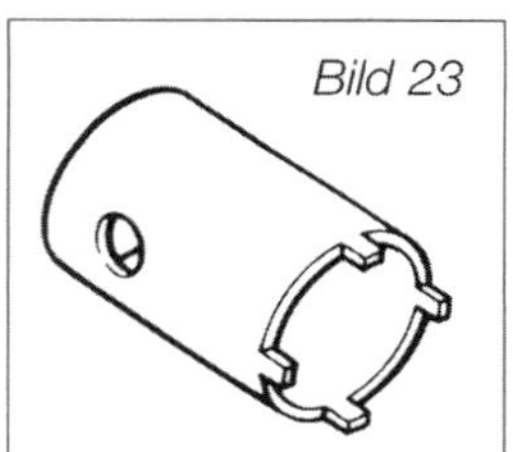
Bild 23

Bild 24: Wenn die Passungen der oberen Gabelbrücke klemmen, die Brücke nach Öffnen der Klemmschrauben mit einem Plastikhammer etwas nach oben schieben.

Bild 24

2.2. Einstellmutter ggf. wieder etwas lose drehen (wenn schwer) oder um einen kleinen Betrag fester ziehen (wenn zu lose).
3. Mj. 2003 bis 2009: Kontermutter fingerfest andrehen. Mit einem Hakenschlüssel die Einstellmutter gegenhalten, mit dem anderen Hakenschlüssel die Kontermutter festziehen.
4. Lenkschaft-Kopfmutter mit Hand festziehen.
5. Standrohr-Klemmschrauben mit 23 Nm festziehen.
6. Lenkung gegen rechten Lenkanschlag drehen, Kopfmutter festziehen:
- 65 Nm bei Modelljahre 1999 bis 2002
- 90 Nm bei Modelljahre 2003 bis 2009

7. Jetzt die Einstellung überprüfen: Lenkung muss sich leicht und ohne zu haken nach links und rechts bis zum Anschlag bewegen lassen und darf keine Luft haben.
8. SV 650: Wenn alles ok ist, Lenker aufbauen:
8.1. Lenker in untere Halbschalen einsetzen, Klemmungen vermitteln.
8.2. Obere Klemmschale aufsetzen, Schrauben eindrehen, Lenkerstellung einregulieren (siehe weiter vorne in diesem Kapitel).
8.3. Schrauben festziehen: Zuerst vordere auf 23 Nm, dann hintere ebenfalls auf 23 Nm.
9. SV 650 S (Mj. 2003 bis 2009): Prüfen, ob Nasen der Lenkerstummel noch in den Aussparungen der oberen Gabelbrücke sitzen, Schrauben der Lenkerklemmung mit 23 Nm festziehen.
10. Losbrechmoment noch einmal messen, der gemessene Wert muss zwischen 200 und 500 Gramm liegen.
10.1. Zu hohe oder zu niedrige Werte:
- Messwert über 500 Gramm: Lenklagerung zu stramm angezogen.
- Messwert unter 200 Gramm: Lager hat noch zu viel Spiel (siehe dazu »Hinweis 2« auf der vorherigen Seite).
- In beiden Fällen muss die Einstellung wiederholt bzw. korrigiert werden!

Zu der von Suzuki empfohlenen Einstellung der Lenklager (siehe Textkasten weiter vorne) wird das Spezialwerkzeug »Schlüssel für Lenkschaftmutter« (Nr. 09940-14911, Bild 23) benötigt, womit die Lenklager-Einstellmutter entsprechend der Suzuki-Vorschrift drehmomentgenau angezogen werden kann. Allerdings muss dazu die obere Gabelbrücke abgebaut werden.
- 45 Nm, dann 1/4 bis 1/2 Umdrehung lösen
- Kontermutter 80 Nm bei Mj. 2003 bis 2009
- Modelljahre 1999 bis 2002 haben keine Nut-Kontermutter, es wird über Lenkschaftrohr-Kopfmutter mit 65 Nm gekontert (Bilder 14a und 14b).

Lenklager reinigen und schmieren

Von Suzuki gibt es keine km- oder zeitabhängige Vorschrift, wann die Lenklager neu geschmiert werden sollen. Dies liegt daran, dass die Abdichtung des unteren und oberen Lenklagers gegen Staub und Schmutz mit je einer Staubdichtscheibe sehr gut ist. Dennoch kann es im Laufe der Zeit vorkommen, dass das Fett im Lenklager hart wird und dadurch seine Schmierfähigkeit verliert oder sich das Fett verflüchtigt (wenn z. B. bei einer Dampfstrahl-Reinigung mit dem Dampfwasserstrahl das Lenkkopflager direkt angestrahlt wird!). Dann laufen die Lager trocken, also ungeschmiert. Ein guter Mechaniker spürt trockene Lenklager, wenn er die Lenkung entsprechend hin und her bewegt. Ab einer Laufleistung von ca. 50 000 km kann eine Reinigung und Neueinfettung der Lenklagerung notwendig werden, wozu die Lenklagerung zerlegt werden muss.

Untere Gabelbrücke mit Lenkschaftrohr ausbauen

Sollte es notwendig sein, die Lenklager zu reinigen und neu einzufetten, oder müssen sie gar erneuert werden, müssen zum Ausbau des Lenkschaftrohres die Gabelbeine ausgebaut werden (siehe Kapitel 10 »Telegabel«).

Motorrad so aufbocken, dass der Vorderbau frei ist. Ab- und ausgebaut sind Frontverkleidung (SV 650 S), Lenker, Vorderrad, Kotflügel, Bremssättel, Bremsschläuche (Hydraulikanschlüsse nicht trennen!), Gabelbeine, obere Gabelbrücke.

1. Mj. 2003 bis 2009: Konter-Nutmutter lösen und abdrehen, Scheibe abnehmen.
2. Alle Modelljahre: Mit einer Hand untere Gabelbrücke nach oben halten, mit der anderen Hand Einstellmutter vom Lenkschaftrohr abdrehen.
3. Untere Gabelbrücke mit Lenkschaftrohr nach unten herausziehen.
4. Obere Staubschutzscheibe, Lagerinnenring und Kugelring herausnehmen.
5. Vom Lenkschaftrohr den Kugelring abziehen. Alle Teile sorgfältig reinigen.

Zerlegte Lenkkopflager prüfen

1. Lager begutachten: Sie dürfen nicht beschädigt, eingelaufen, punktuell eingedrückt oder anderweitig beschädigt sein (z. B. Korrosion).
1.1. Auch dann, wenn die Laufbahn der Lagerkugeln in den Lagerschalen matt ist, was ein Zeichen ist für Verschleiß der Hartschicht, sollten die Lager erneuert werden.

2. Lagersitzringe und Lagerinnenringe müssen fest und spielfrei in ihren Passbohrungen oben und unten im Rahmen bzw. auf dem Lenkschaftrohr sitzen.
3. Alle Lagerkugeln müssen rund sein und dürfen weder flache Stellen, Vertiefungen (»Krater«), Materialausbrüche, eingelaufene oder eingeschlagene Stellen haben.
3.1. Die Kugelkäfige müssen zur Gänze vorhanden sein, dürfen nirgendwo ausgebrochen oder gerissen sein und müssen alle Kugeln so halten, dass diese sich leicht bewegen, aber nicht herausfallen können.

Lenklager fetten und einbauen
1. Alle Lagerbauteile satt mit schwerem Kfz-Wälzlagerfett (z. B. Shell RETINAX HD2) einfetten.
2. Unteren Kugelring über das Lenkschaftrohr fädeln und auf unteren Lagerinnenring setzen. Lenkschaftrohr von unten in Lenkkopf einführen, Gabelbrücke mit der Hand nach oben halten!
3. Oberen Kugelring einsetzen, Lagerinnenring und Staubschutzscheibe aufschieben, gereinigte Einstellmutter einölen, aufschrauben und handfest anziehen.
4. Lenklager einstellen siehe Text weiter vorne.
4.1. Gabelbeine, Kotflügel, Vorderrad, Bremsen ein- bzw. anbauen.

Lenklager erneuern

Wenn die Lagerschalen Riefen oder eingelaufene Stellen haben, müssen sie ausgebaut und durch neue ersetzt werden. **Sehr wichtig:** Auch die Lagerinnenringe, Kugelringe und Staubschutzscheiben erneuern, also immer komplette Lagersätze verwenden.

Suzuki bietet Spezialwerkzeuge zum Aus- und Einbau der Lenklager an. Diese arbeiten auf Gewindespindelbasis, also ohne Erwärmung (und damit Ausdehnung) des Materials. Nachstehend erklären wir den Aus- und Einbau der Lenklager nach üblicher Mechanikerart.

Lager ausbauen
1. Unteren Lagerinnenring auf Lenkschaftrohr reinigen, mit Heißluftföhn anwärmen, ganzes Teil auf stabile Holzunterlage ablegen, Lagerring mit Hammer und Meißel von Sitz treiben (Bild 25).
2. Mit Heißluftföhn, auf dessen Spitze eine runde Düse aufgesteckt ist, oberen und unteren Lagersitz des Rahmens auf ca. 80 °C erwärmen. Dann lassen sich die Lagerschalen leichter austreiben als bei kaltem Rahmen.
3. Obere und untere Lagerschale mit langem Dorn unter leichten Schlägen mit Stahlhammer schrittweise über Kreuz aus ihren Sitzbohrungen im Rahmen treiben (Bild 26).

Lager einbauen
Ausgangslage für den Lagereinbau: Alle Lagerstellen sind penibel gereinigt und haben keine mechanischen oder korrosionsbedingten Schäden oder Verformungen. Lagerschalen sind neu.
1. Neue Lagerschalen eine Stunde lang ins Tiefkühlfach legen (ziehen sich bei Kälte zusammen).
2. Mit Heißluftföhn (oder auf Heizplatte oder im Ölbad) den unteren Lagerinnenring so weit erwärmen, dass man ihn gerade eben nicht mehr in die Hand nehmen kann. »Spuckprobe« machen, es zischt bei ca. 90 bis 100 °C. **Achtung, nur mit Hitzehandschuhen anfassen!**
3. Untere Staubschutzscheibe über Lenkschaftrohr bis ganz nach unten schieben, satt aufsetzen.
4. Erwärmten unteren Lagerinnenring auf kaltes Lenkschaftrohr auffädeln, nach unten auf Sitz schieben, mit passendem Rohrstück und kurzen Hammerschlägen in den Sitz drücken (Bild 27).
5. Kurz bevor die Lagerschalen aus dem Kühlschrank geholt werden, die Außenseiten des Lenkkopfs am Rahmen im Bereich der Lagersitze ringsum gleichmäßig erwärmen (max. 80 °C).
6. Jetzt die eiskalten Lagerschalen oben in Lagersitz des Lenkkopfs einfallen lassen, bzw. von unten nach oben einschieben.
6.1. Mit einfachem Spezialwerkzeug die Lagerschalen in ihren Sitz drücken: M16-Gewindestange durch den Lenkkopf führen, oben und unten je eine Karosseriescheibe auf die Lager setzen und mit zwei Muttern gegeneinander festziehen.
■ Gewindestange erst entfernen, wenn Lagerschalen und Lenkkopf gleiche Temperatur haben.
7. Untere Gabelbrücke einbauen siehe Text »Lenkkopflager fetten und einbauen« weiter vorne.

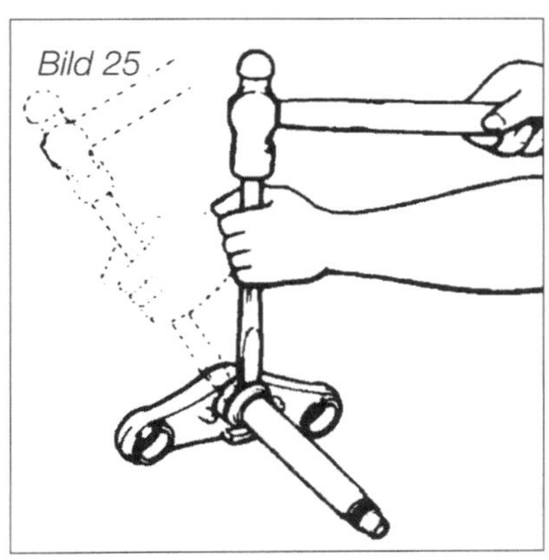
Bild 25

Bild 25: Unteren Lagerinnenring mit einem Föhn ringsum erwärmen und mit einem Meißel vorsichtig vom Lenkschaftrohr abtreiben.

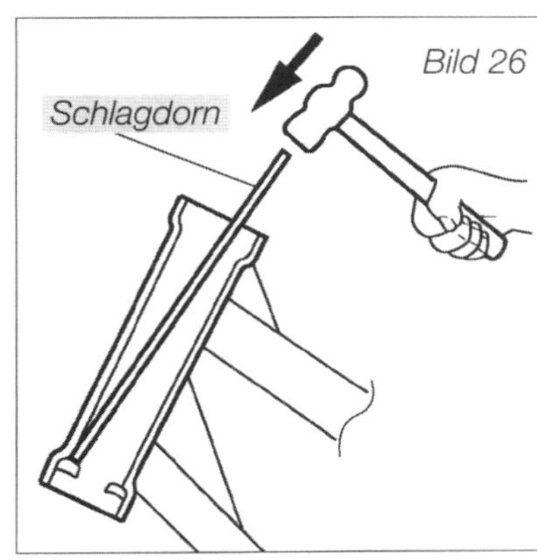

Bild 26

Bild 26: Austreiben der Lagerschalen des Lenkkopfs über Kreuz mit Hilfe eines langen Schlagdornes.

Bild 27

Bild 27: Neues unteres Lager mit einem passenden Rohrstück auf Lagerstelle treiben.

Bild 1: Im abgelassenen Gabelöl ist Abrieb in Form von kleinen Metallpartikeln zu sehen.

Telegabel

In diesem Kapitel: Warum Gabelöl gewechselt werden muss? · Gabelbeine aus- und einbauen · Gabelöl wechseln · Gabelbeine zerlegen, prüfen, zusammenbauen · Gabelsimmerringe und Gabelbuchsen wechseln.

Gabelöl wechseln?

Von Suzuki gibt es keine Vorschrift oder Empfehlung, ob überhaupt bzw. bei welchem km-Stand das Gabelöl gewechselt werden muss, denn die Ölfüllungen in den Gabelbeinen sind als Dauerfüllung ausgelegt. Die Praxis zeigt allerdings, dass Gabelöl mit der Zeit verschleißt, weil es feinste Abriebpartikel von den aufeinander gleitenden Oberflächen der Gabelbauteile aufnehmen muss (»Abrieb« in Bild 1) und mit zunehmendem Alter immer dünnflüssiger wird. Zum Verlust der spezifischen Eigenschaften gehört auch, dass »verbrauchtes« Gabelöl einen großen Teil seiner Schmierfähigkeit verloren hat, was erhöhten Verschleiß der an- und aufeinander gleitenden Gabelbauteile nach sich zieht.

Nach Erfahrungen von Suzuki-Spezialisten behält Gabelöl ungefähr drei bis vier Jahre bzw. 30 000 bis 40 000 km seine Eigenschaften und braucht während dieser Zeit nicht gewechselt zu werden. Nach ca. 40 000 km Fahrstrecke kann die Dämpfkraft der Telegabel nachlassen und sich deswegen das Fahrverhalten verschlechtern (siehe Kapitel 8 »Federung · Dämpfung«): Spätestens dann muss das Gabelöl erneuert werden.

Die Telegabel muss zum Wechsel des Gabelöls teilzerlegt werden, was ein gewisses Maß an Schraubererfahrung plus sorgfältigem Arbeiten erfordert. Für Leute mit wenig Erfahrung ist es besser, dies einer Fachwerkstatt zu überlassen, dies sind Suzuki-Motorradhändler und auf Federung und Dämpfung spezialisierte Betriebe (z. B. Hubert Hoffmann, Benny Wilbers, White Power, Öhlins (siehe »Wichtige Adressen« übernächste Seite).

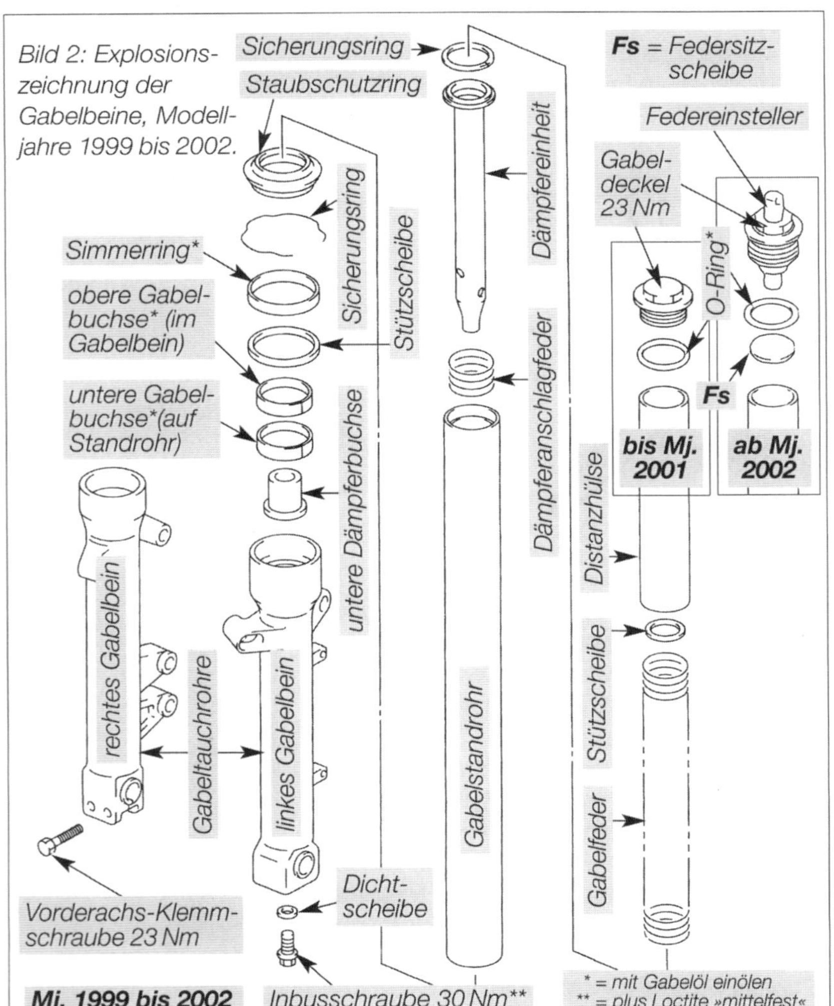

Bild 2: Explosionszeichnung der Gabelbeine, Modelljahre 1999 bis 2002.

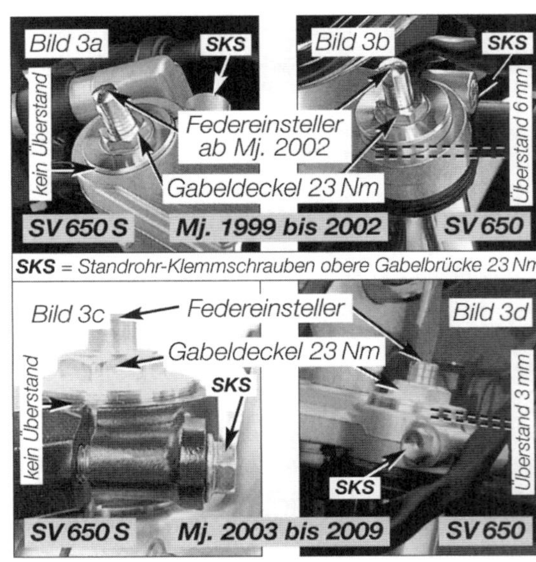

Bilder 3a bis 3d: Schraubstellen obere Gabelbrücke.

Achtung und Tipps

Vor Ausschrauben des Gabeldeckels den Federeinsteller bis Anschlag ausdrehen, damit Gabelfeder entspannt ist.

Gabelsimmerringe vor dem Zusammenbau gut mit Silikonfett einreiben (Bild 21), das hält sie geschmeidig, lässt sie leicht gleiten, verbessert das Ansprechverhalten der Gabel enorm und sichert auf lange Zeit ihre Dichtfunktion.

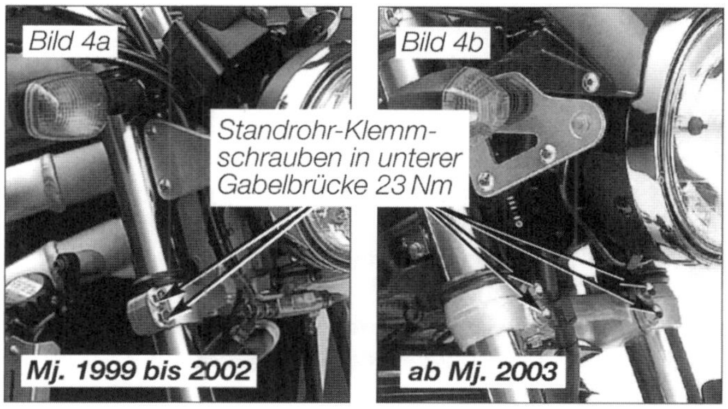

Bilder 4a und 4b: Schraubstellen in unterer Gabelbrücke.

Bild 5: Klemmstellen in den Gabelbrücken reinigen und einfetten.

Bild 6: Explosionszeichnung der Gabelbeine, Modelljahre ab 2003.

Bild 6a: Gabelfeder mit engen Wicklungen nach unten einbauen.

Gabelbeine aus- und einbauen

Beide Gabelbeine müssen sowohl zum Wechsel des Gabelöls wie auch zum Austausch undichter Simmerringe oder ausgeschlagener Gabelbuchsen ausgebaut werden. Die Verkleidung braucht man dazu nicht abzubauen.

1. Gabelbeine müssen frei zugängig sein: Motorrad auf Heckständer aufbocken und Motor mit Wagenheber oder Holzklötzen unterbauen oder Maschine an Werkstattkran aufhängen.

2. Folgende Teile ab- bzw. ausbauen: Bremssättel, Vorderrad, Halterungen des Kabels vom Geschwindigkeits-Sensor (ABS und Tachoantrieb) und der Bremsschläuche an den Gabelbeinen, Schutzblech.

3. Klemmschrauben in oberer Gabelbrücke (Bilder 3a bis 3d) lösen, ca. drei Umdrehungen öffnen.

Wichtig 1: Wenn das Gabelöl gewechselt oder die Gabelbeine zerlegt werden sollen: Jetzt schon Gabeldeckel (Bilder 2, 3a bis 3d und 6) in beiden Standrohren lösen, aber noch nicht ausdrehen.

Wichtig 2: (Mj. 2002 bis 2009): Vor Lösen und Ausschrauben der Gabeldeckel die Federeinsteller (Bilder 2, 3a bis 3d und 6) ausdrehen. Federeinsteller mit Gefühl »sehr weich« gegen den Anschlag drehen. NICHT versuchen, ihn aus Gabeldeckel auszudrehen, sonst wird der Federeinsteller beschädigt.

4. SV 650 S: Klemmschrauben der Lenkerstummel lösen und ca. drei Umdrehungen öffnen.

5. Klemmschrauben in unterer Gabelbrücke (Bilder 4a und 4b) lösen und ca. drei Umdrehungen öffnen.

■ Dabei Gabelbein mit einer Hand halten, damit es nicht herausfällt. Wenn die Schrauben gelöst sind, Gabelbein nach unten herausziehen.

SV 650 S Mj. 2003 bis 2009: Lenkerstummel mit Spanngummi an oberer Gabelbrücke befestigen.

Einbau in umgekehrter Reihenfolge, dabei Folgendes beachten:

1. Standrohr-Klemmstellen in oberer und unterer Gabelbrücke reinigen, leicht einfetten (Bild 5).

2. Gabelbein durch Bohrungen in unterer Gabelbrücke einschieben, in Bohrungen in oberer Gabelbrücke durchschieben, bis Oberkante des Standrohrs bündig ist bzw. übersteht (je nach Modell verschieden, siehe Bilder 3a bis 3d).

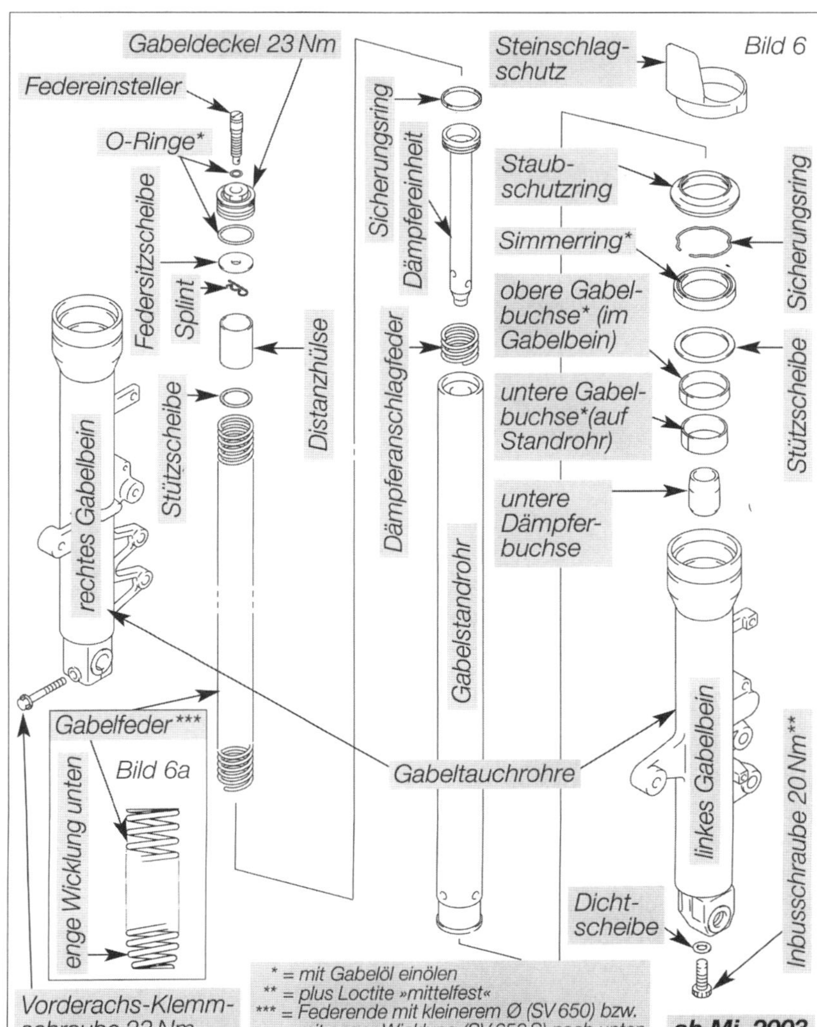

Bilder 7 bis 10: Öl ablassen, Ölstand und Luftpolster, frisches Öl einfüllen und selbstgemachte Ölabsaugflasche.

3. Mit Drehmomentschlüssel festziehen:
3.1. Standrohr-Klemmschrauben in <u>unterer</u> Gabelbrücke (Bilder 4a und 4b) mit 23 Nm.
3.2. Wenn die Gabeldeckel (Bilder 2, 3a bis 3d und 6) gelöst sind: Beide mit 23 Nm festziehen.
3.3. Standrohr-Klemmschrauben in <u>oberer</u> Gabelbrücke (Bilder 3a bis 3d) mit 23 Nm festziehen.
3.4. SV 650 S: Klemmschrauben der Lenkerstummel mit 23 Nm festziehen.
4. Restliche Teile an- und einbauen. Bremsschläuche und ABS-Kabel exakt verlegen.

Bild 7

Bild 8a
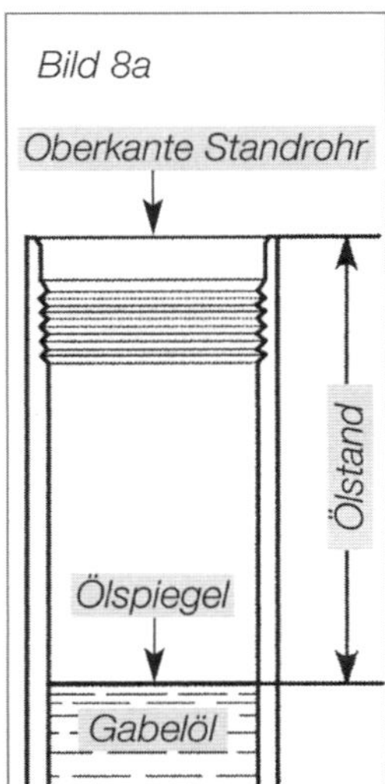

Bild 8
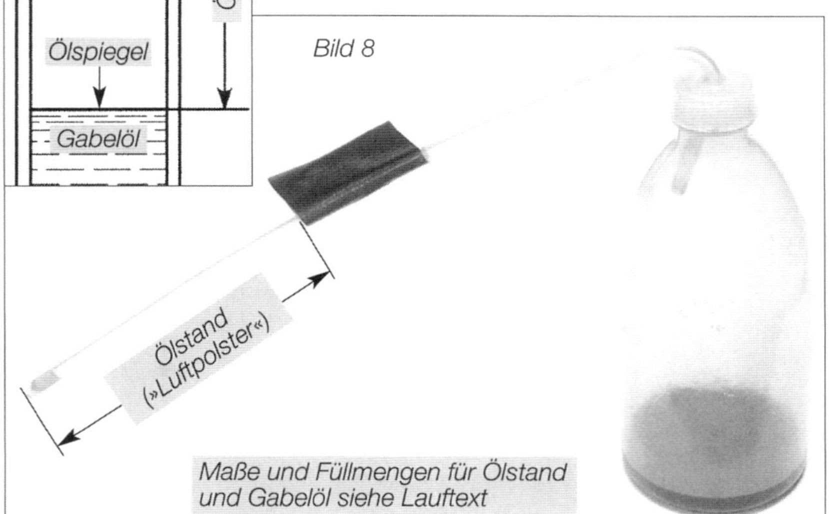

Bild 9

Bild 10
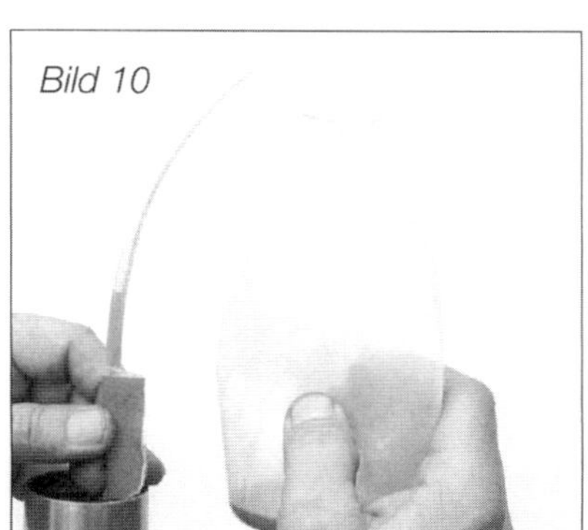

Gabelöl wechseln

Gabelöl ablassen
Gabelbein muss dazu ausgebaut sein. Gabeldeckel wurde schon vor dem Ausbau gelöst (Bilder 2, 3a bis 3d und 6).
1. Gabelbein am Bremssattelhalter senkrecht in Schraubstock spannen, Alubacken und Lappen dazwischenlegen.
2. Gabelstandrohr mit Hand festhalten, Gabeldeckel aus Standrohr ausdrehen.
2.1. Standrohr in Gabeltauchrohr einschieben.
3. Distanzhülse, Stützscheibe und Gabelfeder herausnehmen.
4. Gabelbein aus Schraubstock nehmen und kopfüber in Ölauffangbehälter kippen.
5. Standrohr einige Male im Tauchrohr hin und her bewegen, damit alles Gabelöl herausgepumpt wird (Bild 7).
5.1. Gabelbein mit eingeschobenem Standrohr auf dem Kopf abstellen, Gabelöl lange genug auslaufen und austropfen lassen.
6. In das Gabelbein einen Schuss (ca. 100 cm^3) Benzin oder Waschbenzin einfüllen und damit gründlich ausspülen.
7. Gabelbein auf den Kopf stellen und einige Zeit trocknen lassen.

Vorgeschriebenes Gabelöl
- **Mj. 1999 bis 2002:** »Suzuki Fork Oil G 10«. Es kann auch preiswerteres Gabelöl eines Markenherstellers in der Viskosität SAE 10 verwendet werden.
- **Mj. 2003 bis 2009:** »Suzuki Fork Oil SS 08«. Es kann auch preiswerteres Gabelöl eines Markenherstellers in der Viskosität SAE 7,5 verwendet werden.

Zum Gabelölwechsel wird knapp 1 Liter benötigt. Für die einzufüllende Menge des Gabelöls pro Gabelbein gibt es zwei Bezugsgrößen: Gabelölmenge in cm^3 und Gabelölstand in mm. Dieser wird von der Oberkante des Gabelstandrohres aus nach unten zum Ölstand gemessen (Bild 8a). Zum Messen muss das Gabelstandrohr in das Tauchrohr eingeschoben sein, die Gabelfeder ist nicht eingebaut.

Füllmengen und Maße
Die Werksangaben von Gabelölmenge und Gabelölstand sind je nach Modell verschieden.
Alle Modelle Mj. 1999 bis 2001: 489 cm^3 Gabelöl pro Gabelholm, Gabelöstand 104 mm.
Alle Modelle Mj. 2002: 478 cm^3 Gabelöl pro Gabelholm, Gabelöstand 115 mm.

SV 650/A Mj. 2003 bis 2009 490 cm³ Gabelöl pro Gabelholm, Gabelölstand 92 mm.
SV 650 S/SA Mj. 2003 488 cm³ Gabelöl pro Gabelholm, Gabelölstand 94 mm.
SV 650 S/SA Mj. 2004 bis 2006 485 cm³ Gabelöl pro Gabelholm, Gabelölstand 96 mm.
SV 650 S/SA Mj. 2007 bis 2009 485 cm³ Gabelöl pro Gabelholm, Gabelölstand 94 mm.

Tipp: Zum Einstellen des Ölstands kann man einen Maßstab benutzen und mit ihm von der Oberkante des Standrohrs nach unten auf den Ölspiegel messen. Besser ist es, wenn Sie sich eine Absaugflasche besorgen und an deren Schlauch das Maß mit Klebeband markieren (Bild 8).

Gabelöl einfüllen, Gabel zusammenbauen

1. Gabelbein an Befestigungen des Bremssattels senkrecht in Schraubstock spannen.
1.1. Gabelstandrohr aus Tauchrohr ganz nach oben ziehen.
2. Frisches Gabelöl in vorgeschriebener Menge langsam (!) einfüllen (Bild 9).
2.1. Während des Einfüllens das Standrohr einige Male langsam ganz einschieben und ausziehen. Dadurch wird das frische Gabelöl gleichmäßig im Gabelbein verteilt und eventuell eingeschlossene Luft herausgedrückt.
3. Gabelölstand messen (Bilder 8a, 8 und 10). Gabelstandrohr ganz in Gabeltauchrohr einschieben und mit Maßstab nach unten auf den Ölspiegel fahren.
4. Maß bis Oberkante des Gabelstandrohres nehmen (Bild 8a).
■ Wenn sich zu viel Öl im Gabelbein befindet, mit Ölabsaugflasche absaugen (Bild 10).
■ Zu geringen Ölstand auffüllen.
5. Gabelstandrohr ganz nach oben ziehen.
6. Gabelfeder einschieben (Bild 6a). Stützscheibe und Distanzhülse auf Feder setzen.
■ Mj. 2003 bis 2009: Federende mit kleinem Durchmesser (SV 650) bzw. mit enger Wicklung (SV 650 S) nach unten.
7. O-Ring auf Gabeldeckel kontrollieren: Wenn in Ordnung, kann er nochmal verwendet werden.
■ Wenn beschädigt, neuen O-Ring aufziehen, mit Gabelöl einstreichen.
8. Gabelstandrohr bis Anschlag aus Tauchrohr ziehen, Gabeldeckel in Gabelstandrohr einschrauben.
■ Einbau der Gabelbeine siehe Text weiter vorne. Dabei beachten: Wenn die Klemmschrauben der Gabelbeine in unterer Gabelbrücke mit 23 Nm festgezogen sind, Gabeldeckel mit 23 Nm festziehen. Erst dann Klemmschrauben der Gabelbeine in oberer Gabelbrücke mit 23 Nm festziehen.

Gabelsimmerringe wechseln

Gabelbein ganz zerlegen

Gabelbein ist teilzerlegt, wie unter »Gabelöl wechseln« beschrieben, Öl ist abgelassen.
1. Gabelbein am Bremssattelhalter waagrecht in Schraubstock spannen (Bilder 11 und 16), Alubacken und Lappen dazwischenlegen.
2. Inbussteckschlüssel durch Achsfaust einfahren, Inbusschraube lösen, ausdrehen (Bild 11).
Schraubertipp 1: Wenn sich die Dämpfereinheit mitdreht und die Inbusschraube deswegen nicht ausschrauben lässt, benutzen Sie einen Schlagschrauber (wie in Bild 11).
Schraubertipp 2: Wenn sich die Dämpfereinheit jetzt immer noch mitdreht, bauen Sie Gabelfeder mit Stützscheibe, Distanzhülse und Gabeldeckel provisorisch wieder ein. Bei Modellen der Modelljahre 2003 bis 2009 drehen Sie zusätzlich den Federeinsteller ganz ein. Jetzt steht das Gabelbein innen unter Druck und die Schraube müsste sich ausschrauben lassen.

Verbogene Gabelstandrohre können bis zu einem gewissen Verbiegungsgrad wieder gerichtet werden. Spezialist hierfür ist:
Roadrunner Bikeshop GmbH
Johannes-Kepler-Str. 1, D-55129 Mainz-Hechtsheim
www.roadrunner-bikeshop.de

Wichtige Adressen:

■ **H.G. Czech Ing.** (Spezialschmiermittel für Motorräder)
Gyrhofstraße 28, D-50931 Köln
www.hks-czech.de

■ **Öhlins** (Federelemente)
Zupin Moto-Sport GmbH
Trostberger Straße 26
D-83301 Traunreut
www.zupin.de
www.ohlins.eu
www.öhlins.ch

■ **Racetech Hubert Hofmann** (Service von Gabeln, Federbeine)
Bellinostraße 22
D-72108 Rottenburg
www.hh-racetech.de

■ **Wilbers Products** (Federelemente, Lenkungsdämpfer)
Wilbers Products GmbH
Frieslandstraße 10
D-48527 Nordhorn
www.wilbers.de
www.wilbers.at
www.urechproducts.ch

■ **Wirth** (Gabelfedern)
Wirth Federn
Osterdiecksfeld 23
D-21274 Undeloh
www.wirth-federn.de

■ **WP** (Federelemente, Lenkungsdämpfer)
WP Suspension Germany
Waldkraiburger Straße 14
D-93073 Neutraubling
www.wp-germany.com
www.haslacher.at
www.motocenterschwyz.ch

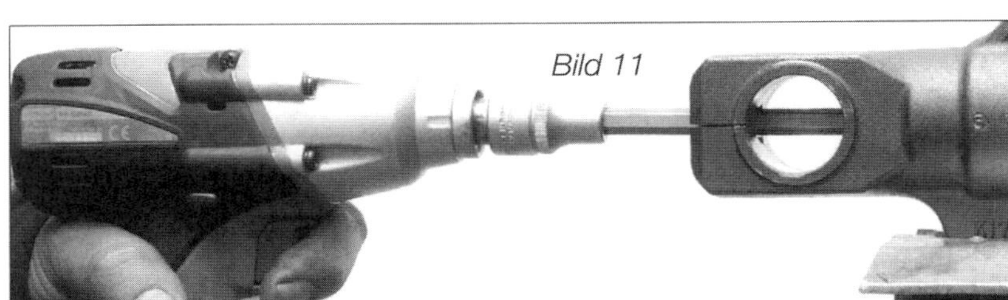

Bild 11: Ausschrauben der unteren Inbusschraube mit Schlagschrauber.

Bild 12: Steinschlagschutz mit kleinem Schraubenzieher von seinem Sitz lösen, dann vom Tauchrohr abziehen.

3. Mj. 2003 bis 2009: Steinschlagschutz vom Sitz abziehen. Wenn er nicht will, mit dem kleinen Schraubenzieher von unten etwas lösen und gleichzeitig mit der Hand ziehen (Bild 12).
3.1. Staubschutzring mit kleinem Schraubenzieher aushebeln und abziehen (Bilder 13 und 13a).

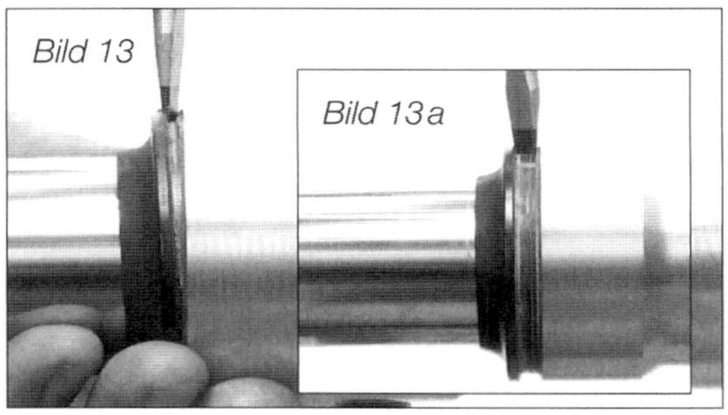

Bilder 13 und 13a: Mit einem kleinen Schraubenzieher den Staubschutzring in kleinen Schritten ringsum ausbauen.

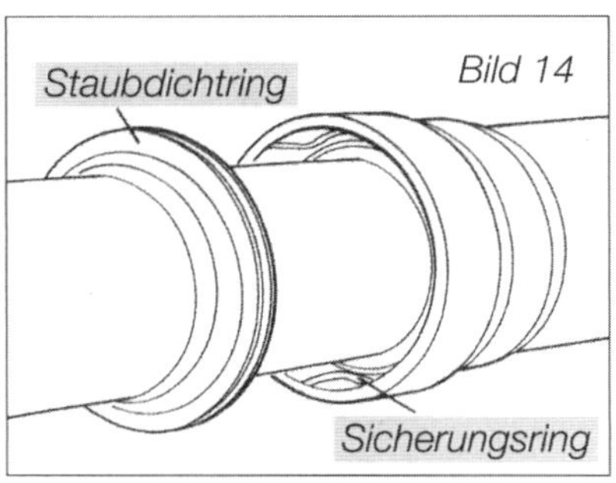

Bilder 14 und 15: Mit kleinem Schraubenzieher den Sicherungsring aus seiner Nut herausnehmen.

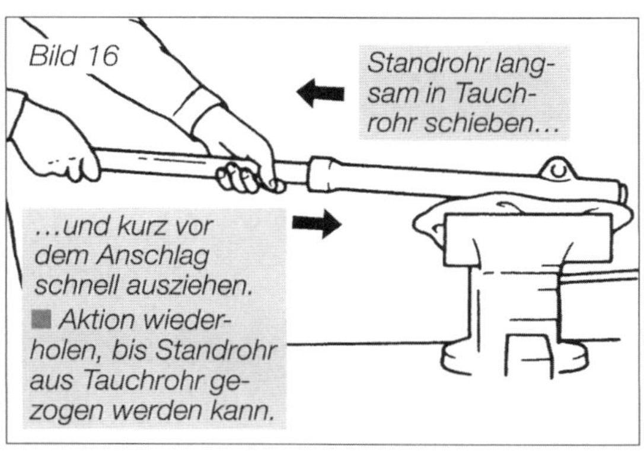

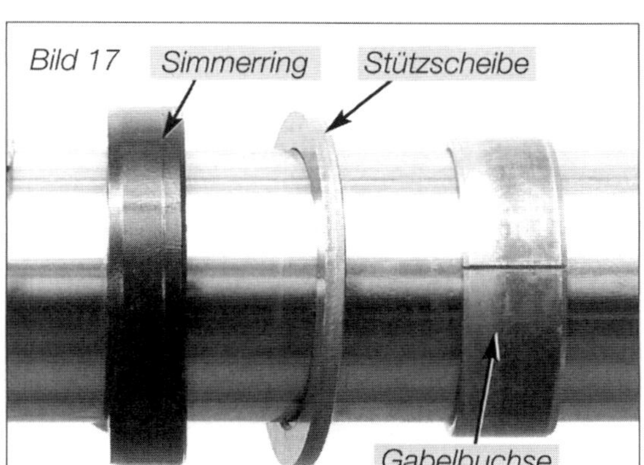

Bilder 16 und 17: Mit kurzen harten Ruckbewegungen Standrohr mit Gabelsimmerring, Stützscheibe und oberer Gabelbuchse austreiben.

4. Sicherungsring mit kleinem Schraubenzieher herausholen (Bilder 14 und 15).
5. Tauchrohr mit Werkstattföhn am oberen Rand ringsum gleichmäßig etwas erwärmen, dann Standrohr mit beiden Händen packen und Gabelbein ruckartig ganz auseinanderziehen (Bild 16).
5.1. Es kommen heraus: Simmerring, Stützscheibe, obere Gabelbuchse (Bild 17).
6. Gabelstandrohr ganz herausziehen. Dämpfereinheit und untere Dämpferbuchse aus Standrohr herausnehmen.

Hinweis: Wenn die Gabelbuchsen erneuert werden, die untere folgendermaßen aus ihrer Sitznut im Gabelstandrohr ausbauen:
■ Offene Enden mit Fingernägeln oder kleinem Schraubenzieher etwas auseinanderziehen, Buchse gleichzeitig aus Nut nehmen und abziehen (Bilder 18 und 19).

Zum Einbau Gabelbuchse vorsichtig aufbiegen (Bild 19), aufschieben (Bild 18) und korrekt in Nut einsetzen.

Gabelbauteile prüfen

■ Gabelstandrohr außen und Gabeltauchrohr innen auf Riefen, Kratzer, Druckstellen und Verschleiß prüfen.
■ Dämpfereinheit auf Verschleiß oder Beschädigungen prüfen. Wenn beschädigt, muss die Einheit komplett erneuert werden.
■ Gabelstandrohr in Prismenböcke legen und mit Messuhr den Schlag messen. Beachten, dass tatsächlicher Schlag nur halb so groß ist wie von Messuhr angezeigter Wert. Verschleißgrenze: 0,20 mm.
■ Freie (entspannte) Länge der Gabelfedern prüfen. Neue Feder (Verschleißgrenze):
Alle Modelle Mj. 1999 bis 02..... 314,6 (308) mm
SV 650 Mj. 2003 bis 09................. 429 (420) mm
SV 650 S Mj. 2003 bis 09........... 437,4 (428) mm
■ Gabelbuchsen (Bild 20) besonders dahingehend prüfen, ob sie ein normales Tragbild zeigen. Buchse muss erneuert werden, wenn Oberfläche angekratzt, riefig oder großflächig abgeschabt ist. Richtwert: Verschleiß mehr als ein Fingernagel groß. **Beachten:** Immer nur einen Satz neuer Buchsen (obere/untere Buchse) in Gabelbeine einbauen.

Gabelbein zusammenbauen

Vor dem Zusammenbau alle Gabelteile gut mit Lösungsmittel reinigen, z. B. mit Bremsenreiniger oder Aceton. Teile trocknen lassen.

Gabeltauchrohr und Gabelgleitrohr zusammenbauen

1. Gabeltauchrohr an Befestigungen des Bremssattels senkrecht in Schraubstock spannen.
2. Dämpferanschlagfeder auf Dämpfereinheit schieben, beide Bauteile zusammen in Gabelstandrohr einfallen lassen.
3. Untere Dämpferbuchse mit konischem Ende voran in Gabelstandrohr einsetzen.
4. Gabelstandrohr in Gabeltauchrohr einführen, untere Dämpferbuchse innen am Grund des Gabeltauchrohrs zentrisch ansetzen.
5. Untere Inbusschraube mit neuem Dichtring bestücken, einen Tropfen Loctite »mittelfest« an gereinigtes Gewinde geben.
5.1. Inbusschraube eindrehen und festziehen.
Mj. 1999 bis 2002: 30 Nm
Mj. 2003 bis 2009: 20 Nm
■ Wenn sich die Inbusschraube nicht korrekt festziehen lässt, weil sich die Dämpfereinheit mitdreht, sie erst nach dem Zusammenbau des Gabelbeins festziehen (aber bloß NICHT vergessen, sonst fällt die Gabel auseinander!).

Simmerring und obere Gabelbuchse einbauen

Zum Einpressen von oberer Gabelbuchse und Simmerring empfiehlt Suzuki das Spezialwerkzeug »Teleskopgabel-Simmerring-Einbauwerkzeug« (Nr. 09940-52861). Mit etwas Geschick kann man sich ein solches Werkzeug selbst machen, siehe Bilder 22 und 23.

1. Obere Gabelbuchse mit frischem Gabelöl einschmieren, auf Gabelstandrohr schieben, am Sitzbund des Gabeltauchrohres ansetzen.
1.1. Gabelbuchse mit Spezialwerkzeug einpressen, sie muss bis ganz nach unten auf Anschlag in Sitzbund eingedrückt werden.
2. Stützscheibe auf Standrohr aufschieben.
2.1. Simmerring mit reinem Silikonfett einschmieren (Bild 21), seine Dichtlippen von innen mit den Fingern aufbiegen (vorsichtig!) und so auf Standrohr aufschieben, dass Beschriftung oben ist.
2.2. Simmerring mit Spezialwerkzeug in mehreren Schritten einschlagen.
2.3. Sitz des Simmerrings mit Taschenlampe kontrollieren: Nut für Sicherungsring muss ringsum ganz zu sehen sein.
3. Sicherungsring in seine Nut einsetzen, er muss ringsum exakt sitzen: Mit Taschenlampe kontrollieren!
4. Staubmanschette auf Gabelstandrohr schieben und in Sitzbund eindrücken.
5. Mj. 2003 bis 2009: Steinschlagschutz auf Sitzbund schieben.
6. Gabelöl einfüllen, Gabelbein komplett zusammen- und einbauen siehe Texte und Bilder weiter vorne in diesem Kapitel.

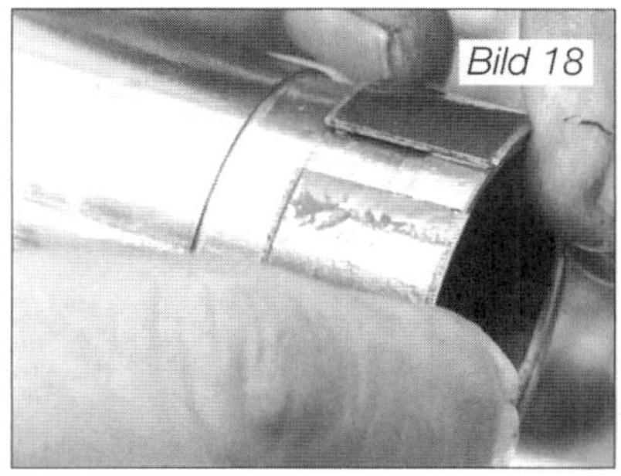
Bild 18

Bild 19

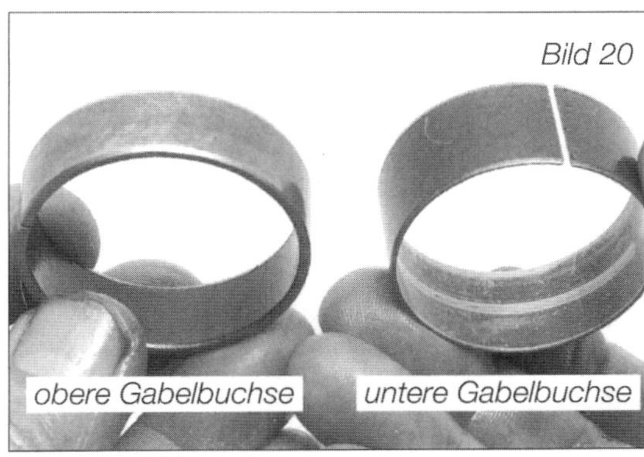

Bild 20

Bilder 18, 19 und 20: Ab- und Aufbau untere Gabelbuchse.

Bild 21: Simmerring einfetten.

Bilder 22 und 23: Eigenbau-Spezialwerkzeug zum Eintreiben von Gabelbuchse und Simmerring.

Bild 21

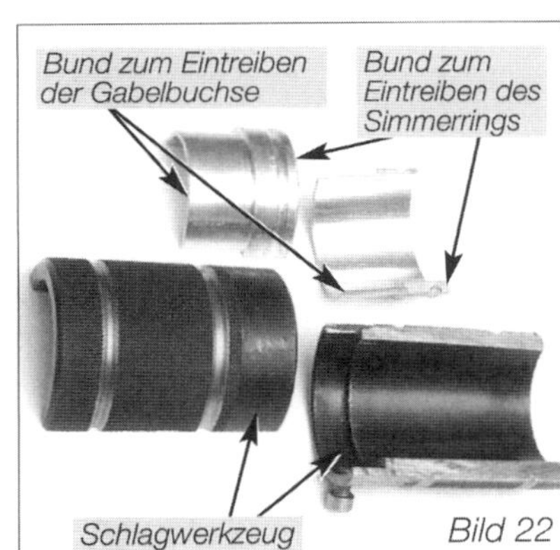

Bild 22

Bild 23

Federbein · Schwinge

In diesem Kapitel: Federbein prüfen, aus- und einbauen · Hinterradschwinge mit Umlenkhebeln aus- und einbauen, prüfen.

Bild 1: Explosionszeichnung von Federbein, Umlenkhebel und Zugstreben.

Bilder 2 und 3: Im Lauftext sind die zu den Bildern gehörenden Arbeitsschritte nummeriert beschrieben.

Beim Montieren beachten

Schrauben und Muttern: An Federbeinbefestigung und Schwinge nur originale Schrauben und Muttern verwenden! Niemals beliebige Schrauben undefinierbarer Festigkeit und Herkunft aus einer typischen Werkstatt-Schraubenkiste verwenden!

Reinigen: Zum Reinigen der Nadellager und Lagerbuchsen im unteren Federbeinkopf, Umlenkhebel und Schwingenlager keinen Bremsenreiniger verwenden, sondern nur Waschbenzin oder Petroleum (Dieseltreibstoff geht auch). Pinsel und Flaschenbürste zu Hilfe nehmen, mit weicher Druckluft trocken blasen.

Federbein prüfen: Siehe dazu »Hinterradfederung prüfen« im Kapitel 8 »Federung · Dämpfung«. Beim ausgebauten Federbein die Gummi-Stahlbuchse im oberen Federbeinkopf prüfen: Der Gummi muss formstabil vorhanden und darf nicht brüchig oder aufgequollen sein.

Tipp: Ein defektes Originalfederbein kann nur von Spezialisten repariert werden. Wenn das originale Federbein defekt ist: Ein Nachrüstfederbein ist billiger als ein neues Originalteil (Adressen siehe Kapitel 10 »Telegabel«).

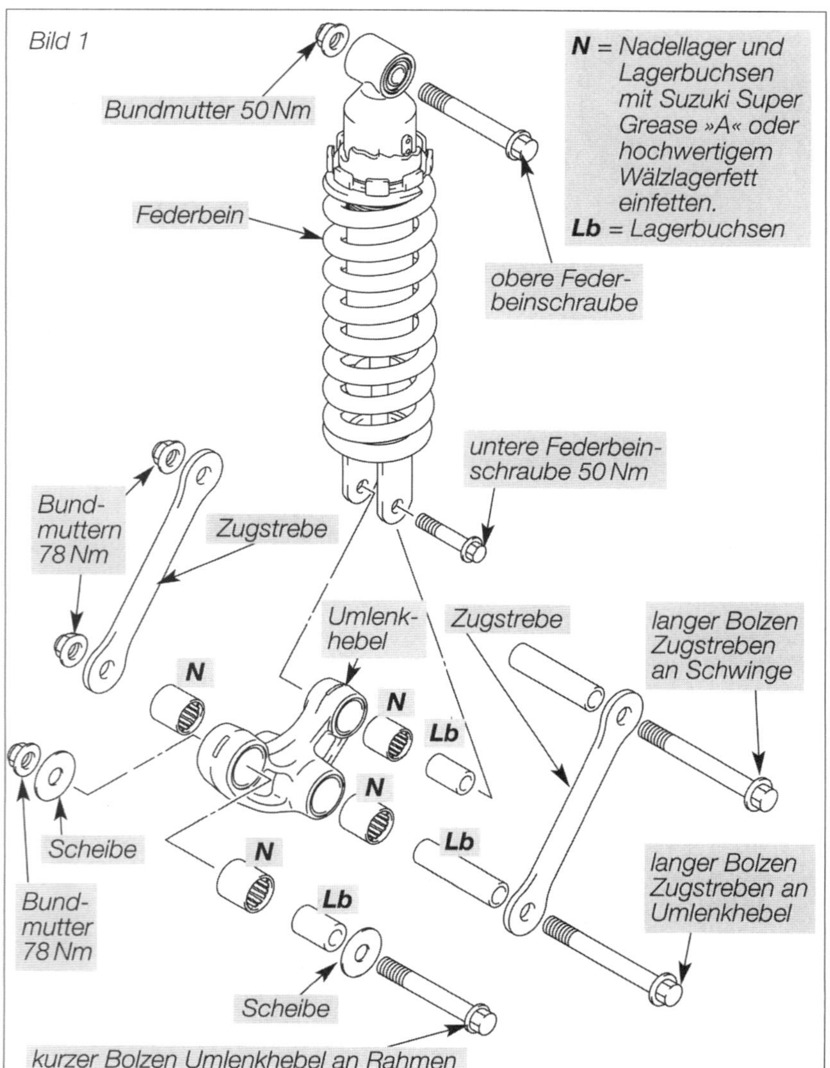

Federbein aus- und einbauen

Zum Aus- und Einbau des Federbeins muss das Fahrzeugheck frei sein, das Hinterrad darf keinen Bodenkontakt haben.

Bild 2

Bild 3

■ Motorrad über Riemen, die um die oberen Rahmenrohre geschlungen werden, an einem Werkstattkran aufhängen. Darauf achten, dass nirgends (elektrische!) Bauteile gedrückt werden.
■ Oder man steckt eine lange (stabile) Eisenstange durch die Schwingenachse und bockt die Maschine auf zwei höheneinstellbare Böcke rechts und links auf (Bild 2).

Bei **Mj. 1999 bis 2002** abbauen: Seitenverkleidung, Fahrersitz, Auspufftopf und Krümmer komplett abbauen.

Federbein ausbauen

1. Hinterachsmutter öffnen, Kettenspannschrauben/-muttern lösen und Hinterrad nach vorne schieben, dass Kette möglichst entlastet ist. Kette mit Gummispannband nach oben binden (Bild 6), das schafft Platz beim Schrauben.
1.1. Hinterrad mit Holzklotz so unterlegen, dass Federbein entlastet wird (Bild 3).
2. Bolzen, mit dem Zugstreben am Umlenkhebel befestigt sind, ausbauen (Bild 4): Mutter lösen und abdrehen, Bolzen ausziehen.
3. Federbeinschraube unten am Umlenkhebel lösen und ausschrauben (Kreis in Bild 4), Schraube herausziehen.
4. Mutter auf oberer Federbeinschraube lösen und abdrehen, Schraube ausziehen.
■ Federbein dabei mit Hand halten, damit es nicht herunterfällt.
5. Federbein nach unten durch die Schwinge fädeln, herausnehmen.

Federbein einbauen

Achtung: Beim Zusammenbau nur originale Suzuki-Schrauben/-Muttern verwenden! Nie Schrauben undefinierbarer Herkunft aus typischer Werkstatt-Schraubenkiste verwenden!
Einbau in umgekehrter Reihenfolge. Nadellager im Umlenkhebel mit hochwertigem Wälzlagerfett einfetten.

Anziehdrehmomente

■ Bundmutter obere Federbeinschraube 50 Nm.
■ Untere Federbeinschraube 50 Nm.
■ Mutter auf Bolzen, der Zugstreben mit Umlenkhebel verbindet 78 Nm.

Umlenkhebel und Schwinge

Zum Aus- und Einbau der Schwinge wird zur Montage der Nut-Kontermutter der Schwingenachse das Spezialwerkzeug »Schwingenzapfen-Schubeinsteller-Steckschlüssel« (Nr. 09940-14940) benötigt.

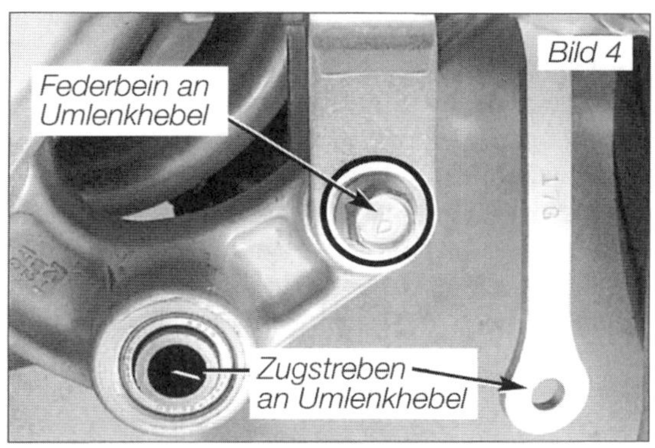

Bild 4: Zum Ausbau des Federbeins müssen die Zugstreben vom Umlenkhebel abgeschraubt werden.

Bild 5: Untere Federbeinbefestigung der Modelljahre 1999 bis 2002 mit Umlenkhebel und Zugstreben von rechts.

Bild 6: Untere Federbeinbefestigung der Modelljahre 2003 bis 2009 mit Umlenkhebel und Zugstreben von links. Zur Montage die Kette mit einem Gummispannband nach oben spannen.

Sichtprüfung Messen

Die beste Aufbockmethode ist, das Motorrad am Heck an einem Kran aufzuhängen, so werden Heck und Schwinge ganz frei und man kann gut daran schrauben.

Aus- bzw. abgebaut werden müssen:

- alle Modelle, alle Modelljahre: Hinterrad, Bremse und Auspuffanlage
- alle Modelle der Modelljahre 1999 bis 2002: Halterung des Bremsschlauchs, Zugstrebe
- alle Modelle der Modelljahre 2003 bis 2009: Seitenständerschalter (siehe Kapitel 1 »Modelle · Wartung · Pflege«)
- SV 650 der Modelljahre 2003 bis 2009: Drahtösen für Bremsschlauch
- SV 650 und SV 650 S mit ABS: Drahtösen für Bremsschlauch und ABS-Sensorkabel

Hinweis: Zum Ausbau der Schwinge muss das Federbein nur an seiner unteren Lagerstelle abgeschraubt werden und kann oben am Rahmen bleiben. Zum besseren Arbeiten empfehlen wir allerdings das Federbein auszubauen.
Wichtig: Schon beim Zerlegen auf alle Scheiben und Buchsen in Schwinge und Umlenkhebel achten.

Hinterradschwinge ausbauen

1. Verschraubung der Zugstreben an Schwinge trennen: Mutter lösen und abdrehen, Bolzen ausziehen. Zugstreben drehen sich nach unten und bleiben am Umlenkhebel hängen.
2. Verschraubung Federbein an Umlenkhebel trennen: Schraube lösen und ausdrehen.
3. Rechte Fahrzeugseite: Kontermutter auf Schwingenachse mit Suzuki-Spezialwerkzeug »Schwingenzapfen-Druckeinsteller-Steckschlüssel« (Bild 7a) lösen und abschrauben.
4. Linke Fahrzeugseite: Schwingenachsmutter mit exakt passender Sechskantnuss lösen und abschrauben.
5. Rechte Fahrzeugseite: Schwingenachse lösen und ausdrehen, herausziehen. Schwinge dabei entlasten.
6. Wenn Schwingenachse ausgezogen ist, Schwinge nach hinten herausnehmen.
7. Wenn nötig, Kettenschleifschutz abmontieren.
8. Staubdichtungen, Scheiben und Lagerbuchsen bei Vergasermodellen bzw. Bundbuchsen bei Einspritzern von Hand abnehmen.

Sind neue Lager nötig?

Wenn die Nadellager in Schwinge und Umlenk-

Bild 7: Explosionszeichnung der Schwinge und ihrer Lagerung der Vergasermodelle.

Bild 7a: Zur Montage der Nut-Kontermutter der Schwingenachse wird das Spezialwerkzeug »Schwingenzapfen-Schubeinsteller-Steckschlüssel« (Nr. 09940-14940) benötigt.

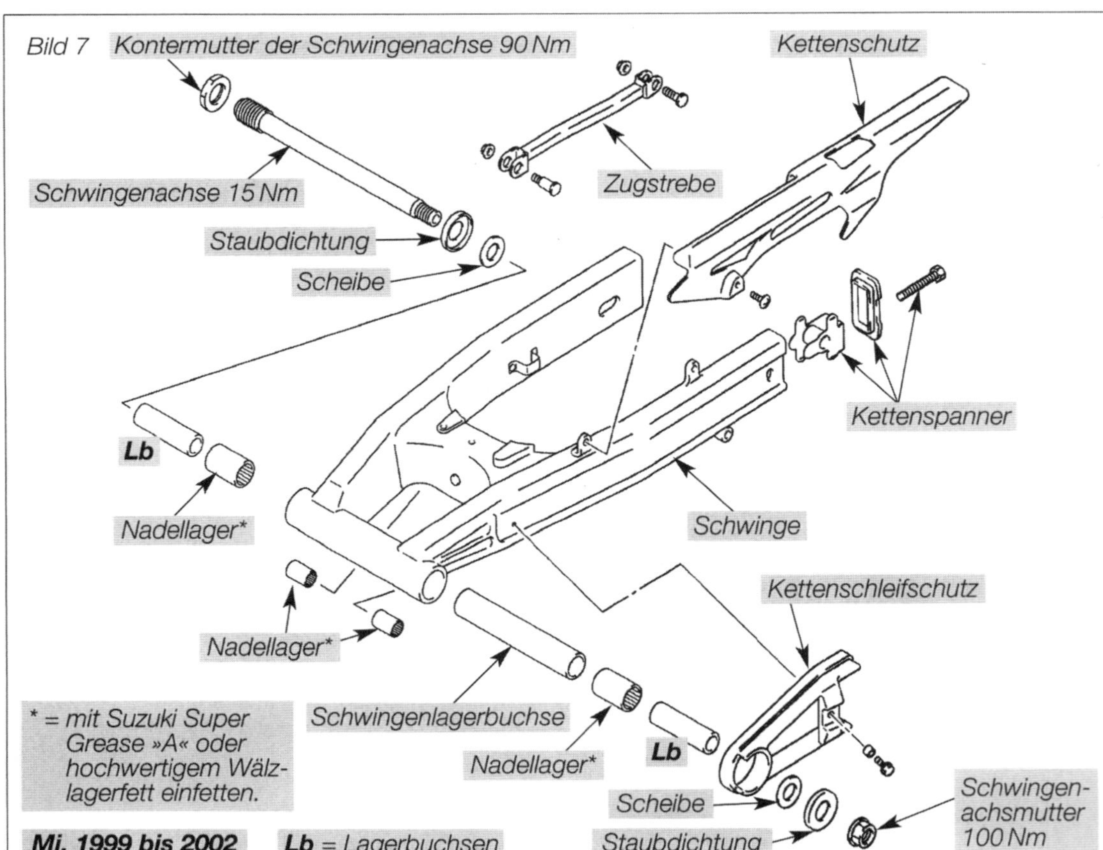

hebel defekt sind, müssen die alten Lager mit Spezialwerkzeugen aus- und neue Nadelhülsen eingebaut werden. Wir raten Ihnen dringend, dieses entweder beim Suzuki-Händler oder einem Lagerfachbetrieb machen zu lassen, denn ohne Spezialwerkzeuge ist eine fachgerechte Montage der dünnen Nadelhülse nicht möglich.

Hinterradschwinge prüfen und vermessen

1. Eingebaute Schwinge muss sich bei ausgebautem Federbein gleichmäßig weich auf und ab bewegen lassen.
2. Ausgebaute Schwinge, Umlenkhebel und Zugstangen auf Verzug und Risse untersuchen.
3. Bund- bzw. Lagerbuchsen von Schwinge und Umlenkhebel auf Beschädigung, wie z. B. Klemm- oder Fressstellen, untersuchen.
3.1. Buchsen in gereinigte Nadellager einsetzen, durch Hin- und Herbewegung das Spiel erfühlen. Falls es übermäßig groß ist (Erfahrungssache!), Lager erneuern.
4. Kettenschleifschutz auf ungewöhnliche Abnutzung und Beschädigung untersuchen. Falls stark abgeschürft oder zerfleddert, erneuern.
5. Schwingenachse auf Schlag überprüfen, Verschleißgrenze 0,3 mm.

Hinterradschwinge einbauen

1. Kettenschleifschutz anbauen.
2. Wenn sie ganz abgebaut waren: Zugstreben provisorisch an der Schwinge befestigen.
3. Nadellager und Buchsen der Schwinge gut mit hochwertigem Wälzlagerfett einfetten. Einsetzen:
■ Bei Vergasermodellen alle Staubdichtungen, Scheiben und Lagerbuchsen einsetzen (siehe Zeichnung in Bild 7)
■ Bei Einspritzmodellen die Bundbuchsen einsetzen (siehe Zeichnung in Bild 8).
4. Schwinge von hinten in Rahmen einschieben, in Einbauposition bringen, Schwingenachse von rechts einführen und in Gewinde eindrehen.
4.1. Schwingenachse mit 15 Nm festziehen.
4.2. Schwingenachsmutter auf linker Seite aufdrehen, mit 100 Nm festziehen.
■ Dabei die Schwingenachse an ihrem Kopf auf der rechten Seite unbedingt gegenhalten!
4.3. Kontermutter auf Schwingenachse mit Spezialwerkzeug »Schwingenzapfen-Druckeinsteller-Steckschlüssel« (Bild 7a) mit 90 Nm festziehen.
5. Federbein oben an Rahmen befestigen: Bolzen von links einstecken, Bundmutter aufdrehen und mit 50 Nm festziehen.
6. Gereinigte Nadellager und Buchsen des Umlenkhebels gut mit hochwertigem Wälzlagerfett einfetten, Buchsen in Lager einsetzen.
7. Zugstreben und Umlenkhebel mit Bolzen verbinden: Bolzen von links einschieben, Bundmutter aufdrehen, mit 78 Nm festziehen.
7.1. Wenn abgeschraubt: Rahmen und Umlenkhebel mit Bolzen verbinden, Bundmutter aufdrehen, mit 78 Nm festziehen.
7.2. Umlenkhebel und Federbein verschrauben: Schraube links eindrehen, mit 50 Nm festziehen.
7.3. Zugstreben an Schwinge schrauben: Bolzen von links einstecken, Mutter aufdrehen und mit 78 Nm festziehen.
8. Hinterrad einbauen.
8.1. Beim Einbau des Bremssattels beachten: Bremsschlauch exakt auf Schwinge verlegen (siehe Kapitel 6 »Bremsen«).
8.2. Bremsschlauchhalterungen und Kettenschutz anbringen.

Wichtig: Unbedingt prüfen, ob die Bremse nach dem Einbau einwandfrei Druck hat oder entlüftet werden muss (siehe dazu Kapitel 6 »Bremsen«)!

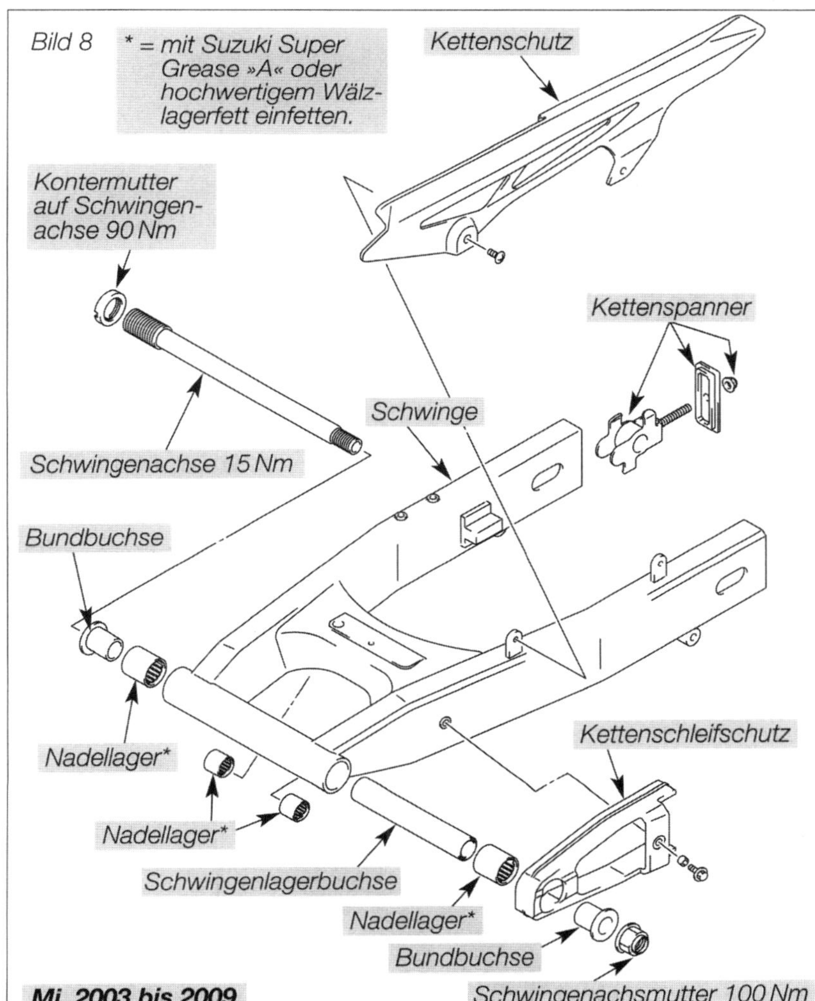

Bild 8: Explosionszeichnung der Schwinge und ihrer Lagerung der Einspritzmodelle.

Licht · Blinker · Hupe

In diesem Kapitel: Beleuchtung kontrollieren · Lampen an der SV 650 · Lampen wechseln: Scheinwerferlampe(n), Rücklicht-, Kennzeichen- und Blinklampen · Leuchteinheit innen feucht? · Blinkerrelais · Scheinwerfereinstellung · Scheinwerfer ab- und anbauen · Lichthupe und Hupe prüfen · Instrumenteneinheit.

Beleuchtung kontrollieren

Bild 1: Explosionszeichnung Scheinwerfer SV 650, Modelljahre 1999 bis 2002.

Bild 2: Explosionszeichnung Scheinwerfer SV 650 ab Modelljahr 2003.

Die Kontrolle der Beleuchtungs- und Signalanlage ist keine periodische Wartungsarbeit starr nach Wartungsplan, sondern gehört zu den sicherheitsrelevanten Tätigkeiten, die man regelmäßig selbst erledigen sollte. Ein Check der Beleuchtung ist schnell gemacht, Aufwand und Nutzen stehen in günstiger Relation und bringen ein hohes Maß an Fahrsicherheit.

Lichtkontrolle im Schaufenster

Wenn Sie an einer roten Ampel zufällig vor einem Schaufenster stehen und darin Ihr Spiegelbild betrachten: Hand- und Fußbremse betätigen und das Bremslicht im Spiegelbild abchecken.

Lampen

Fern-/Abblendlampe .... 12 V 60/55 W (H4)
SV 650 S: Fernlicht/
Abblendlicht .... 12 V 55 W (H7, 2 Stück)
Standlicht .... 12 V 5 W
Blinklampen .... 12 V 21 W (4 Stück)
Kennzeichenlampe .... 12 V 5 W
Brems-/Rücklichtlampe ..... 12 V 21/5 W (2 Stück)
Instrumentenbeleuchtung .... 12 V 1,7 W (2 Stück)
SV 650 S: Instrumenten-
beleuchtung .... 12 V 0,84 W (3 Stück)
Blinkkontrolle .... 12 V 1,7 W
SV 650 S: Blinkkontrolle .... 12 V 3 W
Fernlichtkontrolle .... 12 V 1,7 W
Leerlaufkontrolle .... 12 V 1,7 W
Öldruckkontrolle .... 12 V 1,7 W

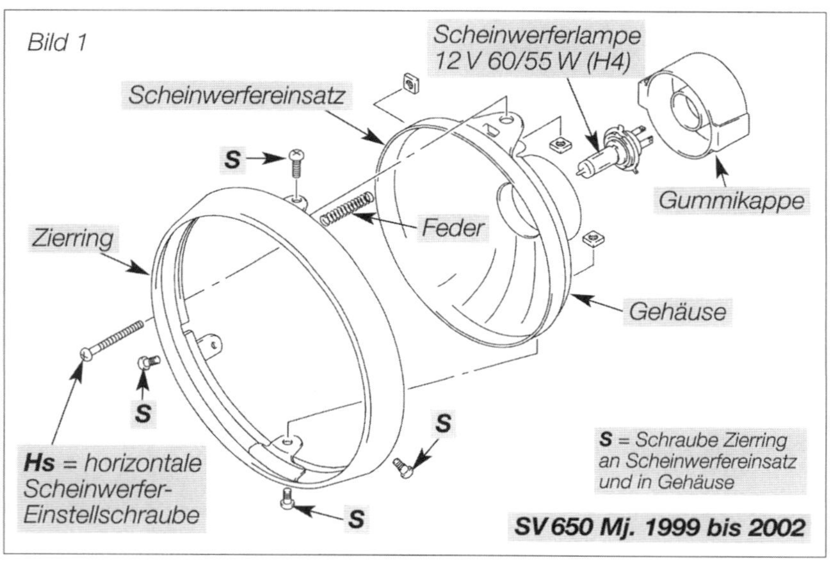

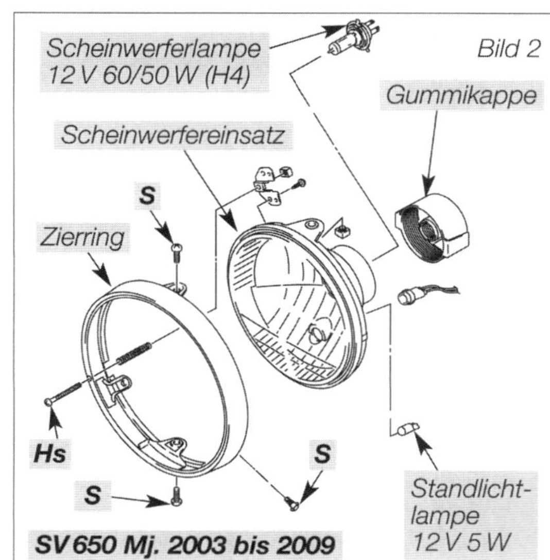

Bild 3: Laschen am Lampensockel sind verschieden breit, Lampe kann nur in einer Stellung eingebaut werden.

■ Glaskolben und Kontaktanschlüsse nicht mit bloßen Fingern berühren!

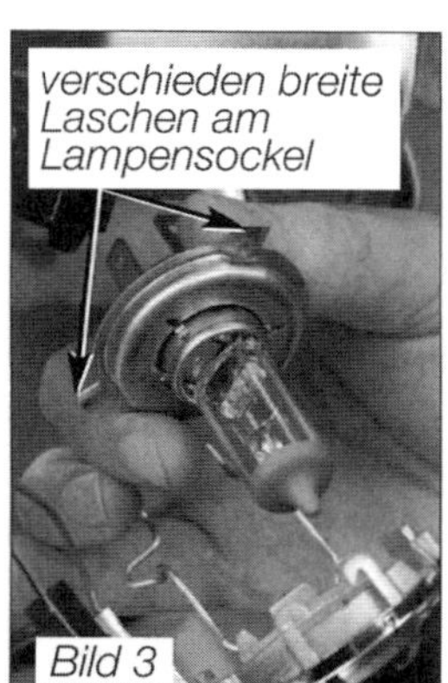

Sicherheitshinweise ⚠ Achtung und ☞ Tipps

⚠ Wenn Lampen ersetzt werden, müssen grundsätzlich Motor und Zündung ausgeschaltet sein! Dies gilt auch für alle anderen Arbeiten an der Lichtanlage.

⚠ Brennende Halogenlampen werden bis einschließlich Metallsockel sehr heiß. Bevor eine Lampe herausgenommen wird, sicherstellen, dass sie genügend abgekühlt ist.

☞ Beim Einbau einer Lampe unbedingt Folgendes beachten:
■ Steckkontakte und Glaskörper einer Lampe nicht mit bloßen Fingern anfassen! Sonst setzen sich Hautfette ab und brennen sich ins Glas ein, was Leuchtkraft und Lebensdauer mindert.
■ Lampe immer nur mit einem sauberen Lappen in die Hand nehmen (Bild 3). Schmutz oder Fingerabdrücke mit Spiritus abwischen.

Änderungen ab Modelljahr 2000:
Benzinstand-Warnlampe (neu) .... 12 V 1,7 W
Öldruckkontrolle .... LED
Kühlmitteltemperaturkontrolle (zusätzlich)...... LED

Änderungen ab Modelljahr 2003:
SV 650 S: Fernlicht/
Abblendlicht.......... 12 V 60/55 W (H4, 2 Stück)
SV 650 S: Standlicht .... 12 V 5 W (2 Stück)
Brems-/Rücklichtleuchte.............................. LED
Instrumentenbeleuchtung .... LED
Blinkkontrolle .... LED
Fernlichtkontrolle .... LED
Leerlaufkontrolle .... LED
Öldruck-/Kühlmitteltemperatur-
kontrolle/FI-Anzeige................................. LED
Benzinstandskontrolle.................................. LED

Änderungen ab Modelljahr 2007: Mit ABS zusätzlich Fehleranzeigenleuchte ABS .... LED

Reservelampen
Es ist sinnvoll, einige Reservelampen mitzuführen, damit man beim Ausfall einer Lampe auf der Stelle eine neue einbauen kann, was speziell bei einer Nachtfahrt von Vorteil ist. Folgende Lampen sollte man »an Bord« haben.
- 1 Stück Fernlicht-/Abblendlichtlampe
- 1 Stück Bremslicht/Rücklichtlampe (Mj. 1999 bis 2002)
- 2 Stück Blinklampen

Diese Reservelampen in eine vibrations- und stoßsichere, mit Schaumstoff ausgepolsterte kleine Box packen und unter der Sitzbank verstauen. Die LED's in der Instrumenteneinheit gehen praktisch nie kaputt, man braucht also keine Reserve-LED mitzuführen. Und wenn sie doch einmal kaputt gehen, kann man sie bei der nächsten Serviceaktion erneuern.

Lampen wechseln

Scheinwerferlampe(n)

SV 650: Bei den unverkleideten Modellen ist der Scheinwerfereinsatz (Bilder 1 und 2) gut zugänglich.
1. Zierring ab- und Einsatz ausbauen: Schrauben ***S*** (Bilder 1 und 2) ausschrauben, Zierring mit Scheinwerfereinsatz nach vorne aus Gehäuse nehmen.
2. Stecker von Lampenkontakten abziehen.
3. Gummikappe abziehen, Haltefeder der Lampe zusammendrücken und herausnehmen, Lampe herausnehmen.

Einbau in umgekehrter Reihenfolge. Besonders darauf achten, dass Lampeneinsatz und Zierring gleichmäßig und ohne zu verkanten in das Gehäuse eingesetzt werden.

SV 650 S: Zum Wechsel der Lampen (Bilder 4 und 5) den Lenker nach links oder rechts drehen, um leichter an die jeweilige Lampe heranzukommen.
1. Stecker abziehen (Bild 7), dann Gummikappe (Bild 6).
2. Sicherungsbügel (Bild 8) gleichzeitig nieder-

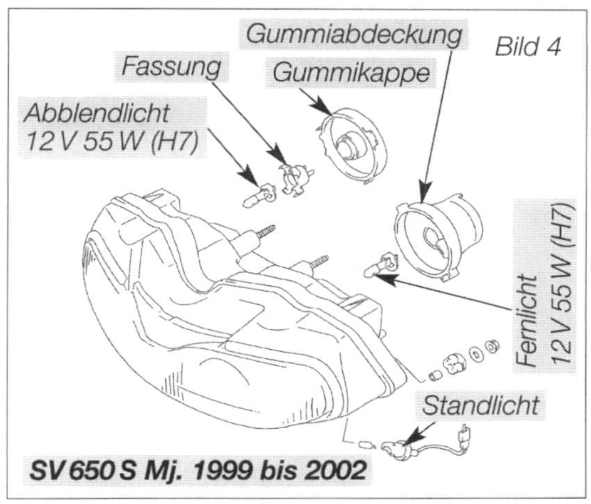

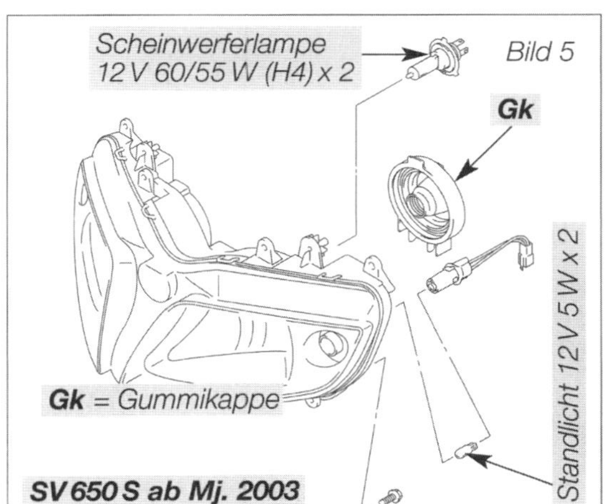

Bilder 4 und 5: Scheinwerfer SV 650 S, Mj. 1999 (Bild 4), ab Mj. 2003 (Bild 5).

Bild 6: »TOP« auf Gummikappe muss nach oben weisen.

Bild 7: Stecker sorgfältig abziehen bzw. aufdrücken.

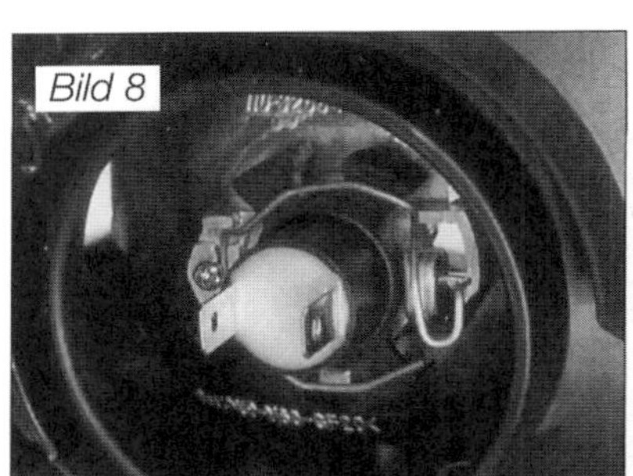

Bild 8: Zum Lampenwechsel Sicherungsbügel lösen.

Bild 9: Bei SV 650 S der Modelljahre 1999 bis 2002 ist über dem Fernlicht eine Gummiabdeckung eingebaut.

und ausdrücken, hochstellen, Lampe mit Fassung herausnehmen.

3. Lampe aus Fassung herausziehen.

■ Bei den Modelljahren 1999 bis 2002 wird beim Wechsel der linken Glühlampe (Abblendlicht) zunächst die Gummiabdeckung (Bild 9) über der Lampe abgenommen, dann der Stecker abgezogen und die Lampe nach Lösen des Sicherungsbügels entnommen.

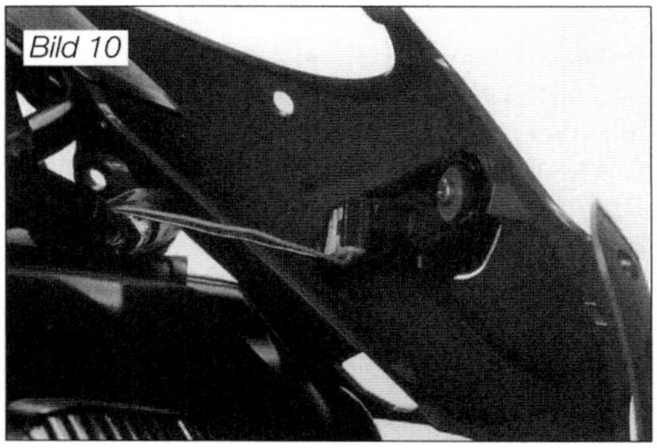

Bild 10: Bei den Modelljahren 1999 bis 2002 ist die Standlichtlampe oberhalb der Scheinwerfer eingebaut.

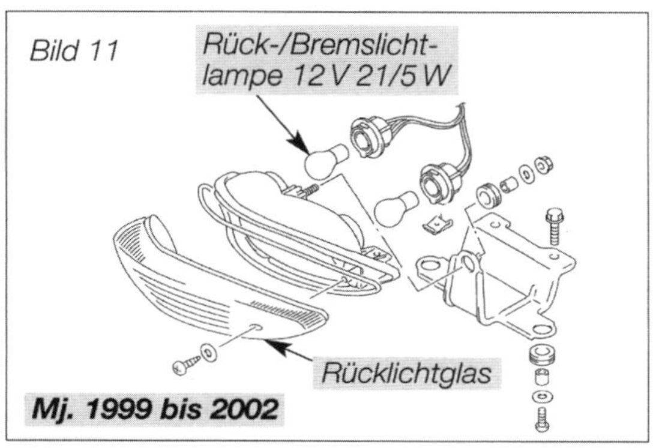

Bild 11: Explosionszeichnung des kombinierten Rück- und Bremslichts Mj. 1999 bis 2003

Einbau einer neuen Lampe in umgekehrter Reihenfolge. Dabei besonders beachten:

■ Laschen am Lampensockel in zugehörige Nuten einsetzen (Bild 3).

■ Lampe nicht mit bloßen Fingern, sondern nur mit sauberem Tuch anfassen.

■ Sicherungsbügel sicher einrasten lassen.

■ »TOP«-Markierung auf Gummikappe (Kreis in Bild 6) muss nach oben weisen.

Standlichtlampe(n)

SV 650: Bei den unverkleideten Modellen muss zum Wechsel der Standlichtlampe der Scheinwerfereinsatz ausgebaut werden (siehe weiter vorne sowie Bilder 1 und 2).

1. Stecker von Standlichtlampe abziehen.

2. Lampenfassung anpacken und vorsichtig herausziehen.

3. Defekte Lampe aus Fassung ziehen, neue Lampe einstecken.

4. Etwas Silikonfett auf die Gummifassung auftragen, in ihre Bohrung einschieben, Stecker aufstecken, Scheinwerfereinsatz einbauen.

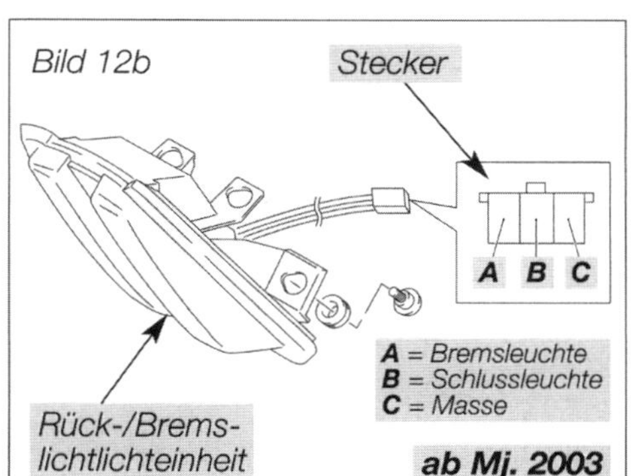

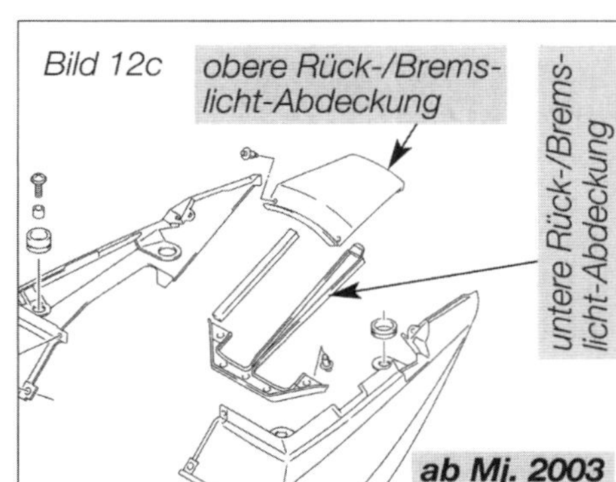

Bilder 12a und 12b: Ab Mj. 2003 dient als Rück- und Bremslicht eine LED-Einheit.

Bild 12c: Die untere und obere Rück-/Bremslichtabdeckung der Heckverkleidung muss zum Abbau des LED Rücklichts entfernt werden.

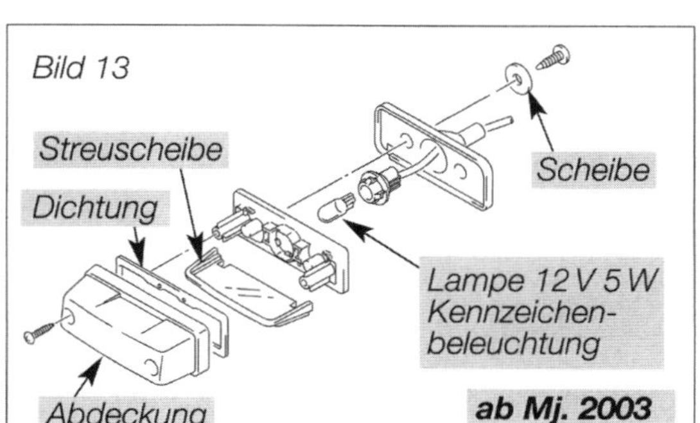

Bild 13: Explosionszeichnung der Kennzeichenbeleuchtung ab Modelljahr 2003.

SV 650 S: Die verkleideten Modelle haben ab Modelljahr 2003 zwei Standlichtlampen links und rechts oben im Scheinwerfergehäuse (Bild 5). Zum Ausbau das Kombiinstrument abbauen. Lampenwechsel wie oben beschrieben. Bei den Modelljahren 1999 bis 2002 ist die Standlichtlampe in der Verkleidung oberhalb von Abblend- und Fernlicht untergebracht. Zum Wechsel die beiden Schrauben des Lampenglases lösen (Bild 10).

Rück-/Bremslichtlampen (Bilder 11 und 12)
Um die Lampe im kombinierten Rück-/Bremslicht (Modelljahre 1999 bis 2002, Bild 11) wechseln zu können, die beiden Schrauben im Rücklichtglas lösen und Lampenglas vorsichtig abnehmen. Zum Ausbau die Lampe leicht in die Fassung eindrücken, dann unter leichtem Druck nach links bis zum Anschlag drehen und aus der Fassung herausziehen. An den Metallkontaktstellen von Fassung und Lampensockel entsteht im Laufe der Zeit Korrosion, was zu einer Art »schleichender Dekontaktierung« führt - die Lampe brennt dann nicht mehr, obwohl der Faden noch ganz ist. Korrosionsstellen mit feinem Schmirgelpapier (Bild 17) abziehen und Lampe mit Kontaktspray einsetzen.
■ Ab Modelljahr 2003 sind als Rück- und Bremslicht zwei miteinander verbundene LED-Einheiten mit jeweils 7 Leuchtdioden (Bilder 12a und 12b) eingebaut. Wenn eine der LEDs defekt ist, brennen die anderen weiterhin. Wenn die LED-Einheit gewechselt werden soll:
1. Untere und obere Rück-Bremslichtabdeckung der Heckverkleidung abnehmen (Bild 12c).
2. Halteschrauben der LED-Einheit lösen (Bild 12b).
3. Stecker trennen und Einheit herausnehmen.
Einbau in umgekehrter Reihenfolge.

Kennzeichenbeleuchtung (Bild 13)
Beide Schrauben der Kennzeichenbeleuchtung ausdrehen. Lampe aus Fassung ziehen. Beim Einbau auf Dichtung achten.

Blinklampen (Bilder 14 bis 16)
1. Blinkerglas abbauen: Kreuzschlitzschraube ausdrehen: Modelljahre 1999 bis 2002: In Blinkergehäuse unten (Bild 14), ab Mj. 2003 an Blinkerarm (Bild 16), Blinkerglas etwas vom Gehäuse wegziehen und aus der Zapfenhalterung herausnehmen.
2. Lampe ausbauen: Lampe leicht in ihre Bajonettfassung eindrücken, bis Haltenippel entriegelt sind, Druck halten, Lampe nach links bis Anschlag drehen, aus Fassung ziehen.
3. Neue Lampe einsetzen, Blinkerglas exakt in Zapfenhalterung einführen, an Gehäuse anlegen.
4. Befestigungsschraube mit Gefühl und nicht zu fest anziehen, sonst reißt das Glas ein.

Leuchteinheit innen feucht?

Feuchtigkeit in Leuchteinheiten entsteht durch Schwitzwasser, das sich bildet, wenn die Lampe brennt, deswegen heiß ist und am Ende der Fahrt beim Ausschalten des Lichts wieder abkühlt. Schwitzwasser ist gefährlich, denn es kriecht in jede Ritze und sorgt für Korrosion der Kontakte: Im Laufe der Zeit wird das Licht immer dunkler und erlischt schließlich ganz, obwohl die in die Fassung eingesteckte Lampe nicht defekt ist. Wenn man bei der Lichtkontrolle oder beim Wechsel einer defekten Lampe feststellt, dass Feuchtigkeit innen im Lampen-, Blinker- oder Rücklichtglas sitzt, ist dies ein Zeichen dafür, dass die Leuchteinheit nicht be- bzw. entlüftet wird.

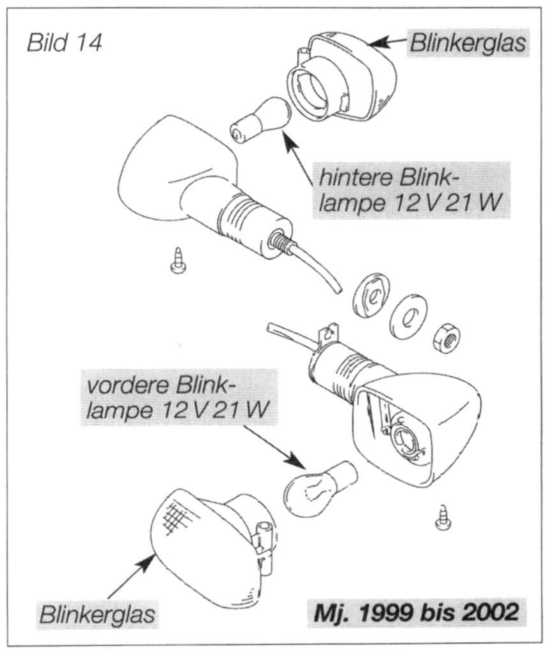

Bilder 14, 15a, 15b und 16: Blinker und Befestigung bei Modelljahren 1999 bis 2002 (Bild 14) und ab 2003 (Bilder 15a, 15b und 16).

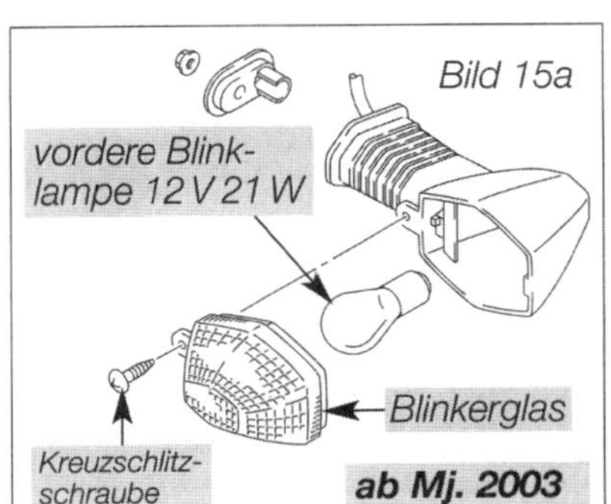

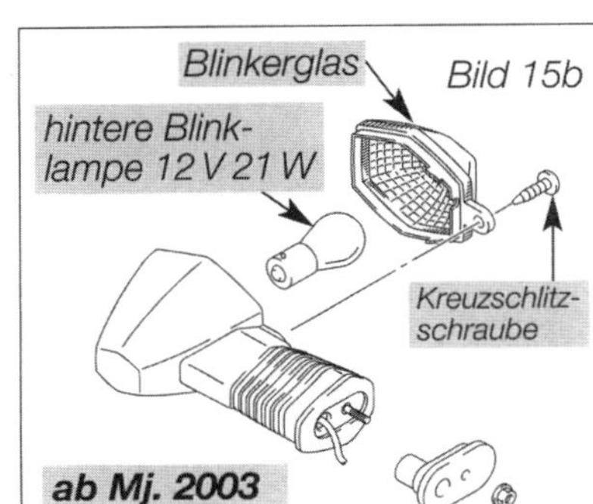

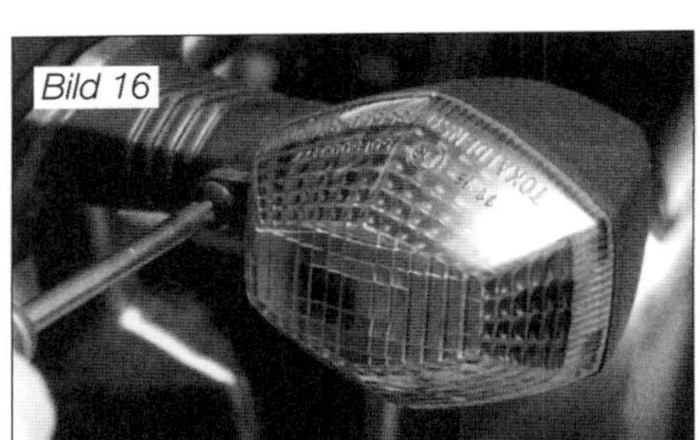

Korrosionsschicht mit feinem Schleifpapier entfernen, mit Kontaktspray behandeln.

Bild 17: Korrodierte Fassung und Kontakt (Kreis).

■ Lampen in Blinker, Rück- und Bremslicht durch gleichzeitiges Eindrücken und Drehen gegen den Uhrzeigersinn aus Fassung ausbauen.

Bei Schwitzwasserbefall müssen die Lampengläser abgebaut und ausgetrocknet werden. Kontrollieren Sie dann auch, ob der nach unten weisende Schlitz im Lampengehäuse eventuell durch Schmutz zugesetzt ist und legen sie diesen frei.

Blinkerrelais

Beim Blinken ertönt ein rhythmisches Klicken aus dem Relais. Dieses sitzt bis Modelljahr 2006 unter der Sitzbank neben dem Sicherungskasten (Bild 18). Ab Modelljahr 2007 ist es unter dem Batteriekasten zu finden (Bild 19). Wenn keiner der Blinker funktioniert, ist entweder das kombinierte Blinker- und Seitenständerrelais defekt (dann klickt es aber auch nicht!) oder es hat schlechten Kontakt.

1. Zuerst Kontaktanschlüsse prüfen: Beim kleinsten Ansatz von Korrosion diese mit feinem Schmirgelpapier abziehen.
2. Manchmal funktioniert ein Blinkerrelais auch wieder, wenn man leicht mit dem Finger oder dem Griff eines Schraubenziehers dagegenklopft.
3. Das Blinker-/Seitenständerrelais kann nicht repariert werden: Daher vor dem Kauf eines neues Blinkerrelais zum Test ein funktionierendes Relais einstecken – von der Maschine des Freundes ausleihen!

Bilder 18 und 19: Blinker/Seitenständerrelais bis Mj. 2006 neben dem Sicherungskasten (Bild 18), ab Mj. 2007 unter dem Batteriekasten (Bild 19).

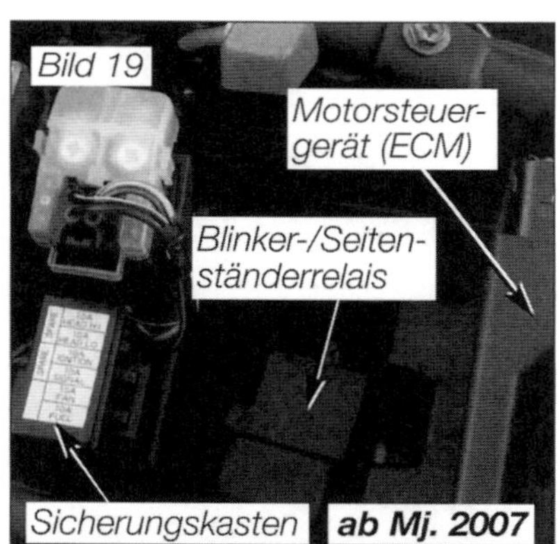

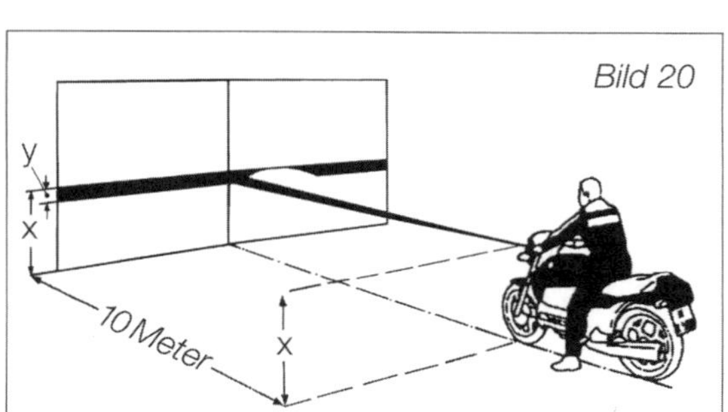

Bild 20: Schemazeichnung Scheinwerfereinstellung. x = Mitte des Scheinwerfers, y = 10 cm.

Scheinwerfereinstellung

Fachbegriff »Vertikale Einstellung«: Lichtstrahl mehr oder weniger nach oben oder unten (»Leuchtweite«), Straße wird weiter oder weniger weit ausgeleuchtet.

Auswirkungen:
■ **Zu *niedrig* eingestellter Lichtstrahl:** Fahrer verliert entscheidende Meter an Sichtweite.
■ **Zu *hoch* eingestellter Lichtstrahl:** Motorrad wird zum gefährlichen Blender – und zwar sowohl für den Gegenverkehr als auch für den Vorausfahrenden: Blendung erfolgt über Spiegel; bei Autos besonders durch deren Innenspiegel.

Fachbegriff »Horizontale Einstellung«: Lichtstrahl mehr oder weniger nach rechts oder links, Straße oder Straßenrand werden mehr oder weniger hell ausgeleuchtet.

Auswirkungen:
■ **Zu *weit nach links* eingestellter Lichtstrahl:** Gegenverkehr kann geblendet werden, auch wenn die vertikale Einstellung stimmt.
■ **Zu *weit nach rechts* eingestellter Lichtstrahl:** Straße vor der Maschine wird zu wenig ausgeleuchtet, Straßengraben dafür umso mehr (»Licht schielt«).

Voraussetzungen zu Prüfung und Einstellung
Prüfung und Einstellung des Scheinwerfers muss mit korrektem Reifenluftdruck erfolgen sowie mit der Federeinstellung an Telegabel und hinterem Federbein, mit der am meisten gefahren wird (»Standardeinstellung«). Vor der Einstellung kräftig auf die Maschine setzen und sie wieder ausfedern lassen: Gewicht über die Füße also nur leicht aus dem Sitz nehmen.

Wichtig: Einstellung der Feder im Federbein beeinflusst die Höhe des Hecks und damit die Leuchtweite (»vertikale Einstellung«). Wenn ein anderes Federbein oder andere Gabelfedern eingebaut werden, muss die Leuchtweite überprüft und ggf. neu eingestellt werden. Weiterhin hat die Zuladung mit zwei Personen und Gepäck großen Einfluss auf die Leuchtweite, weil die Maschine hinten tiefer in die Feder sinkt als vorne. Deswegen sollte die Leuchtweite vor einer Urlaubsfahrt mit der Urlaubs-Gepäck-Zuladung und dem Sozius auf der Sitzbank (!) überprüft und ggf. eingestellt werden, damit die Straße gut ausgeleuchtet und eine Blendung des Gegenverkehrs vermieden wird.

Einstellung prüfen (Bild 20)
1. Motorrad in 10 Metern Abstand vor einer Wand auf ebenem Boden aufstellen: Maschine steht abgebockt auf den Rädern, Fahrer hat sein Gewicht im Sitz, stützt sich mit den Füßen nur leicht auf dem Boden ab.
2. Abstand vom Boden bis zur Mitte des Scheinwerfers messen. Dieses Maß mit einem Kreidekreuz auf die Wand übertragen.
3. Unter dieses Kreuz im Abstand von 10 cm ein weiteres Kreuz anzeichnen.
4. Motor starten, Abblendlicht einschalten.
5. Die Hell-/Dunkelgrenze soll in der Mitte des unteren Kreuzes beginnen, bis zur Höhe des oberen Kreuzes nach rechts ansteigen und dann wieder abfallen. Falls nicht, einstellen.

Tipp: Wenn Sie zu Hause nicht genug Platz und keine geeignete Wand haben, gehen Sie in ein Parkhaus: Ein idealer Ort, um die Scheinwerfer zu überprüfen und ggf. einzustellen; mit ebenen Böden, dunklen Wänden und es herrscht genau das diffuse Licht, das man braucht, um das Motorradlicht auf der Wand und die Einstellschrauben am Motorrad sehen zu können.

Scheinwerfer einstellen
SV 650: Bei den unverkleideten Modellen befindet sich die Einstellschraube der Horizontaleinstellung außen am Zierring; die Einstellschraube der Vertikaleinstellung befindet sich hinten-unten am Gehäuse (siehe dazu Bild 21).

SV 650 S: Bei den verkleideten Modellen der Modelljahre 1999 bis 2002 befinden sich die Einstellschrauben für Vertikal- und Horizontaleinstellung jeweils außen neben den Scheinwerfern und sind mit geschickten Händen ohne Ausbau der Verkleidung zugänglich: Die Horizontaleinstellung erfolgt mit der oberen, die Vertikaleinstellung mit der unteren Schraube (Bilder 22 und 23).

Ab Modelljahr 2003 sitzen die Einstellschrauben für die Vertikaleinstellung (in Fahrtrichtung gesehen) in der Frontverkleidung rechts und links an der Außenseite der Scheinfwerferfassungen, die beiden Schrauben für die Horizontaleinstellung sitzen oben zwischen den Scheinwerferfassungen. Ein langer Kreuzschlitzschraubenzieher erleichtert die Vertikaleinstellung, da er durch den extra vorhandenen Kanal in der Verkleidung nach oben geführt werden kann.

Scheinwerfer ab- und anbauen

SV 650
1. Befestigungsschrauben des Scheinwerfergehäuses rechts und links lösen und ausdrehen.
2. ABS: Bremsschlauchhalter von Gabelbrücke abbauen (Bremsschlauchanschlüsse NICHT trennen!).
3. Vertikale Einstellschraube hinten-unten ausdrehen, auf Feder achten (!).
4. Kabelstecker trennen, Scheinwerfergehäuse nach vorne abnehmen.

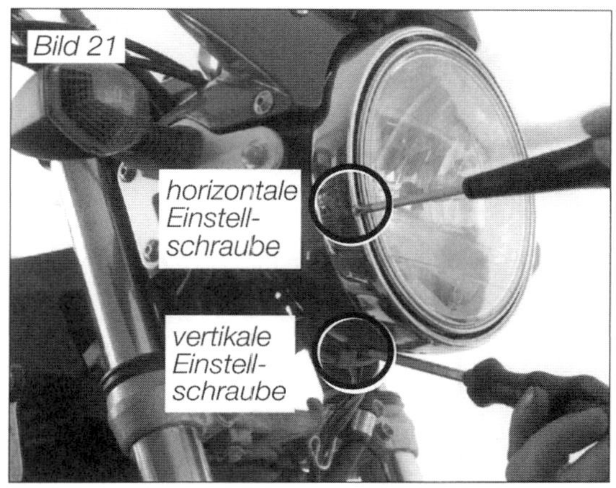

Bild 21: Vertikale und horizontale Einstellschrauben der unverkleideten SV 650.

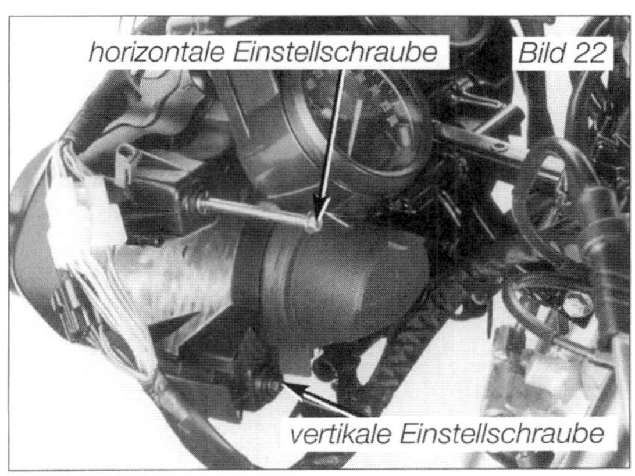

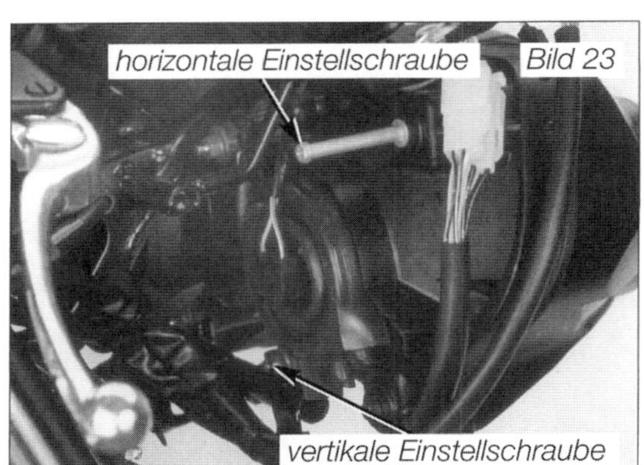

Bilder 22 und 23: Linke und rechte Scheinwerfer-Einstellschrauben an SV 650 S Modelljahre 1999 bis 2002.

Sichtprüfung Messen

Bild 24: *Wenn die Hupe nicht funktioniert, zuerst Kabelanschlüsse auf festen Sitz und Korrosion prüfen. Der Hupenton lässt sich durch Ein- oder Ausdrehen der Kreuzschlitzschraube einstellen.*

SV 650 S: Bei den S-Modellen die Verkleidung abbauen (siehe Kapitel 3 »Verkleidung · Tank · Rahmen«). Stecker Scheinwerfer und Standlichtlampen lösen. Zum Ausbau der Scheinwerfereinheit die Befestigungsschrauben ausdrehen bzw. Muttern abdrehen.

Beim Einbau beachten:

■ Gewinde der Schrauben vor dem Eindrehen reinigen und leicht mit dickem Wälzlagerfett einschmieren, damit sie nicht festrosten.

■ Die Federn der horizontalen und vertikalen Einstellschrauben auf Spannung prüfen, leicht einfetten. Die dünne Feder gehört zur horizontalen Einstellschraube, die dickere Feder gehört zur vertikalen Einstellschraube.

Lichthupe und Hupe

Lichthupe prüfen

Die Lichthupe wird betätigt, indem der gelbe Schalter an der linken Lenkerschaltereinheit gedrückt wird: Das Fernlicht muss so lange aufleuchten, wie der Schalter gedrückt bleibt.

■ Falls das Fernlicht nicht aufleuchtet, zuerst die Lampe überprüfen: Auf Fernlicht schalten und nachsehen, ob die Lampe überhaupt brennt.

■ Ist die Lampe in Ordnung, Kabel und Steckverbindungen kontrollieren.

■ Sind Kabel und Steckverbindungen in Ordnung, die Schaltereinheit am Lenker öffnen und nachsehen, ob beim Drücken des Schalters innen einwandfreier Kontakt hergestellt wird.

Hupe (Signalhorn) prüfen, einstellen

Die Lautstärke der Hupe (Bild 24) kann man einstellen: Auf der Rückseite der Hupe ist neben den Steckkontakten ein Kreuzschlitzkopf zu sehen: Durch rechts- oder linksdrehen wird der Hupton lauter, leiser, klarer oder unklarer. Einfach versuchen, Schraube allerdings nicht hektisch, sondern sehr (!) langsam (!!) drehen!

Wenn die Hupe dann immer noch nicht richtig funktioniert, liegt es meist an defekten Kabeln oder Steckverbindungen.

■ Kabel zwischen Hupenknopf und Hupe auf Bruch und durchgescheuerte Stellen kontrollieren.

■ Steckverbindungen säubern, Kontakte mit feinem Schleifpapier

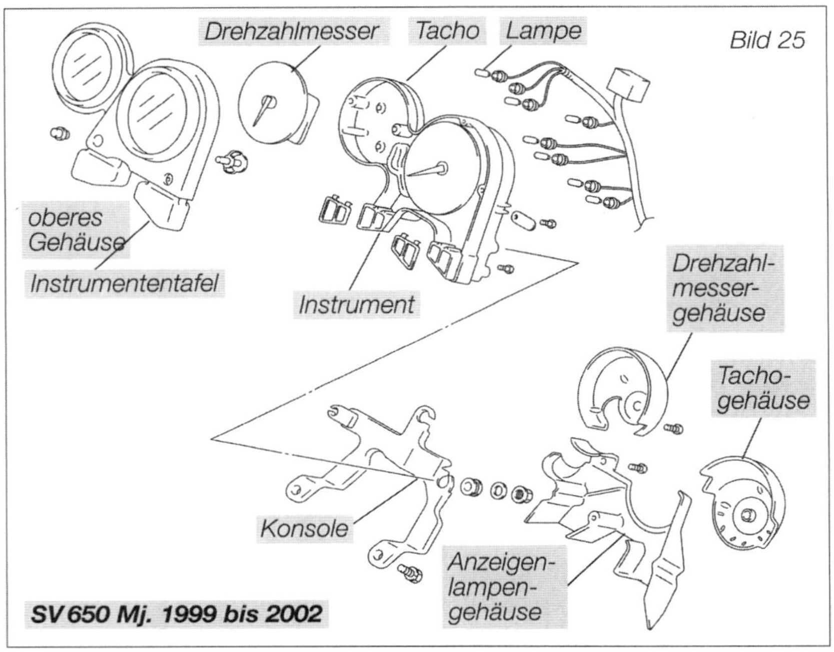

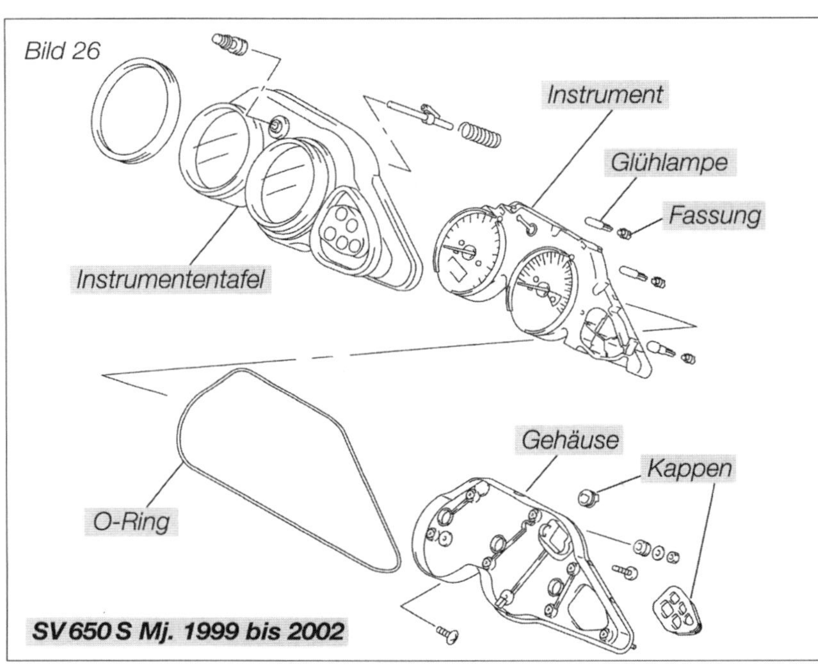

Bilder 25 und 26: *Explosionszeichnungen Instrumenteneinheit SV 650/S Mj. 1999 bis 2002.*

von Korrosionsschicht befreien, ggf. mit Kontaktspray behandeln.

■ Steckverbindung der Hupe prüfen, dazu Zündung einschalten, Spannungsmesser an kabelbaumseitige Kontakte anlegen: Bei Betätigung des Hupenschalters muss Batteriespannung anliegen.

■ Falls die Hupe trotz funktionierender Stromversorgung keinen Laut von sich gibt, Bauteil ersetzen: Stecker abziehen, Befestigungsschraube lösen und Hupe abnehmen.

Bild 27

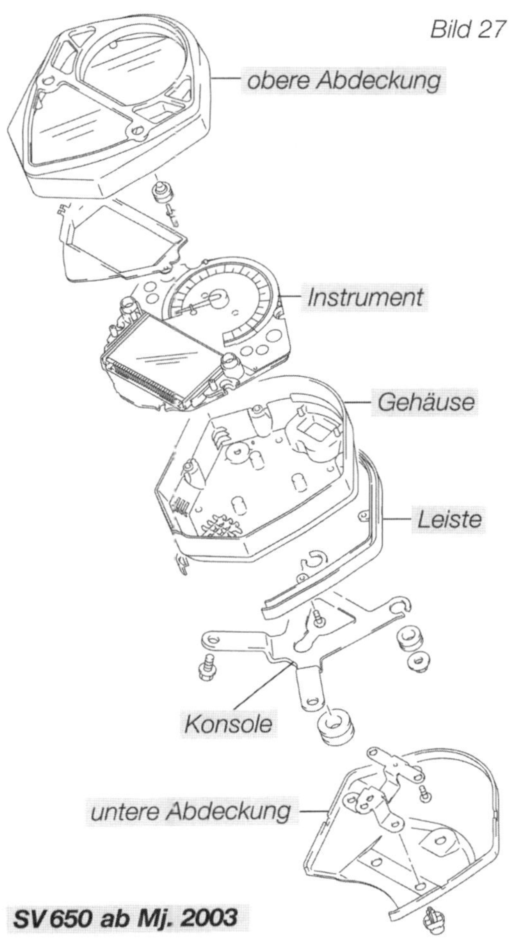

SV650 ab Mj. 2003

Instrumenteneinheit

Instrumenteneinheit (Bilder 29 und 30): Bei unverkleideten Modellen an oberer Gabelbrücke befestigt, bei Maschinen mit Verkleidung in die Frontverkleidung eingebaut. Bei Defekt: Abhängig von Modell und Baujahr kann die Instrumenteneinheit zerlegt, einzelne Komponenten können ausgetauscht werden. Sollte an Ihrem Motorrad die Instrumenteneinheit defekt sein, erkundigen Sie sich bitte vor der Zerlegung beim Suzuki-Händler, ob es Ersatzteile einzeln gibt oder nur als komplette Einheit.

Bild 28

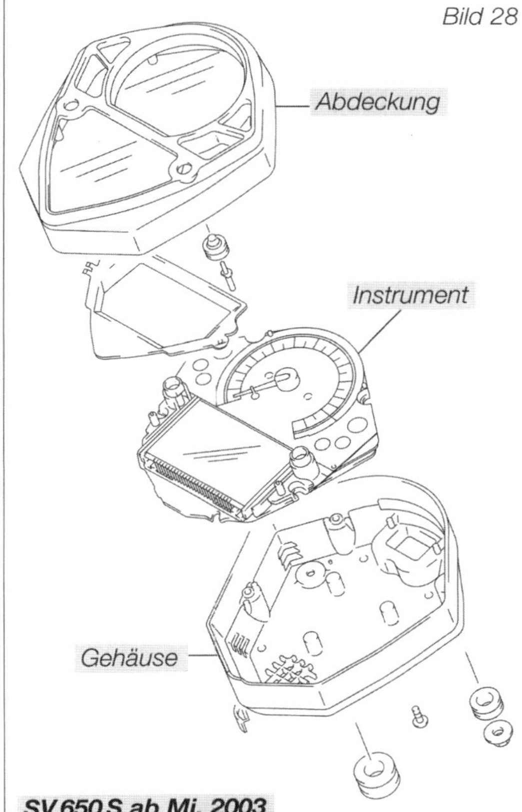

SV650S ab Mj. 2003

Bilder 27 und 28: Explosionszeichnungen der Instrumenteneinheit der SV650/S ab Mj. 2003.

Bild 29

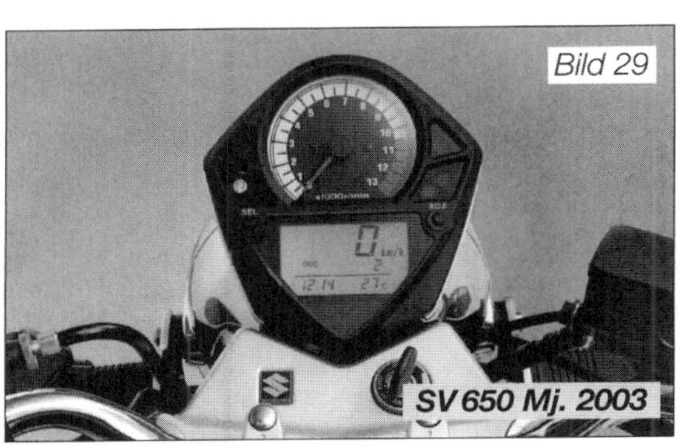

SV650 Mj. 2003

Bild 30

SV650S Mj. 2003

Bilder 29 und 30: Die Instrumente sind sehr zuverlässig und zeigen genau an. Die LED-Kontrollleuchten gehen praktisch nicht kaputt.

Sichtprüfung Messen

Bilder 1, 1a bis 1h und 2: Einbaulage der elektrischen Bauteile beim Vergasermodell Mj. 1999 bis 2002.

Sicherungen · Relais · Stecker

In diesem Kapitel: Übersicht der elektrischen Bauteile · Sicherungen · Relais · Elektrische Stecker trennen · Aufgescheuerte Kabel · Übersichtsbilder Einbaulage elektrischer Bauteile.

Elektrische Bauteile

Vergaser und Einspritzer: In diesem Kapitel wird mit »Vergasermodell« die SV 650 der Modelljahre 1999 bis 2002 bezeichnet. Die Bezeichnung »Einspritzer« kennzeichnet die Modelle von 2003 bis 2009, die mit Benzineinspritzung ausgestattet sind.

VERGASER: Übersicht der elektrischen Bauteile, Relais, Sensoren und Schalter

Elektrische Bauteile

- Regler/Gleichrichter (*G* in Bild 1, 1e)
- Anlasser (Elektrostarter, *T* in Bild 2, 2c)
- Zündkerzen, Kerzenstecker, Zündspulen (*K* in Bild 1, 2f und *O* in Bild 2, 2e)
- Batterie (*F* in Bild 1)
- Zündbox (*L* in Bild 1, 1f)
- Sicherungskasten (*F* in Bild 1, 4)
- Generatorstator, Generatorrotor (*V* in Bild 2, 2b)
- Hauptsicherung 30 A (*E* in Bild 1, 2a)
- Lichtmaschine (Generator, *V* in Bild 2)
- Hupe (*N* in Bild 1h, 2)
- Stecker Benzinstandgeber (*D* in Bild 1)

Relais

- Anlasserrelais (*E* in Bild 1, 2a)
- Blinker-/Seitenständerrelais mit Diode (*F* in Bild 1)

Sensoren

- Drosselklappenpositions-Sensor (TPS, *C* in Bild 1, 1b)
- Geschwindigkeits-Sensor (Drehzahl-Sensor, *S* in Bild 2)
- Kurbelwellenpositions-Sensor (Zündgeber, *Q* in Bild 2, 2b)

Schalter

- Seitenständerschalter mit Diode (*X* in Bild 1d, 2)
- Gangpositions-/Leerlaufschalter, *W* in Bild 2, 2d)
- Zündschalter (Zündschloss)
- Vorderrad-Bremslichtschalter (*A* in Bild 1)
- Hinterrad-Bremslichtschalter (*M* in Bild 2)
- Motoröldruckschalter (OPS, *U* in Bild 2)
- Motorstoppschalter (»Killschalter«, *B* in Bild 1)
- Kupplungsschalter (*H* in Bild 1)
- Lichthupen-, Abblendlichtschalter (*I* in Bild 1)
- Kühlerventilatorschalter (*R* in Bild 1c, 2)
- Kühlmittel-Temperaturschalter (*P* in Bild 1g, 2)

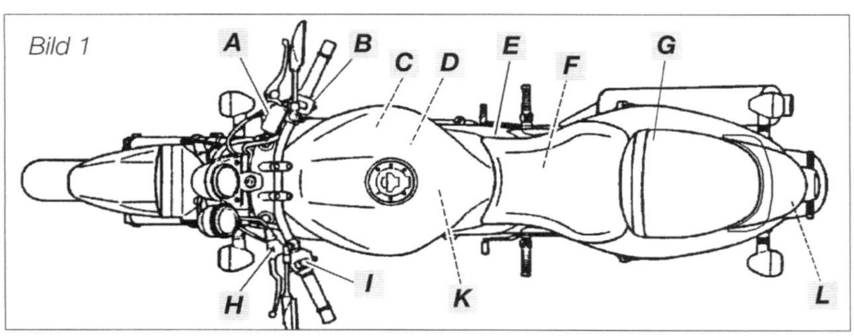

Bild 1

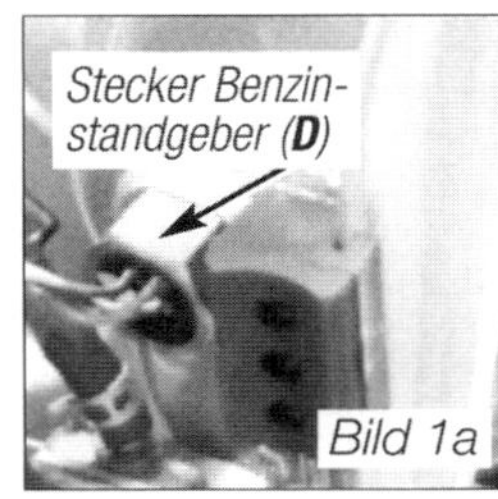

Bild 1a

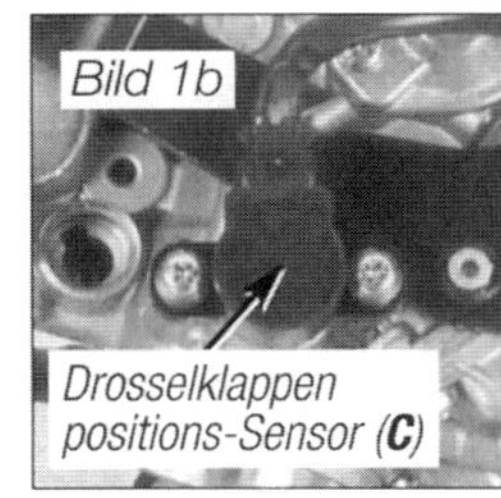

Bild 1b

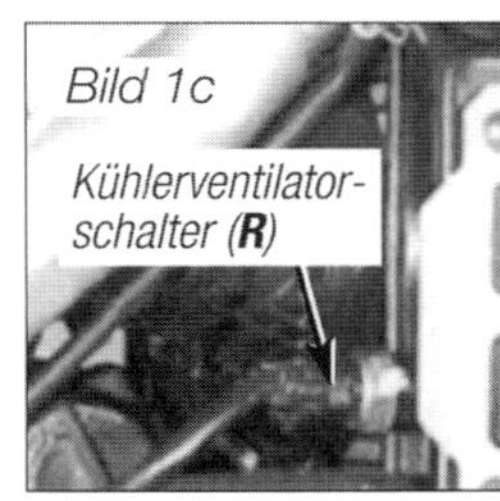

Bild 1c

Bild 1d

Bild 1e

Bild 1f

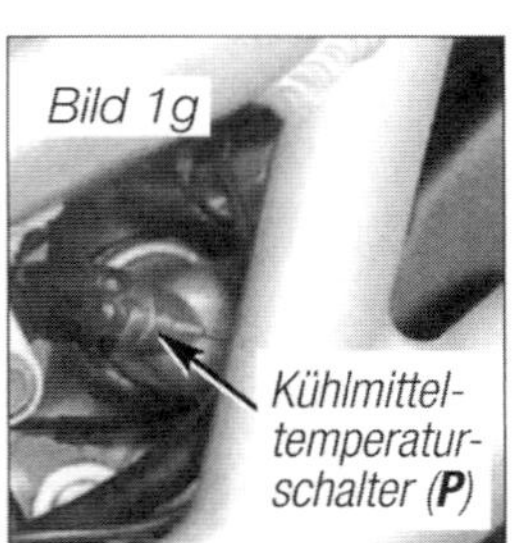

Bild 1g

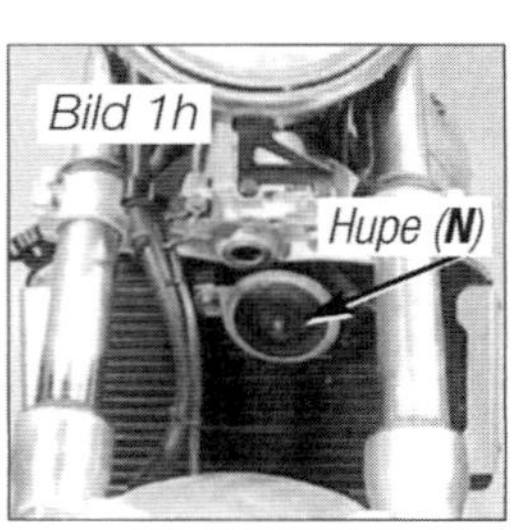

Bild 1h

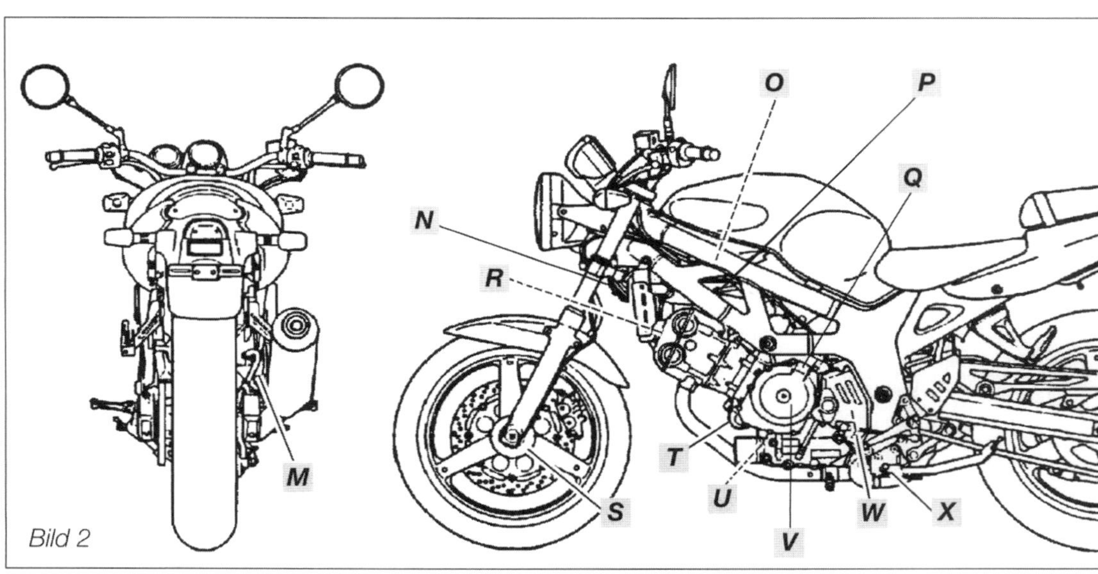

Bild 2

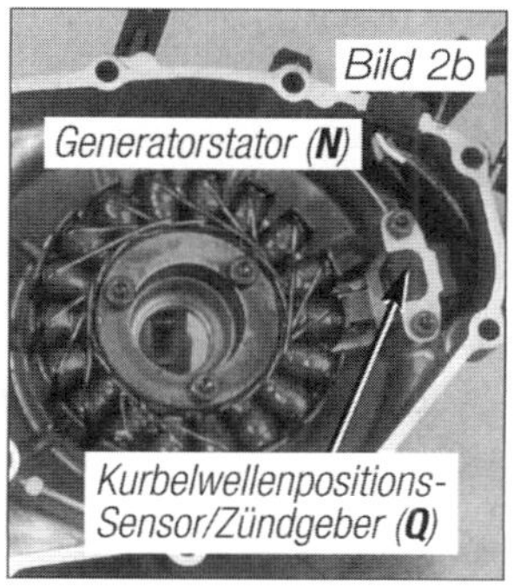

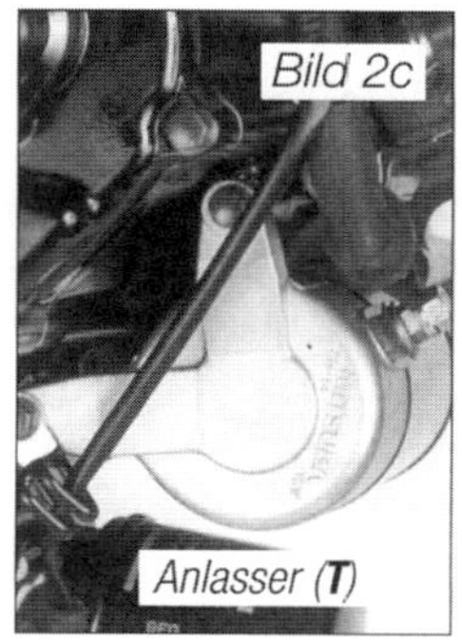

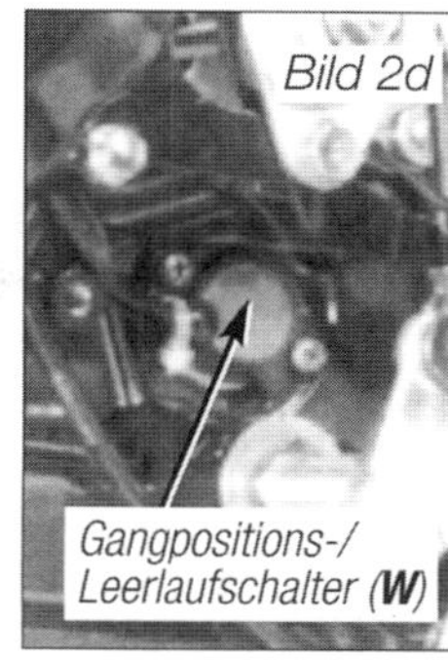

Bilder 2a bis 2f: Einbaulage der elektrischen Bauteile beim Vergasermodell Mj. 1999 bis 2002.

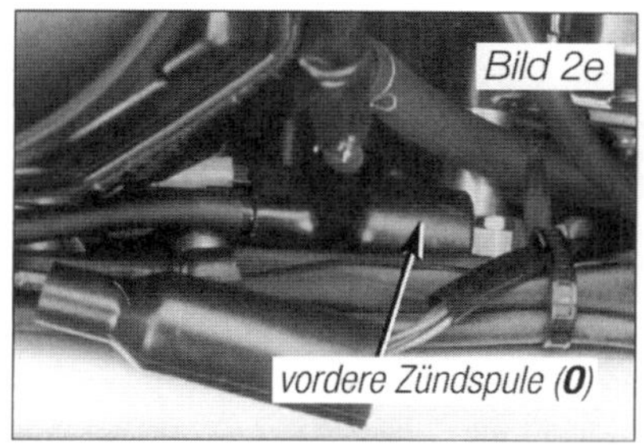

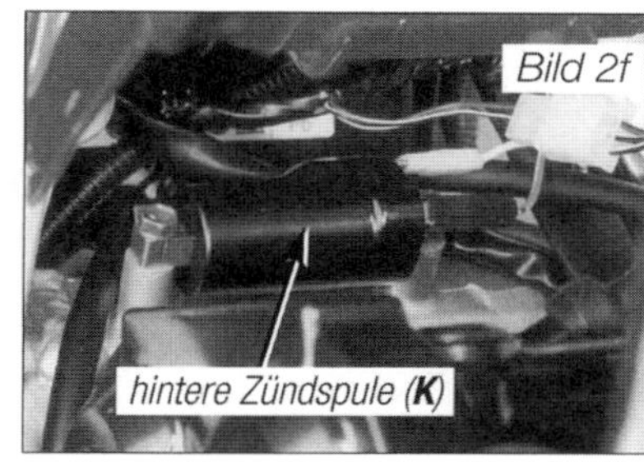

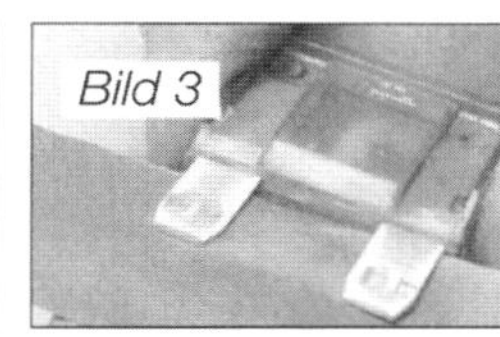

Bild 3: Zungen der Sicherung bei Korrosion mit Schmirgelpapier abziehen.

Sensoren: Ab Modelljahr 2003 (Einführung Einspritzung) bekam der Motor neun Sensoren anstatt drei Sensoren wie beim Vergaser-Vorgängermodell. Zudem gibt es andere Sicherungsstärken sowie zwei Sicherungen mehr. Ebenso hat sich die Relaisverteilung geändert: Beim Einspritzer kommt ein Benzinpumpenrelais dazu.

Mit der Änderung des Kraftstoffsystems wurde auch die Motorsteuerung (beim Vergasermodell ist dies eine Zündbox) den veränderten Rahmenbedingungen angepasst: Beim Einspritzmodell gibt es ein Motorsteuergerät mit der Bezeichnung ECM; das Kraftstoff-Einspritzsystem heißt SDTV und ist mit einem Selbstdiagnosesystem ausgestattet: Wird im Kraftstoffsystem eine Störung erkannt, schaltet das ECM eine Fehleranzeige in der Instrumenteneinheit ein, zudem wird der Fehler mit einem zugehörigen Code gespeichert. Nur in der Suzuki-Fachwerkstatt kann mit entsprechenden Mess- und Diagnosegeräten der Fehler ausgelesen und gelöscht werden.

Sicherungen

Beim Arbeiten an Sicherungen beachten:

- Vor Sicherungswechsel die Zündung sicher ausschalten, Zündschlüssel abziehen.
- Defekte Sicherungen nicht reparieren, etwa mit alubeschichtetem Papier aus der Zigarettenschachtel: Die Gefahr, dass die Maschine anfängt zu brennen, ist ziemlich hoch!
- In den Sicherungskästen sind Reservesicherungen 10 A, 15 A und 30 A plus 25 A und 40 A für das ABS vorhanden. Wenn eine davon benötigt wird, sie umgehend ersetzen.
- Nur vorgeschriebene Sicherungen verwenden!
- Wenn man den Verdacht hat, dass durch Korrosion an der Zungen der Sicherung kein zuverlässiger Kontakt vorhanden ist, einfach nur die Zungen mit feinem Schmirgelpapier abziehen (Bild 3).

Achtung: Falls eine Sicherung wiederholt durchbrennt, den Fehler suchen und beheben. Auf keinen Fall eine Sicherung mit einem höheren Ampere-Wert einsetzen.

Die **Hauptsicherung** 30 Ampere (Bilder 2a, 5 und 7) ist im Anlasserrelais eingebaut. Dies ist bei allen Modelljahren in der Nähe der Batterie

EINSPRITZER: Übersicht der elektrischen Bauteile, Sensoren, Relais, Steuerventile und Schalter

Elektrische Bauteile
- Regler/Gleichrichter (Bild 15f)
- Anlasser (Elektrostarter, Bild 15k)
- Zündkerzen, Kerzenstecker (Bilder 12k, 14e und 15m), Zündspulen (Bilder 12i und 15g)
- Batterie (Bild 14b)
- Motorsteuergerät ECM (Bilder 13a, 13b und 13c)
- Sicherungskasten (Bilder 5 bis 7, 13a und 13b)
- ABS-Sicherungen: ABS-Magnetventil, ABS-Motor (Bilder 7 und 13b)
- Hauptsicherung 30 A (Bilder 4, 7, 13a und 13b)
- Lichtmaschine (Generator, Bilder 12o und 12p)
- Betriebsartenwahl-(Service-)stecker für Einspritzsystem, ABS, SDS (Bild 13d) und ABS (Bild 14d)
- Hupe (12h)

Sensoren
- Mj. 2003 bis 2006: Ansaugluftdruck-Sensor (IAPS, Bild 15a); Ab Mj. 2007 je ein Ansaugluftdruck-Sensor für vorderen (Bild 15b) und hinteren Zylinder (Bild 12m)
- Ansauglufttemperatur-Sensor (IATS, Bild 12n)
- Drosselklappenpositions-Sensor (TPS, Bild 12e)
- Geschwindigkeits-Sensor (Bild 12l)
- Sekundär-Drosselklappenpositions-Sensor (STPS, Bild 12c)
- Kühlmitteltemperatur-Sensor (ECTS, Bild 15l)
- Kurbelwellenpositions-Sensor (CKPS, Zündgeber, Bild 12p)
- Lambdasonde (Bild 14h)
- Umkipp-Sensor (TOS, Bild 14c)
- Raddrehzahl-Sensor ABS Vorderrad (Bild 15n)
- Raddrehzahl-Sensor ABS Hinterrad (Bild 14f)

Relais
- Anlasserrelais (Bilder 5, 7, 13a und 13b)
- Benzinpumpenrelais (Bilder 5, 7, 13a und 13b)
- Blinker-/Seitenständerrelais mit Diode (5, 7, 13a, 13b und 14g)

Steuerventile
- Einspritzventile (Bild 12b)
- PAIR-Steuermagnetventil (Bild 15d)
- Leerlaufdrehzahl-Steuerventil ab Mj. 2007 (ISCV, Bild 15e)
- Sekundär-Drosselventil (STV)
- Sekundär-Drosselventil-Stellantrieb (STVA, Bild 12d)

Schalter
- Seitenständerschalter mit Diode (Bild 13f)
- Gangpositionsschalter (Leerlaufschalter, Bild 13e)
- Zündschalter (Zündschloss, Bild 12g)
- Vorderrad-Bremslichtschalter (Bild 15c)
- Hinterrad-Bremslichtschalter (Bild 14i)
- Motoröldruckschalter (OPS, Bild 15i)
- Motorstoppschalter (»Killschalter«, Bild 12a)
- Kupplungsschalter (Bild 12f)
- Lichthupen-, Abblendlicht-, Warnblinkschalter
- Kühlerventilatorschalter (Bild 15h)

Sichtprüfung · Messen

eingebaut. Zum Ausbau der Sicherung den Stecker vom Anlasserrelais abziehen.

Sicherungskasten (Bilder 4 bis 7): Sitzt jeweils unter dem Fahrersitz. Die zu den entsprechenden Baugruppen gehörenden Sicherungen sind in Bild 4 bezeichnet.

Sicherungen ABS-Magnetventil und ABS-Motor: Die beiden Einzelsicherungen befinden sich unter der Sitzbank direkt neben dem Batteriefach (Bild 7).

Sicherungen Mj. 1999 bis 2002 (Bild 4)

Scheinwerfer Fernlicht	15 Ampere
Scheinwerfer Abblendlicht	15 Ampere
Instrumente	10 Ampere
Zündung	10 Ampere
Blinker	15 Ampere

Resevesicherungen: Je 1 Stück 10, 15 und 30 Ampere, 25 und 40 Ampere bei den ABS-Modellen ab Modelljahr 2007.

Sicherungen ab Mj. 2003 (Bilder 6a und 6b)

Scheinwerfer Fern-/Abblendlicht	10 Ampere

SV 650 S:

Scheinwerfer Fern-/Abblendlicht	15 Ampere
Benzinpumpe	10 Ampere
Kühlerventilator	15 Ampere
Blinker	10 Ampere

Ab Mj. 2007 zusätzliche Sicherungen bei ABS:

ABS-Motor	40 Ampere
ABS-Magnetventil	25 Ampere

Sicherungsstärke: Welche Sicherung zu welcher Baugruppe gehört und welche Stärke sie hat, ist im Deckel des Sicherungskastens bzw. auf der Oberseite der ABS-Sicherungen vermerkt. Die Bilder 4, 6a und 6b zeigen die Sicherungen mit Stärken und Einbaulage.

Defekte Sicherung auswechseln:

- Deckelriegel mit kleinem Schraubenzieher oder leichtem Fingerdruck lösen, Deckel aufklappen.
- Defekte Sicherung mit Spitzzange aus der Steckklemme ziehen.
- Neue Sicherung mit identischem Ampere-Wert einsetzen.

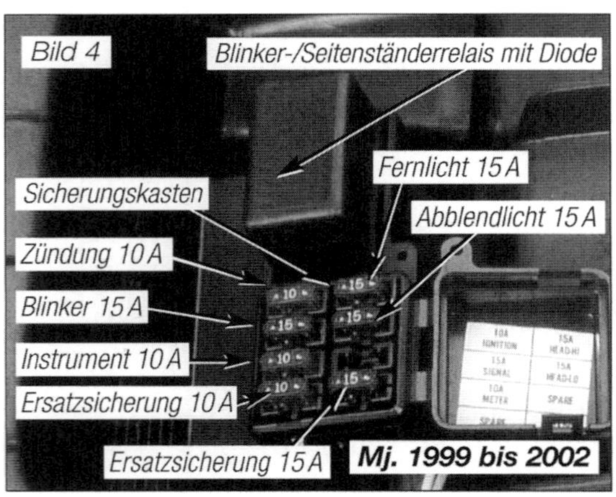

Bild 4: Belegung des Sicherungskastens Modelljahre 1999 bis 2002.

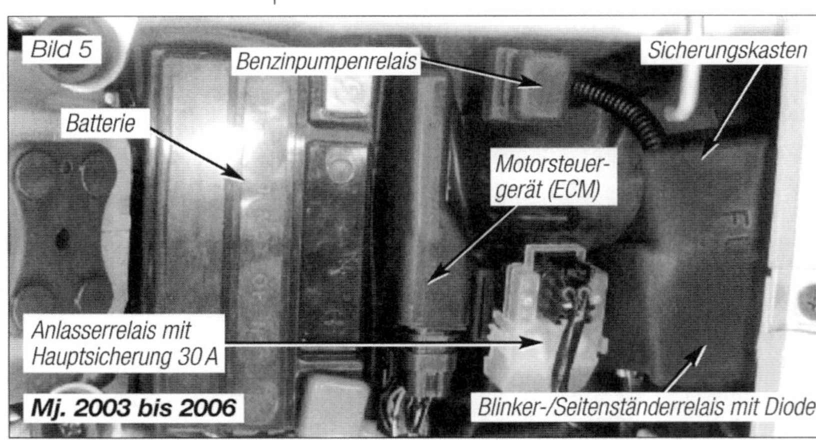

Bild 5: Lage Sicherungskasten, Relais, Hauptsicherung Modelljahre 2003 bis 2006.

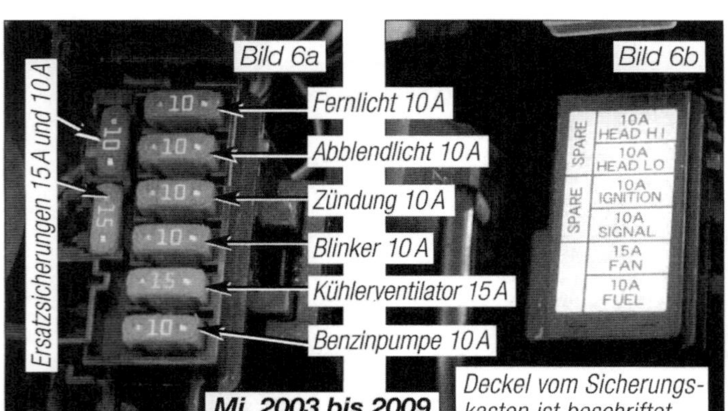

Bilder 6a und 6b: Belegung des Sicherungskastens Modelljahre 2003 bis 2009.

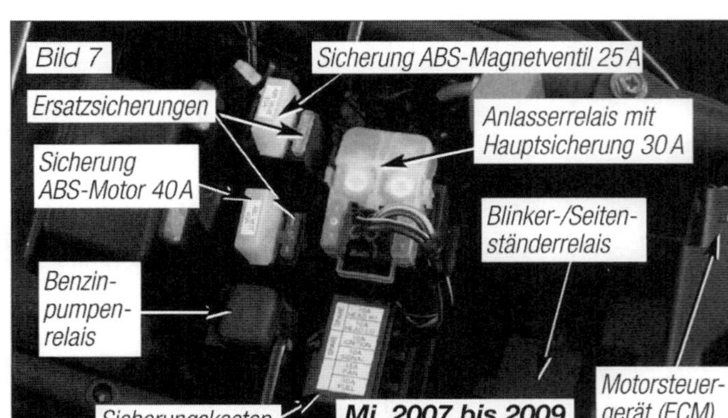

Bild 7: Lage Sicherungskasten, Relais, Hauptsicherung Modelljahre 2007 bis 2009.

Relais

Modelljahre 1999 bis 2002: Relais für Blinker und Seitenständer mit Diode ist neben dem Sicherungskasten unter dem Fahrersitz (Bild 4) zu finden, das Anlasserrelais mit der 30 A-Hauptsicherung sitzt unter dem rechten Seitendeckel neben der Batterie (Bilder 1 und 2a).

Ab Modelljahr 2003 befindet sich das Relais für Blinker und Seitenständer mit Diode ebenfalls direkt neben dem Sicherungskasten (gemeinsame Abdeckung) unter dem Fahrersitz (Bild 5), das Anlasserrelais mit der 30 A-Hauptsicherung sitzt unter der Fahrersitzbank neben ECM und Batterie. Das Benzinpumpenrelais ist hinter dem Motorsteuergerät ECM untergebracht (Bild 5).

Ab Modelljahr 2007 befindet sich das Relais für Blinker und Seitenständer mit Diode unter dem Batteriekasten (Bild 7), das Anlasserrelais ist weiterhin neben ECM und Batterie angebracht (Bild 7). Das Benzinpumpenrelais ist neben dem Sicherungskasten untergebracht (Bild 7).

Tipp zur Fehlersuche: Falls eine elektrische Baugruppe nicht funktioniert, die zugehörige Sicherung jedoch in Ordnung ist und die stromzuführenden Kabel ebenfalls, kann das Relais »hängen«: Leicht gegen das Relais klopfen und erneut versuchen. Falls immer noch nichts geht, testweise ein erwiesenermaßen funktionstüchtiges Relais einsetzen.

Elektrische Stecker trennen

Bei Wartungsarbeiten oder Auswechseln elektrischer Bauteile müssen Stecker getrennt werden, z. B. Abbau der Verkleidung oder des Tanks.

Achtung: Niemals versuchen, durch Ziehen an den Kabeln einen Stecker zu trennen, sonst reißen die Kabel aus!

Beim Trennen von Steckern beachten:

- Bei einfachen Steckern sind Kabelschuhe auf Kontakte aufgeschoben: Gummikappe anheben (Bild 10), Kabelschuh packen und abziehen.
- Bei den meisten Steckern sind kleine Zapfen angebracht: Durch Niederdrücken entriegeln, dann Steckerhälften auseinanderziehen (Bilder 8 und 9).
- **Generell gilt:** Jeden Stecker vor dem Trennen genau ansehen, wie er zusammengesteckt ist, dann sorgsam trennen.

Aufgescheuerte Kabel

Problem: Elektrische Kabel weisen einen Gummimantel (»Isolierung«) auf, der die im Kabelinnern liegenden Drähte bzw. Kupferlitzen vor Beschädigungen schützen soll.

Falls ein Kabel eingeklemmt war oder über längere Zeit unglücklich an einem Bauteil oder dessen Kante (das ist ganz schlimm!) gescheuert hat, kann die Isolierung beschädigt und der blanke Draht zu sehen sein (Bild 11a). Wenn der Draht nicht durchgescheuert ist, muss man solche Stellen mit einem Isolierband abkleben (Bild 11b), damit kein Kurzschluss entstehen kann, was wiederum zum Durchbrennen der Sicherung führt.

Lösung: Isolierband so weit um Scheuerstelle herum kleben, bis es ca. zwei Zentimeter davor und dahinter anliegt. Die Kupferlitze ist jetzt geschützt, es kann kein Wasser mehr eindringen oder bei Kontakt an einem Metallteil (Rahmen, Motor) keinen Kurzschluss auslösen.

Wichtig: Ursache der Beschädigung herausfinden und abstellen, denn der Einsatz von Isolierband ist keine Dauerlösung.

Fehler erkennen und beheben
Wenn an einem elektrischen Bauteil oder am Kraftstoff-Einspritzsystem »SDTV Suzuki Dual Throttle System« ein Fehler auftritt, eine Sicherung immer wieder durchbrennt oder ein Fehlercode in der Instrumenteneinheit angezeigt wird, raten wir Ihnen ganz generell, umgehend eine Suzuki-Fachwerkstatt aufzusuchen. Denn nur sie ist in der Lage, mit dem Suzuki-eigenen »SDS Suzuki Diagnosis System« die Motor- und Bordelektrik nach Fehlern zu durchsuchen, Fehlerquellen zu finden und zu beheben.

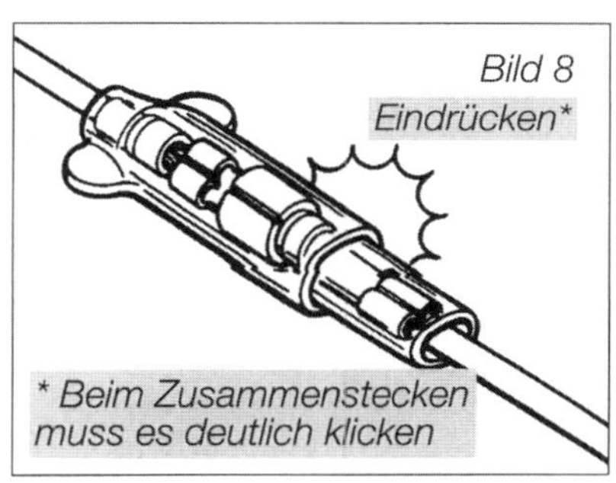

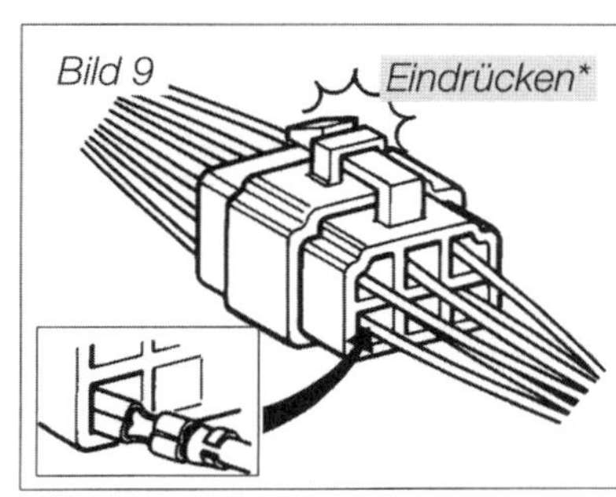

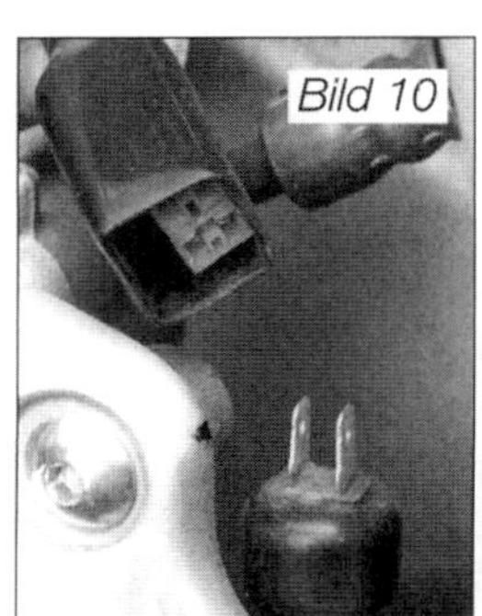

Bilder 8 bis 10: Stecker abziehen und zusammenstecken.

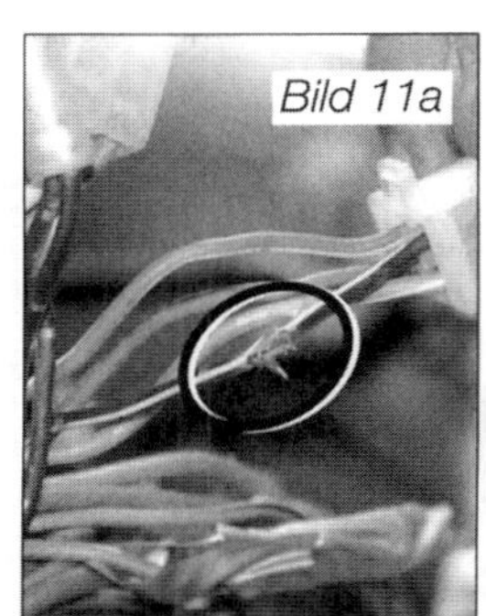

Bild 11a: Beschädigte Isolierung, die blanke Kupferlitze ist zu sehen.

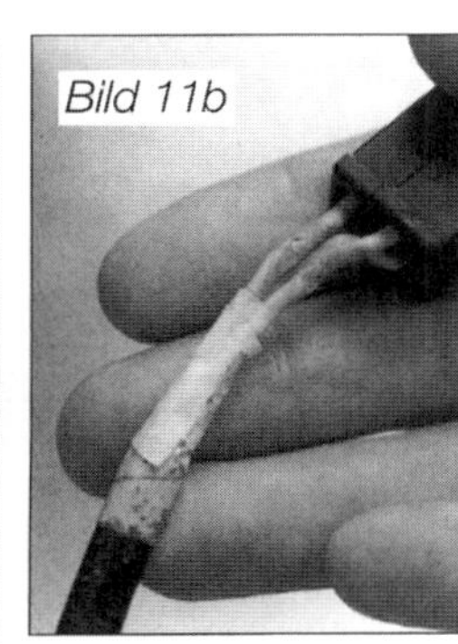

Bild 11b: Aufgescheuertes Kabel mit Isolierband reparieren.

Sichtprüfung Messen

13a
Benzinpumpenrelais
Sicherungskasten
Batterie
Motorsteuergerät (ECM)
Anlasserrelais mit Hauptsicherung 30 A
Blinker-/Seitenständerrelais mit Diode
Mj. 2003 bis 2006: Motorsteuergerät, Sicherungskasten und Relais
13b
Sicherung ABS-Magnetventil 25 A
Ersatzsicherungen
Anlasserrelais mit Hauptsicherung 30 A
Sicherung ABS-Motor 40 A
Blinker-/Seitenständerrelais
Benzinpumpenrelais
Motorsteuergerät (ECM)
Sicherungskasten
Mj. 2007 bis 2009 (ABS): Motorsteuergerät, Sicherungskasten, Relais
13c
Motorsteuergerät (ECM)
13d
Händler-Stecker
Betriebsartenwahlstecker (Service-Stecker) für ABS, Einspritzung, SDS-Anschluss
13e
Gangpositionsschalter (Leerlaufschalter)
13f
Seitenständerschalter
Bild 13

14a
Benzinpumpenrelais
14b
Batterie
14c
Umkippsensor
14d
Betriebsartenwahlstecker (Service-Stecker) ABS-Fehlercodes
14e
Zündkerze/Zündkerzen-stecker hinterer Zylinder
14f
Raddrehzahl-Sensor (ABS-Sensor) am Hinterrad
14g
Blinker-/Seitenständer-relais mit Diode
14h
Lambdasonde
14i
Bremslichtschalter hinten
Bild 14

15a **Mj. 2003 bis 2006:** Ansaugluftdruck-Sensor (IAPS) vorderer Zylinder

15b **Ab Mj. 2007:** Ansaugluftdruck-Sensor (IAPS) vorderer Zylinder

15c Bremslichtschalter vorne

15d PAIR-Steuermagnetventil

15e **Ab Mj. 2007:** Leerlaufdrehzahl-Steuerventil (ISCV)

15f Regler/Gleichrichter

15g Zündspule hinterer Zylinder

15h Kühlerventilatorschalter

15i Motoröldruckschalter

15k Anlasser (Elektrostarter)

15l Kühlmitteltemperatur-Sensor (ECTS)

15m **Ab Mj. 2007** zusätzlich: Zündkerze/Zündkerzenstecker vorderer Zylinder

15n Raddrehzahl-Sensor (ABS-Sensor) am Vorderrad

Batterie

In diesem Kapitel: Batterie prüfen, ausbauen, laden, einbauen · Neue MF-Batterie befüllen und erstladen.

Batterie

Die Suzuki SV 650 ist serienmäßig mit einer wartungsfreien MF-Batterie 12 V/10 Ah ausgestattet. Ihre Typenbezeichnung:

- YT12A-BS in den Modelljahren 1999 bis 2002
- YTX12-BS in den Modelljahren 2003 bis 2009

In Fahrtrichtung gesehen ist der Batterie-Pluspol links hinten und der Minuspol rechts hinten (Bild 1). Die Batterie muss immer in bestem Zustand sein, damit sie bei jeder Witterung ausreichend Energie für den Startvorgang liefern kann. »MF« bedeutet »Maintenance Free« (wartungsfrei). Doch total wartungsfrei ist die Batterie nicht, sondern nur »wartungsarm«: Bei einer großen Inspektion soll sie ausgebaut, gereinigt und mit einem elektronischen Ladegerät geladen werden.

Wichtig: Bei der MF-Batterie die Stopfenleiste (Bild 3) nicht entfernen, denn der Säurestand kann und braucht nicht überprüft zu werden, auch das Nachfüllen von destilliertem Wasser entfällt.

Bei normaler Ladung der MF-Batterie entsteht nur Sauerstoff. Dieser reagiert an der Minusplatte mit dem dort gebundenen Wasserstoff und verwandelt sich wieder in Wasser, der Flüssigkeitsstand in der Batterie bleibt immer konstant. Da eine MF-Batterie keinen Flüssigkeitsverlust hat, braucht sie auch keinen Entlüftungsschlauch wie eine normale Batterie, die auch Wasserstoff freisetzt.

Eine MF-Batterie baut kleiner, braucht weniger Raum und ist leichter; der Bauraum wird also besser ausgenutzt, denn es wird kein Sicherheitspolster (Ausdehnungsvolumen) gebraucht. Zur Sicherheit ist ein Ventil eingebaut, das bei Überdruck öffnet und bei Erreichen des Normaldrucks wieder schließt. Weiterhin befindet sich unter dem Deckel auf dem Sicherheitsventil ein Keramikfilter, der als Schutz gegen Entzündung oder Explosion dient.

Wird eine neue Batterie notwendig, dann kaufen Sie im Motorrad-Fachhandel eine MF-Motorradbatterie guter Qualität – NIEMALS eine Billigbatterie aus dem Baumarkt oder Kaufhaus einbauen!

Batterie prüfen

Eine schwache Batterie ist vor allem am »müden« Elektrostarter zu spüren, der den Motor nicht mehr richtig durchdreht. Der Motor soll vor der Messung der Batteriespannung mindestens 30 Minuten nicht gelaufen sein.

1. Zündung AUSschalten, Fahrersitz abbauen.
- Kabel bleiben an der Batterie angeschlossen.

2. Messspitzen eines Multimeters an Plus- und Minuspol anlegen.

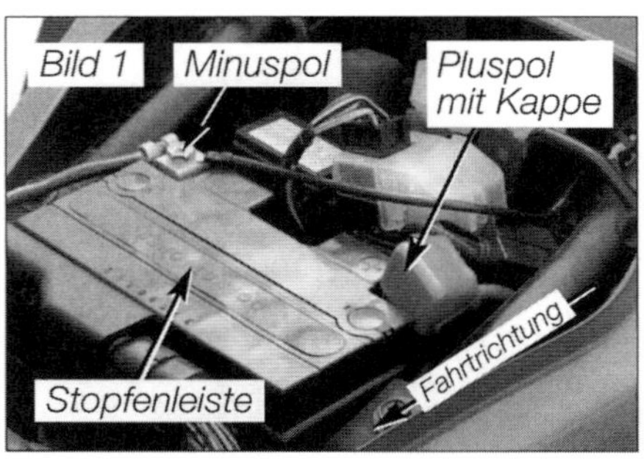

Bild 1: Korrekt eingebaute Batterie.

Bild 2: Ausgebaute Batterie.

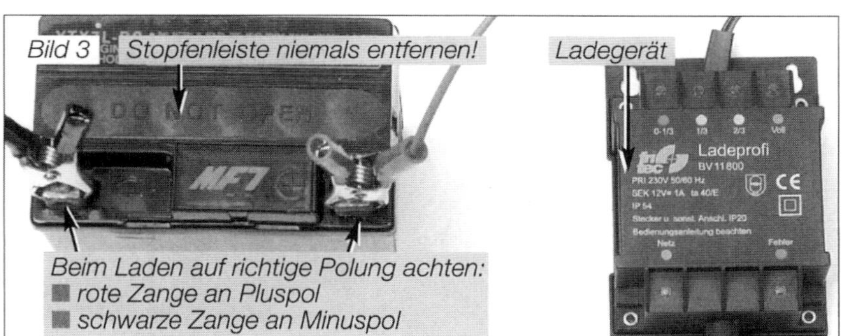

Bild 3: Beim Laden auf richtige Polung der Zangen achten. Das gezeigte Ladegerät »fritec Ladeprofi kompakt BV 11800« verwenden wir in unserer Werkstatt.

Sicherheitshinweise ⚠ Achtung und ☞ Tipps für dieses Kapitel

⚠ Zu allen Arbeiten an der Batterie muss die Zündung ausgeschaltet sein! Zündschlüssel am besten abziehen.

⚠ Beim Laden der Batterie können aus der Batterie explosive Gase entweichen. Offenes Feuer, Funkenflug und brennende Zigaretten in weitem Umkreis von der am Ladegerät hängenden Batterie fern halten. Für ausreichende Belüftung des Raumes sorgen, in dem die Batterie geladen wird!

⚠ Wenn Sie zur Not eine nicht wartungsfreie Blei-Säurebatterie einbauen müssen, unbedingt einen Entlüftungsschlauch aufstecken, der knickfrei bis nach unten ins Freie verlegt ist!

☞ Beim Überwintern Ihrer Maschine die Batterie ausbauen, vorschriftsmäßig (wie im Text beschrieben) laden und in einem kühlen, trockenen Raum lagern. Im Frühjahr vor dem ersten Start die Batterie unter fließendem Wasser reinigen, abtrocknen, vorschriftsmäßig laden und sorgfältig einbauen.

3. Spannung der Batterie messen:
3.1. Mehr als 12,5 Volt: Batterie gut geladen.
3.2. Weniger als 12,0 Volt: Batterie nicht ausreichend geladen, sie muss umgehend nachgeladen werden.

Batterie ausbauen
1. Zündung ausschalten. Fahrersitz abbauen.
2. Batteriepole abklemmen: Zuerst Minuspol (Bild 4), dann Pluspol abschrauben.
3. Batterie herausziehen.

Batterie laden
1. Batterie an Ladegerät anschließen (Bild 3):
■ Plus- und Minuspol der Batterie mit Messingbürste oder mit feinem Schmirgel reinigen, bevor die Ladekabel angeklemmt werden.
1.1. Zuerst Pluspol anklemmen, dann Minuspol.
2. Die auf der Batterie angegebenen Ladeströme und Ladezeiten sollen nicht überschritten werden, sonst wird die Batterie beschädigt:
2.1. Maximal zulässiger Ladestrom:
■ 1,2 Ampere Modelljahre 1999 bis 2002
■ 1,4 Ampere Modelljahre 2003 bis 2009
2.2. Ladezeit 5 bis 10 Stunden.
3. Die maximal zulässige Ladespannung soll 15,5 Volt nicht überschreiten.
4. Schnellladung: Soll nicht vorgenommen werden. Wenn es doch sein muss, weil es nicht anders geht: 1 Stunde mit maximal…
■ 5 Ampere Modelljahre 1999 bis 2002
■ 6 Ampere Modelljahre 2003 bis 2009
Wichtig: Eine schnell geladene Batterie soll bei nächster Gelegenheit noch einmal langsam geladen werden!
5. Wenn die Batterie geladen ist:
5.1. Ladegerät ausschalten.
5.2. Zuerst Minuspol abklemmen, dann Pluspol.
5.3. Ladedatum auf der Batterie vermerken.
5.4. Geladene Batterie vor dem Einbau eine halbe Stunde ruhen lassen.

Batterie einbauen
1. Batterie in Batteriekasten einsetzen (Bild 1).
2. Etwas Batteriefett an die Pole geben.
3. Pluskabel an Batterie anschrauben (Bild 5).
3.1. Minuskabel anschrauben.
4. Rote Kappe über Pluspol schieben.
5. Fahrersitz aufbauen.

Neue MF-Batterie
Eine neue MF-Batterie ist zwar trocken vorgeladen und nach der Erstbefüllung mit Säure theoretisch sofort einsatzbereit, doch je sorgsamer die neue Batterie auf ihren ersten Einsatz vorbereitet wird, desto länger lebt sie!
1. Klebestreifen über Einfüllöffnungen der Batterie (Bild 6) entfernen.
2. Schutzfolie vom Säurebehälter abziehen. Säurebehälter exakt auf Einfülllöcher der Batterie ansetzen und gleichmäßig eindrücken (Bild 7).
Wichtig: Säuremenge und Fließgeschwindigkeit sind exakt auf die Batterie abgestimmt. Den Behälter NICHT anstechen in dem Glauben, dass die Säure nur dann fließt! Wenn der Säureabfluss stockt, Behälter leicht mit einem Finger anstoßen.
3. Nach ca. einer Stunde ist alle Säure in die Batterie eingelaufen: Leeren Säurebehälter von Batterie abziehen. Stopfenleiste fest aufdrücken, ggf. mit Gummihammer leicht nachklopfen.
4. Batterie vorschriftsmäßig laden, 1/2 Stunde ruhen lassen, einbauen.

Lieferadresse Batterieladegerät in Bild 3:
fritec Friedrich & Hitschfel GmbH
Mittelrüsselbach 38
D-91338 Igensdorf
www.fritec.de

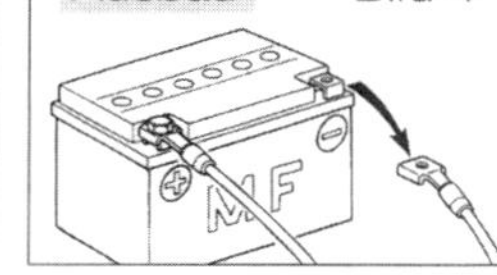

Ausbau *Bild 4*

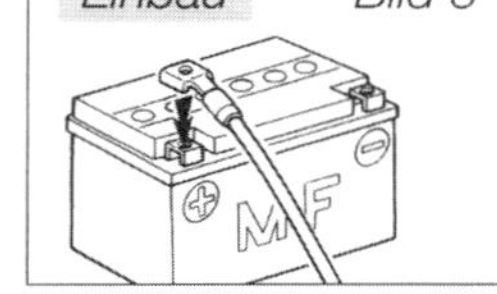

Einbau *Bild 5*

Bilder 4 bis 7: Im Lauftext sind die zu den Bildern gehörenden Arbeitsschritte beschrieben.

Bild 6

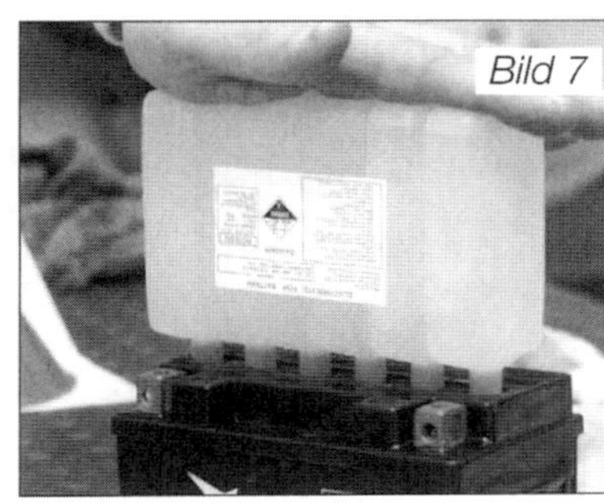
Bild 7

Ladegeräte verschiedener Leistungs- und Preisklassen *Bild 8*

Bild 8: ■ *Gerät* ***A*** *(ca. 10 €), lädt mit 0,3 Ampere. Für langsames Laden der Batterie.*
■ *Gerät* ***B*** *(ca. 25 €), lädt mit 1,6 Ampere und entlädt im Wechsel – nicht zu empfehlen.*
■ *Mit dem High-Tech-Gerät* ***C*** *(ca. 80 €), können tiefentladene Batterien wieder regeneriert werden.*

Ladesystem

In diesem Kapitel: Ladesystem überprüfen: Batterie auf Leckstrom, Ladespannung, Generatorstator und Regler/Gleichrichter prüfen · Generatorstator wechseln.

Bild 1: Batterie auf Leckstrom prüfen.

Bilder 2 und 3: Stecker müssen korrosionsfrei sein und fest sitzen, kein Kabel darf gebrochen oder geknickt sein.

Bilder 4a und 4b: Lage von Regler/Gleichrichter der Modelljahre 1999 bis 2002 am rechten Rahmenheck; ab Mj. 2003 sitzt er rechts am Rahmen hinter dem Kühler.

Bilder 4a und 4c: Lage der Stecker von Generatorstator und Kurbelwellenpositions-Sensor (Zündgeber).

Ladesystem überprüfen

Wenn sich dauernd die Batterie entlädt, wenn der Motor einige Tage steht oder sie nicht richtig geladen wird, wenn der Motor läuft, kann entweder ein Leckstrom vorliegen oder eine Störung im Ladesystem. Zur Überprüfung ist ein Multimeter notwendig, die Messtemperatur beträgt 20 °C.

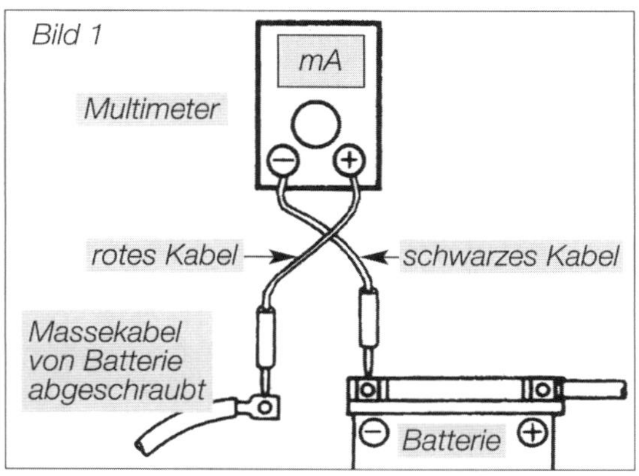

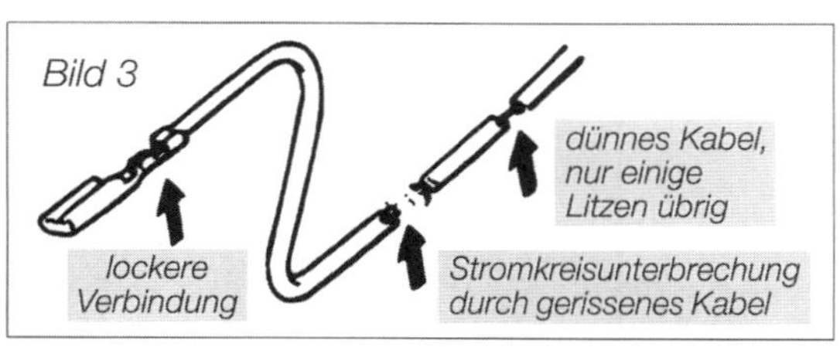

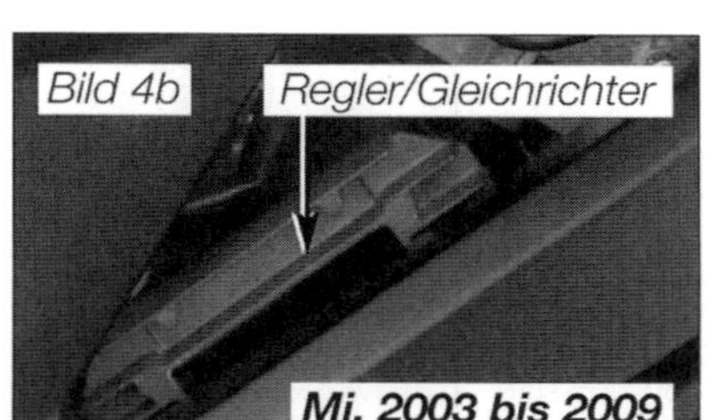

Batterie auf Leckstrom prüfen

1. Zündung AUS. Fahrersitz abschrauben.
2. Massekabel von Batterie abschrauben.
3. Multimeter auf Amperemessung stellen und anschließen (Bild 1):
3.1. Schwarzes Kabel (–) des Multimeters an Minuspol der Batterie.
3.2. Rotes Kabel (+) des Multimeters an Anschlussöse des Massekabels.
4. Wenn das Multimeter mehr als 3 mA anzeigt, ist Leckstrom vorhanden.
Wichtig 1: Weil Leckstrom sehr stark sein kann, Multimeter zuerst auf hohen Bereich einstellen und während Messung herunterregeln.
Wichtig 2: Zündung während der Leckstromprüfung NICHT einschalten.
5. Wenn Leckstrom festgestellt wird, nach gestörtem Teil suchen: Stecker im Kabelbaum der Reihe nach abtrennen und mit Multimeter messen, bis es weniger als 3 mA Leckstrom anzeigt.

Ladespannung prüfen

Batterie und Hauptsicherung müssen in Ordnung sein. Wenn die Batterie wegen des Problems mit der Ladespannung leer ist, zur Prüfung der Ladespannung eine andere, gut geladene Batterie einbauen, die mindestens 12,5 Volt liefert.
1. Plus- und Minuskabel bleiben an Batterie angeschlossen. Motor starten und auf Betriebstemperatur bringen (ca. 80 °C Öltemperatur).
2. Motor ausschalten, Multimeter auf 20 Volt Gleichspannung einstellen und anschließen: Plusklemme auf Pluspol der Batterie, Minusklemme auf Minuspol.
3. Batteriespannung ablesen (Beispiel: 12,5 Volt).
4. Motor starten, Motor auf 5000/min drehen, die auf Multimeter angezeigte Spannung muss 14,0 bis 15,5 Volt betragen.
5. Messergebnisse werten:
5.1. Liegt die angezeigte Spannung im Bereich von 14,0 bis 15,5 Volt, ist die Ladespannung in Ordnung und damit auch Lichtmaschine sowie Regler/Gleichrichter.
5.2. Ist die angezeigte Spannung kleiner oder gleich der Batteriespannung, können Lichtmaschine oder Regler/Gleichrichter defekt sein.
5.3. Ist die angezeigte Spannung viel höher als 15,5 Volt, können folgende Störungen vorliegen: Masseanschluss von Regler/Gleichrichter schlecht, Batterie defekt, Regler/Gleichrichter defekt.
6. Ein Defekt in Kabeln oder Kabelsteckern kann ebenfalls vorliegen. In Frage kommende Stecker und Kabel überprüfen (Bilder 2 und 3)!
7. Sind Batterie und alle Kabel in Ordnung, die Stecker fest und nicht korrodiert, ist wahrschein-

lich der Regler/Gleichrichter defekt: Bevor ein neuer gekauft wird, zuerst ein erwiesenermaßen funktionierendes Teil einbauen und Ladespannung erneut prüfen.

Generatorstator prüfen

Zur Prüfung der Kabel, die vom Generatorstator (»Ladespulen«) zum Regler/Gleichrichter führen, bleibt der Generatorstator eingebaut.

1. Heckverkleidung abnehmen.

2. Modelljahre 1999 bis 2002: 3-poligen Stecker des Kabels, das aus der Lichtmaschine kommt, nach oben verlegt ist und zum Regler rechts am Rahmenheck führt, trennen.

2.1. Modelljahre 2003 bis 2009: 3-poligen Stecker des Kabels, das aus der Lichtmaschine kommt und nach oben verlegt ist, links neben der Batterie trennen.

3. Multimeter auf Ohm-Messung stellen und folgende Messungen vornehmen:

3.1. Zwischen jeder Klemme im Stecker und Masse darf kein Durchgang bestehen.

3.2. Widerstand zwischen allen drei Klemmen im Stecker messen (Bild 5), Sollwert beträgt 0,2 bis 0,8 Ω.

4. Wenn Stromdurchgang zur Masse besteht oder Messwerte außerhalb der Toleranz liegen, ist wahrscheinlich der Generatorstator defekt und muss ausgewechselt werden.

Regler/Gleichrichter prüfen (Bilder 4a und 4b)

Bevor jedoch der Generatorstator erneuert wird, eine letzte Prüfung des Reglers/Gleichrichters durchführen.

Mj. 1999 bis 2002: Stecker Regler/Gleichrichter rechts am Rahmenheck trennen (Bild 4a).

Mj. 2003 bis 2009: Tank anheben und abstützen, Luftfiltergehäuse abschrauben, Stecker Regler/Gleichrichter trennen (Bild 4c).

Multimeter auf 20 Volt Gleichspannung stellen, Messspitzen des Multimeters wie in Bildern 7 und 8 und zugehörigen Tabellen an Kabelkontakte anlegen und Regler/Gleichrichter durchmessen.

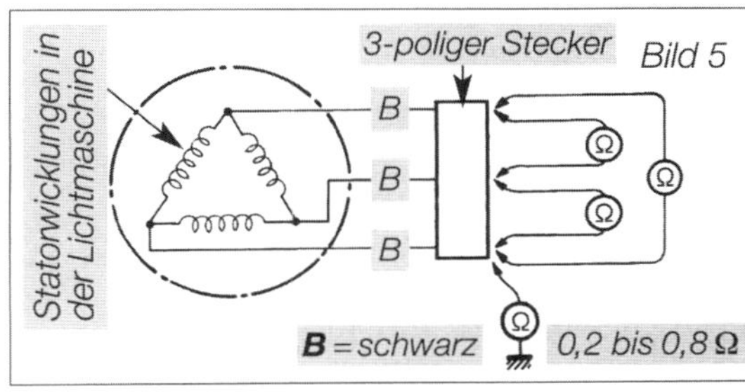

Bild 5: Widerstand der Statorwicklungen im Stecker mit Multimeter messen.

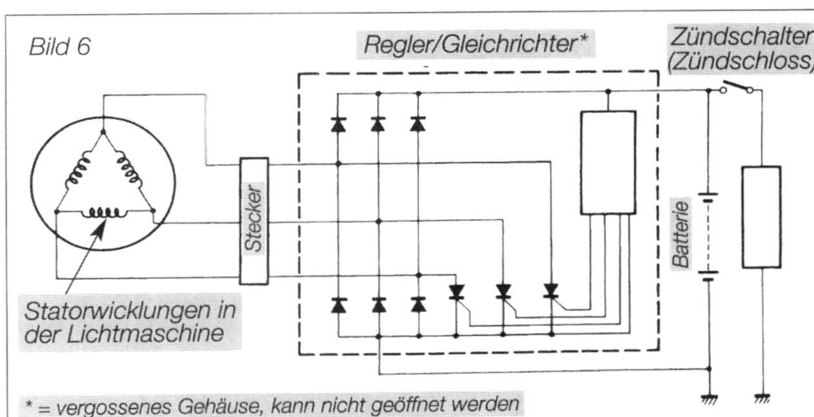

Bild 6: Blockschaltbild des Ladesystems.

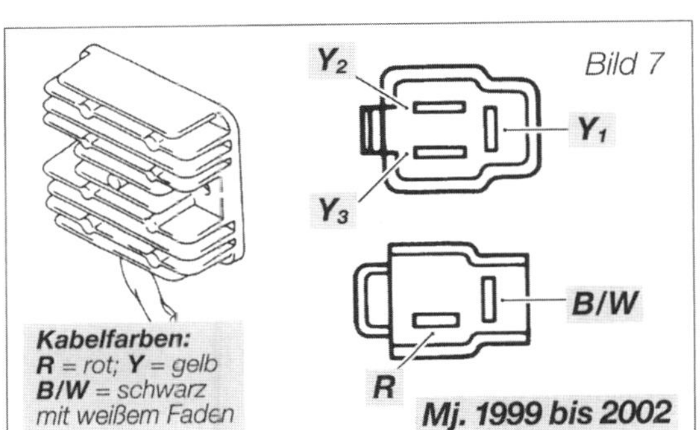

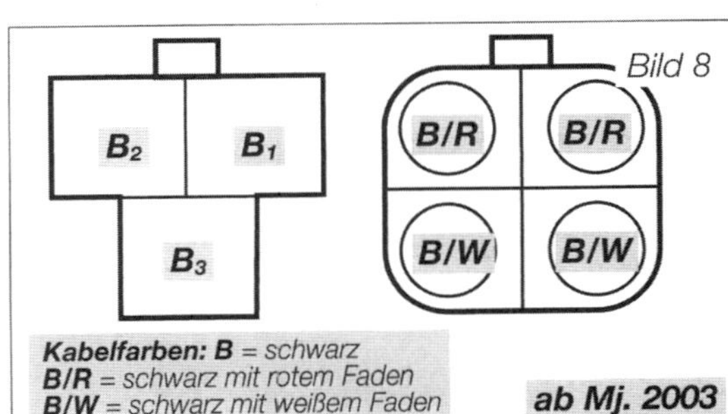

Bilder 7 und 8: Regler/Gleichrichter an Steckverbindern überprüfen.

In den Tabellen stehen die Messwerte.

Messspitze ⊖ an: \ Messspitze ⊕ an:	R	Y_1	Y_2	Y_3	B/W
R		0,4–0,7 V	0,4–0,7 V	0,4–0,7 V	0,5–0,8 V
Y_1	ca. [illegible],5 V		ca. 1,5 V	ca. 1,5 V	0,4–0,7 V
Y_2	ca. [illegible],5 V	ca. 1,5 V		ca. 1,5 V	0,4–0,7 V
Y_3	ca. [illegible],5 V	ca. 1,5 V	ca. 1,5 V		0,4–0,7 V
B/W	ca. [illegible],5 V	ca. 1,5 V	ca. 1,5 V	ca. 1,5 V	

Messspitze ⊖ an: \ Messspitze ⊕ an:	B/R	B_1	B_2	B_3	B/W
B/R		0,4–0,7 V	0,4–0,7 V	0,4–0,7 V	0,5–1,2 V
B_1	*		*	*	0,4–0,7 V
B_2	*	*		*	0,4–0,7 V
B_3	*	*	*		0,4–0,7 V
B/W	*	*	*	*	

* = 1,4 Volt und höher (Tester-Batteriespannung)

Bild 9: Stator ist mit drei Schrauben im Gehäusedeckel befestigt.

Bilder 10 und 11: Lichtmaschinendeckel im an- und abgebautem Zustand.

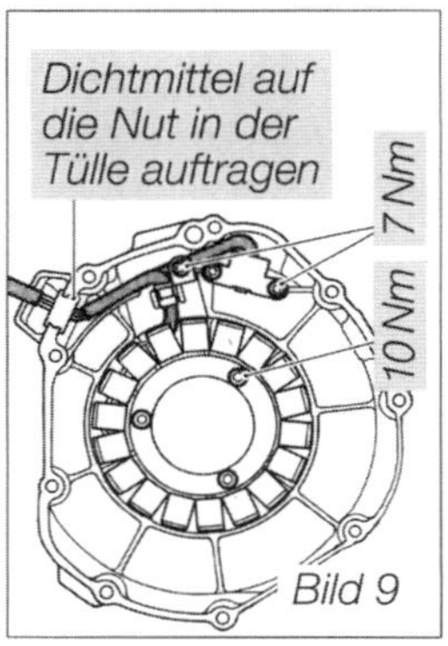

Wenn die gemessenen Werte von den Angaben in der Tabelle stark abweichen, einen erwiesenermaßen funktionierenden Regler/Gleichrichter anschließen und eine Prüfung der Ladespannung durchführen, wie weiter vorne beschrieben.

Generatorstator wechseln

Der Generatorstator ist im linken Motordeckel eingesetzt und mit drei Schrauben befestigt. Vor dem Abbau des Deckels eine Ölfangwanne unterstellen.

Hinweis: Der Lichtmaschinenrotor ist auf dem Kurbelwellenstumpf mit Konussitz befestigt, er geht nicht kaputt. Dahinter sitzt der Anlasserfreilauf.

Aus- und Einbau des Lichtmaschinenrotors siehe Kapitel 16 »Anlasser«.

Generatorstator ausbauen

1. Massekabel der Batterie abtrennen.
2. Ritzelabdeckung abschrauben.
3. Kupplungsschnecke abschrauben.
4. Kupplungszug-Außenhülle aus Widerlager am Lichtmaschinendeckel nehmen: Untere Mutter abdrehen, Kupplungszug nach oben ausziehen.
5. Stecker der Kabel, die von Generatorstator und von Kurbelwellenpositions-Sensor (Zündgeber, Bilder 4a und 4c) nach oben führen, trennen. Beide Kabel zur Montage genügend frei legen.
6. Lichtmaschinendeckel abschrauben: Alle zehn Schrauben ringsum lösen und ausdrehen (Kreise in Bild 10).
7. Deckel abnehmen: Wenn auf Dichtung verklebt, leichte Schläge auf den Deckel geben.
■ Auf Passbuchsen achten (***Pb*** in Bildern 10 und 11).
8. Befestigungsschrauben von Kurbelwellenpositions-Sensor (Zündgeber, Bilder 9 und 11) und Stator ausdrehen, Stator zusammen mit Kurbelwellenpositions-Sensor (Zündgeber) herausnehmen (müsste leicht gehen).

Generatorstator einbauen

1. Neuen Stator einsetzen: Schraubenlöcher müssen mit Gewindebohrungen fluchten, Kabel exakt verlegen.
2. Befestigungsschrauben von Stator und Kurbelwellenpositions-Sensor reinigen, eindrehen (Bild 9): Erst handfest, dann mit 10 Nm (Stator) bzw. 7 Nm (Kurbelwellenpositions-Sensor/Zündgeber) festziehen.
■ Empfehlung: Etwas Loctite »mittelfest« auf Gewinde der Schrauben geben.
3. Kabelgummitülle mit Silikondichtmittel bestreichen, in Ausschnitt des Deckels eindrücken (Bild 9).
4. Deckel anbringen: Passbuchsen (***Pb*** in Bild 11) einsetzen, Dichtflächen gut reinigen.
4.1. Neue Deckeldichtung auflegen. Deckel aufsetzen (Achtung: Magnetkraft!).
4.2. Alle Schrauben eindrehen und über Kreuz Schritt für Schritt mit 10 Nm festziehen.
■ Eine Schraube hat eine Dichtscheibe (***D*** in Bild 10). Diese erneuern.
5. Kabel von Generatorstator und Kurbelwellenpositions-Sensor sauber verlegen, Stecker zusammenstecken (Bilder 4a und 4c).
6. Kupplungszug in Widerlager am Lichtmaschinendeckel einsetzen.
7. Kupplungsschnecke anschrauben.
8. Kupplungszug einstellen (siehe dazu Kapitel 25 »Kupplung«).
9. Ritzelabdeckung und Massekabel der Batterie anschrauben.
10. Motorölstand kontrollieren, ggf. Öl nachfüllen.

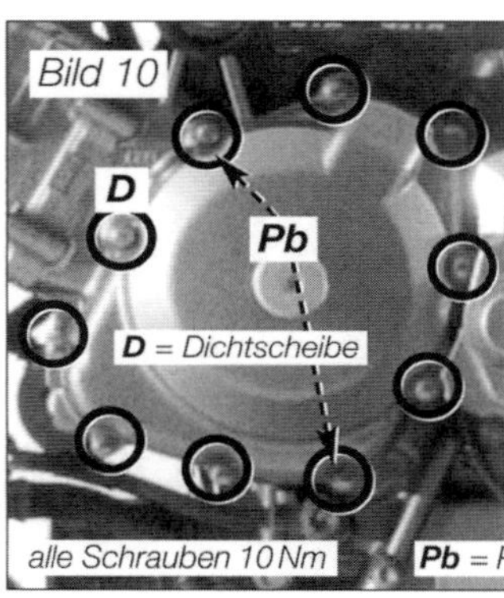

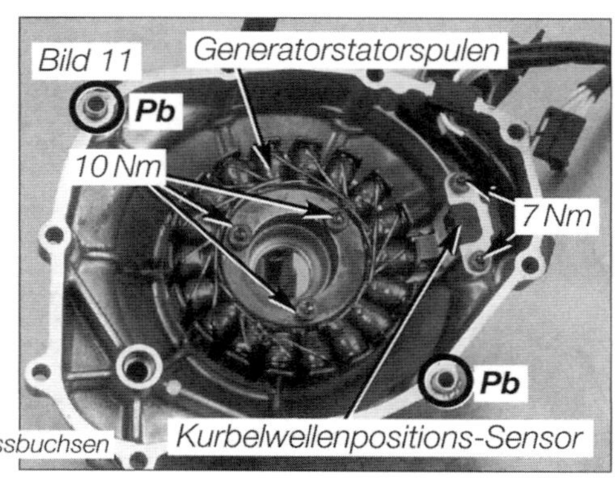

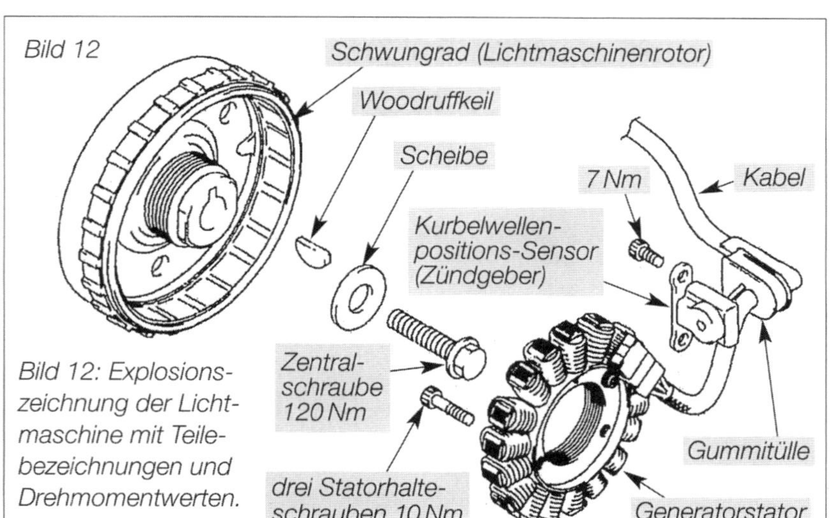

Bild 12: Explosionszeichnung der Lichtmaschine mit Teilebezeichnungen und Drehmomentwerten.

Anlasser

In diesem Kapitel: Anlasser auf Funktion prüfen · Motor durch Anschieben starten · Motor fremdstarten · Anlasserrelais prüfen · Seitenständerrelais mit Dioden prüfen · Gangpositionsschalter prüfen · Anlasserfreilauf ausbauen, prüfen, einbauen · Anlasser aus- und einbauen.

Anlasser

Anlasser funktioniert nicht

Falls der Anlasser nicht reagiert, wenn der Starterknopf betätigt wird, zuerst Folgendes prüfen:

- Ist der Zündschlüssel im Zündschloss auf Stellung ON geschaltet?
- Steht der Motorabstellschalter (»Killschalter«) rechts am Lenker auf ON?
- Ist der Kupplungshebel ganz durchgezogen?
- Ist der Seitenständer richtig hochgeklappt?

Batterie: Wenn der Motor gestern noch problemlos ansprang und heute nicht mehr will, kann auch die Batterie hinüber sein, dies passiert oft ziemlich plötzlich (Kapitel 14 »Batterie«).

Kontakte, Korrosion: Es kann aber auch sein, dass der Strom irgendwo auf seinem Weg von der Batterie über das Anlasserrelais schlechten Kabelkontakt hat: Alle Schraub- und Steckverbindungen der Kabel zum Anlasserrelais und Anlasser (Bilder 1 und 2) auf einwandfreien Sitz, eventuelle Korrosion an Kontaktzungen, Steckverbindungen, Sicherungen und Kabelanschlüssen der Batterie überprüfen.

Motorrad anschieben

Wenn die Batterie noch etwas Restspannung hat, kann der Motor möglicherweise durch Anschieben gestartet werden. Wichtig ist, dass die Batterie eingebaut ist, egal wie schwach sie ist, denn mit ausgebauter Batterie kann der Motor auch durch Anschieben nicht gestartet werden.

- Zündschlüssel im Zündschloss auf ON schalten, Motorabstellschalter (Killschalter) auf ON.
- Zweiten Gang einlegen, Kupplung ziehen: Motorrad mit gezogener Kupplung etwas zurückschieben, um sicherzugehen, dass die Kupplung auch wirklich trennt.
- Fahrer am Lenker, hinten hilft der Freund: Gleichzeitig kräftig schieben!
- Fahrer springt in Sitz und lässt gleichzeitig die Kupplung los – Motor müsste kommen.
- Falls »ja«, Kupplung ziehen, anhalten, Motor mit kurzen Gasstößen am Leben halten, nicht unter 3000/min kommen lassen.
- Falls »nein«: nochmals versuchen!

Motor fremdstarten

Wenn die Batterie nicht genügend Strom zum Starten liefert, kann man den Motor mit Hilfe einer externen Stromquelle fremdstarten, zum Beispiel mit der Batterie eines anderen Motorrades oder eines Autos. Der Strom wird über zwei Starthilfekabel zwischen den Batterieanschlüssen übertragen. Wichtig ist, dass die Stromquelle 12 Volt liefert. Ein Lkw mit 24-Volt-System taugt nicht zum Fremdstarten.

1. Minuspole der fremden Stromquelle und der SV 650-Batterie mit Starthilfekabel verbinden.
2. Gummikappen über Pluspolanschlüssen beider Batterien zurückschieben. Mit anderem Starthilfekabel beide Pluspole verbinden.
3. Motor der Starthilfe gebenden Maschine mit erhöhter Leerlaufdrehzahl laufen lassen (3000 bis 4000/min).
4. Motor der SV 650 starten. Wenn er läuft, Starthilfekabel abnehmen: Zuerst Pluskabel abklemmen, dann Minuskabel.
- Gummikappen wieder auf Pluspole schieben.

Hinweis: Motor der SV 650 nicht sofort ausschalten, Batterie bringt noch nicht wieder genug Strom auf, um den Motor aus eigener Kraft starten zu können. Deswegen den Motor mit etwas erhöhter Leerlaufdrehzahl laufen lassen und möglichst bald losfahren.

Wenn die Batterie zwar leer, aber sonst funktionstüchtig ist, wird sie bei laufendem Motor von der Lichtmaschine geladen. Dennoch sollte sie bei nächster Gelegenheit ausgebaut, an ein Ladegerät gehängt und fachgerecht geladen werden (siehe Kapitel 14 »Batterie«).

Achtung beim Fremdstarten

Kabel: Verwenden Sie zum Fremdstarten Ihrer Maschine niemals Auto-Fremdstartkabel mit dicken Zangen, sondern besorgen Sie sich spezielle Motorrad-Starthilfekabel mit kleinen Zangen. Achten Sie darauf, dass ein Überspannungsschutz eingebaut ist (»Z-« oder »Zener-Diode«), der die elektronischen Bauteile der Maschine vor Überspannung schützt.

Kurzschluss: Beim Fremdstarten mit den Pluszangen keine metallischen Bauteile eines der Fahrzeuge oder die Minuszangen berühren: Kurzschluss ist die Folge.

Starterknopf: Maximal 10 Sekunden den Starterknopf betätigen, sonst läuft der Anlasser heiß und brennt durch!

Bilder 1 und 2: Anlasserrelais ist vor Batterie eingebaut. Rechts mit abgenommener Abdeckung.

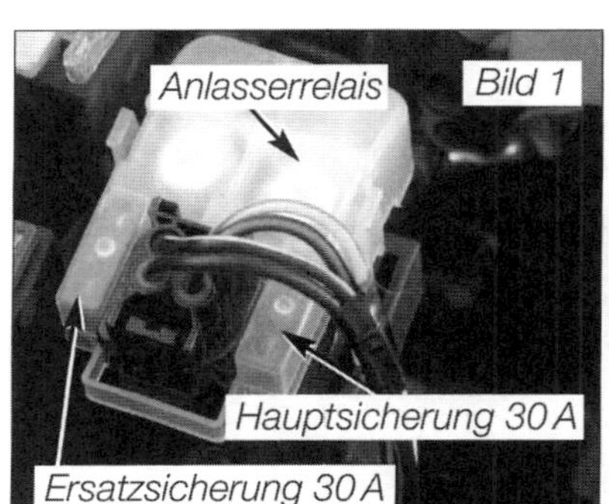

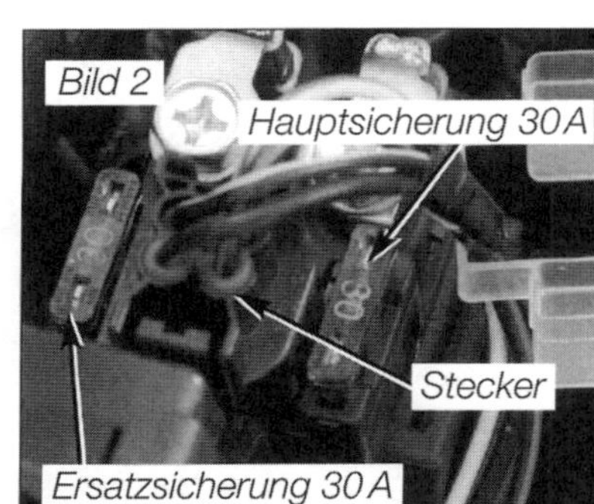

Sichtprüfung Messen

Bilder 3a und 3b: Arbeits- und Steuerstromkreis prüfen.

Bilder 4 und 5: Anlasserrelais auf Widerstand prüfen.

Bilder 6a und 6b: Blockschaltbilder der Anlasserelektrik.

Anlasserrelais

Anlasserrelais ist unter Fahrersitz in Fahrtrichtung vor Batterie eingebaut (Bilder 1 und 2). Um es erreichen zu können, den Fahrersitz abbauen.
Hörprobe machen: Zündung EINschalten, Anlasserknopf betätigen, genau hinhören, ob ein Klicken aus dem Relais zu hören ist. Falls »ja«, ist der Steuerstromkreis des Relais in Ordnung, falls »nein«: defekt oder bekommt keinen Strom.
Sicherung: Im Anlasserrelais sitzt die Hauptsicherung mit 30 Ampere (Bilder 1 und 2): Ist sie in Ordnung? Wenn nicht, erneuern.

- Auf korrosionsfreie Steckkontakte achten!
- In der Relaisabdeckung ist eine 30 Ampere-Ersatzsicherung eingesteckt.

Anlasserrelais auf Funktion prüfen
Prüfvoraussetzungen: Fahrzeugbatterie muss in gutem Zustand und Getriebe in Leerlauf geschaltet sein, Seitenständer hochgeklappt, Stecker auf Anlasserrelais aufgesteckt, Motorabstellschalter (Killschalter) rechts am Lenker auf ON.

Arbeitsstromkreis prüfen (Bild 3a)
1. Krokodilklemme der 12-Volt-Prüflampe an Minuspol der Batterie anklemmen.
2. Funktionskontrolle der Prüflampe: Prüfspitze an Anschluss des Kabels von Batterie zu Relais anlegen, Prüflampe muss aufleuchten.
3. Prüfspitze an Anschluss des Kabels von Relais zu Anlasser anlegen, Zündung einschalten, Kupplung ziehen, Anlasserknopf betätigen:

- Prüflampe leuchtet auf, Anlasser dreht nicht: Kabel zum Anlasser oder Anlasser selbst defekt.
- Prüflampe leuchtet nicht auf: Anlasserrelais defekt oder Defekt im Steuerstromkreis.

Steuerstromkreis prüfen (Bild 3b)
1. Draht (aufgebogene Büroklammer) bei angeschlossenem Stecker von oben in einen der beiden Steckeranschlüsse einstecken. Krokodilklemme der Prüflampe daran anklemmen.

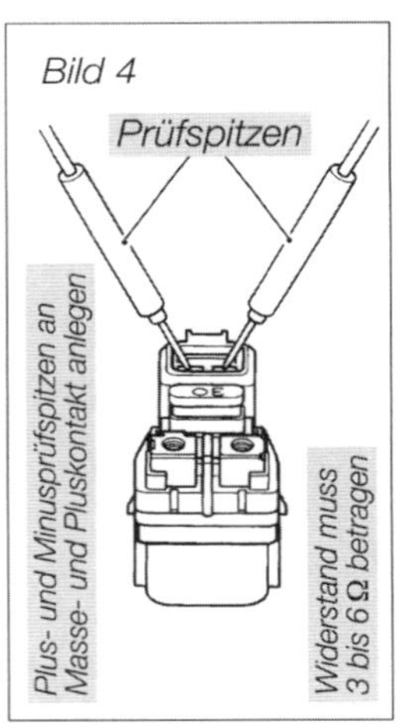

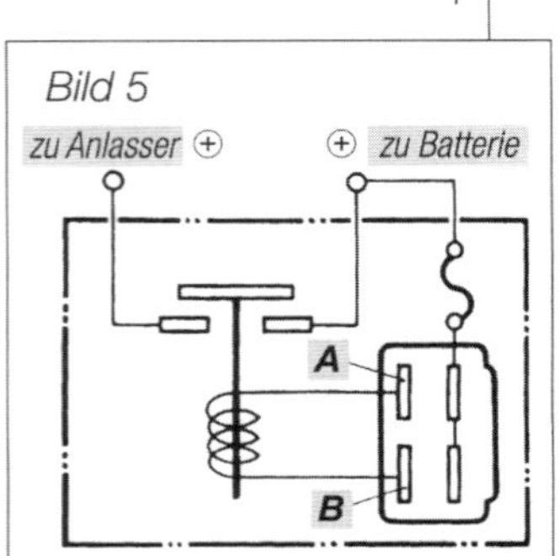

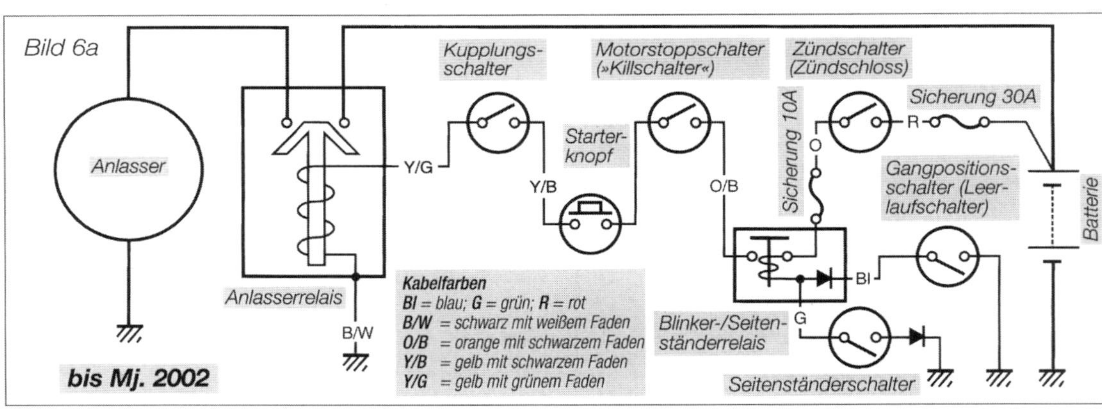

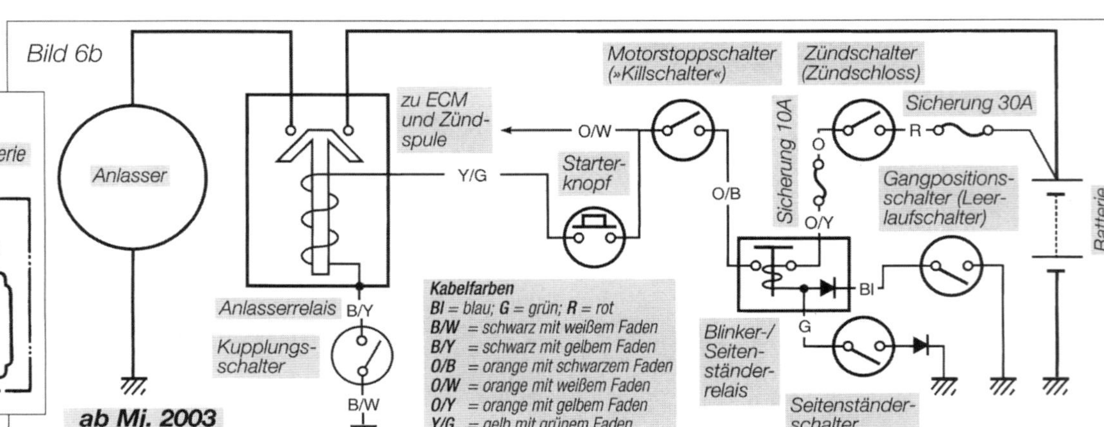

1.1. Prüfspitze in anderen Steckeranschluss einstecken: Auf guten Kontakt achten!
2. Kupplung ziehen, Anlasserknopf betätigen: Prüflampe muss aufleuchten.
2.1. Prüflampe leuchtet nicht auf: Fehler an Verkabelung, Seitenständerschalter oder -relais, Kupplungsschalter, Killschalter, Gangpositionsschalter oder Anlasserknopf. Schaltpläne in Bildern 6a und 6b zu Hilfe nehmen.
2.2. Wenn Prüflampe aufleuchtet, Relais aber nicht schaltet, ist Wicklung im Relais defekt.

Hinweis: Bei nachfolgenden Messungen verwenden wir den Multitester »5 in 1« von Conrad.

Widerstand der Anlasserrelaiswicklung prüfen (Bilder 4 und 5)
1. 4-poligen Stecker vom Anlasserrelais abziehen.
2. Multimeter auf Ohm (Ω) einstellen, Widerstand zwischen Klemmen A und B (Bild 5) messen:
■ Widerstand muss 3 bis 6 Ohm betragen.
3. Bei Abweichung ist das Anlasserrelais defekt und muss ersetzt werden.

Blinker-/Seitenständerrelais und Diode prüfen (Bild 12)
1. Blinker-/Seitenständerrelais abnehmen.
2. Widerstand zwischen Klemmen »D« und »E« prüfen: Es darf kein Durchgang sein, das heißt, der Widerstand muss unendlich sein.
3. 12 Volt an Klemmen »D« und »C« anlegen: Plus an »D«, Minus an »C«.
3.1. Durchgang zwischen »D« und »E« püfen: Falls kein Durchgang besteht, Blinker-/Seitenständerrelais ersetzen.

Diode prüfen
1. Multimeter auf »Diodenprüfung« stellen.
2. Zwischen Klemmen »A«, »B« und »C« wie in den Bildern 7 bis 11 gezeigt messen.
2.1. Messwerte auf Display müssen im Bereich der abgebildeten Messungen liegen.

Gangpositionsschalter prüfen (Bilder 13 und 14)
1. Wichtig: Zündung AUSgeschaltet. Getriebe auf Leerlauf geschaltet, Seitenständer hochgeklappt.
2. Stecker des drei-

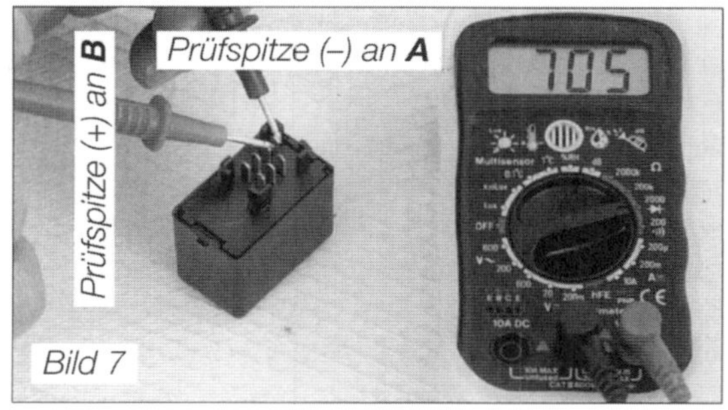

Bild 7

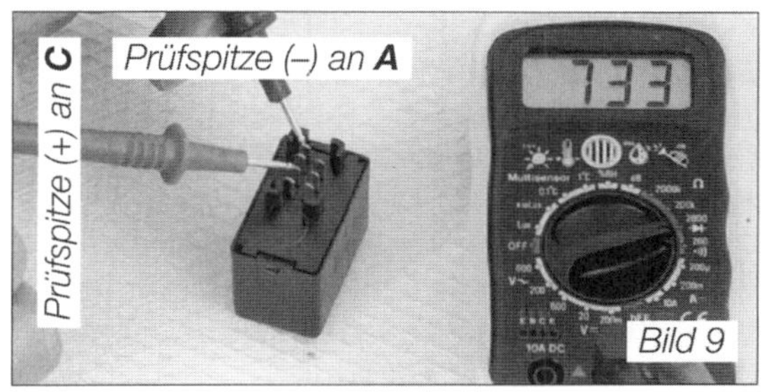

Bild 9

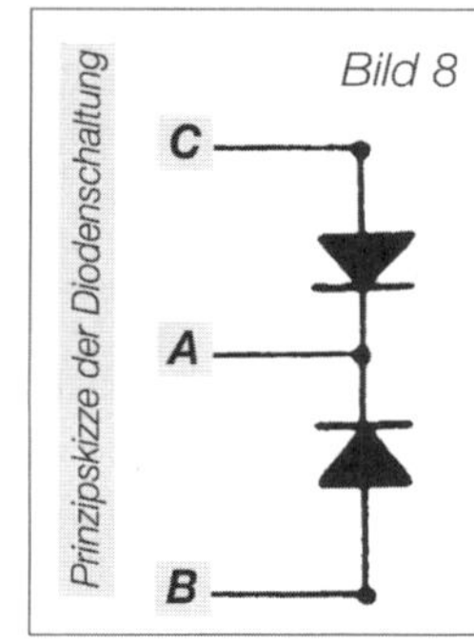

Bild 8

Bilder 7 bis 12: Blinker-/Seitenständerrelais prüfen. Dioden sind in Relais eingebaut.

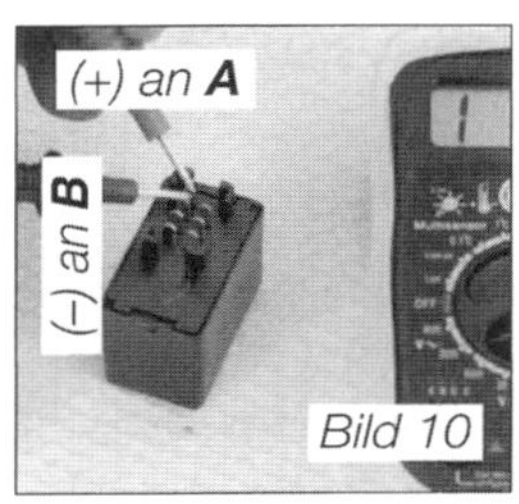

Bild 10

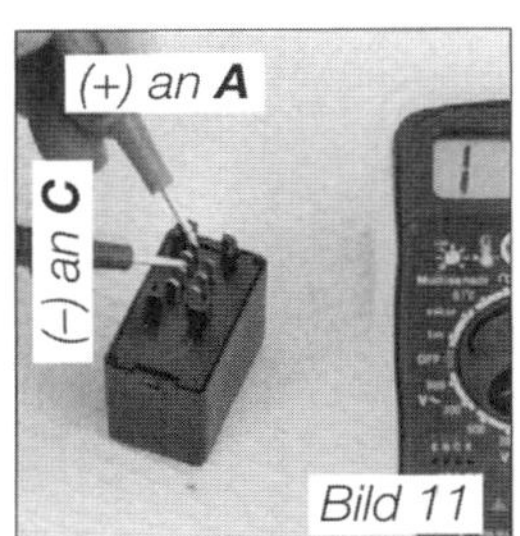

Bild 11

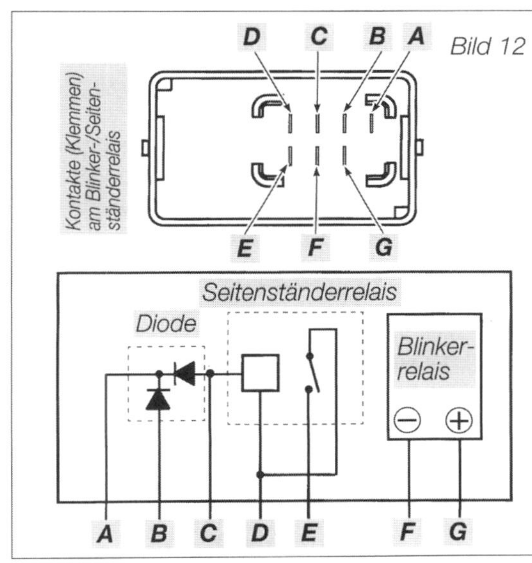

Bild 12

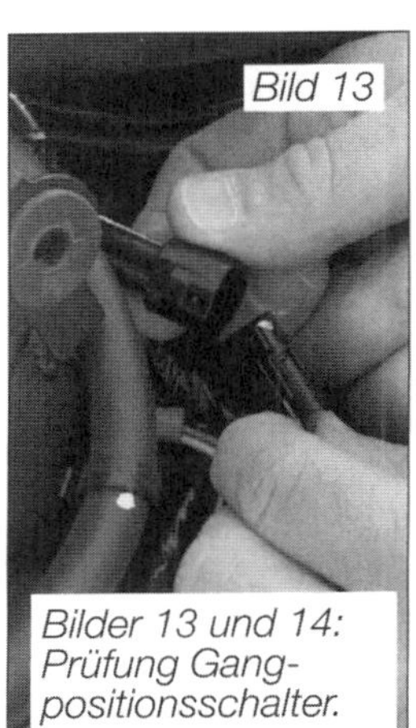
Bild 13

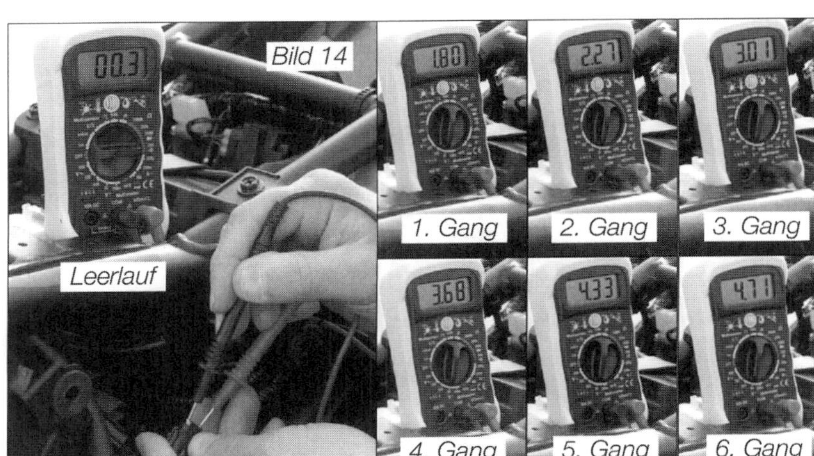

Bild 14

Bilder 13 und 14: Prüfung Gangpositionsschalter.

Sichtprüfung Messen

Bild 15

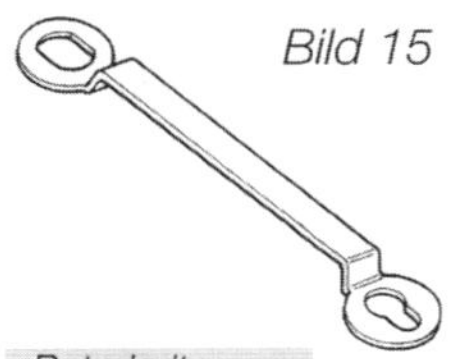

»Rotorhalter«
Nr. 09930-44530

Bild 16

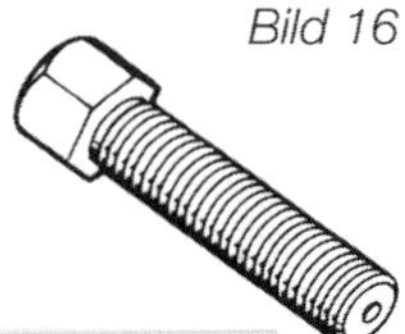

»Rotorabzieher«
Nr. 09930-30450

Bilder 15 und 16: Suzuki-Spezialwerkzeuge »Rotorhalter« und »Rotorabzieher« sind zum Aus- und Einbau des Anlasserfreilaufs nötig.

Bild 17: Explosionszeichnung des Anlasserfreilaufs.

Bild 18: Prüfung des Anlasserfreilaufs.

adrigen Kabels, das vom Gangpositionsschalter nach oben zum Kabelbaum führt, trennen (Bild 13).

3. Bild 14 »Leerlauf«: Messspitzen des Multimeters an Steckzungen der Kabel »schwarz/weiß« und »blau« im Stecker anlegen, Durchgang messen: Messwert muss 0 Ω betragen.

4. Stecker wieder an Kabelbaum anschließen.

5. Messspitzen des Multimeters in Kabelstecker der Kabel »schwarz/weiß« und »rosa« einstecken. Zündung EINschalten. Seitenständer muss eingeklappt sein.

6. Mit der Hand am Hinterrad etwas hin und her drehen, 1. Gang einlegen: Spannung zwischen den Kabeln messen: Messwert muss 1,8 Volt betragen (Bild 14 »1. Gang«).

7. Mit der Hand am Hinterrad etwas hin und her drehen, 2. Gang einlegen: Spannung zwischen den Kabeln messen: Messwert muss 2,27 Volt betragen (Bild 14 »2. Gang«).

8. Gang um Gang einlegen und Spannung messen; Messwerte siehe Bild 14 »3. bis 6. Gang«.

Anlasserfreilauf

Der Anlasserfreilauf ist am Lichtmaschinenrotor (»Schwungrad«) befestigt und sitzt im Motor hinter dem linken Seitendeckel. Normalerweise geht am Anlasserfreilauf und den Teilen, die zur Übertragung der Drehbewegung des Anlassermotors zum Anlasserfreilauf nötig sind, nichts kaputt.

Anlasserfreilauf defekt?

Ein Defekt am Anlasserfreilauf kündigt sich durch eine schlecht greifende Freilaufkupplung an. Der Anlasser dreht alleine durch, wenn der Starterknopf gedrückt wird: erst einmal leer, dann greift er wieder, dann zwei- bis dreimal leer, dann greift er wieder, bis bald darauf überhaupt nichts mehr geht und der Anlasser nur noch hohl dreht. Dies ist ein deutliches Indiz dafür, dass der Anlasserfreilauf defekt ist. Dann haben sich die Freilaufrollen in die Oberfläche des am großen Anlasserzahnrad angebrachten, dicken Mitnehmerbundes eingearbeitet (B in Bild 17), es haben sich so genannte »Rattermarken« gebildet – defekt!

Anlasserfreilauf ausbauen

Hinweis 1: Zum Ausbau des Anlasserfreilaufs muss der Lichtmaschinenrotor abgezogen werden, dazu ist Suzuki-Spezialwerkzeuge nötig:

- Rotorhalter (Nr. 09930-44530) (Bild 15).
- Rotorabzieher (Nr. 09930-30450) (Bild 16).

Hinweis 2: Ab- und Anbau des linken Motorseitendeckels wird nachfolgend in Kurzform beschrieben. Ausführliche Version in Kapitel 15 »Ladesystem – Generatorstator wechseln«.

Vor Abbau Ölfangwanne unterstellen.

1. Ritzelabdeckung abschrauben, Kupplungsschnecke abbauen, Kupplungszug aus Widerlager nehmen. Stecker von Ladekabel und Kurbelwellenpositions-Sensor trennen. Linken Motordeckel abnehmen.

2. Zwischenzahnrad ausbauen: Mit einer Hand halten, mit der anderen Hand Achse ausziehen.

3. Rotorhalter (Bild 15) an Flächen am Bund des Schwungrads ansetzen (siehe Text in Explosionszeichnung in Bild 17), Zentralschraube mit Sechskantnuss und langem Hebelarm öffnen.

4. Rotorabzieher in Schwungrad eindrehen, mit Rotorhalter gegenhalten, Rotorabzieher festziehen: Rotor wird vom Konussitz der Kurbelwelle abgesprengt.

4.1. Scheibenfeder (»Woodruff-Keil«) aus Nut der Kurbelwelle nehmen.

5. Rotor auf saubere

Bild 17

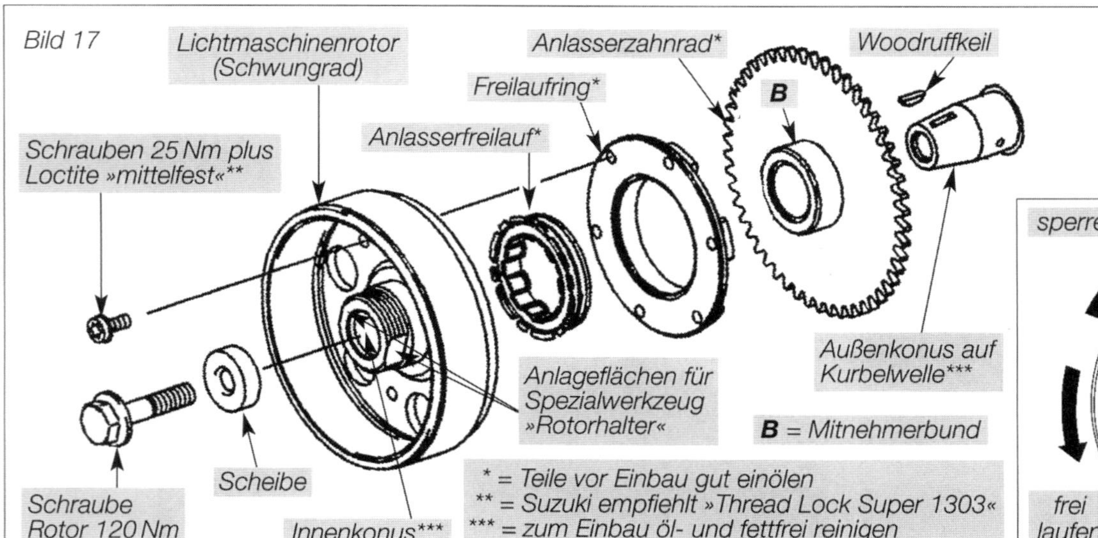

Bild 18

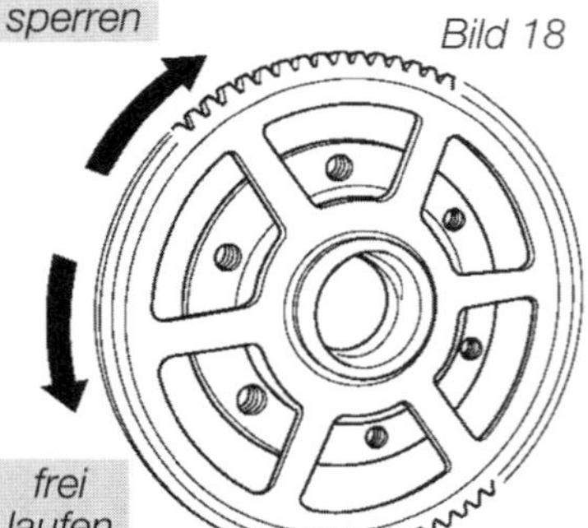

Fläche legen, mit Rotorhalter festhalten, alle Schrauben des Freilaufrings lösen und ausdrehen. Anlasserfreilauf vom Rotor abnehmen.

Anlasserfreilauf prüfen

1. Wenn das große Anlasserzahnrad mit dem Bund in den Anlasserfreilauf von oben (Bild 18) eingesetzt wird, muss das Zahnrad...

- ... im Uhrzeigersinn (rechts herum) sperren und
- ... entgegen dem Uhrzeigersinn (links herum)

gleichmäßig drehen. Wenn nicht, Teile ersetzen.

2. Bund des großen Zahnrads und Rollen des Freilaufs auf Abnutzung, eingelaufene Druckstellen, Bruch, verfärbte (blaue) Stellen kontrollieren, gegebenenfalls ersetzen.

Anlasserfreilauf einbauen

1. Rollen des Freilaufs gut mit Motoröl einölen.
2. Freilauf so in Außenring einsetzen, dass Flansch nach außen zeigt.
3. Anlasserfreilauf so an Schwungrad ansetzen, dass Pfeilmarkierung nach außen zeigt.
3.1. Gewinde der Inbusschrauben sparsam mit Loctite »mittelfest« bestreichen und eindrehen.
3.2. Rotor mit Rotorhalter festhalten, Schrauben mit 25 Nm festziehen.
4. Außenkonus der Kurbelwelle ölfrei reinigen, gereinigte Scheibenfeder in Nut einsetzen.
5. Innenkonus des Rotors ölfrei reinigen, Rotor auf Konussitz ansetzen, Nut im Innenkonus auf Scheibenfeder ausrichten, Rotor unter leichtem Druck auf Konus aufschieben.
6. Zentralschraube und Scheibe mit frischem Motoröl einölen, Schraube eindrehen.

- Wenn möglich, neue Zentralschraube und neue Unterlagscheibe verwenden,

7. Rotor mit Rotorhalter gut festhalten, Schraube mit 120 Nm festziehen.
8. Zwischenzahnrad einbauen: Zahnrad in Einbauposition bringen, Achse einstecken.
9. Deckel anbringen: Dichtfläche gut reinigen, Passbuchsen einsetzen, neue Deckeldichtung aufsetzen, Deckel aufsetzen, alle Schrauben eindrehen und über Kreuz Schritt für Schritt mit 10 Nm festziehen.
Hinweis: Eine Schraube hat eine Dichtscheibe, diese erneuern.
10. Kabel von Lichtmaschine und Kurbelwellen-positions-Sensor sauber verlegen, Stecker zusammenstecken, Kupplungszug in Widerlager einsetzen, Kupplungsschnecke anbauen, Ritzelabdeckung und Massekabel der Batterie anschrauben.
11. Motorölstand kontrollieren und ggf. Öl nachfüllen.

Anlasser aus- und einbauen

Anlasser ausbauen

Anlasser sitzt unter dem vorderen Zylinders.
1. Zündung AUSschalten, Fahrersitz abschrauben, Minuskabel von Batterie abklemmen.
2. Gummikappe über Pluskabelbefestigung am Anlasser abziehen, Mutter abdrehen, Kabelklemme abnehmen, Mutter wieder lose auf Anschlussgewinde aufdrehen.
3. Befestigungsschrauben des Anlassers lösen und ausdrehen.
4. Anlasser aus dem Motorgehäuse ziehen.

Anlasser einbauen

1. Neuen O-Ring eingeölt in die Nut im vorderen Gehäusedeckel einsetzen.
2. Anlassermotor in seine Position im Motorgehäuse schieben.
3. Schrauben eindrehen.
Wichtig: Halter für Kabel des Öldruckschalters mit unterer Schraube anbauen.
3.1. Zuerst untere, dann obere Schraube mit 6 Nm festziehen.
4. Kabel an Anlasser anschließen, Mutter mit 7 Nm festziehen. Gummikappe satt aufsetzen.
4.1. Minuskabel an Batterie anschließen.

Anlasser reparieren?
Moderne japanische Anlassermotoren halten ein »Motorradleben« lang. Wenn der Anlasser Ihres Motorrads wider Erwarten kaputt gehen sollte, besorgen Sie sich entweder ein Neuteil oder einen gebrauchten Anlasser auf dem Gebrauchtteilemarkt. Falls Sie ihn reparieren wollen: Die Explosionszeichnung in Bild 19 zeigt alle Einzelteile. Wenn der Anker verschmiert ist, die Isolation mit einem Sägeblatt vorsichtig ausschaben (siehe Bild 20).

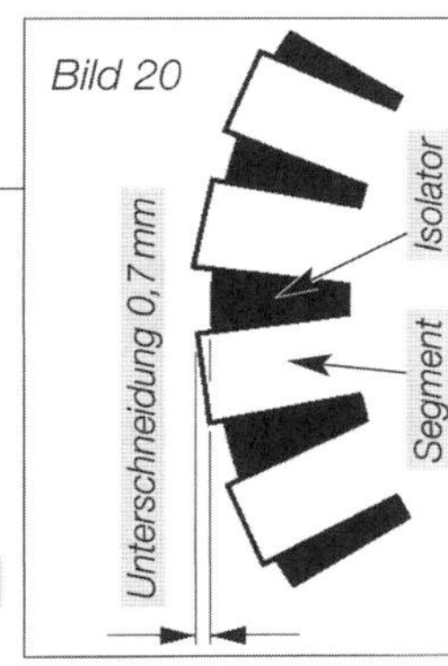

Bild 20

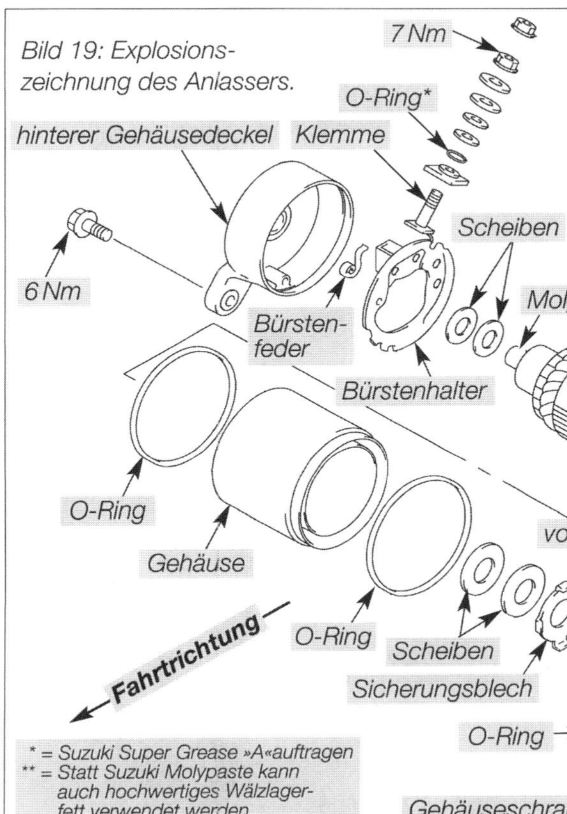
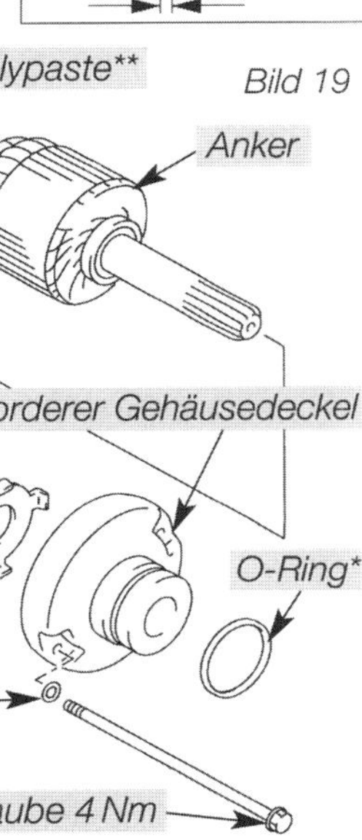

Bild 19: Explosionszeichnung des Anlassers.
Bild 19

* = Suzuki Super Grease »A«auftragen
** = Statt Suzuki Molypaste kann auch hochwertiges Wälzlagerfett verwendet werden

Zündkerzen

In diesem Kapitel: Konstruktionsmerkmale, Funktion, Prüfung · Zum Thema »kalte« oder »heiße« Zündkerze · Zündkerzen aus- und einschrauben · Elektrodenabstand messen und korrigieren · Zündkabel · Zündkerzengesicht beurteilen.

Wichtige Adressen:

- **NGK Spark Plug Europe GmbH**
  Harkortstr. 41, D-40880 Ratingen
  www.ngk.de
  www.hostettler.com
- **Simon Hagl KG**
  (Denso Zündkerzen)
  Schwanthaler Straße 32
  D-80336 München
  www.hagl-s.de
  www.muellerimporte.at
  www.suzuki-motorcycles.ch

Zündkerzen

Die SV 650 der Modelljahre bis einschließlich 2006 hatte je eine Zündkerze pro Zylinder; ab 2007 sind zwei Zündkerzen pro Zylinder (»Doppelzündung«) eingebaut. Bei allen Modellen müssen die Zündkerzen laut Wartungsplan im Rahmen der Inspektionen bei 6000 km geprüft und gereinigt sowie alle 12 000 km erneuert werden. Übrigens ist das Alter einer Zündkerze nicht ausschlaggebend, ob sie ersetzt werden muss; es zählen in erster Linie Laufleistung, Belastung und (daraus resultierend) der technische Zustand.

Bild 1

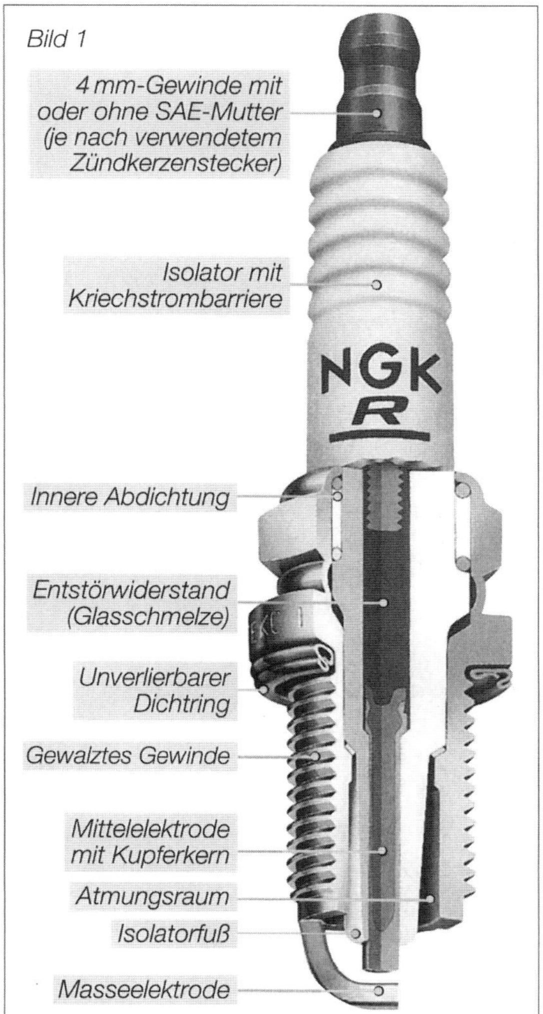

Bild 1: Aufbau einer modernen Motorrad-Zündkerze.

Bilder 2 und 3: Vergleich der Mittelelektroden von Standard- und Iridiumzündkerze.

Bild 2

Bild 3

- Serienmäßige Zündkerzen aller Modelljahre: NGK CR8E oder Denso U24ESR-N
- Elektrodenabstand 0,7 bis 0,8 mm

Laut Werkempfehlung können auch folgende Zündkerzen eingebaut werden:

- Kältere Zündkerzen: NGK CR9E oder Denso U27ESR-N
- Wärmere Zündkerzen: NGK CR7E oder Denso U22ESR-N

Die serienmäßig eingebauten Zündkerzen sind für alle in Mitteleuropa vorkommenden Temperaturen und Betriebsbedingungen ausgelegt. Ihre Elektroden werden bei normalen Verbrennungstemperaturen (ca. 400 bis 800 °C) so heiß, dass etwaige Rußablagerungen stets verbrennen, bleiben aber auch so kühl, dass Motor und Kerze nicht beschädigt werden.

Wichtig: Der flüssigkeitsgekühlte V2-Motor der SV 650 ist thermisch gesund, weswegen selbst bei hohen oder niedrigen Außentemperaturen kein Wechsel auf die alternativ aufgeführten »kälteren« Zündkerzen oder »wärmeren« Zündkerzen nötig ist.

Bessere Zündkerzen?

Die serienmäßigen Zündkerzen sind qualitativ hochwertig und betriebssicher. Wer es gut meint mit seinem Motor, kann ihm höherwertige Zündkerzen mit Iridiumelektrode spendieren wie z. B. die NGK CR8EIX. Eine Iridiumkerze kostet rund 20 Euro und ist damit doppelt so teuer wie eine Serienkerze. Sie bietet aber auch viele Vorteile wie noch sicherere Funkenbildung und geringere Empfindlichkeit gegen Verschmutzungen, wie sie zum Beispiel bei überwiegender Stadt- und Kurzstreckenfahrt auftreten können. Außerdem hat die NGK-Iridium eine doppelt so hohe Lebenserwartung; sie muss erst nach frühestens 24 000 km erneuert werden.

Zündkerzen prüfen

Der im serienmäßigen Bordwerkzeug vorhandene Zündkerzenschlüssel ist nicht unbedingt ein Qualitätswerkzeug und zum Aus- und Einbau der Zündkerzen bedingt geeignet. Wenn Sie sich einen Profi-Zündkerzenschlüssel besorgen, achten Sie darauf, dass er eine Schlüsselweite von 16 mm (5/8 Zoll) hat, lang genug ist und innen einen Gummiring hat, der die Zündkerze beim Aus- und Einbau sicher hält (Bild 6b).

Zündkerzen ausschrauben

Zündung ist in jedem Fall AUSgeschaltet, Zündschlüssel am besten abziehen! Zum Wechseln der Zündkerzen muss man sich Zugang zu ihnen verschaffen:

1. Alle Modelle Modelljahre 1999 bis 2002: Hupe und Hupenbefestigung abbauen, Stecker Kühlerventilatorschalter ausstecken.
1.1. Zusätzlich SV 650 S: Verkleidung abbauen.
1.2. SV 650 Modelljahre 2003 bis 2009: Kühlluftführung an unterer Gabelbrücke abschrauben.
2. Bei allen Modellen und Modelljahren Tank hochstellen und abstützen.
3. Kühler unten lösen: Schrauben rechts und links ausdrehen, Kühler vorsichtig etwas nach vorne schieben.

Tipp: Holzklotz zwischen Kühler und vorderen Zylinder klemmen, das erleichtert den Ausbau der Zündkerze.

4. Zündkerzenstecker abziehen (Bild 5b).
4.1. Der zentrale Zündkerzenstecker lässt sich sehr schwer abziehen. Notfalls ein Reifenmontiereisen unter Kerzenstecker schieben und ganz vorsichtig (vorsichtig!) aushebeln (Bild 5a).
5. Zündkerzenschächte nach Abziehen der Kerzenstecker mit Druckluft reinigen und so eventuell darin gesammelten Schmutz ausblasen.
6. Zündkerzen mit dem Kerzenschlüssel lösen und ausdrehen (Bild 6a), herausnehmen (Bild 6b).
7. Offene Zündkerzenbohrungen mit einem nicht fusselnden, kleinen Lappen verstopfen, damit kein Schmutz oder Fremdteile (Schrauben, Muttern, Unterlegscheiben) in den Motor gelangen und dort Beschädigungen verursachen können.

Achtung: Kerzenstecker und Zündkerzen nicht fallen lassen! Dadurch können Teile innen oder außen brechen oder Risse bekommen, wodurch Stromkreisunterbrechungen oder Kurzschlüsse verursacht werden.

Zündkerzen einbauen

1. Einen kleinen Tropfen Kupferpaste auf das Gewinde der Zündkerze geben (Bild 4). Dieses verhindert ein Festbacken des Gewindes.
2. Zündkerze in Zündkerzenschlüssel einstecken, in den Schacht einführen, von Hand gefühlvoll ansetzen und einschrauben.

Achtung: Dabei unbedingt darauf achten, dass schon der erste Gewindegang richtig greift, das Außengewinde der Kerze also richtig am Innengewinde im Zylinderkopf angesetzt ist. Eine schräg angesetzte Kerze ruiniert mit ihrem harten Stahlgewinde das Alugewinde im Zylinderkopf bereits nach einer halben Umdrehung.

3. Zündkerze von Hand (also ohne Nutzung des Hebelarms des Schlüssels!) ganz hineinschrauben. Erst wenn das Kerzengewinde ganz eingeschraubt ist und ein Widerstand spürbar wird, den Hebel am Zündkerzenschlüssel nutzen.
4. Zündkerzen festziehen:
- Gebrauchte Zündkerze: Wenn eine bereits benutzte Zündkerze wieder montiert wird, bei der sich der Dichtring schon gesetzt hat, Zündkerze nach Aufsitzen des Gewindebundes um ca. 1/8 Umdrehung anziehen.
- Neue Zündkerze: Wenn eine neue Kerze mit einem neuen Dichtring montiert wird, Zündkerze nach Aufsitzen des Gewindebundes um 1/4 bis 1/2 Umdrehung anziehen, wieder lösen und endgültig anziehen.
- Anziehdrehmoment der Zündkerze 11 Nm.

5. Zündkerzenstecker in Zündkerzenschacht einschieben und aufstecken, es muss hör- und fühlbar klicken. Die auf den Gummideckeln der Kerzenstecker angebrachte Markierung »▽« muss zur Auslassseite hin weisen.

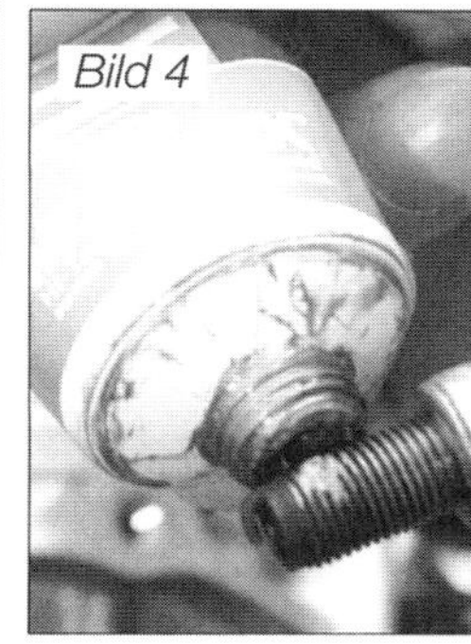
Bild 4

Bild 4: Ein Tropfen Kupferpaste an das Gewinde der Zündkerze verhindert Festbacken.

Bilder 5a bis 6b: Zündkerzenstecker abziehen und aufstecken. Zündkerze mit langem Zündkerzenschlüssel aus- und einschrauben.

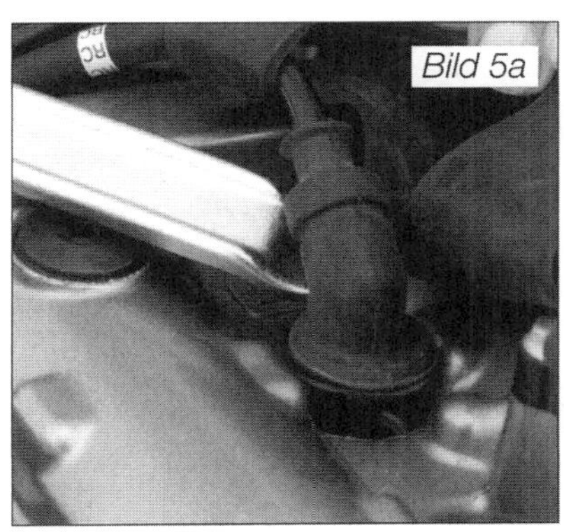
Bild 5a

Bild 5b

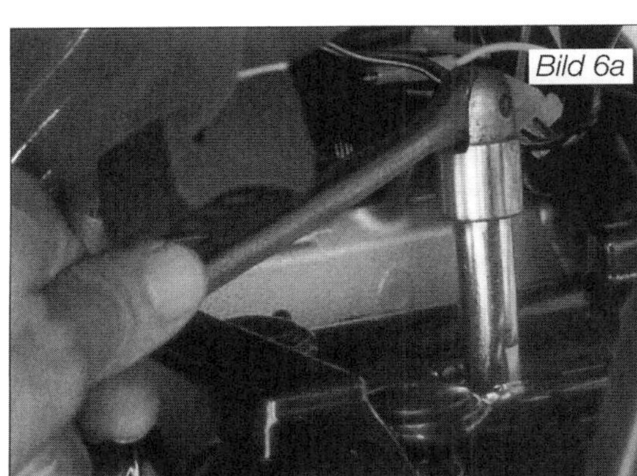
Bild 6a

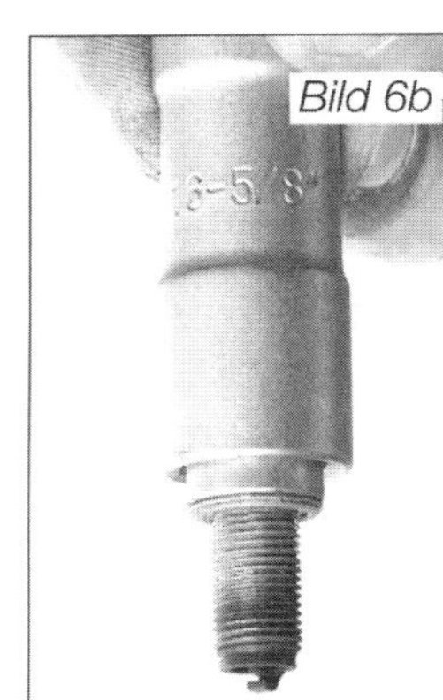
Bild 6b

Sichtprüfung · Messen

Elektrodenabstand

Wichtig für ordnungsgemäße Funktion der Zündkerze ist der korrekte Elektrodenabstand. Stimmt dieser nicht, muss er korrigiert werden.

Bitte beachten: Die Masseelektroden sollten eigentlich überhaupt nicht nachgebogen werden, weil die Gefahr groß ist, dass die Elektrode abbricht. Für eine zu stark oder zu oft verbogene Elektrode besteht im Betrieb höchste Bruchgefahr! Im Zweifelsfall lieber eine neue Kerze einbauen – denn wenn eine Masseelektrode abbricht und in den Motor fällt, gibt es einen kapitalen Motorschaden. Doch wenn es nicht möglich ist, eine neue Kerze zu kaufen, kann man gefühlvoll den Elektrodenabstand korrigieren.

Elektrodenabstand messen und korrigieren

1. Elektrodenabstand mit Fühlerlehre messen (Bild 8). Sollwert des Elektrodenabstands beträgt 0,7 bis 0,8 mm.

2. Ist der Elektrodenabstand zu weit, was bei einer alten Zündkerze meist der Fall ist, muss die äußere Elektrode nachgebogen werden. Zündkerze kopfüber in der einen Hand halten und mit der anderen Hand einen Schraubenzieher verkehrt herum nehmen und mit dem Griff des Schraubenziehers gaaaanz leicht auf die Elektrode klopfen. Gaaaanz leicht heißt: Lieber einen Hau zu wenig als einen zu viel!

3. Wenn die Außenelektrode aus Versehen zu stark zusammengeklopft wurde, der Elektrodenabstand also zu eng ist, vorsichtig mit einem kleinen Elektroschraubenzieher wieder aufbiegen. Besser noch ist es, die Elektrode mit einer ganz kleinen Spitzflachzange hochzubiegen. In jedem Falle gilt: Beim Einstellen des Elektrodenabstandes viel Gefühl walten lassen!

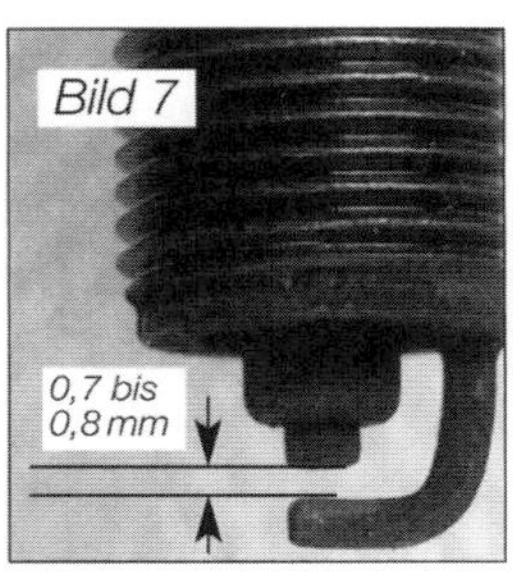

Bild 7: Der Elektrodenabstand bei der serienmäßigen Zündkerze sollte zwischen 0,7 und 0,8 mm betragen.

Bild 8: Elektrodenabstand zwischen Mittel- und Außen-(Masse-)elektrode messen.

Zündkabel

Achten Sie unbedingt auch darauf, dass die Zündkabel ganz in die entsprechenden Zündkerzenstecker eingeschraubt sind und auch die Gummidichtung zum Kerzenstecker richtig sitzt und unbeschädigt ist. Prüfen Sie auch den Zustand der Zündkabel. Wenn diese rissig sind, müssen die kompletten Zündspulen erneuert werden, weil die Zündkabel fest mit den Zündspulen vergossen sind! Wem das zu teuer ist, für den gibt es im Fachhandel »Zündkabelverbinder«: Altes Zündkabel wird bis auf ein kurzes Stück an der Zündspule abgeschnitten und durch Zündkabelverbinder mit neuem Zündkabel verbunden.

Bei Mj. 1999 bis 2002 lohnt sich auch ein Blick auf die anderen Kabelanschlüsse an der Zündspule: Alle fest und ohne Korrosion? Mehr zur Zündung finden Sie im Kapitel 18 »Zündanlage«.

Zündkerzengesicht

Aufschluss über den Verbrennungsablauf im Motor gibt das Erscheinungsbild der Zündkerze (»Zündkerzengesicht«). Im Normalfall zeigt die Kerze eine rehbraune Färbung und kaum Abbrand der Elektroden. Wenn das Zündkerzengesicht anders aussieht (siehe dazu Bilder 9 bis 18), ist im Motor möglicherweise etwas nicht in Ordnung.

Zu diesem Zweck Motor im mittleren Drehzahlbereich etwa zehn Kilometer warm fahren und möglichst ohne Zwischenstopp zur Werkstatt zurück. Dort den Motor sofort abstellen, also nicht längere Zeit im Leerlauf nachlaufen lassen.

Zündkerzengesicht beurteilen

1. Zündkerzen herausschrauben.

2. Sind Keramikisolation und Elektrode sauber und ohne Rußbelag und zeigt das innere Keramikbauteil rehbraunen Farbton (Bild 10), passt der Wärmewert der Zündkerze, das Luft-Benzingemisch ist korrekt zusammengesetzt.

3. Zu mageres Gemisch:

3.1. Bei weißem bis aschgrauem Bild ist das Luft-/Kraftstoff-Gemisch zu mager. Dieses Zündkerzenbild deutet auf mögliche Falschluft im Ansaugsystem hin. So können z. B. die Ansaugstutzen lose oder gerissen oder der Luftfilterkasten am Drosselklappengehäuse nicht richtig festgezogen sein.

3.2. Eine zu helle, fast weiße Zündkerze beobachtet man auch, wenn der Motor ohne Luftfilter betrieben wird.

4. Zu fettes Gemisch:

4.1. Bei dunkelbrauner bis schwarzer Verfärbung (Bild 9) ist das Kraftstoff/Luft-Gemisch zu fett. Dieses Zündkerzenbild weist auch auf einen zugesetzten Luftfilter hin.

5. Ölrückstände an der Zündkerze (Bild 9):

5.1. Eine schwarz verrußte, feucht glänzende Kerze deutet auf verschlissene Ventilführungen oder abgenutzte Kolbenringe hin, durch die Motoröl in die Brennräume gelangt. Deswegen nennt man ein solches Kerzengesicht »verölte Zündkerze«.

6. Verrußte Zündkerze (Bild 13):

6.1. Wenn die Zündkerzen verrußt sind, dreht der Motor nur stotternd hoch und zieht nicht richtig. Starke Rußablagerungen an der Kerze entstehen durch zu fettes Gemisch plus Öl (aus internen Lecks, wie z. B. verschlissene Ventilspitze oder Kolbenringe); es entsteht besonders dann, wenn der Motor permanent mit Choke gefahren wurde und/oder untertourig sowie meist im Kurzstreckenverkehr, bei dem er nie richtig warm werden konnte. Ruß verhindert einen korrekten Funken zwischen äußerer und innerer Elektrode. Ruß und andere Ablagerungen an der Zündkerze führen nach kurzer Zeit zu einer Kurzschlussbrücke (»Faden«) zwischen den Elektroden oder auf der Keramikisolation.

6.2. Trockene Rußablagerungen lassen die Elektroden glühen, es gibt unkontrollierte Fehlzündungen. Diese machen durch »Klopfen« (gut hörbar bei niedrigen Drehzahlen und starkem Beschleunigen) oder »Klingeln« (bei hoher Drehzahl und deshalb kaum zu hören) auf sich aufmerksam. Fehlzündungen führen oft auch zum Durchbrennen des Kolbenbodens oder einem Verbrennen (Verschmoren) von Ventilen und Ventilsitzen.

Bild 9

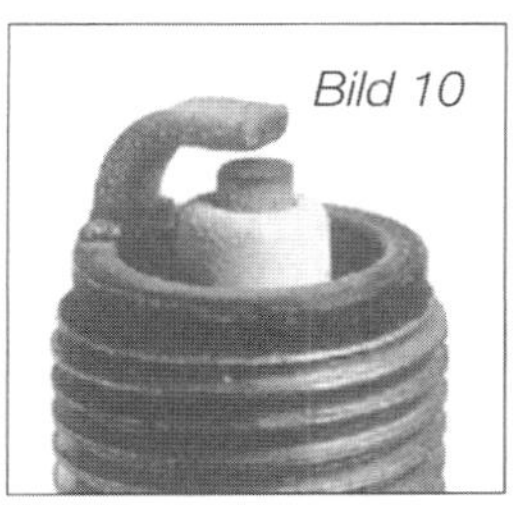
Bild 10

Bild 11

Bild 12

Bild 13

Bild 14

Bild 15

Bild 16

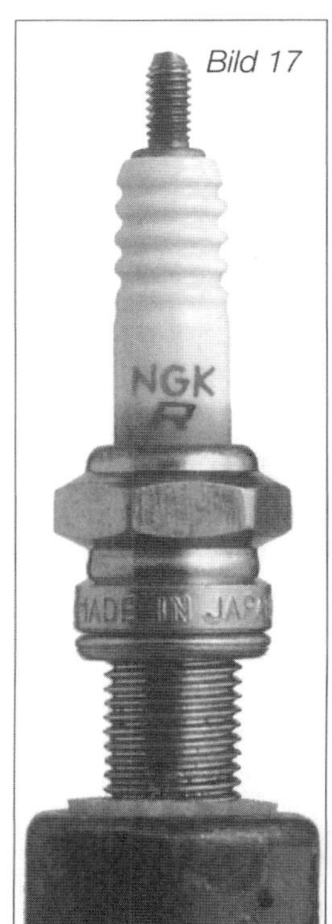

Bild 17

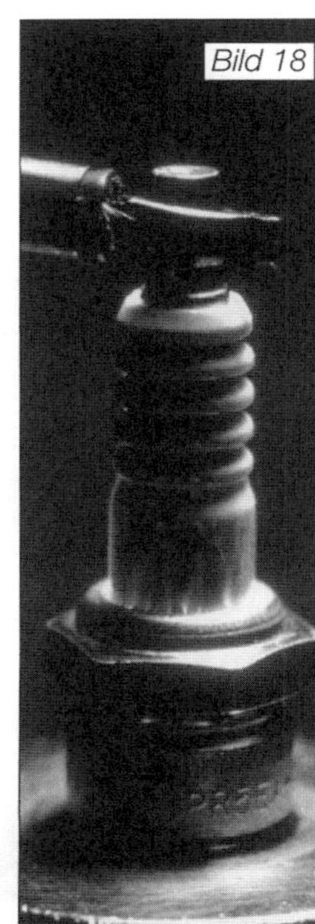
Bild 18

Zündkerzen reinigen und prüfen

1. Sofern die Kerze nicht allzu sehr verrußt ist, nur mit einer Nylonbürste reinigen. Diese besitzt engmaschige, zu kleinen Büscheln zusammengefasste Nylonstränge.

2. Stärker verschmutzte Zündkerze mit einer speziellen Zündkerzen-Messingbürste reinigen. **Wichtig:** Keine Stahlbürste zum Reinigen der Zündkerze verwenden, diese beschädigt die Elektroden und das Keramik-Mittelteil!

3. Isolator auf Risse oder Absplitterungen untersuchen. Planflächen des Dichtrings müssen einwandfrei sein.

4. Eine Zündkerze muss ausgewechselt werden, wenn sie schwerwiegende Mängel aufweist, beispielsweise Mittelelektrode stark abgenutzt oder verbrannt, Isolator gebrochen (Bild 11), Gewinde beschädigt oder anderes (Bilder 15 und 16).

Bilder 9 bis 18:
9 Öl- und Verbrennungsrückstände
10 normales Zündkerzengesicht
11 Isolator abgebrochen
12 Isolator beschädigt, starke Ablagerungen
13 verrußte Kerze
14 Anschmelzungen
15 Mittelelektrode herausgefallen
16 Mittelelektrode stark abgenutzt, gebrochen
17 Koronafleck zwischen Isolator und Metallkörper...
18 ...Ursache ist Gas- und Flamm-Durchgang

Zündanlage

In diesem Kapitel: Konstruktionsmerkmale Zündanlage: Zündspulen, Zündkabel · Tipps und Tricks zur Zündfunkensuche · Zündanlage prüfen · Zündspule prüfen.

Zündanlage

Die elektronische Zündung der SV 650 mit Vergaser und Einspritzung arbeitet sehr zuverlässig, versteckte Mängel sind nicht bekannt. Die Vergasermodelle bis 2002 sind mit einer Zündbox ausgestattet, die Einspritzer ab 2003 mit einem Steuergerät ECM. Die Maschinen ab Modelljahr 2007 haben Doppelzündung. In Verbindung mit geändertem Luftfilterkasten, elektronischer Leerlaufregelung ISC, Lambdasonde und Dreiwege-Katalysator diente diese Maßnahme zur Erfüllung der Abgasnorm EURO 3.

Zündspulen

Bei Einzel- und Doppelzündung ist für jeden Zylinder eine Zündspule montiert:

- Links am Rahmen ist die Zündspule für den vorderen Zylinder (Bilder 1 und 3 »Zündspule 1«).
- Rechts hinten im Rahmen über dem Motor ist die Zündspule für den hinteren Zylinder (Bilder 2 und 4 »Zündspule 2«).

Zündkabel

Die Zündkabel der mittleren (»zentralen«) Zündkerzen sind mit einem »C« auf einer Banderole, die kurz vor dem Zündkerzenstecker um das jeweilige Zündkabel gewickelt ist, markiert:

- »FC« für die zentrale Kerze des vorderen Zylinders (F = »Front«, C = »Center«)
- »RC« für die zentrale Kerze des hinteren Zylinders (R = »Rear«, C = »Center«).

Die Kabel für die seitlichen Zündkerzen sind nicht gekennzeichnet, sie kommen parallel zu den Zentralkabeln aus der Zündspule.

Bilder 1 bis 4: Lage der Zündspulen Mj. 1999 bis 2002 (Bilder 1 und 2) und ab Mj. 2003 (Bilder 3 und 4).

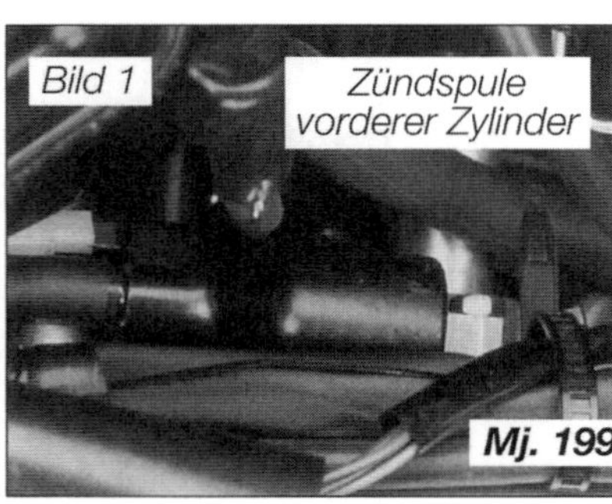

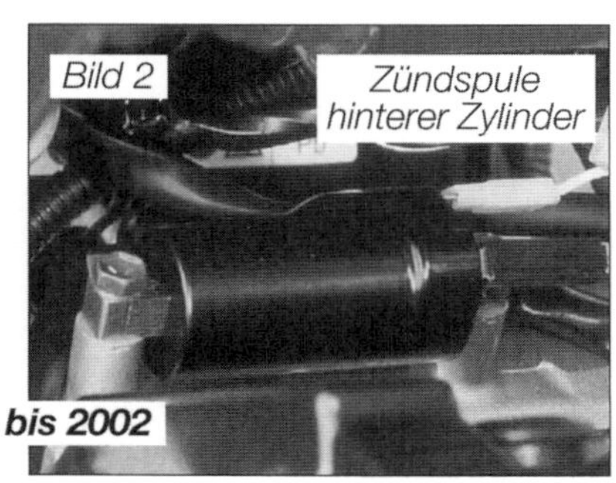

Tipps und Tricks zur Zündfunkensuche

Folgende Symptome deuten auf eine nicht richtig arbeitende Zündanlage hin:

- Motor läuft nicht
- Motor patscht und knallt aus dem Auspuff
- Motor läuft unrund und ruckelt
- Schlechte Leistungsabgabe bzw. Motor zieht nicht richtig

Wenn die Zündkerzen keinen oder nur einen schwachen Funken abgeben, raten wir Ihnen als Erstes zu folgender Hausmittelprüfung:

1. Zündung ausschalten.
2. ALLE Zündkerzen ausdrehen.
3. Jetzt wird eine Zündkerze nach der anderen auf Funken geprüft:
3.1. Zündkerze in den zugehörigen Kerzenstecker sicher einstecken.
3.2. Zündkerze mit dem Sechskant an Masse des Zylinders anlegen (Bild 5).
Wichtig 1: Zündkerze NICHT auf einem Ventildeckel anlegen, dieser ist aus Magnesium und kann durch Funkenbildung beschädigt werden!
Wichtig 2: Zündkerze muss sicheren Massekontakt am Zylinder haben, es darf KEIN Körperkontakt stattfinden, sonst droht ein (schmerzhafter!) elektrischer Schlag – also nur den Kerzenstecker anfassen, NICHT die Zündkerze!
3.3. Zündung einschalten, Elektrostarter betätigen und genau hinsehen, ob die Zündkerze funkt. Dabei KEIN Gas geben!

⚠ **Achtung:** Bei dieser Prüfung unbedingt einen Feuerlöscher betriebsbereit halten! Wenn der Motor »ersoffen« war und bei der Zündkerzenprüfung mit ausgebauten Zündkerzen sich das aus dem Zündkerzenloch austretende Gemisch entzündet, steht die Maschine sofort in Flammen.

Ergebnisse werten:

1. Zeigt keine der Zündkerzen einen Funken,

das Spiel mit einem anderen Zündkerzenstecker überprüfen. Funkt's dann, ist der zuvor getestete Zündkerzenstecker defekt.
2. Es kann natürlich auch die Zündkerze selbst defekt sein – Zündkerzen deswegen untereinander austauschen.

Zündkabel

Wenn die Zündkerze unregelmäßig funkt, gar nicht oder sich nur ein sehr schwacher Funke zeigt, dann schauen Sie ganz genau auf Zündkabel und Zündkerzenstecker: Wenn schon von diesen Bauteilen ein Funke auf den Zylinder überspringt, sind sie defekt (»Durchschlag«) und müssen erneuert werden.

- Wenn die Zündkabel rissig (porös) sind, unbedingt erneuern (siehe dazu Textabsatz »Zündkabel« in Kapitel 17 »Zündkerzen«).
- Die Zündkabel müssen fest in den Zündspulen und im Zündkerzenstecker sitzen.
- Die Zündkabel-Anschlüsse an Zündspulen und Kerzensteckern müssen staubtrocken sein, schon geringste Feuchtigkeit ist oft Ursache für fehlerhafte Zündfunken.

Weitere Hausmittel-Prüfungen

- Alle Kabel und Anschlüsse der Zündanlage auf einwandfreie Isolierung und korrekten Sitz überprüfen. Schon ein kleiner Fehler in der Isolierung eines (durchgescheuerten) Kabels kann das gesamte Zündsystem lahm legen.
- Etwaige Korrosion an den Steckverbindungen mit feinem Schmirgelpapier beseitigen.
- Seitenständerschalter prüfen: Ist dieser defekt, ist die Zündung unterbrochen. Dann dreht sich allerdings auch der Anlasser nicht. Der Motor springt dann auch nicht durch Anschieben an.

Wenn sich überhaupt kein Funke zeigt: Zündbox bzw. Motorsteuergerät ECM ab Modelljahr 2003 gegen ein erwiesenermaßen intaktes Gerät tauschen (von der SV 650 des Freundes ausleihen!).

Zündanlage prüfen

Zündzeitpunkt überprüfen

Eine Überprüfung des Zündzeitpunkts kann Aufschluss darüber geben, ob die Zündkerzen vielleicht nicht dann funken, wenn sie sollen.
1. Oben im Lichtmaschinendeckel neben dem vorderen Zylinder ist die »Einstelllochkappe« (Bilder 6 und 7). Wenn diese ausgeschraubt ist und man dreht die Kurbelwelle, erscheinen zu gegebener Zeit »F« oder »R«:

- »F« ist der Zündzeitpunkt des vorderen Zylinders (»F« = Front, Bild 6).
- »R« ist der Zündzeitpunkt des hinteren Zylinders (»R« = Rear, Bild 7).
- Die Kerbe in der Deckelbohrung ist die zugehörige Indexmarkierung.

2. Zündzeitpunkt-Prüfpistole (»Stroboskoplampe«) anschließen: Unbedingt Gebrauchsanleitung des verwendeten Gerätes vorher lesen!
3. Motor starten, im Leerlauf laufen lassen, Zündzeitpunkt abblitzen:
3.1. Lampe zur Einstellbohrung hin auf die Gehäusemarkierung halten: »F«- und »R«-Markierungen müssen sich dann mit der Gehäuse-Markierung decken, wenn die Zündzeitpunkt-Prüfpistole an die Zündkabel des entsprechenden (vorderen bzw. hinteren) Zylinders angeschlossen ist.

Zündspulen bis Modelljahr 2006

Primärspitzenspannung überpüfen

Dazu wird ein Multistromkreistester mit Spitzenspannungsadapter benötigt (Suzuki-Spezialwerkzeug Nr. 09900-25008). Tester auf Spannung stellen. Auch hier gilt: Betriebsanleitung des Geräts vor Gebrauch lesen!

1. Getriebe ist in Leerlauf geschaltet, Zündung AUSgeschaltet. Zündkerzenstecker abziehen, neue Zündkerze einstecken.
2. Multistromkreistester folgendermaßen anschließen; Kabelklemmen bleiben an den Zündspulen angeschlossen (Bild 8):

- Zündspule vorderer Zylinder: Plusklemme (+) des Testers an schwarz/gelbe Kabelklemme. Minusklemme (–) des Testers an Masse.
- Zündspule hinterer Zylinder: Plusklemme (+) des Testers an weiße Kabelklemme. Minusklemme (–) des Testers an Masse.

3. Kupplung ziehen, Zündung einschalten, Zündkerze mit Sechskant an Masse halten (Bild 5).
4. Starterknopf drücken und Motor einige Sekunden lang durchdrehen lassen.

Bild 5: Bei einer Funkenprüfung bei ausgebauter Zündkerze diese in Kerzenstecker einstecken und mit dem Sechskant an Masse des Zylinders anlegen: Elektrostarter betätigen und genau hinsehen, ob die Zündkerze satt und blau funkt.

- *Wenn nicht: Test mit einer anderen Zündkerze wiederholen.*

Bild 5

Bilder 6 und 7: Einstelllochkappe und Markierungen zur Prüfung des Zündzeitpunkts.

Bild 6

Bild 7

5. Vorgang einige Male wiederholen und die auf dem Tester angezeigte höchste Spitzenspannung ablesen: Sie muss mehr als 150 Volt betragen.
■ Liegt der Wert niedriger, Zündspule überprüfen.

Widerstand der Zündspulen messen
Benzintank abnehmen, Zündkerzenstecker abziehen. Tester auf Widerstand stellen.

Bilder 8 bis 11: Im Lauftext sind die zu den Bildern gehörenden Arbeitsschritte nummeriert beschrieben.

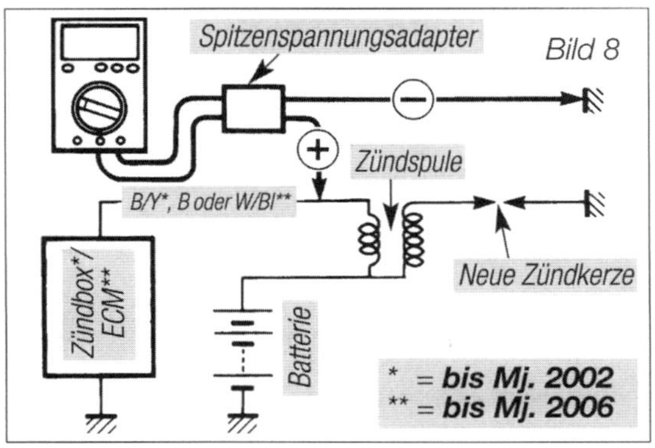

Bild 8 Kabelfarben:
B = schwarz
B/Y = schwarz mit gelbem Faden
W/Bl = weiß mit blauem Faden

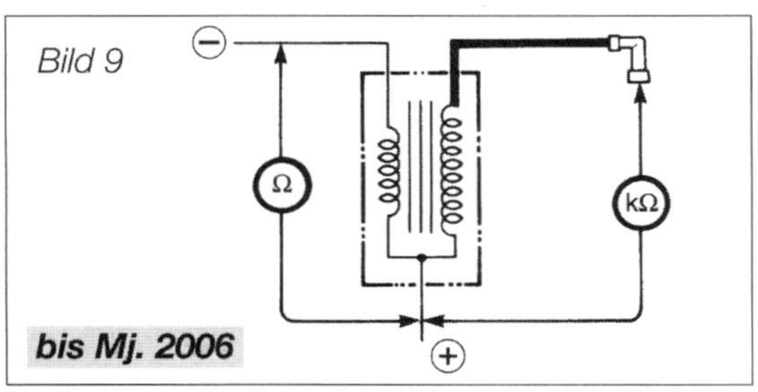

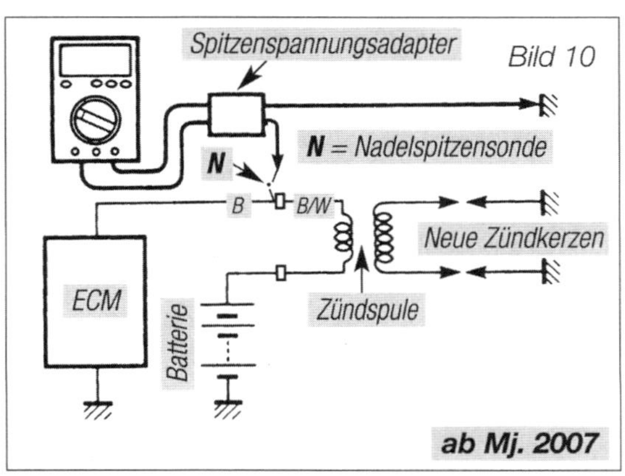

Bild 10 Kabelfarben:
B = schwarz
B/W = schwarz mit weißem Faden

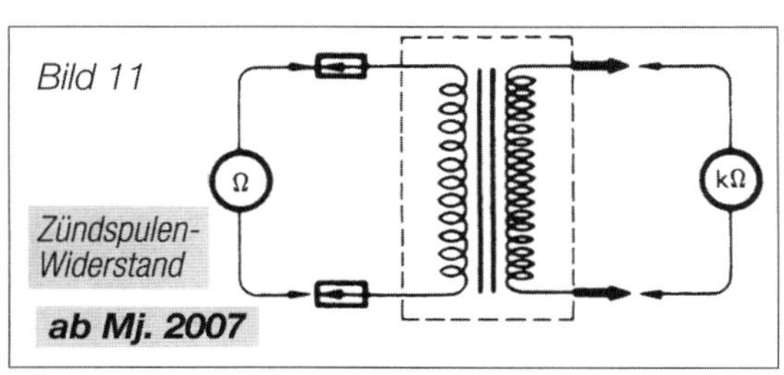

1. Widerstand im Primärkreis der Zündspule messen (Bild 9): Plusklemme (+) des Testers an Plusklemme der Zündspule. Minusklemme (–) des Testers an Minusklemme der Zündspule.
■ Modelljahre 1999 bis 2002: Widerstand muss 3,5 bis 5,5 Ω betragen.
■ Modelljahre 2003 bis 2006: Widerstand muss 2 bis 5 Ω betragen.
2. Widerstand im Sekundärkreis der Zündspule messen: Plusklemme (+) des Testers in Zündkerzenstecker. Minusklemme (–) des Testers an Plusklemme der Zündspule.
■ Modelljahre 1999 bis 2002: Widerstand muss 20 bis 31 kΩ betragen.
■ Modelljahre 2003 bis 2006: Widerstand muss 24 bis 37 kΩ betragen.

Zündspulen ab Modellljahr 2007

Primärspitzenspannung
Ab Modelljahr 2007 wird zum Prüfen der Primärspitzenspannung der Zündspulen neben dem Multistromkreistester (mit Spitzenspannungsadapter: Suzuki-Spezialwerkzeug Nr. 09900-25008) auch noch ein Nadelspitzen-Sondensatz (Suzuki-Spezialwerkzeug Nr. 09900-25009) benötigt. Multistromkreistester auf Spannung einstellen.

1. Getriebe ist in Leerlauf geschaltet, Zündung AUSgeschaltet. Alle Zündkerzenstecker abziehen, neue Zündkerzen einstecken.
1.1. Zündkerzen aus Zylinderköpfen ausbauen.
2. Nadelspitzensonde in den entsprechenden Kabelstecker einführen: Beim vorderen Zylinder ist dies das schwarz/weiße Kabel, beim hinteren Zylinder das schwarze Kabel. Dann wird der Multistromkreistester angeschlossen (Kabelklemmen bleiben an den Zündspulen angeschlossen):
■ Zündspule vorderer Zylinder (Bild 10): Plusklemme (+) des Testers an schwarz/weiße Kabelklemme. Minusklemme (–) des Testers an Masse.
■ Zündspule hinterer Zylinder (Bild 10): Plusklemme (+) des Testers an schwarze Kabelklemme. Minusklemme (–) des Testers an Masse.
3. Leerlauf einlegen, Zündung einschalten, eine Zündkerze mit Sechskant an Masse halten.
4. Kupplung ziehen, Starterknopf drücken und Motor einige Sekunden lang durchdrehen lassen.
5. Vorgang einige Male wiederholen und die auf dem Tester angezeigte höchste Spitzenspannung ablesen: Sie muss mehr als 150 Volt betragen.
■ Liegt der Wert niedriger, die entsprechende Zündspule überprüfen.

Widerstand der Doppelzündspulen messen
Die Vorarbeiten sind die gleichen wie bis Modelljahr 2006. Unterschiede gibt es beim Anschluss der Klemmen sowie bei den Messwerten (Bild 11).

1. Widerstand im Primärkreis der Zündspule messen: Plusklemme (+) des Testers an Plusklemme der Zündspule. Minusklemme (–) des Testers an Minusklemme der Zündspule.
■ Widerstand muss 1 bis 5 Ω betragen.
2. Widerstand im Sekundärkreis der Zündspule messen: Plusklemme (+) des Testers in den einen Zündkerzenstecker. Minusklemme (–) des Testers in den anderen Zündkerzenstecker.
■ Widerstand muss 25 bis 40 kΩ betragen.

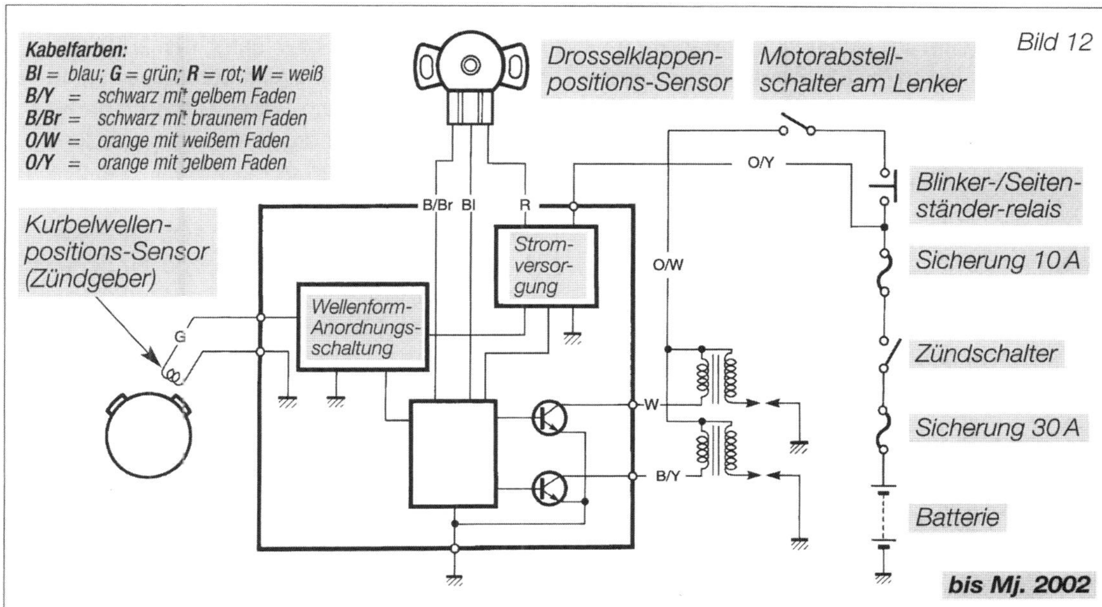

Bild 12: Blockschaltbild der Zündanlage Modelljahre 1999 bis 2002.

Bild 13: Blockschaltbild der Zündanlage ab Modelljahr 2003.

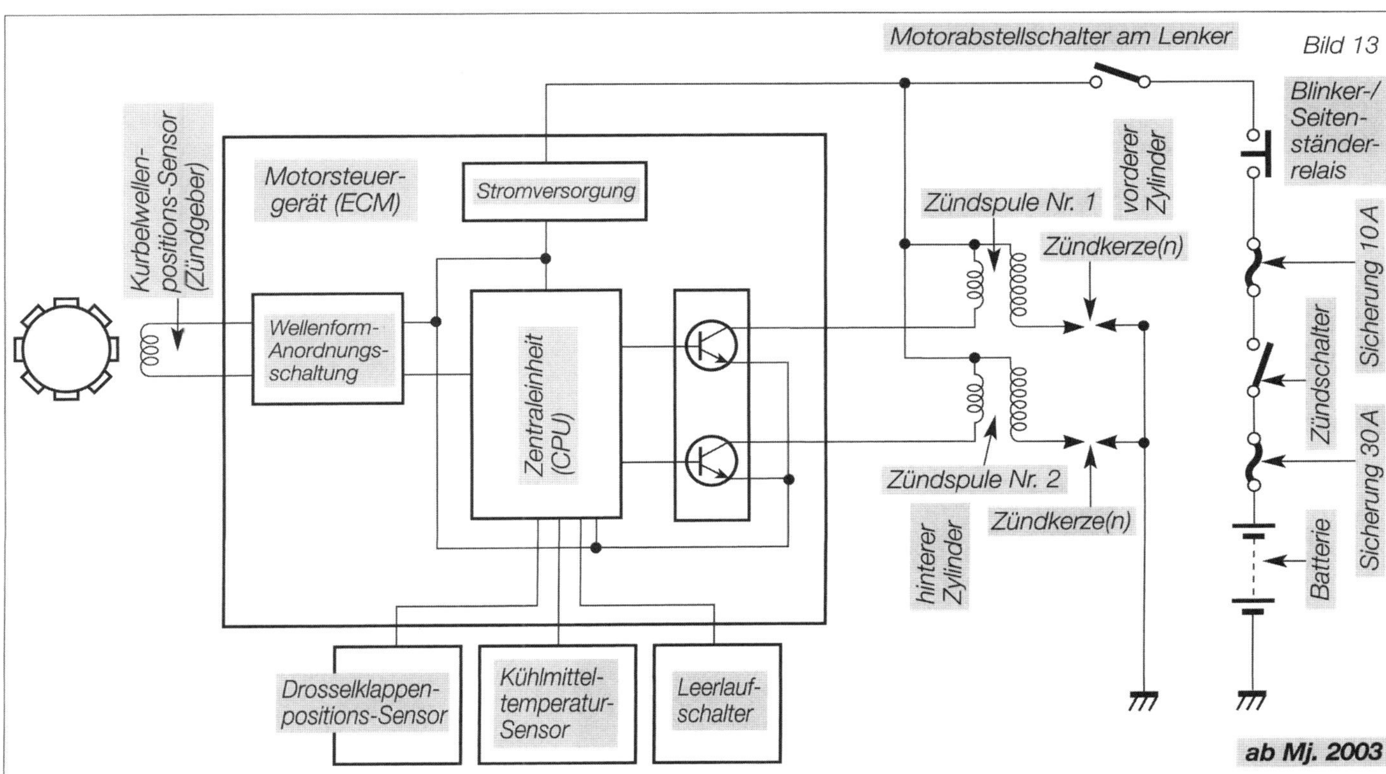

Luftfilter

In diesem Kapitel: Luftfilter ausbauen, reinigen und einbauen.

Luftfilter

Luftfilter muss laut Wartungsplan alle 6000 km (bzw. 12 Monate) überprüft und gereinigt werden. Bei jeder dritten Inspektion alle 18 000 km (bzw. 36 Monate) soll ein neuer Luftfilter eingebaut werden. Wenn die Maschine überwiegend auf staubigen Straßen gefahren wird, also starkem Schmutz-/Staubanfall ausgesetzt ist, muss der Luftfilter öfter gereinigt werden.

Bilder 1 bis 8: Die zu den Bildern gehörenden Arbeitsschritte sind im Lauftext nummeriert beschrieben.

⚠ **Achtung:** Betrieb ohne Luftfilter oder mit gerissenem bzw. anders beschädigtem Luftfilter führt zu besonders schnellem Motorverschleiß. Deshalb darauf achten, dass der Luftfilter immer in gutem Zustand ist, denn davon hängt auch die Lebensdauer des Motors ab.

Bild 1 – **bis Mj. 2002**

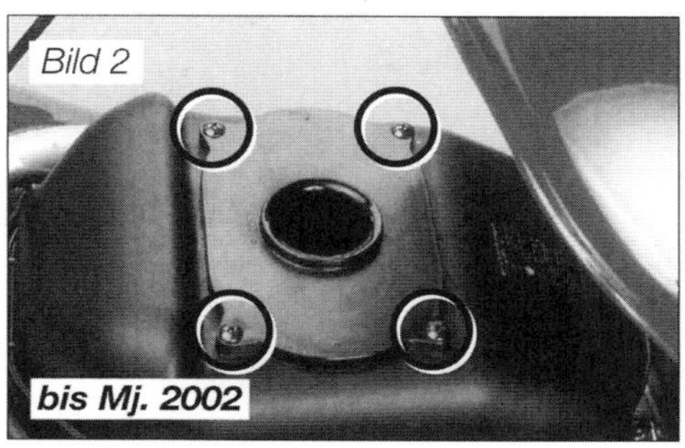
Bild 2 – **bis Mj. 2002**

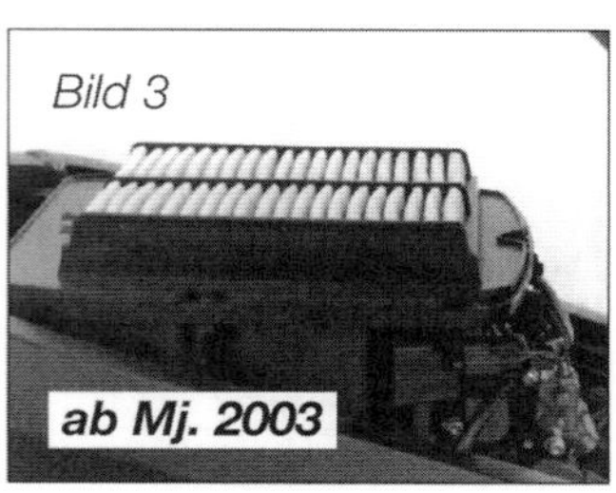
Bild 3 – **ab Mj. 2003**

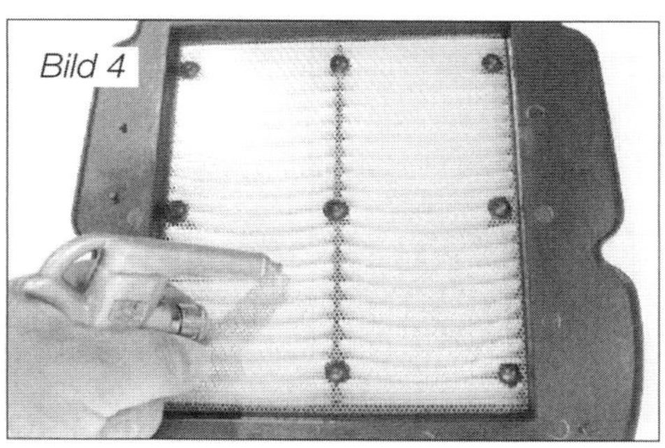
Bild 4

Luftfilter ausbauen, reinigen, einbauen

1. Fahrersitz abschrauben, Benzintank anheben und abstützen.

2. Mj. 1999 bis 2002: Luftfilter (Bild 1) nach Ausdrehen der Schrauben (Kreise in Bild 2) aus Luftfiltergehäuse ausziehen.

2.1. Mj. 2003 bis 2009: Deckel des Luftfiltergehäuses nach Ausdrehen der Schrauben abheben. Luftfilter (Bild 3) herausnehmen.

3. Groben Dreck abklopfen. Luftfilter von außen (Mj. 1999 bis 2002) bzw. unten (Mj. 2003 bis 2009) mit weicher Druckluft durchblasen (Bild 4). ■ Nicht von der Innen-/Oberseite nach außen/-unten blasen, sonst drückt die Druckluft den Schmutz in die Poren des Luftfilters, was den Weg des Luftstroms hemmt: Leistungsmangel und erhöhter Benzinverbrauch sind die Folgen.

4. Mj. 2003 bis 2009: Das grobporige Schaumstoffteil im extra Fach links im Luftfilterkasten (Bild 7) bindet Ölnebel, der vom Motor im Entlüftungsschlauch nach oben zieht. Deswegen muss es gereinigt werden.

4.1. Reinigen: Schaumstoffteil herausziehen, mit Allzwecköl einsprühen, in Lappen wickeln, kneten, auswringen, auspacken, mit leichter Druckluft trocken blasen, einsetzen.

5. Rechts hinten (bis Mj. 2002) bzw. links vorne (ab Mj. 2003) am Luftfiltergehäuse ist ein durchsichtiger Kunststoffsack angebracht (Bilder 5 und 6). Wenn sich darin Flüssigkeit wie Kondenswasser, Spritrückstände, Öl oder Schmutz befinden: Sicherungsklammer lösen, Kunststoffsack abziehen, reinigen und wieder anbringen.

6. Bei Mj. 1999 bis 2002 ist ein zusätzlicher Ablaufschlauch mit Verschlussstopfen angebracht (Bild 8). Sicherungsklammer lösen, Stopfen ausziehen, Rückstände ablaufen lassen.

7. Luftfilterkasten und Deckel mit einem mit Motorradreiniger (oder Ölspay) getränkten Lappen ausputzen und trocknen lassen.

8. Gereinigten oder neuen Luftfilter einsetzen. Gehäusedeckel aufsetzen (ab Mj. 2003), Schrauben eindrehen und ringsum handfest anziehen.

9. Tank und Fahrersitz montieren.

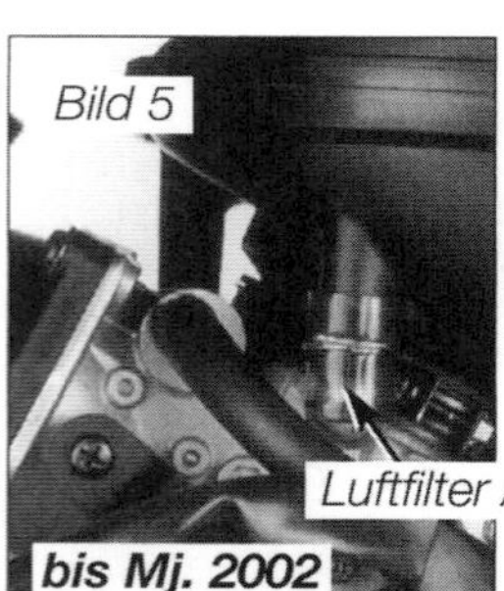

Bild 5 – **bis Mj. 2002**

Bild 6 – **ab Mj. 2003**

Bild 7

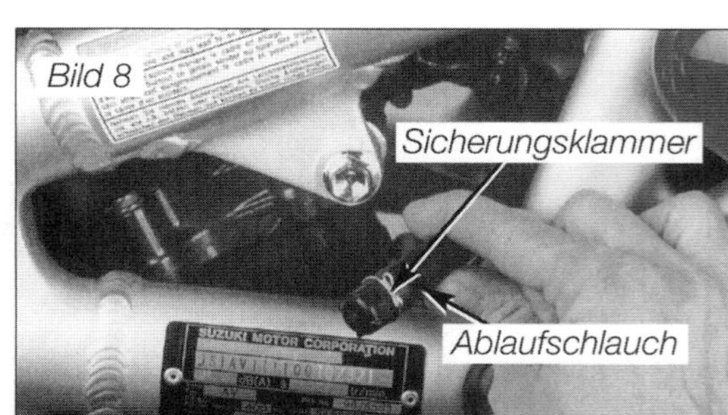

Bild 8

Gasgriff · Gaszüge

In diesem Kapitel: Gasgriff und Gaszüge prüfen · Leerweg am Gasgriff prüfen, Gaszüge einstellen · Verlegung der Gaszüge bei Vergaser und Einspritzung · Gasgriff zerlegen, reinigen, zusammenbauen · Neue Gaszüge einbauen.

Gasgriff und Gaszüge prüfen

Bei ausgeschaltetem Motor (!) den Gasgriff einige Male auf Vollgas drehen und loslassen, damit wird geprüft, ob Gasgriff, Öffner- und Schließergaszug leichtgängig sind.

■ Gasgriff muss von alleine in seine Nullstellung zurückschnappen. Wenn man spürt, dass der Gasgriff schwer geht, muss er zerlegt, gereinigt und geschmiert werden.

■ Wenn man spürt, dass der Gasgriff zwar leicht geht, aber etwas reibt und der Gasgriff »hakt«, kann es sein, dass eine der beiden Gaszughüllen geknickt oder der innere Zug aufgespleißt ist und deswegen also nicht leicht genug läuft. Dann muss der Gaszug erneuert werden.

Wichtig: Zwischen dem vibrationshemmenden Gewicht im rechten Lenkerende und dem Rand des Gasgriffgummis muss ein Spalt von 0,5 bis 1,5 mm vorhanden sein, sonst reibt das Gasgriffgummi daran und der Gasgriff lässt sich nur schwer bewegen.

Dann den Motor starten und im Leerlauf laufen lassen. Lenkung einige Male ganz nach links und rechts einschlagen und dabei prüfen, ob die Leerlaufdrehzahl gleich bleibt.

»JA«: Verlegung der Züge ist in Ordnung, Gasgriff ist leichtgängig.

»NEIN«: Gaszüge überprüfen: Sie dürfen sich, während der Lenker eingeschlagen ist, nicht an einem anderen Bauteil spannen und dürfen auch nicht geknickt sein.

Leerlaufdrehzahl verändert sich: Wenn sich beim vollen Lenkeinschlag die Leerlaufdrehzahl verändert, ist wahrscheinlich das Leerspiel im Öffnergaszug zu gering und muss überprüft und ggf. vergrößert werden.

Leerweg am Gasgriff

Der Leerweg am Gasgriff muss 2 bis 4 mm betragen, er wird am Umfang des Gasgriffgummis zum Lenkerende (bzw. vibrationshemmenden Gewicht im Lenker) gemessen (Bild 1). Die richtige Einstellung des Leerwegs ist wichtig für die Gasdosierung und bestimmt entscheidend das Gefühl beim Gas geben. Bei einem ordentlich gepflegten Motorrad verändert sich das Spiel in den Gaszügen (bzw. der Leerweg am Gasgriff) kaum.

Leerweg überprüfen

Zur Überprüfung zwei Kreidestriche am Gasgriffgummi und einen am vibrationshemmenden Gewicht anbringen (Bild 1) und die 2 bis 4 mm zwischen den Gasgriffstellungen »Gas zu« und »Gas beginnt zu öffnen« feststellen.

Leerweg einstellen (Bild 2)

1. Kontermutter am Einsteller des *Schließer*gaszugs lösen, Einsteller ganz eindrehen.

2. Kontermutter am Einsteller des *Öffner*gaszugs lösen, Einsteller ein- oder ausdrehen, bis das Spiel stimmt.

3. Mit einer Hand den Gasgriff leicht auf »Gas zu« halten und mit der anderen Hand den Einsteller des *Schließer*gaszugs langsam so weit links herum drehen, bis Widerstand spürbar wird und der *Schließer*gaszug kein Spiel mehr hat.

4. Kontermuttern gegen Einsteller kontern: Einsteller dabei unbedingt in Einstellposition gegenhalten, Kontermutter festziehen.

Wichig: Bitte benutzen Sie keine Zange, die Kontermutter ist gerändelt und lässt sich von Hand »gut handfest« anziehen.

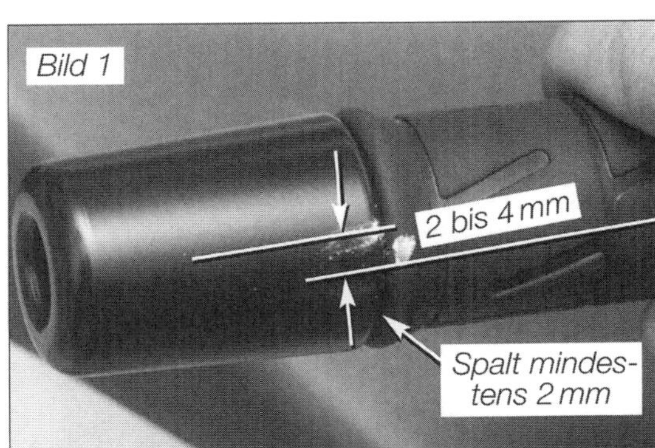

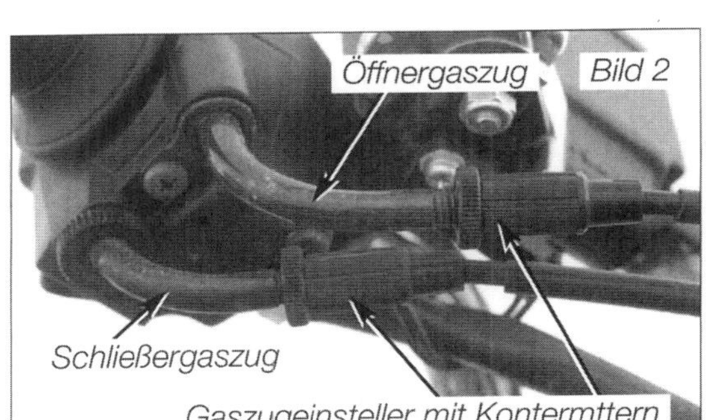

Bilder 1 und 2: Der Leerweg am Gasgriff muss 2 bis 4 mm betragen, gemessen vom Gasgriffgummi zum Lenkerende hin.

■ Zum Einstellen die Gaszugeinsteller entsprechend ein- oder ausdrehen.

■ Kontermuttern nur von Hand gut festziehen, keine Zange dazu benutzen!

Sichtprüfung Messen

Bilder 3 bis 6: Verlegung der Gaszüge beim Vergasermodell ...ohne Verkleidung (Bilder 3 und 4). ...mit Verkleidung (Bilder 5 und 6).

Hinweis: Wenn der Leerweg am Gasgriff sich immer wieder verändert, also nach einer Einstellung schon nach kurzer Fahrstrecke wieder länger wird, ist dies ein deutlicher Hinweis auf einen sich längenden Öffnergaszug, der eben dabei ist, kaputt zu gehen. Dann sollte umgehend ein neuer Gaszug eingebaut werden (am besten gleich Öffner- und Schließergaszug erneuern).

Wenn der Gasgriff allerdings leicht aufgedreht werden kann, aber dann, wenn er losgelassen wird, nicht wieder von ganz alleine zugeht, und man sicher ist, dass kein Gaszug innen reibt, ist wahrscheinlich das Grundspiel beider Gaszüge total verstellt.

Grundeinstellung der Gaszüge einstellen
Voraussetzung: Gasgriff muss leichtgängig sein, er muss von selbst in seine Nulllage (»Gas zu«) zurückgehen. Bewegt sich der Gasgriff dagegen schwer, lassen sich Gaszugspiel und Leerlaufdrehzahl nicht mehr korrekt einstellen.
1. Kontermuttern beider Einsteller (Bild 2) lösen und mindestens drei Umdrehungen vom Einsteller wegdrehen, Einsteller nachdrehen.
Ergebnis: Beide Gaszüge sind jetzt lose, Gasgriff hat in beide Richtungen sehr viel Spiel.
2. Mit einer Hand den Gasgriff leicht auf »Gas zu« halten und mit der anderen Hand den Einsteller des Schließergaszugs langsam so weit links herum drehen, bis Widerstand spürbar wird und der Schließergaszug kein Spiel mehr hat.
2.1. Kontermutter des Einstellers im Schließer-

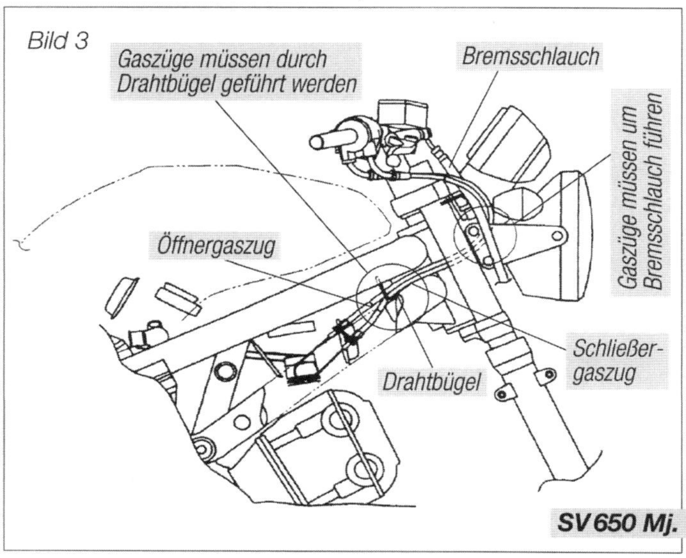

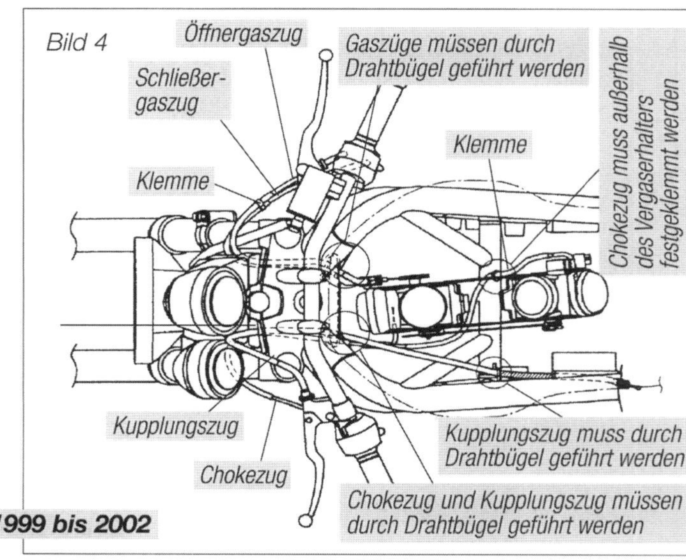

SV650 Mj. 1999 bis 2002

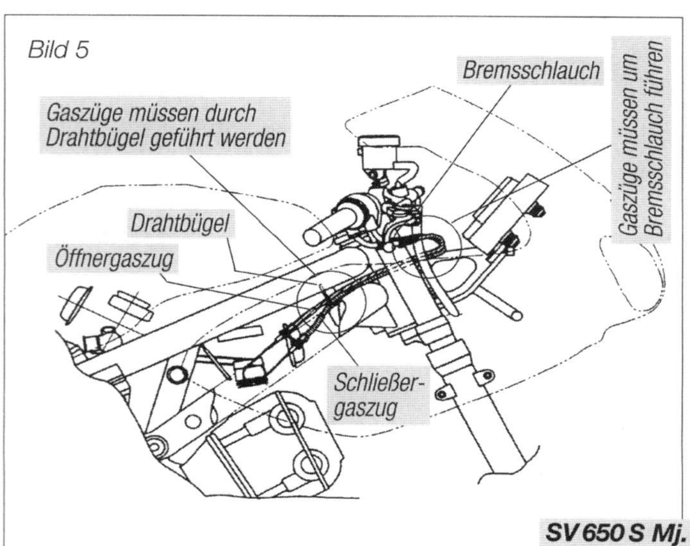

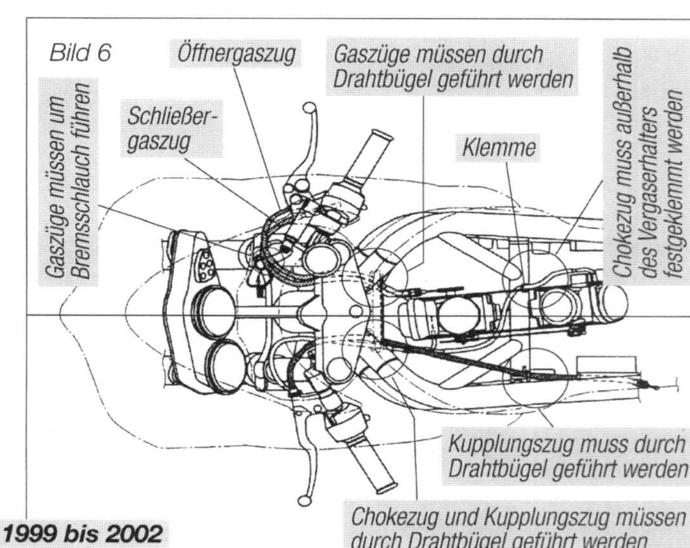

SV650S Mj. 1999 bis 2002

gaszug gegen den Einsteller kontern: Einsteller dabei unbedingt in Einstellposition gegenhalten, Kontermutter festziehen. Bitte benutzen Sie keine Zange, die Kontermutter ist gerändelt und lässt sich von Hand »gut handfest« anziehen.

3. Unten am Widerlager Gaszugmechanik: Einsteller des *Öffner*gaszugs (Bilder 13, 14 und 15) so einstellen, dass der Gasgriff 2 bis 4 mm bewegt werden kann, ohne dass sich die Drosselklappenwelle bewegt.

3.1. Kontermuttern am Einsteller des *Öffner*gaszugs kontern.

4. Motor starten, im Leerlauf laufen lassen. Lenkung einige Male ganz nach links und rechts einschlagen und dabei prüfen, ob der Leerlauf gleich bleibt. Falls »ja«, ist alles in Ordnung.

4.1. Verändert sich der Leerlauf, ist wahrscheinlich das Leerspiel im *Öffner*gaszug zu gering: Unbedingt überprüfen und ggf. vergrößern.

■ Stellt sich auch damit keine Besserung ein, muss die Verlegung der Gaszüge überprüft und ggf. korrigiert werden: Sie dürfen an keinem anderen Bauteil spannen oder sich knicken.

Verlegung der Gaszüge

Die korrekte Verlegung der Gaszüge ist in den Zeichnungen und folgenden Bildern dargestellt:

■ **SV 650 Vergaser** (Bilder 3 und 4): Gaszüge kommen unten aus Gasgriff, führen im Bogen über Lampenhalter und Bremsschlauch um das rechte Gabelstandrohr, führen rechts vom Lenkkopf unterhalb des Rahmens durch an Rahmen geschraubten Drahtbügel in den Rahmen und dann bis zur Gaszugmechanik.

Bild 7

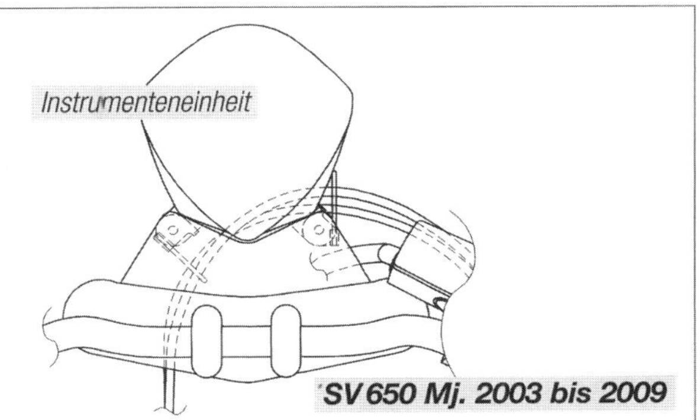

Bild 8

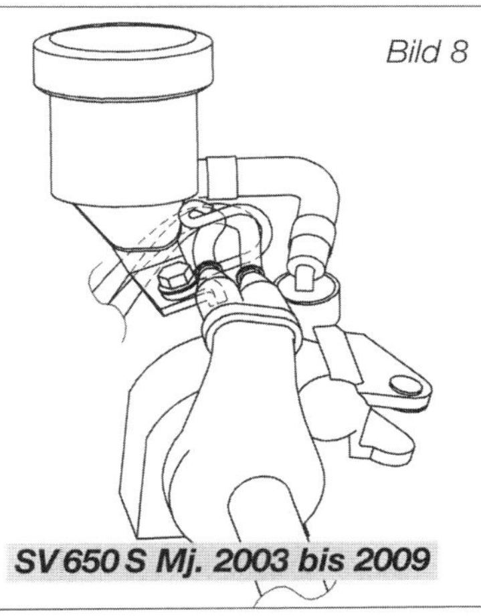

Bilder 7 bis 9: Verlegung der Gaszüge beim Einspritzermodell ...ohne Verkleidung (Bilder 7 und 9). ...mit Verkleidung (Bilder 8 und 9).

Bild 9

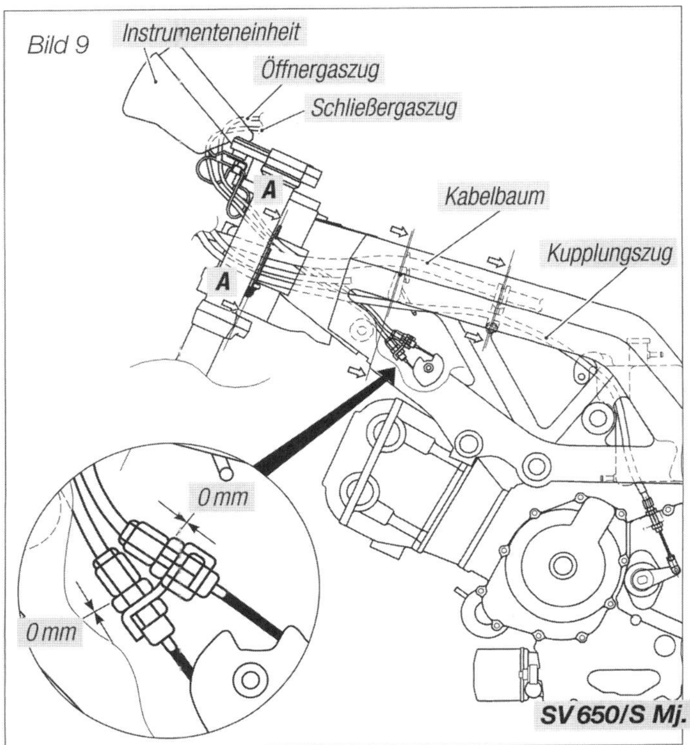

Bild 10

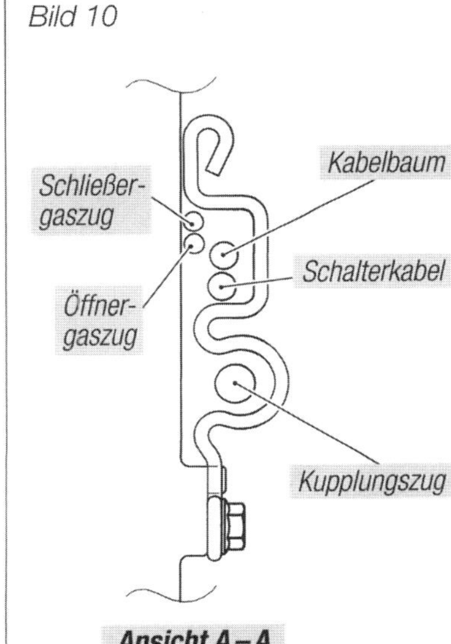

Bild 10: Am Lenkkopf angeschraubter Drahtbügel mit darin geführten Kabeln und Zügen.

■ **SV 650 S Vergaser** (Bilder 5 und 6): Gaszüge kommen unten aus Gasgriff, sind im Bogen um rechtes Gabelstandrohr und Bremsschlauch verlegt, führen rechts vom Lenkkopf unterhalb des oberen Rahmenrohres durch einen am Rahmen angeschraubten Drahtbügel in Rahmen hinein bis zur Gaszugmechanik.

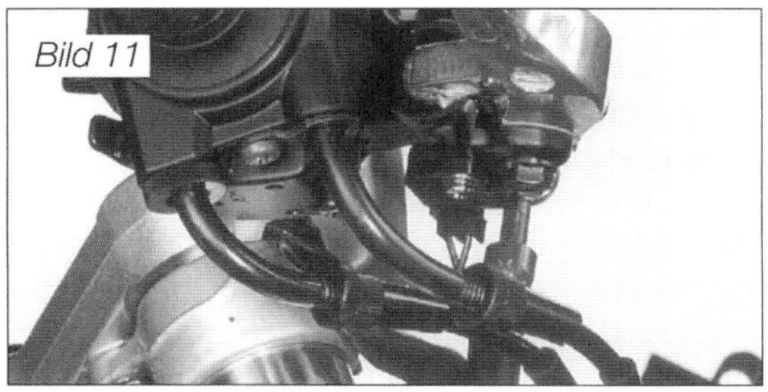

Bild 11 : Gaszüge unterhalb des Lenkers.

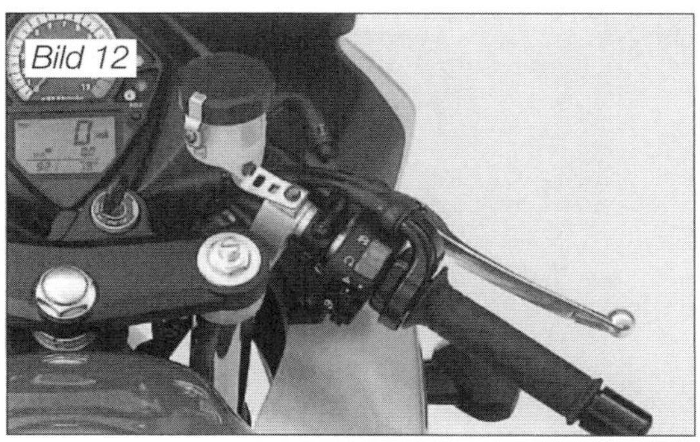

Bild 12 : Gaszüge oberhalb des Lenkers nur beim Vergasermodell SV 650 S.

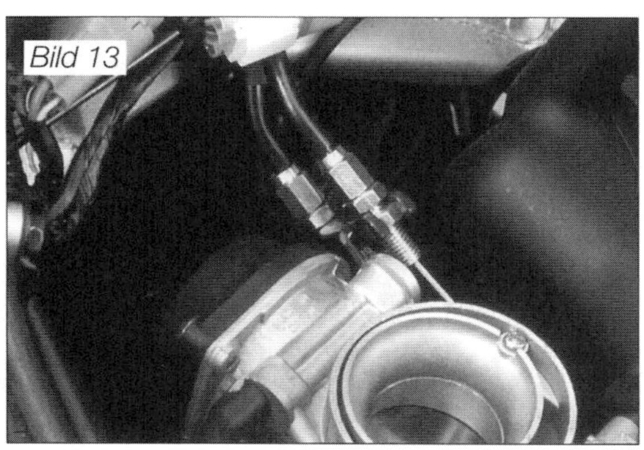

Bild 13: Widerlager der Gaszüge unten am Vergaser des vorderen Zylinders.

Bild 14: Widerlager der Gaszüge am Drosselklappengehäuse (obere Pfeile) des vorderen Zylinders in den Modelljahren 2003 bis 2006. Die unteren Pfeile zeigen auf die in die Seilzugrolle eingehängten Nippel.

■ **SV 650 Einspritzer** (Bild 7): Gaszüge kommen unten aus Gasgriff, sind im Bogen über Lampenhalter und Bremsschlauch um rechtes Gabelstandrohr verlegt, führen links um den Lenkkopf und durch einen dort angeschraubten Drahtbügel in den Rahmen bis zur Gaszugmechanik.
■ **SV 650 S Einspritzer** (Bild 8): Gaszüge kommen oben aus Gasgriff, führen unter dem Bremsflüssigkeits-Vorratsschlauch im Bogen um rechtes Gabelstandrohr und Bremsschlauch, führen links um den Lenkkopf und durch einen dort angeschraubten Drahtbügel in den Rahmen bis zur Gaszugmechanik.
■ **Bei allen Modellen:** Die Gaszüge kreuzen sich im vorderen Bereich des Bogens (Bilder 3 bis 9): Schließergaszug zieht sich nach innen an den Rahmen, Öffnergaszug ist außen verlegt.

Gaszugverlegung am Gasgriff: Unterschiedliche Befestigung des Gasgriffs und Verlegung der Gaszüge:
■ **SV 650 Vergaser und Einspritzer:** Gasgriff ist so angebracht, dass Gaszüge <u>unter</u>halb des Lenkers verlaufen (Bild 2).
■ **SV 650 S Vergaser:** Gasgriff ist so angebracht, dass Gaszüge <u>unter</u>halb des Lenkers verlaufen (Bild 11).
■ **SV 650 S Einspritzer:** Gasgriff ist so angebracht, dass Gaszüge <u>ober</u>halb des Lenkers verlaufen (Bild 12).

Gaszugmechanik unten am Motor:
■ Vergasermotor: Gaszugmechanik ist auf der <u>rechten</u> Seite des vorderen Vergasers angebracht (Bild 13).
■ Einspritzmotor: Gaszugmechanik ist auf der <u>linken</u> Seite des vorderen Drosselklappengehäuses angebracht:
■ Modelle 2003 bis 2006: Bilder 9 und 14
■ Modelle 2007 bis 2009: Bilder 9 und 15

Bild 15: Widerlager der Gaszüge am Drosselklappengehäuse des vorderen Zylinders in den Modelljahren 2007 bis 2009.

Gasgriff, neue Gaszüge

Gasgriff reinigen und schmieren
Der Gasgriff muss jederzeit leichtgängig sein. Wenn er schwer geht, weil z. B. Dreck hineingekommen ist, muss er abgebaut, gereinigt und geschmiert werden. Wenn man spürt, dass einer der Gaszüge »reibt« und der Gasgriff sich nur ungleichmäßig bewegen lässt, dann ist eben ein Gaszug dabei, kaputt zu gehen und es sollten umgehend zwei neue Gaszüge eingebaut werden. Auch dazu muss der Gasgriff zerlegt sowie der Tank abgebaut werden.
1. Das außen im Lenker angesetzte Lenkergewicht (»Vibrationskiller«) ausbauen: Siehe dazu Kapitel 9 »Lenkung«.
2. Konterrändelmutter vom Einsteller des Öffnergaszugs (Bild 2) lösen, ganz nach hinten drehen.
2.1. Einsteller nachdrehen, so dass der Gaszug »lang« und lose wird.
3. Gasgriff: Die zwischen den Gaszügen eingesetzte Schraube ausdrehen (Bild 16), Gaszughalter vom Gasgriffgehäuse wegschieben.
4. Schrauben, welche die Gehäusehälften zusammenhalten, sind von unten erreichbar: Mit Kreuzschlitzschraubenzieher ausschrauben.
■ Nur bei SV 650 S Einspritzer: Schrauben sind von vorne erreichbar.
5. Gasgriff-Gehäusehälften vorsichtig voneinander trennen (Bild 17).
6. Nippel der Gaszüge aushängen (Bild 18).
7. Gasgriff vom Lenkerrohr abziehen, reinigen.
Wichtig: Zur Reinigung des Gasgriffs keine aggressiven Lösungsmittel wie zum Beispiel Bremsenreiniger verwenden, denn diese können die Verklebung des Gasgriffgummis lösen! Am besten den Gasgriff innen und außen sowie das Lenkerrohr mit Ölspray (WD-40) und sauberem Lappen reinigen.

Neue Gaszüge einbauen, Gasgriff zusammenbauen
1. Kontermuttern der Einsteller am Gaszugwiderlager unten lösen und aufschrauben, Nippel der Gaszüge aus Seilzugrolle aushängen, Gaszüge ausbauen.
2. Oben: Neue Gaszüge in Gasgriff einstecken.
3. Gasgriff schmieren: Hochwertiges, leichtes säurefreies Fett dünn auf Lenkerrohr und im Gasgriff in die Seilzugführung auftragen.
■ Etwas Fett auch unten auf Seilzugrolle und Nippelaufnahme geben.
4. Gasgriff auf Lenker schieben, Nippel von Öffner- und Schließergaszug einhängen.
5. Gasgriffgehäuse zusammensetzen: Fixierstift in unterer Gehäusehälfte muss in Bohrung im Lenker eingreifen, erst dann lässt sich das Gehäuse ganz zusammensetzen.
5.1. Schrauben eindrehen, handfest anziehen.
6. Gaszüge exakt verlegen (Bilder 3 bis 10).
7. Gaszugnippel unten in Nippelaufnahmen einsetzen, Gaszugeinsteller in Widerlager einsetzen, Muttern »gut handfest« kontern.
8. Einsteller im Öffnergaszug (Bild 2) so hindrehen, dass der Gasgriff ein Spiel von 2 bis 4 mm bekommt. Rändelmutter festziehen.
9. Lenkergewicht anschrauben und Gaszugspiel kontrollieren.

Bild 16

Bild 17

Bild 18

Bilder 16 bis 18: Arbeitsschritte zur Zerlegung des Gasgriffs und Wechsel der Gaszüge sind im Lauftext nummeriert beschrieben.

Vergaser einstellen
Zum Synchronisieren der Vergaser gibt es im Zubehörhandel verschiedene Prüf- und Einstellgeräte. Wir empfehlen:

Boehm-Synchrontester
Peter-Kreuder-Str. 21
Postfach 600239
D-81245 München
www.boehm-synchrontester.de

Zu diesem Gerät gehört auch ein kleiner Benzinkanister, der nach Abbau des Tanks über den Vergasern aufgehängt und mit Benzin gefüllt wird. **Wichtig:** Egal, welches Gerät benutzt wird, die Gebrauchsanleitung VOR Beginn der Einstellarbeiten lesen!

Kraftstoffsystem I

Vergaser

In diesem Kapitel: Technische Daten · Leerlaufdrehzahl einstellen · Vergaser synchronisieren · Gemischeinstellung · Benzinhahn, Benzinpumpe · Vergaser zerlegen, reinigen, zusammenbauen.

Technische Daten

Deutschland volle Leistung, auf 34 PS reduziertes Modell »U«, und abweichende Daten für Schweiz, Österreich
Mikuni BDSR39, Saugrohr-Ø 39 mm (2 Stück), Kennnummer 20FO
SV 650 U (Drosselversion): Kennnummer 20F5
Schweiz, Österreich: Kennnummer 20F3
Leerlaufdrehzahl (Motor warm) .... 1300 ±100/min
Schweiz, Österreich: .... 1300 ±50/min)
Leerlaufdrehzahl (Motor kalt) .. 1800 bis 2400/min
Seilzugspiel (Leerweg) am Gasgriff ..... 2 bis 4 mm
Schwimmerhöhe .... 7,0 ± 0,5 mm
Widerstand Drosselklappen-positions-Sensor .... 3,5 bis 6,5 kΩ
Gemischregulierschraube
Basiseinstellung 2,5 Drehungen ausgedreht
SV 650 U: Gemischregulierschraube
3,5 Drehungen ausgedreht
Schweiz, Österreich: Gemischregulierschraube
2 3/4 Umdrehungen ausgedreht
Hauptdüse .... # 137,5
Düsennadel 6E38-54-2
Nadeldüse P-0
Drosselventil .... # 95
Starterdüse.. # 17,5
Schweiz: Starterdüse .... # 15
Benzinstand .... 16,9 ± 0,5 mm

Leerlaufdrehzahl

Leerlaufdrehzahl einstellen
Die vorgeschriebene Leerlaufdrehzahl (auch »Standgas« genannt), soll 1300 Umdrehungen pro Minute betragen bei einer Toleranz von ±100/min (Österreich und Schweiz ±50/min). Zum Einstellen des Leerlaufes muss der Motor warm gefahren sein. Die Leerlauf-Einstellschraube (Kreis in Bild 2) befindet sich links unterhalb des oberen Rahmenrohres im Rahmendreieck.

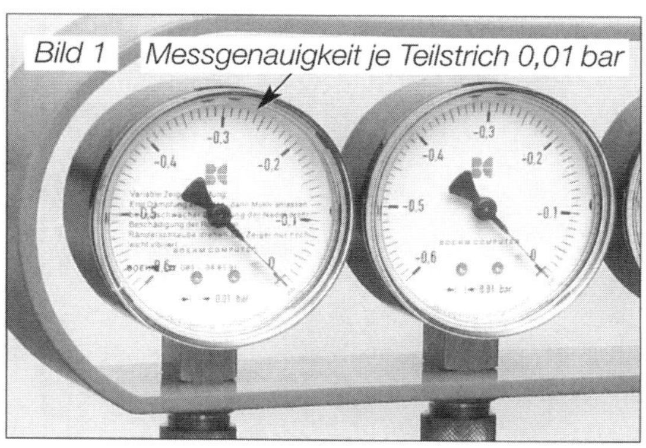

Bild 1: »Boehm-Synchrontester« (www.boehm-synchrontester.de).

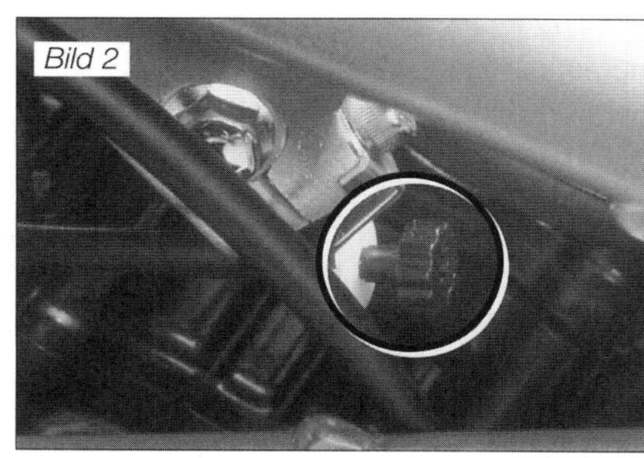

Bild 2: Leerlauf-Einstellschraube.

Sicherheitshinweise ⚠ Achtung und ☞ Tipps für dieses Kapitel

⚠ Für dieses Kapitel gilt der generelle Warnhinweis: Vorsicht beim Umgang mit Benzin! Es ist äußerst gesundheitsschädlich und höchst explosiv. Nicht rauchen und keine offenen Flammen in weitem Umkreis des Arbeitsplatzes, an dem mit Benzin hantiert wird! Arbeitsräume müssen gut gelüftet sein.

⚠ Darauf achten, dass der Luftfilter immer in gutem Zustand ist. Betrieb des Motors ohne Luftfilterelement oder Luftfilterkasten oder mit gerissenem bzw. beschädigtem Luftfilterkasten oder -element führt zu besonders schnellem Triebwerksverschleiß.

⚠ Zur Synchronisierung der Vergaser muss der Motor laufen. Bei Arbeiten mit laufendem Motor in geschlossenen Räumen für ausreichende Belüftung sorgen! Abgase enthalten giftiges und geruchloses Kohlenmonoxid, das Bewusstlosigkeit verursachen und zum Tod führen kann. Alle Fenster und Türen öffnen! Am sichersten ist eine Abgas-Absauganlage, die die giftigen Gase ins Freie führt. Dieser Warnhinweis gilt für alle Einstellarbeiten, bei denen der Motor laufen muss. Wenn keine Belüftungs- und Entlüftungsmöglichkeit der Werkstatträume möglich ist, im Freien arbeiten!

⚠ Wir empfehlen dringend, bei einer Reinigung des Vergasers nicht mit harten Werkzeugen zu hantieren. Niemals harte Stahldrähte in irgendwelche Bohrungen einführen, um damit Verschmutzungen zu entfernen. Vergaserdüsen und -bohrungen sowie Düsennadeln sind Präzisionsteile, die mit geringsten Toleranzen gefertigt sind. Wenn Bohrungen oder Düsennadeln Kratzer bekommen, müssen sie durch Neuteile ersetzt werden.

- Rechts herum drehen: Drehzahl wird höher.
- Links herum drehen: Drehzahl wird niedriger.

Lässt sich die Leerlaufdrehzahl nicht mehr korrekt einstellen bzw. schwankt sie ungleichmäßig, ist dies meist ein Zeichen, dass es Zeit wird für eine Inspektion sowie ein Hinweis auf nicht mehr korrektes Ventilspiel, abgebrannte Zündkerzen oder verschmutzten Luftfilter. Es kann auch ein Defekt vorliegen wie Falschluftansaugung, nicht mehr dicht schließende Ventile, Ventilsteuerzeiten stimmen nicht wegen gelängter Steuerkette, etc.

Vergaser synchronisieren

1. Motor zehn Minuten warm laufen lassen (am besten Probefahrt machen). Öltemperatur muss höher sein als 80 °C.
2. Tank anheben und abstützen. Luftfilter und Luftfilterkasten abbauen.
2.1. Den von der Benzinpumpe zum T-Stück führenden Schlauch am T-Stück abziehen.
2.2. Den zum Benzinhahn führenden Unterdruckschlauch vom Stutzen am Vergaser abziehen.
3. Synchronuhren anbauen:
3.1. Kleinen Kanister über den Vergasern aufhängen, Schlauchverbindung zum T-Stück schaffen, etwas Benzin einfüllen.
3.2. Nun wird eine lange, schmale und leicht gebogene Zange (»Telefonzange«) benötigt zum Montieren der Unterdruck-Messschläuche von den Vergasern zum Unterdruck-Messgerät:
- Am vorderen Vergaser die Gummikappe vom Stutzen abziehen, Unterdruck-Messschlauch aufschieben.
- Am hinteren Vergaser auf den Stutzen, wo der Unterdruckschlauch zum Benzinhahn montiert war, den Unterdruck-Messschlauch aufschieben.

4. Motor starten und Leerlaufdrehzahl einstellen.
5. Jetzt wird die Vakuumdifferenz zwischen den Zylindern geprüft: Die Zeiger der Unterdruckuhren sollen möglichst gleich zueinander stehen.
6. Falls die Anzeige stark unterschiedlich ist und korrigiert werden muss: »Einstellschraube« ist die federbelastete Schraube in der Betätigung des hinteren Vergasers (Bild 5): Durch leichtes Verdrehen dieser Schraube wird die Drosselklappe des hinteren Zylinders verstellt und der Unterdruck

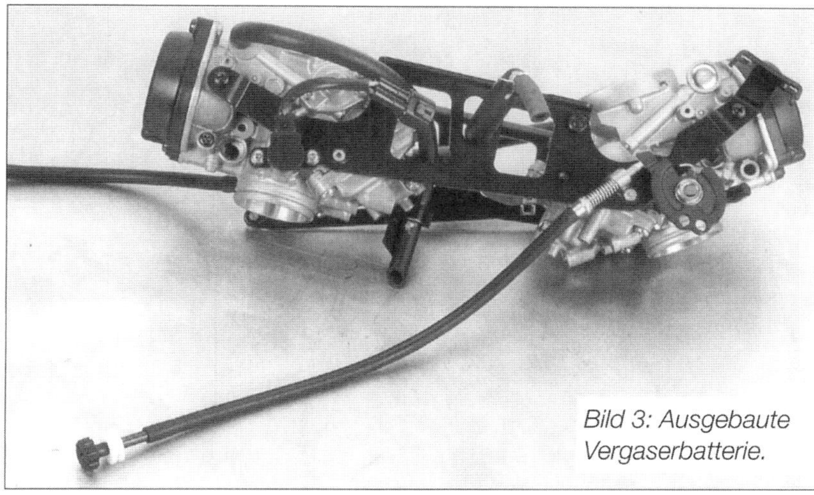

Bild 3: Ausgebaute Vergaserbatterie.

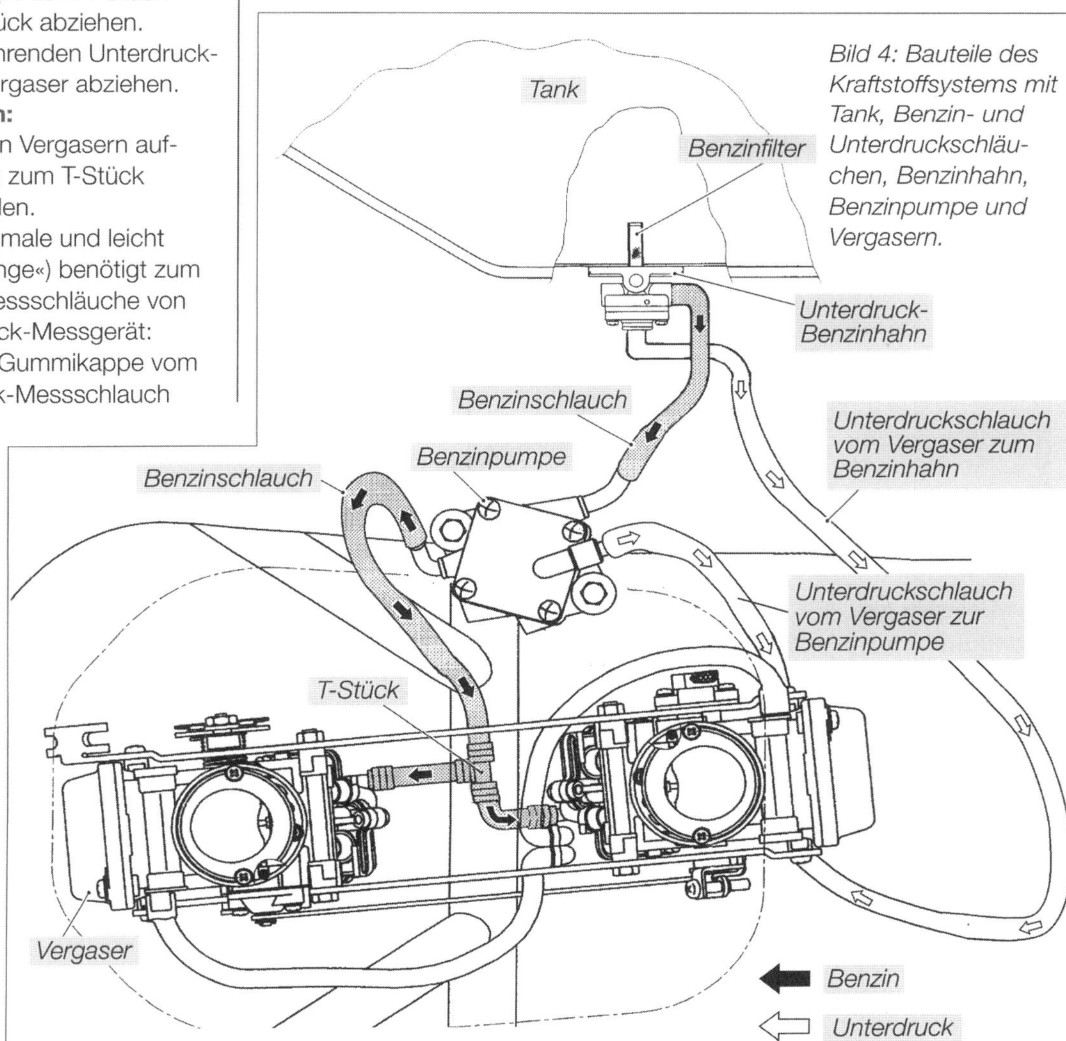

Bild 4: Bauteile des Kraftstoffsystems mit Tank, Benzin- und Unterdruckschläuchen, Benzinhahn, Benzinpumpe und Vergasern.

Sichtprüfung Messen

Bild 5: Einstellschraube am hinteren Vergaser zum Synchronisieren der Vergaser.

Bild 6: Gemischregulierschraube sitzt seitlich im Vergaser.

der Zylinder zueinander angeglichen.

7. Nach jedem Verdrehen der Einstellschraube kurz und kräftig Gas geben, dabei die Zeiger der Unterdruckuhren beachten: Sie müssen möglichst gleichmäßig ansteigen und wieder abfallen.

Gemischeinstellung

Die Gemischregulierschrauben, von denen in jedem Vergaser eine eingebaut ist (Bild 6), wurden im Werk eingestellt (siehe Daten am Anfang dieses Kapitels). Eine Veränderung der Einstellung ist bei einem normal gewarteten Motor nicht nötig. Wenn allerdings der Vergaser zerlegt (und

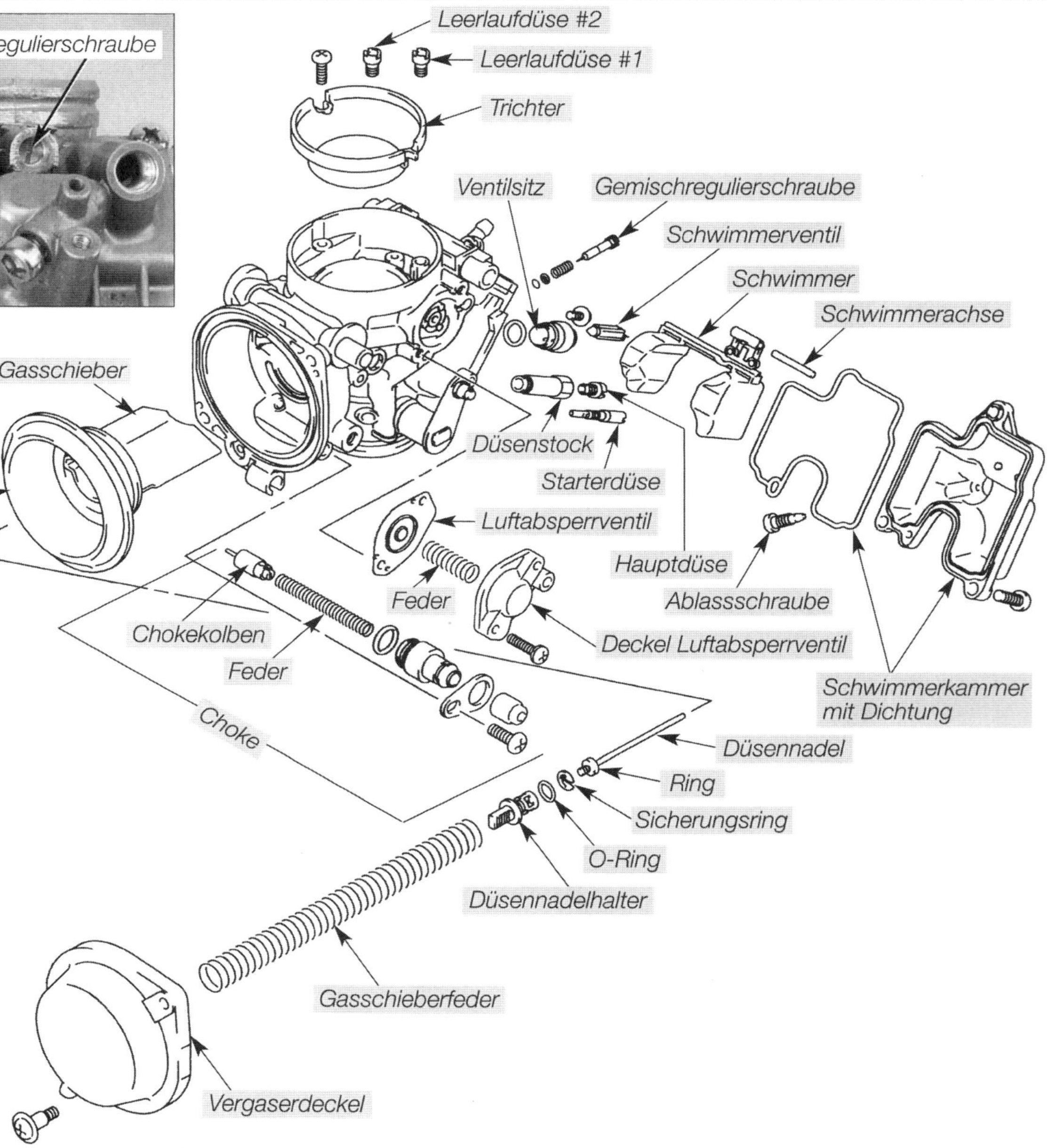

Bild 7: Explosionszeichnung des Vergasers mit Teilebezeichnung.

gereinigt) wurde, muss eine Neueinstellung erfolgen. Bei den Schweiz-Maschinen sind die Gemischregulierschrauben versiegelt und zwar durch eine in die Sitzbohrung der Gemischregulierschraube im Vergaser eingepresste Blechkappe, es kann also nichts eingestellt werden.

Zu der alle zwei Jahre nötigen »Prüfung nach §29« (»TÜV-Termin«) muss eine Abgas-Sonderuntersuchung gemacht werden. Der zulässige Maximalwert »CO im Abgas« liegt bei 4,5 %. Wird dieser überschritten, muss man das Gemisch einstellen.

Zur Einstellung der Gemischzusammensetzung ist ein Abgastester nötig. Wenn dieser nicht vorhanden ist, kann man auch »nach Gefühl« einstellen, wozu jedoch viel Erfahrung und Fingerspitzengefühl gehört; es ist also eine Arbeit nur für erfahrene Mechaniker.

Gemisch einstellen
1. Motor starten und warm laufen lassen. Am besten eine Probefahrt machen.
2. Jetzt testen wird das Ansprechverhalten des Motors: Motorrad sicher auf Heckmontageständer abstellen und den Motor starten.
2.1. Aus dem Standgas heraus plötzlich das Gas aufreißen bis auf 3000/min:
■ Nimmt der Motor schlecht Gas an, ist das Gemisch zu mager und muss fetter gemacht werden: Gemischregulierschrauben beider Vergaser etwas AUSdrehen (ca. 1/8 Umdrehung), dann wieder testen.
■ Nimmt der Motor zwar Gas an, stößt aber gleichzeitig eine schwarze Abgaswolke aus dem Auspuff, ist das Gemisch zu fett und muss magerer gemacht werden: Gemischregulierschrauben etwas EINdrehen, dann wieder testen.
3. Wenn der Motor sauber Gas annimmt und die Gemischregulierschrauben endgültige eingstellt sind, die Synchronisation nochmals überprüfen.

Benzinhahn, Benzinpumpe

Bei den Vergasermaschinen ist an der Unterseite des Tanks ein Unterdruckbenzinhahn angebracht (Bild 8). Unterm Tank am oberen Rahmenrohr ist eine Benzinpumpe montiert (Bilder 11 und 12).

Funktion des Unterdruck-Benzinhahns
Benzin kann aus dem Tank zu den Vergasern nur dann laufen, wenn im Unterdruckschlauch zwischen hinterem Vergaser und Benzinhahn ein Unterdruck von 6,8 bis 13,6 kPa herrscht, weil dann die Unterdruckmembran im Benzinhahn angesaugt und der Durchfluss geöffnet ist. Kommt kein Benzin durch den Hahn (und damit zu den Vergasern), kann es an Folgendem liegen:
■ Kein Benzin im Tank
■ Benzinschlauch nicht richtig befestigt, von den Anschlüssen abgerutscht, geknickt oder porös
■ Unterdruckschlauch von den Anschlüssen abgerutscht, porös, rissig
■ Unterdruckmembran im Benzinhahn defekt

Benzinhahn prüfen
1. Tank anheben und abstützen (Bild 8).
2. Benzinschlauch, der vom Benzinhahn zur Benzinpumpe führt, abziehen. Einen anderen (längeren) Schlauch aufschieben, dessen Ende in ein geeignetes Gefäß (Benzinkanister) mündet.
3. Unterdruckschlauch am Benzinhahn abziehen und einen längeren Schlauch aufschieben.
4. Ende dieses neuen Unterdruckschlauchs in den Mund nehmen und daran saugen:
■ Unterdruckmembran im Benzinhahn muss Weg freigeben, Benzin muss aus Tank durch Benzinhahn aus Schlauch laufen.

Ergebnisse werten:
■ Kommt jetzt Benzin, obwohl es zuvor nicht zu den Vergasern gelangte, ist wahrscheinlich der Unterdruckschlauch defekt: Rissig, brüchig, porös oder nicht richtig auf die Anschlüsse aufgesteckt.
■ Kommt kein Benzin, ist entweder der Benzinhahn und/oder sein (innen aufgebauter) Benzinfilter verstopft oder die Unterdruckmembran im Benzinhahn defekt (gerissen, mürbe oder porös) und muss ausgetauscht werden.

Benzinhahn mit einer Unterdruckpumpe prüfen
Doch bevor der Benzinhahn erneuert wird, ihn zur Sicherheit noch einmal prüfen:
1. Manuelle Unterdruckpumpe am Unterdruck-

Bild 8: Blick auf den Benzinhahn bei angehobenem Tank.

Bild 9

Bild 9: Reinigungsmittel wie »Fuel Guard« verhindern Rost im Tank und knochenharte Ablagerungen in den Vergaserdüsen.

Bild 10: Testen des Unterdruck-Benzinhahns mit Hilfe einer Unterdruckpumpe.

Bilder 11 und 12: Anbaulage der Benzinpumpe. Pfeile auf der Benzinpumpe (Kreise) zeigen die Durchflussrichtung.

stutzen des Benzinhahns anschließen, einen Unterdruck erzeugen von maximal 13,6 kPa.
2. In den Benzinhahn-Auslass blasen (Bild 10).
■ Falls keine Luft hindurchgeht, den Unterdruckbenzinhahn ersetzen.

In jedem Fall: Den im Benzinhahn eingebauten Filter auf Schmutz und Verunreinigungen prüfen. Filter nur mit weicher Druckluft reinigen.

Benzinpumpe prüfen
1. Tank anheben und abstützen.
2. Luftfilterkasten abbauen.
3. Den zum T-Stück führenden Benzinschlauch an der Benzinpumpe abziehen. Einen anderen (längeren) Schlauch aufschieben, dessen Ende in ein geeignetes Gefäß (Benzinkanister) mündet.
4. Leerlauf einlegen, Zündschloss auf »On« stellen, Kupplung ziehen.
5. Starterknopf einige Sekunden drücken und prüfen, ob Benzin in das Gefäß gelangt.
6. Falls dies nicht der Fall ist, Unterdruckbenzinhahn prüfen (siehe weiter vorne im Kapitel) sowie auf Verschmutzung des Filters.
■ Wenn der Unterdruckbenzinhahn garantiert in Ordnung ist und Benzin durchlässt, ist wahrscheinlich die Benzinpumpe defekt. Man kann sie nicht reparieren, sie muss erneuert werden.

Bild 10

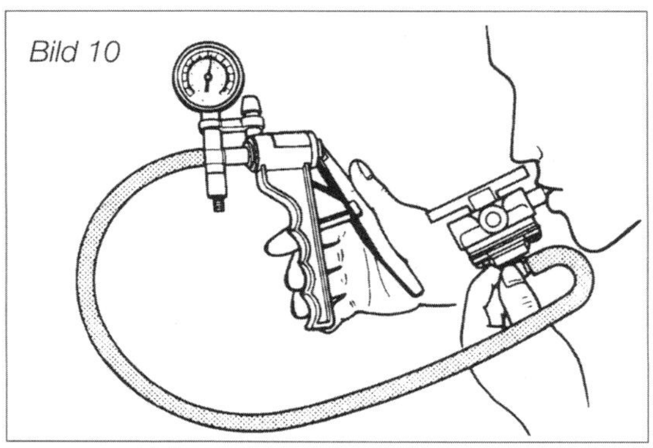

Bild 11

Bild 12

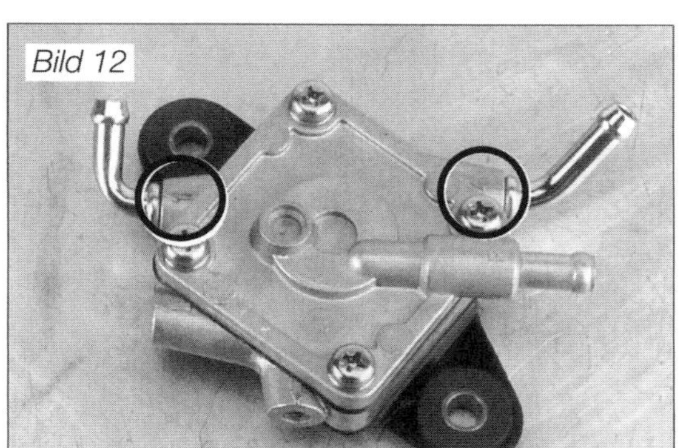

Benzinpumpe aus- und einbauen
Zum Ausbau der Benzinpumpe Tank anheben und abstützen. Luftfilterkasten abbauen, Benzinschläuche und Unterdruckschlauch von Pumpe abziehen, Pumpe abschrauben.

Einbau in umgekehrter Reihenfolge:
■ Schrauben mit 10 Nm festziehen.
■ Darauf achten, dass die Schläuche entsprechend den Pfeilen montiert werden (Bild 12).

Vergaser reinigen

Wenn ein Vergaser aufgrund verstopfter Düsen Probleme bereitet, liegt dies an Verunreinigungen in der Schwimmerkammer. Beide Vergaser sollten dann gründlich gereinigt werden; sie müssen dazu komplett zerlegt werden.

Besorgen Sie sich vorher einen Kraftstoffsystemreiniger wie beispielsweise »Fuel Guard« (Bild 9), kippen eine entsprechende Menge in den Tank und fahren 50 Kilometer: »Fuel Guard« reinigt blitzschnell Tank, Benzinleitungen und Vergaserbauteile. Vielleicht ist danach der Dreck aus Düsen und Schwimmerkammer weg?

Wenn das jedoch nichts hilft, weil die Vergaser stark verschmutzt sind, sollte man sie in einem Ultraschallbad reinigen. Das ist zwar nicht billig (ca. 70 bis100 Euro pro Vergaser), garantiert aber, dass danach alle Düsen und Bohrungen einwandfrei sauber sind – sauberer jedenfalls, als wenn mit Messingdraht und Druckluft gereinigt wird. Gute Motorradhändler und Werkstätten haben solche Ultraschallgeräte.

Vergaser ausbauen
1. Tank anheben und abstützen, Luftfilterkasten abbauen. Stecker des Kabels vom Drosselklappenpositions-Sensor trennen.
2. Gaszüge an der Seilzugrolle aushängen:

Kontermuttern von Einstellern beider Gaszüge lösen, Einsteller aus Widerlager nehmen, Nippel aus Seizugrolle nehmen.
■ Vorsicht, Gaszüge dabei nicht knicken.
3. Unterdruckschläuche an Benzinhahn und Benzinpumpe, Benzinschlauch an Benzinpumpe abziehen.
4. Choke ausbauen:
4.1. Befestigungsschraube der ovalen Choke-Haltescheibe lösen und ausdrehen: Choke dabei mit festem Daumendruck im Vergaser halten. Ist die Schraube ausgedreht, Choke ausziehen.
4.2. Leerlaufeinsteller am Rahmen abschrauben.
5. Schrauben der Klemmschellen, mit denen die Vergaser in den Ansaugstutzen geklemmt sind. einige Umdrehungen aufdrehen. Beide Vergaser gemeinsam aus den Ansaugstutzen ziehen.

Anmerkung: Die Vergasergehäuse sind mit zwei Verbindungsplatten verschraubt. Zur Zerlegung und Reinigung der Vergaser braucht man sie nicht davon abzuschrauben (Bild 13).

Falls die Vergaser doch getrennt werden:
■ Vergasergestänge gefühlvoll behandeln.
■ Verbindungsplatten lösen, Splinte und Scheiben entfernen, Schläuche abziehen, Vergaser trennen.

Vergaser zerlegen
Vor dem Zerlegen der Vergaser die Anfangsposition des Drosselklappenpositions-Sensors mit Farbe markieren, erst dann Sensor abschrauben.
1. Schrauben vom Vergaserdeckel ausdrehen: Mit Daumen auf Deckel drücken, Schrauben ausdrehen, Druck langsam lösen, Deckel wird durch Gasschieberfeder nach oben geschoben. Deckel abnehmen, Feder herausnehmen.
2. Membran ringsum vorsichtig vom oberen Rand des Vergasers lösen und nach oben ziehen: Membran ist am Gasschieber angebracht, diesen herausziehen.
3. Düsennadel aus Gasschieber ausbauen, es handelt sich um folgende Bauteile: Düsennadel, Ring, Sicherungsring, Scheibe, Feder, O-Ring, Düsennadelhalter (Bild 13).
4. Vergaser umdrehen, sicher in der Hand halten:
4.1. Ablassschraube aus Schwimmerkammer ausdrehen.
4.2. Befestigungsschrauben der Schwimmerkammer ausdrehen, Schwimmerkammer abnehmen. Falls die O-Ring-Dichtung zwischen Schwimmerkammer und Vergaser verklebt ist, was meistens der Fall ist: Mit Griff eines mittelgroßen Schraubenziehers leicht auf Schwimmerkammer klopfen, Verklebung löst sich.
5. Schwimmerachse herausziehen. Wenn sie sich nicht leicht von Hand ausziehen lässt, mit kleinem Durchtreiber und sanften Hammerschlägen vorsichtig (ganz vorsichtig!) aus Presssitz im Sockel lösen und ausziehen, Schwimmer mit anhängendem Schwimmerventil herausnehmen.
Wichtig: Merken, von welcher Seite die Schwimmerachse eingesetzt war, sie muss beim Einbau von der losen Seite her eingesteckt werden.
6. Alle Düsen ausschrauben.
7. Gemischregulierschraube ausdrehen.
■ O-Ring unten im Sitz sowie Feder und Scheibe herausnehmen: Mit feiner Reißnadel lösen und ausziehen. Beim Zusammenbau einen neuen O-Ring einsetzen!
8. Trichter abschrauben, Leerlaufdüsen mit schmalem Schraubenzieher herausdrehen.
9. Luftabsperrventil ausbauen: Schrauben ausdrehen, dabei Daumendruck auf Deckel geben, Feder und Ventilplatte herausnehmen.
Wichtig: Drosselklappe, Welle und Feder nicht ausbauen! Vergaser maximal so weit zerlegen wie die Explosionszeichnung in Bild 7 zeigt.

Vergaser reinigen und überprüfen
1. Gasschiebermembran und Luftabsperrventil gegen gute Beleuchtung halten und auf Risse, Löcher und Porosität untersuchen. Falls defekt, austauschen.
2. Gasschieberbohrung mit Vergaserreiniger säubern.
3. Gasschieberfeder und Feder des Luftabsperrventils prüfen: Geschwächt (»ausgeleiert«), verzogen, beschädigt? Falls defekt, austauschen.
4. Oberfläche des Gasschiebers auf Sauberkeit

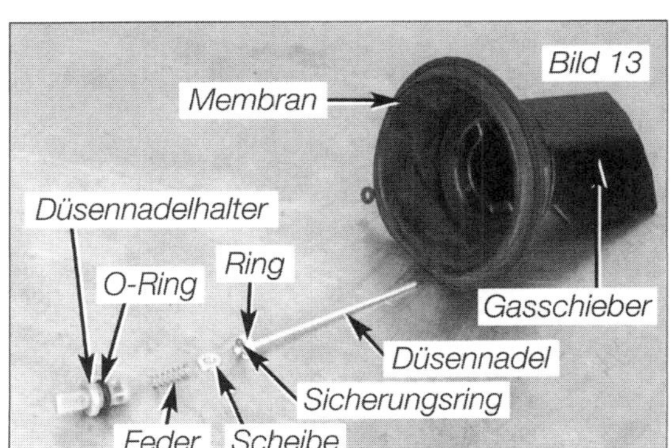

Bild 13: Gasschieber und Düsennadel mit Halteteilen.

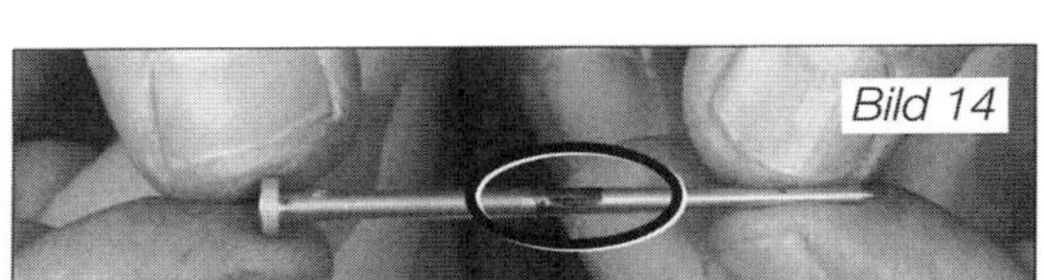

Bild 14: Harte Rückstände an der Düsennadel nicht mit Messer oder Schmirgelpapier abschaben, nur die Fingernägel dazu nehmen.

und raue Stelle kontrollieren. Schieber mit Vergaserreiniger reinigen. Falls aufgeworfene oder glänzende »Fressstellen« festgestellt werden, diese mit sehr feinem Schleifpapier glätten.
5. Düsennadel verbogen oder beschädigt? Die Nadel muss absolut gerade, ihre Konusoberfläche glatt sein, Spitze darf keine Kerben aufweisen. Wenn trockene Benzinrückstände daran haften, diese NICHT mit harten Gegenständen abkratzen, sondern Fingernagel dazu nehmen (Bild 14). Düsennadel dabei nicht verbiegen!
6. Schwimmerventil und Ventilsitz mit Vergaserreiniger säubern und überprüfen: Sitzflächen am Ventil (»Schwimmernadel«) oder im Durchlass defekt? Teile erneuern.
7. Ausgebaute Düsen in Vergaserreiniger legen, bis alle Öffnungen frei sind.
8. Chokeventilkammer mit Vergaserreiniger säubern, Chokekolben kontrollieren: Kolben sauber und unbeschädigt, Dichtfläche und Feder in Ordnung? Falls defekt, austauschen.
9. Alle Öffnungen und Kanäle im Vergasergehäuse reinigen; sie müssen einwandfrei durchgängig sein. Druckluft zu Hilfe nehmen!
10. Schwimmer auf Risse und andere Beschädigungen überprüfen.

Vergaser zusammenbauen

Orientieren Sie sich beim Zusammenbau des Vergasers an der Zeichnung in Bild 7.
1. Neuen O-Ring leicht einölen, am Düsennadelhalter anbringen. Düsennadel und Düsennadelhalter zusammenstecken: Wenn es leicht »klickt«, sind die Teile sicher verbunden.
2. Düsennadel in Gasschieber einführen, bis Sitzbund unten aufsitzt.
3. Gasschieber in Vergasergehäuse einschieben, passt nur in einer Stellung.
3.1. Rand der Membrane passgenau in Nut im Vergasergehäuse einsetzen
4. Gasschieberfeder in Deckel einsetzen.
4.1. Dünnen Schraubenzieher durch Feder in Deckelbohrung führen, Feder zusammendrücken und in zusammengedrückter Stellung mit einem Finger halten, Schraubenzieher herausziehen.
■ Mit einem Finger der anderer Hand den Gasschieber sanft nach oben schieben, Feder einsetzen, Deckel so aufsetzen, dass Vorsprung am Vergaserdeckel auf kleinen O-Ring ausgerichtet ist.
5. Gasschieberlauf kontrollieren: Mit Finger den Gasschieber von unten leicht anheben, er muss sich ohne zu rucken nach oben bewegen und durch die Feder nach unten gedrückt werden.
■ Bewegt er sich nicht gleichmäßig, ist die Feder verklemmt. Vergaserdeckel anheben und neu montieren.
6. Schrauben des Vergaserdeckels eindrehen und nacheinander über Kreuz handfest, aber nicht zu stark festziehen.
7. Alle Düsen einschrauben. Sie haben verschieden große Gewinde, passen also nur in die jeweils zugehörigen Bohrungen. Düsen gefühlvoll und nicht zu fest anziehen!
8. Schwimmer montieren: Schwimmerventil an Schwimmer ansetzen, Ventil in Sitz einführen, Schwimmer zwischen Halterungen setzen, Achse einführen: Nach der Hälfte gleitet sie etwas schwerer durch ihre Sitzbohrung, sanft (!) mit kleinem Hammer eintreiben.
9. Schwimmerkammer aufsetzen (passt nur in einer Position), Schrauben eindrehen und über Kreuz festschrauben.
■ Darauf achten, dass die O-Ring-Dichtung richtig in die Nut eingelegt ist.
10. Choke in Vergaser montieren.
11. Luftabsperrventil: Loch in Membran auf Luftloch im Deckel ausrichten, Schrauben handfest anziehen.
12. Trichter in Gehäuse einschrauben.
13. Gemischregulierschraube eindrehen. Neuen O-Ring verwenden! Gemischregulierschraube so weit eindrehen, bis sie gerade eben aufsitzt, dann so weit AUSdrehen, wie am Kapitelanfang beschrieben.

Vergaser aufbauen

1. Vergaser in Ansaugstutzen stecken, Klemmschellen ausrichten (Bild 15), Klemmschrauben der Schellen anziehen, aber nicht zu fest!
2. Schläuche aufschieben, Gaszüge einhängen, Gasseilzugspiel einstellen.
3. Drosselklappenpositions-Sensor anbauen: Grundeinstellung ist die beim Abbau angebrachte Markierung.
3.1. Widerstand bei geschlossenem Gasgriff messen: Sollwert 3,5 bis 6,5 kΩ.
3.2. Widerstand bei vollständig geöffnetem Gasgriff messen: Widerstand muss 78 % des zuvor bei geschlossenem Gasgriff gemessenen Wertes betragen.
3.3. Schrauben mit 3,5 Nm festziehen.
4. Luftfilter und restliche Teile wie Tank und Fahrersitz wieder aufbauen.

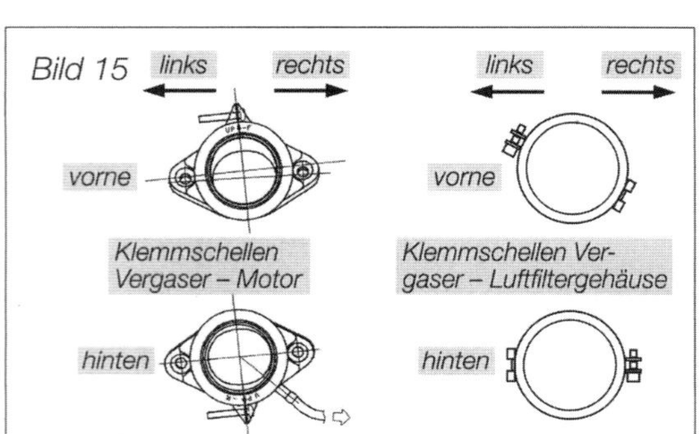

Bild 15: Ausrichten der Klemmschellen an Ansaug- und Luftfilterstutzen.

Kraftstoffsystem II

Einspritzung

In diesem Kapitel: Funktion der Einspritzanlage · Umkipp-Sensor · Leerlaufsystem · Leerlaufdrehzahl · Drosselklappen synchronisieren · Benzinpumpe: Pumpe, Druck, Fördermenge, Relais prüfen · Benzinpumpe aus- und einbauen, Filter reinigen · Fehlerdiagnosesystem · Fehlercodes · Einspritz-Schaltpläne.

Funktion der Einspritzanlage

Die SV 650 wurde zum Modelljahr 2003 mit einer vollelektronischen Benzineinspritzung mit zwei Drosselklappen pro Zylinder ausgestattet »SDTV« (Suzuki Dual Throttle Valve).

Tipp: Grundvoraussetzung für störungsfreie Funktion der Einspritzung ist eine voll geladene Batterie. Bei Problemen prüfen Sie als Erstes die Batterie. Wenn diese in Ordnung ist, alle in Frage kommenden elektrischen Steckverbindungen überprüfen. Weitere Fehlersuchtipps finden Sie im Laufe dieses Kapitels.

Jeder Zylinder besitzt ein eigenes Drosselklappengehäuse (Bild 1). Beide sind durch Verbindungsplatten zu einer Einheit zusammengefasst. Die jeweils »untere« Drosselklappe wird über den Gasgriff und je einen Gaszug für »Gas auf« und »Gas zu« (»Öffnergaszug« und »Schließergaszug«) und ein Gestänge betätigt; es sind die »Primär-Drosselklappen«. Oberhalb dieser mechanisch betätigten Drosserklappe ist eine zweite, elektrisch angetriebene Drosserklappe eingebaut, das ist die »Sekundär-Drosselklappe«. Diese dosiert die angesaugte Luft, was in erster Linie dafür sorgt, dass der Motor auch bei plötzlichem Gasaufreißen zieht und sich nicht »verschluckt«.

Unter dem Fahrersitz neben der Batterie sitzt das Motorsteuergerät »ECM« (Engine Control Module), es steuert und regelt Einspritzung und Zündung. Aus einer Vielzahl von Daten errechnet das ECM pro Arbeitstakt die optimale Benzinmenge pro Zylinder und den richtigen Zündzeitpunkt. Die notwendigen Daten, wie Stellung der vom Fahrer mit dem Gasgriff betätigten Drosselklappen, Stellung der elektrisch betriebenen Drosselklappen, Temperaturen von Motorkühlmittel und Ansaugluft, Ansaugluftdruck, Kurbelwellenstellung sowie die gefahrene Geschwindigkeit, bezieht das Motorsteuergerät (ECM) von Sensoren, deren Lage in den Schaubildern 2 und 3 bezeichnet sind.

Achtung: Für die komplette Drosselklappeneinheit gilt: Nichts zerlegen, nichts verstellen, keinen Sensor abschrauben oder verstellen: Alle Teile wurden im Werk eingestellt. Sollte an der Drosselklappeneinheit ein Fehler auftreten, muss dieser beim Suzuki-Händler mit Hilfe des SDS (Suzuki Diagnosis System) lokalisiert werden.

Umkipp-Sensor

Wenn die Maschine mit laufendem Motor umfällt oder ein Sturz geschieht, bei dem das Motorrad eine »Schräglage« von mehr als 65 Grad zur Senkrechten erreicht, wird der Motor vom Um-

Für dieses Kapitel gilt der generelle Warnhinweis: Vorsicht beim Umgang mit Benzin, es ist äußerst gesundheitsschädlich und höchst explosiv. Nicht rauchen und keine offenen Flammen in weitem Umkreis des Arbeitsplatzes, an dem mit Benzin hantiert wird! Die Arbeitsräume müssen gut belüftet sein.

Zur Überprüfung der Einspritzung und verschiedener Bauteile muss der Motor laufen. Bei Arbeiten mit laufendem Motor in geschlossenen Räumen für ausreichende Belüftung sorgen! Abgase enthalten giftiges und geruchloses Kohlenmonoxid, das Bewusstlosigkeit verursachen und zum Tod führen kann. Alle Fenster und Türen öffnen! Am sichersten ist eine Abgas-Absauganlage, die die giftigen Abgase ins Freie führt. Wenn keine Belüftungs- und Entlüftungsmöglichkeit der Werkstatträume gegeben ist, im Freien arbeiten!

Bild 1

Bild 1: Blick auf die Drosselklappengehäuse Mj. 2003 bis 2006 bei abgenommenem Luftfilterkasten.

Sichtprüfung Messen

Wasser im Tank?
Wenn der Motor stottert, nicht rund läuft oder oft ausgeht und man denkt, dass die Drosselklappen sychronisiert werden müssen, kann Wasser im Tank sein, das auf zwei Wegen hinein gelangt ist:
- Wenn die Tank-Be- und Entlüftungsschläuche nicht richtig verlegt sind, wird bei einer Regenfahrt Wasser durch den Belüftungsschlauch in den Tank angesaugt. Die richtige Verlegung der beiden Schläuche finden Sie im Kapitel 3 »Verkleidung · Rahmen · Tank« auf den Seiten 33 und 34.
- Motorrad steht lange Zeit im Regen und Regenwasser läuft am Rand des Tankverschlusses hinein und steht dann unten neben dem inneren Rand des Tankeinfüllstutzens: Wenn der Tankverschluss geöffnet wird, läuft dieses Wasser in den Tank hinein.

Wenn Wasser im Tank ist, zuerst »Fuel Guard« in den Tank kippen, und eine Zeit lang fahren. Wenn das nichts hilft, müssen Tank und Benzinpumpe gereinigt werden.

kipp-Sensor abgeschaltet, weil dieser die Stromversorgung von Benzinpumpe, Einspritzventilen und Zündspulen gleichzeitig unterbricht.

Wenn das Motorrad wieder aufgehoben und in die Senkrechte gebracht wird, vor einem erneuten Motorstart folgendermaßen vorgehen:
1. Zündung AUSschalten und diese mehr als 10 Sekunden ausgeschaltet lassen.
2. Zündung EINschalten, dann den Gasgriff zweimal langsam bis auf Vollgas bewegen und langsam wieder loslassen.
3. Motor starten, Gasgriff soll dabei in geschlossener Position sein.

Leerlauf («Standgas«)

Die vorgeschriebene Leerlaufdrehzahl, »Standgas« genannt, beträgt bei betriebswarmem Motor mit mehr als 40 °C Kühlwassertemperatur:
- 1300/min (± 100/min)
- 1300/min (± 50/min) Schweiz und Österreich

Leerlaufdrehzahl Mj. 2003 bis 2006
Links oben im Rahmen unterhalb des Rahmenoberzugs ist ein Schraubenkopf mit einem Kreuzschlitz zu sehen, das ist der Standgas-Einsteller:
- Durch leichtes Drehen nach rechts oder links wird die Leerlaufdrehzahl höher oder niedriger.

Wenn eine Einstellung der Leerlaufdrehzahl nötig ist, diese bei warmem Motor vornehmen. Denn für den Leerlauf bei kaltem Motor ist das AFIS-System (Auto Fast Idle System) zuständig, es regelt die Drehzahl je nach Motortemperatur:
- 2000 bis 2600/min bei -5°C
- 1900 bis 2500/min bei + 15°C
- 1800 bis 2400/min bei + 25°C

Mechanisch zuständig für die Leerlaufdrehzahl ist der so genannte »Schnellleerlaufnocken«, er ist am Elektromotor der Sekundärdrosselklappe befestigt und wird je nach Motortemperatur, von diesem um wenige Winkelgrade verdreht, was aufgrund der Nockenform den Anschlag der Sekundärdrosselklappe verstellt und deswegen die Drosselklappen entsprechend geöffnet bleiben, was eine erhöhte Drehzahl bewirkt.

Leerlaufdrehzahl ab Mj. 2007
Ab Mj. 2007 kann der Leerlauf nicht eingestellt werden, er wird automatisch geregelt, das System heißt »ISC-System« (Idle Speed Control).

Leerlaufdrehzahl zu niedrig, zu hoch?
Sollte die Leerlaufdrehzahl weit unter 1300/min bzw. darüber sein, liegt eine Störung vor, die nur in der Suzuki-Werkstatt mit Hilfe des SDS (Suzuki Diagnosis System) erkannt werden kann.

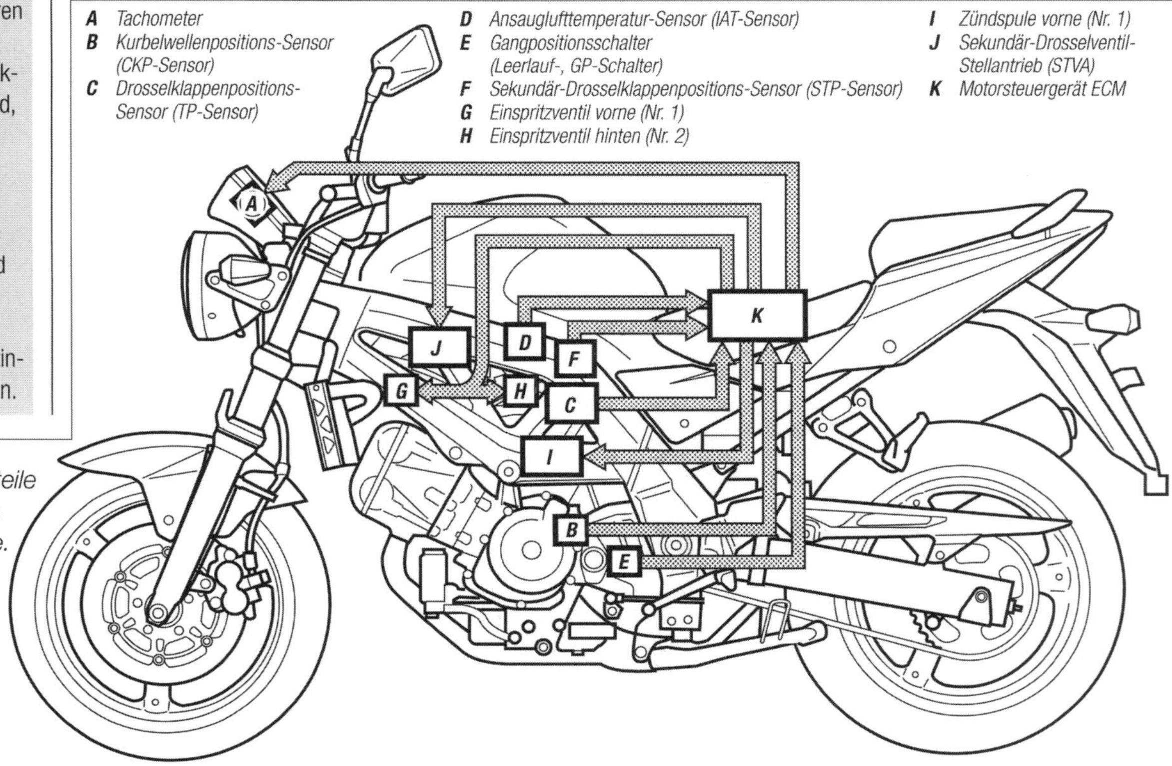

Bild 2: Systembauteile der Einspritzanlage und ihre Anbaulage.

Wichtig zu wissen: Wenn die Leerlaufdrehzahl schwankt, muss noch lange kein Elektronikfehler vorliegen: Unregelmäßiger Leerlauf ist meistens ein Zeichen, dass es Zeit wird für eine Inspektion, denn es ist ein Hinweis auf nicht mehr korrektes Ventilspiel, abgebrannte Zündkerzen, Schmutz im Luftfilter und nötig werdende Synchronisation.

Drosselklappen synchronisieren

Unter »Synchronisierung« ist zu verstehen: Beim Ansaugen von Frischgas entsteht im Ansaugtrakt ein Unterdruck. Dieser ist abhängig von der Stellung der Drosselklappen und der Motordrehzahl. Je geringer die Unterschiede der in den Ansaugkanälen herrschenden Unterdrücke sind, desto »weicher« und vibrationsärmer läuft der Motor.

Wenn aber die Unterdrücke von Zylinder zu Zylinder stark differieren, läuft der Motor nicht mehr so »rund« wie zuvor. Eine Veränderung der Synchronisation kann z. B. daher kommen, dass sich Bauteile in der Drosselklappenbetätigung abnutzen (ist allerdings sehr selten!) oder innere Motorbauteile verschleißen. Weil jedoch bei modernen japanischen Motorrädern die Kolbenringe und Ventilsitze erst nach mehr als 100 000 km Verschleißerscheinungen zeigen, können solche mechanischen Mängel als Gründe für eine Verstellung ausgeschlossen werden.

Erfahrungswerte
Eine wichtige Voraussetzung für vibrationsarmen Motorlauf, gute Leistungsabgabe und geringen Benzinverbrauch ist, dass die Drosselklappen gemeinsam (»synchron«) öffnen. Laut Wartungsplan sind Überprüfung und ggf. Einstellung bei jeder großen Inspektion alle 12 000 km vorgeschrieben. Dazu nötige Spezialwerkzeuge siehe übernächste Seite rechte Spalte.

Langzeiterfahrungen von Suzuki-Spezialisten besagen, dass sich die Synchronisierung, über viele zehntausend Kilometer betrachtet, entweder überhaupt nicht oder nur in sehr geringem Maße verstellt.

Synchronisieren bei Mj. 2003 bis 2006
1. Tank anheben und abstützen, Motor starten, im Leerlauf warm laufen lassen. Motor abstellen.
2. Luftfiltergehäuse abnehmen. Stecker folgender Sensoren wieder anschließen: Ansauglufttemperatur, PAIR-Steuerventil, Ansaugluftdruck. Unterdruckschlauch anschließen.
3. Gummikappe vom Stutzen des vorderen Drosselgehäuses abziehen.
3.1. Einen Schlauch des Unterdruck-Messgeräts auf diesen Stutzen aufschieben.
4. Motor starten. Leerlauf durch entsprechendes Drehen der Anschlagschraube auf 1300/min einregulieren.

Wichtiger Hinweis:
Bitte zerlegen Sie weder die Drosselklappen noch entfernen Sie die Verbindungsbrücken. Wenn die Drosselklappenbaugruppe vom Motor abgenommen werden muss, immer nur die komplette Drosselklappeneinheit abbauen.

Bild 4: Ab Modelljahr 2007 steuert und regelt das Leerlaufdrehzahl-Steuerventil (ISCV) die Leerlaufdrehzahl bei allen Motortemperaturen.

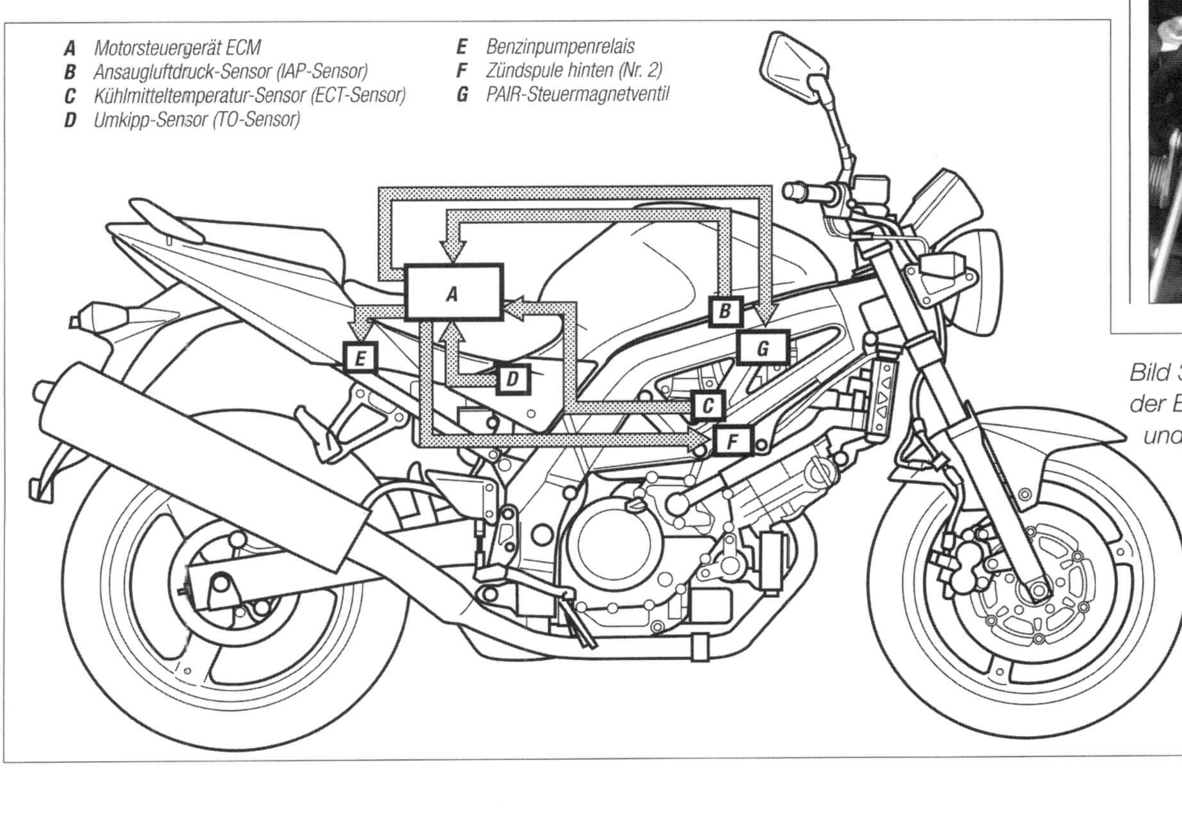

Bild 3: Systembauteile der Einspritzanlage und ihre Anbaulage.

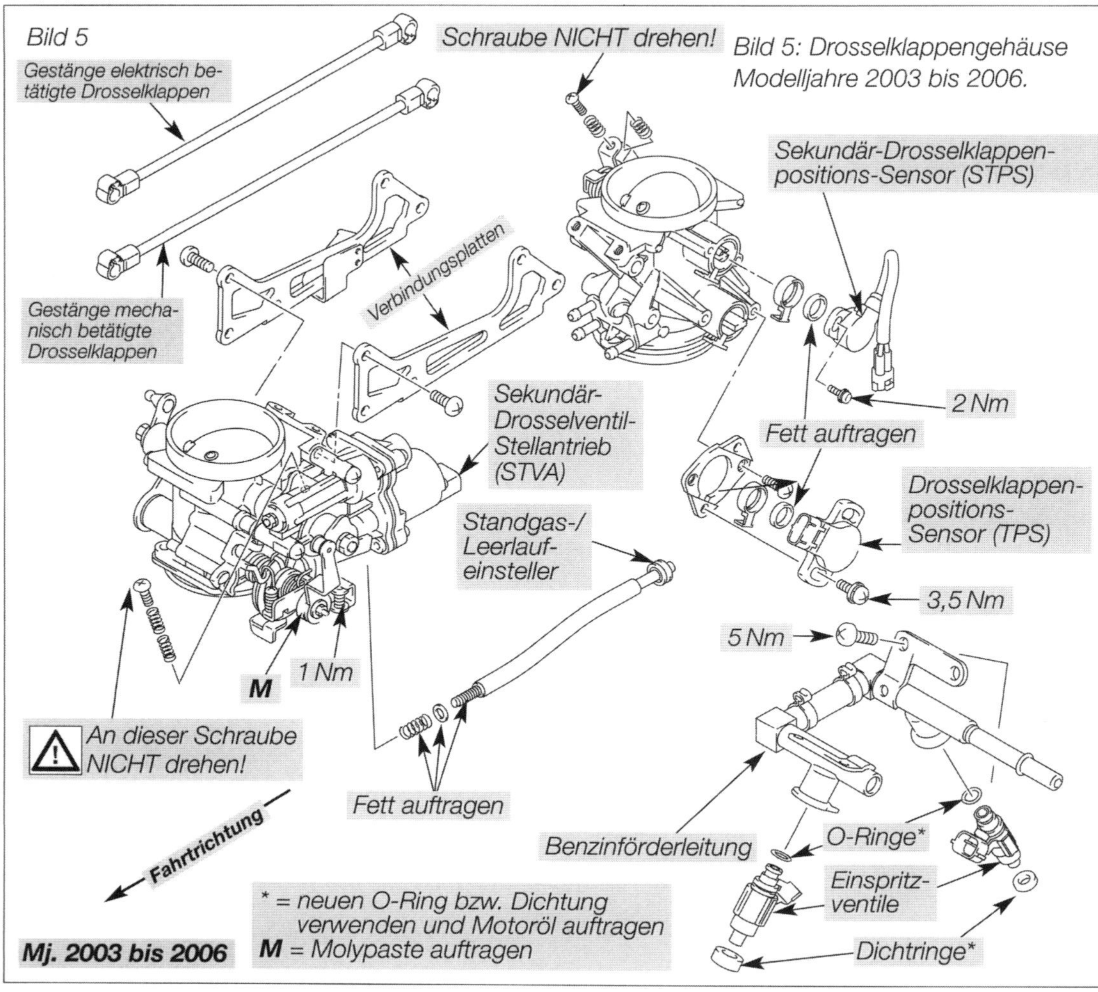

Bild 5: Drosselklappengehäuse Modelljahre 2003 bis 2006.

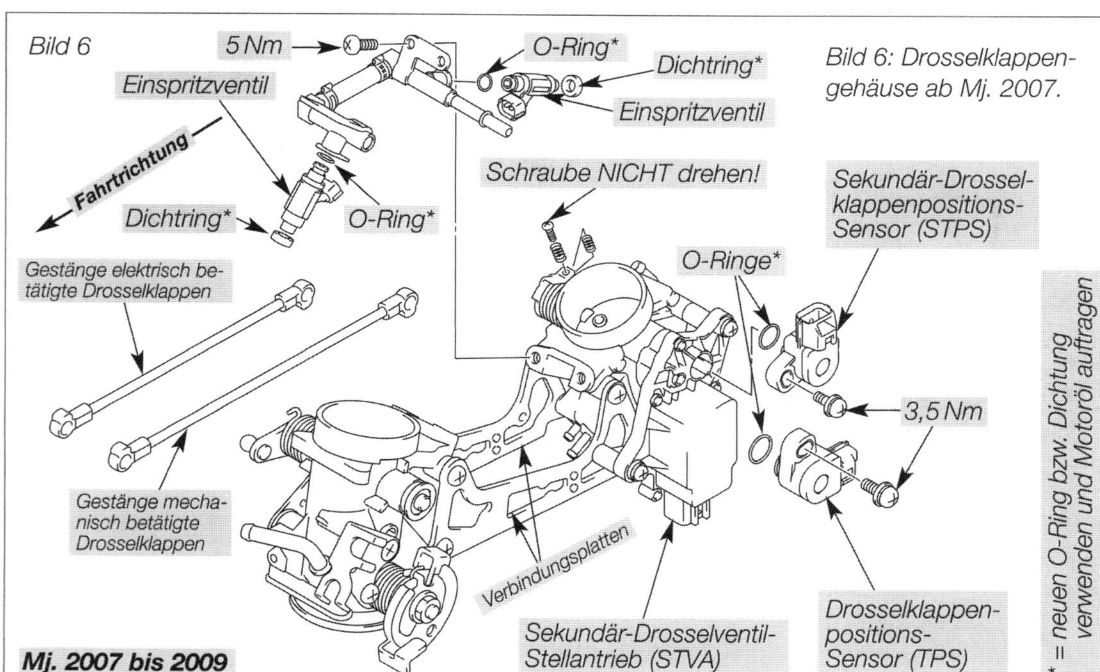

Bild 6: Drosselklappengehäuse ab Mj. 2007.

Bei »Unterdruckausgleichslehre« mit »schwebenden Kugeln«:

- Luftschraube der Lehre so drehen, dass der Unterdruck die Stahlkugel im Rohr zur Mittellinie bewegt. Dabei die Lehre etwa 30 Grad aus der Horizontalen geneigt halten.
- Nachdem die Stahlkugel an der Mittellinie stabilisiert wurde, den Schlauch vom Stutzen abziehen und den nächsten Schlauch der Lehre anbringen.
- Nun die Luftschraube so drehen, dass die zweite Stahlkugel zur Mittellinie gebracht wird.
- Unterdruckausgleichslehre ist jetzt geeicht.

5. Gummikappen von Unterdruckstutzen beider Zylinder abnehmen. Schläuche von Sychrontester aufstecken.

6. Motordrehzahl auf 1300/min einstellen.

7. Blick auf Messuhren: Unterdruck beider Zylinder sollen möglichst gleich sein bzw. ihre Differenz möglichst gering.

7.1. Immer wieder kurz Gas geben: Zeiger müssen gleichmäßig anheben und absenken (bzw. Kugeln müssen parallel zueinander auf und ab gehen).

- Bei zu großer Differenz: Einstellschraube (Kreis in Bild 8) drehen, bis Gleichlauf möglich gut ist.

Synchronisieren ab Mj. 2007

1. Tank anheben und abstützen.
2. Suzuki Diagnosis System »SDS« am Diagnosestecker anschließen, mit Computer verbinden.
3. Gummikappen von Unterdruckstutzen an den Drosselgehäusen abziehen.
3.1. Schläuche auf diese Stutzen aufstecken.
4. Motor starten und warm laufen lassen, Kühlmitteltemperatur muss mehr als 80 °C betragen.
5. Im SDS anklicken: »Active control«, »ISC air volume control«, »ON«: Angezeigt werden Leerlaufdrehzahl, ISC-Ventilposition, Motortemperatur, Unterdrücke im Ansaugsystem, Drosselklappen-Öffnungswinkel.
5.1. Bei Leerlaufdrehzahl ca. 1300/min soll ISC-Ventilposition im SDS mit »58« angezeigt werden.
6. Synchronisierung der Unterdrücke im Ansaugsystem prüfen: Angaben auf Computerbildschirm sollen möglichst gleich zueinander sein.
7. Wenn korrigiert werden muss: Unterdrücke der Zylinder zueinander durch leichtes (sehr leichtes!) Drehen der jeweiligen Luftkorrekturschraube (***L*** in Bild 8) angleichen.
■ Dabei den Motor weiterhin mit Leerlaufdrehzahl 1300 ± 100/min drehen lassen.
8. Nach jedem Verdrehen einer Luftkorrekturschraube kurz und kräftig Gas geben, Angaben auf Computerbildschirm beachten, sie müssen sich gegenüber vorhin verändert haben.

Tipp: Falls die Einstellung bei einem Zylinder nicht hinzubekommen ist, sind wahrscheinlich Schmutzpartikel in den Luftkanälen:
■ Motor abschalten.
■ Betreffende Luftkorrekturschraube (***L***) ausdrehen, mit Vergaserreiniger reinigen und mit Druckluft trocken blasen.
■ Durchgänge der Luftkorrekturschrauben ebenfalls kontrollieren und ggf. reinigen.

Wichtig: Vor dem Ausdrehen der Luftkorrekturschraube diese vorsichtig eindrehen und die Anzahl der 1/4-Drehungen notieren, damit die Schraube wieder in der gleichen Position wie zuvor eingebaut werden kann. Nach Reinigung der Luftkorrekturschrauben den Einstellvorgang wiederholen.

Wenn der Gleichlauf stimmt, Zündung ausschalten, Unterdruckuhren abtrennen, Stecker vom Ansaugluftdruck-Sensor Nr. 1 und Unterdruckschläuche wieder anbringen. Tank befestigen. Den im Motorsteuergerät ECM durch Lösen des Ansaugluftdruck-Sensorsteckers gespeicherten Fehlercode mit Spezialwerkzeug SDS löschen.

Benzinpumpe

Wenn der Motor entweder nicht läuft oder aus unerfindlichen Gründen in unregelmäßigen Abständen immer wieder ausgeht, kann die Benzinpumpe defekt sein.

Benzinpumpe ab Modelljahr 2003

Zur ersten Überprüfung der Benzinpumpe die Zündung einschalten und das Ohr möglichst nahe an den Tank legen: Pumpe muss 3 Sekunden lang hörbar arbeiten und schaltet sich dann automatisch so lange wieder aus, bis der Motor gestartet wird und sich die Benzinpumpe dann wieder einschaltet.

Ist von der Benzinpumpe kein Geräusch zu hören, können folgende Störungen vorliegen:
■ Benzinpumpenrelais defekt: Überprüfen
■ Umkipp-Sensor defekt: Überprüfen
■ Benzinpumpe defekt: Austauschen

Benzindruck prüfen

Fahrersitz abnehmen, Befestigungsschrauben des Tanks lösen, Tank anheben und abstützen.
1. Lappen unter den Benzinschlauch legen,

Bild 7: Uhren des Boehm-Synchrontesters.

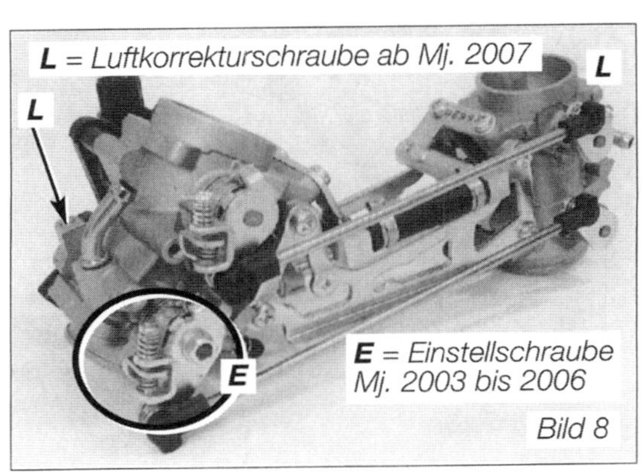

Bild 8: Drosselklappengehäuse. Im Kreis die Einstellschraube der mechanisch betätigten Drosselklappen.

Spezialwerkzeuge:
Mj. 2003 bis 2006
Zur Synchronisation der Modelljahre 2003 bis 2006 empfiehlt Suzuki eine »Unterdruckausgleichslehre« (Ersatzteilnummer 09913-13121), die mit »schwebenden Kugeln« arbeitet.
ab Mj. 2007
■ Suzuki Diagnosis System »SDS« (Ersatzteil-Nr. 09904-41010) mit zugehöriger CD-ROM Version 9 (Ersatzteil-Nr. 99565-01010-009)

Wichtig zu wissen:
Zum Zeitpunkt der Drucklegung dieses Buchs im Mai 2010 wurde das Suzuki Diagnosis System »SDS« weder an Privatpersonen noch an andere Markenwerkstätten oder freie Werkstätten verkauft, sondern blieb ausschließlich den Suzuki-Fachhändlern vorbehalten. Es gab auch kein anderes Motordiagnose-System, welches für die Überprüfung und Einstellung der Einspritzung der SV 650 geeignet wäre. Weil sich dies jedoch nach Erscheinen dieses Buches ändern kann, erklären wir die grundsätzlichen Arbeitsschritte zur Synchronisation der Drosselklappen.

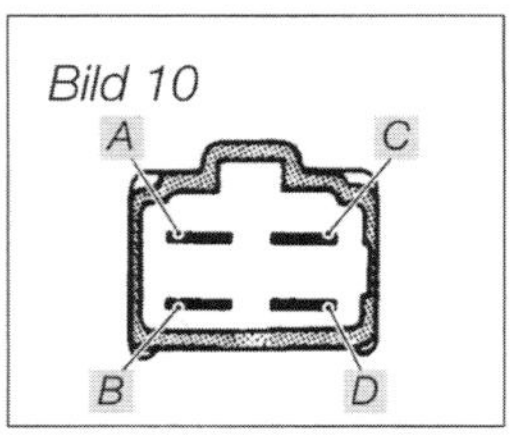

Bilder 9 und 10: Benzinpumpenrelais und Stecker.

Bild 11: Schemazeichnung Benzinversorgung.

Schlauchkupplung vom Stutzen abziehen: Kupplungsstücke seitlich ganz eindrücken und gleichzeitig ziehen.
2. Folgende Suzuki-Spezialwerkzeuge zwischen Benzintank und Benzinschlauch anbringen:
- Kraftstoffdruckmesseradapter (Nr. 09940-40211)
- Kraftstoffdruckmesser-Schlauchaufsatz (Nr. 09940-40220)
- Öldruckmesser (Nr. 09915-77331)
- Öldruckmesseradapter (Nr. 09915-74521)

3. Zündung einschalten, Pumpe muss anlaufen, Messwert ablesen:
- Kraftstoffdruck soll ca. 3,0 bar betragen.

4. Ergebnis werten:
4.1. Druck ist niedriger:
- Benzinschlauch undicht
- Benzinfilter verstopft
- Druckregler und Benzinpumpe überprüfen

4.2. Druck ist höher:
- Benzinschlauch verstopft oder eingeklemmt
- Benzinpumpen-Rückschlagventil defekt
- Druckregler defekt

5. Vor dem Entfernen der Messeinrichtung die Zündung ausschalten und den Benzindruck langsam freigeben.

Fördermenge
1. Tank anheben, abstützen. Sauberen Lappen unter Zufuhrschlauch der Benzinpumpe legen.
2. Geeigneten Verlängerungsschlauch an Benzinpumpe anschließen, in Messzylinder enden lassen.
3. Benzinpumpen-Kabelstecker trennen, Kabelstecker zu Motorsteuergerät ECM trennen. Sicherung zum Herausziehen des Stromversorgungskabels (gelb mit schwarzem Faden) trennen.
4. Fördermenge messen:
- Batterie muss voll geladen sein oder eine neue Batterie verwenden.

4.1. An die Benzinpumpe für 10 Sekunden 12 Volt anlegen: Kabel an Benzinpumpenleitungsstecker anschließen, 12 Volt an Pumpe (zwischen Plus-Kabel gelb/rot und Stromversorgungskabel gelb mit schwarzem Faden).

Achtung: Gut lüften, sonst Explosionsgefahr! Feuerlöscher bereithalten.

5. Fördermenge soll 168 cm³ (oder mehr) in den 10 Sekunden betragen. Ist die Fördermenge niedriger, liegt ein Defekt an der Benzinpumpe vor oder der Benzinfilter ist verstopft.

Benzinpumpenrelais (Bilder 9 und 10)
1. Benzinpumpenrelais befindet sich hinter dem Motorsteuergerät ECM: Relais ausziehen und abnehmen.
2. Isolierung zwischen Klemmen A und B mit einem Multimeter überprüfen.
3. 12 Volt anlegen an die Klemmen C (+) und D (–) und den Stromdurchgang zwischen Klemmen A und B prüfen (Bild 10).
- Falls kein Stromdurchgang, Relais erneuern.

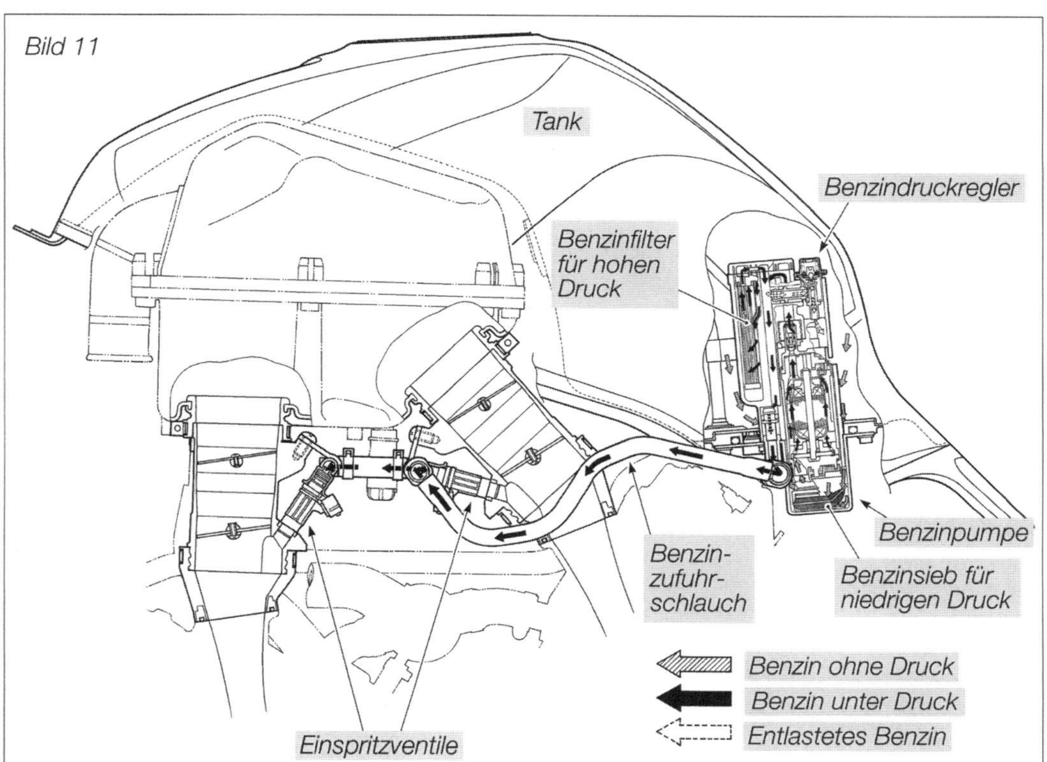

Benzinpumpe ausbauen
1. Tank abnehmen. Wärmeschutz entfernen, Schrauben der Benzinpumpe ausdrehen, Pumpe ausziehen.
2. Muttern der Kabelanschlüsse abschrauben, Anschlüsse abnehmen.
3. Schrauben der Kabelanschlüsse des Benzinstandmessers abschrauben.
4. Benzinpumpe von Grundplatte abnehmen, Teile nach und nach demontieren (bitte

nehmen Sie sich Zeichnung in Bild 13 zu Hilfe).
5. Ist der Benzinfilter durch Ablagerungen, Dreck oder Rost verstopft, vorsichtig mit Druckluft freiblasen.

Benzinpumpe zusammen- und einbauen
Benzinpumpe in umgekehrter Reihenfolge zusammen- und einbauen, dabei besonders beachten:
- Neue O-Ringe für Benzindruckregler und Benzinleitung verwenden, frisches Motoröl auftragen.
- Kabel sorgfältig zu Anschlüssen verlegen.
- O-Ring am Tank leicht einfetten, Benzinpumpeneinheit einsetzen, Befestigungsschrauben über Kreuz Schritt für Schritt (Bild 12) bis auf 10 Nm anziehen.

Fehlerdiagnosesystem

Die kombinierte Einspritz-Zündelektronik der SV 650 verfügt über ein Selbstdiagnosesystem, das im Motorsteuergerät ECM integriert ist. Diese Funktion umfasst zwei Betriebsarten, die »Anwender-Betriebsart« und die »Service/Händler-Betriebsart«.

Bei der »Anwender-Betriebsart« wird der Fahrer über die »FI«-Leuchtdiode und eine LCD-Anzeige im Display informiert, dass möglicherweise eine Störung vorliegt. Die »Service/Händler-Betriebsart« dient zur detaillierten Überprüfung der verschiedenen Funktionen des Einspritzsystems. Aufgetretene Störungen werden im Fehlerspeicher des Motorsteuergerätes (ECM) abgelagert. Unter Einsatz des Betriebsartenwahlschalters (Suzuki Ersatzteilnummer 09930-82720, Bild 15), der an den entsprechenden Betriebsartenwahlstecker im rechten Rahmendreieck, neben dem hinteren Zylinder angeschlossen wird, erscheinen die aktuellen Fehlercodes im Display.

Für die möglichen Fehlermeldungen des ABS-Systems gibt es einen zweiten Betriebsartenwahlschalter (Suzuki Ersatzteilnummer 09930-82710), der an den Betriebsartenwahlstecker angeschlossen wird. Das System ist das Gleiche: Nach Anschluss des Schalters erscheint im Display die genaue Fehleranzeige als »C« (Code) sowie dazu entsprechende Ziffern.

Wichtig: Ab Modelljahr 2007 können Fehlermeldungen nur gelöscht werden mit dem Suzuki Diagnose Systemgerät SDS (Ersatzteilnummer 09904-41010) sowie der dazu notwendigen CD-ROM Version 9 (Ersatzteil-Nr. 99565-01010-009). Dieses ist grundsätzlich nur beim Suzuki-Händler vorhanden – Selbstschrauber müssen die Fehlermeldungen also beim Suzuki-Fachhändler löschen lassen.

Bei den Modelljahren 2003 bis 2006 wird nach Beheben der Störung die Zündung aus- und wieder eingeschaltet, um die Störungscodes zu löschen. Wenn »C00« angezeigt wird, sind die Störungscodes gelöscht.

»Anwender-Betriebsart«
Für den Fahrer werden bei Störungen zwei Warnkombinationen im Display angezeigt:
1. Zeigt das LCD-Display im 2-Sekunden-Rhythmus »FI« und die Kühlmitteltemperatur an und leuchtet gleichzeitig die FI-Lampe auf, liegt eine Störung vor. Jedoch sind Start und Betrieb des Motors mit eingeschränkter Leistung durch eine Notschaltung möglich.
2. Zeigt das Display dauerhaft

Bild 12: Befestigung der Benzinpumpe.

Bild 13: Explosionszeichnung der Benzinpumpe.
■ Einbaurichtung der Benzinschläuche beachten!

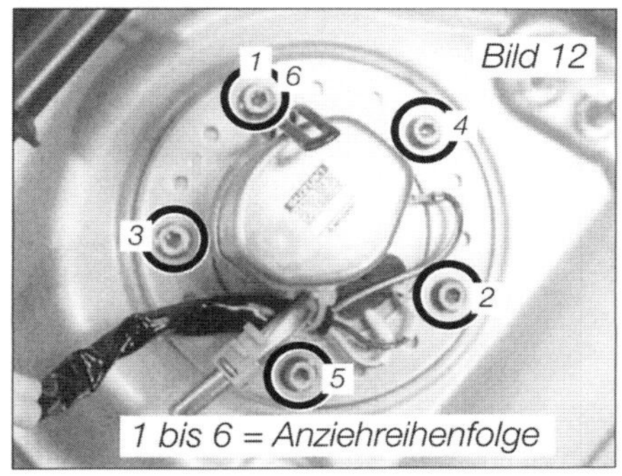

Bild 12
1 bis 6 = Anziehreihenfolge

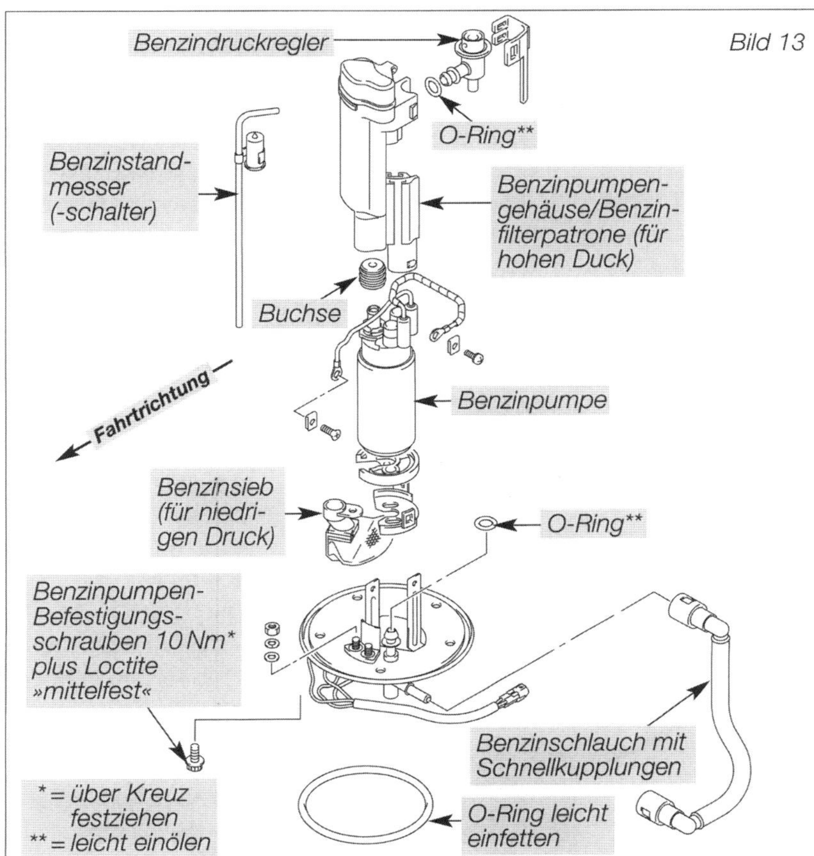

Bild 13
* = über Kreuz festziehen
** = leicht einölen

Sichtprüfung | Messen

»FI« und blinkt dazu die rote FI-Leuchte, bleibt der Motor stehen und springt auch nicht mehr an. Dies ist dann der Fall, wenn das Motorsteuergerät ECM keine Signale vom Kubelwellenpositions-Sensor, Umkipp-Sensor, Zündung, Einspritzventile vorderer oder hinterer Zylinder (Zylinder 1 oder 2) Benzinpumpenrelais sowie Zündschloss erhält.

⚠ **Achtung:** Bei jeder Fehlermeldung muss die Maschine schnellstens überprüft werden, auch wenn das Triebwerk im Notbetrieb läuft. Sofort zum Suzuki-Händler, denn weiterer Fahrbetrieb kann Beschädigungen verursachen!

»CHEC« im Display

Die Elektronik meldet sich im Display mit »CHEC«, wenn das Motorsteuergerät drei Sekunden lang keinen Impuls an den Tachometer abgibt (ECM wird nicht mit Spannung versorgt). Mögliche Ursachen dafür:

Entweder: Zündung wird eingeschaltet, Motorstoppschalter rechts am Lenker steht aber auf Zündunterbrechung, bzw. ein Gang ist eingelegt oder der Seitenständer nicht ganz hochgeklappt.

Oder: Bleibt die Anzeige stehen, auch wenn alles in startfähiger Position ist, müssen kontrolliert werden: Kabelbaum zwischen Motorsteuergerät und Tachosteckern, Zündsystemsicherung, Seitenständer/Zündungssperrschalter.

Bild 14: In der Instrumenteneinheit befindet sich die Anzeige für Störung im Einspritzsystem (»FI-Anzeige«). Bei Anschluss des Betriebsartenwahlschalters werden im Display entsprechende Fehlercodes angezeigt. Bei »CHEC« prüfen: Zündsicherung, Motorstoppschalter, Leerlauf- und Seitenständerschalter.

»FI-Anzeige« im Display

Die FI-Anzeigeleuchte bleibt bis zum Starten des Motors an und geht spätestens dann aus. Sie geht aber auch dann an, wenn die Motortemperatur zu hoch oder der Öldruck zu niedrig ist; es erscheinen dazu die Kühlmittelanzeige und/oder das Ölkännchen-Symbol. In diesen Fällen unbedingt sofort anhalten, Motor ausschalten und kontrollieren.

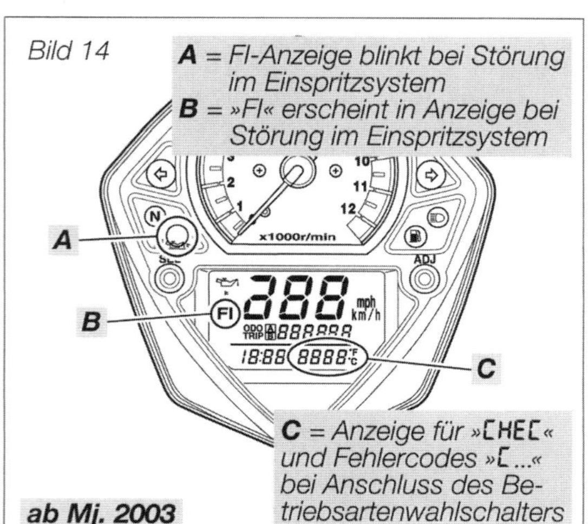

»Service/Händler-Betriebsart« mit Betriebsartenwahlschalter

Die Servicebetriebsweise ermöglicht eine Überprüfung der Komponenten der Einspritzanlage und dabei die Identifizierung defekter Teile:

- Erscheint nach Anschluss des Betriebsartenwahlschalters die Anzeige »C00«, ist alles in ok.
- Die im Falle eines Fehlercodes (C + zweistellige Zahl) erforderlichen Reparaturmaßnahmen müssen der Suzuki-Fachwerkstatt vorbehalten bleiben.

Fehlercodes

Der nachstehende Text erklärt, bei welcher Störung der Motor noch läuft und welche Bauteile davon betroffen sein können. Ab Mj. 2007 werden die bis dahin verwendeten Fehlercodes wie zum Beispiel C 12 über den Zusatz »P + vierstellige Ziffer« nochmals spezifiziert und erweitert, zudem kommen mit C40 und C44 weitere Codes hinzu. Die Codes werden im SDS angezeigt (»Einfache« und P-Codes), im folgenden Text werden die ab Mj. 2007 eingeführten P-Codes in Klammern () aufgeführt.

Angezeigter Code C00: Alles ist in Ordnung, es liegt kein Defekt vor.

Code C 12 (P0335): Kurbelwellenpositions-Sensor
Reaktion: Signal erreicht das ECM nicht innerhalb von 3 Sekunden (ab Mj. 2007 2 Sekunden) nach Empfang des Startersignals: Motor stoppt (geht aus).
Start- und Fahrfähigkeit: NEIN
Kommentar: Wenn der Kurbelwellenpositions-Sensor kaputt geht, läuft nichts mehr, der Motor bleibt dauerhaft aus.
Überprüfen auf: Kurbelwellenpositions-Sensor, Verkabelung, Steckerverbindung.

Code C 13 (P 1750): Ansaugluftdruck-Sensor (ab Mj. 2007 gibt es zwei Ansaugluftdruck-Sensoren, P 1750 betrifft den Ansaugluftdruck-Sensor für den hinteren Zylinder).
Reaktion: Ansaugluftdruck wird auf 760 mmHg festgelegt.
Start- und Fahrfähigkeit: JA
Kommentar: Luft-Kraftstoff-Gemisch stimmt nicht, Motor zeigt schlechte Leistung und verändertes Verbrauchsverhalten.
Erkannter Fehlerzustand: Sensor soll folgende Spannung erzeugen: 0,1 V ≤ Sensorspannung < 4,8 V
Überprüfen auf: Ansaugluftdruck-Sensor, Verkabelung, Steckerverbindung.

Code C 14 (P0 120): Drosselklappenpositions-Sensor
Reaktion: Öffnung der Drosselklappen wird auf ganz geöffnete Position festgelegt und Zündverstellung wird ebenfalls fixiert.
Start- und Fahrfähigkeit: JA
Kommentar: Motor hat Startschwierigkeiten, nimmt schlecht Gas an, ruckelt.
Erkannter Fehlerzustand: Sensor soll folgende Spannung erzeugen: 0,1 V ≤ Sensorspannung < 4,8 V. Wenn 4 Sekunden oder länger außerhalb dieses Bereiches, erfolgt Fehleranzeige.

P0120H: Sensorspannung zu hoch
P0120L: Sensorspannung zu niedrig
Überprüfen auf: Drosselklappenpositions-Sensor, Verkabelung, Steckerverbindung.

Code C15 (P0115): Kühlmitteltemperatur-Sensor
Reaktion: Der Temperaturwert des Motorkühlmittels wird auf 80 °C (ab Mj. 2007 70 °C) festgelegt.
Start- und Fahrfähigkeit: JA
Kommentar: Motor startet schlecht, läuft in kaltem Zustand zu mager, in heißem Zustand zu fett, hat schlechte Gasannahme, Motor wird heiß.
Erkannter Fehlerzustand: Sensor soll folgende Spannung erzeugen: 0,1 V ≤ Sensorspannung < 4,6 V
P0115H: Sensorspannung zu hoch
P0115L: Sensorspannung zu niedrig
Überprüfen auf: Motorkühlmitteltemperatur-Sensor, Verkabelung, Steckerverbindung.

Code C17 (P0105): Ansaugluftdruck-Sensor vorderer Zylinder (erst ab Modelljahr 2007)
Reaktion: Ansaugluftdruck wird auf 760 mmHg festgelegt.
Start- und Fahrfähigkeit: JA
Kommentar: Luft-Kraftstoff-Gemisch stimmt nicht, Motor zeigt schlechte Leistung und verändertes Verbrauchsverhalten.
Erkannter Fehlerzustand: Sensor soll folgende Spannung erzeugen: 0,1 V ≤ Sensorspannung < 4,8 V
Überprüfen auf: Ansaugluftdruck-Sensor, Verkabelung, Steckerverbindung, Nebenluft.

Code C21 (P0110): Ansauglufttemperatur-Sensor
Reaktion: Der Ansauglufttemperaturwert wird auf 40 °C (ab Mj. 2007 25 °C) festgelegt.
Start- und Fahrfähigkeit: JA
Kommentar: Motor startet schlecht. Je nach Umgebungstemperatur läuft der Motor entweder zu fett oder zu mager, Motor läuft bei höheren Drehzahlen schlecht.
Erkannter Fehlerzustand: Sensor soll folgende Spannung erzeugen: 0,1 V ≤ Sensorspannung < 4,6 V
P0110H: Sensorspannung zu hoch
P0110L: Sensorspannung zu niedrig
Überprüfen auf: Ansauglufttemperatur-Sensor, Verkabelung, Steckerverbindung.

Code C23 (P1651): Umkipp-Sensor
Reaktion: Motor geht aus, springt nicht an.
Start- und Fahrfähigkeit: NEIN
Kommentar: Umkipp-Sensor sorgt für Motorstopp, wenn Motorrad auf der Seite liegt.
Erkannter Fehlerzustand: Nach Einschalten der Zündung länger als 2 Sekunden 0,2 V ≤ Sensorspannung < 4,6 V
P1651H: Sensorspannung zu hoch
P1651L: Sensorspannung zu niedrig
Überprüfen auf: Umkipp-Sensor, Verkabelung, Steckerverbindung.

Code C24 (P0351), C25 (P0352): Zündsignal /-spulen der Zylinder 1 (C24/P0351) und/oder 2 (C25/P0352)
Reaktion: Motor läuft nur ruckelnd, springt schlecht an, raucht aus dem Auspuff, schlechte Leistungsabgabe.
Start- und Fahrfähigkeit: JA
Kommentar: Wenn eine Zündspule defekt ist, läuft Motor zwar weiter, sollte aber sehr schnell repariert werden. Welcher der Zylinder nicht verbrennt (bzw. welche Zündkerze nicht funkt), kann man an den unterschiedlichen Temperaturen an den Auspuffkrümmern feststellen: Krümmer des nicht arbeitenden Zylinders ist kühler als der andere bzw. ganz kalt.
Überprüfen auf: Sitz des Steckers auf der Zündkerze, Verkabelung, Kabelsteckerverbindung im Zündkerzenstecker.

Code C28 (P1655): Sekundär-Drosselventil-Stellantrieb
Reaktion: ECM erhält kein Steuersignal vom Stellantrieb, Stellantrieb ist nicht betriebsfähig.
Start- und Fahrfähigkeit: JA
Kommentar: Motor hat Startschwierigkeiten, nimmt schlecht Gas an, ruckelt.
Überprüfen auf: Stellantrieb Motor, Verkabelung, Steckerverbindung, Einstellung STPS prüfen.

Code C29 (P1654): Sekundär-Drosselklappenpositions-Sensor
Reaktion: Sekundärdrosselventil ist in ganz geschlossener Position fixiert, Motorsteuergerät ECM stoppt die Stellantriebsmotor Steuerung.
Start- und Fahrfähigkeit: JA
Kommentar: Motor hat Startschwierigkeiten, nimmt schlecht Gas an, ruckelt.
Erkannter Fehlerzustand: Sensor soll folgende Spannung erzeugen: 0,1 V ≤ Sensorspannung < 4,8 V
ab Mj. 2007: 0,1 V ≤ Sensorspannung < 4,83 V
P1654H: Sensorspannung zu hoch
P1654L: Sensorspannung zu niedrig
Überprüfen auf: Sekundär-Drosselklappenpositions-Sensor, Verkabelung, Steckerverbindung.

Code C31 (P0705): Gangpositions-Signal
Reaktion: Gangpositions-Signal wird auf den 4. Gang festgelegt (ab Mj. 2007 6. Gang).
Start- und Fahrfähigkeit: JA
Kommentar: Motor zieht nicht mehr richtig.
Erkannter Fehlerzustand: Sollwert der Signalspannung für länger als 4 Sekunden: Gangpositions-Sensorspannung > 0,2 V. **Ab Modelljahr 2007 zusätzlich:** Signalspannung bei neutraler Spannung länger als 4 Sekunden ≥ 4,77 V.
Überprüfen auf: Gangpositions-Schalter, Verkabelung, Steckerverbindung, Schaltnocken.

Code C32 (P0201), C33 (P0202): Einspritzventile der Zylinder 1 und/oder 2
Reaktion: Benzineinspritz-Signal wird fortlaufend bzw. häufiger unterbrochen (ab Mj. 2007: vorderer und hinterer

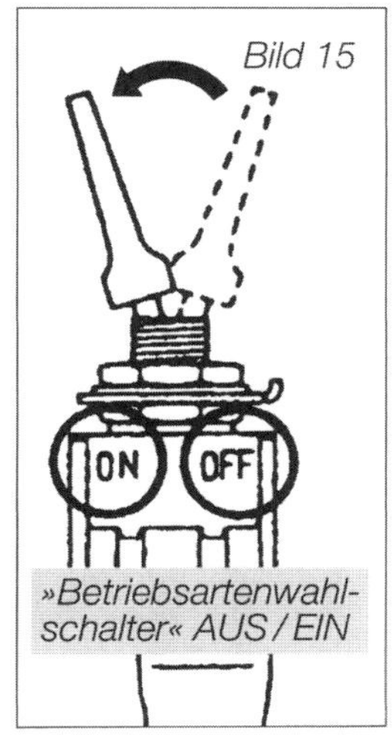

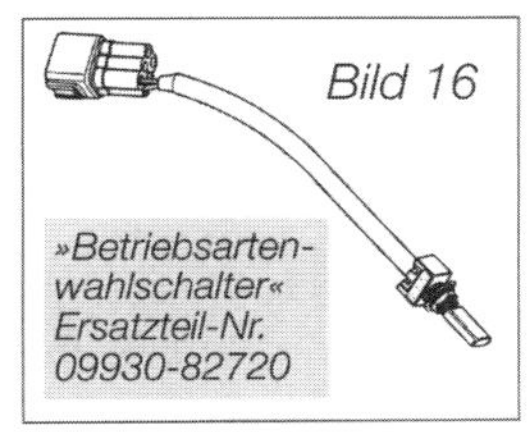

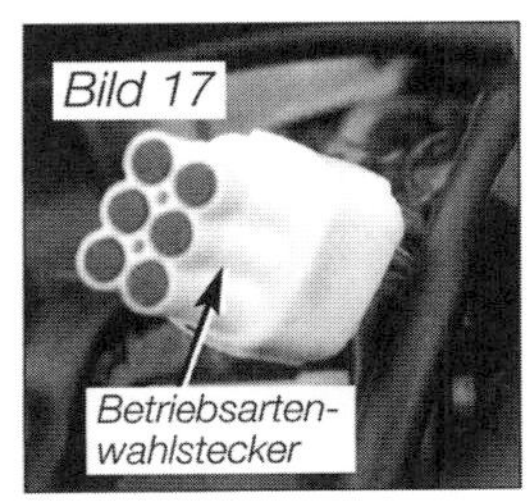

Bilder 15, 16 und 17: Nach Anschluss des Betriebsartenwahlschalters an den Betriebsartenwahlstecker können im Display die aktuellen Fehlercodes des Einspritzsystems abgelesen werden.

Sichtprüfung Messen

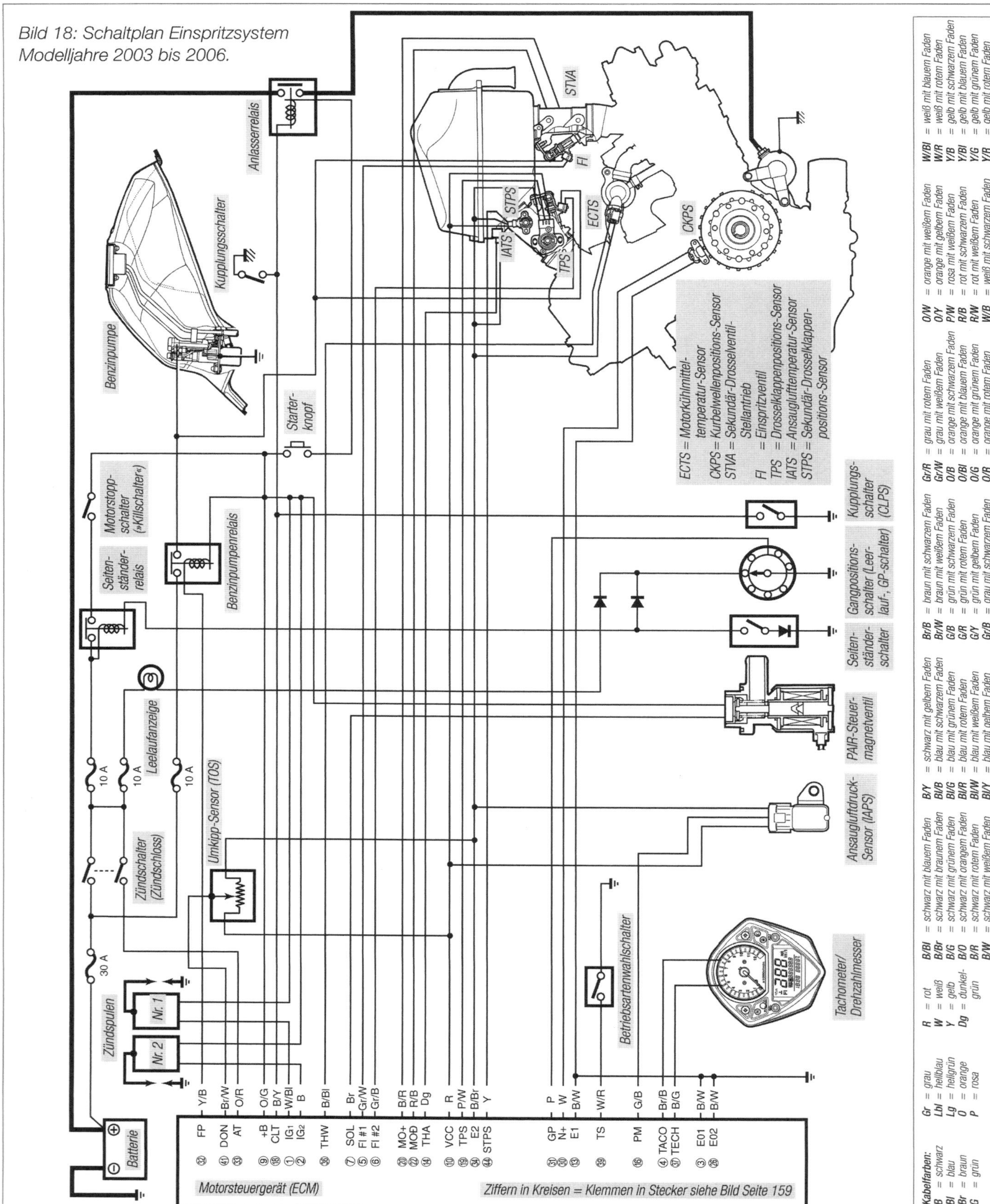

Bild 18: Schaltplan Einspritzsystem Modelljahre 2003 bis 2006.

Bild 19: Schaltplan Einspritzsystem ab Modelljahr 2007.

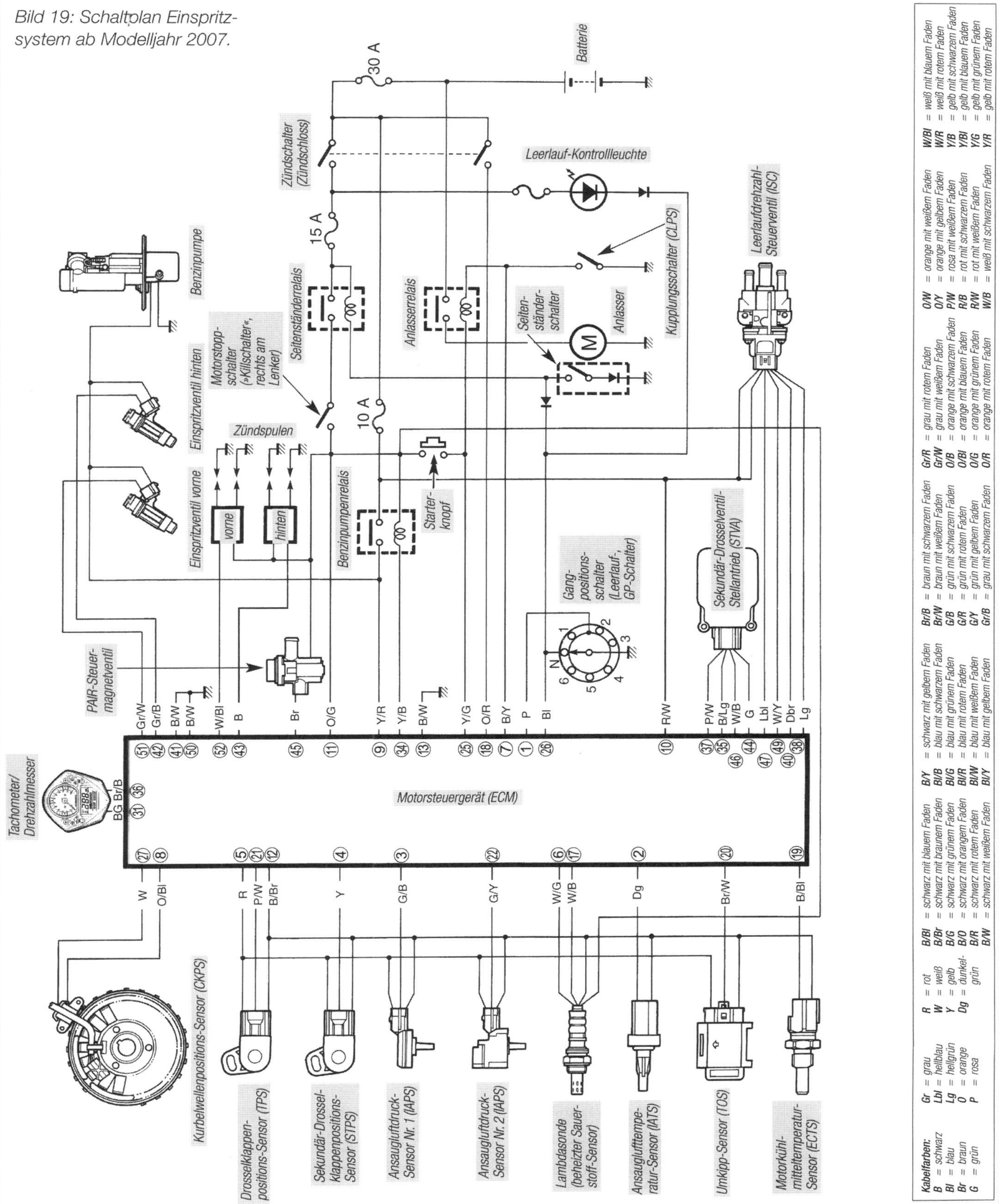

Hinweis: Klemmennummern im Stecker Motorsteuergerät ECM Modelljahre 2003 bis 2006 siehe Bild 6 im folgenden Kapitel auf der nächsten Seite.

Erklärung der Klemmennummern der ECM-Anschlüsse (Bild 20):

1 Gangposition-Sensor-Signal (GPS)
2 Ansauglufttemperatur-Sensor-Signal (IATS)
3 Ansaugluftdruck-Sensor-Signal Nr. 1 (IAPS 1)
4 Sekundär-Drosselklappenpositions-Sensor-Signal (STPS)
5 Stromversorgung für Sensoren (VCC)
6 Lambdasonden-Sensor-Signal
7 Kupplungshebel-Positionsschalter-Signal (CLT)
8 Kurbelwellenpositions-Sensor-Signal (CKPS)
9 Stromversorgung Einspritzventil
10 Reservestromversorgung
11 Stromversorgung
12 Sensormasse (E2)
13 ECM Masse
14 –
15 –
16 –
17 Lambdasondenheizung (HO2, H)
18 –
19 Kühlmitteltemperatur-Sensor-Signal (ECTS)
20 Umkipp-Sensor-Signal (TOS)
21 Drosselklappenpositions-Sensor-Signal (TPS)
22 Ansaugluftdruck-Sensor-Signal Nr. 2 (IAPS, 2)
23 –
24 Betriebsartenwahlschalter
25 Anlasserrelais
26 Leerlaufschalter
27 Kurbelwellenpositions-Sensor-Signal (CKPS)
28 –
29 –
30 –
31 Serielle Daten für Tachometer
32 Serielle Daten für Selbstdiagnose
33 –
34 Benzinpumpenrelais
35 Sekundärdrosselventil-Stellantrieb-Signal (STVA, 1B)
36 Drehzahlmesser
37 Sekundärdrosselventil-Stellantrieb-Signal (STVA, 1 A)
38 Leerlaufdrehzahl-Steuerventil-Signal (ISC, 2B)
39 –
40 Leerlaufdrehzahl-Steuerventil-Signal (ISC, 2A)
41 Masse
42 Einspritzventil Nr. 2
43 Zündspule Nr. 2
44 Sekundärdrosselventil-Stellantrieb-Signal (STVA, 2B)
45 PAIR Steuermagnetventil
46 Sekundärdrosselventil-Stellantrieb-Signal (STVA, 2 A)
47 Leerlaufdrehzahl-Steuerventil-Signal (ISC, 1A)
48 –
49 Leerlaufdrehzahl-Steuerventil-Signal (ISCV, 1B)
50 Masse
51 Einspritzventil Nr. 1
52 Zündspule Nr. 1

Zylinder 8 Mal), Kurbelwellenpositions-Sensor-Signal wird erzeugt.
Erkannter Fehlerzustand: Fehlermeldung erscheint bei Mj. 2003 bis 2006, wenn Benzineinspritzventilspannung 1,3 V oder weniger wird.
Kommentar: Wenn ein Schaden an einem Einspritzventil vorliegt, bleibt das andere Einspritzventil in Funktion. Welcher Zylinder kein Benzin eingespritzt bekommt und daher nicht verbrennt (bzw. welches Einspritzventil keinen Sprit bekommt und deswegen nicht einspritzen kann), kann man an den unterschiedlichen Temperaturen der Auspuffkrümmer feststellen: Der des nicht arbeitenden Zylinders ist kühler als der andere bzw. ganz kalt.
Start- und Fahrfähigkeit: JA
Überprüfen auf: Einspritzventile, Kabel, Stecker, Stromversorgung der Einspritzventile.

■ Ab Mj. 2007: Code C40 (P0505, P0506, P0507): Leerlaufdrehzahl-Steuerventil
Reaktion: Stromzufuhr vom ECM wird gesperrt: Schaltkreisspannung ist nicht im Normalbereich.
Start- und Fahrfähigkeit: JA
Kommentar: Leerlaufdrehzahl höher als normal.
Erkannter Fehlerzustand:
P0505: Leerlaufdrehzahl zu hoch
P0506: Leerlaufdrehzahl zu niedrig
P0507: Leerlaufdrehzahl höher als gewünscht
Überprüfen auf: Leerlaufdrehzahl-Steuerventil ist fixiert, falsche Voreinstellungsposition, Verkabelung, Steckerverbindung.

Code C41 (P0230): Steuersystem für Benzinpumpe und Benzinpumpenrelais
Reaktion: Motor geht aus, springt nicht mehr an.
Start- und Fahrfähigkeit: NEIN
Erkannter Fehlerzustand: Benzinpumpe erhält Spannung, obwohl Benzinpumpenrelais ausgeschaltet ist oder Benzinpumpe erhält keine Spannung, obwohl Benzinpumpenrelais eingeschaltet ist.
Überprüfen auf: Benzinpumpe, Benzinpumpenrelais, Stromversorgung des Benzinpumpenrelais.

Code C42 (P 1650): Zündschloss: Signale gelangen nicht zum Motorsteuergerät (ECM).
Start- und Fahrfähigkeit: NEIN
Überprüfen auf: Zündschalter (Zündschloss), Kabel, Steckerverbindung.

■ Ab Mj. 2007: Code C44 (P0 130, P0 135): Lambda-Sonde (beheizter Sauerstoff-Sensor)
Start- und Fahrfähigkeit: JA
Erkannter Fehlerzustand: Benzin/Luft-Verhältnis wird auf Normal festgelegt.
P0 130: Während Warmlauf und Motorbetrieb gelangt Ausgangsspannung nicht mehr zu ECM: Sensorspannung ≥ 1,0 V, einige Minuten nach Start: Sensor Ausgangsspannung < 0,1 V.
P0 135: Heizung kann nicht arbeiten, sodass Heizungsbetriebsspannung der Sauerstoffheizungsschaltung nicht zugeführt wird.
Überprüfen auf: Lambdasonde, Verkabelung, Steckerverbindung, Batteriespannungszufuhr.

Code C49 (P 1656): PAIR-Steuermagnetventil
Reaktion: PAIR-Ventil fest in Offen-Position
Start- und Fahrfähigkeit: JA
Kommentar: Motor zieht nicht mehr richtig.
Erkannter Fehlerzustand: PAIR-Steuermagnetventilspannung gelangt nicht zu ECM
Überprüfen auf: PAIR-Steuermagnetventil, Verkabelung, Steckerverbindung.

Selbst auf die Gefahr hin, dass wir uns wiederholen: Bei allen Problemen mit der kombinierten Einspritz-/Zündelektronik, die sich nicht mit Hausmitteln wie Reinigen der Steckverbindungen und Überprüfungen auf sicheren Anschluss beheben lassen, wenden Sie sich an den Suzuki-Vertragshändler, bevor Sie mit möglicherweise ungeeigneten Messgeräten versuchen, einzelne Systemkomponenten durchzuprüfen. Bei Suzuki-Vertragshändlern arbeiten entsprechend ausgebildete, speziell geschulte Mechaniker, die über modellspezifische Unterlagen und Spezialwerkzeuge verfügen. Suzuki-Vertragshändler haben eventuell benötigte Ersatzteile entweder vorrätig oder können diese auf schnellstem Wege besorgen.

Bild 20

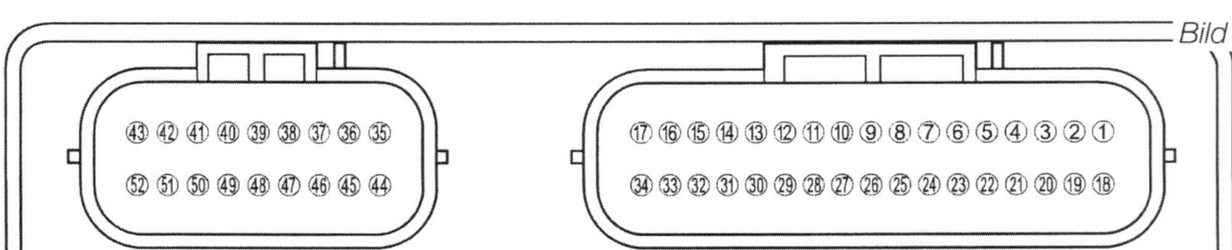

ab Mj. 2007: *Klemmennummern im Stecker des Motorsteuergeräts (ECM)*

Kraftstoffsystem III

Sekundärluftsystem

In diesem Kapitel: Sekundärluftsystem · Motor patscht beim Gas zumachen? · Membraneinsätze noch intakt?

Ab Modelljahr 2003 ist ein Sekundärluftsystem angebaut: Es bewirkt durch Zufuhr von Frischluft (»gefilterte Ansaugluft«) in den Auslasstrakt eine Nachverbrennung der Abgase, bei der eine beträchtliche Menge unverbrannter Kohlenwasserstoffe und Kohlenmonoxyd in relativ harmloses Kohlendioxyd und Wasser umgewandelt wird. Ein so genanntes **»PAIR-Steuermagnetventil«** (Bilder 1, 2 und 3), das sich unterhalb des Luftfilterkastens befindet, öffnet oder verschließt den Luftweg. Dieses Ventil wird von dem für die programmierte Kraftstoffeinspritzung zuständigen Motorsteuergerät (ECM) angesteuert und kontrolliert.

In jedem Zylinderkopfdeckel ist ein **Membranventil** eingebaut, das in eine Richtung Frischluft durchlässt und in andere Richtung das Eindringen von Auspuffgasen in die Frischluftleitung verhindert (Bilder 1, 2 und 5). Am Sekundärluftsystem kann nichts eingestellt werden, Störungen sind die Ausnahme.

Motor patscht beim Gas zumachen?
Wenn der Motor beim Gas zumachen (»Schiebebetrieb«) unkontrolliert aus dem Auspuff patscht und knallt, ist dies ein Zeichen für einen Fehler im Sekundärluftsystem. Zuerst alle Schläuche auf korrekte Anschlüsse (Bild 4), Löcher, Risse und Porosität überprüfen. Auch die elektrischen Anschlüsse am PAIR-Steuermagnetventil und am ECM (Klemme 7, Bild 6) auf Korrosion prüfen und diese ggf. beseitigen. Im Zweifelsfall das PAIR-Steuermagnetventil versuchsweise gegen ein erwiesenermaßen funktionsfähiges Teil austauschen.

Membraneinsätze noch intakt?
Eine andere Fehlerquelle sind defekte Membraneinsätze, bei denen das Membranventil nicht mehr dicht schließt.

Wenn der Zylinderkopfdeckel zur Kontrolle des Ventilspiels abgenommen ist, sollte man die Membranen begutachten, sie müssen dicht am Gummi anliegen und dürfen keine rußigen Abgas-Verfärbungen aufweisen. Wenn doch: Vorsichtig mit Bremsenreiniger entfernen.

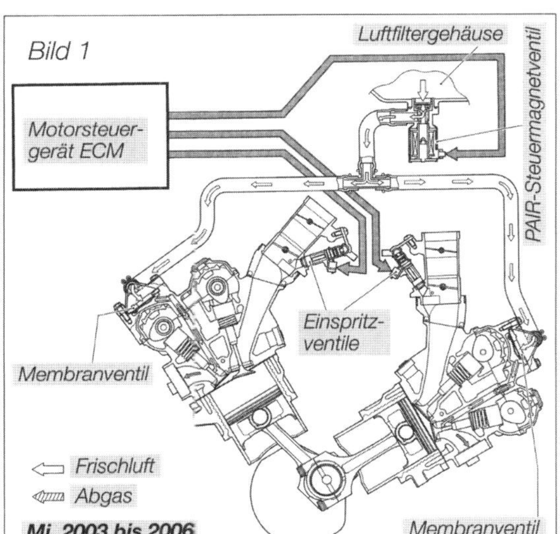

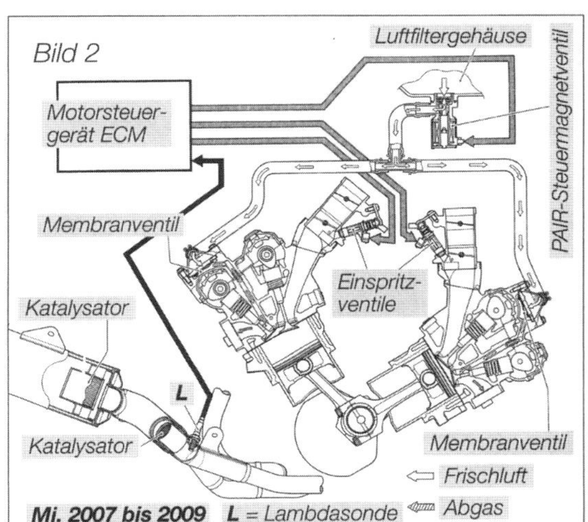

Bilder 1 und 2: Schemazeichnung des PAIR-Systems, der Frischluftzufuhr und Abgasführung in den verschiedenen Modelljahrn.

Bilder 3 und 4: Anschlüsse und ausgebautes Membranventil.

Bild 6: Klemmennummern im Stecker des Motorsteuergeräts (ECM).

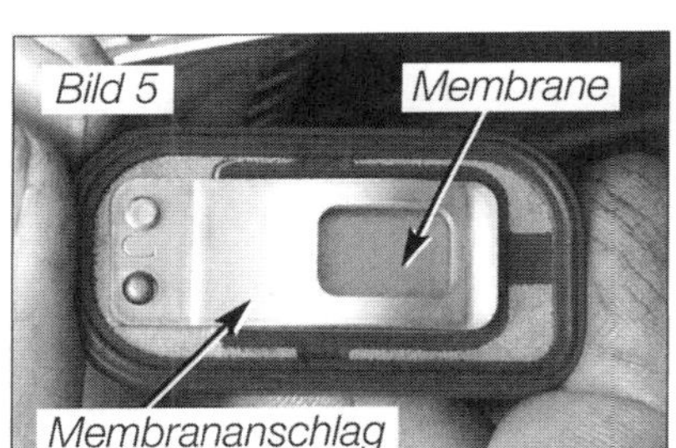

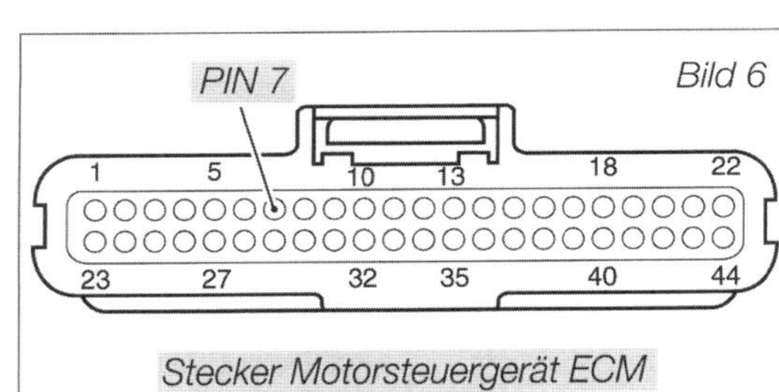

Bilder 1 und 2: Dichtungen der Auspuffanlage.

Bild 1

Bild 2

Bilder 3 bis 6: Säubern der Dichtstellen zur Montage einer neuen Auspuffdichtung.

Auspuffanlage

In diesem Kapitel: Dichtungen in der Auspuffanlage prüfen · Auspuffanlage abbauen, kontrollieren, anbauen.

Auspuffanlage

Vergaser- und Einspritzmodelle sind mit einer 2-in-1-Auspuffanlage ausgestattet. Darin sind vier Dichtungen verbaut: Je ein Dichtring (Bild 1) zwischen Auspuffkrümmer/-stutzen und Zylinderkopf sowie zwei Paketdichtungen (Bild 2) in den Klemmstellen der Auspuffrohre zu Auspuffkrümmer/-stutzen. Alle Dichtungen müssen jederzeit dicht sein, sonst blasen Abgase unkontrolliert ins Freie ab bzw. zieht die Auspuffanlage Falschluft.

Auspuffanlage prüfen

Alle Schraubverbindungen auf festen Sitz und formstabile Gummibuchsen prüfen.

Dichtungen prüfen

Motor laufen lassen, eine Hand zwei Zentimeter vor die jeweilige Auspuffdichtung halten. Ist eine Dichtung defekt, spürt man die durchblasenden Abgase an der Hand. **Achtung heiß!** Oft genügt schon eine Sichtprüfung, weil man undichte Auspuffdichtungen an der Schwarzfärbung entsprechender Stellen erkennt.

Wichtig: Durchblasende Dichtungen kann man nicht durch ein stärkeres Anziehen der Flansche an die Zylinderköpfe bzw. der Auspuffschellen beheben, dadurch werden die Bauteile dauerhaft verzogen. Wenn eine Dichtung der Auspuffanlage durchbläst, muss sie durch ein neues Originalteil ersetzt werden, wozu die entsprechenden Bauteile abgebaut werden müssen.

Auspuff ab- und anbauen

Bitte nehmen Sie zur Montage auch die Zeichnung in Bild 7 und Bilder 7a und 7b zu Hilfe.

Abbau

1. Ab Modelljahr 2007: Kabel der Lambdasonde am Stecker trennen: Lambdasonde sitzt ca. 20 cm vor Auspufftopf (Bild 7b), Stecker ist unter der rechten Seitenverkleidung.

2. Klemmschrauben beider Schellen lösen, mindestens drei Umdrehungen aufdrehen.

■ Diese Schrauben sind meistens schmutzig und stark korrodiert: zuerst mit Drahtbürste den gröbsten Dreck abputzen, mit Rostlöser einsprühen, einige Minuten wirken lassen.

3. Schraube und Mutter des Auspufftopfs am Fußrastenausleger und Schrauben unten zum Rahmen hin mit Rostlöser einsprühen, wirken lassen, ausschrauben.

4. Auspufftopf mit beiden Händen packen und unter leichtem Wackeln (hin und her, auf und ab) von Auspuffkrümmer/-stutzen abziehen.

5. Wenn nötig, Auspuffkrümmer/-stutzen abbauen: Schrauben lösen und ausdrehen,

Bild 3

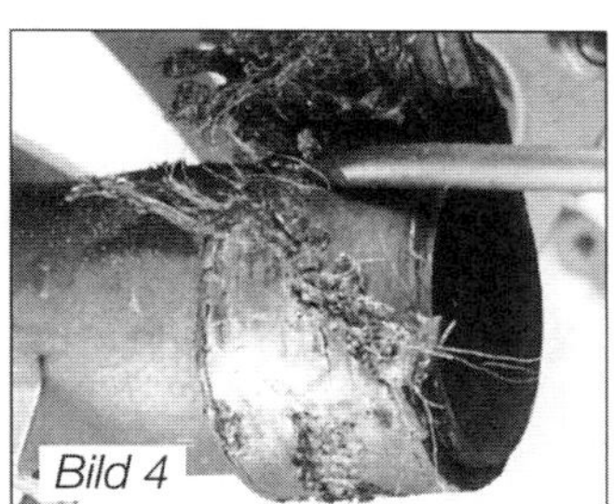
Bild 4

Bild 5

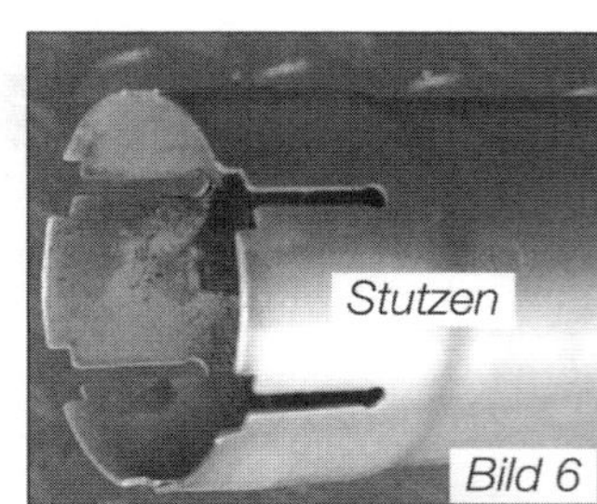

Bild 6

Sicherheitshinweise Achtung und Tipps für dieses Kapitel

Zu allen Arbeiten an der Auspuffanlage diese kalt werden lassen, nicht in heißem Zustand anfassen.

Bei Montagearbeiten an der Auspuffanlage reichlich Kupferpaste oder Dichtpaste (»Permatex 1372«) an Dichtungen und Gewinde von Mutter und Schrauben geben: Festbacken der Dichtungen und Gewinde wird damit verhindert. KEIN Motorenoder Schmieröl, Kettenspray oder Fett verwenden, denn das brennt sich ein und backt fest!

Bei älteren Maschinen können die Schrauben, mit denen die Auspuffstutzen an den Zylinderköpfen befestigt sind, korrodiert sein: Beim Versuch, die Schrauben zu öffnen, kommt das Gewinde mit der Schraube aus dem Zylinderkopf heraus.

■ Gewinde muss umgehend repariert werden, das geht am besten mit einem HeliCoil-Gewindeeinsatz (siehe dazu Kapitel 2 »Werkstatt« im Absatz »Gewinde mit HeliCoil reparieren«).

Auspuffkrümmer/-stutzen herausziehen.
5.1. Dichtring mit breitem Schraubenzieher aus Bohrung im Zylinderkopf heraushebeln.

Anbau
Neue Dichtringe (Bild 1) und Auspuffdichtungen (Bild 2) verbauen. Die silbrig-schwärzlich glänzenden Auspuffdichtungen sind ähnlich einer Mullbinde aufgebaut, müssen vorsichtig behandelt werden: Nicht drücken oder knicken!

1. Alte Auspuffdichtungen abbauen, ggf. kleine Säge zu Hilfe nehmen (Bilder 3 und 4). Kontaktstellen der Auspuffdichtungen (Bilder 5 und 6) gut reinigen. Korrosion und alte Dichtungsreste mit Stahlbürste, Dreikantschaber und Schmirgelpapier ab- und ausputzen.
2. Auspuffdichtungen mit Permatex 1372 oder Kupferpaste einschmieren, in Stutzen schieben.
3. Wenn Auspuffkrümmer/-stutzen abgebaut waren: Dichtringe in Bohrungen in Zylinderköpfe einsetzen, Auspuffkrümmer/-stutzen einschieben, Schrauben eindrehen, lose festziehen.
4. Auspufftopf in Anbauposition bringen, beide Stutzen gleichmäßig an Auspuffkrümmer/-stutzen ansetzen, langsam aufschieben, bis Halterungen zur Anlage auf ihren Bohrungen kommen.
5. Schrauben provisorisch einschrauben.

6. Anziehreihenfolge:
6.1. Klemmschrauben der Schellen handfest.
6.2. Schrauben Auspuffkrümmer/-stutzen in Zylinderkopf handfest.
6.3. Schraube/Mutter Auspufftopf an Fußrastenausleger und Schrauben unten an Rahmen handfest.
6.4. In Reihenfolge 6.1. bis 6.3. alle Schrauben und Mutter mit 23 Nm festziehen.
7. Ab Modelljahr 2007: Kabel der Lambdasonde exakt und knickfrei nach oben verlegen, Stecker zusammenstecken.

Pflegetipp für den Auspuff:
Eingebrannte Flecken am Auspuff und Krümmer kann man entfernen, siehe Kapitel 1 »Modelle · Wartung · Pflege«.

Wichtige Adressen:

Permatex 1372 oder Kupferpaste: Erhältlich im Kfz-Zubehör oder Werkzeughandel
Importeur/Hersteller:
Loctite Deutschland GmbH
Henkel AG & Co. KGaA
Gutenbergstraße 3
D-85748 Garching
www.henkel.de
www.loctite.de
www.loctite.ch

Akrapovic: Jamparts Fahrzeugtechnik Vertriebs GmbH
Friedenstraße 2
D-71282 Hemmingen
www.akrapovic.de
www.berger-motorsport.com
www.hostettler.com

BOS: BOS Auspuff GmbH
Reitgaarstraße 2
D-49828 Neuenhaus
www.bosauspuff.de
www.xajo.com
www.sk-motoparts.ch

LeoVince: MCA Service M. Hipp
Kleinburgwedeler Weg 17
D-30938 Burgwedel
www.leovince.de
www.schumoto.at
www.teknoparts.ch

Remus: Phoenix Motorradtuning
Neuenhofstraße 160 d
D-52087 Aachen
www.phoenix-motorrad.de
www.remus.at
www.remus.ch

Sebring: MIZU Vertriebs GmbH
Weidgang 3 – 5
D-78247 Hilzingen
www.sebring.de, www.mizu.de
www.sebring.at
www.hostettler.com

Termignoni: Matthies GmbH & Co. KG
Schnackenburgallee 156
D-22525 Hamburg
www.matthies.de
www.termignoni.at
www.grossrieder-import.ch

Yoshimura: Schäfer Motorsport
St. Avolderstrasse 24
D-66740 Saarlouis
www.yoshimura.de
www.pichard-racing.com

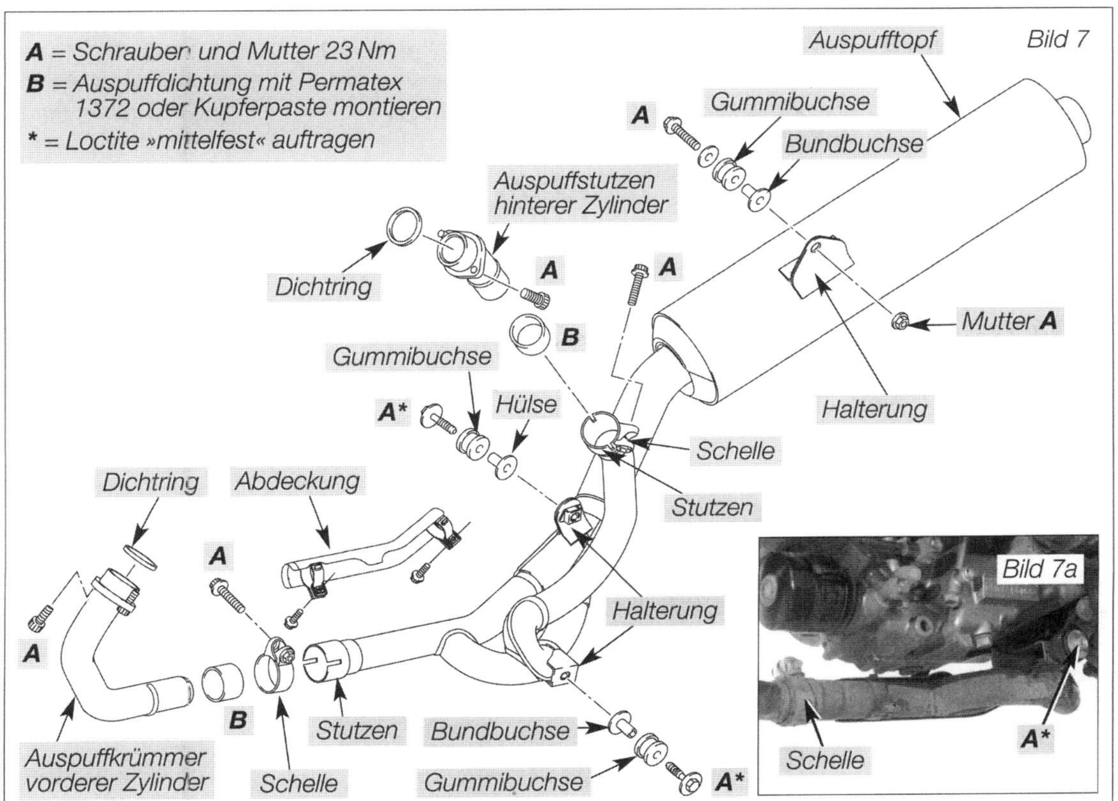

Bilder 7, 7a und 7b: Explosionszeichnung und Details der Auspuffanlage mit Teilebezeichnungen und Anziehdrehmomenten.

Schmiersystem

In diesem Kapitel: Schmiersystem · Motoröl · Mineral- oder Synthetiköl? · Ölstand · Ölwechsel · Öldruckschalter · Öldruck messen und bewerten.

Schmiersystem

Nasssumpf-Druckumlaufschmierung, Vergasermotoren ohne, Einspritzmotoren mit Ölkühler, Trochoidenölpumpe.

Ölverbrauch

Der V2-Motor der Suzuki SV 650 darf bis zu einem Liter Motoröl auf 1000 km verbrauchen. Die meisten Motoren begnügen sich mit 0,2 bis 0,4 Liter auf 1000 km Fahrstrecke; ein neuer Motor braucht weniger als ein »alter« Motor (mit mehr als 100 000 km). Gundsätzlich hängt der Ölverbrauch stark von den Betriebszuständen ab: Wird die SV 650 vor allem auf Langstrecken und mit hohen Drehzahlen (Geschwindigkeiten) gefahren, ist der Ölverbrauch höher als bei Bummelfahrten mit niedrigen Drehzahlen.

Bild 1: Eine solche Ölauffang-Transportwanne eignet sich prima zum Ölwechsel.

Motoröl

Füllmengen

Alle Modelle mit Vergaser und Einspritzung

- 2,3 Liter ohne Filterwechsel

Modelljahre 1999 bis 2002
Vergasermotoren ohne Ölkühler

- 2,4 Liter mit Filterwechsel
- 2,7 Liter, wenn der Motor nach einer Zerlegung wieder befüllt wird.

Modelljahre 2003 bis 2009
Einspritzmotoren mit Ölkühler

- 2,7 Liter mit Filterwechsel
- 3,1 Liter, wenn der Motor nach einer Zerlegung wieder befüllt wird.

Sicherheitshinweise Achtung und Tipps für dieses Kapitel

Tipp: Zur Kontrolle des Ölstands das Motorrad nicht schräg nach links geneigt auf dem Seitenständer abstellen; Motorrad muss waagerecht und senkrecht stehen.

Achtung: Ins Gewinde des Öleinfüllstopfens ist ein kleiner O-Ring eingesetzt (Bild 4a). Diesen kontrollieren, ob er in Ordnung ist, also keine geklemmte oder ausgerissene Stelle hat. Sollte er beschädigt sein, unbedingt erneuern, sonst drückt es (bzw. zieht der Fahrtwind!) Öl heraus. Keine Zange benutzen und damit den Stopfen besonders fest anziehen – nur handfest anziehen!

Tipp: Vor einer längeren Fahrt zu Hause den Ölstand kontrollieren und ggf. mit dem richtigen Öl auffüllen. Wer auf mehrtägige Fahrt geht, sollte sich eine flache, 0,5 bis 1,0 Liter fassende, ölfeste Plastikflasche mit öldichtem Verschluss mit dem Motoröl auffüllen, das garantiert im Motor drinnen ist, und die Flasche ins Gepäcksystem packen. Entsprechende Flaschen gibt es z. B. im Chemiefachhandel.

Tipp: Motoröl nur in betriebswarmem Zustand wechseln, also vorher den Motor mindestens zehn Kilometer warm fahren. Damit wird sichergestellt, dass Metallabriebteile, die sich noch nicht abgesetzt haben, sondern noch in der Schwebe sind, vom heißen Öl aufgenommen und beim Ablassen mit herausgespült werden.

Achtung: Altöl niemals wegschütten, sondern an einer Sammelstelle oder Tankstelle abliefern. Jeder Ölverkäufer ist zur Rücknahme einer entsprechenden Menge Altöls verpflichtet! Beim Kauf von neuem Öl die Quittung aufbewahren und bei der Rückgabe des Altöls vorzeigen!

Achtung: NIEMALS Getränkeflaschen als Altölbehälter verwenden! Besser sind etwa alte Benzinkanister, die mit einem dauerhaften Etikett »Altes Motoröl« versehen werden.

Achtung: Dem Altöl keine anderen Flüssigkeiten beimischen, wie z. B. Brems- oder Kühlflüssigkeit. Diese extrem giftigen und wenig umweltfreundlichen Betriebsstoffe müssen in extra Behältern aufgefangen und zu Problemstoff-Sammelstellen gebracht werden.

Achtung: Zum Ölablassen ein so großes Gefäß verwenden, das den Bereich von Ölablassöffnung und Ölfilter unterm Motor nicht nur abdeckt, sondern allseitig um mindestens zehn Zentimeter übersteht. Es gibt im Motorrad-Zubehörhandel kombinierte Ölfangwannen-Behälter, bei denen das Öl in eine Wanne und von dort direkt in den Sammelbehälter läuft (Bild 1). Dieser ist verschließbar und mit einem Tragegriff versehen, also leicht transportabel. Altöl zur Ölsammelstelle bringen, wo es umweltgerecht entsorgt wird.

Achtung: Wenn die Ölablassschraube ihren letzten Gewindegang erreicht hat, beginnt das Öl bereits zu laufen. Finger rasch wegziehen! Es ist besser, die Ölablassschraube mit dem ersten Schuss Öl ins Auffanggefäß fallen zu lassen, als sich am heißen Öl die Finger zu verbrühen! Öl läuft erst im Strahl, nach einiger Zeit nur noch tropfenweise. Also geduldig warten, bis auch der letzte Tropfen im Auffanggefäß gelandet ist.

Bild 1

Vorgeschriebenes Motoröl
Suzuki schreibt Folgendes zum Motoröl: »*Nur Öle der API-Serviceklassen SF oder SG verwenden. Ab Modelljahr 2006 wurde die Serviceklassifikation erweitert um SH/SJ mit JASO MA. Die empfohlene Ölviskosität ist SAE 10W/40. Wenn SAE 10W/40 nicht zur Verfügung steht, ein alternatives Öl entsprechend den Außentemperaturen wählen:*«

- von –20 bis 30 °C .... SAE 10W-30
- von –20 bis über 40 °C .... SAE 10W-40
- von –20 bis über 40 °C .... SAE 10W-50
- von –15 bis über 40 °C .... SAE 15W-40
- von –15 bis über 40 °C .... SAE 15W-50
- von –10 bis über 40 °C .... SAE 20W-50

Weiterhin sagt die Suzuki-Werksvorschrift:

- Ausschließlich herkömmliche Motorrad-Motoröle verwenden.
- Keine Öle mit Graphit- oder Molybdänzusatz verwenden, sonst besteht die Gefahr, dass die Kupplung rutscht.
- Keine Ölzusätze dem Motoröl zugeben! Wir raten sogar dringend davon ab.
- Nicht verwenden sollte man die so genannten »Leichtlauföle« ab SAE 5 oder Ultra-Mehrbereichsöle wie z. B. SAE 0W50. Diese sind für Automotoren entwickelt worden, wo ja weder Kupplung noch Getriebe im Motorölbad laufen. Für Motorradmotoren sind sie nicht geeignet.
- Nicht verwendet werden dürfen Dieselöle mit der Spezifikation »CD« und Öle der Spezifikation »Energy Conserving« bzw. »energiesparend«.

Mineralöl oder Synthetiköl?

Es gibt zwei verschiedene Motorölsorten: Mineralöl und synthetisches Öl. Mineralöl ist billiger, halb- oder vollsynthetisches Öl teurer. Der Motor der SV 650 kann mit beiden Ölen betrieben werden.

Für die tourensportliche SV 650, deren Motor sowohl im Alltag auf Kurzstrecken mit niedrigen als auch sehr sportlich mit hohen Drehzahlen gefahren werden kann, empfehlen wir halb- oder vollsynthetisches Öl. Im Zweifelsfall fragen Sie Ihren Suzuki-Motorradhändler, der ist immer gut informiert, welche Ölmarken und Ölsorten von Suzuki freigegeben bzw. empfohlen werden.

Suzuki arbeitet auf dem Schmiermittelsektor seit vielen Jahren mit verschiedenen Ölherstellern zusammen. Beispielhaft sei hier die Marke Shell erwähnt, die unter dem Namen ADVANCE verschiedene Öle und Schmiermittel speziell für Motorräder (Bild 2) anbietet. Aus diesem Programm sind für die SV 650 besonders geeignet: vollsynthetisches Öl Shell ADVANCE Ultra4, halbsynthetisches ADVANCE VSX4 oder auch das Mineralöl ADVANCE SX4 in den oben genannten SAE-Spezifikationen.

Motoröl bei gebrauchten Maschinen
Wenn Sie eine gebrauchte SV 650 mit hoher km-Leistung kaufen, die Zeit ihres Lebens aus-

Bild 2: Empfehlenswerte Motoröle für die SV 650: ADVANCE VSX ist halbsynthetisches, ULTRA vollsynthetisches Öl.

Bild 3: Bauteile des Schmiersystems rechts am Motor.

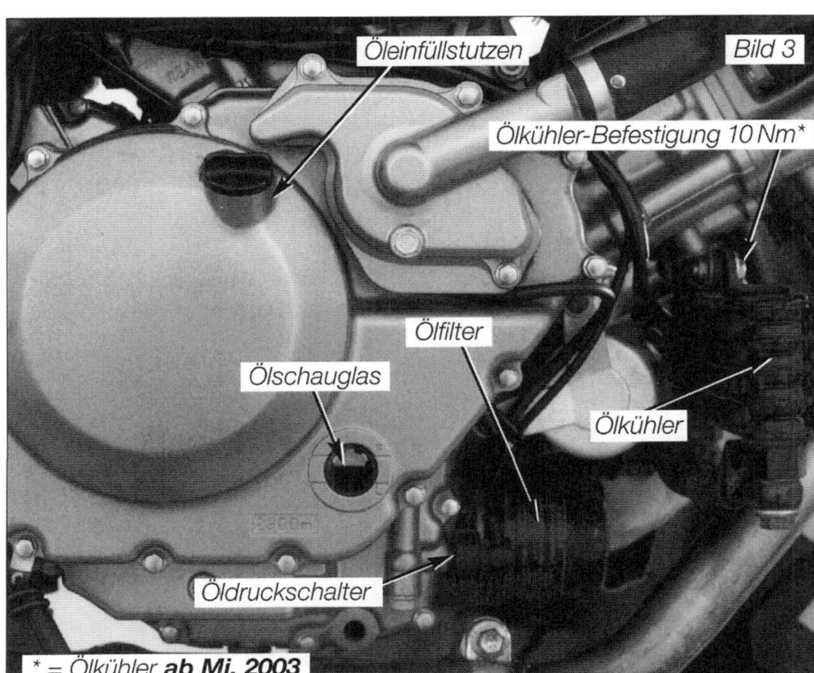

schließlich mit Mineralöl betrieben wurde, dann raten wir Ihnen, auch weiterhin Mineralöl zu benutzen. Wenn Sie auf vollsynthetisches Öl umstellen, kann es sein, dass der Motor kaputt geht, weil vollsynthetisches Öl eine hohe Reinigungskraft hat und in kürzester Zeit alle Ablagerungen aus Lagern und den Nuten der Kolben- und Ölabstreifringe herausgewaschen werden. Eine Umstellung von Mineralöl auf vollsynthetisches Öl sollte spätestens beim dritten Ölwechsel bei ca. 18 000 km erfolgen, nicht später.

Außerdem wurde bei vollsynthetischen Ölen bestimmter Marken Kupplungsrutschen festgestellt. Im Zweifelsfall fragen Sie Ihren Suzuki-Händler. Er ist immer gut informiert, welche Ölmarken und Ölsorten vom Fahrzeughersteller freigegeben bzw. empfohlen werden.

Ölstand kontrollieren

Rechts unten am Motor ist ein Ölschauglas mit Markierungen am Rand (Bild 4).
- Die obere Markierung »F« bedeutet »full« und damit »maximaler Ölstand«.
- Die untere Markierung »L« bedeutet »low« und damit »minimaler Ölstand«.
- Ölmenge zwischen der unteren und der oberen Markierung am Ölschauglas: ca. 0,4 Liter.

Wichtig: Ölstand nicht bei kaltem Motor kontrollieren, er sollte mindestens zehn Kilometer gefahren worden sein.

1. Motor AUSschalten. Maschine senkrecht stellen, eine bis zwei Minuten warten.
2. Blick auf Ölschauglas: Ölstand sollte sich zwischen beiden Markierung befinden, also weder darunter (zu wenig Öl im Motor) noch darüber (zu viel Öl im Motor).

Achtung: Zur Kontrolle des Ölstands darf das Motorrad nicht schräg nach links geneigt auf dem Seitenständer abgestellt werden, sondern muss unbedingt waagerecht und senkrecht stehen. Schon wenige Winkelgrade nach rechts oder links sowie jede/s (noch so geringe) Steigung oder Gefälle des Untergrunds verfälschen die Ablesung des Ölstandes.

Schauglas zu voll oder leer?
Schauglas zu voll: Wenn das Schauglas ganz voll und kein Pegelstand zu sehen ist, die Maschine etwas nach links neigen, bis der Ölstand erscheint. Wenn die Standschräglage ungefähr zehn Grad zur Senkrechten überschreitet und das Schauglas ist immer noch voll, es ist vom Pegelstand also immer noch nichts zu sehen, befindet sich zu viel Öl im Motor. Dann hat der Mechaniker beim Ölwechsel zu viel Öl eingefüllt oder es wurde bei der letzten Ölkontrolle zu viel Öl nachgefüllt.
Schauglas leer: Wenn das Ölschauglas leer ist oder der Ölstand dicht bei »low« steht, muss nachgefüllt werden.

Welches Öl nachfüllen?
Wenn Sie kein Öl zum Nachfüllen dabei haben, lassen Sie sich vom Tankwart nicht einen Liter vom teuersten Öl aufschwatzen, sondern verlangen exakt die Ölsorte, die Sie im Motor drin haben, also entweder voll- oder halbsynthetisches Öl oder eben Mineralöl. Wenn es das alles nicht gibt, können Sie zum Nachfüllen folgende Motoröle miteinander mischen:
- Mineralöl im Motor: Man kann mit halbsynthetischem Öl auffüllen.
- Halbsynthetisches Öl im Motor: Man kann mit vollsynthetischem oder Mineralöl auffüllen.
- Vollsynthetisches Öl im Motor: Man kann mit halbsynthetischem Öl auffüllen.

Ölwechsel

Ölwechsel ist erstmals bei 1000 km, bei 6000 km und danach alle 6000 km vorgeschrieben. Suzuki schreibt weiterhin vor, bei jedem dritten Ölwechsel (also nur alle 18 000 km) einen neuen Ölfilter zu montieren. Wir hingegen empfehlen, einen neuen Ölfilter bei jedem Ölwechsel anzuschrauben, denn der Ölfilter fängt feinste Schmutzpartikel auf und verhindert deren Vordringen in die Lagerstellen, um dort möglicherweise irreparable Schäden anzurichten.

Sobald der Motor läuft, wird das Öl in ständigem Kreislauf vom Ölsumpf durch den Ölfilter zu allen Motorschmierstellen gepumpt, tropft von dort

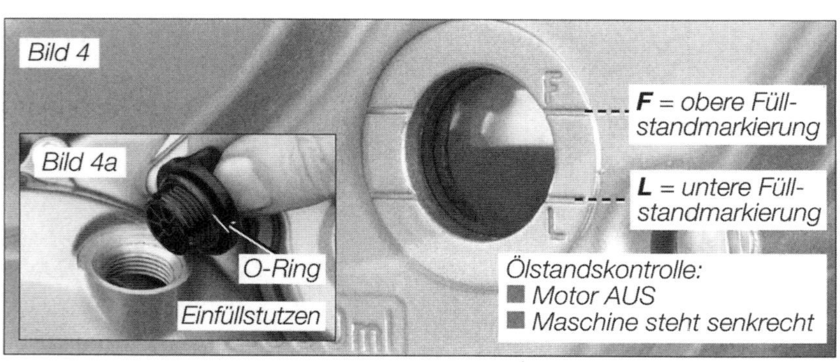

Bild 4: Zum Ablesen des Ölstands Motorrad senkecht abstellen und mindestens zwei Minuten warten: Minimaler Ölstand unten, maximaler oben.

■ Öl wird durch die Bohrung im rechten Motordeckel (Bild 4a) nachgefüllt. Verschluss nicht mit einer Zange, sondern nur handfest anziehen!

Bild 4a: O-Ring muss vorhanden und unbeschädigt sein.

wieder zurück in den Ölsumpf, um dann erneut durch den Filter zu den Schmierstellen gedrückt zu werden.

Wenn man keine 6000 km im Jahr schafft, soll einmal im Jahr ein Öl- mit Filterwechsel durchgeführt werden, weil Motoröl schon durch den Kontakt mit Luft altert (es »oxydiert«). Weiterhin ist Motoröl besonders bei Kurzstreckenbetrieb starken Belastungen ausgesetzt.

Ölwechsel nur bei warmem Motor durchführen. Selbst wenn der Motor einige Monate nicht mehr gelaufen ist, sollte man das Motoröl nicht kalt ablassen, sondern den Motor vorher 10 bis 15 Minuten warm laufen lassen.

Motoröl ablassen

Zum Aus- und Anschrauben des Ölfilters ist ein spezieller Ölfilterschlüssel nötig (Bild 7, Suzuki-Ersatzteilnummer 09915-40620). Passende Schlüssel sind auch im Zubehörhandel erhältlich.

1. Maschine auf Heckmontageständer abstellen.
2. Geeignetes Auffanggefäß (Bild 1) unter den Motor schieben.
3. Stopfen aus Öleinfüllöffnung drehen (Bild 4a).
4. Ölablassschraube links unten im Motor öffnen (Bild 5). Dazu am besten eine 14er-Sechskantnuss (Bild 6) oder einen exakt passenden Ringschlüssel verwenden.
4.1. Ölablassschraube ausdrehen. Wenn das Öl zu laufen beginnt – Finger weg, es ist heiß! Am besten die Ölablassschraube ins Auffanggefäß fallen lassen.
5. Ölfilter mit Ölfilterschlüssel und Verlängerung lösen und abschrauben (Bild 7).
Achtung: Auspuffrohre sind heiß!
5.1. Altöl auch aus dieser Öffnung lange genug auslaufen und abtropfen lassen.

Wichtige Hinweise zum Festziehen des Ölfilters

Die Suzuki-Vorschrift »Ölfilter um zwei Drehungen festziehen« ist mit großer Vorsicht zu genießen, denn zwei ganze Umdrehungen können auch zu viel sein! Wenn ein Nachrüst-Ölfilter mit dünner Gummidichtung angeschraubt wird, quetscht sich diese keine zwei Umdrehungen zusammen und der Ölfilter steht mit dem Metallrand am Motorgehäuse an und kann beim weiteren Anziehen zerstört werden.

Speziell für Nachrüst-Ölfilter gilt deswegen der wichtige Ratschlag: Bitte sehen Sie im Beipackzettel des Ölfilters bzw. auf seiner Verpackung nach, ob ein Anziehdrehmoment angegeben ist. Anhaltswert: 15 bis 20 Nm.

Neuen Ölfilter anschrauben, Öl einfüllen

1. Anlageflächen des Ölfilters und der Ölablassschraube am Motor mit einem sauberen, nicht fusselnden Lappen abwischen.
2. Ölablassschraube mit neuem Dichtring versehen, eindrehen, mit 21 Nm festziehen (Bild 6).
3. Dichtring und Gewinde des neuen Ölfilters mit frischem Motoröl bestreichen (Bild 8).
4. Ölfilter exakt am Gewinde des Motors ansetzen, von Hand andrehen, bis zu spüren ist, dass der Ölfilterdichtring an der Dichtfläche am Motorgehäuse leicht anliegt bzw. diese »gerade eben« berührt.
5. Ölfilter mit Ölfilterschlüssel und Verlängerung um exakt zwei Drehungen festziehen (Bild 9).
Wichtig: Beachten Sie dazu Text links unten.

Bild 5: Bauteile des Schmiersystems auf der linken Motorseite.

Bild 6: Ölablassschraube mit 21 Nm festziehen.

Bild 7 bis 9: Für den Ölfilter wird ein spezieller Schlüssel benötigt.

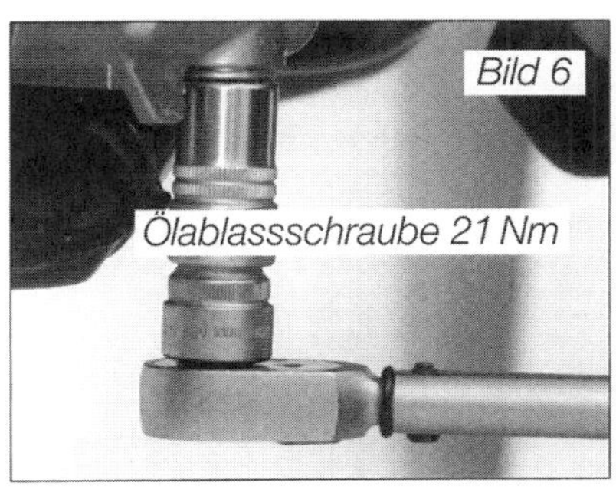

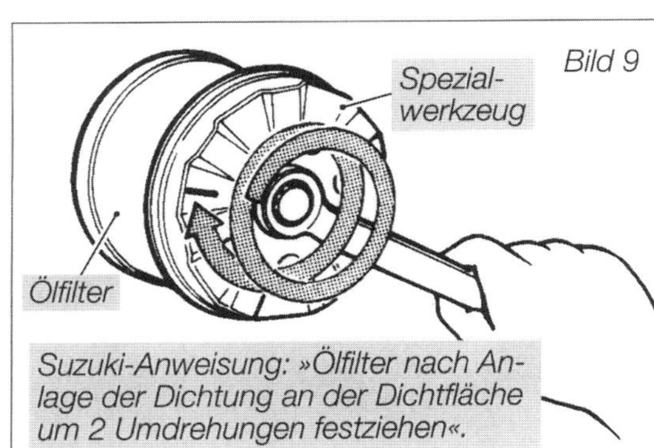

5.1. Suzuki gibt ab Modelljahr 2003 zusätzlich zur Anziehvorschrift »zwei Umdrehungen« auch das Anziehdrehmoment von 20 Nm an.

6. Durch die Einfüllöffnung (Bild 4a) im Kupplungsdeckel frisches Öl einfüllen, Füllmengen siehe Anfang dieses Kapitels.

Wichtig: Füllen Sie zu Anfang ca. 15% weniger als die vorgeschriebene Menge ein; der Ölstand wird erst später auf korrekten Wert gebracht.

7. Schraubstopfen in Öleinfüllöffnung eindrehen, handfest anziehen.

8. Motor starten und zwei bis drei Minuten im Leerlauf laufen lassen: Der Ölfilter muss sich füllen. Ölfilterrand und Ölablassschraube auf Dichtheit prüfen.

9. Motor ausschalten. Ölstand nach einigen Minuten Wartezeit kontrollieren. Ölstand im Schauglas sollte etwas über der Mitte zwischen beiden Markierungen liegen (Bild 4).

Öldruckschalter

Beim Einschalten der Zündung leuchtet eine rote Kontrollleuchte im Cockpit auf. Darunter steht das Ölkännchen- und Temperatur-Symbol: Diese Kontrollleuchte zeigt sowohl zu niedrigen Öldruck als auch zu hohe Kühlflüssigkeitstemperatur an. Nach dem Starten des Motors erlischt sie, wenn sich genügend Öldruck aufgebaut hat.

Wenn die Kontrollleuchte nicht erlischt:

1. Wenn der Motor abnormale Geräusche von sich gibt, also z. B. laut klappert, **Motor SOFORT abstellen**, hat Lagerschaden und wird ein Fall für die Suzuki-Fachwerkstatt.

2. Wenn er mit normalem Geräuschniveau läuft, abstellen und Stand des Motoröls überprüfen. Ist der Ölstand korrekt, den Motor ca. 20 Minuten abkühlen lassen, um ein Aufleuchten wegen zu hoher Kühlmitteltemperatur auszuschließen. Motor wieder starten, leuchtet die Lampe weiterhin, deutet dies auf einen defekten Öldruckschalter hin. Überprüfen, wie weiter hinten im Text »Problem 1« beschrieben.

3. Leuchtet die Kontrollleuchte schon beim Einschalten der Zündung nicht auf, Lampenfassung und Kabelverbindung der Öldruck-Kontrollleuchte prüfen. Sind diese einwandfrei, ist wahrscheinlich der Öldruckschalter defekt. Überprüfen, wie in »Problem 2« beschrieben.

Öldruckschalter überprüfen

Dieser sitzt vorne rechts unten am Motorgehäuse (siehe dazu auch Kapitel 13 »Sicherungen · Relais · Stecker«).

Problem 1: Kontrolllampe geht bei laufendem Motor nicht aus.

Voraussetzung: Motor läuft mit normalem Geräuschniveau, Ölstand stimmt, Kühlflüssigkeit nicht zu heiß.

1. Kabelschuh vom Öldruckschalter abschrauben (Bild 11), an eine »sichere« Masse am Rahmen halten.

2. Motor starten und mit erhöhter Motordrehzahl von ca. 1800/min laufen lassen.

2.1. Wenn Lampe im Cockpit ausgeht: Öldruckschalter ist defekt, muss erneuert werden.

2.2. Wenn Lampe nicht ausgeht, Zuleitungskabel zur Kontrolllampe überprüfen, es kann z. B. gebrochen sein.

Problem 2: Kontrolllampe leuchtet nicht bei eingeschalteter Zündung und stehendem Motor.

1. Kabelschuh vom Öldruckschalter abschrauben (Bild 11), an eine »sichere« Masse am Rahmen halten.

2. Wenn Lampe angeht: Öldruckschalter ist defekt, muss erneuert werden.

2.1. Wenn Lampe nicht angeht: Zuleitungskabel zur Kontrolllampe und Kontrolllampe selbst überprüfen.

Neuen Öldruckschalter einbauen

1. Alten Öldruckschalter ausdrehen (Bild 12). Gewinde im Motorblock reinigen.

2. Etwas Silikondichtmittel oder Suzuki Bond »1207B« an Gewinde des neuen Öldruckschalters geben. KEIN Dichtmittel an vordere Gewindegänge bringen (Bild 13).

Bilder 10, 11, 12 und 14: Lage und Details des Öldruckschalters.

Bild 13: Silikondichtmittel nur an den hinteren Gewindeteil des Öldruckschalters.

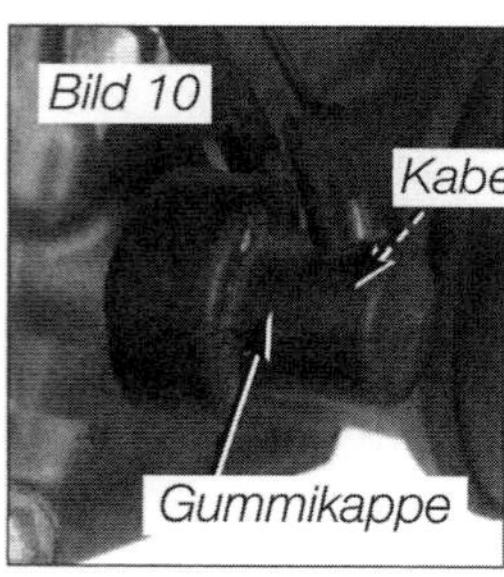

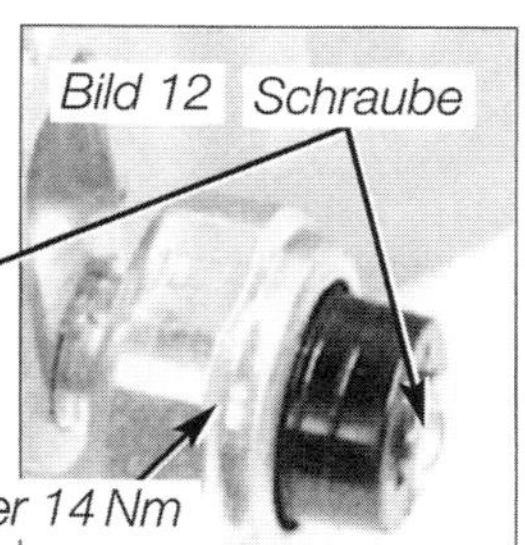

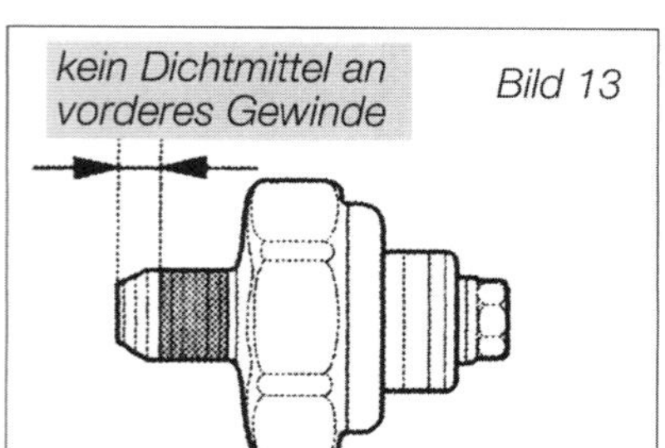

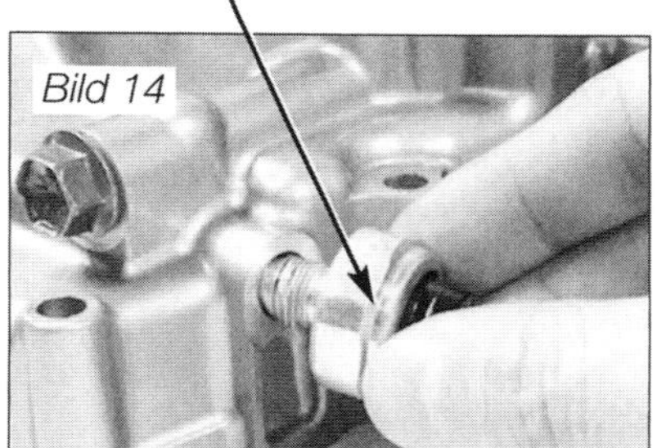

3. Öldruckschalter eindrehen, mit 14 Nm festziehen, Kabelschuh anschrauben.

Öldruck

Ab einer Laufleistung von ca. 50 000 km sollte man den Öldruck bei jeder großen Inspektion überprüfen. Daraus lassen sich Rückschlüsse auf den Zustand des Schmiersystems und der Motorinnereien ziehen. Deswegen noch vor dem Ausbau des (wahrscheinlich defekten) Öldruckschalters eine Messung des Öldrucks durchführen – wenn sich herausstellt, dass dieser in Ordnung ist, weiß man, dass der Motor innen ok ist (das beruhigt das Gewissen!).

Öldruck messen

Die Anschlussbohrung für Öldruckmanometer findet sich links unten am Motorgehäuse beim Ölschlauch, der vom Ölkühler zum Ölfilter führt; sie ist mit einer M8-Dichtschraube verschlossen (Bilder 15, 17 und 18).

1. Ölstand kontrollieren, ggf. korrigieren. Motor laufen lassen, bis er mindestens 60 °C warm ist. Motor abschalten.
2. Dichtschraube aus Ölkanal ausdrehen. Öldruckmesser mit passendem Adapter in Gewinde eindrehen (Bilder 16 und 19).
3. Motor starten, einige Sekunden im Standgas laufen lassen: Zeigt das Öldruckmanometer an?
3.1. Gas geben, Drehzahl erhöhen auf 3000/min: Öldruck muss zwischen 200 kPa (2 bar) und 600 kPa (6 bar) liegen.
4. Motor abschalten. Öldruckmanometer abschrauben. Ölkanal-Verschlussschraube mit neuer Kupferdichtscheibe einschrauben und mit 18 Nm festziehen.

Messergebnisse bewerten
Öldruck liegt bei mehr als 200 kPa (2 bar)

- Motorinnereien in Ordnung.

Öldruck viel niedriger als 200 kPa (2 bar)

Es können folgende Ursachen vorliegen:

- Ölfilter verstopft
- Ölleitung undicht
- Ölpumpe defekt
- Schadhafte Dichtung im Motorölsystem
- Kurbelwellenlager defekt

Eventuell liegt auch eine Kombination mehrerer Fehler vor.

Öldruck viel höher als 600 kPa (6 bar)

Es können folgende Ursachen vorliegen:

- Ölviskosität zu hoch (zu dickes Öl im Motor)
- Ölkanal, Ölschlauch oder Ölkühler verstopft
- Ölfilter beschädigt

Öldruckregler, Ölsieb, Ölpumpe

Wenn der Öldruck zu niedrig ist, können der Öldruckregler (auch »Ölüberdruckventil« genannt) festhängen oder das Ölsieb verstopft sein. Beides ist bei gepflegtem Motor nicht zu erwarten, kann aber auftreten, wenn grober Schmutz in das Motoröl hineingekommen ist.

Dann ist großes Schrauben angesagt, denn an beide Teile gelangt man nur nach Zerlegung des Motors. Dazu muss man wissen, dass Defekte an Öldruckregler, Grobölsieb und Ölpumpe fast nie als Einzelschaden vorkommen, sondern in den meisten Fällen einher gehen mit einem groben Motorschaden – dann wird die SV 650 sowieso ein Fall für die Suzuki-Fachwerkstatt.

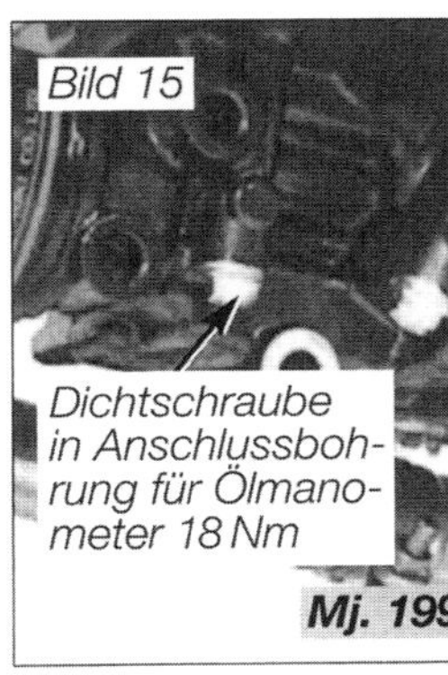

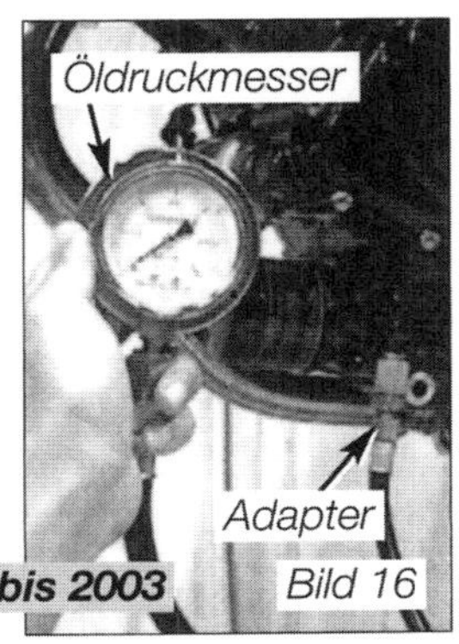

Mj. 1999 bis 2003

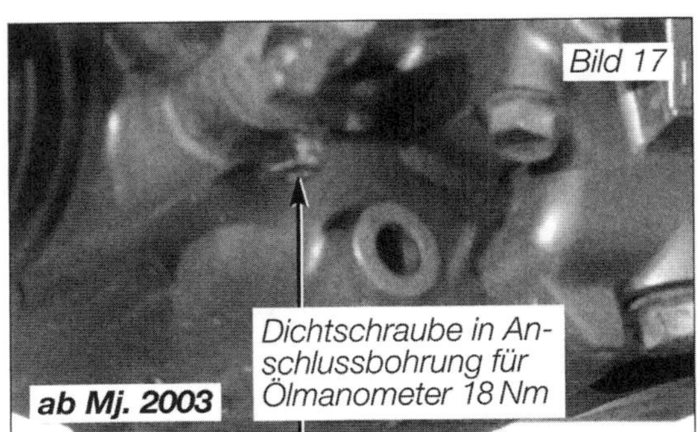

Bilder 15 bis 19: Verschlussschraube des Öldruck-Messkanals von unten eingeschraubt.

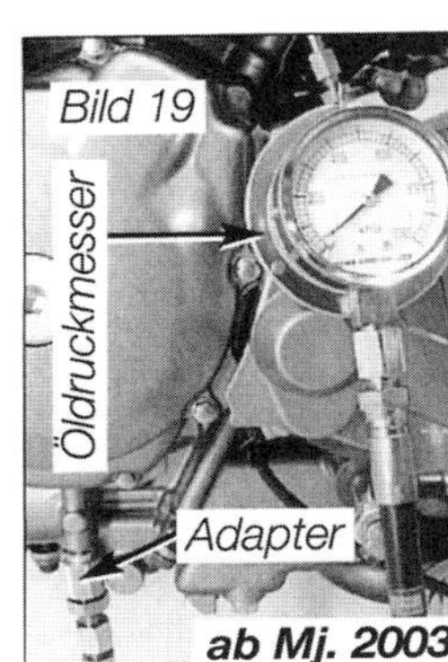

Kühlsystem

In diesem Kapitel: Kühlsystem · Technische Daten · Kühlflüssigkeit prüfen, ergänzen, wechseln · Kühlsystem entlüften · Thermostat aus- und einbauen, prüfen, vermessen · Kühler und Kühlsystem prüfen · Öffnungsdruck des Kühlerdeckels messen · Kühler ab- und anbauen · Kühlerventilator und Ventilatormotor überprüfen · Kühlmitteltemperatur-Schalter und -Sensor prüfen · Wasserpumpe ausbauen, prüfen, reparieren und einbauen.

Kühlsystem

Das Kühlsystem der Suzuki SV 650 hat lebenswichtige Bedeutung für den wassergekühlten Motor. Technisch richtig müsste es eigentlich »flüssigkeitsgekühlt« heißen, denn reines Wasser ist es nicht, das im Kühlsystem zirkuliert, sondern eine Flüssigkeit, die aus einer Mischung verschiedener Komponenten besteht.

Kühlflüssigkeit wird üblicherweise fertig gemischt angeboten. Beim Kauf unbedingt darauf achten, dass die Kühlflüssigkeit für Aluminiummotoren und -kühler geeignet ist. Es gibt auch solche für Graugussmotoren, diese ist nicht geeignet!

Kühlflüssigkeit trägt auch zur Schmierung der Wasserpumpe und zur Verhinderung von Korrosion bei. Sie sollte also immer eingefüllt sein, selbst wenn man nur im Sommer fährt und keine Minustemperaturen zu erwarten sind.

Vorgeschriebene Kühlflüssigkeit
Qualitätsfrostschutzmittel auf Ethylenglykol-Basis mit Rostschutz, Mischungsverhältnis 1:1 mit destilliertem Wasser (bleibt flüssig bis – 31 °C).

Kühlflüssigkeit (Volumen)

	bis Mj. 2002	ab Mj. 2003
Gesamt	1,60 Liter	1,70 Liter
in Kühler und Motor	1,35 Liter	1,45 Liter
im Ausgleichsbehälter	0,25 Liter	0,25 Liter

Kühlerdeckel-Öffnungsdruck
öffnet bei ....95 bis 125 kPa (0,95 bis 1,25 bar)

Thermostat

Modelljahre 1999 bis 2002
- Thermostat beginnt zu öffnen bei .... 82 °C
- Thermostat muss geöffnet sein bei .... 95 °C
- Thermostat-Ventilhub .... mindestens 8 mm

Modelljahre 2003 bis 2006
- Thermostat beginnt zu öffnen bei .... 88 °C
- Thermostat muss geöffnet sein bei .... 100 °C
- Thermostat-Ventilhub .... mindestens 8 mm

Modelljahre 2007 bis 2009
- Thermostat beginnt zu öffnen bei .... 76,5 °C
- Thermostat muss geöffnet sein bei .... 90 °C
- Thermostat-Ventilhub .... mindestens 8 mm

Sicherheitshinweise ⚠ Achtung und ☞ Tipps für dieses Kapitel

⚠ Kaufen Sie neue Kühlflüssigkeit NICHT im Baumarkt oder gar in der Kfz-Abteilung eines Lebensmittel-Supermarktes, auch wenn das Preisangebot scheinbar noch so verlockend ist! Kaufen Sie Kühlflüssigkeit entweder beim Suzuki-Händler oder im Motorrad- bzw. Kfz-Zubehör-Fachhandel!

⚠ Kühlflüssigkeit kann Lack beschädigen und auf blankem Metall Flecken hinterlassen. Nichts auf die Haut kommen lassen, nicht verschütten, alte Kühlflüssigkeit umweltgerecht entsorgen!

⚠ Kühlflüssigkeit kann Haut und Augen sowie innere Organe schädigen. Jeglichen Körperkontakt vermeiden, keinesfalls trinken. Falls Haut oder Augen damit in Berührung kommen, mit reichlich klarem Wasser ab- bzw. ausspülen. Nach Verschlucken KEIN Erbrechen herbeiführen, sondern Arzt bzw. Giftnotzentrale anrufen.

⚠ Kühlerdeckel nicht bei heißem Motor öffnen: Heiße Kühlflüssigkeit steht unter Druck und schießt beim Öffnen des Deckels heraus – Verbrühungen wären die Folge.

⚠ Bei Arbeiten mit laufendem Motor in geschlossenen Räumen für ausreichende Belüftung sorgen! Abgase enthalten giftiges und geruchloses Kohlenmonoxid, das Bewusstlosigkeit verursachen und zum Tod führen kann. Alle Fenster und Türen öffnen! Am sichersten ist eine Abgasabsauganlage ins Freie. Dieser Warnhinweis gilt für alle Einstellarbeiten, bei denen der Motor laufen muss. Wenn keine oder ungenügende Belüftungs- und Entlüftungsmöglichkeit der Werkstatträume gegeben ist, im Freien arbeiten!

⚠ Sowohl bei einer Prüfung des Kühlers bei abgenommenem Zustand als auch bei einer Dichtprüfung des gesamten Kühlsystems in eingebautem Zustand den maximal zulässigen Prüfdruck von 1,4 bar nicht überschreiten, denn zu hoher Druck kann Bauteile des Kühlsystems beschädigen!

☞ Ist der Thermostat defekt und Sie haben keine Möglichkeit, einen neuen zu kaufen, können Sie den Motor eine gewisse Zeit lang auch ohne Thermostat betreiben (zumindest im Sommer). Noch ein Tipp: Falls der Thermostat verkalkt ist (Bild 6a), deswegen klemmt und nicht mehr öffnet, legen Sie ihn zwei Stunden lang in Kaffeemaschinen-Entkalker, Haushaltsessig oder Zitronensaft. Dadurch löst sich der Kalk und das Thermostatventil wird wieder freigängig. Danach kann der Thermostat wieder richtig funktionieren.

Kühlerventilatorschalter (Thermoschalter)
Modelljahre 1999 bis 2002
- Schalttemperatur AUS auf EIN .... ca. 96 °C
- Schalttemperatur EIN auf AUS .... ca. 91 °C

Modelljahre 2003 bis 2009
- Schalttemperatur AUS auf EIN .... ca. 98 °C
- Schalttemperatur EIN auf AUS .... ca. 92 °C

Kühlmitteltemperatur-Schalter für Warnleuchte im Cockpit, Mj. 1999 bis 2002
- Schalttemperatur AUS auf EIN .... ca. 115 °C
- Schalttemperatur EIN auf AUS .... ca. 108 °C

Kühlmitteltemperatur-Sensor
Modelljahre 2003 bis 2009
Widerstand bei:
- Messtemperatur 20 °C................. ca. 2,450 kΩ
- Messtemperatur 40 °C................. ca. 1,148 kΩ
- Messtemperatur 60 °C................. ca. 0,587 kΩ
- Messtemperatur 80 °C................. ca. 0,322 kΩ

Kühlflüssigkeit

Kühlsystem prüfen
Bei den Inspektionen alle 6000 km (12 Monate) müssen Kühlflüssigkeitsstand, Kühlschläuche, ihre Anschlüsse und Schlauchschellen kontrolliert werden. Ab und zu ein prüfender Blick auf das Kühlsystem (und dabei ganz gezielt auf den Kühlflüssigkeitsstand) während dieser Zeit beruhigt die Nerven. Den Prüfpunkt »Kühlflüssigkeitsstand kontrollieren« also in die regelmäßige Sichtprüfung bei der regelmäßigen Pflege-Putzorgie und rechtzeitig vor Beginn einer längeren Fahrt aufnehmen.

Bilder 1a und 1b: Einfüllstutzen am Ausgleichsbehälter.

Bilder 2a und 2b: Stand der Kühlflüssigkeit im Ausgleichsbehälter sollte sich zwischen den Markierungen befinden.

Bilder 3a bis 3d: Bauteile des Kühlsystems.

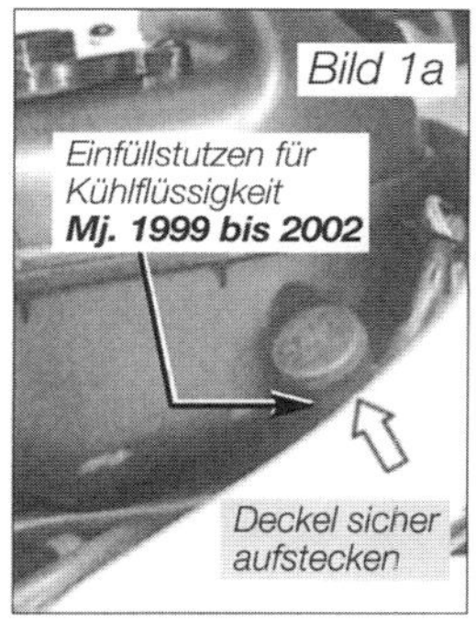

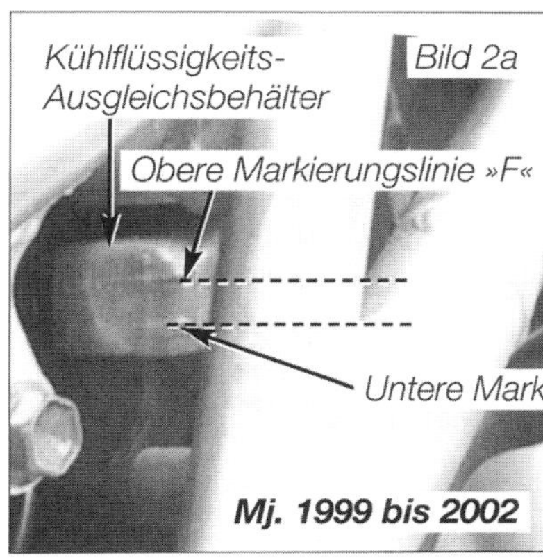

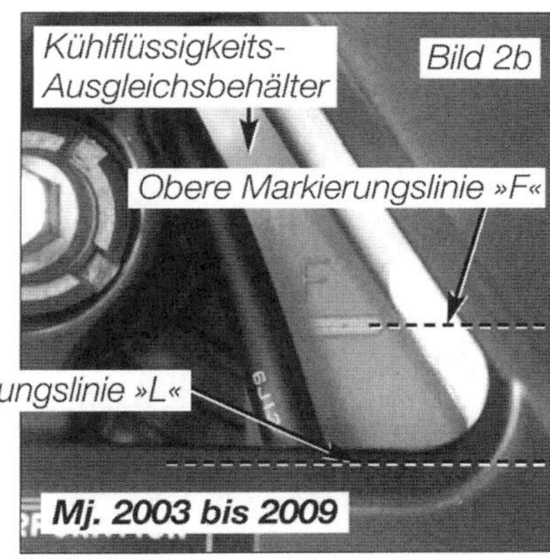

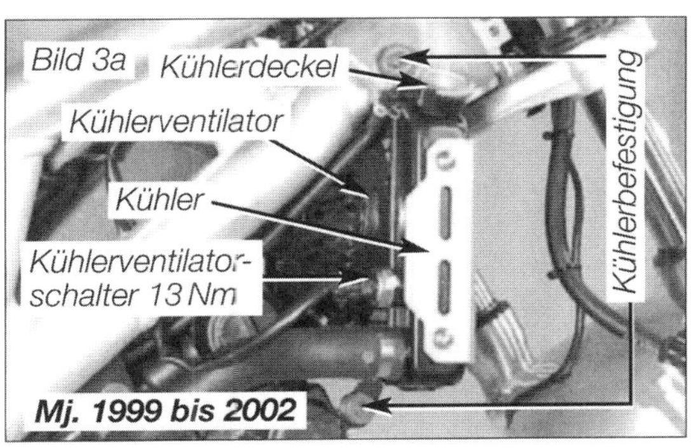

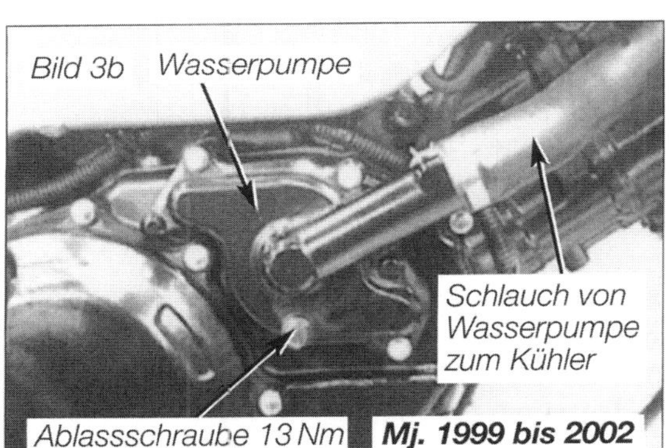

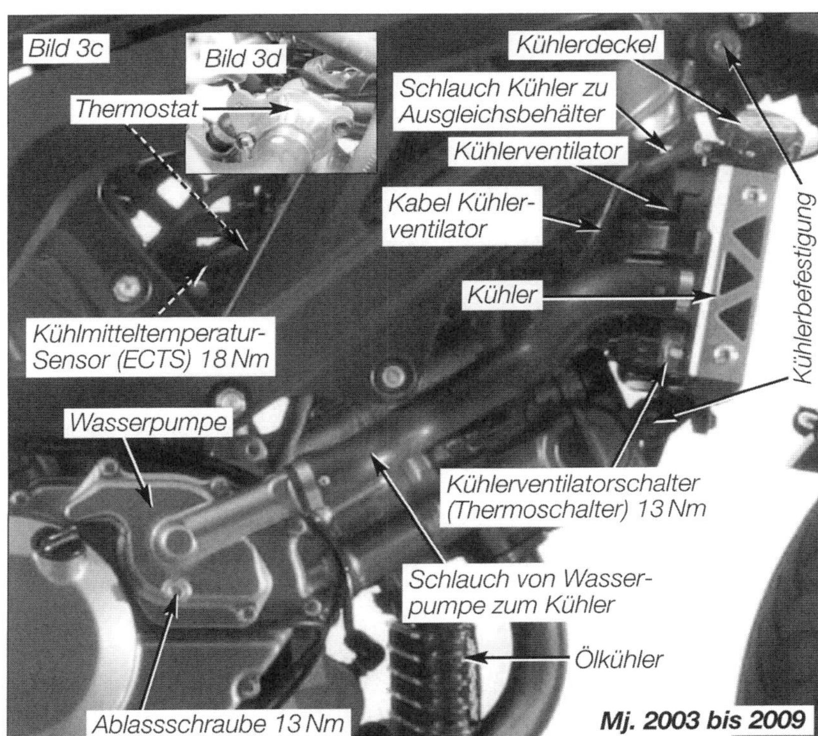

Wechselintervalle
Die Kühlflüssigkeit soll laut Wartungsplan alle zwei Jahre erneuert werden, die Kühlerschläuche der Maschinen ab Modelljahr 2003 alle vier Jahre.

Ausgleichsbehälter
Der Ausgleichsbehälter des Kühlsystems ist bis Modelljahr 2002 rechts unter dem Luftfilterkasten angebracht (Bilder 1a und 2a). Ab Modelljahr 2003 ist er links neben dem stehenden Zylinder (Bilder 1b und 2b); beide sind einfach zu sehen.

Die obere Markierung (F = full) am Ausgleichsbehälter bedeutet »voll«, die untere (L = low) »niedrig« (Bilder 2a und 2b). Bei warmem Motor muss der Kühlflüssigkeitsstand dazwischen sein. Kontrolle des Kühlflüssigkeitsstandes und Ergänzung des Kühlflüssigkeitsvolumens sind im Kapitel 1 »Modelle · Wartung · Pflege« beschrieben.

⚠ **Achtung:** Weder den Deckel des Ausgleichsbehälters (Bilder 1a und 1b) noch den Kühlerdeckel (Bilder 3a und 3c) bei heißem Motor öffnen, denn heiße Kühlflüssigkeit kann plötzlich herausschießen – Verbrühungen sind die Folge!

Kühlflüssigkeit wechseln

Vorbereitung: 2 Liter neue Kühlflüssigkeit besorgen. Motorrad auf Heckmontageständer stellen. Motor muss kalt sein, höchstens handwarm.

1. Zugang zum Kühlerdeckel schaffen:
■ Bei **SV 650 S** Mj. 1999 bis 2002: Rechte Verkleidungshälfte abschrauben.
■ Bei **SV 650 S** Mj. 2003 bis 2009: Frontverkleidung abnehmen.
■ Bei **allen SV 650** ist eine Sicherungsschraube im Kühlerdeckel, diese ausschrauben.
2. Gummideckel von Ausgleichsbehälter abnehmen, Kühlerdeckel abnehmen: eindrücken und gleichzeitig aufdrehen bis Anschlag.
3. Auffangbehälter unter den Motor stellen. Am besten einen großen, flachen Behälter verwenden oder einen Plastikkanister aufschneiden.
4. Ablassschraube in der Wasserpumpe ausdrehen (Bilder 3b und 3c).
4.1. Kühlflüssigkeit ablaufen lassen. Kühlschläuche durchwalken, Flüssigkeit austropfen lassen.
5. Kühler und Ausgleichsbehälter mit heißem Wasser füllen, Kühlsystem durchspülen, leeren.
6. Ablassschraube mit neuem Dichtring eindrehen und leicht festziehen.
7. Durch Einfüllstutzen des Kühlers frische Kühlflüssigkeit bis zur Oberkante einfüllen.

Kühlsystem entlüften
1. Ablassschraube in der Wasserpumpe zwei bis drei Umdrehungen öffnen und etwas Kühlflüssigkeit auslaufen lassen – es kommt blubbernd mit eingeschlossenen Luftblasen, dann in dichtem Strahl. Jetzt Schraube mit 13 Nm festziehen.
1.1. Ausgelaufene Kühlflüssigkeit wieder zurück in den Kühler einfüllen.
2. Motorrad etwas nach rechts und links neigen und gleichzeitig mit dem Stiel eines Hammers auf das Thermostatgehäuse klopfen: Eventuell eingeschlossene Luftblasen steigen nach oben.
3. Motor starten und einige Zeit im Leerlauf laufen lassen. Zum Ende des Probelaufs drei- bis viermal kräftig Gas geben. Dadurch erhöht sich die Drehzahl der Wasserpumpe, die Kühlflüssigkeit wird durch alle Leitungen gejagt und mögliche Restluft verschwindet aus dem Kühlsystem.
4. Motor abstellen, Kühlflüssigkeitsstand im Kühler prüfen: Wenn nötig, bis zur Unterkante des Einfüllstutzens auffüllen.
5. Kühlerdeckel aufsetzen, eindrücken und fest zudrehen, Einrastung muss leicht knacken.
6. Kühlflüssigkeitsstand im Ausgleichsbehälter prüfen: Wenn nötig, bis zur oberen Markierung auffüllen, Gummideckel sicher aufdrücken.

Thermostat

Der Thermostat sitzt im Thermostatgehäuse zwischen den beiden Zylindern (Bild 4). Wenn der Motor zu heiß wird, obwohl garantiert genügend Kühlflüssigkeit im Kühlsystem ist und auch der Kühlerventilator mit voller Drehzahl läuft, dann liegt der Grund oft ganz banal darin, dass der Thermostat durch Kalkablagerungen fest ist (Bild 6a) und den großen Kühlflüssigkeitskreislauf nicht aufmacht. Er muss dann ausgebaut, gereinigt oder erneuert werden.

Thermostat aus- und einbauen
Vorarbeiten: Verkleidung abbauen bei SV 650 S Mj. 1999 bis 2002, Fahrersitz abschrauben, Tank anheben und abstützen, Luftfiltergehäuse abbauen, Schlauch vom Thermostatgehäuse abschrauben.

1. Kühlflüssigkeit ablassen. Lappen unter Thermostatgehäuse legen.
2. Deckelschrauben ausdrehen, Thermostatdeckel abnehmen.
3. Thermostat aus Gehäuse nehmen: Er ist wahrscheinlich etwas »festgebacken«: Daran wackeln und gleichzeitig nach oben ziehen.

Bild 4: Blick auf das Thermostatgehäuse.

Bild 5: Zur Prüfung des Thermostats eine Schnur durch den Flansch ziehen und ihn daran frei schwebend in die Kühlflüssigkeit hängen (siehe Bild 6b).

Einbau in umgekehrter Reihenfolge:

- Neuen O-Ring einbauen, gut einfetten.
- Thermostat mit gefedertem Teil nach innen in Gehäuse einsetzen, kleine Bohrung muss nach oben weisen (Bild 7b).
- Verstärkungsrippe im Deckel zeigt nach unten bei Mj. 1999 bis 2002, nach oben ab Mj. 2003.
- Mj. 1999 bis 2002: Massekabel anschrauben.
- Schrauben mit 10 Nm festziehen.
- Kühlflüssigkeit ergänzen, System entlüften.

Thermostat prüfen und vermessen
Falls man sich nicht sicher ist, ob der Thermostat richtig funktioniert, und kein neuer Thermostat zur Hand ist, kann man ihn prüfen.

Dazu werden benötigt: Elektrische Heizplatte (z. B. Gasherd oder Campingkocher), mittelgroßer Topf mit 5 Liter Fassungsvermögen, der zur Hälfte mit Kühlflüssigkeit gefüllt wird, Stück stabile Schnur, Reifenmontiereisen (großer Schraubenschlüssel geht auch), großes Thermometer mit Messbereich bis mindestens 100 °C (Bild 6b).

1. Vorher Thermostat (und Gehäusedeckel) auf Risse, Klemmstellen, Kalkablagerungen und defekte Feder untersuchen. Wenn der Thermostat sichtbar defekt ist, dann kann man sich die Prüfung sparen!
2. Schnur durch den Thermostatflansch ziehen, ihn daran frei schwebend in die Kühlflüssigkeit im Topf (Metallgefäß) hängen.

- Thermostat und Thermometer dürfen das Metallgefäß nicht berühren, sonst werden die Messergebnisse verfälscht!

2.1. Kühlflüssigkeit erwärmen und den Temperaturanstieg am Thermometer verfolgen.
2.2. Thermostatventil muss öffnen bei:

- 82 °C bei Modelljahren 1999 bis 2002
- 88 °C bei Modelljahren 2003 bis 2006
- 76,5 °C bei Modelljahren 2007 bis 2009

3. Zum Messen des Ventilhubs Kühlflüssigkeit weiter erwärmen, Thermostatventil muss ganz geöffnet sein (8 mm oder mehr) bei:

- 95 °C bei Modelljahren 1999 bis 2002
- 100 °C bei Modelljahren 2003 bis 2006
- 90 °C bei Modelljahren 2007 bis 2009

4. Fehlerhaft arbeitenden Thermostat erneuern.

Wenn kein neuer Thermostat zur Hand ist: Verkalkten Thermostat einige Stunden lang in Haushalts-Zitronensäure legen, das löst den Kalk und macht den Thermostat wieder gängig. Besser ist es jedoch allemal, einen neuen Thermostat einzubauen.

Kühlsystem prüfen

Wenn Verlust von Kühlflüssigkeit festgestellt wird und man weiß nicht, wohin sie verschwindet, sollte man eine Prüfung des kompletten Kühlsystems auf Dichtheit mit einem Kühlerprüfgerät durchführen.

Kühlsystem mit Kühlerprüfgerät prüfen
Dazu wird ein Kühlerprüfgerät auf den Kühlerdeckelstutzen aufgesetzt (Bild 9) und ein Druck von 1,3 bis 1,40 bar in das Kühlsystem eingebracht. Dieser »Prüfdruck« muss 10 Sekunden lang gehalten werden.

Wird der Druck nicht gehalten, das Leck (oder die Lecks) lokalisieren: Kühlerschläuche, Anschlüsse und Kühler sauber putzen, trocknen. Neuen Prüfdruck aufbringen und genau hinsehen, wo Kühlflüssigkeit austritt.

Öffnungsdruck des Kühlerdeckels prüfen
1. Dichtflächen des Kühlerdeckels anfeuchten, Deckel am Testgerät anschließen (Bild 8).
2. Druck langsam aufbauen. Testgerät dabei ruhig halten.
3. Deckel muss mindestens 0,95 und maximal 1,25 bar mindestens 10 Sekunden lang halten.
4. Falls der Deckel schon bei weniger als 0,95 bar aufmacht oder bei 1,25 bar noch immer geschlossen ist, ist er defekt und muss erneuert werden.

Bild 6a: Wenn ein verkalkter Thermostat einige Zeit in Essigreiniger gelegt wird, wird er wieder gangbar.

Bild 6b: Thermostat prüfen: Je nach Modell muss der Thermostat bei 76,5 bis 88 °C beginnen zu öffnen und bei 90 bis 100 °C vollständig geöffnet sein.

Bild 7a: Je nach Modell muss das innere Thermostatventil bei 90 bis 100 °C mindestens 8 mm geöffnet sein.

Bild 7b: Thermostat mit gefedertem Teil nach innen und mit Bohrung nach oben in das Gehäuse einsetzen.

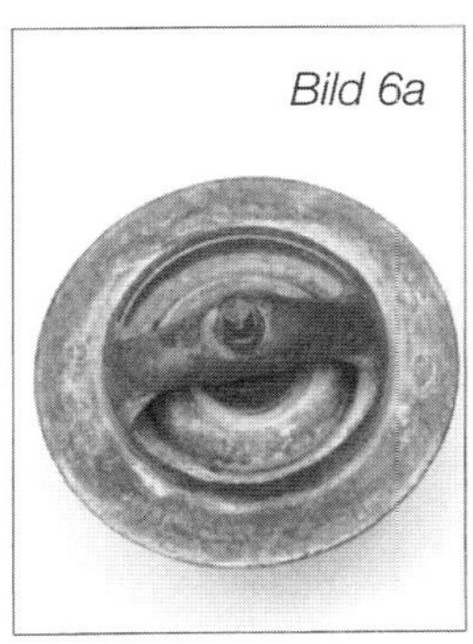

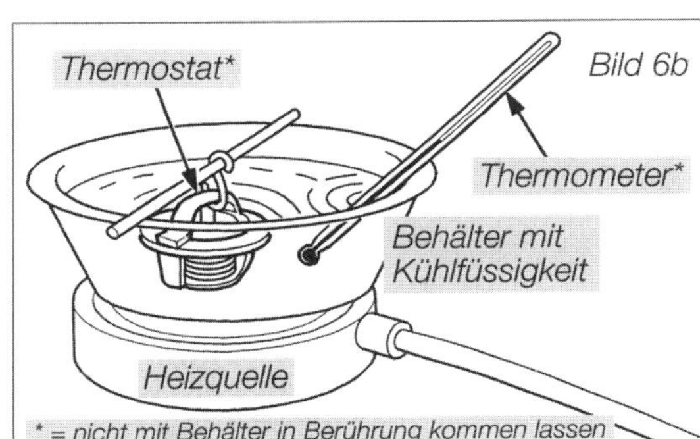

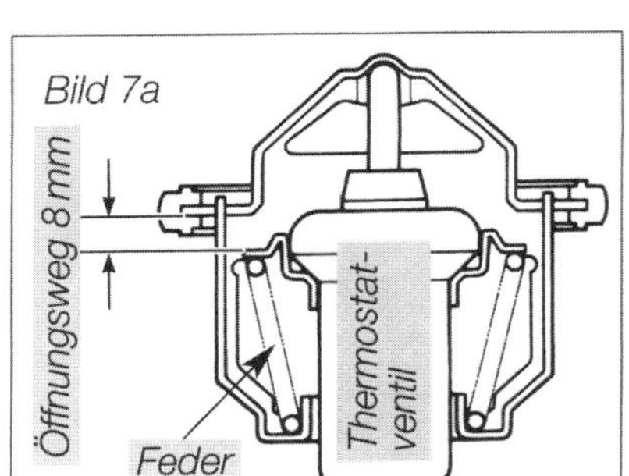

Sichtprüfung | Messen

Kühler ab- und anbauen

Kühler abbauen

1. Verkleidung abbauen bei SV 650 S.
2. Kühlflüssigkeit ablassen.
3. Hupenkabel abziehen, Hupe abschrauben.
4. Fahrersitz abschrauben.
5. Tank anheben und abstützen.
6. Luftfiltergehäuse abbauen.
7. Kabel von Kühlerventilator und Kühlerventilatorschalter abziehen.
8. Schellen über den Kühlerschläuchen weit genug öffnen, Schellen auf Schläuchen nach hinten schieben, Schläuche abziehen/abschieben.
Wichtig: Schlauchschellen unbedingt weit genug öffnen, dann Schlauchanschluss auf Stutzen mit der Hand etwas drehen – dadurch löst sich die »Verklebung«, dann abziehen.
9. Befestigungsschrauben des Kühlers ausdrehen, Kühler von Halterungen abnehmen.
10. Vom abgebauten Kühler Kühlerventilator und Kühlerventilatorschalter abschrauben.

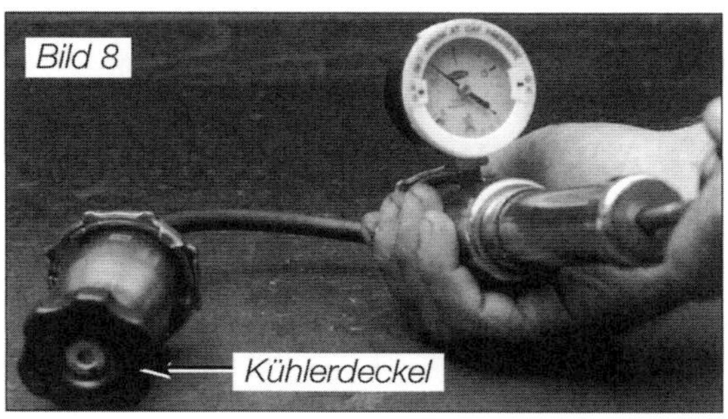

Bild 8: Kühlerdeckel prüfen. Deckel darf erst bei 0,95 bar öffnen.

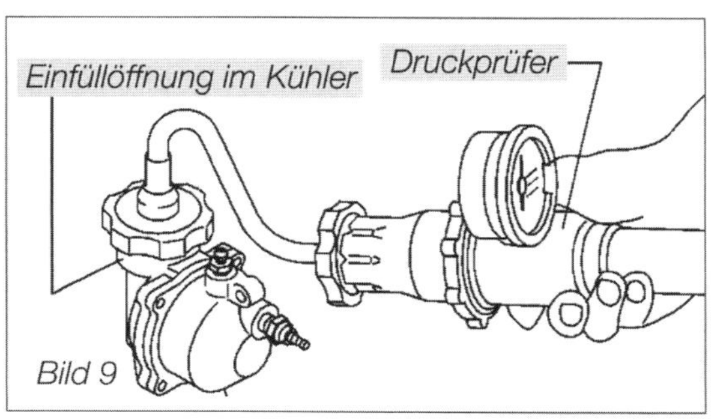

Bild 9: Kühlsystem auf Dichtheit prüfen: Prüfdruck von 1,3 bis 1,4 bar muss 10 Sekunden lang gehalten werden.

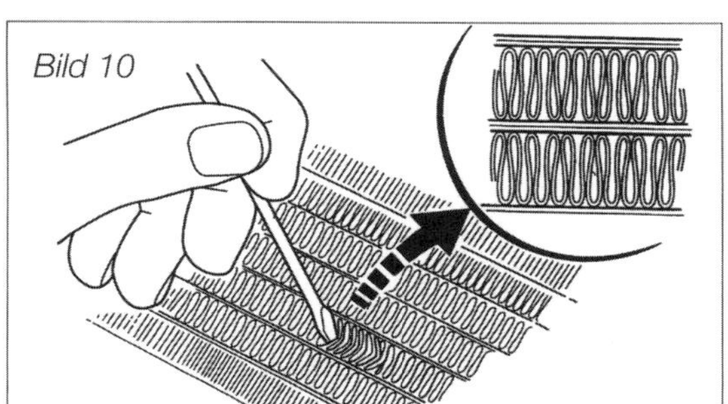

Bild 10: Verbogene Kühlerlamellen mit kleinem Schraubenzieher vorsichtig gerade biegen.

Kühler reinigen, prüfen

1. Unter fließendem Wasser mit einer Wurzelbürste reinigen. Lamellen dabei nicht verbiegen!
2. Schmutz mit Druckluft aus Kühler blasen.
3. Verbogene Rippen und Lamellen mit kleinem Schraubenzieher und Spitzzange richten (Bild 10).
■ Wenn die Lamellen so stark verbogen sind, dass ein großer Teil des Luftdurchgangs verschlossen ist, neuen Kühler besorgen.
4. Kühler mit Kühlerprüfgerät auf Dichtheit prüfen: Druck von 1,3 bis 1,4 bar muss 10 Sekunden gehalten werden. Wenn undichte Stellen festgestellt werden, diese reparieren lassen.
■ Kühler können in Spezialbetrieben geschweißt werden. Auch Werkstätten, in denen Kühlaggregate (»Kälte- und Klimaanlagenbau«) gewartet und repariert werden, können Alukühler fachgerecht schweißen.

Kühler anbauen

Anbau des Kühlers in umgekehrter Reihenfolge des Ausbaus. Dabei besonders beachten:
■ Kühlerventilator (falls demontiert) anbringen.
Wichtig: Gummitüllen in der Kühlerbefestigung müssen vorhanden und in Form sein. Kühler niemals ohne vibrationshemmende Gummitüllen anbauen, sonst reißt die Befestigung!
■ Hupe anbringen nicht vergessen!
■ Schrauben von Kühlerventilator und Hupe mit 8 Nm festziehen.
■ Schläuche aufschieben, Schellen in richtige Position bringen und »gut handfest« anziehen.
■ Nach Abschluss aller Arbeiten alle Schläuche und Schlauchschellen auf korrekten Sitz prüfen. Motor laufen lassen, auf Betriebstemperatur bringen, alle Schlauchanschlüsse prüfen: Es darf nirgends Kühlflüssigkeit auslaufen oder ein Anschluss feucht werden!

Kühlerventilator

Motor überhitzt: Wenn der Motor überhitzt, kann neben einem klemmenden Thermostat (bleibt immer »zu«, siehe Text weiter vorne) ein nicht anlaufender Kühlerventilator der Grund sein. Oder die Wasserpumpe ist defekt. Wenn der Motor dagegen zu kühl bleibt, kann das Thermostatventil ebenfalls defekt sein (bleibt wegen Verkalkung immer »offen«) und/oder der Kühlerventilator läuft immer, er schaltet sich also nicht automatisch ab.

Dafür kommen drei Bauteile in Betracht:
1. Nur bei Modelljahr 2003 bis 2009: Sicherung 15 Ampere des Kühlerventilators, sie sitzt im Sicherungskasten (Bild 6a in Kapitel 13 »Siche-

rungen · Relais · Stecker«): Sicherung prüfen, ggf. erneuern.
2. Kühlventilatorschalter rechts hinten am Kühler (Bilder 3a, 3c und 12b).
3. Motor des Kühlerventilators selbst.

Problem: Kühlerventilator schaltet nicht ein
Prüfung: Motor auf Betriebstemperatur warm laufen lassen.
1. Stecker vom Ventilatorschalter abziehen.
2. Kontakte im Stecker mit einer Drahtbrücke zueinander kurzschließen.
3. Zündung EINschalten:
3.1. Schaltet sich der Kühlerventilator an, muss zuerst die Steckverbindung am Kühlerventilatorschalter geprüft werden.
3.2. Wenn diese in Ordnung ist, ist der Ventilatorschalter defekt und muss erneuert werden.
4. Läuft der Kühlerventilator nicht an, Spannung zwischen Stecker und Masseanschluss überprüfen:
4.1. Liegt Batteriespannung an, ist der Kühlerventilator defekt oder die Verkabelung gebrochen.
4.2. Liegt keine Batteriespannung an, können folgende Ursachen vorliegen: Sicherung defekt (Mj. 2003 bis 2009), Zündschalter defekt, Steckverbindung zwischen Zündschalter und Sicherungskasten unterbrochen.

Problem: Kühlerventilator schaltet nicht ab
Prüfung: Zündung AUSschalten, Steckverbindung des Ventilatorschalters (am Kühler rechts) abziehen und die Zündung wieder EINschalten.
■ Bleibt der Kühlerventilator nicht stehen, Kabelverbindung auf Kurzschluss zwischen Kühlerventilator und Schalter prüfen.
■ Schaltet der Kühlerventilator ab, ist der Ventilatorschalter defekt und muss erneuert werden.

Kühlerventilatorschalter aus- und einbauen
Dieser sitzt rechts am Kühler (Bild 12b). Zum Ausbau bei SV 650 S Verkleidung abbauen, Kühlflüssigkeit ablassen, Steckverbindung trennen, Kühlerventilatorschalter ausdrehen.

Prüfung auf korrekte Schließ- und Öffnungstemperatur: Bild 13 und zugehörigen Bildtext zu Hilfe nehmen.

Einbau neuer Schalter: Neuen O-Ring mit Kühlflüssigkeit benetzen, Schalter eindrehen und mit 13 Nm festziehen, fehlende Kühlflüssigkeit auffüllen, Kühlsystem entlüften wie weiter vorne im Text beschrieben.

Motor des Kühlerventilators überprüfen
1. Kühler abbauen, Steckverbinder trennen.
2. Motor des Kühlerventilators auf Laststrom testen: Amperemeter und 12-Volt-Batterie anschließen wie in Bild 11 gezeigt.
3. Wenn der Motor mit voller Drehzahl läuft, soll das Amperemeter maximal 5 A anzeigen.
4. Bei mehr als 5 Ampere ist der Motor defekt.

Kühlmitteltemperatur-Schalter/ Kühlmitteltemperatur-Sensor

Wenn die Kühlmitteltemperatur-Warnleuchte im Instrumentenbrett nicht oder falsch aufleuchtet, können defekt sein:
■ Kühlmitteltemperatur-Schalter bei Mj. 1999 bis 2002
■ Kühlmitteltemperatur-Sensor bei Mj. 2003 bis 2009
Schalter und Sensor sind im Thermostatgehäuse eingeschraubt (Bilder 14a und 15a).

Schalter und Sensor prüfen
1. Kühlflüssigkeit-Ablassschraube unten an der Wasserpumpe ausdrehen, eine Dose voll Kühlflüssigkeit auslaufen lassen.
2. Schalter/-Sensor ausdrehen.
3. Unterteil des Schalters/-Sensors bis zum Gewinde in einen mit Kühlflüssigkeit gefüllten Topf

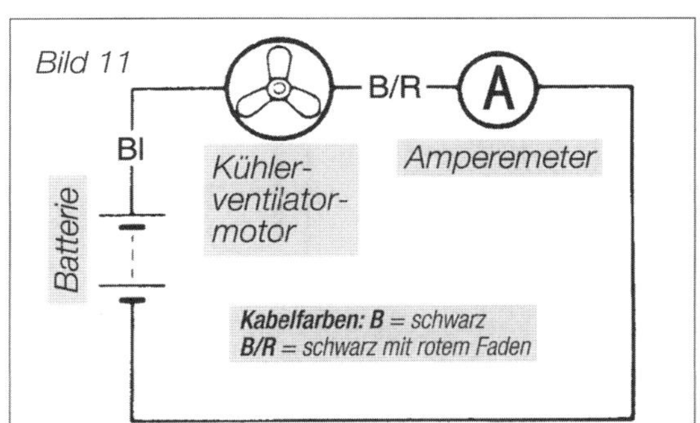

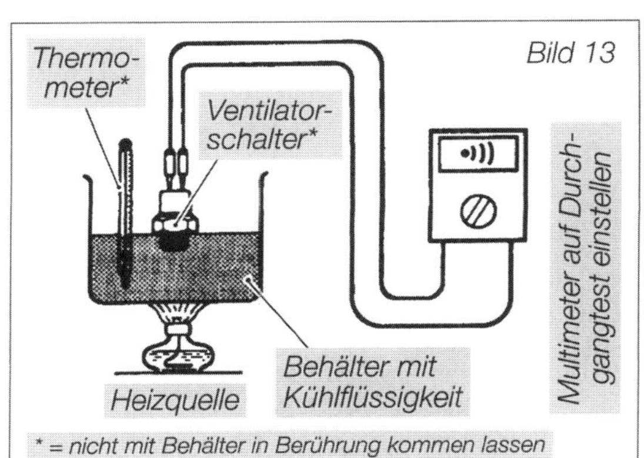

Bild 11: Prüfung des Ventilatormotors unter Last mit Amperemeter.

Bilder 12a und 12b: Stecker des Kühlerventilators und Einbaulage des Kühlerventilatorschalters.

Bild 13: Aufbau zur Durchgangsprüfung des Kühlerventilatorschalters.
■ *Multimeter auf Durchgangtest einstellen und an Kontakte anlegen, Kühlflüssigkeit langsam erwärmen: Bei Temperatur von mehr als 96 °C (98 °C ab Mj. 2003) muss Stromdurchgang vorhanden sein, bei Temperatur von weniger als 91 °C (92 °C ab Mj. 2003) darf kein Stromdurchgang vorhanden sein (Achtung HEISS!).*

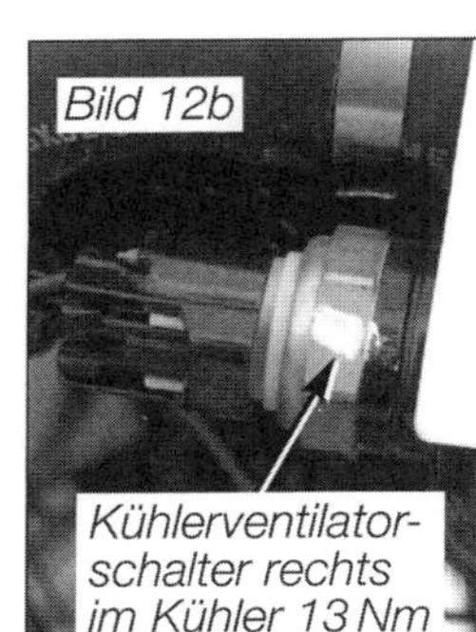

hängen. Abstand zum Boden des Behälters soll mindestens 40 mm betragen (mehr ist besser!).

Kühlmitteltemperatur-Schalter prüfen

1. Multimeter auf Durchgangtest einstellen. Eine Klemme an Steckkontakt, andere Klemme an Schaltermasse anlegen.

2. Heizquelle anschalten, Kühlflüssigkeit langsam erwärmen.

3. Bei einer Temperatur von weniger als 108 °C kein Durchgang, ab einer Temperatur von 115 °C muss Durchgang vorhanden sein.

Kühlmitteltemperatur-Sensor prüfen

1. Multimeter auf Ω stellen, Klemmen an Sensor anschließen.

2. Heizquelle anschalten, Temperatur der sich aufheizenden Kühlflüssigkeit beobachten (Bild 15b), Widerstände messen:

- Bei 20 °C .... ca. 2,450 kΩ
- Bei 40 °C .... ca. 1,148 kΩ
- Bei 60 °C .... ca. 0,587 kΩ
- Bei 80 °C .... ca. 0,322 kΩ

Wenn die gemessenen Werte um mehr als zehn Prozent abweichen, den Kühlmitteltemperatur-Sensor erneuern.

Bilder 14a und 14b: Einbaulage und Aufbau zur Prüfung des Kühlmitteltemperatur-Schalters.

Bild 15a: Einbaulage des Kühlmitteltemperatur-Sensors im Thermostatgehäuse.

Bild 15b: Aufbau zur Prüfung des Kühlmitteltemperatur-Sensors. Widerstände bei verschiedenen Temperaturen.

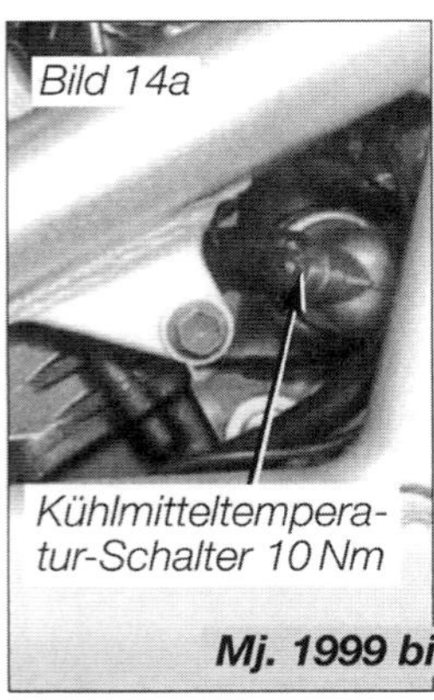

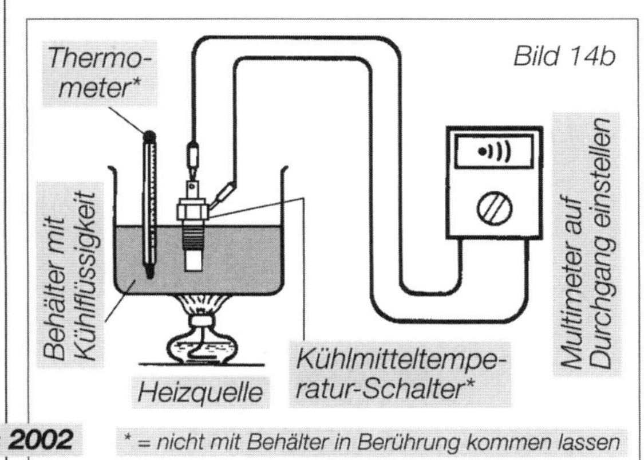

Mj. 1999 bis 2002

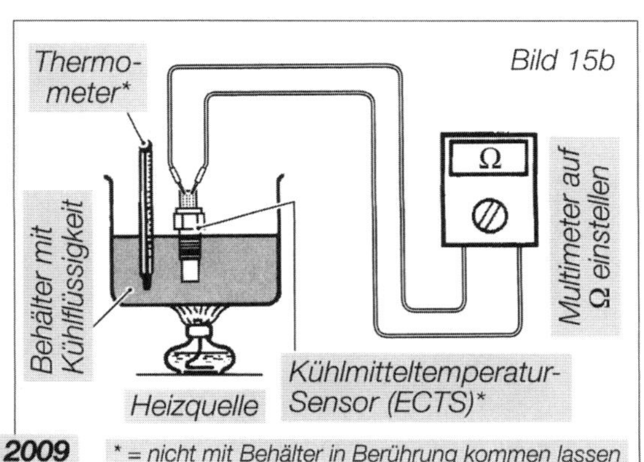

Mj. 2003 bis 2009

Wichtig: Der Kühlmitteltemperatur-Schalter/-Sensor ist ein empfindliches Bauteil: Vorsicht im Umgang mit ihm, nirgends anschlagen, nicht fallen lassen.

Einbau

Kühlmitteltemperatur-Schalter: Eine geringe Menge Silikondichtmittel oder Suzuki Bond »1207B« auf das Gewinde auftragen, Schalter einschrauben, mit 10 Nm festziehen, Stecker aufstecken, fehlende Kühlflüssigkeit auffüllen, Kühlsystem entlüften wie weiter vorne im Text beschrieben.

Kühlmitteltemperatur-Sensor: Beim Einbau neue Dichtscheibe verwenden, Anziehdrehmoment 18 Nm. Stecker aufstecken, fehlende Kühlflüssigkeit auffüllen, Kühlsystem entlüften wie weiter vorne im Text beschrieben.

Wasserpumpe

Die Wasserpumpe ist als zuverlässiges Bauteil bekannt, weder Wasserpumpenantrieb noch Wasserpumpenwelle oder Flügelrad sind von Defekten bedroht. Es kann aber vorkommen, dass die mechanische Wasserpumpendichtung oder der Simmerring in der Wasserpumpe zum Motoröl hin undicht werden. Bei einem solchen Defekt ist entweder Öl in der Kühlflüssigkeit oder Kühlflüssigkeit im Öl:

- **Öl in der Kühlflüssigkeit** schwimmt als Schicht oder Fettaugen auf der Kühlflüssigkeit.
- Indizien für **Kühlflüssigkeit im Öl**: Kühlflüssigkeitsstand sinkt ab, Motorölstand steigt an und es ist heller, wässriger Schaum im Ölschauglas und innen in der Öleinfüllöffnung zu sehen.

Wasserpumpe ausbauen und zerlegen

1. Motoröl und Kühlmittel ablassen.

2. Schläuche von Wasserpumpe abziehen.

3. Kupplungsdeckel mit Wasserpumpe abschrauben.

4. Seegerring von Antriebswelle abnehmen.

5. Wasserpumpen-Antriebsrad von Welle abziehen, Mitnehmerstift und Scheibe abnehmen.

6. Wasserpumpe von Kupplungsdeckel abnehmen.

7. Schrauben ausdrehen, Gehäusehälften voneinander trennen.

Modelljahre 1999 bis 2002:

8. Flügelrad von Welle abschrauben.

9. Von der Rückseite des Flügelrads Dichtring, Gummidichtung und Scheibe abnehmen.

10. Antriebswelle mit Sicherungsring ausziehen.

Modelljahre 2003 bis 2009:
8. Sicherungsring von Antriebswelle abnehmen.
9. Flügelrad mit Welle ausziehen.
10. Von der Rückseite des Flügelrads Dichtring und Gummidichtung abnehmen.

Wasserpumpe prüfen
- Flügelrad und Innenseiten der Wasserpumpe müssen frei sein von Kalkablagerungen und Korrosion. Wenn solches festgestellt wird, Flächen mit stumpfem Schaber und Schmirgelleinen metallisch rein säubern.
- Wasserpumpen-Antriebswelle muss metallisch sauber sein und darf keine Riefen haben. Entweder mit feinem Schleifkissen reinigen oder neue Welle einbauen.
- Mechanische Wasserpumpendichtung und Simmerring müssen beide erneuert werden.

Wasserpumpe reparieren, zusammenbauen
Weil zum Auswechseln von Lagern, Simmerring und mechanischer Wasserpumpendichtung Suzuki-Spezialwerkzeug nötig ist, raten wir Ihnen, die Wasserpumpe beim Suzuki-Händler mit Neuteilen bestücken zu lassen.

Wenn dies nicht möglich ist, kann man sich mit entsprechenden Rohrstücken und Nüssen helfen. Dabei auf Folgendes achten:
1. Beim Einbau des neuen Simmerrings in den Wasserpumpendeckel diesen mit etwas Öl oder leichtem Fett bestreichen und mit Dichtlippe nach innen einbauen: Markierung weist also zur Außenseite hin.
2. Die mechanische Wasserpumpendichtung ist auf der Außenseite mit Klebemittel (»Sealer«) beschichtet. Sie wird trocken eingebaut, es darf kein Öl aufgetragen werden.
Wichtig: Vor dem Einbau der mechanischen Wasserpumpendichtung muss die Sitzbohrung sorgsam von Öl und Fett gereinigt werden, sonst kann das Klebemittel beschädigt werden.
3. Mechanische Wasserpumpendichtung sehr sorgsam eintreiben: Zentrisch ansetzen und über Eintreibwerkzeug mit leichten Hammerschlägen einschlagen.
Modelljahre 1999 bis 2002:
4. Antriebswelle mit leichtem Fett einstreichen, mit Sicherungsring in Gehäuse einschieben.
5. Scheibe, Gummidichtung und Dichtring in Rückseite des Flügelrads einsetzen.
5.1. Farbmarkierte Seite des Dichtrings weist zum Flügelrad hin. Auch hier ohne Öl einbauen!
6. Dichtscheibe und Beilagscheibe auf Flügelradschraube aufschieben.
6.1. Metallseite der Dichtscheibe und konvexe Seite der Beilagscheibe weisen zum Kopf der Flügelradschraube hin. Auch ohne Öl einbauen!
7. Etwas Loctite »mittelfest« auf Gewinde der Flügelradschraube geben, Anziehdrehmoment 13 Nm.

Modelljahre 2003 bis 2009:
4. Gummidichtung und Dichtring in Rückseite des Flügelrads einsetzen.
5. Farbmarkierte Seite des Dichtrings weist zum Flügelrad hin. Ölfrei einbauen!
6. Antriebswelle mit leichtem Fett einstreichen, in Gehäuse einschieben.
7. Antriebswelle mit Sicherungsring sichern.

Alle Modelljahre:
8. Neue O-Ringe zum Motorblock hin mit leichtem Fett einstreichen, in Wasserpumpengehäuse einsetzen.
9. Kugellager mit Motoröl füllen.
10. Neuen O-Ring zur Abdichtung der Gehäusehälften mit etwas Kühlflüssigkeit einstreichen, in Gehäusenut einsetzen.
11. Gehäusehälften zusammenfügen, Schrauben eindrehen, mit 5 Nm festziehen.
12. Scheibe und Mitnehmerstift für Wasserpumpen-Antriebsrad montieren.
13. Wasserpumpen-Antriebsrad auf Welle schieben. Darauf achten, dass Antriebsrad in Mitnehmerstift eingreift.
14. Antriebsrad mit Seegerring sichern.

Wasserpumpe einbauen
1. Wasserpumpe in Kupplungsdeckel einsetzen.
2. Kupplungsdeckel montieren (siehe Kapitel 25 »Kupplung«).
3. Schläuche anbringen, Kühlflüssigkeit und Motoröl einfüllen, Kühlsystem entlüften.

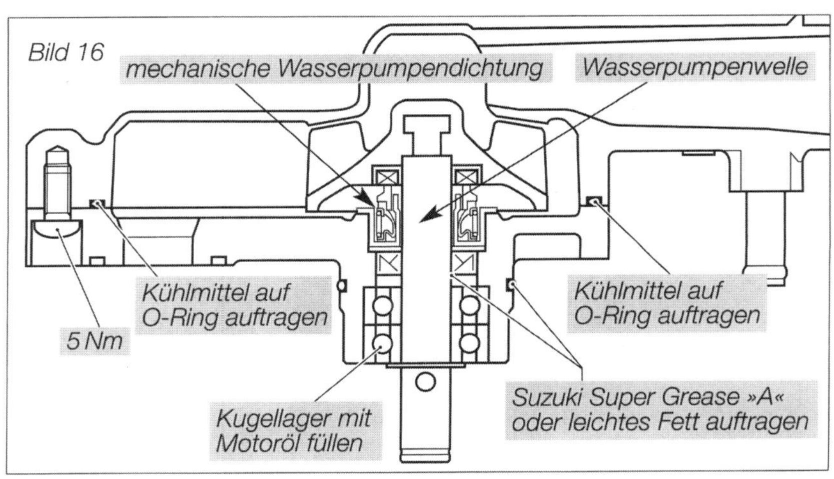

Bild 16: Schnitt durch die Wasserpumpe.

Sichtprüfung Messen

Kupplung

In diesem Kapitel: Kupplungsspiel einstellen · Neuen Kupplungszug einbauen · Kupplung aus- und einbauen, prüfen und vermessen · Kupplungskorb und -nabe aus- und einbauen.

Bilder 1 bis 3: Einstellen des Kupplungsspiels.

Bilder 4, 4a und 4b: Kupplungsbetätigung unten am Motor.
■ 4a ist nötig beim Aus- und Einbau des Kupplungszugs.
■ 4b zeigt das Öffnen bzw. Festziehen der Kontermutter auf der Einstellschraube in der Kupplungsschnecke.

Kupplungsspiel

Der Kupplungszugs muss so eingestellt sein, dass er 10 bis 15 mm Leerweg hat (Bild 1).

■ Bei weniger Kupplungsspiel besteht die Gefahr, dass die Kupplung schleift: »Gas geben« wird nicht in Beschleunigung umgesetzt und die Kupplung verschleißt rasch.

■ Bei größerem Kupplungsspiel trennt die Kupplung nicht exakt und es kracht beim Schalten.

Kupplungsspiel einstellen

1. Gummiabdeckung abziehen (Bild 2).

2. Kontermutter lösen. Einstellschraube aus- oder eindrehen (Bild 3), bis Kupplungszug den vorgeschriebenen Leerweg hat.

Beachten: Gewinde der Einstellschraube soll ca. 1/3 bis 1/2 in das Innengewinde des Widerlagers eingeschraubt sein.

3. Kontermutter gegen das Widerlager kontern (Bild 2). Dazu KEINE Zange benutzen, sondern nur mit Fingerkraft festziehen.

3.1. Gummiabdeckung exakt überziehen.

Grundeinstellung Kupplungsspiel

Wenn sich das Kupplungsspiel oben am Einsteller des Handhebels nicht eingstellt werden kann, weil der Einsteller dazu entweder zu tief eingedreht oder zu weit ausgedreht werden muss, eine Grundeinstellung durchführen.

1. Kleinen Schalthebel und Ritzelabdeckung abschrauben, untere Kupplungsbetätigung ist nun zu sehen (Bild 4).

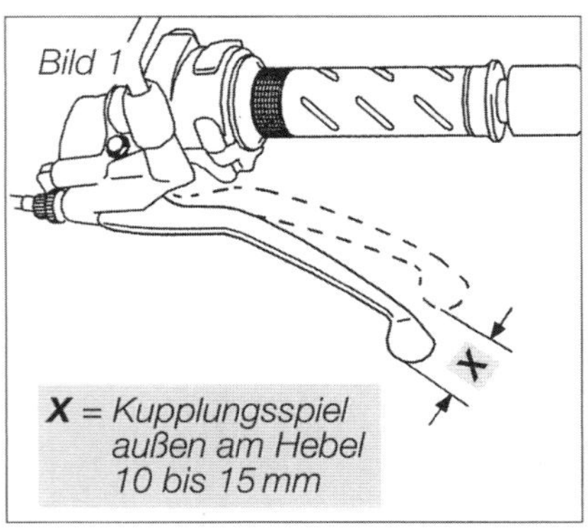

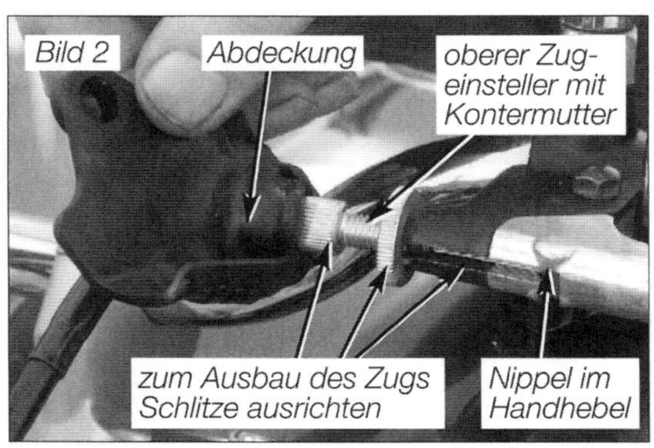

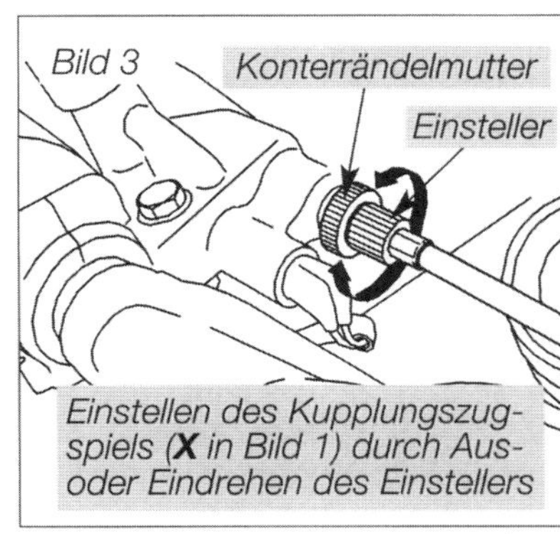

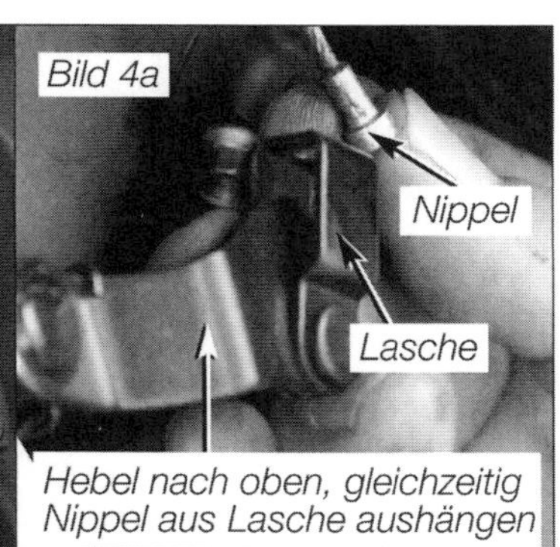

2. Obere und untere Kontermuttern des Einstellers lösen (Bild 4), Einsteller auf »viel Spiel« am Kupplungszug einstellen.

Hinweis: Der untere (kleine) Kupplungshebel ist ganz vom Zug entlastet und muss leicht schräg nach oben stehen: 80 Grad zur (gedachten) Verbindungslinie der Befestigungsschrauben der Kupplungsschnecke (siehe Bild 4).

3. Einstellschraube in Kupplungsschnecke mit Schraubenzieher gegenhalten (Bild 4b), Kontermutter lösen (10er-Ringschlüssel), »entkontern«.

4. Einstellschraube mit Schraubenzieher so hindrehen, bis leichter Widerstand spürbar ist, dann wieder um 1/4 Umdrehung lösen.

4.1. Einstellschraube mit Schraubenzieher in dieser Position gegenhalten, Kontermutter mit 10er-Ringschlüssel

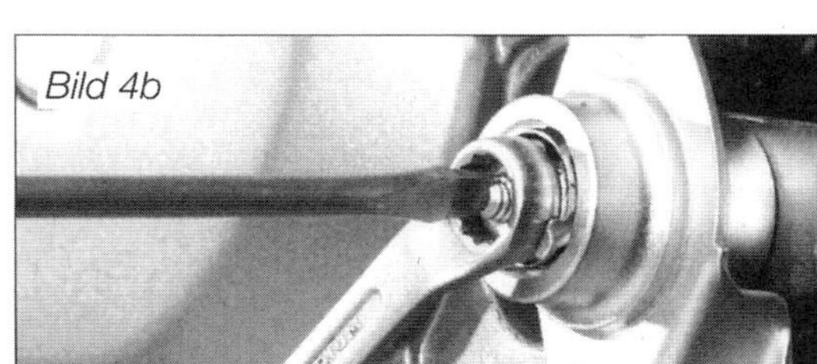

gegen Kupplungsschnecke kontern (Bild 4b).
5. Unteren Zugeinsteller so einstellen, dass Spiel am Handhebel ca. 10 bis 15 mm beträgt (Bild 1).
5.1. Kontermuttern gegen Widerlager kontern.
6. Feineinstellung am Einsteller oben vornehmen.

Neuen Kupplungszug einbauen

Kupplungszug ausbauen
1. Fahrersitz abbauen, Tank vorne anheben und abstützen. Kleinen Schalthebel und Ritzelabdeckung abschrauben.
2. Oben am Lenker Kontermutter des Einstellers lösen, Einsteller eindrehen: Schlitze so hindrehen, dass sich Schlitze im Handhebel mit Schlitzen in Kontermutter und Einsteller decken (Bild 2).
3. Unten am Motor beide Kontermuttern des Zugeinstellers lösen (Bild 4), viel Spiel am Kupplungszug einstellen.
4. Bild 4a: Am kleinen Kupplungshebel Blechsicherung in Lasche wegbiegen, Hebel mit Finger gegen Federkraft nach oben drücken, gleichzeitig Nippel aus Lasche aushängen.
5. Oben am Lenker Zughülle aus Einsteller ziehen, Kupplungszug nach vorne aus Schlitz ziehen.
6. Nippel aus Handhebel nehmen. Kupplungszug NOCH NICHT aus Maschine ziehen!

Kupplungszug einbauen (Verlegung Bild 5)
1. Oben am Lenker: Nippel von unten in Handhebel einhängen. Zug durch Schlitz in Handhebel, Kontermutter und Zugeinsteller einführen, Ende der Zughülle ganz in Zugeinsteller einsetzen.
2. Seilzughalter links neben Lenkkopf abschrauben. Alten Zug aus Sitz im Seilzughalter nehmen. Neuen Zug in Rahmen einfädeln und parallel zum alten Zug verlegen.
■ Kupplungszug beim Einfädeln in Rahmen sorgsam an Elektrokabeln vorbei schieben!
3. Unten am Motor Zugeinsteller in Widerlager einsetzen, Nippel in Lasche einsetzen (Bild 4a): Hebel mit Finger gegen Federkraft zum Widerlager drücken. Blechsicherung in Lasche zubiegen.
4. Spiel einstellen wie weiter vorne beschrieben.
5. Letzte Kontrolle: Lenkung voll rechts und links einschlagen: Kupplungszug darf nirgendwo anstehen, spannen oder Kabel einquetschen.

Kupplung aus- und einbauen

Motorrad ordentlich aufbocken. Wenn Sie unterwegs einen Kupplungsschaden haben, legen Sie das Motorrad auf die linke Seite, dann braucht das Motoröl nicht abgelassen werden zum Abschrauben des Kupplungsdeckels vom Motor.

Kupplungsscheiben ausbauen
1. Motoröl ablassen. Kupplungszug auf »viel Spiel« einstellen.
2. Mj. 1999 bis 2002: Schrauben im runden Kupplungsdeckel abschrauben: Über Kreuz Schritt für Schritt erst lösen, dann ausdrehen.
3. Mj. 2003 bis 2009: Großen Motorgehäusedeckel rechts am Motor abschrauben.
4. Alle Modelljahre: Deckel abnehmen: Bei älteren Maschinen ist er oft über den O-Ring bzw. die Dichtung auf dem Gehäuse verklebt: Mit Gummihammer ringsum leicht auf (auf!) den Deckel klopfen. Deckel, Kanten des Deckels und des Motorgehäuses nicht beschädigen!
5. Deckel abnehmen. Hinweis: Wasserpumpe bleibt eingebaut.
5.1. Auf Passbuchsen rechts bei »4 Uhr« und

Bild 5: Verlegung des Kupplungszuges.

Bild 5

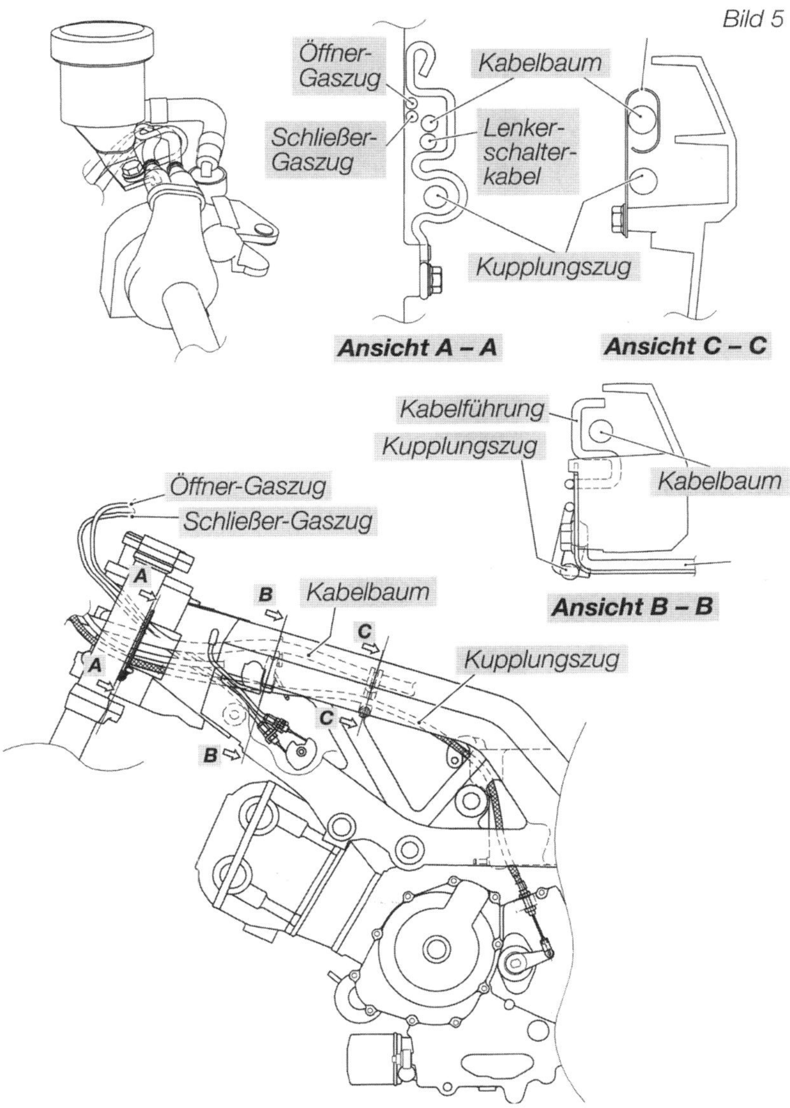

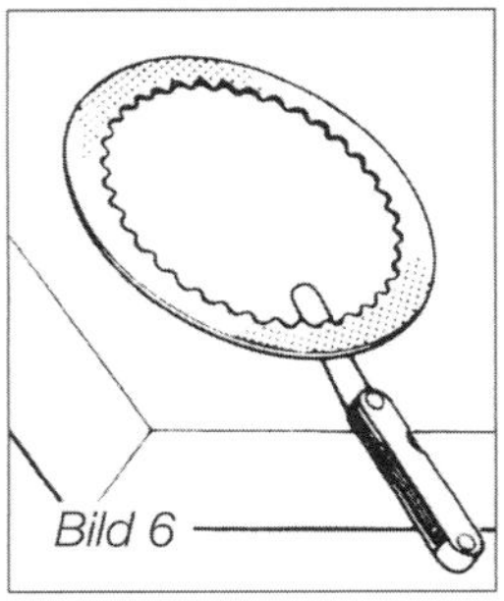
Bild 6

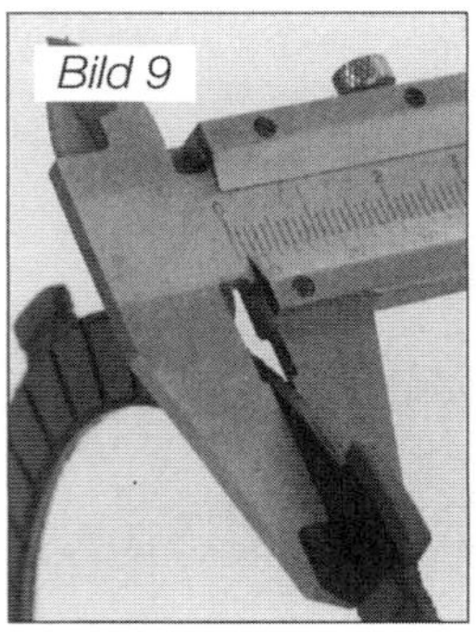
Bild 9

Bild 7

Bild 8

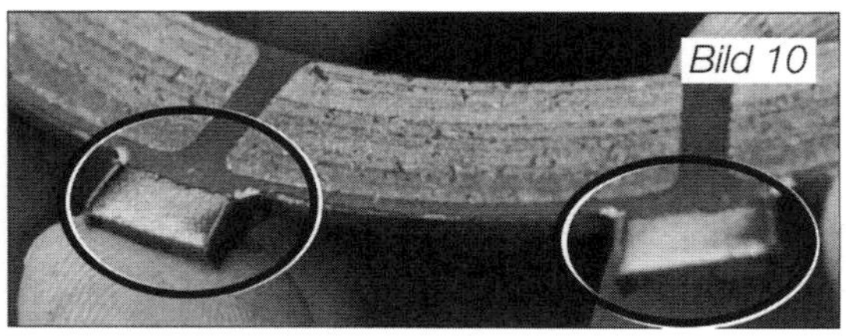
Bild 10

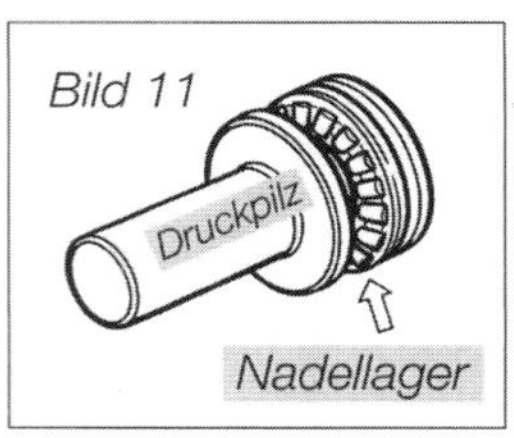

Bild 11

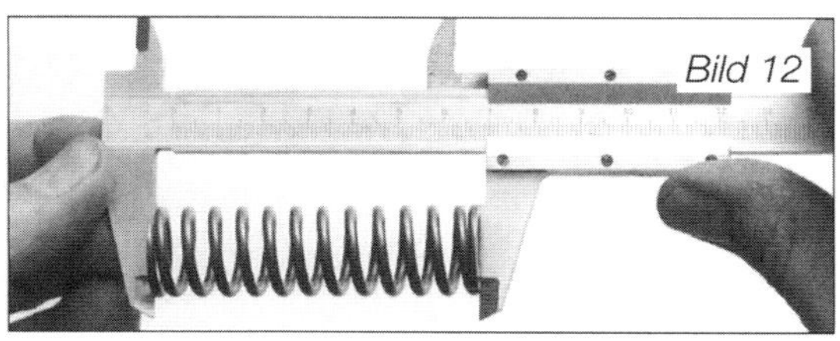
Bild 12

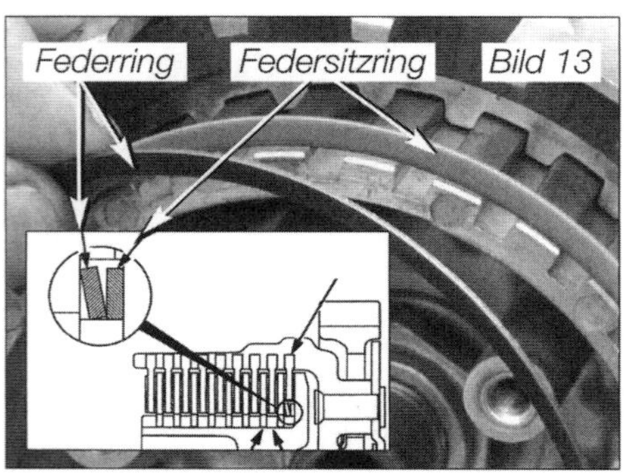

Bild 13

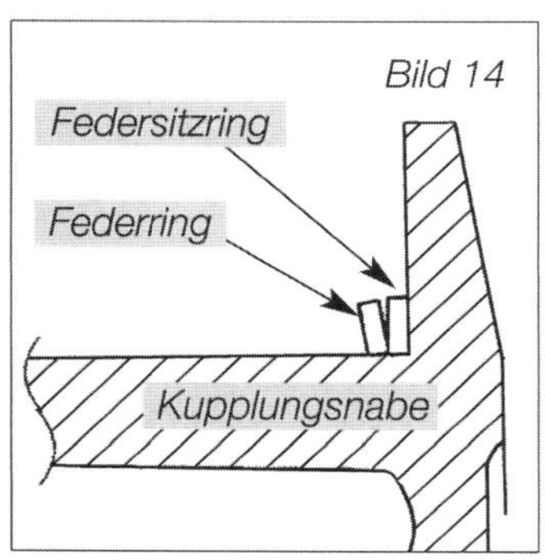

Bild 14

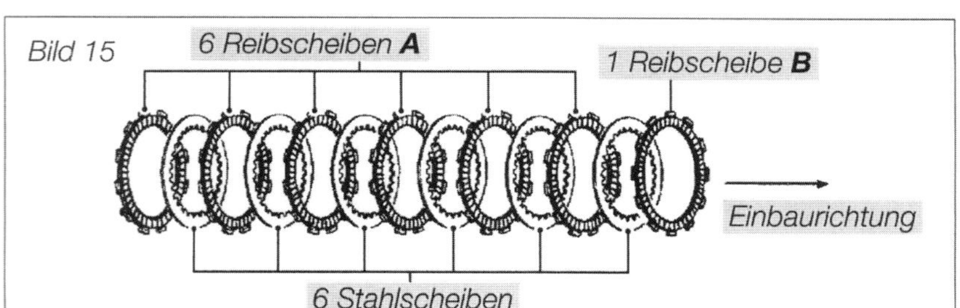

Bild 15

links bei »8 Uhr« achten, dass sie nicht heraus- bzw. auf den Boden fallen.

6. Schrauben in den Kupplungsfedern schrittweise öffnen, über Kreuz ausdrehen, Schrauben (mit Topfscheiben bei Mj.99 bis 02) abnehmen

7. Kupplungsfedern herausnehmen, Druckplatte abziehen.

8. Druckpilz gemeinsam mit Drucklager und Anlaufscheibe aus Getriebewelle herausziehen.

9. Reib- und Stahlscheiben herausziehen, in der Reihenfolge des Ausbaus ablegen.

10. Bei Modelljahren 2003 bis 2009 auch Federring und Federsitzring ausbauen.

Hinweis: Wenn nur die Reib- und Stahlscheiben gewechselt werden sollen, braucht die Kupplung nicht weiter zerlegt zu werden. Deswegen prüfen und vermessen wir die Kupplungsbauteile nachstehend und bauen dann die Kupplung wieder zusammen. Danach folgt »Kupplungsnabe und Kupplungskorb aus- und einbauen«.

Kupplung prüfen und vermessen

1. Stahlscheiben auf Richtplatte mit Fühlerlehre auf Verzug prüfen (Bild 6). Sind sie mehr als 0,1 mm verzogen oder blau verfärbt, alle Stahl- und Reibscheiben erneuern.

2. Mit sauberem Lappen Ölreste von allen Scheiben wischen. Dicke der Reibscheiben mit Messschieber an mindestens vier Messstellen messen (Bild 9): Dicke eines Neuteils bzw. Verschleißgrenze beträgt:

Modelljahre 1999 bis 2002:

- Reibscheiben A 3,42 bis 3,58 mm Verschleißgrenze 3,12 mm
- Reibscheibe B 2,92 bis 3,08 mm Verschleißgrenze 2,62 mm

Modelljahre 2003 bis 2009:

- alle Reibscheiben 2,92 bis 3,08 mm Verschleißgrenze 2,62 mm

2.1. Nicht maßhaltige Reibscheiben erneuern.

3. An den Stellen, wo die äußeren Klauen der Reibscheiben im Kupplungskorb und die inneren Zähne der Stahlscheiben in der Kupplungsnabe anliegen, sind Druckstellen zu sehen (Bilder 7 und 8). Bis zu einer gewissen Tiefe sind das normale Gebrauchsspuren. Sind die Riefen, Kerben, Scharten oder aufgeworfenen Kanten stark ausgeprägt, muss die Kupplung komplett erneuert werden.

3.1. Aufgeworfene Kanten an Klauen der Reibscheiben (Bild 10) können abgefeilt werden.

- Kanten nicht stark brechen, sonst werden die Anlageflächen zu schmal und die Klauen schlagen sich wieder im Kupplungskorb ein.
- Verschleißgrenze Klauenbreite 12,9 mm.

4. Ungespannte Länge der Kupplungsdruckfedern messen (Bild 12):

Mj. 1999 bis 2002: Neue Kupplungsdruckfeder ist 58,9 mm lang, Verschleißgrenze 56 mm.

Mj. 2003 bis 2009: Neue Kupplungsdruckfeder ist 53,1 mm lang, Verschleißgrenze 50,5 mm.

5. Sicht- und Fingerprobe Drucklager (Bild 11): Lager muss einwandfrei in Ordnung, alle Nadeln müssen vorhanden sein, es muss sich leicht drehen lassen und darf keine starken Geräusche von sich geben.

Kupplung zusammenbauen
Vor dem Einbau neuer Reibscheiben: Diese mindestens eine halbe Stunde in frischem Motoröl »baden«. Erst wenn sie satt mit Öl vollgesogen sind, sind sie einbaufertig.
■ Wenn sie trocken montiert werden, besteht die Gefahr, dass die Beläge bei der ersten Benutzung der Kupplung verbrennen!
Modelljahre 1999 bis 2002:
1. Als erstes »Reibscheibe B« einsetzen: Sie ist 2,92 bis 3,08 mm dick und hat Dämpferelemente an vier Klauen.
2. Dann kommt die erste Stahlscheibe und danach je eine Reib- und Stahlscheibe im Wechsel, bis die letzte Reibscheibe eingesetzt ist.
Modelljahre 2003 bis 2009:
1. Federsitzring und Federring auf Kupplungsnabe schieben (Bilder 13 und 14).
2. Zuerst die Reibscheibe mit dem großen Innendurchmesser einsetzen, dann jeweils eine Stahl- und Reibscheibe abwechselnd, bis die letzte Reibscheibe eingesetzt ist.
Weiter mit allen Modelljahren:
3. Druckplatte einbauen:
3.1. Druckpilz mit Drucklager und Anlaufscheibe einbauen, Druckplatte aufsetzen.
4. Kupplungsfedern einsetzen (Bild 16), Schrauben eindrehen (Bild 17) und fingerfest anziehen.
4.1. Topfscheiben einbauen (**Mj. 1999 bis 2002**).
Weiter mit allen Modelljahren:
5. Schrauben über Kreuz in mehreren Schritten…
■ … mit 6 Nm festziehen (**Mj. 1999 bis 2002**).
■ … mit10 Nm festziehen (**Mj. 2003 bis 2009**).
6. Deckel aufbauen, Dichtflächen gut reinigen.
Modelljahre 1999 bis 2002:
6.1. O-Ring in Kupplungsdeckel prüfen: Wenn in Ordnung, leicht mit Fett einstreichen. Wenn eingerissen oder gequetscht, erneuern.
6.2. Einen Tropfen Loctite »mittelfest« auf Gewinde der Deckelschrauben geben, eindrehen und schrittweise ringsum auf 10 Nm festziehen.
Modelljahre 2003 bis 2009:
6.1. Passbuchsen in Bohrungen einsetzen.
6.2. Neue Dichtung auflegen.
6.3. Deckel aufsetzen: Zahnräder von Wasserpumpe und Primärantrieb müssen exakt ineinander greifen.
6.4. Schrauben eindrehen, schrittweise ringsum bis auf 10 Nm festziehen.
7. Alle Modelljahre: Kupplungsspiel einstellen. Öl einfüllen nicht vergessen!

Kupplungsnabe und Kupplungskorb aus- und einbauen

Kupplungsnabe und -korb ausbauen
Zum Aus- und Einbau von Kupplungsnabe und -korb ist das Suzuki-Spezialwerkzeug »Halter für Kupplungsnabe« (Nr. 09920-53740) nötig. Es kann auch ein anderer, handelsüblicher Kupplungshalter verwendet werden (Bild 20).

1. Mit scharfem Meißel und kleinem Hammer das umgelegte Teil des Sicherungsblechs von der Mutter wegbiegen (Bild 18).
2. Spezialwerkzeug »Kupplungshalter« auf die Kupplungsnabe aufbauen (Bild 20).
3. Mutter öffnen und abdrehen (Bild 19), Sicherungsblech und Kupplungsnabe abnehmen.
■ Exakt auf die Kupplungsnabenmutter passende Nuss verwenden!
4. Anlaufscheibe abnehmen, Kupplungskorb von Getriebewelle abziehen.

Kupplungskorb und -nabe einbauen
1. Wenn die Buchse abgezogen ist: Sie so auf die Getriebewelle schieben, dass der Bund nach hinten zum Kugellager weist.
2. Kupplungskorb auf Buchse schieben: Darauf achten, dass die Zahnräder ineinander greifen.
3. Anlaufscheibe aufschieben.
4. Kupplungsnabe aufschieben.
5. Neue (oder flach geklopfte) Sicherungsscheibe aufschieben.
6. Mutter so aufschrauben, dass abgeschrägte Seite nach außen zeigt (Bild 19).
7. Kupplungsnabenhalter ansetzen, Mutter mit exakt passender Nuss auf 50 Nm festziehen.
8. Sicherungsscheibe an eine Fläche der Mutter dicht anlegen.
9. Kontrolle, ob alles richtig montiert ist: Kupplungsnabe muss sich leicht drehen lassen, während der Kupplungskorb stehen bleibt.

Bilder 6 bis 15 auf der linken und 16 bis 20 auf dieser Seite: Im Lauftext sind die zu den Bildern gehörenden Arbeitsschritte nummeriert beschrieben.

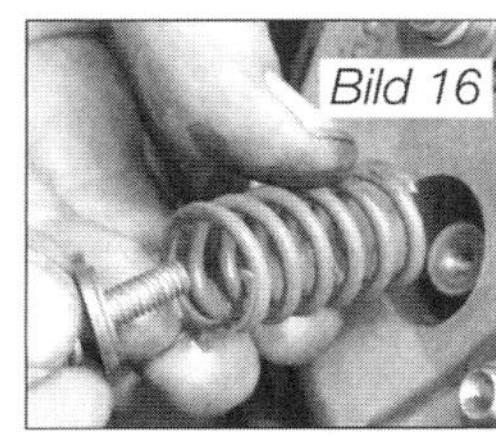
Bild 16

Bild 17

Bild 18

Bild 19

Bild 20
Spezialwerkzeug »Kupplungsnabenhalter«

Schaltung

In diesem Kapitel: Schaltung außen: Bauteile, Schaltgestänge prüfen, Probleme beheben · Schaltbetätigung ausbauen, prüfen und einbauen.

Einstellung Fußschalthebel

Der Fußschalthebel der Mj. 1999 bis 2003 ist direkt auf der linken Fußraste gelagert (Bild 1), ab Mj. 2004 auf einem extra Lagerbolzen (Bilder 2 und 3). Auf der Schaltwelle im Motor ist ein kleiner Schalthebel montiert, der mit dem Fußschalthebel über ein einstellbares Gestänge mit Kugelköpfen verbunden ist. Die Schrägeinstellung des Fußschalthebels (bzw. das Maß von Oberseite der Fahrerfußrasten zur Oberseite des Schalthebels) kann durch entsprechende Längeneinstellung der Schaltstange eingestellt werden.

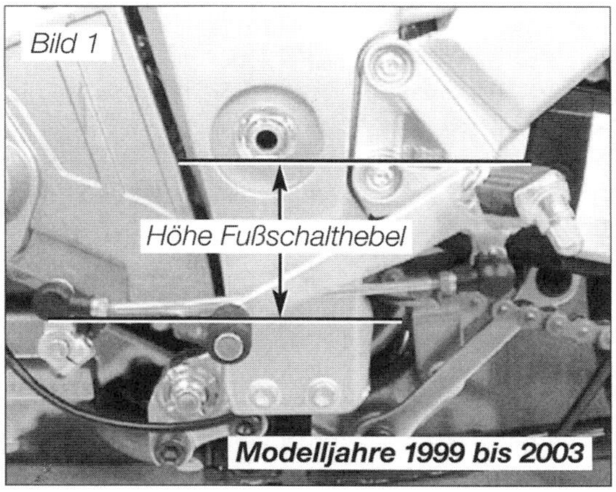

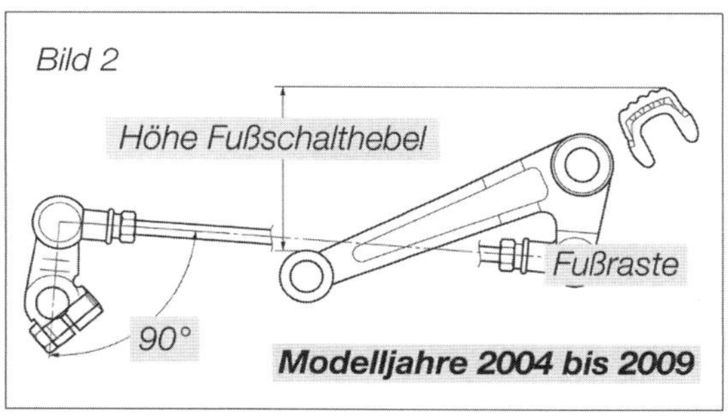

Bilder 1, 2 und 3: Fußschaltung mit kleinem Schalthebel, Fußschalthebel und einstellbarer Schaltstange.

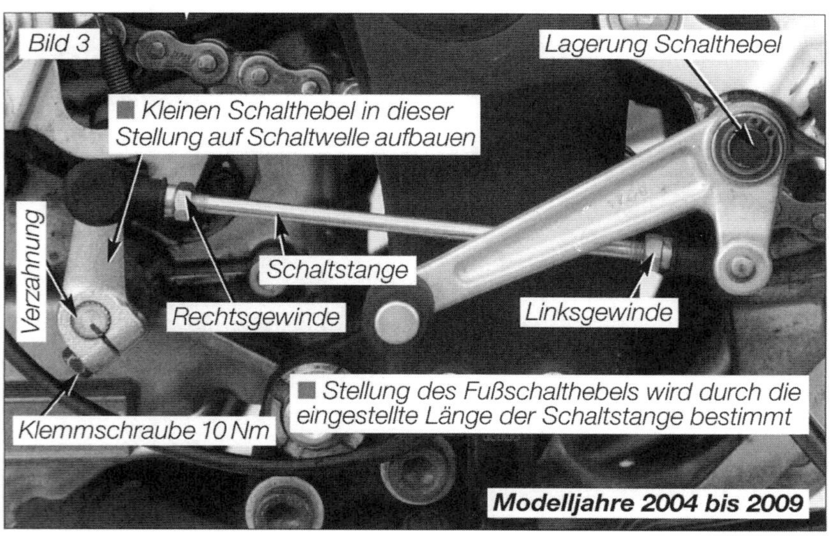

Kurzer Schalthebel
Der kurze Schalthebel auf der Schaltwelle muss zur Schaltstange einen 90 Grad-Winkel bilden (Bilder 1, 2 und 3) – also nie auf die Idee kommen, die Höhe des Fußschalthebels zu verändern, indem der kurze Schalthebel in einer anderen Position auf der Verzahnung der Schaltwelle angebracht wird! Wenn der kurze Schalthebel in ungünstigem Winkel zum Gestänge steht, können die Gänge nicht richtig eingelegt werden.

Wichtig: Falschstellung des kurzen Schalthebels auf Schaltwelle kann auch nicht durch entsprechendes Ein- oder Ausdrehen der Schaltstange in die Kugelköpfe korrigiert werden.

Fußschalthebel einstellen
Die von Suzuki vorgeschrieben Höhe des Fußschalthebels beträgt:
SV 650:
Modelljahre 1999 bis 2002 .... 55 bis 60 mm
Modelljahr 2003 .... 50 bis 60 mm
Modelljahre 2004 bis 2009 .... 60 bis 70 mm
SV 650 S:
Modelljahre 1999 bis 2003 .... 60 bis 70 mm
Modelljahre 2004 bis 2009 .... 50 bis 60 mm

Wenn der Fußschalthebel nach oben oder unten verstellt werden soll, muss die Länge der Schaltstange verändert werden (Bild 3):
1. Beide Kontermuttern der Kugelköpfe an der Schaltstange lösen und mindestens zwei Umdrehungen zurückdrehen.
Wichtig: Das hintere Gewindestück der Schaltstange hat ein Linksgewinde!
Beachten: Beim Lösen (sowie beim späteren Festziehen) der Kontermuttern die Schaltstange mit Zange gegenhalten, sonst werden die Kugelköpfe beschädigt!
2. Durch Rechts- oder Linksdrehen der Schaltstange wird die Lage des Fußschalthebels nach oben oder unten verändert.
3. Wenn die richtige Einstellung gefunden ist, Kontermuttern gegen Kugelköpfe kontern.

Schaltung außen

Wenn die Schaltung nicht richtig funktioniert, kann dies an folgenden Bauteilen liegen:
1. Schaltstange lose, weil Kontermuttern nicht festgezogen sind.
2. Klemmschraube des kleinen Schalthebels auf Schaltwelle (Bild 3) lose.
3. Verzahnung im kleinen Schalthebel und auf Schaltwelle (Bild 3) ausgeschlagen, abgenutzt.
4. Lagerung Fußschalthebel korrodiert oder schmutzig und deswegen schwergängig.
5. Schaltwelle verbogen.
6. Schaltplatte und Schaltklinke (Bilder 6, 8, 9) schwergängig, klemmt oder Schaltklinke ist an ihren Kanten abgenutzt.
7. Schaltfeder (Bilder 6, 8 und 9) lahm oder gebrochen.
8. Problem am Arretierhebel der Schaltung (Bilder 6 und 7): Feder gebrochen, Rolle schwergängig, Befestigung lose oder klemmt.

Diese Probleme lassen sich bei eingebautem Motor reparieren. Liegen schwerwiegende Schäden an Schaltwalze, Schaltgabeln oder den Getriebezahnrädern und -wellen vor, muss der Motor in der Fachwerkstatt repariert werden.

Schaltgestänge prüfen, reparieren
Wenn sich die Gänge nicht exakt einlegen lassen, zuerst das Schaltgestänge prüfen:
■ **Prüfen:** Klemmschraube im kleinen Schalthebel gut festgezogen? Falls nicht: Festziehen mit 10 Nm, entspricht »gut handfest« (Bild 3).
■ **Prüfen:** Verzahnungen in Schalthebel und an Schaltwelle (Bild 3) noch einwandfrei? Wenn lange Zeit mit loser Klemmschraube geschaltet wurde, hat sich der kurze Schalthebel unkontrolliert bewegt und deswegen sind Außenverzahnung der Schaltwelle sowie Innenverzahnung des Schalthebels beschädigt (»Spitzen abgenutzt«).
Problem beseitigen: Schalthebel abbauen, Verzahnung mit Messingbürste putzen, etwas dickes Fett an Verzahnung geben, Schalthebel aufbauen: Neue Klemmschraube verwenden!
Beachten: Kleinen Schalthebel so anbauen, dass sich zwischen ihm und der Schaltstange ein 90-Grad-Winkel bildet (Bilder 2 und 3).
■ **Prüfen:** Lagerung des Fußschalthebels (Bilder 3 und 5) ausreichend leichtgängig oder verbogen und/oder korrodiert?
Problem beseitigen:
Bei Modelljahren 1999 bis 2003:
1. Kleinen Schalthebel abbauen: Klemmschraube ausdrehen, Schalthebel abziehen.
2. Linke Fußrastenplatte abschrauben.
3. Fußraste von Fußrastenplatte abschrauben.
4. Fußschalthebel von Lagerung an der Fußraste abnehmen.
5. Korrosion auf Lagerstelle der Fußraste und in Schalthebel mit feinem Schmirgel beseitigen.
6. Lagerstelle gut einfetten, Fußschalthebel auf Fußraste aufschieben, Fußraste an Fußrastenhalterung anschrauben, mit 39 Nm festziehen.
7. Fußrastenhalterung an Rahmen anschrauben, mit 23 Nm festziehen.

Bei Modelljahren 2004 bis 2009:
1. Fußschalthebel von Lagerstelle abbauen: Seegerring (Bild 4) und Scheibe von Lagerbolzen abnehmen, Schalthebel abziehen.
2. Korrosion auf Lagerbolzen und in Lagerbuchse im Schalthebel mit feinem Schmirgel beseitigen.
3. Lagerstelle gut einfetten, Fußschalthebel auf Lagerbolzen aufschieben, Scheibe und Seegerring anbringen.
■ **Prüfen:** Kugelgelenke an beiden Enden der Schaltstange in Ordnung? Sie dürfen nicht zu viel »Luft« haben, müssen sich leicht bewegen. Wenn defekt, neue Kugelgelenke einbauen (Bilder 2 und 3).
■ **Prüfen:** Stimmt die Einstellung der Schaltung?

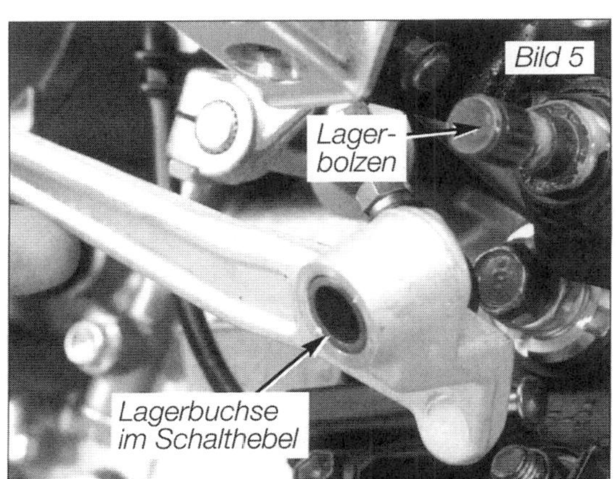

Bilder 4 und 5: Bei den Modelljahren ab 2004 wird zum Abbau des Fußschalthebels von seiner Lagerstelle eine Außen-Seegerringzange benötigt.

Schaltung innen

Schaltbetätigung ausbauen

Wenn alle Teile der inneren Schaltbetätigung zusammengebaut sind, ist dies ein »Schaltautomat«. Wenn daran etwas defekt ist, kann man die Schaltwelle mit den Bauteilen Schaltplatte, Schaltklinke und Schaltfeder (Bild 7) komplett ausbauen und defekte Teile ersetzen.

1. Kupplung ausbauen (Kapitel 25 »Kupplung«).
2. Ritzelabdeckung abbauen.
3. Kleinen Schalthebel abbauen.

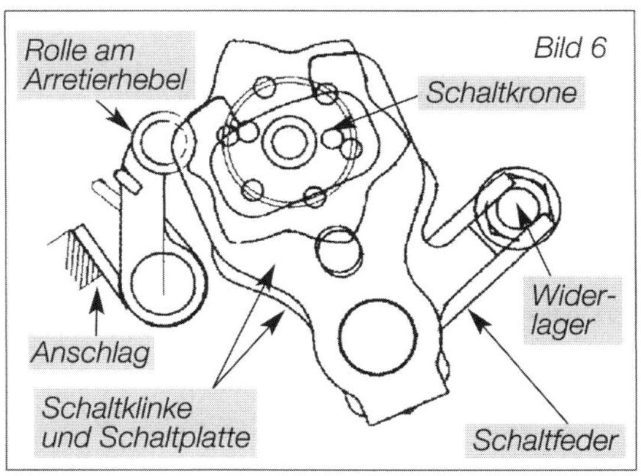

Bild 6: Schaltautomat in Einbauposition.

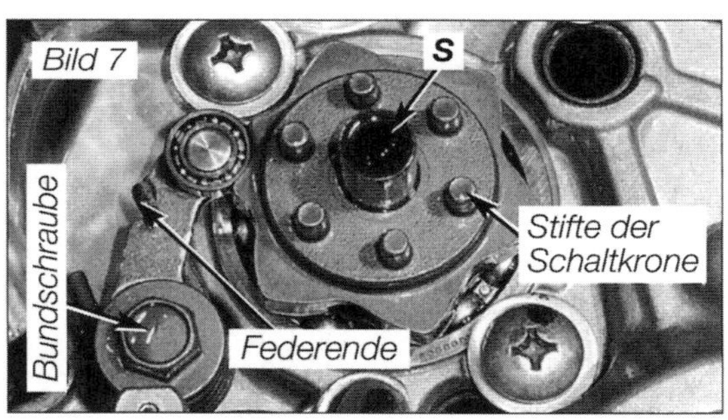

Bild 7: Blick auf die Schaltkrone bei ausgezogener Schaltwelle und damit abgenommener Schaltklinke.

Zu Bild 7:
S = Schraube:
■ 10 Nm bis Mj. 2002
■ 13 Nm ab Mj. 2003
jeweils plus Loctite »mittelfest«

4. Äußeren Seegerring von Schaltwelle abbauen.
5. Schaltklinke von Schaltkrone (Bild 6) abheben, Schaltwelle herausziehen.
■ Auf die Scheiben am Motorgehäuse achten.

Schaltbetätigung prüfen

1. Alle auf die Schaltwelle aufgebauten Teile überprüfen: Schaltfeder und Rückholfeder (Bilder 8 und 9) müssen formstabil vorhanden sein, volle Federkraft haben und freigängig arbeiten können: Erneuern wenn verschlissen, verbogen oder beschädigt.
2. Wenn die Rolle am Arretierhebel (Bilder 6 und 7) schwergängig ist, muss der komplette Hebel erneuert werden, weil die Lagerung der Rolle fest mit dem Hebel vernietet ist.
2.1. Einbau des Arretierhebels (Bilder 6 und 7): Umgebogenes Ende der Feder am Arretierhebel einhängen, anderes Ende am Anschlag ansetzen, Bundschraube des Arretierhebels eindrehen und mit 10 Nm festziehen.
3. Schaltkrone: Alle Stifte müssen vorhanden sein und fest sitzen, ihre Kanten dürfen nicht abgerundet sein. Wenn verschlissen, erneuern: Zentralschraube ausdrehen. Schaltkrone abnehmen, neue Schaltkrone aufsetzen, etwas Loctite » mittelfest« an Gewinde der Schraube geben, eindrehen und festziehen:
■ 10 Nm in den Modelljahren 1999 bis 2002
■ 13 Nm in den Modelljahren 2003 bis 2009

Einbau der Schaltbetätigung

1. Enden der Schaltfeder müssen am Widerlager rechts und links sitzen (siehe Bild 6).
2. Schaltwelle mit aufgesetzter Scheibe einschieben, Schaltklinke auf Schaltkrone zum Eingriff bringen, Schaltwelle ganz einschieben.
3. Scheibe aufschieben, neuen Seegerring montieren (Bild 4).
4. Schaltgestänge anbauen.
5. Kupplung einbauen.
Wichtig: Motorölstand kontrollieren, ggf. auffüllen!

Bilder 8 und 9: Schnittzeichnung und Ansicht von Schaltwelle, Schaltklinke und Schaltplatte mit Schaltfeder.

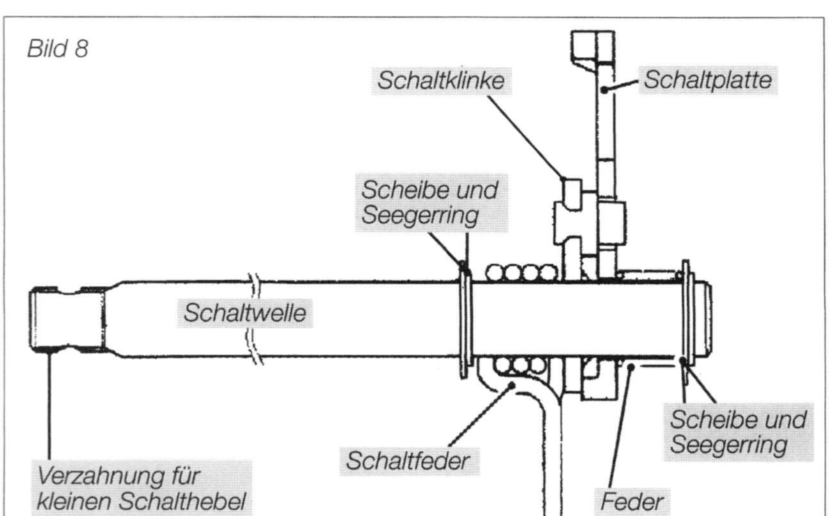

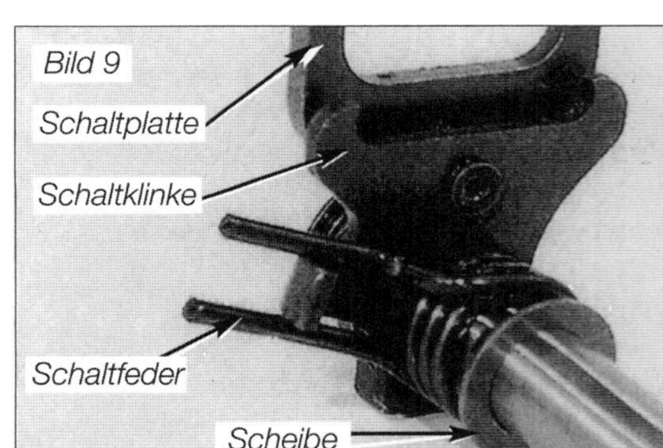

Ventilspiel

In diesem Kapitel: Ventilspiel · Vorbereitende Arbeiten · Ventilspiel messen · Einstellplättchen austauschen · Nockenwellen aus- und einbauen · Tabellen Ventilspiel-Einstellplättchen.

Ventilspiel

Ein gewisses Spiel zwischen Nocken, Tassenstößel und Ventil ist nötig, damit die Ventile den Brennraum über die Ventilsitze bei allen Betriebstemperaturen dicht abschließen und kein Gas unkontrolliert entweichen kann.

Laut Wartungsplan muss das Ventilspiel alle 24 000 km oder alle 4 Jahre überprüft und ggf. eingestellt werden. Beim Einstellen wird das unter dem Stößel eingesetzte Ventileinstellplättchen (»Shim«) je nach Bedarf durch ein dickeres oder dünneres ersetzt.

Vorgeschriebenes Ventilspiel
- Einlassventile 0,10 mm bis 0,20 mm
- Auslassventile 0,20 mm bis 0,30 mm

Nockenstellung: Das Ventilspiel wird zwischen Nocken-Grundkreis und Tassenstößel gemessen, der Nockenbuckel zeigt nach oben (Bild 1).

So lange mit verschieden dicken Fühlerblattlehren prüfen, bis eine gefunden ist, die sich zwischen Nocken und Tassenstößel satt durchziehen lässt (Bild 2). Dieses »Ist-Ventilspiel« mit den zugehörigen Zylinderzahlen sowie E und A (für Einlass und Auslass) notieren. Es dient später dazu, neue Shims auszuwählen, um das Ventilspiel auf die vorgeschriebenen Werte einzustellen.

Vorbereitende Arbeiten
Zur Kontrolle und Einstellung des Ventilspiels muss der Motor kalt sein. Weil zur Kontrolle und Einstellung des Ventilspiels eine ganze Menge Teile abgebaut werden müssen, das Motorrad sicher auf Montageständer aufbocken.

Modelljahre 1999 bis 2002
1. Verkleidung abbauen bei SV 650 S.
2. Fahrersitz abschrauben.
3. Kühler abbauen (Kapitel 24 »Kühlsystem«).

Modelljahre 2003 bis 2009
1. PAIR-Luftschläuche auf beiden Ventildeckeln abnehmen.
2. Untere Schrauben der Kühlerbefestigung ausschrauben, Kühler nach vorne drücken.

Alle Modelljahre
1. Tank anheben und abstützen.
2. Zündkerzenstecker abziehen, Zündkerzen herausschrauben.
3. Befestigungsschrauben der Ventildeckel ausdrehen, Ventildeckel abnehmen.
4. Unten am linken Motorseitendeckel ausschrauben: Einstelllochkappe in Höhe des Zylinderfußes des liegenden Zylinders (Bild 3).
- Schraubdeckel in Generatordeckelmitte (Bild 4).

Ventilspielkontrolle
Zylinderzählweise
Zylinder 1 ist der vordere (»liegende«) Zylinder, Zylinder 2 der hintere (»stehende«) Zylinder.

Kontrolle des Ventilspiels
Ventilspiel liegender Zylinder (»Zylinder 1«)
1. Unten am Motor (Bild 4): Kurbelwelle mit 17er-Steckschlüssel entgegen dem Uhrzeigersinn (<u>links</u> herum drehen, bis sich Markierung »| **F**« auf Generatorrotor mit Nut in Gehäusebohrung deckt (Bild 3a).
2. Oben am Zylinderkopf des liegenden Zylinders: Nockenbuckel zeigen voneinan-

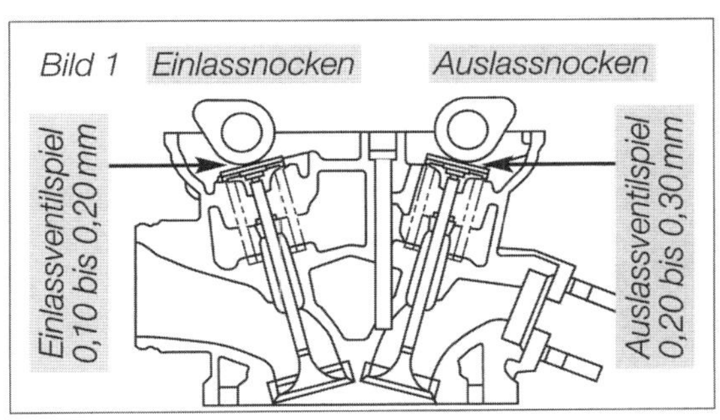

Bilder 1 und 2: Ein gewisses Spiel zwischen Nocken, Tassenstößel und Ventil ist nötig, damit die Ventile den Brennraum bei allen Betriebstemperaturen jederzeit dicht abschließen und kein Gas unkontrolliert entweichen kann.

Das Ventilspiel wird zwischen Nocken und Ventilstößel in der im Bild 2 gezeigten Stellung des Nockens gemessen.

Bilder 3, 3a und 4: Einstelllochkappe (3), Markierung (3a), Drehen der Kurbelwelle mit Nuss und Verlängerung (4).

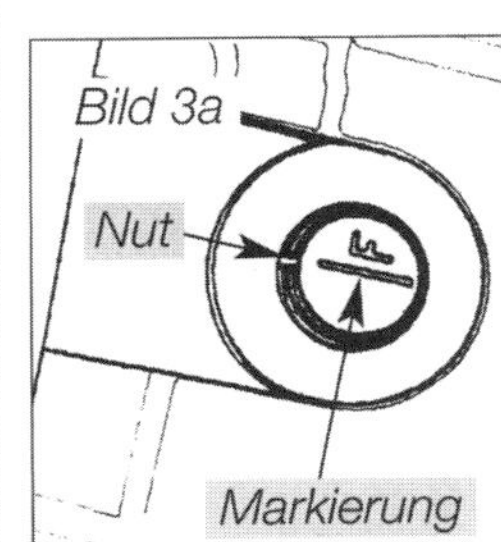

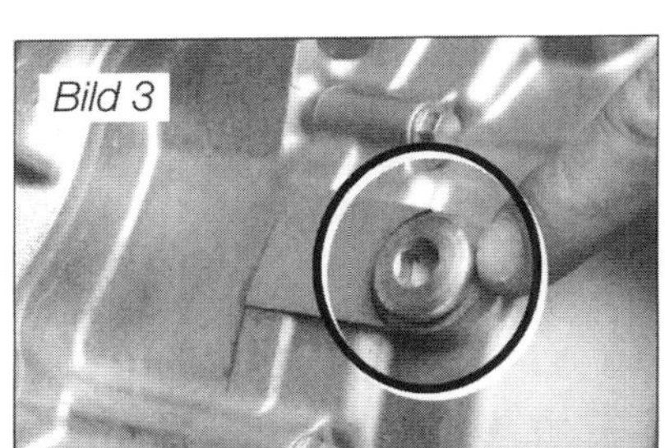

Sichtprüfung Messen

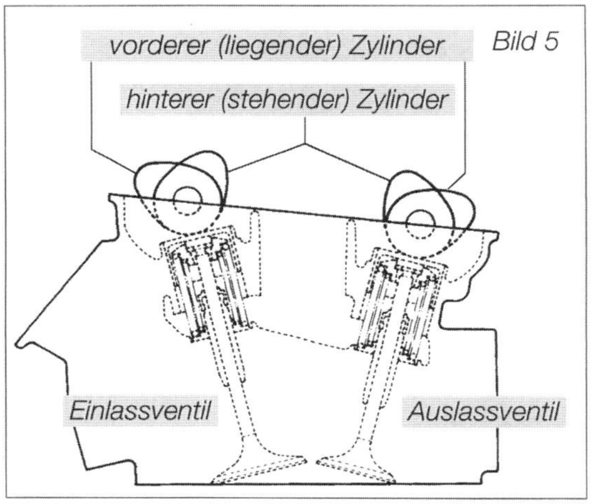

Bild 5: Stellung der Einlass- und Auslassnocken im Zünd-OT (oberer Totpunkt des Kolbens im Moment der Zündung) zum Messen des Ventilspiels:

- *Beim vorderen Zylinder weisen die Nockenbuckel voneinander weg.*
- *Beim hinteren Zylinder sind die Nockenbuckel einander zugewandt.*

der weg (Bild 5), Ventilspiel kann gemessen werden.

Wichtig: Zeigen die Nockenbuckel wider Erwarten nicht voneinander weg, Kurbelwelle um eine ganze Umdrehung (360 Grad) drehen.

3. Spiele der Einlass- und Auslassventile messen: Ist-Spiel notieren!

Ventilspiel stehender Zylinder (»Zylinder 2«):

1. Unten am Motor: Kurbelwelle links entgegen dem Uhrzeigersinn eine 3/4 Umdrehung (270°) drehen, bis sich die »| **R**«-Markierung auf dem Generatorrotor mit der Nut in der Gehäusebohrung deckt.

2. Oben am Zylinderkopf des stehenden Zylinders: Nockenbuckel zeigen zueinander (Bild 5), Ventilspiele können gemessen werden.

3. Spiele der Einlass- und Auslassventile messen: Ist-Spiel notieren!

Ergebnisse werten

- Wenn die gemessenen Ventilspiele innerhalb der vorgeschriebenen Toleranzen liegen, kann der Motor wieder zusammengebaut werden.
- Wenn aber auch nur ein Ein- oder Auslassventil das vorgeschriebene Ventilspiel unter- oder überschreitet, müssen die Ein- oder Auslass-Nockenwellen ausgebaut und neue Ventilspiel-Einstellplättchen eingesetzt werden.

Bilder 6 und 7: Tassenstößel wird mit Magnetheber herausgezogen, darunter sitzt der Shim. Dieser wird mit der Zahl nach oben eingebaut.

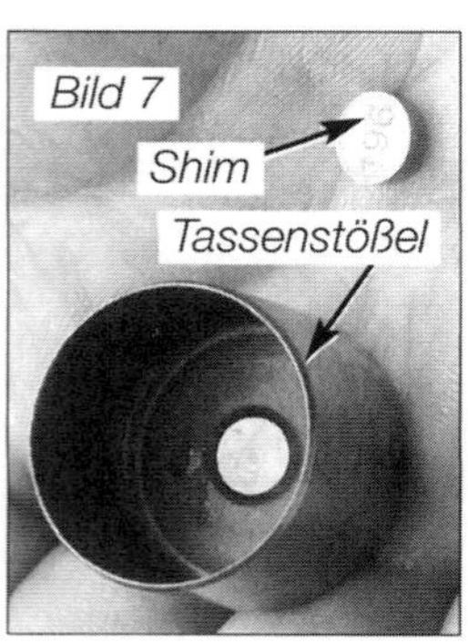

Nockenwellen aus-/einbauen

Kennzeichnung der Nockenwellen

Die Nockenwellen sind folgendermaßen gekennzeichnet:

- Einlassnockenwelle liegender Zylinder (»Zylinder 1«): »INF« (= Inlet Front)
- Auslassnockenwelle liegender Zylinder (»Zylinder 1«): »EXF« (= Exhaust Front)
- Einlassnockenwelle stehender Zylinder (»Zylinder 2«): »INR« (= Inlet Rear)
- Auslassnockenwelle hinterer Zylinder (»Zylinder 2«): »EXR« (= Exhaust Rear)

Nockenwellen ausbauen liegender Zylinder

1. Unten am Motor: Kurbelwelle mit 17er-Steckschlüssel entgegen dem Uhrzeigersinn (links herum) drehen, bis sich die Markierung »| **F**« (Bild 3a) auf dem Generatorrotor mit der Nut in der Gehäusebohrung deckt.

2. Oben am Zylinderkopf des liegenden Zylinders: Alle Nockenbuckel zeigen voneinander weg (Bild 5).

Wichtig: Zeigen die Nockenbuckel wider Erwarten nicht voneinander weg, muss die Kurbelwelle um eine ganze Umdrehung (360 Grad) gedreht werden.

3. Oben am Zylinderkopf: Die Nockenwellen-Kettenräder müssen sich nun in der in Bild 8 gezeigten Stellung befinden.

4. Steuerketten-Führungsblech (Bild 13) abschrauben.

5. Steuerkettenspanner (Bild 15) ausbauen: Hintere Zentralschraube lösen und ausdrehen, Feder herausziehen, Dichtung abnehmen, Steuerkettenspanner abschrauben.

6. Schrauben der Nockenwellenlagerdeckel in mehreren Schritten über Kreuz lösen.

Wichtig: Schrauben unbedingt in mehreren kleinen Schritten über Kreuz lösen, sonst können die Nockenwellenlagerdeckel brechen.

7. Nockenwellenlagerdeckel nach oben abnehmen. Auf die Passhülsen achten (diese am besten in ihren Bohrungen im Zylinderkopf stecken lassen).

8. Nockenwellen herausnehmen: Dabei die Steuerkette etwas anheben.

9. Steuerkette leicht ziehen und so ablegen bzw. abhängen, dass sie nicht in den Schacht hineinfallen kann.

Nockenwellen einbauen liegender Zylinder

Es muss sichergestellt sein, dass die Kurbelwelle nicht verdreht wurde, also noch so steht wie beim Ausbau der Nockenwellen: Markierung »| **F**« (Bild 3a) auf Generatorrotor deckt sich mit Nut in Gehäusebohrung.

- Auf alle Lagerstellen der Nockenwellen sowie die Nocken etwas frisches Motoröl geben.

1. Auslassnockenwelle durch Steuerkette fädeln, lose in ihre Lager einlegen, Kette aber noch nicht auflegen.

1.1. Nockenwelle so drehen, dass die Pfeilmarke »**1F**« auf die untere Dichtfläche des Zylinders zeigt (siehe Bild 8).

2. Steuerkette vorsichtig straffen, auf Nockenwellenrad auflegen, Nockenwelle in Lager legen.

Pfeilmarke »**1F**« muss nach unten zeigen und sich mit Dichtfläche decken; andere Pfeilmarkierung mit »**2**« muss senkrecht nach vorne weisen (Bild 8).

3. Steuerkette zum Einlass hin vorsichtig straffen. Bei Pfeilmarkierung »**2**« beginnend 16 Rollenstifte der Steuerkette abzählen (Bild 8).

4. Einlassnockenwelle durch Steuerkette fädeln, in ihre Lager einlegen, Steuerkette gleichzeitig so auf Nockenwellenrad auflegen, dass der 16. Rollenstift über Pfeilmarkierung mit »**3**« in Eingriff kommt (Bild 8).

Kontrolle: Sicherstellen, dass Markierungen auch wirklich exakt stehen und die Steuerkette richtig in ihren Zähnen sitzt.

5. Nockenwellen-Lagerdeckel aufbauen:

5.1. Sind alle Passhülsen eingesetzt?

5.2. Nockenwellen-Lagerdeckel in richtige Position aufsetzen, mit Hand leicht niederdrücken, Schrauben eindrehen und über Kreuz Schritt für Schritt mit Gefühl handfest anziehen.

5.3. Mit Drehmomentschlüssel über Kreuz mit 10 Nm festziehen.

Achtung: Kurbelwelle darf während des Einbaus der Nockenwellen nicht gedreht werden, um Schäden am Ventiltrieb oder falsche Steuerzeiten zu vermeiden.

Steuerkettenspanner einbauen

1. Anschlagklinke des Steuerkettenspanners lösen (Bild 11), Stößel zurückdrücken (Bild 12).

2. Steuerkettenspanner mit neuer Dichtung versehen in Bohrung einschieben, »UP«-Markierung muss zum Zylinderkopf zeigen. Schrauben eindrehen, mit 10 Nm festziehen.

3. Feder in Steuerkettenspanner einsetzen, Verschlussschraube mit neuer Aludichtscheibe bestücken, eindrehen, mit 35 Nm festziehen.

4. Führungsblech der Steuerkette anschrauben mit 10 Nm.

Nockenwellen ausbauen stehender Zylinder

1. Kurbelwelle um 360° (1 Umdrehung) links herum drehen, bis sich »**| F**«-Markierung auf dem Generatorrotor mit Nut in der Gehäusebohrung deckt (Bild 3a).

Nockenwellen des stehenden Zylinders sind nun in der im Bild 10 gezeigten Position (entspricht »90° nach OT«).

2. Führungsblech der Steuerkette abschrauben.

3. Steuerkettenspanner ausbauen.

4. Schrauben der Nockenwellenlagerdeckel lösen und über Kreuz ausdrehen, Lagerdeckel abnehmen.

■ Auf Passhülsen achten (stecken lassen!)

5. Einlassnockenwelle herausnehmen, dann Auslassnockenwelle.

6. Steuerkette leicht spannen und mit einem Draht nach rechts und links so abhängen, damit sie nicht in den Schacht fällt.

Bild 8: Stellung der Nockenwellenkettenräder des liegenden Zylinders beim Aus- und Einbau der Nockenwellen.

Bild 9: Stellung der Nockenwellenkettenräder des stehenden Zylinders beim Aus- und Einbau der Nockenwellen.

Bild 10: Position der Nocken bei Stellung der Nockenwellenkettenräder wie in Bild 9.

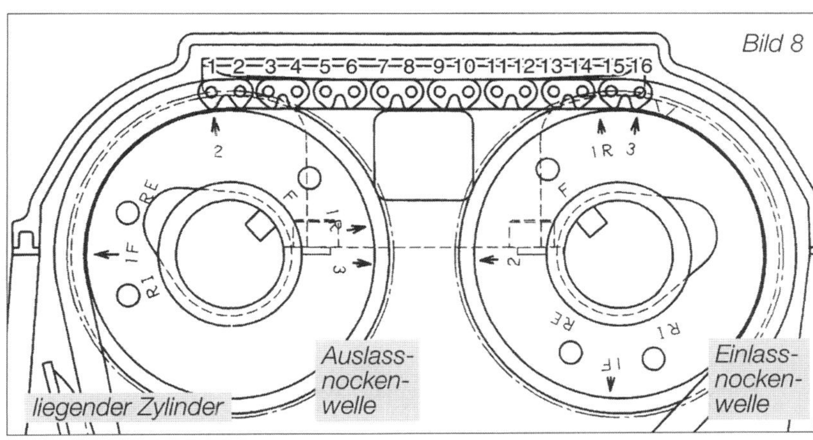

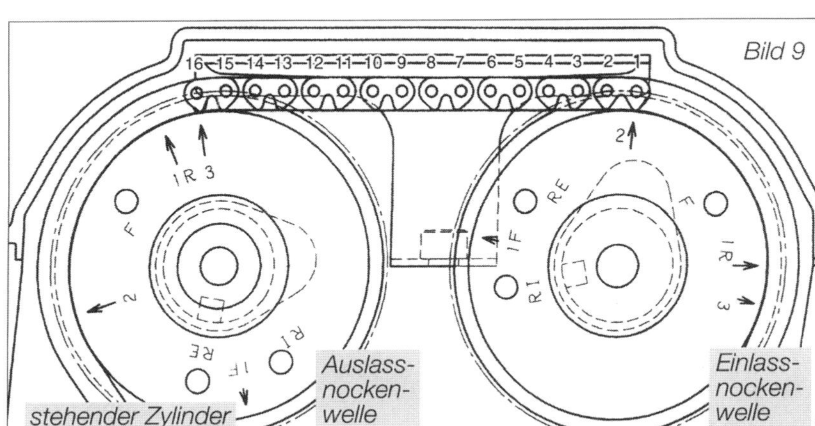

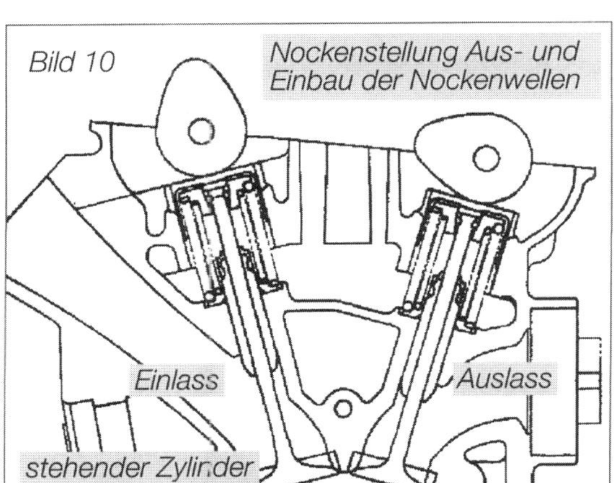

Sichtprüfung Messen

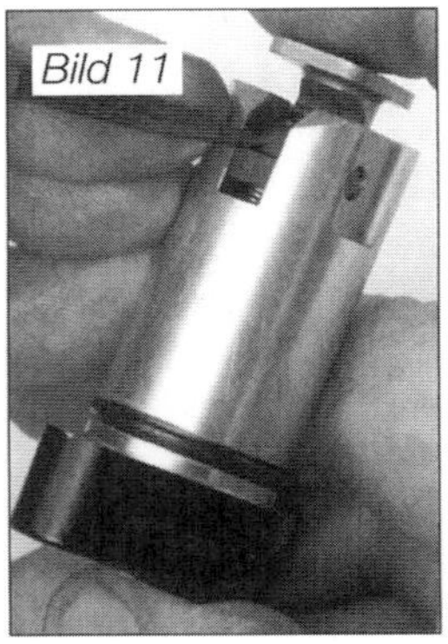

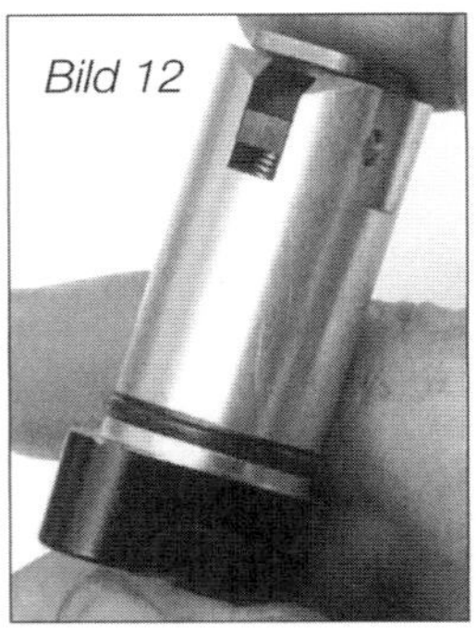

Bilder 11 und 12: Entspannen des Steuerkettenspanners.

Bilder 13 und 14: Motoröl in Öltaschen einfüllen, Passstifte und O-Ringe einsetzen.

Einstellplättchen auswählen

Zum Einstellen des Ventilspiels stehen 21 verschiedene Ventileinstellplättchen mit Dicken von 1,20 bis 2,20 mm in Abstufungen von 0,05 mm zur Verfügung. Mit Hilfe der Tabelle auf der nächsten Seite lässt sich das benötigte Ventileinstellplättchen finden.

Einstellplättchen wechseln

1. Ventilstößel mit Magnetheber herausziehen (Bild 6). Dabei darauf achten...

■ ...dass beim Zusammenbau alle Ventilstößel wieder in die Bohrungen eingesetzt werden, aus denen sie herausgezogen wurden. Entweder man markiert sie oben auf der Planfläche mit einem Farbstift oder legt sie entsprechend der Ausbaureihenfolge ab.

■ ...dass kein Einstellplättchen heraus- und in den Motor fällt.

2. Plättchen mit Magnetheber herausnehmen.

3. Dicke des Plättchens mit einer Mikrometerschraube messen.

4. Neues Einstellplättchen auswählen, einölen und mit Zahl nach oben einsetzen.

5. Ventilstößel einölen, in Bohrung einschieben.

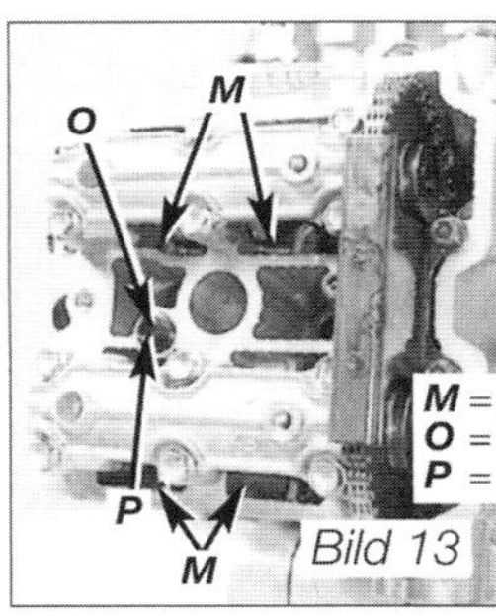

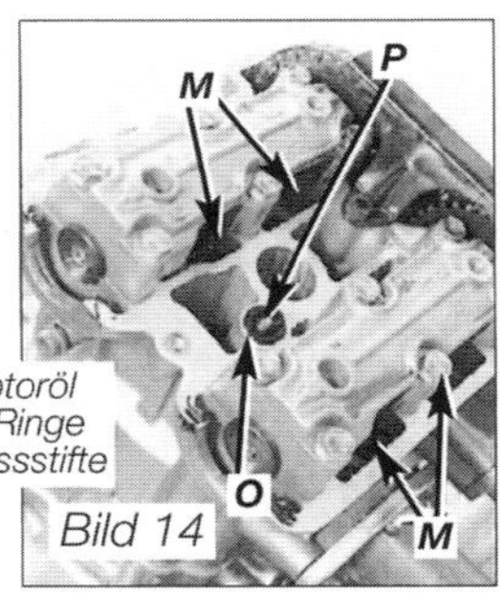

Bild 15: Lage der Bauteile des Ventiltriebs.

Nockenwellen einbauen stehender Zylinder

1. Einlassnockenwelle durch Steuerkette fädeln, lose in ihre Lager einlegen, Kette aber noch nicht auflegen.

1.1. Nockenwelle so drehen, dass die Pfeilmarke »**1R**« auf hintere Dichtfläche des Zylinders zeigt (siehe Bild 9).

2. Steuerkette vorsichtig straffen, auf Nockenwellenrad auflegen, Nockenwelle in Lager legen.

Pfeilmarke »**1R**« muss nach hinten zeigen und sich mit Dichtfläche decken; andere Pfeilmarkierung mit »**2**« muss senkrecht nach oben weisen (Bild 9).

3. Steuerkette zum Auslass hin vorsichtig straffen. Bei Pfeilmarkierung »**2**« beginnend 16 Rollenstifte der Steuerkette abzählen (Bild 9).

4. Auslassnockenwelle durch Steuerkette fädeln, in ihre Lager einlegen, gleichzeitig Steuerkette so auf das Nockenwellenrad auflegen, dass der 16. Rollenstift über Pfeilmarkierung mit»**3**« in Eingriff kommt (Bild 9).

Kontrolle: Sicherstellen, dass alle Markierungen auch wirklich exakt stehen und die Steuerkette richtig in ihren Zähnen sitzt.

Nun können Sie am stehenden Zylinder weiterarbeiten wie beim liegenden schon beschrieben. Danach den Motor einige Male durchdrehen und prüfen, ob sich alles leicht dreht, die Ventile korrekt geöffnet werden und selbsttätig schließen. Zur Sicherheit das Ventilspiel nochmals messen. Falls es nicht korrekt ist, muss die Prozedur (leider) wiederholt werden.

Alle vorher abgebauten Teile wieder Stück für Stück anbauen, dabei besonders beachten:

■ Etwas Motoröl in jede Öltasche des vorderen und hinteren Zylinders einfüllen (Bilder 13 und 14).

■ Passstifte und O-Ringe in Zylinderköpfe einsetzen (Bilder 13 und 14).

■ Neue Dichtungen für Ventildeckel und Ventildeckel-Schrauben verwenden, um Ölundichtigkeiten zu vermeiden.

■ Ventildeckeldichtungen müssen exakt sitzen.

■ Etwas Dichtmittel in die halbrunden Aussparungen an der Zylinderkopf-Außenseite auftragen.

■ Spezialschrauben in die Ventildeckel einsetzen, Schraube um Schraube über Kreuz leicht anlegen und mit 14 Nm festziehen.

■ Abgebaute Teile in umgekehrter Reihenfolge des Abbaus wieder anbauen.

■ Einschrauben: Schraubdeckel in Mitte Generatordeckel 11 Nm, Einstelllochkappe 23 Nm.

Aufdruck (Suffix-Nr.)	120	125	130	135	140	145	150	155	160	165	170	175	180	185	190	195	200	205	210	215	220
Dicke (mm) / gemessenes Ventilspiel in mm	1,20	1,25	1,30	1,35	1,40	1,45	1,50	1,55	1,60	1,65	1,70	1,75	1,80	1,85	1,90	1,95	2,00	2,05	2,10	2,15	2,20
0,00-0,04			1,20	1,25	1,30	1,35	1,40	1,45	1,50	1,55	1,60	1,65	1,70	1,75	1,80	1,85	1,90	1,95	2,00	2,05	2,10
0,05-0,09		1,20	1,25	1,30	1,35	1,40	1,45	1,50	1,55	1,60	1,65	1,70	1,75	1,80	1,85	1,90	1,95	2,00	2,05	2,10	2,15
0,10-0,20	VORGESCHRIEBENES SPIEL/KEINE EINSTELLUNG ERFORDERLICH																				
0,21-0,25	1,30	1,35	1,40	1,45	1,50	1,55	1,60	1,65	1,70	1,75	1,80	1,85	1,90	1,95	2,00	2,05	2,10	2,15	2,20	2,20	
0,26-0,30	1,35	1,40	1,45	1,50	1,55	1,60	1,65	1,70	1,75	1,80	1,85	1,90	1,95	2,00	2,05	2,10	2,15	2,20			
0,31-0,35	1,40	1,45	1,50	1,55	1,60	1,65	1,70	1,75	1,80	1,85	1,90	1,95	2,00	2,05	2,10	2,15	2,20				
0,36-0,40	1,45	1,50	1,55	1,60	1,65	1,70	1,75	1,80	1,85	1,90	1,95	2,00	2,05	2,10	2,15	2,20					
0,41-0,45	1,50	1,55	1,60	1,65	1,70	1,75	1,80	1,85	1,90	1,95	2,00	2,05	2,10	2,15	2,20						
0,46-0,50	1,55	1,60	1,65	1,70	1,75	1,80	1,85	1,90	1,95	2,00	2,05	2,10	2,15	2,20							
0,51-0,55	1,60	1,65	1,70	1,75	1,80	1,85	1,90	1,95	2,00	2,05	2,10	2,15	2,20								
0,56-0,60	1,65	1,70	1,75	1,80	1,85	1,90	1,95	2,00	2,05	2,10	2,15	2,20									
0,61-0,65	1,70	1,75	1,80	1,85	1,90	1,95	2,00	2,05	2,10	2,15	2,20										
0,66-0,70	1,75	1,80	1,85	1,90	1,95	2,00	2,05	2,10	2,15	2,20											
0,71-0,75	1,80	1,85	1,90	1,95	2,00	2,05	2,10	2,15	2,20												
0,76-0,80	1,85	1,90	1,95	2,00	2,05	2,10	2,15	2,20													
0,81-0,85	1,90	1,95	2,00	2,05	2,10	2,15	2,20														
0,86-0,90	1,95	2,00	2,05	2,10	2,15	2,20															
0,91-0,95	2,00	2,05	2,10	2,15	2,20																
0,96-1,00	2,05	2,10	2,15	2,20																	
1,01-1,05	2,10	2,15	2,20																		
1,06-1,10	2,15	2,20																			
1,11-1,15	2,20																				

Einlassventil-Einstellplättchen

Beispiel zur Bestimmung eines neuen Ventilspiel-Einstellplättchens

1. *Vorgeschriebenes Einlass-Ventilspiel kalt: 0,10 bis 0,20 mm*
2. *Gemessenes Einlass-Ventilspiel 0,23 mm*
3. *Dicke des eingebauten Plättchens 1,65 mm*
4. *Das eingebaute Plättchen mit der Nummer 165 ersetzen durch ein neues Plättchen mit der Nummer 175 (Dicke 1,75 mm)*
5. *Ergebnis: Das neue Einlass-Ventilspiel beträgt 0,13 mm*

Aufdruck (Suffix-Nr.)	120	125	130	135	140	145	150	155	160	165	170	175	180	185	190	195	200	205	210	215	220
Dicke (mm) / gemessenes Ventilspiel in mm	1,20	1,25	1,30	1,35	1,40	1,45	1,50	1,55	1,60	1,65	1,70	1,75	1,80	1,85	1,90	1,95	2,00	2,05	2,10	2,15	2,20
0,05-0,09				1,20	1,25	1,30	1,35	1,40	1,45	1,50	1,55	1,60	1,65	1,70	1,75	1,80	1,85	1,90	1,95	2,00	2,05
0,10-0,14			1,20	1,25	1,30	1,35	1,40	1,45	1,50	1,55	1,60	1,65	1,70	1,75	1,80	1,85	1,90	1,95	2,00	2,05	2,10
0,15-0,19		1,20	1,25	1,30	1,35	1,40	1,45	1,50	1,55	1,60	1,65	1,70	1,75	1,80	1,85	1,90	1,95	2,00	2,05	2,10	2,15
0,20-0,30	VORGESCHRIEBENES SPIEL/KEINE EINSTELLUNG ERFORDERLICH																				
0,31-0,35	1,30	1,35	1,40	1,45	1,50	1,55	1,60	1,65	1,70	1,75	1,80	1,85	1,90	1,95	2,00	2,05	2,10	2,15	2,20	2,20	
0,36-0,40	1,35	1,40	1,45	1,50	1,55	1,60	1,65	1,70	1,75	1,80	1,85	1,90	1,95	2,00	2,05	2,10	2,15	2,20			
0,41-0,45	1,40	1,45	1,50	1,55	1,60	1,65	1,70	1,75	1,80	1,85	1,90	1,95	2,00	2,05	2,10	2,15	2,20				
0,46-0,50	1,45	1,50	1,55	1,60	1,65	1,70	1,75	1,80	1,85	1,90	1,95	2,00	2,05	2,10	2,15	2,20					
0,51-0,55	1,50	1,55	1,60	1,65	1,70	1,75	1,80	1,85	1,90	1,95	2,00	2,05	2,10	2,15	2,20						
0,56-0,60	1,55	1,60	1,65	1,70	1,75	1,80	1,85	1,90	1,95	2,00	2,05	2,10	2,15	2,20							
0,61-0,65	1,60	1,65	1,70	1,75	1,80	1,85	1,90	1,95	2,00	2,05	2,10	2,15	2,20								
0,66-0,70	1,65	1,70	1,75	1,80	1,85	1,90	1,95	2,00	2,05	2,10	2,15	2,20									
0,71-0,75	1,70	1,75	1,80	1,85	1,90	1,95	2,00	2,05	2,10	2,15	2,20										
0,76-0,80	1,75	1,80	1,85	1,90	1,95	2,00	2,05	2,10	2,15	2,20											
0,81-0,85	1,80	1,85	1,90	1,95	2,00	2,05	2,10	2,15	2,20												
0,86-0,90	1,85	1,90	1,95	2,00	2,05	2,10	2,15	2,20													
0,91-0,95	1,90	1,95	2,00	2,05	2,10	2,15	2,20														
0,96-1,00	1,95	2,00	2,05	2,10	2,15	2,20															
1,01-1,05	2,00	2,05	2,10	2,15	2,20																
1,06-1,10	2,05	2,10	2,15	2,20																	
1,11-1,15	2,10	2,15	2,20																		
1,16-1,20	2,15	2,20																			
1,21-1,25	2,20																				

Auslassventil-Einstellplättchen

Beispiel zur Bestimmung eines neuen Ventilspiel-Einstellplättchens

1. *Vorgeschriebenes Auslass-Ventilspiel kalt: 0,20 bis 0,30 mm*
2. *Gemessenes Auslass-Ventilspiel 0,33 mm*
3. *Dicke des eingebauten Plättchens 1,65 mm*
4. *Das eingebaute Plättchen mit der Nummer 165 ersetzen durch ein neues Plättchen mit der Nummer 175 (Dicke 1,75 mm)*
5. *Ergebnis: Das neue Auslass-Ventilspiel beträgt 0,23 mm*

Störungssuche

In diesem Kapitel: Störungssuche in Elektrik, Motor, Kraftübertragung und Fahrwerk.

Alle Suzuki SV 650-Modelle sind als zuverlässig bekannt, egal ob mit Vergasern (Modelljahre 1999 bis 2002) oder die dann mit Einspritzung ausgerüsteten Maschinen. Auch beim auf Wunsch ab Modelljahr 2007 lieferbaren ABS (Anti-Blockier-System) sind keine echten Probleme bekannt.

Sollte bei Ihrer Maschine dennoch ein Fehler auftreten, kann dieses Kapitel helfen bei der Störungssuche. Wir empfehlen Ihnen, es ab und zu durchzulesen, auch ohne dass Sie ein Defekt am Motorrad dazu zwingt. Sie lernen dazu und sensibilisieren sich damit für den Fall der Fälle, können bei einem auftretenden Fehler schneller zur »Möglichen Ursache« kommen und dieser dann rasch auf den Grund gehen.

Wenn Sie in den Text einsteigen, werden Sie feststellen, dass sich einige Textpassagen unter »Mögliche Ursachen« bei ganz verschiedenen Fehlerursachen wiederholen, denn mögliche Fehlerquellen können sich verzahnen und eine Negativkette bilden. Beispiel: Wenn über Winter mehrere Tage lang (oder auch Wochen) am teilzerlegten Motorrad geschraubt wurde und der Motor danach nicht anspringt, kann es durchaus sein, dass folgende Dinge zusammenkommen: Spritleitung nicht richtig angeschlossen und Zündkerzen geben keinen Funken ab, weil die Zündkerzenstecker nicht richtig aufgesteckt sind.

Sollte Ihre Maschine einmal den Geist aufgeben und einfach stehen bleiben, sei es mit oder ohne grobe Nebengeräusche, dann bleiben Sie cool. Überlegen Sie: Wo wurde zuletzt herumgeschraubt? Was könnte nicht richtig gemacht worden sein? Fehler und Probleme haben meist einfache Gründe, man muss sie nur finden! Vieles ist simpel, alles ist logisch. Denn bei allen Emotionen, die im Motorradfahren drinstecken, ist ein Motorrad eben doch bloß ein technisches Gerät, dessen einzelne Bauteile nach physikalisch-technischen Gesichtspunkten funktionieren und zusammenwirken.

Sollte an Ihrem Motorrad ein Elektro-»Fips« auftauchen und Sie fühlen sich in Elektrik nicht fit, ziehen Sie als Erstes die entsprechenden Stecker ab, beseitigen Korrosion (harte Zahnbürste und Kontaktspray zu Hilfe nehmen!) und stecken sie wieder exakt auf. Wenn der Fehler dann immer noch nicht behoben ist, gehen Sie zuerst zum Suzuki-Händler, bevor Sie den Kabelbaum bearbeiten.

In diesem Sinne wünschen wir frohes Fehlersuchen!

Elektrik

BELEUCHTUNG UND BLINKER

Fehler: Scheinwerfer funktioniert nicht
Mögliche Ursachen:
- Lampe(n) durchgebrannt → *Kapitel* **12**
- Sicherung defekt → *Kapitel* **13**
- Lampentyp falsch → *Kapitel* **12**
- Anschlüsse korrodiert, nicht fest → *Kapitel* **12** **13**
- Zu viele Nebenverbraucher, Batterie zu schwach → *Kapitel* **14**
- Zündschloss defekt → *Fachelektriker*

Fehler: Blinker funktioniert nicht
Mögliche Ursachen:
- Blinklampe(n) durchgebrannt → *Kapitel* **12**
- Sicherung durchgebrannt → *Kapitel* **13**
- Lampentyp falsch → *Kapitel* **12**
- Blinkerschalter, Kabelbaum schadhaft → *Fachelektriker*

Fehler: Blinkerrhythmus zu langsam oder zu schnell
Mögliche Ursachen:
- Blinker-/Seitenständerrelais defekt → *Kapitel* **12** **13**
- Lampentyp falsch → *Kapitel* **12**
- Blinkerschalter defekt → *Fachelektriker*
- Zündschloss defekt → *Fachelektriker*
- Blinklampe durchgebrannt → *Kapitel* **12**

Fehler: Hupe funktioniert nicht
Mögliche Ursachen:
- Hupe defekt oder falsch eingestellt → *Kapitel* **12**
- Hupenschalter defekt → *Fachelektriker*
- Sicherung durchgebrannt → *Kapitel* **13**
- Batterie defekt → *Kapitel* **14**
- Zündschloss defekt → *Fachelektriker*
- Kabelbaum mit schadhafter Stelle → *Fachelektriker*

BATTERIE UND LADESYSTEM

Fehler: Kein Strom trotz eingeschalteter Zündung
Mögliche Ursachen:
- Batterie leer oder altersbedingt funktionsunfähig → *Kapitel* **14**
- Batteriekabel lose → *Kapitel* **14**
- Massekabel in sich gebrochen oder hat keine zuverlässige Masseverbindung (»schlechter Kontakt«) → *Fachelektriker*
- Kontakte der Steckverbindungen korrodiert → *Kapitel* **13**
- Hauptsicherung durchgebrannt, korrodiert → *Kapitel* **13**
- Störung im Ladekreis → *Kapitel* **15**
- Zündschalter (Zündschloss) defekt → *Fachelektriker*

Fehler: Schwacher Strom: Anlasser dreht langsam durch, Motor springt nicht an
Mögliche Ursachen:
- Batterie leer, zu niedrige Spannung, Batterieanschlüsse lose → *Kapitel* **14**
- Anlasserkabel lose → *Kapitel* **16**

Fehler: Schwacher Strom bei laufendem Motor
Mögliche Ursachen:
- Batterie unzureichend geladen → *Kapitel* **14** **15**
- Batterie hat eine oder mehrere »tote« Zellen → *Kapitel* **14**
- Störung im Ladekreis → *Kapitel* **15**
- Kontakte der Steckverbindungen korrodiert → *Kapitel* **13**
- Regler/Gleichrichter defekt → *Kapitel* **15**

Fehler: Zeitweilig aussetzender Strom
Mögliche Ursachen:
- Lose Kabelanschlüsse (»Wackelkontakte«) → *Kapitel* **13** **14**
- Sicherung(en) defekt → *Kapitel* **13**
- Kurzschluss im Kabelbaum. Stecker um Stecker trennen, bis der entsprechende Kabelbaumabschnitt lokalisiert ist → *Fachelektriker*

Fehler: Störung im Ladekreis
Mögliche Ursachen:
- Regler oder Generator defekt → *Kapitel* **15**
- Kabel oder Anschlüsse lose, gerissen oder kurzgeschlossen (Isolation durchgescheuert) → *Kapitel* **13** → *Fachelektriker*

ZÜNDSYSTEM

Fehler: Motor wird durchgedreht, springt aber nicht an
Mögliche Ursachen:
- Kein Funke an den Zündkerzen → *Kapitel* **17** **18**
- Zündspule(n) defekt → *Kapitel* **18**
- Motorsteuergerät (ECM) oder Zündbox defekt → *Kapitel* **21** **18**

Fehler: Kein Funke an den Zündkerzen
Mögliche Ursachen:
- Motorabstellschalter defekt → *Kapitel* 18 → *Fachelektriker*
- Stromkreisunterbrechung bzw. Kontaktmangel durch schlecht angeschlossene(s) oder gerissene(s) Kabel → *Fachelektriker*
- Motorsteuergerät (ECM) oder Zündbox defekt → *Kapitel* 21 18
- Zündschloss defekt → *Fachelektriker*
- Leerlauf-, Zünd- oder Seitenständerschalter defekt → *Kapitel* 1 13
- Zündspule oder Zündkerzenstecker defekt → *Kapitel* 17 18
- Batterie schwach, nicht ausreichend geladen → *Kapitel* 14
- Kurbelwellenpositions-Sensor (Zündgeber) defekt → *Kapitel* 13 21
- Haupt- oder Zündungssicherung defekt → *Kapitel* 13 21

Fehler: Motor springt zwar an, läuft aber stotternd und/oder dreht nicht hoch
Mögliche Ursachen:
- Zündkerzen-Elektrodenabstand zu groß → *Kapitel* 17
- Zündkerzen verrußt oder verölt (»nass«) → *Kapitel* 17
- Zündkerzenstecker oder Zündkerze lose → *Kapitel* 17
- Zündspule(n) oder Zündkerze(n) defekt → *Kapitel* 17 18
- Stromkreisunterbrechung oder Kurzschluss → *Kapitel* 13 31 → *Fachelektriker*
- Loses oder blankes Kabel im Kabelbaum → *Fachelektriker*
- Wackelkontakt, loses Kabel in einem Schalter → *Fachelektriker*
- Zündkabel defekt → *Kapitel* 17 18 → *Fachelektriker*
- Falscher Zündzeitpunkt → *Kapitel* 18 21
- Motorsteuergerät (ECM) bzw. einer der Sensoren oder Zündbox defekt → *Kapitel* 13 18 21
- Defekt im Einspritzsystem → *Kapitel* 21
- Steuerzeiten falsch → *Kapitel* 27

ANLASSER

Fehler: Anlassermotor dreht sich nicht
Mögliche Ursachen:
- Batterie entladen (»schwach«) → *Kapitel* 14
- Zündschalter (»Starterknopf«) defekt, Kontaktschwäche im Gehäuse oder im Kabelbaum → *Fachelektriker*
- Motorabstellschalter auf »Off« → *Kapitel* 13 18
- Sicherung durchgebrannt → *Kapitel* 13
- Anlasserrelais defekt → *Kapitel* 13 16
- Stromkreisunterbrechung/Kontaktschwäche durch loses oder abgetrenntes Kabel → *Fachelektriker*
- Leerlaufschalter defekt → *Kapitel* 13
- Haupt- oder Zündungssicherung defekt → *Kapitel* 13

Fehler: Anlassermotor dreht Motor nur langsam durch
Mögliche Ursachen:
- Zu schwache Batterie → *Kapitel* 14
- Batteriekabel schlecht angeschlossen → *Kapitel* 14
- Anlassermotor klemmt, defekt → *Kapitel* 16
- Zähes Motoröl (speziell im Winterbetrieb) → *Kapitel* 23

Fehler: Anlassermotor läuft, ohne den Motor durchzudrehen
Mögliche Ursachen:
- Anlasserfreilauf defekt → *Kapitel* 16
- Anlassermotor läuft rückwärts → *Kapitel* 16

Fehler: Anlasserrelais »klickt«, Anlasser dreht Motor aber nicht durch
Mögliche Ursachen:
- Zu schwache Batterie → *Kapitel* 14
- Anlasser schlecht angeschlossen/defekt → *Kapitel* 16
- Anlasserrelais defekt → *Kapitel* 13 16
- Kurbelwelle dreht sich nicht, weil blockiert → *Fachwerkstatt*

Motor

Fehler: Motor wird vom Anlasser durchgedreht, springt aber nicht an
Mögliche Ursachen:
- Kein Benzin im Tank
- Benzin verunreinigt oder von schlechter Qualität → *Kapitel* 3
- Motor mit Benzin überflutet (»ersoffen«) → *Kapitel* 3 21
- Benzinpumpe oder -pumpenrelais arbeitet nicht richtig → *Kapitel* 21
- Benzinfilter oder -schlauch verstopft → *Kapitel* 3
- Luftfilter zugesetzt → *Kapitel* 19
- Kein Funke an den Zündkerzen → *Kapitel* 17 18
- Motorelektronik oder Sensor(en) defekt → *Kapitel* 13 21
- Kompression zu niedrig: Ventile blasen durch, Zylinderkopfdichtung defekt → *Fachwerkstatt*

Bei Vergasermodell:
- Benzin gelangt nicht zu den Vergasern: Unterdruck-Benzinhahn oder Benzinfilter defekt/verstopft, Unterdruckschlauch zum Benzinhahn rissig, porös oder abgerutscht, Benzinschlauch geknickt/verdreckt → *Kapitel* 21
- Schwimmer im Vergaser hängt → *Kapitel* 21
- Benzin gelangt nicht in den Ansaugtrakt: Vergaserdüsen verstopft → *Kapitel* 21
- Motor mit Benzin überflutet (»ersoffen«): Schmutz an der Schwimmernadel oder Loch im Schwimmer → *Kapitel* 21

Bei Einspritzmodell:
- Benzin gelangt nicht zu den Einspritzdüsen → *Kapitel* 3 21
- Einspritzdüse verstopft → *Kapitel* 21
- Einspritzventil(e) defekt → *Kapitel* 21
- Benzin gelangt nicht in den Ansaugtrakt → *Kapitel* 21
- Benzinpumpe arbeitet nicht richtig → *Kapitel* 21
- Nebenluft in Drosselklappengehäuse → *Kapitel* 21
- Motorelektronik defekt → *Kapitel* 21

Fehler: Anlasser dreht nicht durch
Mögliche Ursachen:
- Batteriespannung zu niedrig → *Kapitel* 14
- Anlasserrelais oder Sicherung defekt → *Kapitel* 13 16
- Störung am Seitenständerschalter oder Leerlaufschalter → *Kapitel* 1 13
- Anlasser schadhaft → *Kapitel* 16
- Kupplungsschalter schadhaft → *Kapitel* 13 25

Fehler: Motor springt schlecht an, geht sofort aus
Mögliche Ursachen:
- Zündanlage hat Unterspannung → *Kapitel* 18
- Zündkerze(n) defekt: falscher Elektrodenabstand, Kerze hat Massenschluss → *Kapitel* 17
- Anschlusskabel oder Verbindungsstecker der Zündspule(n) beschädigt: In sich gebrochen, Kerzenstecker ist (sind) nicht richtig auf die Zündkerze(n) aufgesteckt → *Kapitel* 17 18
- Leerlaufdrehzahl zu niedrig → *Kapitel* 20 21
- Tankentlüftungsschlauch geknickt, verstopft → *Kapitel* 3

Bei Vergasermodell:
- Benzin verschmutzt: Dreck im Tank, in den Benzinleitungen, in den Vergasern → *Kapitel* 21
- Benzin gelangt nicht zu den Vergasern → *Kapitel* 21

Bei Einspritzmodell:
- Einspritzanlage defekt: Motorsteuergerät (ECM) oder einer der Sensoren defekt → *Kapitel* 13 21
- Benzin verschmutzt: Dreck im Tank, in Benzinleitungen oder in Einspritzsystem → *Kapitel* 3 21

Fehler: Unrunder Leerlauf
Mögliche Ursachen:
- Ventilspiel nicht korrekt: Zu weit oder zu eng → *Kapitel* 27
- Zündsystem defekt → *Kapitel* 18
- Zündkerze(n) defekt: zu geringer oder zu großer Elektrodenabstand, Kerze hat Massenschluss → *Kapitel* 17
- Zündkerzenstecker bzw. Zündspule(n) hat/haben keinen richtigen Kontakt zu den Zündkerzen → *Kapitel* 17 18
- Motorsteuergerät (ECM) oder Sensor(en) defekt → *Kapitel* 13 21
- Drosselklappen nicht synchron → *Kapitel* 21
- Leerlauf falsch eingestellt → *Kapitel* 20 21
- Benzin und Benzinsystem verschmutzt → *Kapitel* 21
- Drosselklappenbetätigung beschädigt → *Kapitel* 21
- Benzinpumpe defekt → *Kapitel* 3

Fehler: Aussetzer beim Beschleunigen, Motor patscht
Mögliche Ursachen:
- Zündkerzen-Elektrodenabstand falsch → *Kapitel* 17
- Zündkerzenstecker nicht richtig angebracht → *Kapitel* 17
- Zündkerzenstecker schlagen durch → *Kapitel* 17
- Feuchtigkeit bzw. Kontaktprobleme in den Steckverbindungen der Motorelektrik → *Kapitel* 13 21
- Drosselklappen falsch eingestellt → *Kapitel* 21
- Motorsteuergerät (ECM) oder einer der Sensoren defekt → *Kapitel* 13 21
- Zündspule(n) defekt → *Kapitel* 18 21
- Schmutz im Vergaser, Schwimmerniveau zu hoch oder zu niedrig → *Kapitel* 21
- Einspritzventile defekt → *Kapitel* 21
- Batterie defekt oder niedrige Spannung → *Kapitel* 14
- Kurbelwellenpositionssensor defekt → *Kapitel* 13

Bei Vergasermodell:
- Benzin verschmutzt: Dreck im Tank, in den Benzinleitungen, in den Vergasern → *Kapitel* 21

Bei Einspritzmodell:
- Benzin verschmutzt: Dreck im Tank, in Benzinleitungen oder in Einspritzsystem → *Kapitel* 3 21

Fehler: Geringe Leistung und hoher Verbrauch
Mögliche Ursachen:
- Luftfilter verschmutzt → *Kapitel* 19
- Sekundärluftsystem defekt → *Kapitel* 21
- Benzinsystem verstopft → *Kapitel* 3 21
- Zündsystem defekt → *Kapitel* 18 21
- Motorsteuergerät (ECM) oder einer der Sensoren defekt → *Kapitel* 21

Fehler: Motor zieht nicht richtig, wird zu heiß
Mögliche Ursachen:
- Benzinleitung gequetscht, eingeklemmt → *Kapitel* 3
- Druckverlust im Benzinsystem → *Kapitel* 3
- Tankbelüftung verstopft, Belüftungsschlauch geknickt oder eingeklemmt → *Kapitel* 3 21
- Motorsteuergerät (ECM) oder Sensor(en) defekt → *Kapitel* 21

Bei Vergasermodell:
- Zu mageres Gemisch: Vergaserdüsen verstopft → *Kapitel* 21

Bei Einspritzmodell:
- Zu mageres Gemisch: Einspritzdüsen verstopft → *Kapitel* 21

Fehler: Motor zieht nicht, raucht aus dem Auspuff
Mögliche Ursachen:
- Zu fettes Gemisch → *Kapitel* 21
- Luftfilter verschmutzt → *Kapitel* 19

Bei Vergasermodell:
- Benzin-/Schwimmerstand im Vergaser zu hoch, Motor überfettet → *Kapitel* 21

KÜHLSYSTEM

Fehler: Motortemperatur zu hoch
Mögliche Ursachen:
- Zu wenig Kühlmittel im Kühlsystem → *Kapitel* 24
- Kühlsystem-Verschlussdeckel defekt → *Kapitel* 24
- Leitungen im Kühlsystem verstopft → *Kapitel* 24
- Luft im Kühlsystem → *Kapitel* 24
- Kühler außen verschmutzt, innen verkalkt → *Kapitel* 24
- Wasserpumpe defekt → *Kapitel* 24
- Thermostat hängt in geschlossener Stellung → *Kapitel* 24
- Kühlmitteltemperatur-Sensor/Temperaturanzeige defekt → *Kapitel* 13 21 24
- Kühlerventilatormotor defekt → *Kapitel* 24
- Luft-Kraftstoff-Gemisch zu mager → *Kapitel* 21
- Falschluftansaugung im Ansaugsystem → *Kapitel* 21
- Zu wenig Öl im Motor → *Kapitel* 23
- Ölpumpe defekt oder Ölkreislauf verstopft → *Kapitel* 23
- Übermäßige Ölkohleablagerung im Brennraum → *Fachwerkstatt*

Fehler: Motortemperatur zu niedrig
Mögliche Ursachen:
- Kühlmitteltemperatur-Schalter/-Sensor defekt → *Kapitel* 13 21
- Thermostat hängt in geöffnetem Zustand → *Kapitel* 24
- Kühlerventilatorschalter defekt → *Kapitel* 13 21 24

Fehler: Kühlsystem leckt
Mögliche Ursachen:
- Zu viel Kühlflüssigkeit im Ausgleichsbehälter → *Kapitel* 24
- Wasserpumpe oder Dichtung defekt → *Kapitel* 24
- Schlauch und/oder Schlauchklemme gelockert → *Kapitel* 24
- Kühlerschlauch schadhaft → *Kapitel* 24
- Kühlsystem-Verschlussdeckel defekt → *Kapitel* 24
- Zylinderkopfdichtung defekt → *Fachwerkstatt*

SCHMIERSYSTEM

Fehler: Ölstand zu niedrig, hoher Ölverbrauch
Mögliche Ursachen:
- Zu wenig Öl im Motor → *Kapitel* 23
- Öl läuft aus, Dichtungen lassen Öl durch → *Kapitel* 23
- Zylinder, Kolbenringe und/oder Ölabstreifringe verschlissen, gebrochen oder falsch eingebaut → *Fachwerkstatt*
- Öl wird durch Überdruck im Motorgehäuse aus Entlüftung herausgedrückt: Verschlissene Kolbenringe, Ventilführungen/Schaftdichtungen → *Fachwerkstatt*

Fehler: Öl stark verschmutzt oder emulgiert
Mögliche Ursachen:
- Motoröl oder Ölfilter nicht rechtzeitig gewechselt → *Kapitel* 23
- Zylinderkopfdichtung schadhaft → *Fachwerkstatt*
- Kolbenringe verschlissen → *Fachwerkstatt*
- Ventilführungen/Ventilschaftdichtungen verschlissen → *Fachwerkstatt*
- Kühlwasser im Öl: Leck im Kühlsystem → *Kapitel* 24 → *Fachwerkstatt*
- Wasserpumpe defekt → *Kapitel* 24

Fehler: Öldruck zu niedrig
Mögliche Ursachen:
- Ölstand zu niedrig → *Kapitel* 23
- Zu wenig oder falsches Öl im Motor → *Kapitel* 23
- Öldruckregler, Ölsieb defekt → *Kapitel* 23
- Internes Ölleck → *Kapitel* 23 → *Fachwerkstatt*
- Ölpumpe beschädigt → *Kapitel* 23
- Lagerschaden (Kurbelwelle) im Motor → *Fachwerkstatt*

Fehler: Öldruck zu hoch
Mögliche Ursachen:
- Ölfilter bzw. Ölkreislauf verstopft → *Kapitel* 23
- Öldruckregler geschlossen oder festgeklemmt → *Kapitel* 23
- Falsche Ölviskosität (zu dickes Öl) → *Kapitel* 23

Fehler: Kein Öldruck
Mögliche Ursachen:
- Ölstand zu niedrig, kein Öl im Motor → *Kapitel* 23
- Ölpumpe oder ihr Antrieb defekt → *Kapitel* 23
- motorinternes Ölleck → *Kapitel* 23 → *Fachwerkstatt*
- Öldruckregler (Überdruckventil) klemmt geöffnet → *Kapitel* 23

ZYLINDER, KOLBEN, ZYLINDERKOPF

Fehler: Zu niedrige oder ungleichmäßige Kompression, schlechtes Anspringen, geringe Leistung
Mögliche Ursachen:
- Ventile falsch eingestellt (zu wenig Spiel) → *Kapitel* 27
- Ventilsitze verbrannt, Ventil verbogen → *Fachwerkstatt*
- Falsche Ventilsteuerzeiten (meistens ein Montagefehler) → *Fachwerkstatt*
- Ventilfeder(n) gebrochen → *Fachwerkstatt*
- Zylinderkopfdichtung undicht → *Fachwerkstatt*
- Zylinderkopf verzogen oder gerissen → *Fachwerkstatt*
- Ventilsitz(e) undicht oder Ventilführung(en) ausgeschlagen → *Fachwerkstatt*
- Zylinder und/oder Kolben verschlissen → *Fachwerkstatt*
- Kolbenringe verschlissen oder gebrochen → *Fachwerkstatt*
- Nockenwelle defekt oder abgenutzt → *Fachwerkstatt*
- Zündfunke zu schwach → *Kapitel* 17 18

Fehler: Zu hohe Kompression, Überhitzen oder Klopfen
Mögliche Ursachen:
- Starke Ölkohleablagerung im Brennraum → *Fachwerkstatt*
- Motorsteuergerät (ECM), Zündbox oder Zündgeber defekt → *Kapitel* 18 21

Fehler: Starke Geräuschentwicklung
Mögliche Ursachen:
- Ventile falsch eingestellt (meist zu viel Spiel) → *Kapitel* 27
- Steuerkette peitscht, weil Steuerkettenspanner defekt → *Kapitel* 27
- Klemmendes Ventil, gebrochene/ermüdete Ventilfeder → *Fachwerkstatt*
- Nockenwellen oder Tassenstößel beschädigt → *Fachwerkstatt*
- Nockenwellen-Antriebszahnräder und/oder Nockenwellenantriebskette (Steuerkette) verschlissen → *Fachwerkstatt*
- Zylinder und/oder Kolben verschlissen → *Fachwerkstatt*
- Kolben gebrochen → *Fachwerkstatt*
- Kolbenbolzen oder Kolbenbolzenbohrung verschlissen → *Fachwerkstatt*
- Pleuelfußlager verschlissen → *Fachwerkstatt*
- Kurbelwellenhaupt- oder Getriebelager verschlissen → *Fachwerkstatt*
- Auspuffkrümmer am Zylinderkopf undicht → *Kapitel* 22

Fehler: Starke Rauchentwicklung
Mögliche Ursachen:
- Zu viel Motoröl im Motor → *Kapitel* 1 23
- Luftfilter zugesetzt, verölt → *Kapitel* 19
- Zylinder oder Kolben verschlissen → *Fachwerkstatt*
- Kolben oder Zylinderwand mit Riefen oder Schrammen → *Fachwerkstatt*
- Kolbenring(e) oder Ölabstreifring(e) verschlissen, gebrochen, keine Spannung mehr oder falsch montiert → *Fachwerkstatt*
- Ventilführungen oder -schäfte abgenutzt → *Fachwerkstatt*
- Ventilschaftdichtung(en) defekt → *Fachwerkstatt*
- Sekundärluftsystem fehlerhaft → *Kapitel* 21

Fehler: Motor überhitzt
Mögliche Ursachen:
- Zu wenig Öl im Motor → *Kapitel* 1 23
- Zu wenig Kühlflüssigkeit → *Kapitel* 24
- Kühlerventilator läuft nicht an → *Kapitel* 24
- Übermäßige Ölkohleablagerung im Brennraum → *Fachwerkstatt*

Kraftübertragung

KUPPLUNG

Fehler: Kupplung rutscht beim Beschleunigen
Mögliche Ursachen:
- Graphit- oder Molybdänzusatz im Motoröl → *Kapitel* 25
- Kupplungsfedern ermüdet → *Kapitel* 25
- Kupplungsreibscheiben und/oder Stahlscheiben verschlissen, verbogen, abgenutzt, ausgebrochen → *Kapitel* 25
- Motoröl zu alt → *Kapitel* 23
- kein Spiel bzw. Spannung in der Betätigung → *Kapitel* 25

Fehler: Kupplung rückt nicht aus
Mögliche Ursachen:
- Kupplungshebel verbogen → *Kapitel* 25
- Kupplungsscheibe(n) verzogen → *Kapitel* 25
- Kupplungs-Ausrückmechanismus (Schnecke, Drucklager) defekt, Kupplungsdruckstange gebrochen → *Kapitel* 25
- zu viel Öl im Motor → *Kapitel* 23
- falsche Ölviskosität (zu dickes Öl) → *Kapitel* 23

Fehler: Kupplung rupft
Mögliche Ursachen:
- Verzahnung der Kupplungsscheiben auf der Kupplungsnabe oder im Kupplungskorb eingeschlagen → *Kapitel* 25
- Kupplungsreibscheibe(n) gebrochen, verbrannt → *Kapitel* 25

Fehler: Kupplung verlangt übermäßig starke Handkraft
Mögliche Ursachen:
- Kupplungshebellager am Handgriff gefressen, verdreckt oder beschädigt → *Kapitel* 25
- Kupplungszug schwergängig, geknickt, innen aufgespleist → *Kapitel* 25
- Kupplungshebel-Lagerbolzen zu fest angezogen → *Kapitel* 25
- Ausrückmechanismus (Schnecke, Drucklager) defekt → *Kapitel* 25
- Kupplungsdruckplatte verzogen → *Kapitel* 25

GETRIEBE UND SCHALTUNG

Fehler: Getriebe schwer schaltbar
Mögliche Ursachen:
- Position Fußschalthebel falsch → *Kapitel* 25 26
- Kupplung rückt nicht aus → *Kapitel* 25 26
- zu wenig Öl im Motor, falsche Ölviskosität → *Kapitel* 23
- Schaltgabeln, Schaltwalze oder -welle defekt → *Kapitel* 26 → *Fachwerkstatt*
- Schaltwelle beschädigt, klemmt → *Kapitel* 26 → *Fachwerkstatt*
- Fremdkörper blockieren Schaltung → *Kapitel* 26

Fehler: Schalthebel hängt
Mögliche Ursachen:
- Schalthebellagerung schwergängig, gefressen, klemmt → *Kapitel* 26
- Schaltwelle schwergängig, gefressen, klemmt → *Kapitel* 26
- Rückstellfeder an Schaltwelle gebrochen → *Kapitel* 26
- Schaltgabeln verbogen oder abgenutzt → *Fachwerkstatt*

Fehler: Gänge springen heraus
Mögliche Ursachen:
- Kleiner Schalthebel falsch auf Schaltwelle angebracht → Kapitel 26
- Schaltwelle klemmt im Lager → Kapitel 26
- Schaltwalzen-Arretierung abgenutzt oder verbogen → Kapitel 26
- Schaltkrone beschädigt → Kapitel 26
- Schaltgabeln verschlissen oder verbogen → Kapitel 26
- Klauen an den Gangzahnrädern abgenutzt → Fachwerkstatt

HINTERRADANTRIEB

Fehler: Motorrad ruckelt bei langsamer Fahrt, unregelmäßiges Geräusch vom Hinterradantrieb her
Mögliche Ursachen:
- Kette verzogen, unregelmäßig gelängt → Kapitel 7
- Kettenrad vorne/hinten lose (»eiert«) → Kapitel 7
- Lager im Kettenradträger ausgeschlagen → Kapitel 7
- Kettenrollen gebrochen, verschlissen → Kapitel 7
- Zahnräder und Kette verschlissen → Kapitel 7
- Neue Kette läuft auf abgenutzten Kettenrädern, alte Kette läuft auf neuen Kettenrädern → Kapitel 7

Fehler: Motorrad schiebt sich schwer, dabei knackendes Geräusch
Mögliche Ursachen:
- Kette zu straff gespannt, Kette trocken, Glieder festgefressen → Kapitel 7
- Festgebackener Schmutz zwischen Kette und Motorgehäuse → Kapitel 7
- Lager der Getriebeabtriebswelle defekt → Kapitel 26
- Radlager defekt oder Radachse lose, verbogen → Kapitel 5
- Achsdistanzen falsch eingebaut oder vergessen → Kapitel 5 7
- Bremsen defekt: Bremskolben festgefressen, Bremsbeläge in den Bremssätteln nicht freigängig → Kapitel 6

Fahrwerk

LENKUNG UND FRONTPARTIE

Fehler: Lenkung schwergängig
Mögliche Ursachen:
- Reifenluftdruck zu niedrig → Kapitel 4
- Lenklager-Einstellmutter(n) zu fest angezogen → Kapitel 9
- Kabel falsch verlegt → Kapitel 9
- Starke Verschmutzung im Bereich der Lenklager → Kapitel 9
- Lenkkopflager schadhaft → Kapitel 9 10

Fehler: Motorrad zieht nach einer Seite
Mögliche Ursachen:
- Gabelbeine verzogen/ungleich eingestellt → Kapitel 8 10
- Falscher Ölstand in den Gabelbeinen → Kapitel 10
- Vorderachse verbogen → Kapitel 5
- Rad falsch eingebaut → Kapitel 5
- Hinterrad steht schief, Vorder- und Hinterrad stehen zueinander extrem aus der Spur → Kapitel 5 7 11
- Lenkkopflager defekt → Kapitel 9
- Rahmen verzogen → Fachwerkstatt
- Radlager ausgeschlagen → Kapitel 5
- Schwingenlager verschlissen → Kapitel 11
- Hinterradschwinge verbogen → Kapitel 11

Fehler: Vorderrad flattert
Mögliche Ursachen:
- Rad verzogen, hat starken Seitenschlag (»eiert«) → Kapitel 5
- Vorderradlager ausgeschlagen, defekt → Kapitel 5
- Reifen viel zu wenig Luftdruck oder unwuchtig → Kapitel 4
- Reifen falsch montiert (»eiert«) → Kapitel 4
- Gabelbeine verklemmt, Gabel kann nicht federn → Kapitel 10
- Lenkkopf, Achse und Klemmschraube lose → Kapitel 5 9 10
- Falscher Gabelölstand → Kapitel 10

TELEGABEL UND FEDERUNG

Fehler: Federung zu weich
Mögliche Ursachen:
- Zu geringer Reifendruck → Kapitel 4
- Gabeltragfedern ermüdet → Kapitel 10
- Zu wenig Gabelöl, zu dünnes Öl → Kapitel 10

Fehler: Federung zu hart
Mögliche Ursachen:
- Zu hoher Reifendruck → Kapitel 4
- Gabelbeine verbogen (nach Unfall/Sturz) → Kapitel 10
- Zu viel Gabelöl, zu dickes Öl → Kapitel 10
- Gabeldämpfung verschmutzt/verstopft → Kapitel 10
- Vorderradachse verbogen → Kapitel 5
- Gabelbeine in den Gabelbrücken verspannt → Kapitel 10

Fehler: Geräusche beim Einfedern
Mögliche Ursachen:
- Gaszug knarzt an einer Verkleidungskante (SV 650 S) → Kapitel 20
- Gabeltauchrohre oder Gabelstandrohre abgenutzt, defekt → Kapitel 10
- Zu wenig Gabelöl → Kapitel 10
- Vorderradgabel-Anbauteile lose → Kapitel 10
- Gabelinnereien lose, gebrochen → Kapitel 10
- Federbeinbefestigung lose/ausgeschlagen → Kapitel 11
- Schwingenlager defekt → Kapitel 11

HINTERRADAUFHÄNGUNG UND FEDERUNG

Fehler: Federung zu weich
Mögliche Ursachen:
- Feder im Federbein ermüdet → Kapitel 11
- Federvorspannung falsch eingestellt → Kapitel 8
- Federbein undicht (Gas- oderÖlleck) → Kapitel 11
- Reifendruck zu niedrig → Kapitel 4

Fehler: Federung zu hart
Mögliche Ursachen:
- Federvorspannung falsch eingestellt → Kapitel 8
- Federbeinumlenkung defekt → Kapitel 11
- Federbein-Kolbenstange verbogen → Kapitel 11
- Schwingenlager defekt → Kapitel 11
- Reifendruck zu hoch → Kapitel 4

Fehler: Geräusche beim Einfedern (Knacken)
Mögliche Ursachen:
- Schwingenlager defekt oder falsch angezogen → Kapitel 11
- Bolzen der Federbeinaufhängung lose → Kapitel 11
- Dreck, Korrosion in Lagerstellen der Hinterradfederung → Kapitel 11
- Teile der Hinterradfederung lose → Kapitel 11
- Feder gebrochen, Windungen zueinander verschoben, reibt am Stoßdämpfer → Kapitel 11

RÄDER

Fehler: Trommeln oder seitliches Flattern des Rades
Mögliche Ursachen:
- Felge verzogen, starker Seitenschlag (»eiert«) → Kapitel 5
- Reifen defekt oder unwuchtig → Kapitel 4
- Zu geringer Reifendruck → Kapitel 4
- Reifen sitzt nicht richtig in der Felge → Kapitel 4
- Radachse und Muttern lose → Kapitel 5
- Radlager lose, Lager gebrochen → Kapitel 5
- Schwingenlagerung lose, Lager defekt → Kapitel 11

Fehler: Rad schwergängig
Mögliche Ursachen:
- Radlager defekt → *Kapitel* 5
- Achse verbogen → *Kapitel* 5
- Bremse schleift → *Kapitel* 6

BREMSEN

Fehler: Schlechte Bremsleistung
Mögliche Ursachen:
- Luft im Hydrauliksystem → *Kapitel* 6
- Hydrauliksystem undicht → *Kapitel* 6
- Bremsbeläge abgenutzt, verschmutzt, verglast → *Kapitel* 6
- Bremsscheiben verschmutzt, riefig, überhitzt (»geschirmt«) → *Kapitel* 6
- Bremsscheiben wegen undichter Radlager-Simmerringe mit Fett verschmiert → *Kapitel* 6
- Kolben in den Bremssätteln schwergängig → *Kapitel* 6
- Bremskolben-Dichtringe in den Bremssätteln gebrochen, gequollen, verschlissen → *Kapitel* 6
- Bremsflüssigkeit überaltert → *Kapitel* 6

Fehler: Bremshebel wippt, pumpt, pulsiert (»Bremse rubbelt«)
Mögliche Ursachen:
- Bremsscheibe(n) zu viel Seitenschlag (»eiert«) → *Kapitel* 6
- Bremsscheibe(n) unterschiedlich dick → *Kapitel* 6
- Bremsscheibe(n) gerissen → *Kapitel* 6
- Bremsscheiben-Befestigungsschrauben lose → *Kapitel* 6
- Bremskolben im Bremssattel fest → *Kapitel* 6

Fehler: Nachlassende Bremswirkung unter starker Belastung (z. B. bei Passabfahrten), Hebelweg wird länger, Bremse wird »teigig«
Mögliche Ursachen:
- Bremsflüssigkeit überaltert, sie »kocht sich auf« → *Kapitel* 6
- Bremsbeläge schräg/total abgenutzt → *Kapitel* 6
- Bremsbeläge ausgebrochen → *Kapitel* 6

Fehler: Bremshebelweg wird größer
Mögliche Ursachen:
- Luft im Hydrauliksystem → *Kapitel* 6
- Zu wenig Bremsflüssigkeit → *Kapitel* 6
- Falsche Bremsflüssigkeit → *Kapitel* 6

Fehler: Bremse quietscht, hat zu wenig Bremsleistung
Mögliche Ursachen:
- Bremsbeläge verölt, verglast oder abgenutzt → *Kapitel* 6
- Bremsbeläge im Bremssattel fest: verschmutzt, falsche Beläge mit zu großer Trägerplatte → *Kapitel* 6
- Bremsbelagplatte zu groß, zu wenig Seitenspiel → *Kapitel* 6
- Bremskolben im Bremssattel festgefressen → *Kapitel* 6
- Bremskolben-Dichtringe in den Bremssätteln gebrochen, gequollen, verschlissen → *Kapitel* 6
- Bremskolben im Bremssattel fest → *Kapitel* 6
- Fremdkörper in Bremsflüssigkeit → *Kapitel* 6

Fehler: Bremse schleift
Mögliche Ursachen:
- Bremsbelag/Bremsscheibe verschmutzt → *Kapitel* 6
- Bremsschlauch oder Hydrauliksystem verstopft → *Kapitel* 6
- Bremsscheibe verzogen/verformt → *Kapitel* 6
- Bremskolben abgenutzt/hängt im Bremssattel → *Kapitel* 6
- Bremskolben im Bremssattel fest → *Kapitel* 6

Anziehdrehmomente

In diesem Kapitel werden die von Suzuki für die Schraubverbindungen der SV 650 vorgeschriebenen Anziehdrehmomentwerte aufgelistet. Wenn für ein Bauteil bzw. eine Schraubverbindung kein eigener Wert aufgeführt ist, gelten Standard-Anziehdrehmomente für Schrauben entsprechender Größe bzw. mit oder ohne Kennzeichnung auf dem Kopf (Bild 1).

Warum ist ein bestimmtes Anziehdrehmoment nötig?
Schraubverbindungen müssen mit einem festgelegten Drehmomentwert angezogen werden, damit Bauteile sicher verbunden sind. Die genannten Werte müssen möglichst genau eingehalten werden (± 10 %), sonst besteht die Gefahr, dass sich die Schraubverbindung lockert (wenn zu lose angezogen) oder die Schrauben bzw. ihr Gegengewinde zu stark belastet werden (wenn zu fest angezogen) und sie dann im Betrieb reißen oder brechen.

Sauberkeit

Eine wichtige Voraussetzung zum korrekten Anziehen aller Schrauben und Muttern ist, dass die Gewinde und Anlageflächen unbeschädigt und frei von Schmutz sind.
■ Verschmutzte Schraubengewinde reinigt man NICHT mit einer Stahlbürste, denn die kann das Gewinde beschädigen. Verwenden Sie eine Messingbürste mit feinen Borsten (»Zündkerzenbürste«).
Wichtig: Schrauben mit verrostetem oder beschädigtem Gewinde müssen durch Neuteile ersetzt werden.
■ Schrauben, Muttern und Unterlagscheiben vor dem Einbau etwas einölen. Normales Motoröl dazu verwenden.

Schraubenkleber

An einigen Schraubverbindungen ist die Verwendung von Schraubensicherung vorgeschrieben. Überall in Werkstätten zu Hause ist »Loctite« in den drei verschiedenen Klebequalitäten »leicht«, »mittelfest« und »hochfest«. Die am meisten benötigte Qualität ist »mittelfest«. Sie wird verwendet, wenn hohe Festigkeit verlangt wird und die damit gesicherten Schrauben ohne Zerstörung des Gewindes wieder gelöst werden müssen.

Ausgedrehte Schrauben, an denen Reste von Schraubensicherung hängen, müssen vor dem Wiedereinschrauben (bzw. dem Beträufeln mit frischem Loctite) gereinigt werden. Verwenden Sie dazu ebenfalls eine Messingbürste. Zur Unterstützung kann man noch Bremsenreiniger verwenden, dieser löst die Reste des alten Schraubenklebers sehr gut.

Manche Schrauben müssen vor dem Einbau entsprechend dem Einsatzzweck speziell vorbehandelt werden. Was jeweils zu tun ist bzw. welche Besonderheit die Schraube aufweist oder Abweichungen in den Modelljahren, werden nach der Bezeichnung des Bauteils mit dem Zeichen »■« besonders herausgestellt.

Schrauben und Muttern

Anziehdrehmomente für konventionelle und auf dem Kopf mit »4« (oder »7«) markierte Schrauben und Muttern:

4 mm-Sechskantschraube/Mutter	1,5 Nm (2,3 Nm)
5 mm-Sechskantschraube/Mutter	3 Nm (4,5 Nm)
6 mm-Sechskantschraube/Mutter	5,5 Nm (10 Nm)
8 mm-Sechskantschraube/Mutter	13 Nm (23 Nm)
10 mm-Sechskantschraube/Mutter	29 Nm (50 Nm)
12 mm-Sechskantschraube/Mutter	45 Nm (85 Nm)
14 mm-Sechskantschraube/Mutter	65 Nm (135 Nm)
16 mm-Sechskantschraube/Mutter	105 Nm (210 Nm)
18 mm-Sechskantschraube/Mutter	160 Nm (240 Nm)

Bild 1 ***D** = Schraubendurchmesser in mm*

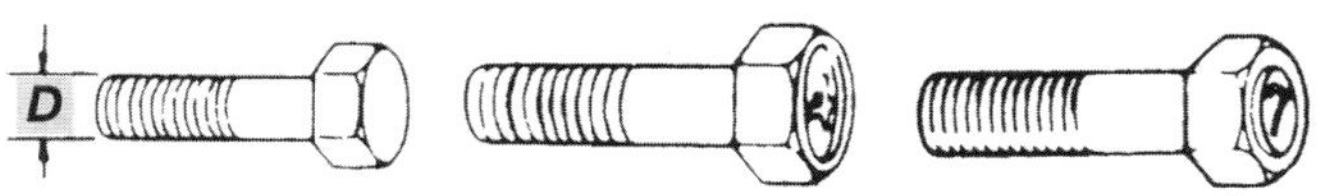

konventionelle Schraube — *mit »4« markierte Schraube* — *mit »7« markierte Schraube*

Bremsen

Vorderradbremse

Schrauben Bremsarmatur an Lenker	10 Nm
Schrauben Bremssattel an Gabeltauchrohr	39 Nm
Hohlschrauben Bremsschlauchanschlüsse	23 Nm
Entlüftungsventil im Bremssattel	8 Nm
Schrauben Bremsscheiben an Radnabe	23 Nm
■ *Loctite »hochfest« auf Gewinde auftragen*	
■ Bremsleitung Überwurfmutter bei ABS Modell ab Mj. 2007	16 Nm

Hinterradbremse

Schrauben Hauptbremszylinder an Rahmen	10 Nm
Sicherungsmutter auf Druckstange zum Bremskolben	18 Nm
Schrauben Bremssattel an Widerlager	26 Nm
■ Schrauben Bremssattel an Widerlager ab Mj. 2003	23 Nm
Bremssattel-Gehäuseschrauben	30 Nm
Hohlschrauben der Bremsschlauchanschlüsse	23 Nm
Entlüftungsventil im Bremssattel	8 Nm
■ Entlüftungsventil im Bremssattel ab Mj. 2003	6 Nm
■ Bremssattel-Gleitstift ab Mj. 2003	27 Nm
■ Bremsbelag-Haltestift ab Mj. 2003	17 Nm
■ Kontermadenschraube für Bremsbelag-Haltestift ab Mj. 2003	3 Nm
Schrauben Bremsscheibe an Radnabe	23 Nm
■ *Loctite »hochfest« auf Gewinde auftragen*	

Vorderrad, Telegabel, Lenkung

Vorderachse	65 Nm
Vorderachs-Klemmschraube(n)	23 Nm
Schrauben der Lenkerklemmung	23 Nm
Stellschraube Lenker bei SV 650 S	10 Nm
Muttern Lenkerhalter an Gabelbrücke bei SV 650	45 Nm
Lenkschaftrohr-Kopfmutter	65 Nm
■ Lenkschaftrohr-Kopfmutter ab Mj. 2003	90 Nm
■ Lenkschaftrohr-Sicherungsmutter ab Mj. 2003	80 Nm
Standrohr-Klemmschrauben in Gabelbrücken	23 Nm
Gabeldeckelschrauben	23 Nm
■ Gabelzylinderschraube ab Mj. 2003	20 Nm
Inbusschraube unten Gabelbein an Dämpfer	30 Nm
Kupplungsarmatur an Lenker	10 Nm

Hinterrad, Federbein und Schwinge

Hinterachsmutter	65 Nm
■ Hinterachsmutter ab Mj. 2003	100 Nm
Bundmuttern Federbein oben an Rahmen und Schraube unten an Umlenkhebel	50 Nm
■ Bundmutter Federbein oben an Rahmen ab Mj. 2003	50 Nm
Bundmuttern auf Bolzen Zugstangen oben an Schwinge und unten an Umlenkhebel	78 Nm
Bundmutter auf Bolzen Umlenkhebel an Rahmen	78 Nm
Schubstrebenmutter hinten und vorne	35 Nm
Schwingenlagerbolzen	15 Nm
Kontermutter auf Schwingenlagerbolzen	90 Nm
Schwingenachsmutter	100 Nm

Kettenantrieb

Bundmuttern Kettenrad auf Kettenblattträger	60 Nm
Sicherungsmutter Kettenritzel auf Getriebewelle	145 Nm
■ *Sicherungsblech an eine Fläche der Mutter dicht anbiegen*	

Rahmen und Verkleidung

Schraube Fußrastenhalterung vorne	23 Nm
Fußrastenschraube vorne bis Mj. 2003	39 Nm
Schrauben Seitenständerhalterung an Rahmen	100 Nm
■ *Loctite »mittelfest« auf Gewinde auftragen*	
Seitenständer-Gelenkbolzen	50 Nm
Kontermutter auf Seitenständer-Gelenkbolzen	40 Nm

Motoraufhängung

Mutter/Schraube Motoraufhängung M12	93 Nm
Mutter/Schraube Motoraufhängung M10	55 Nm
Schubeinsteller Motoraufhängung Mitte	10 Nm
Schubeinsteller Motoraufhängung hinten-unten	10 Nm
■ Schubeinsteller Motoraufhängung Mitte ab Mj. 2003	12 Nm
■ Schubeinsteller Motoraufhängung hinten-unten ab Mj. 2003	12 Nm
Schubeinsteller Motoraufhängung Mitte	45 Nm
Sicherungsmutter Schubeinsteller Motoraufhängung hinten-unten	45 Nm
Klemmschrauben Motoraufhängung	23 Nm

Auspuffanlage

Schrauben Auspuffkrümmer an Rahmen .... 23 Nm
■ *Loctite »mittelfest« auf Gewinde auftragen*
Schrauben/Muttern Auspuff an Fußrastenausleger .... 23 Nm
Schrauben Auspuffkrümmer an Zylinderkopf .... 23 Nm

Motor

Zündkerzen .... 11 Nm
Ölablassschraube.. 21 Nm
Öldruckregler... 27 Nm
Öldruckschalter .... 14 Nm
■ *Suzuki Bond »1207B« auf Gewinde auftragen*
Ölpumpen-Montageschraube .... 8 Nm
M16-Ölkanalschraube .... 35 Nm
M8-Ölkanalschraube .... 18 Nm
M6-Ölkanalschraube .... 6 Nm
Kolbenkühlöldüsen-Schraube.................................... 10 Nm
Ölgrobfilter, Ölplattenschraube................................. 10 Nm
Ölleitungsanschlagschraube... 8 Nm
■ Schrauben Ölkühlerbefestigung ab Mj. 2003............. 10 Nm
■ Hohlschrauben Schlauchanschlüsse
an Ölkühler ab Mj. 2003... 23 Nm

Kühlsystem

Ablassschraube in Wasserpumpe.............................. 13 Nm
■ *neuen Dichtring verwenden*
Flügelrad-Sicherungsschraube bei Mj. 1999 bis 2002 ... 13 Nm
Kühlerventilatorschalter .... 13 Nm
Gehäuseschrauben Wasserpumpe............................... 5 Nm
Kühlmitteltemperatur-Schalter .... 10 Nm
■ *Suzuki Bond »1207B« auf Gewinde auftragen*
■ Kühlmitteltemperatur-Sensor ab Mj. 2003................ 18 Nm
■ Kühlerventilatormotor Halteschraube ab Mj. 2003........ 8 Nm
■ Schrauben in Thermostatgehäuse ab Mj. 2003.......... 10 Nm

Lichtmaschine und Anlasser

Schrauben M6 Lichtmaschinendeckel .... 10 Nm
Schraube Generatorrotor.. 120 Nm
■ *Spezialwerkzeug Suzuki Rotorhalter (09930-44530) nötig*
Stellschraube Stator .... 10 Nn
Schraube Zündimpulsgeber .... 6 Nm
■ Schraube Kurbelwellenpositions-Sensor ab Mj. 2003 .. 7 Nm
Mutter Primärantriebsrad .... 70 Nm
Lochkappe Zündzeitpunkt und Ventilsteuerzeiten .... 23 Nm
■ *neuen Dichtring verwenden*
Schrauben Anlasserfreilauf .... 25 Nm
Schrauben Anlassergehäuse .... 4 Nm
Befestigungsschrauben Anlasser.................................. 6 Nm

Kupplung und Schaltung

Schrauben Kupplungsdeckel...................................... 10 Nm
Schrauben Kupplungsfedern .... 6 Nm
■ Schrauben Kupplungsfedern ab Mj. 2003................. 10 Nm
■ *Schrauben über Kreuz anziehen*
Mutter Kupplungsnabe .... 50 Nm
Anschlagschraube Schaltnocken, -platte...................... 10 Nm
■ *Loctite »mittelfest« auf Gewinde auftragen*
■ Schraube Schaltnocken-Anschlag-
platte ab Mj. 2003.. 13 Nm
■ *Loctite »mittelfest« auf Gewinde auftragen*
Schaltarm-Anschlagschraube..................................... 23 Nm
■ Schaltarm-Anschlagschraube ab Mj. 2003 .... 19 Nm
■ *Loctite »mittelfest« auf Gewinde auftragen*

Kraftstoffsystem, Vergaser

Schraube Drosselklappenpositions-
Sensor ab Mj. 1999 .... 4 Nm
Benzinpumpe .... 10 Nm
Vergaservorwärmung.. 3 Nm

Kraftstoffsystem, Einspritzung ab Mj. 2003

Schrauben Benzinpumpe in Tank .... 10 Nm
Befestigungsschraube Benzinförderleitung .... 5 Nm
Schraube Sekundär-Drossel-
klappenpositions-Sensor.. 2 Nm
Drosselklappenpositions-Sensor .... 4 Nm
Kühlmittel- und Ansaugluft-Temperatur-Sensor............... 18 Nm
■ Lambdasonde ab Mj. 2007... 25 Nm

Zylinderkopf

Schrauben Zylinderkopfdeckel...................................... 14 Nm
■ *Suzuki Bond »1207B« (ab Modelljahr 2003 »1215«)*
auf Gewinde auftragen
M10-Schrauben Zylinderkopf .... 42 Nm
■ *Schrauben über Kreuz anziehen, Voranzug 25 Nm*
Zylinderkopfschrauben M6 .... 10 Nm
Zylinderkopf-Seitenschrauben .... 14 Nm
Zylindermuttern M6 .... 10 Nm
Schrauben Nockenwellen-Lagerdeckel............................ 10 Nm
Schrauben Steuerkettenspanner .... 10 Nm
Deckelschraube Steuerketten-Spannungseinsteller .... 8 Nm
■ Steuerkettenspanner-Einsteller ab Mj. 2003................ 10 Nm
Schrauben Steuerkettenführung .... 10 Nm
■ Steuerkettenspannung-Einsteller-
schraube ab Mj. 2003.. 35 Nm
Kolben-Kühlöldüsenschrauben..................................... 10 Nm
■ *Loctite »mittelfest« auf Gewinde auftragen, neue O-Ringe*

Kurbelgehäuse

M6-Kurbelgehäuseschrauben....................................... 11 Nm
M8-Kurbelgehäuseschrauben....................................... 26 Nm
Pleuellagerdeckelschrauben .... 67 Nm
■ *Erstanzug 35 Nm, Endanzug 67 Nm*
■ Schrauben Pleuellagerdeckel ab Mj. 2003
Voranzug .... 21 Nm
■ *Schrauben nach Voranzug um eine weitere*
viertel Drehung (90°) endgültig festziehen.
Kurbelgehäuse-Lagerhalteschraube .... 8 Nm

Bild 2 zeigt **SV 650** Mj. 2007 mit ABS
Bild 2b
Gabeldeckelschrauben 23 Nm
Klemmschraube in oberer Gabelbrücke 23 Nm
Bild 2a
Kopfmutter auf Lenkschaftrohr 65 Nm
■ ab Mj. 2003: 90 Nm
Kupplungshebel am Lenker 10 Nm
Lenkerklemmung 23 Nm
Mutter der Lenkerhalterung an Gabelbrücke 45 Nm
Bild 2c
Ks
Klemmschrauben (**Ks**) in unterer Gabelbrücke 23 Nm
Zündkerzen 11 Nm
Schrauben Bremssattel an Gabeltauchrohr 39 Nm
Entlüfterventil im vorderen Bremssattel 8 Nm
Krümmer an Zylinderkopf 23 Nm
Befestigung Ölkühler 10 Nm
Hohlschraube Schlauchanschluss 23 Nm
Hohlschraube Bremsschlauchanschluss 23 Nm
Bild 2d
Schraubdeckel mittig in Lichtmaschinendeckel 11 Nm
Befestigungsschrauben Bremsscheibe an Vorderrad 23 Nm
■ plus Loctite »hochfest«
Schrauben M6 Generator-/Lichtmaschinendeckel 10 Nm

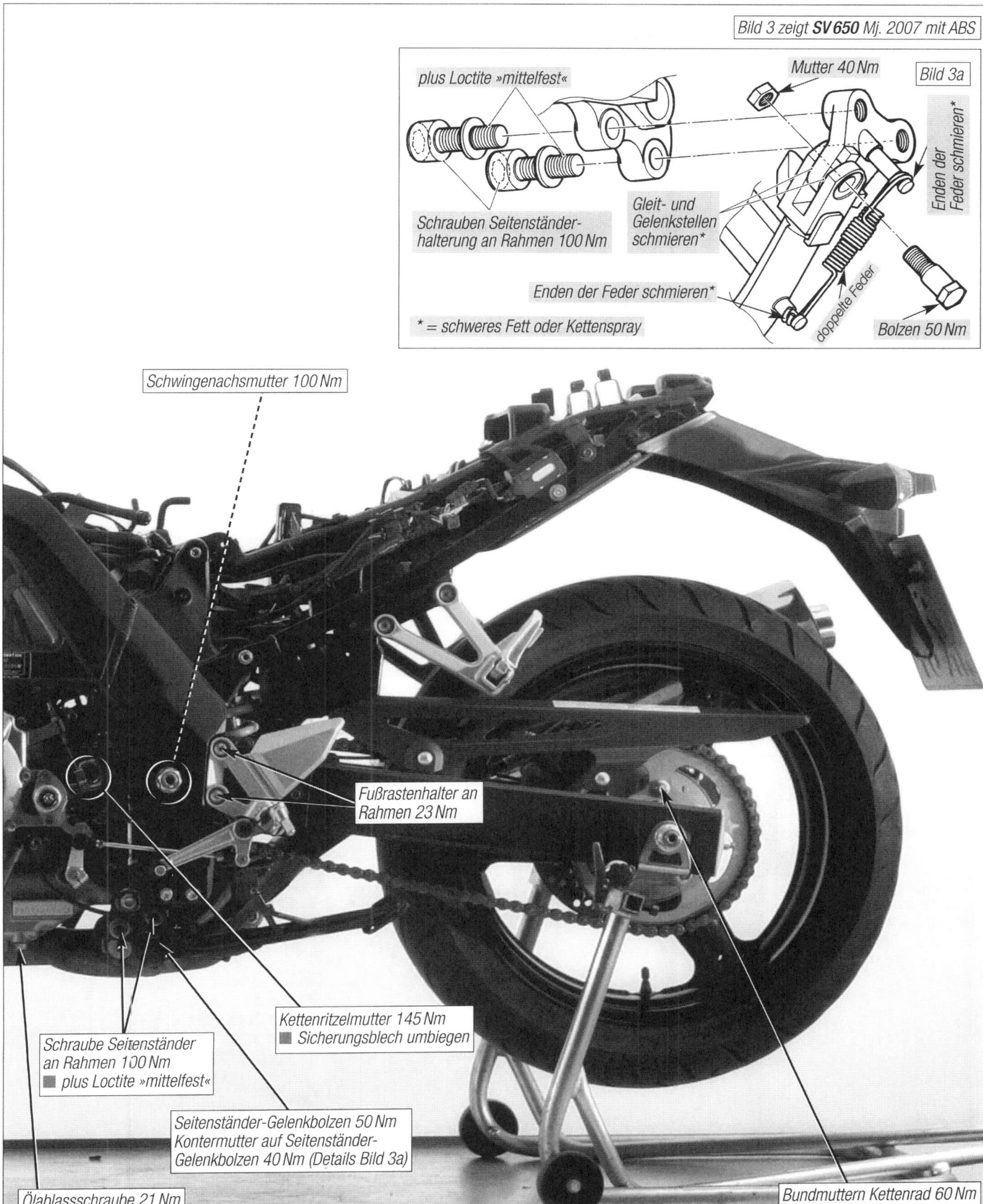
Bild 3 zeigt **SV 650** Mj. 2007 mit ABS
plus Loctite »mittelfest«
Mutter 40 Nm
Bild 3a
Enden der Feder schmieren*
Schrauben Seitenständerhalterung an Rahmen 100 Nm
Gleit- und Gelenkstellen schmieren*
doppelte Feder
Enden der Feder schmieren*
* = schweres Fett oder Kettenspray
Bolzen 50 Nm
Schwingenachsmutter 100 Nm
Fußrastenhalter an Rahmen 23 Nm
Kettenritzelmutter 145 Nm
Sicherungsblech umbiegen
Schraube Seitenständer an Rahmen 100 Nm
plus Loctite »mittelfest«
Seitenständer-Gelenkbolzen 50 Nm
Kontermutter auf Seitenständer-Gelenkbolzen 40 Nm (Details Bild 3a)
Ölablassschraube 21 Nm
Bundmuttern Kettenrad 60 Nm

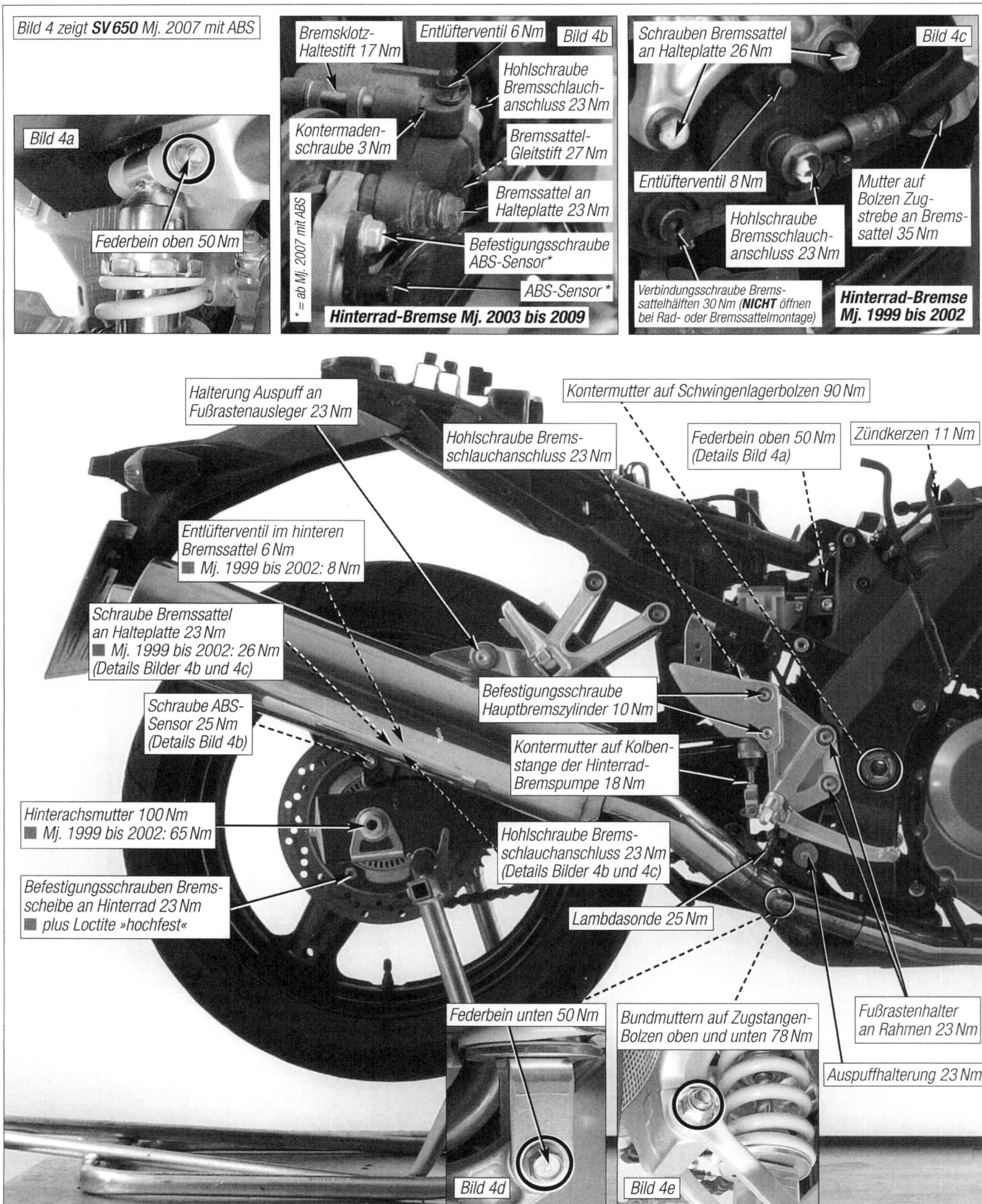
Bild 4 zeigt SV 650 Mj. 2007 mit ABS
Bild 4a
Federbein oben 50 Nm
Bremsklotz-Haltestift 17 Nm
Entlüfterventil 6 Nm
Bild 4b
Hohlschraube Bremsschlauch-anschluss 23 Nm
Kontermaden-schraube 3 Nm
Bremssattel-Gleitstift 27 Nm
Bremssattel an Halteplatte 23 Nm
Befestigungsschraube ABS-Sensor*
ABS-Sensor *
* = ab Mj. 2007 mit ABS
Hinterrad-Bremse Mj. 2003 bis 2009
Schrauben Bremssattel an Halteplatte 26 Nm
Bild 4c
Entlüfterventil 8 Nm
Hohlschraube Bremsschlauch-anschluss 23 Nm
Mutter auf Bolzen Zug-strebe an Brems-sattel 35 Nm
Verbindungsschraube Brems-sattelhälften 30 Nm (NICHT öffnen bei Rad- oder Bremssattelmontage)
Hinterrad-Bremse Mj. 1999 bis 2002
Halterung Auspuff an Fußrastenausleger 23 Nm
Kontermutter auf Schwingenlagerbolzen 90 Nm
Hohlschraube Brems-schlauchanschluss 23 Nm
Federbein oben 50 Nm (Details Bild 4a)
Zündkerzen 11 Nm
Entlüfterventil im hinteren Bremssattel 6 Nm
■ Mj. 1999 bis 2002: 8 Nm
Schraube Bremssattel an Halteplatte 23 Nm
■ Mj. 1999 bis 2002: 26 Nm
(Details Bilder 4b und 4c)
Befestigungsschraube Hauptbremszylinder 10 Nm
Schraube ABS-Sensor 25 Nm (Details Bild 4b)
Kontermutter auf Kolben-stange der Hinterrad-Bremspumpe 18 Nm
Hinterachsmutter 100 Nm
■ Mj. 1999 bis 2002: 65 Nm
Hohlschraube Brems-schlauchanschluss 23 Nm (Details Bilder 4b und 4c)
Befestigungsschrauben Brems-scheibe an Hinterrad 23 Nm
■ plus Loctite »hochfest«
Lambdasonde 25 Nm
Federbein unten 50 Nm
Bundmuttern auf Zugstangen-Bolzen oben und unten 78 Nm
Fußrastenhalter an Rahmen 23 Nm
Auspuffhalterung 23 Nm
Bild 4d
Bild 4e

Bild 5 zeigt **SV 650** Mj. 2007 mit ABS
Befestigungsschrauben Bremszylinder an Lenker 10 Nm
Lenkerklemmung 23 Nm
Bild 5a
Kopfmutter auf Lenkschaftrohr 65 Nm
■ ab Mj. 2003: 90 Nm
Bild 5b
Gabeldeckelschrauben 23 Nm
Klemmschraube in oberer Gabelbrücke 23 Nm
Klemmschrauben in unterer Gabelbrücke 23 Nm
Mutter der Lenkerhalterung an Gabelbrücke 45 Nm
Kühlmitteltemperatur-Sensor 18 Nm
Bild 5c
Kühlerventilatorschalter 13 Nm
Mj. 1999 bis 2002
Kühlerventilatorschalter 13 Nm
Schrauben Bremssattel an Gabeltauchrohr 39 Nm
Vorderachse 65 Nm
Befestigungsschrauben Bremsscheibe an Vorderrad 23 Nm
■ plus Loctite »hochfest«
Klemmschraube Vorderachse 23 Nm
Schrauben Auspuffkrümmer an Zylinderkopf 23 Nm
Befestigung Ölkühler 10 Nm
Hohlschraube Schlauchanschluss 23 Nm
Kühlflüssigkeitsablassschraube 13 Nm
Hohlschraube Bremsschlauchanschluss 23 Nm
Befestigung Öldruckschalter 13 Nm
Entlüfterventil im vorderen Bremssattel 8 Nm
Schraubengewinde ABS-Sensor
(ABS-Sensor hier im Bild demontiert)
Bild 5d
Entlüfterventil 8 Nm
Schrauben Bremssattel an Gabeltauchrohr 39 Nm
Hohlschraube Bremsschlauchanschluss 23 Nm
ABS

Technische Daten und Verschleißmaße

BEZEICHNUNGEN UND MODELLJAHRE

Verkaufsbezeichnung, Ausstattung

SV 650	Maschine ohne Verkleidung, ohne ABS
SV 650 S	Maschine mit Verkleidung, ohne ABS
SV 650 A	Maschine ohne Verkleidung, mit ABS
SV 650 SA	Maschine mit Verkleidung, mit ABS

Suzuki-interne Kürzel: Modellbezeichnung ist die offizielle Verkaufsbezeichnung. »**S**« steht bei SV 650 mit Verkleidung. »**A**« steht für ABS. Modellcode: »**X**« bis »**K9**« sind Suzuki-interne Kürzel, sie weisen auf die Modelljahre (Mj.) hin. Ein zusätzliches »**U**« in der Verkaufsbezeichnung weist auf die serienmäßig gedrosselte Variante mit 34 PS hin.

Modellbezeichnung	Modelljahr	ab Rahmennummer
SV 650 X / 650 SX	1999	
SV 650 Y / 650 SY	2000	
SV 650 K1 / 650 SK1	2001	
SV 650 K2 / 650 SK2	2002	
SV 650 K3 / 650 SK3	2003	
SV 650 K4 / 650 SK4	2004	
SV 650 K5	2005	JS1BY111100108930
SV 650 SK5	2005	JS1BY132100110276
SV 650 K6	2006	JS1BY111100100001
SV 650 SK6	2006	JS1BY132100100001
SV 650 K7	2007	JS1BY111100100001
SV 650 SK7	2007	JS1BY132100100001
SV 650 AK7	2007	JS1BY113100100001
SV 650 SAK7	2007	JS1BY134100100001
SV 650 UK7	2007	JS1BY211100100001
SV 650 SUK7	2007	JS1BY222100100001
SV 650 UAK7	2007	JS1BY213100100001
SV 650 SUAK7	2007	JS1BY224100100001
SV 650 K8	2008	JS1BY111100112446
SV 650 SK8	2008	JS1BY132100114923
SV 650 AK8	2008	JS1BY113100100593
SV 650 SAK8	2008	JS1BY134100101354
SV 650 UK8	2008	JS1BY211100106888
SV 650 SUK8	2008	JS1BY222100108241
SV 650 UAK8	2008	JS1BY213100100148
SV 650 SUAK8	2008	JS1BY224100100515
SV 650 K9	2009	JS1BY111100113288
SV 650 SK9	2009	JS1BY132100115497
SV 650 AK9	2009	JS1BY113100100657
SV 650 SAK9	2009	JS1BY134100101716
SV 650 UK9	2009	JS1BY211100107794
SV 650 SUK9	2009	JS1BY222100109066
SV 650 UAK9	2009	JS1BY213100100160

In dieser Tabelle sind die Rahmennummern der für die Europäische Umion bestimmten Maschinen aufgeführt. Bei der aufgeführten Rahmennummer handelt es sich jeweils um die erste Maschine der laufenden Serie (...1204**3**); die zweite hat eine aufsteigende Endziffer (...1204**4**), und so weiter.

Das »Modelljahr« nennt den Zeitraum von September (nach den Werksferien) bis Juli (vor den Werksferien): Unter »Modelljahr 2008« fallen Maschinen, die von September 2007 bis Juli 2008 gebaut wurden, unabhängig vom Tag ihrer Erstzulassung. Sie können also anhand dieser Tabelle nachprüfen, wie lange eine Maschine unverkauft gestanden hat, bis sie zum ersten Mal zugelassen wurde (in den Kraftfahrzeugpapieren ist der »Tag der ersten Zulassung« explizit ausgewiesen).

Ländercode

Code E-02: Modell für U.K. United Kingdom, Großbritannien
Code E-03: Modell für USA (außer Kalifornien)
Code E-19: Modell für E.U. (Europäische Union)
Code E-24: Modell für Australien
Code E-28: Modell für Kanada
Code E-33: Modell für Kalifornien
Bis einschließlich Mj. 2002:
Code E-04: Modell für Frankreich
Code E-18: Modell für Schweiz, Österreich (E-39)
Code E-19: Modell für Deutschland
Code E-25: Modell für Niederlande
Code E-34: Modell für Italien, Belgien (E-21), Spanien (E-53)

Der »Ländercode« ist eine Suzuki-intere Bezeichnung und gibt Aufschluss darüber, für welches Land die Maschine gebaut wurde – denn Land für Land gelten andere technische Bestimmungen wie z. B. Geräuschwerte, Licht, Blinker etc. Je nach Land können die Ersatzteile verschieden sein – dies ist besonders bei Elektronikbauteilen wichtig, weil diese zum Gesamtsystem passen müssen.

Der Ländercode ist weder auf der Maschine noch in den Kraftfahrzeugpapieren vermerkt, sondern in der Fahrgestellnummer »versteckt«: Wenn der Suzuki-Händler die Fahrgestellnummer in seinen Computer eingibt, erscheint der Code und man weiß dann, für welches Land die Maschine damals in Japan gebaut wurde.

Tipp: Deswegen ist es wichtig, dass Sie bei jedem Ersatzteilkauf die Fahrgestellnummer parat haben.

Hinweis zu den Technische Daten und Verschleißmaßen: Angaben beziehen sich auf Basismodell **SV 650** ab Mj. 1999. Abweichungen in Modellen (z. B. **SV 650 S**) und Modelljahren (z. B. **ab Mj. 2003**) werden jeweils gesondert angegeben.

Stand der Recherche zum Redaktionsschluss dieses Buches im April 2010

ABMESSUNGEN UND GEWICHTE

Abmessungen: Radstand 1430 mm (**SV 650 S** 1420 mm). Nachlauf 100 mm, Nachlaufwinkel 65 Grad zur Waagerechten (entspricht 25 Grad zur Senkrechten). Länge über alles 2070 mm (**SV 650 S** 2045 mm; **Schweiz**, beide Modelle 2120 mm). Breite über alles 750 mm (**SV 650 S** 740 mm). Höhe 1060 mm (**SV 650 S** 1130 mm). Sitzhöhe 805 mm, Bodenfreiheit 140 mm. Tankinhalt 16 Liter.

Abmessungen ab Mj. 2003: Radstand 1440 mm (**SV 650 S** 1430 mm). Nachlauf 102 mm (**SV 650 S** 100 mm), Nachlaufwinkel 65 Grad zur Waagerechten (entspricht 25 Grad zur Senkrechten). Länge über alles 2125 mm (**SV 650 S** 2130 mm). Breite über alles 745 mm (**SV 650 S** 730 mm). Höhe 1085 mm (**SV 650 S** 1175 mm). Sitzhöhe 800 mm, Bodenfreiheit 150 mm (**SV 650 S** 155 mm). Tankinhalt 17 Liter.

Abweichende Abmessungen ab Mj. 2004:
SV 650 Länge über alles 2080 mm, Höhe 1085 mm
SV 650 S Länge über alles 2085 mm, Höhe 1170 mm

Abweichende Abmessungen SV 650 S ab Mj. 2007:
Radstand 1425 mm

Abweichende Abmessungen SV 650 A/SA ab Mj. 2007 mit ABS: Länge über alles 2120 mm, Radstand 1470 mm, Bodenfreiheit 155 mm.

Gewichte

SV 650	Trockengewicht 165 kg vollgetankt 193 kg, Zuladung 207 kg zulässiges Gesamtgewicht 400 kg
SV 650 S	Trockengewicht 169 kg vollgetankt 197 kg, Zuladung 203 kg zulässiges Gesamtgewicht 400 kg
SV 650 ab Mj. 2003	Trockengewicht 167 kg vollgetankt 195 kg, Zuladung 205 kg zulässiges Gesamtgewicht 400 kg
SV 650 S ab Mj. 2003	Trockengewicht 171 kg vollgetankt 199 kg, Zuladung 201 kg zulässiges Gesamtgewicht 400 kg
SV 650 ab Mj. 2004	Trockengewicht 165 kg
SV 650 S ab Mj. 2004	Trockengewicht 169 kg
SV 650 ab Mj. 2007 (ohne ABS)	Trockengewicht 168 kg
SV 650 S ab Mj. 2007 (ohne ABS)	Trockengewicht 172 kg
SV 650 A ab Mj. 2007 (mit ABS)	Trockengewicht 171 kg
SV 650 SA ab Mj. 2007 (mit ABS)	Trockengewicht 175 kg

LEISTUNG VERGASERMOTOR (bis Mj. 2002)

Offene Version: 70 PS (52 kW) bei 9000/min
Maximales Drehmoment 62 Nm bei 7500/min
Gedrosselte Version (U): 34 PS (25 kW) bei 7000/min
Maximales Drehmoment 40 Nm bei 4400/min

LEISTUNG EINSPRITZMOTOR (ab Mj. 2003)

Offene Version: 72 PS (53 kW) bei 9000/min
Maximales Drehmoment 64 Nm bei 7500/min
Gedrosselte Version (U): 34 PS (25 kW) bei 9000/min
Maximales Drehmoment 40 Nm bei 4200/min

Bauart: Flüssigkeitsgekühlter Zweizylinder-Viertaktmotor, Zylinder 90 Grad zueinander längs in Fahrtrichtung angeordnet.
Bohrung x Hub .... 81,0 x 62,6 mm
Hubraum .... 645 cm^3
Verdichtung .... 11,5 : 1

Gassteuerung: Vier Ventile pro Zylinder, über zwei oben liegende, kettengetriebene Nockenwellen und Tassenstößel mit Einstellplättchen betätigt.

Kraftstoffsystem: Kraftstoffart Bleifrei Normal, mindestens 91 ROZ.

Mj. 1999 bis 2002: Zwei Vergaser Typ Mikuni BDSR39, Ø 39 mm, Leerlaufdrehzahl 1300/min ± 100/min.

Ab Mj. 2003: Elektronische, programmierte Kraftstoffeinspritzung, Saugrohrdurchmesser 39 mm. Eine Drosselklappe über Seilzug betätigt, die zweite Drosselklappe elektrisch betätigt. Leerlaufdrehzahl 1300/min ± 100/min. Trockenluftfilter.

Auspuffanlage: 2-in-1-Auspuffanlage
Ab Mj. 2003: Ungeregelter Katalysator, Sekundärluftsystem
Ab Mj. 2007: Geregelter Katalysator, Lambdasonde und Sekundärluftsystem

KRAFTÜBERTRAGUNG

Primärantrieb: Zahnräder, Z 71/34, i_{prim} = 2,088
Kupplung: Seilzugbetätigte Mehrscheibenkupplung im Ölbad.

Einstellwerte der Kupplung

- Seilzugspiel am Kupplungshebel außen 10 bis 15 mm
- Einstellung der Kupplungsausrückschraube: Bei Anlage an Druckstange 1/4 Umdrehung zurückdrehen

Getriebe: Sechs Gänge

Gangabstufungen

- 1. Gang 2,461 (Z 32/13)
- 2. Gang 1,777 (Z 32/18)
- 3. Gang 1,380 (Z 29/21)
- 4. Gang 1,125 (Z 27/24)
- 5. Gang 0,961 (Z 25/26)
- 6. Gang 0,851 (Z 23/27)

Standardeinstellung des Fußschalthebels
(Abstand Oberkante Fußraste zu Mitte des Schalthebels)

	1999 bis 2002	2003	2004 bis 2009
SV 650	55 bis 60 mm	50 bis 60 mm	60 bis 70 mm
SV 650 S	60 bis 70 mm	60 bis 70 mm	50 bis 60 mm

Hinterradantrieb
Kettenräder Z 45/15, i_{sec} = 3,000
SV 650 S Kettenräder Z 44/15, i_{sec} = 2,933)
Ab Mj. 2007 alle Modelle: Kettenräder Z 45/15, i_{sec} = 3,000

Kette: Endlose Rollenkette DID 525 V8 mit O-Ringen zwischen den Laschen, Länge 110 Rollen (**SV 650 S** 108 Rollen). Kettendurchhang 20 bis 30 mm, Verschleißgrenze 319,4 mm über 20 Rollen gemessen.
Mj. 2000 und 2001 SV 650 S: Kette DID 525 V9.
Ab Mj. 2007 mit ABS: Kettenlänge 114 Rollen

FAHRWERK

Rahmen: Hauptrahmen aus Aluminium. Heckrahmen aus Stahl-Vierkantrohren, angeschraubt.
Rahmen ab Mj. 2003: Hauptrahmen aus Aluminium, Heckrahmen aus Aluprofilen, angeschraubt.

Federung vorne: Radfederweg 130 mm. Telegabel, Standrohr-Ø 41 mm. Dämpfung nicht einstellbar. Federvorspannung, **ab Mj. 2002** stufenlos einstellbar.
Mj. 2002: Standard Federeinstellung 6. Nut von oben
Ab Mj. 2003: Standard Federeinstellung 3. Nut von oben
Ab Mj. 2004 SV 650 S: Radfederweg 125 mm
Ab Mj. 2007 SV 650 SA: Radfederweg 130 mm

Telegabelöl: Suzuki Fork Oil G10 oder gleichwertiges Gabel- bzw. Stoßdämpferöl, Füllmenge 489 cm³ pro Holm, Ölstand 104 mm von Oberkante Gabelstandrohr (ohne Feder, Gabelstandrohr ganz in Gabeltauchrohr eingeschoben).

Telegabelöl ab Mj. 2002: Füllmenge 478 cm³, Ölstand 115 mm

Telegabelöl ab Mj. 2003: Suzuki Fork Oil SS8 oder gleichwertiges Gabel- bzw. Stoßdämpferöl, Füllmenge 490 cm³ (**SV 650 S** 488 cm³). Ölstand 92 mm (**SV 650 S** 94 mm).

Telegabelöl SV 650 S ab Mj. 2004:
Füllmenge 485 cm³, Ölstand 96 mm

Telegabelöl SV 650 S ab Mj. 2007:
Füllmenge 485 cm³, Ölstand 94 mm

Gabeltragfeder
ungespannte Länge .... 314,6 mm
Verschleißgrenze .... 308,0 mm

Gabeltragfeder SV 650 ab Mj. 2003
ungespannte Länge .... 429,0 mm
Verschleißgrenze .... 420,0 mm

Gabeltragfeder SV 650 S ab Mj. 2003
ungespannte Länge .... 437,4 mm
Verschleißgrenze .... 428,0 mm

Federung hinten: Radfederweg 125 mm
Ab Mj. 2003: Radfederweg 137 mm, (**SV 650 S**) 134 mm
Ab Mj. 2007 SV 650 A/SA (mit ABS): Radfederweg 147 mm

Kastenschwinge aus Aluminium. Gasdruckfederbein, oben rahmenfest angebracht, unten über Umlenkhebel betätigt, Federvorspannung siebenfach einstellbar, Standardeinstellung Federbein Position 2 (**SV 650 S** Position 4) von 7 Einstellpositionen.

Abweichungen Standardeinstellung Federbein
Ab Mj. 2003 SV 650 .... 3. Position
Ab Mj. 2003 SV 650 S .... 4. Position
Ab Mj. 2007 SV 650 SA (mit ABS) .... 3. Position

Schlag des Schwingenzapfens
Verschleißgrenze .... 0,3 mm

RÄDER UND REIFEN

Räder: Leichtmetall-Gussräder mit drei Speichen. Vorne 17 M/C x MT 3,50; hinten 17 M/C x MT 4,50. Maximal zulässiger Radial- und Axialschlag der Räder vorne und hinten 2,0 mm. Maximal zulässiger Achsschlag (Unrundheit der Achse) vorne und hinten 0,25 mm.

Reifen schlauchlose Reifen, Mindestprofiltiefe
vorne 120/60 ZR17 M/C (55 W), 1,6 mm
hinten 160/60 ZR17 M/C (69 W), 2,0 mm

Luftdruck bei kalten Reifen, solo, mit Gepäck und/oder mit Sozius: vorne 2,25 bar, hinten 2,5 bar

Serienmäßige Reifen	vorne: Metzeler MEZ4 Front
	hinten: Metzeler MEZ4
Ab Mj. 2003	vorne: Dunlop D 220 F ST L
	hinten: Dunlop D 220 ST L
Ab Mj. 2007 (mit ABS)	vorne: Dunlop D 220 F ST (**SV 650 A**)
	vorne: Dunlop D 220 F ST M (**SV 650 SA**)
	hinten: Dunlop D 220 ST L (**SV 650 A/SA**)

BREMSEN

Bremsflüssigkeit .... DOT 4

Bremse vorne: Doppelscheibenbremse, Ø 290 mm, gelocht, Bremsscheibendicke 4,5 mm, Verschleißgrenze 4,0 mm, maximal zulässiger Schlag 0,3 mm.

Schwimmsättel mit zwei Kolben
Kolbendurchmesser .... 30,150 bis 30,200 mm
Bohrungsdurchmesser .... 30,230 bis 30,306 mm

Hauptbremszylinder
Kolbendurchmesser .... 15,827 bis 15,854 mm
Bohrungsdurchmesser .... 15,870 bis 15,913 mm

Bremse vorne ab Mj. 2007 mit ABS
Schwimmsättel mit zwei Kolben
Kolbendurchmesser .... 26,920 bis 26,970 mm
Bohrungsdurchmesser .... 27,000 bis 27,076 mm

Hauptbremszylinder
Kolbendurchmesser .... 13,957 bis 13,984 mm
Bohrungsdurchmesser .... 14,000 bis 14,043 mm

Bremse hinten: Scheibenbremse, Ø 240 mm, gelocht, Bremsscheibendicke 5,0 mm, Verschleißgrenze 4,5 mm, maximal zulässiger Schlag 0,3 mm. Bremspedal-Leerweg 20 bis 30 mm (**bis Mj. 2002**).

Bremspedalhöhe (Oberkante Fußraste zu Mitte Bremspedal)
SV 650: ....55 bis 65 mm **ab Mj. 2003**.......50 bis 60 mm
SV 650 S: ....55 bis 65 mm **ab Mj. 2003**.......60 bis 70 mm

Schwimmsattel mit einem Kolben
Kolbendurchmesser .... 38,098 bis 38,148 mm
Bohrungsdurchmesser .... 38,180 bis 38,256 mm
Ab Mj. 2003 Bohrungsdurchmesser .... 38,180 bis 38,230 mm

Hauptbremszylinder
Kolbendurchmesser .... 12,657 bis 12,684 mm
Bohrungsdurchmesser .... 12,000 bis 12,743 mm

Hauptbremszylinder ab Mj. 2003
Kolbendurchmesser .... 13,957 bis 13,984 mm
Bohrungsdurchmesser .... 14,000 bis 14,043 mm

Modelle mit ABS ab Mj. 2007: Abstand von Radgeschwindigkeits-Sensor (ABS-Sensor) zu Sensorrotor (ABS-Sensorring) an Vorder- und Hinterrad....................................... 0,3 bis 1,5 mm

VERGASER (bis Mj. 2002)

2 Stück, Mikuni BDSR39, Ø 39 mm. Kennnummer 20FO (**SV 650 U** Kennnummer 20F5, **Schweiz** Kennnummer 20F3)
Leerlaufdrehzahl (Motor betriebswarm) ..... 1300/min ±100/min
Schnellleerlaufdrehzahl (Motor kalt)...... 1800/min bis 2400/min
Seilzugspiel (Leerweg) am Gasgriff......................... 2 bis 4 mm
Benzinstand... 16,9 ± 0,5 mm
Schwimmerhöhe... 7,0 ± 0,5 mm
Hauptdüse... # 137,5
Düsennadel 6E38-54-2
Nadeldüse P-0
Drosselventil.. # 95
Starterdüse .... # 17,5
Schweiz Starterdüse .... # 15
Gemischregulierschraube: Voreinstellung 2,5 Drehungen heraus, **SV 650 U** Gemischregulierschraube: 3,5 Drehungen heraus, **Schweiz** Gemischregulierschraube: 2 3/4 Umdrehungen heraus
Widerstand Drosselklappenpositions-Sensor ..... 3,5 bis 6,5 kΩ

EINSPRITZANLAGE (ab Mj. 2003)

Gemischaufbereitung: Elektronische Einspritzanlage »Suzuki Dual Throttle Valve (SDTV)«, Saugrohrdurchmesser 39 mm, Identifikationsnummer des Drosselklappengehäuses: 17G0. Elektronische Warmlaufsteuerung »Auto Fast Idle System (AFIS)«, Luftfilter Spinnvlies-Einsatz.

Leerlaufdrehzahl (Motor betriebswarm) ..... 1300/min ±100/min
Schnellleerlaufdrehzahl (Motor kalt)...... 1800/min bis 2400/min
Seilzugspiel (Leerweg) am Gasgriff......................... 2 bis 4 mm

Ab Mj. 2007: Identifikationsnummer des Drosselklappengehäuses: 17G2. Automatische Leerlaufdrehzahl-Regelung »Idle Speed Control (ISC)« ohne Leerlaufeinstellschraube
Schnellleerlaufdrehzahl (Motor kalt)............ 1800 bis 2200/min

⚠ **Beachten:** Angaben aller Prüfwerte bei Messtemperatur 20 °C, Ausnahmen sind jeweils angegeben.

Prüfwerte Kraftstoffpumpe
Kraftstoffdruck im Leerlauf .... ca. 300 kPa (3,00 kg/cm²)
Fördermenge bei Messung bei Anklemmung einer voll geladenen 12 Volt-Batterie mindestens 168 ml innerhalb von 10 s

Prüfwerte Ansaugluftdruck-Sensor (IAPS)
Eingangsspannung .... 4,5 bis 5,5 Volt
Ausgangsspannung............... ca. 2,7 Volt bei Leerlaufdrehzahl
Ab Mj. 2007......................... ca. 2,5 Volt bei Leerlaufdrehzahl

Prüfwerte Drosselklappenpositions-Sensor (TPS)
Eingangsspannung .... 4,5 bis 5,5 Volt
Ausgangsspannung geschlossen .... ca. 1,12 Volt
Ab Mj. 2007... ca. 1,10 Volt
Ausgangsspannung geöffnet .... ca. 4,26 Volt
Ab Mj. 2007... ca. 4,30 Volt
Widerstand geschlosse Position .... ca. 1,12 kΩ
Widerstand geöffnete Position .... ca. 4,26 kΩ

Prüfwerte Sekundär-Drosselklappenpositions-Sensor (STPS)
Eingangsspannung .... 4,5 bis 5,5 Volt
Ausgangsspannung geschlossen .... ca. 0,58 Volt
Ab Mj. 2007... ca. 1,10 Volt
Ausgangsspannung geöffnet .... ca. 4,38 Volt
Ab Mj. 2007... ca. 4,50 Volt
Widerstand geschlossene Position .... ca. 0,58 kΩ
Widerstand geöffnete Position .... ca. 4,38 kΩ
Widerstand Stellantrieb Sekundär-Drosselventil-Sensor (STV) .... 7 bis 14 Ω
Ab Mj. 2007.. ca. 7 Ω

Prüfwerte Kühlmitteltemperatur-Sensor (ECTS)
Eingangsspannung .... 4,5 bis 5,5 Volt
Widerstand .... ca. 2,45 kΩ

Prüfwerte Ansauglufttemperatur-Sensor (IATS)
Eingangsspannung .... 4,5 bis 5,5 Volt
Widerstand .... ca. 2,45 kΩ
Ab Mj. 2007 .... ca. 2,50 kΩ

Prüfwerte Umkipp-Sensor (TOS)
Spannung in Normalposition .... 0,4 bis 1,4 Volt
bei Neigungswinkel 65 Grad .... 3,7 bis 4,4 Volt
Widerstand in Normalposition .... 19,1 bis 19,7 kΩ

Prüfwerte Gangpositionsschalter (Leerlauf-, GP-Schalter)
Spannung .... 1,0 Volt und höher (vom 1. bis zum 6. Gang)

Prüfwerte Einspritzventil
Spannung .... Batteriespannung
Widerstand .... 11 bis 13 Ω

Prüfwerte Kurbelwellenpositions-Sensor (CKPS)
Spitzenspannung .... 3,7 Volt und höher (beim Hochdrehen)
Widerstand .... 130 bis 240 Ω

Prüfwerte PAIR-Magnetventil
Widerstand .... 20 bis 24 kΩ
Ab Mj. 2007 bei 20 bis 30 °C .... 18 bis 22 kΩ

Sekundärdrosselventil-Sensor (STVA, Stellantrieb)
Widerstand .... 7 bis 14 Ω
Ab Mj. 2007 .... ca. 7 Ω

Leerlaufdrehzahl-Regelventil (ISCV) **ab Mj. 2007**
Widerstand .... ca. 30 ± 1,2 Ω

Lambdasonde (Beheizter Sauerstoffsensor) **ab Mj. 2007**
Widerstand (bei 23 °C) .... ca. 6,5 bis 9,5 Ω
Ausgangsspannung .... weniger als 0,3 V bei 1300/min
mehr als 0,6 V bei 5000/min

SCHMIERSYSTEM UND MOTORÖL

Schmiersystem: Nasssumpf-Druckumlaufschmierung, Vergasermotor ohne, Einspritzmotor mit Ölkühler, Trochoidenölpumpe. Motoröl SAE 10W-40 der API-Service-Klassifikation, SF oder SG.
Ab Mj. 2006: Erweiterung der Ölklassifikation Motoröl SAE 10W-40 der API-Service-Klassifikation, SF oder SG oder SH/SJ mit JASO MA

Motorölmengen
bei Ölwechsel .... 2,3 Liter
bei Öl- und Filterwechsel .... 2,4 Liter
bei Neubefüllung nach Zerlegung des Motors .... 2,7 Liter
Ab Mj. 2003 mit Ölkühler
bei Ölwechsel .... 2,3 Liter
bei Öl- und Filterwechsel .... 2,7 Liter
bei Neubefüllung nach Zerlegung des Motors .... 3,1 Liter

Öldruck: Zwischen 200 kPa (2,0 bar) und 600 kPa (6,0 bar) bei mehr als 3000/min und 60 °C Öltemperatur. Anschluss des Messadapters am Hauptölkanal-Verschluss rechts unten am Motorgehäuse hinter dem Ölfilter.

KÜHLSYSTEM

Bauart: Flüssigkeitskühlung mit zahnradgetriebener Flügelpumpe, Kühlerthermostat, Kühlerventilator.

Kühlmittel: Qualitätsfrostschutzmittel auf Ethylenglykol-Basis mit Rostschutz, Mischungsverhältnis 1:1 mit destilliertem Wasser.

Kühlmittelmenge .... 1,60 Liter
in Kühler und Motor .... ca. 1,35 Liter
im Ausgleichsbehälter .... ca. 0,25 Liter
Kühlmittelmenge ab Mj. 2003 .... 1,70 Liter
in Kühler und Motor .... ca. 1,45 Liter
im Ausgleichsbehälter .... ca. 0,25 Liter

Thermostat
beginnt zu öffnen bei .... ca. 82 °C
ist voll geöffnet bei .... 95 °C
Ventilhub bei 95 °C .... mindestens 8 mm

Thermostat ab Mj. 2003
beginnt zu öffnen bei .... ca. 88 °C
ist voll geöffnet bei .... 100 °C
Ventilhub bei 100 °C .... mindestens 8 mm

Thermostat ab Mj. 2007
beginnt zu öffnen bei .... ca. 76,5 °C
ist voll geöffnet bei .... 90 °C
Ventilhub bei 90 °C .... mindestens 8 mm

Kühlerverschlussdeckel
Ansprechdruck .... 95 bis 125 kPa (0 95 bis 1,25 bar)

Kühlmittel-Temperaturschalter
Betriebstemperatur AUS zu EIN .... ca. 115 °C
Betriebstemperatur EIN zu AUS .... ca. 108 °C

Kühlerventilatorschalter
Betriebstemperatur AUS zu EIN .... ca. 96 °C
Betriebstemperatur EIN zu AUS .... ca. 91 °C

Kühlerventilatorschalter ab Mj. 2003
Betriebstemperatur AUS zu EIN .... ca. 98 °C
Betriebstemperatur EIN zu AUS .... ca. 92 °C

Kühlmitteltemperatur-Sensor ab Mj. 2003 Widerstand bei...
Messtemperatur 20 °C .... ca. 2,45 kΩ
Messtemperatur 40 °C .... ca. 1,148 kΩ
Messtemperatur 60 °C .... ca. 0,587 kΩ
Messtemperatur 80 °C .... ca. 0,322 kΩ

ZYLINDERKOPF

Ventilspiel (bei kaltem Motor, höchstens 30 °C)
Einlass .... 0,10 bis 0,20 mm
Auslass .... 0,20 bis 0,30 mm

Nockenwellen
Schlag der Nockenwelle .... maximal 0,10 mm

Nockenwellen Lagerspiel
Einlass/Auslass .... 0,032 bis 0,066 mm
Verschleißgrenze .... 0,150 mm
Nockenwellenzapfenhalter Innen-Ø
Einlass/Auslass .... 22,012 bis 22,025 mm
Nockenwellenzapfen Außen-Ø
Einlass/Auslass .... 21,959 bis 21,980 mm

Stirnhöhe
Einlassnocken .... 35,48 bis 35,53 mm
Verschleißgrenze .... 35,18 mm
Auslassnocken .... 33,48 bis 33,53 mm
Verschleißgrenze .... 33,18 mm

Stirnhöhe ab Mj. 2003
Einlassnocken .... 36,060 bis 36,105 mm
Verschleißgrenze .... 35,760 mm
Auslassnocken .... 34,680 bis 34,725 mm
Verschleißgrenze .... 34,380 mm

Ventile
Durchmesser Einlass .... 31 mm
Durchmesser Auslass .... 25,5 mm
Durchmesser Ventilschaft Einlass .... 4,465 bis 4,480 mm
Durchmesser Ventilschaft Auslass .... 4,455 bis 4,470 mm

Ventilführungen
Innendurchmesser Ein- und Auslass .... 4,500 bis 4,512 mm

Spiel Ventilschaft
Einlass .... 0,020 bis 0,047 mm
Auslass .... 0,030 bis 0,057 mm

Ventilschaft-Abweichung
Verschleißgrenze Einlass und Auslass .... 0,35 mm

Ventilschaftschlag
Verschleißgrenze Einlass und Auslass .... 0,05 mm

Ventiltellerdicke
Verschleißgrenze Einlass und Auslass .... 0,50 mm

Ventilteller Radialschlag
Verschleißgrenze Einlass und Auslass .... 0,03 mm

Ventilsitzbreite
Einlass und Auslass .... 0,90 bis 1,10 mm

Länge der Ventilfeder ungespannt innen
Verschleißgrenze Einlass/Auslass .... 36,8 mm
Federspannung bei Länge 29,9 mm .... 4,2 bis 4,8 kgf
Ab Mj. 2003 .... 4,1 bis 4,7 kgf

Länge der Ventilfeder ungespannt außen
Verschleißgrenze Einlass/Auslass .... 39,8 mm
Federspannung bei Länge 33,4 mm .... 17,0 bis 19,6 kgf
Ab Mj. 2003 .... 16,6 bis 19,2 kgf

Ausrichtung Steuerkette (Pfeilmarkierung »3«)...... 16. Bolzen

Verzug des Zylinderkopfs .... maximal 0,05 mm

ZYLINDER UND KOLBEN

Zylinder
Zylinderdurchmesser .... 81,000 bis 81,015 mm
Verschleißgrenze .... 81,075 mm
Zylinderverzug .... 0,05 mm

Kompressionsdruck .... 1500 kPa
minimal zulässig .... 1100 kPa
Zulässiger Unterschied zwischen den Zylindern .... 200 kPa

Kolben
Messebene: 20 mm von unten (Hemdunterkante) messen
Kolbendurchmesser .... 80,940 bis 80,955 mm
Verschleißgrenze .... 80,880 mm
Kolbenbolzenbohrung .... 20,002 bis 20,008 mm
Verschleißgrenze .... 20,030 mm
Kolbenbolzen Außendurchmesser .... 19,992 bis 20,000 mm
Verschleißgrenze .... 19,980 mm

Kolbenlaufspiel
(Spiel zwischen Kolben und Zylinder) .... 0,055 bis 0,065 mm
Verschleißgrenze .... 0,120 mm

Kolbenringe
1. Kolbenring-Stoßfuge, unbelastet .... ca. 9,9 mm
Verschleißgrenze .... 7,9 mm
Ab Mj. 2003 .... Stoßfuge ca. 9,5 mm
Verschleiß ab .... 7,6 mm
Ab Mj. 2007 .... Stoßfuge ca. 7,0 mm
Verschleiß ab .... 5,6 mm

2. Kolbenring-Stoßfuge, unbelastet .... ca. 10,5 mm
Verschleißgrenze .... 8,4 mm
Ab Mj. 2003 .... Stoßfuge ca. 11,0 mm
Verschleiß ab .... 8,8 mm

1. Kolbenring-Stoßfuge, belastet .... 0,20 bis 0,35 mm
Verschleißgrenze .... 0,70 mm
2. Kolbenring-Stoßfuge, belastet .... 0,20 bis 0,35 mm
Verschleißgrenze .... 0,70 mm

Ab Mj. 2007:
1. Kolbenring-Stoßfuge, belastet .... 0,20 bis 0,30 mm
Verschleißgrenze .... 0,70 mm
2. Kolbenring-Stoßfuge, belastet .... 0,30 bis 0,45 mm
Verschleißgrenze .... 0,70 mm

1. Kolbenring-Nutenspiel, Verschleißgrenze .... 0,18 mm
2. Kolbenring-Nutenspiel, Verschleißgrenze .... 0,15 mm

1. Kolbenring-Nutenbreite .... 1,21 bis 1,23 mm
2. Kolbenring-Nutenbreite .... 1,01 bis 1,03 mm
Ab Mj. 2007:
1. Kolbenring-Nutenbreite (L-Ring) .... 0,83 bis 0,85 mm
.... 1,30 bis 1,32 mm

Nutenbreite Ölabstreifer .... 2,01 bis 2,03 mm

1. Kolbenring-Dicke .... 1,17 bis 1,19 mm
2. Kolbenring-Dicke .... 0,97 bis 0,99 mm
Ab Mj. 2007:
1. Kolbenring-Dicke (L-Ring) .... 0,76 bis 0,81 mm
.... 1,08 bis 1,10 mm

Pleuel
Pleuelkopf Innendurchmesser .... 20,010 bis 20,018 mm
Verschleißgrenze .... 20,040 mm
Pleuelfuß Seitenspiel .... 0,17 bis 0,32 mm
Verschleißgrenze .... 0,50 mm
Pleuelfußbreite .... 20,95 bis 21,00 mm
Pleuelzapfenbreite .... 42,17 bis 42,22 mm
Pleuelfuß Lagerspiel .... 0,032 bis 0,056 mm
Verschleißgrenze .... 0,080 mm
Pleuelzapfen Außendurchmesser .... 37,976 bis 38,000 mm

KUPPLUNG UND GETRIEBE

Kupplungs-Druckfeder
ungespannte Länge .... 58,9 mm
Verschleißgrenze .... 56,0 mm
Kupplungs-Druckfeder ab Mj. 2003
ungespannte Länge .... 53,1 mm
Verschleißgrenze .... 50,5 mm

Kupplungs-Reibscheiben
Scheibendicke Scheibe »A« .... 3,42 bis 3,58 mm
Verschleißgrenze .... 3,12 mm
Scheibendicke Scheibe »B« .... 2,92 bis 3,08 mm
Verschleißgrenze .... 2,62 mm
Klauenbreite Scheiben »A« und »B« .... 15,9 bis 16,0 mm
Verschleißgrenze .... 15,1 mm
Kupplungs-Reibscheiben ab Mj. 2003
Scheibendicke Scheibe »A« und »B« .... 2,92 bis 3,08 mm
Verschleißgrenze .... 2,62 mm
Klauenbreite Scheiben »A« und »B« .... 13,7 bis 13,8 mm
Verschleißgrenze .... 12,9 mm

Kupplungs-Stahlscheiben: maximaler Verzug .... 0,10 mm

Schaltgabeln
Dicke der Gabelzinken .... 5,3 bis 5,4 mm
Schaltgabel-Nutenbreite .... 5,5 bis 5,6 mm
Spiel zwischen Schaltgabelzapfen und Nut .... 0,1 bis 0,3 mm
Verschleißgrenze .... 0,50 mm

KURBELWELLE

Kurbelwellenzapfen Lagerspiel .... 0,008 bis 0,035 mm
Verschleißgrenze .... 0,080 mm
Ab Mj. 2004:
Kurbelwellenzapfen Lagerspiel .... 0,002 bis 0,029 mm
Verschleißgrenze .... 0,080 mm

Kurbelwellenzapfen Außen-Ø .... 41,985 bis 42,000 mm
Kurbelwellenschlag .... maximal 0,05 mm
Kurbelwellen-Drucklagerdicke .... 1,925 bis 2,175 mm
Kurbelwellen-Schubspiel .... 0,050 bis 0,110 mm

ELEKTRISCHE ANLAGE

Batterie: Typ YT12A-BS, 12 Volt, 10 Ah
Prüfwerte der Batterie (Messtemperatur 20 °C)
voll geladen .... 12,5 bis 12,6 Volt
ladebedürftig .... unter 12,0 Volt
zulässiger Ladestrom
normale Ladung mit 1,2 A .... 5 bis 10 Stunden
Schnellladung mit 5,0 A .... 1 Stunde
■ Wenn nach zweimaliger Ladung Spannung immer noch unter 12,5 Volt: Batterie erneuern.

Batterie ab Mj. 2003: Typ YTX12A-BS, 12 Volt, 10 Ah
zulässiger Ladestrom ab 2003
normale Ladung mit 1,4 A .... 5 bis 10 Stunden
Schnellladung mit 6,0 A .... 1 Stunde
■ Wenn nach zweimaliger Ladung Spannung immer noch unter 12,5 Volt: Batterie erneuern.

■ **Batterie ab Mj. 2007 für Modelle mit ABS:**
Typ YT12A-BS, 12 Volt, 10 Ah

Lichtmaschine: Drehstromgenerator, Leistung ca. 300 Watt bei 5000/min, **ab Mj. 2003** Leistung ca. 375 Watt bei 5000/min.

Prüfwerte Lichtmaschine
Leerlaufspannung .... 70 Volt und höher bei 5000/min
Regelspannung .... 13,5 bis 15,0 Volt bei 5000/min
Widerstand der Ladewicklung (Statorwicklung) ..... 0,2 bis 0,55 Ω

Prüfwerte Lichtmaschine ab Mj. 2003
Leerlaufspannung .... 60 Volt und höher bei 5000/min
Regelspannung .... 14,0 bis 15,5 Volt bei 5000/min
Widerstand der Ladewicklung (Statorwicklung) .... 0,2 bis 0,7 Ω

Regler/Gleichrichter: Thyristordiode kurzgeschlossen/ Dreiphasen-Zweiwegegleichrichter

Zündung: elektronische Zündung (ECM, Transistorzündung)

Prüfwerte Zündzeitpunkt
Zündzeitpunkt .... 5 Grad vor OT bei 1300/min
Ab Mj. 2003 .... 7 Grad vor OT bei 1300/min
Ab Mj. 2007 .... 8 Grad vor OT bei 1300/min

Zündfolge: 1 – 2 (vorne – hinten)

Zündkerzen: Standardzündkerzen NGK CR8E, optional Denso U24ESR-N, Elektrodenabstand 0,7 bis 0,8 mm
Zündkerzen ab Mj. 2007: 2 Zündkerzen pro Zylinder (»Doppelzündung«), Zündkerzen NGK CR8E, optional Denso U24ESR-N, Elektrodenabstand 0,7 bis 0,8 mm

Prüfwerte Zündleistung
Zündfunkenlänge .... mehr als 8 mm

Prüfwerte Zündspulen
Spitzenspannung .... über 150 Volt
Primärwiderstand (gemessen von + zu –) .... 3,5 bis 5,5 Ω
Sekundärwiderstand (gemessen von + zu Kerzenstecker) .... 20 bis 31 kΩ

Prüfwerte Zündspulen ab Mj. 2003
Spitzenspannung .... über 150 Volt
Primärwiderstand (gemessen von + zu –) .... 2 bis 5 Ω
Sekundärwiderstand (gemessen von + zu Kerzenstecker) .... 24 bis 37 kΩ

Prüfwerte der Zündspulen ab Mj. 2007 (Doppelzündung)
Spitzenspannung .... über 150 Volt
Primärwiderstand (gemessen von Klemme zu Klemme) .... 1 bis 5 Ω
Sekundärwiderstand (gemessen von Kerzenstecker zu Kerzenstecker) .... 25 bis 40 kΩ

Prüfwerte Zündbox bis Mj. 2002
Spitzenspannung .... über 3 Volt
Widerstand .... 140 bis 230 Ω

Prüfwerte Kurbelwellenpositions-Sensor (CKPS) **ab Mj. 2003**
Spitzenspannung .... mindestens 3,7 Volt
Widerstand .... 130 bis 240 Ω

Prüfwerte Anlasserrelais
Widerstand .... 3 bis 6 Ω

Sicherungen bis Mj. 2002
Hauptsicherung .... 30 Ampere
Scheinwerfer Fernlicht .... 15 Ampere
Scheinwerfer Abblendlicht .... 15 Ampere
Instrumente .... 10 Ampere
Zündung .... 10 Ampere
Blinker .... 15 Ampere
Reservesicherungen .... je 1 Stück 10, 15 und 30 Ampere

Sicherungen ab Mj. 2003
SV 650 Scheinwerfer Fern- und Abblendlicht .... 10 Ampere
SV 650 S Scheinwerfer Fern- und Abblendlicht .... 15 Ampere
Benzinpumpe .... 10 Ampere
Kühlerventilator .... 15 Ampere
Blinker .... 10 Ampere

Ab Mj. 2007 bei ABS-Modellen zusätzliche Sicherungen:
ABS Motor .... 40 Ampere
ABS Ventil .... 25 Ampere

BELEUCHTUNG

Lampen
Fernlicht/Abblendlicht .... 12 Volt 60/55 Watt H4
SV 650 S .... 12 Volt 55 Watt H4 (2 St.)
SV 650 S ab Mj. 2003 .... 12 Volt 60/55 Watt H4 (2 St.)
Standlicht .... 12 Volt/5 Watt
Blinklampen .... 12 Volt/21 Watt (4 St.)
Kennzeichenleuchte .... 12 Volt/5 Watt
Brems-/Schlussleuchte .... 12 Volt/21/5 Watt (2 St.)

Instrument
Instrumentenbeleuchtung .... 12 Volt/1,7 Watt (2 St.)
SV 650 S .... 12 Volt/0,84 Watt (3 St.)
Blinkkontrolle .... 12 Volt/1,7 Watt
SV 650 S .... 12 Volt/3 Watt
Fernlichtkontrolle .... 12 Volt/1,7 Watt
Leerlaufkontrolle .... 12 Volt/1,7 Watt
Öldruckkontrolle .... 12 Volt/1,7 Watt

Ab Mj. 2000:
Benzinstand .... 12 Volt/1,7 Watt
Öldruckkontrolle .... LED
Motorkühlmitteltemperaturkontrollle (zusätzlich) .... LED

Ab Mj. 2003:
Brems-/Schlussleuchte .... LED
Instrumentenbeleuchtung .... LED
Blinkkontrolle .... LED
Fernlichtkontrolle .... LED
Leerlaufkontrolle .... LED
Öldruck-/Kühlmitteltemperatur-/FI-Anzeigekontrolle .... LED
Benzinstandkontrolle .... LED

Ab Mj. 2007 SV 650 S Standlicht .... 12 Volt/5 Watt (2 St.)

Ab Mj. 2007 bei ABS-Modellen zusätzlich:
Fehleranzeigeleuchte ABS .... LED

Stichwortverzeichnis

SV 650 (Modellcode X) ab Modelljahr 1999, ohne ABS

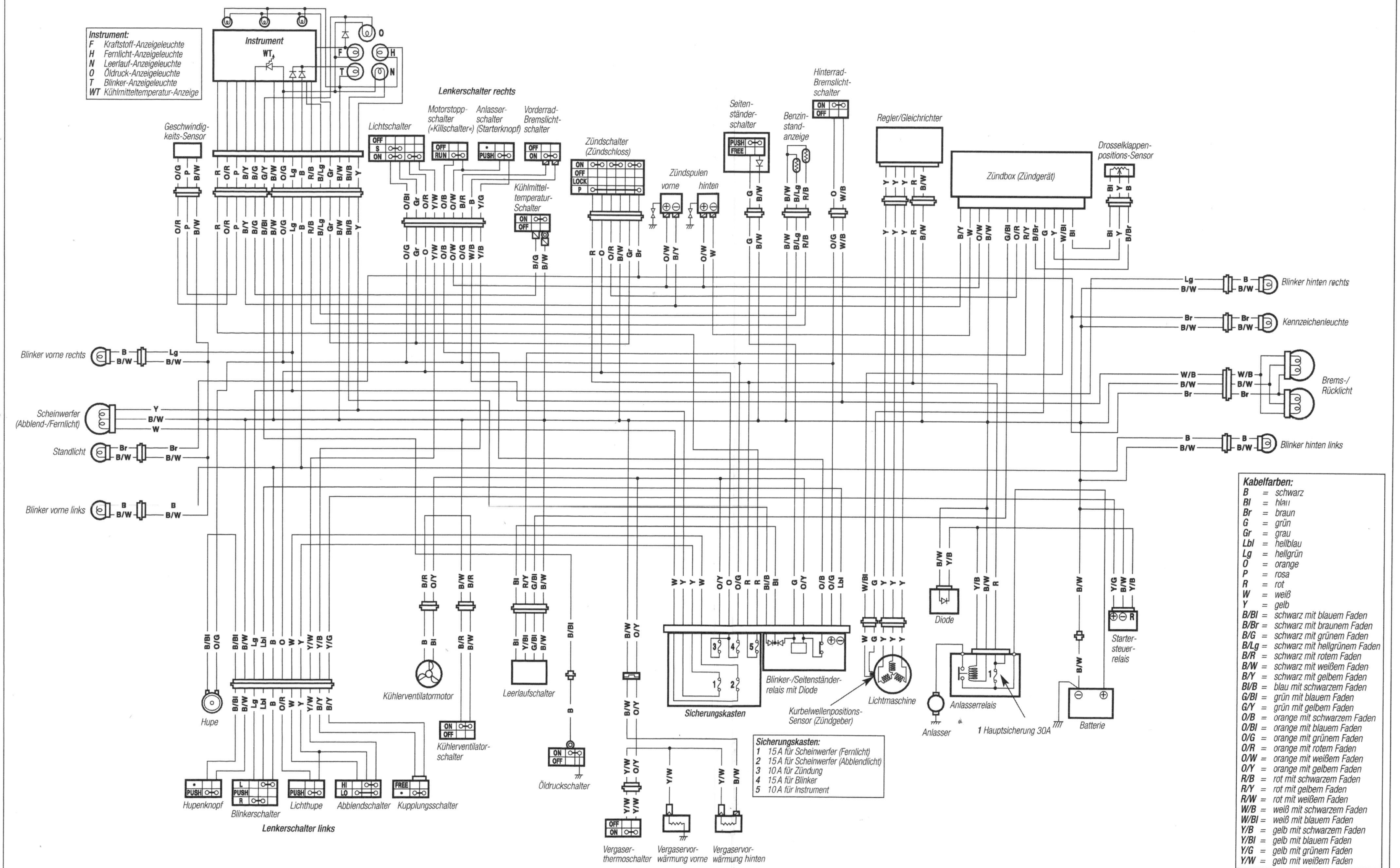

Schaltplan bietet Überblick über Sicherungen und zentrale elektrische Bauteile der Suzuki SV 650 (X). Für tiefer gehende Detailinformationen verweisen wir auf die Suzuki-interne Werkstattliteratur.

SV 650 S (Modellcode X) ab Modelljahr 1999, ohne ABS

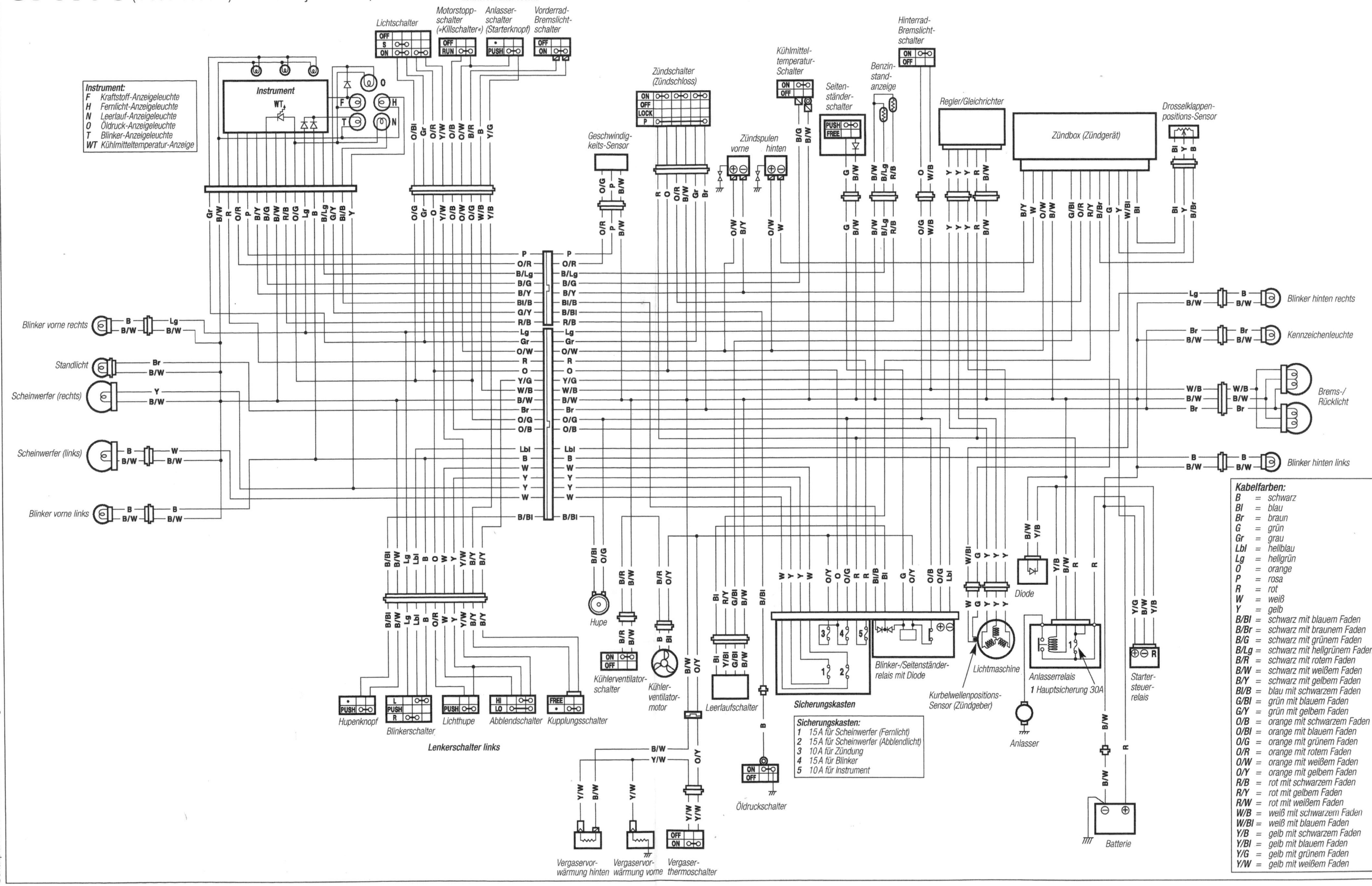

Schaltplan bietet Überblick über Sicherungen und zentrale elektrische Bauteile der Suzuki SV 650 S (X). Für tiefer gehende Detailinformationen verweisen wir auf die Suzuki-interne Werkstattliteratur.

Schaltplan bietet Überblick über Sicherungen und zentrale elektrische Bauteile der Suzuki SV 650 (Y/K1). Für tiefer gehende Detailinformationen verweisen wir auf die Suzuki-interne Werkstattliteratur.

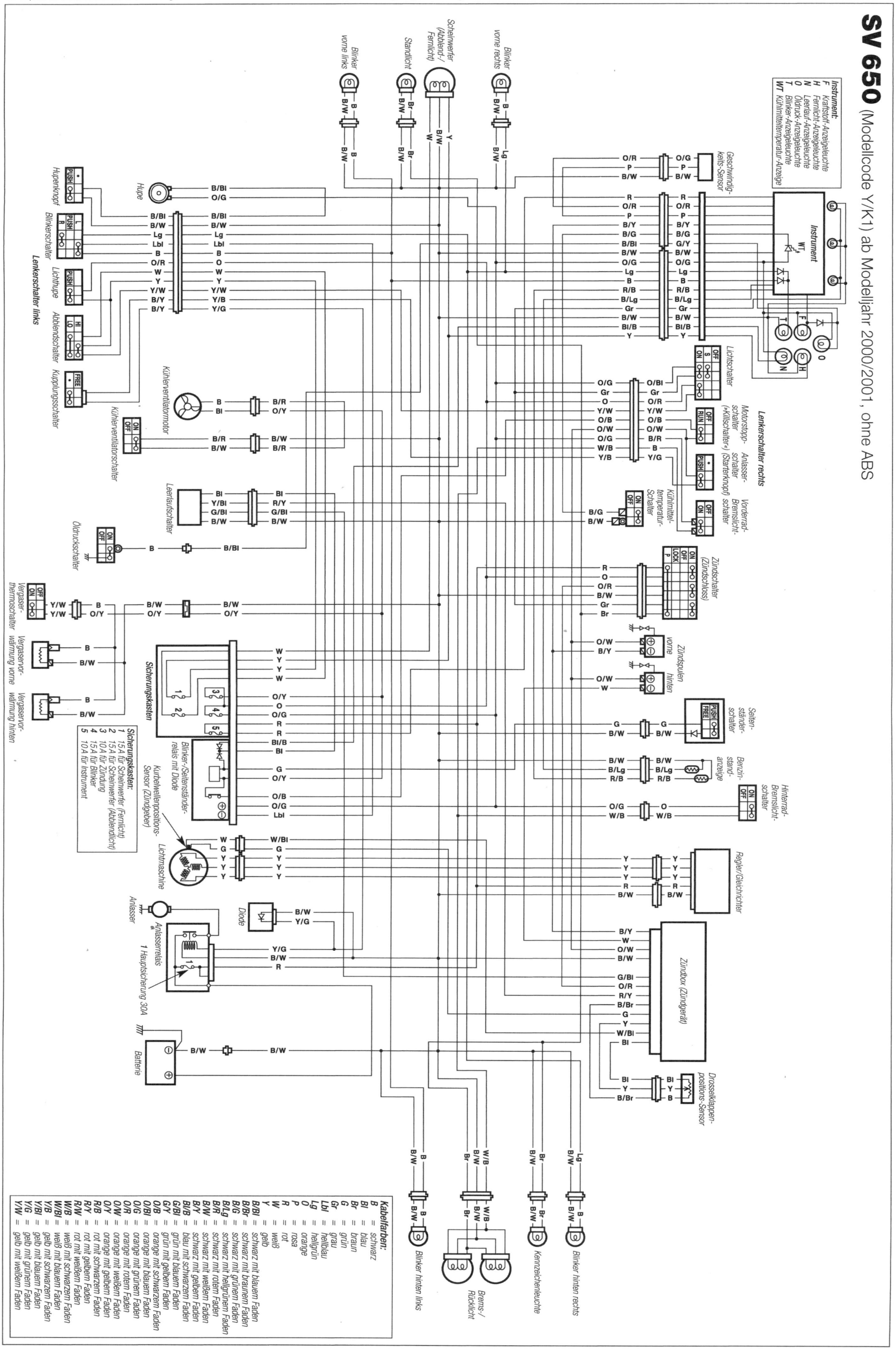

SV 650 S (Modellcode Y/K1) ab Modelljahr 2000/2001, ohne ABS

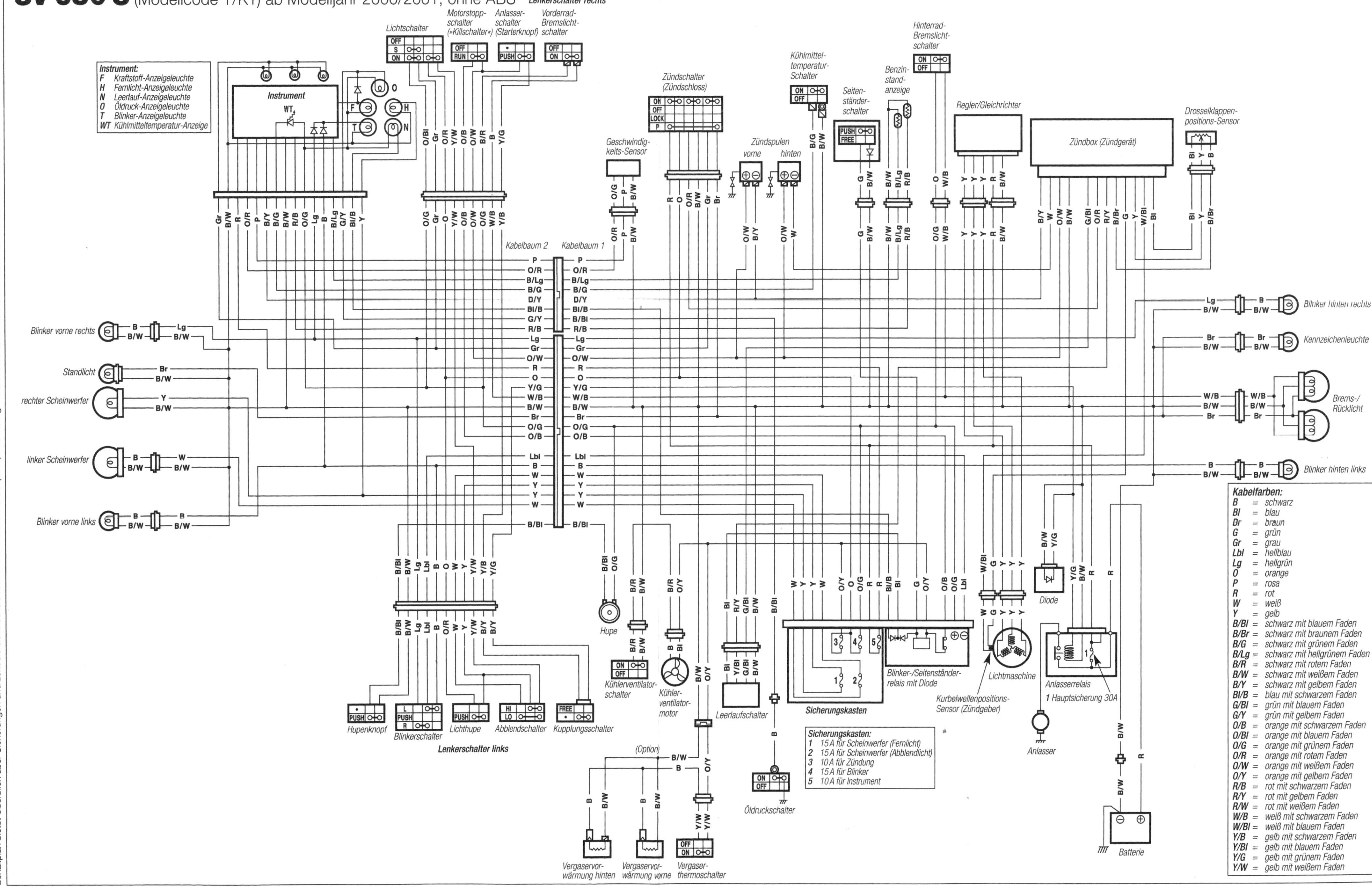

Schaltplan bietet Überblick über Sicherungen und zentrale elektrische Bauteile der Suzuki SV 650 S (Y/K1). Für tiefer gehende Detailinformationen verweisen wir auf die Suzuki-interne Werkstattliteratur.

SV 650 (Modellcode K2) ab Modelljahr 2002, ohne ABS

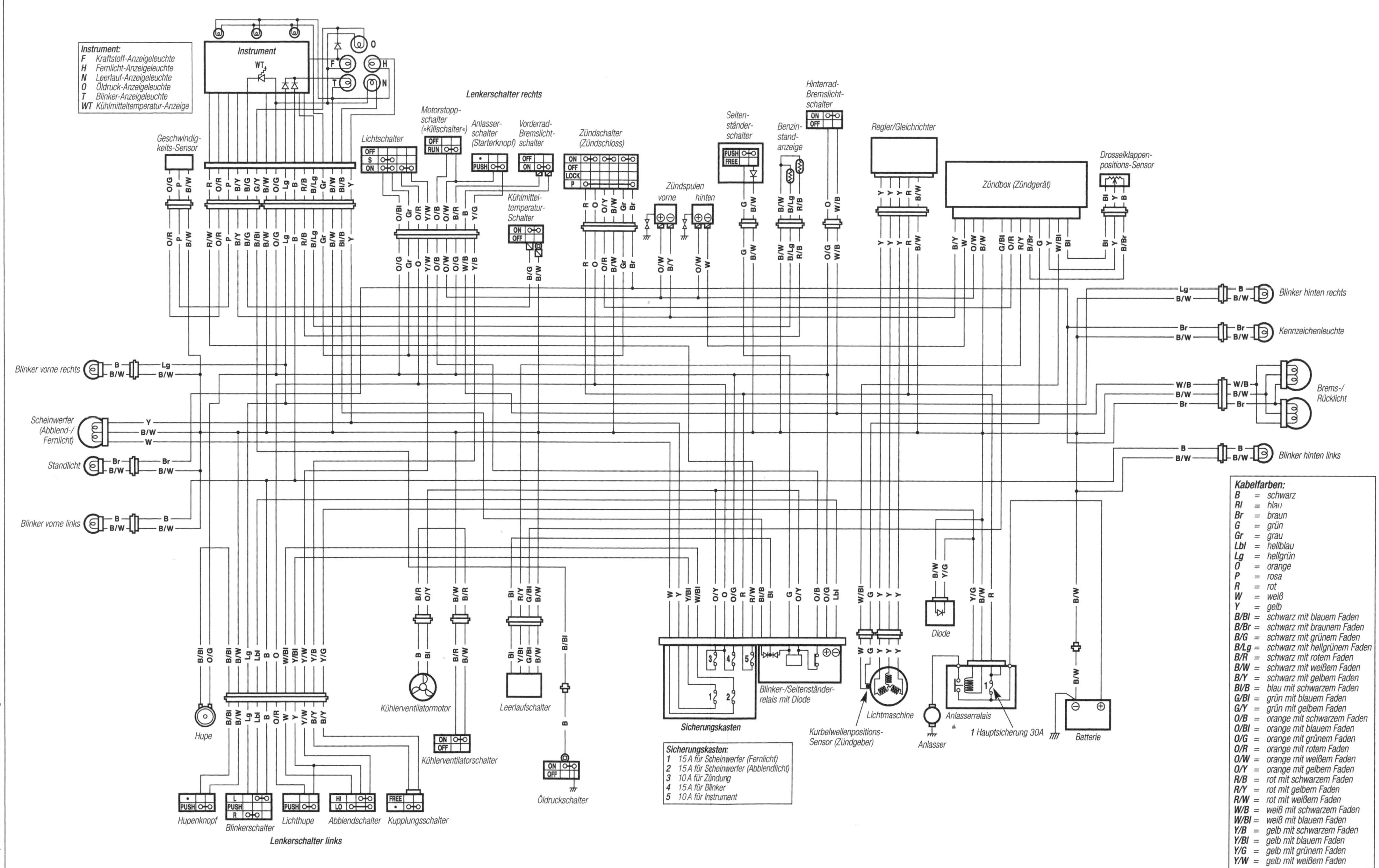

Schaltplan bietet Überblick über Sicherungen und zentrale elektrische Bauteile der Suzuki SV 650 (K2). Für tiefer gehende Detailinformationen verweisen wir auf die Suzuki-interne Werkstattliteratur.

Schaltpläne 31

SV 650 S (Modellcode K2) ab Modelljahr 2002, ohne ABS

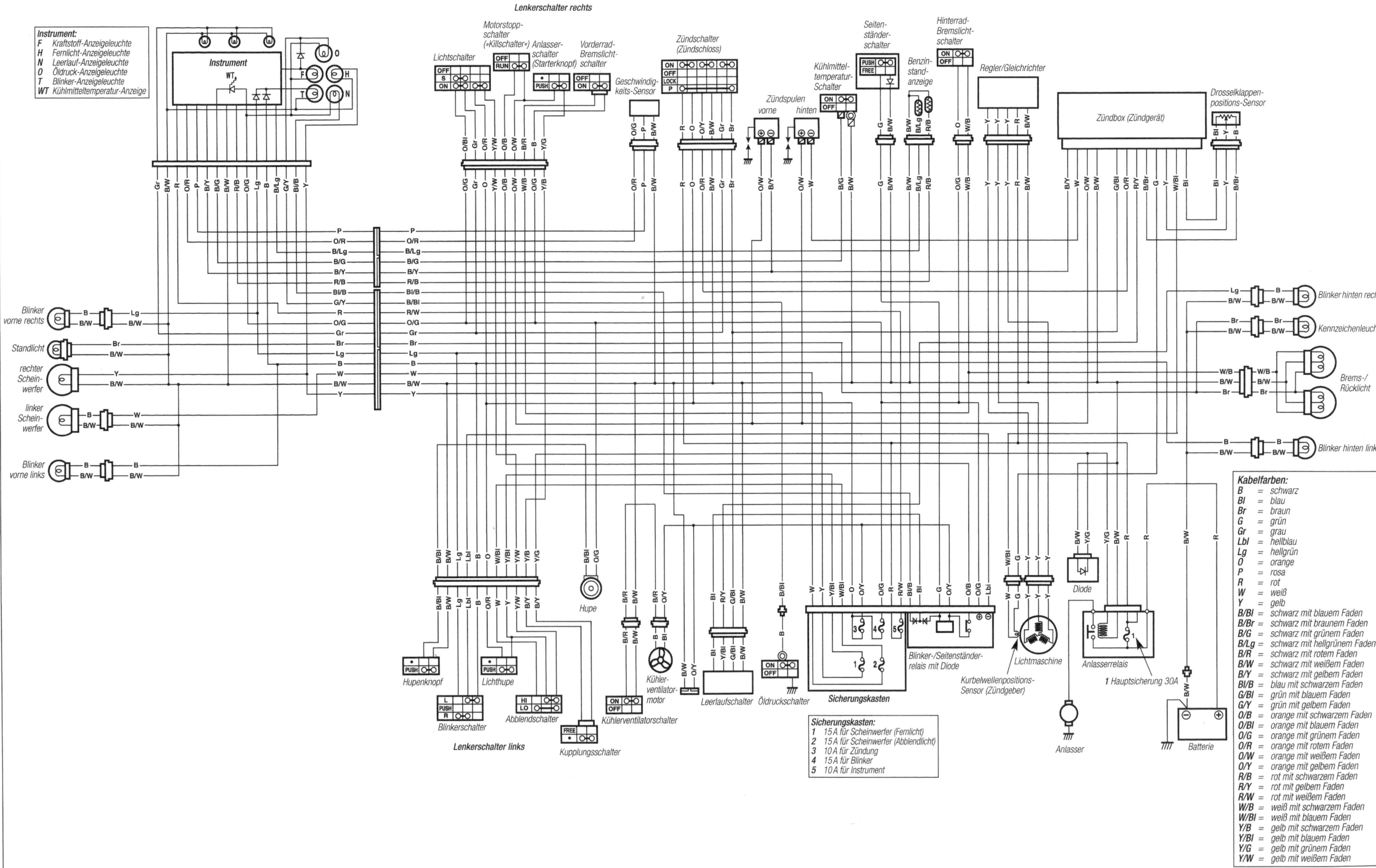

Schaltplan bietet Überblick über Sicherungen und zentrale elektrische Bauteile der Suzuki SV 650 S (K2). Für tiefer gehende Detailinformationen verweisen wir auf die Suzuki-interne Werkstattliteratur.

Schaltplan bietet Überblick über Sicherungen und zentrale elektrische Bauteile der Suzuki SV 650 (K3). Für tiefer gehende Detailinformationen verweisen wir auf die Suzuki-interne Werkstattliteratur.

SV 650 (Modellcode K3) ab Modelljahr 2003, ohne ABS

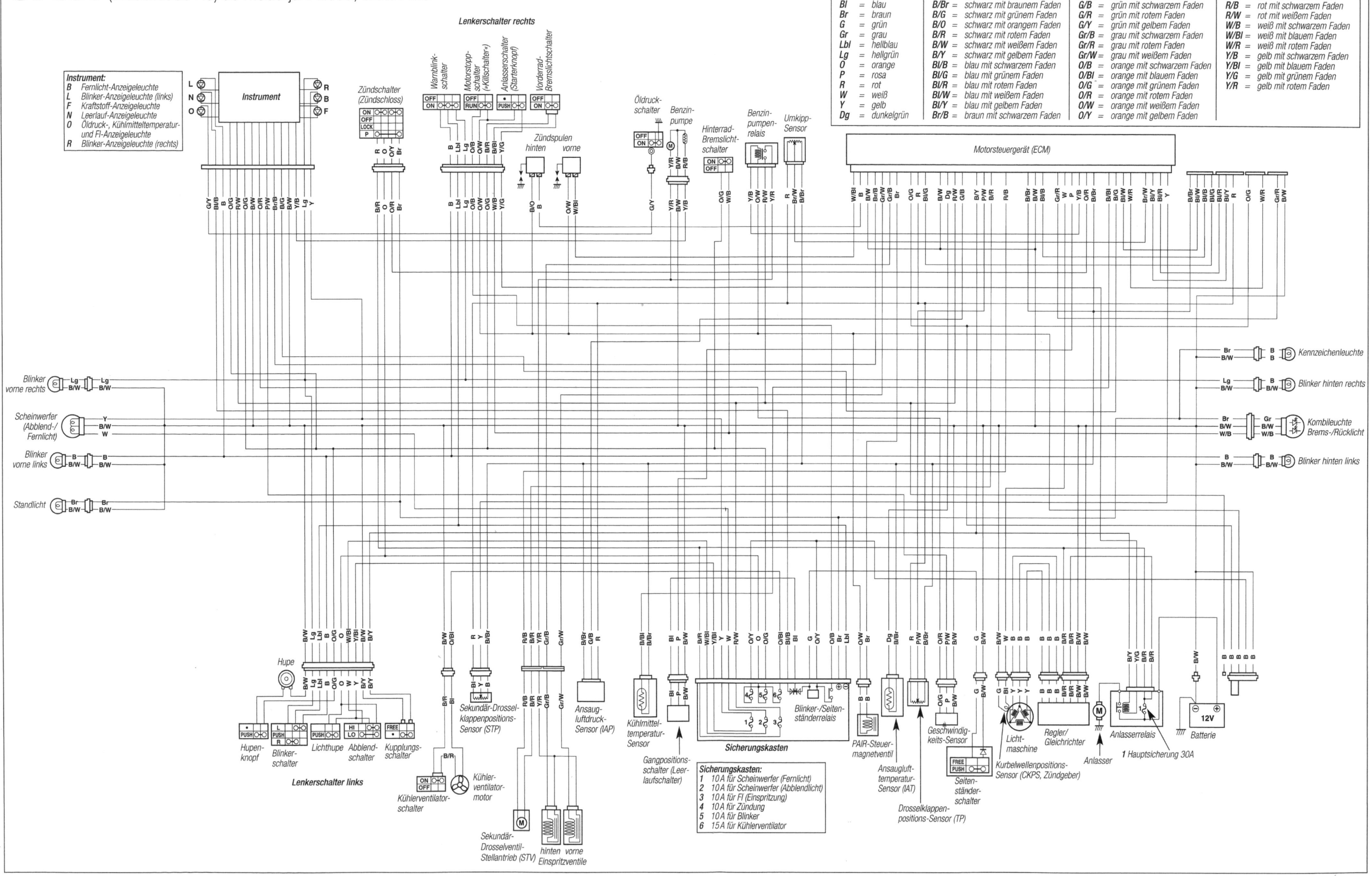

Instrument:
B Fernlicht-Anzeigeleuchte
L Blinker-Anzeigeleuchte (links)
F Kraftstoff-Anzeigeleuchte
N Leerlauf-Anzeigeleuchte
O Öldruck-, Kühlmitteltemperatur- und FI-Anzeigeleuchte
R Blinker-Anzeigeleuchte (rechts)

Sicherungskasten:
1 10A für Scheinwerfer (Fernlicht)
2 10A für Scheinwerfer (Abblendlicht)
3 10A für FI (Einspritzung)
4 10A für Zündung
5 10A für Blinker
6 15A für Kühlerventilator

Kabelfarben:

B = schwarz	B/Bl = schwarz mit blauem Faden	Br/W = braun mit weißem Faden	P/W = rosa mit weißem Faden
Bl = blau	B/Br = schwarz mit braunem Faden	G/B = grün mit schwarzem Faden	R/B = rot mit schwarzem Faden
Br = braun	B/G = schwarz mit grünem Faden	G/R = grün mit rotem Faden	R/W = rot mit weißem Faden
G = grün	B/O = schwarz mit orangem Faden	G/Y = grün mit gelbem Faden	W/B = weiß mit schwarzem Faden
Gr = grau	B/R = schwarz mit rotem Faden	Gr/B = grau mit schwarzem Faden	W/Bl = weiß mit blauem Faden
Lbl = hellblau	B/W = schwarz mit weißem Faden	Gr/R = grau mit rotem Faden	W/R = weiß mit rotem Faden
Lg = hellgrün	B/Y = schwarz mit gelbem Faden	Gr/W = grau mit weißem Faden	Y/B = gelb mit schwarzem Faden
O = orange	Bl/B = blau mit schwarzem Faden	O/B = orange mit schwarzem Faden	Y/Bl = gelb mit blauem Faden
P = rosa	Bl/G = blau mit grünem Faden	O/Bl = orange mit blauem Faden	Y/G = gelb mit grünem Faden
R = rot	Bl/R = blau mit rotem Faden	O/G = orange mit grünem Faden	Y/R = gelb mit rotem Faden
W = weiß	Bl/W = blau mit weißem Faden	O/R = orange mit rotem Faden	
Y = gelb	Bl/Y = blau mit gelbem Faden	O/W = orange mit weißem Faden	
Dg = dunkelgrün	Br/B = braun mit schwarzem Faden	O/Y = orange mit gelbem Faden	

Schaltpläne 31

SV 650 S (Modellcode K3) ab Modelljahr 2003, ohne ABS

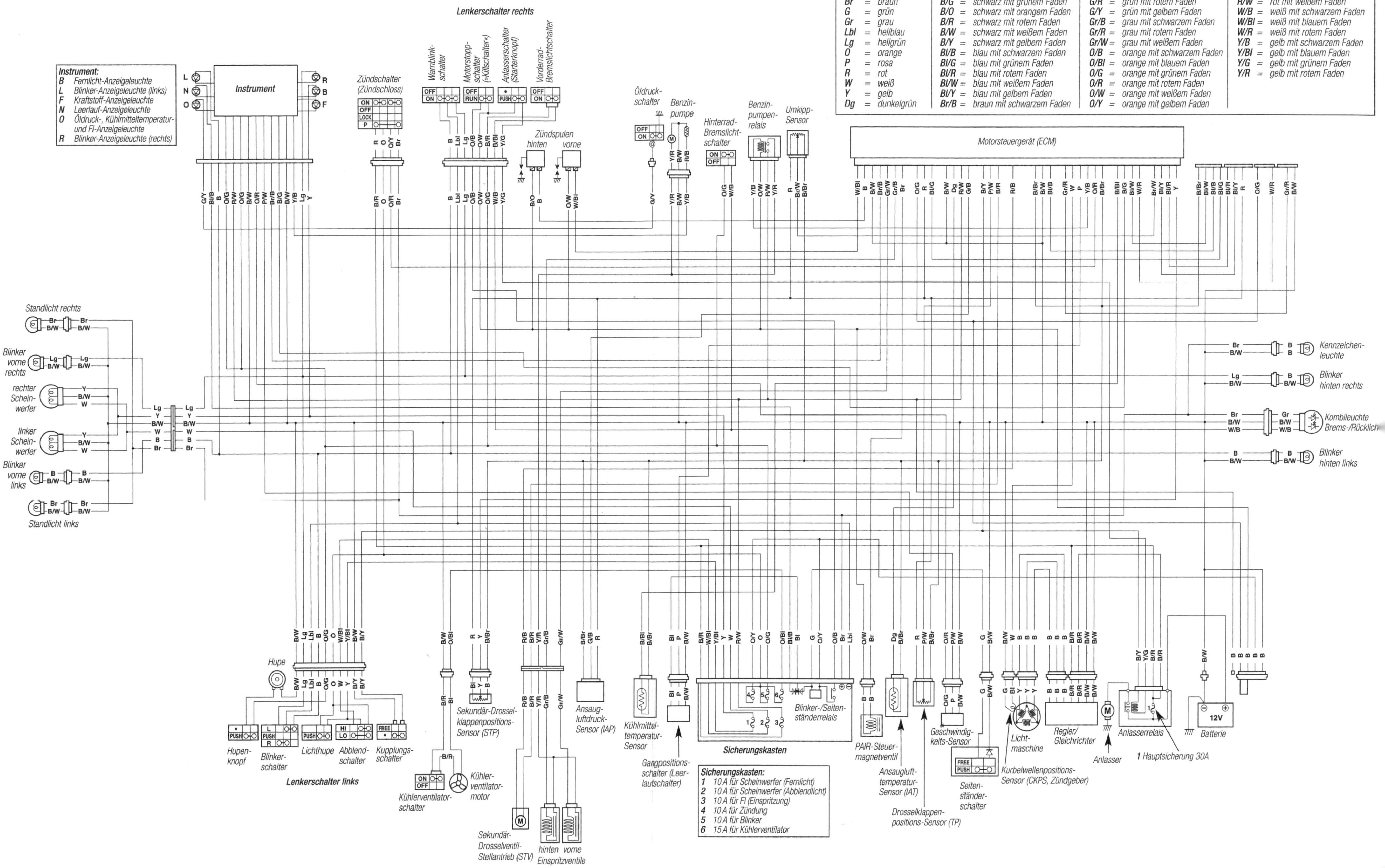

Kabelfarben:

B = schwarz	B/Bl = schwarz mit blauem Faden	Br/W = braun mit weißem Faden	P/W = rosa mit weißem Faden
Bl = blau	B/Br = schwarz mit braunem Faden	G/B = grün mit schwarzem Faden	R/B = rot mit schwarzem Faden
Br = braun	B/G = schwarz mit grünem Faden	G/R = grün mit rotem Faden	R/W = rot mit weißem Faden
G = grün	B/O = schwarz mit orangem Faden	G/Y = grün mit gelbem Faden	W/B = weiß mit schwarzem Faden
Gr = grau	B/R = schwarz mit rotem Faden	Gr/B = grau mit schwarzem Faden	W/Bl = weiß mit blauem Faden
Lbl = hellblau	B/W = schwarz mit weißem Faden	Gr/R = grau mit rotem Faden	W/R = weiß mit rotem Faden
Lg = hellgrün	B/Y = schwarz mit gelbem Faden	Gr/W = grau mit weißem Faden	Y/B = gelb mit schwarzem Faden
O = orange	Bl/B = blau mit schwarzem Faden	O/B = orange mit schwarzem Faden	Y/Bl = gelb mit blauem Faden
P = rosa	Bl/G = blau mit grünem Faden	O/Bl = orange mit blauem Faden	Y/G = gelb mit grünem Faden
R = rot	Bl/R = blau mit rotem Faden	O/G = orange mit grünem Faden	Y/R = gelb mit rotem Faden
W = weiß	Bl/W = blau mit weißem Faden	O/R = orange mit rotem Faden	
Y = gelb	Bl/Y = blau mit gelbem Faden	O/W = orange mit weißem Faden	
Dg = dunkelgrün	Br/B = braun mit schwarzem Faden	O/Y = orange mit gelbem Faden	

Schaltplan bietet Überblick über Sicherungen und zentrale elektrische Bauteile der Suzuki SV 650 S (K3). Für tiefer gehende Detailinformationen verweisen wir auf die Suzuki-interne Werkstattliteratur.

SV 650 (Modellcode K4) ab Modelljahr 2004, ohne ABS

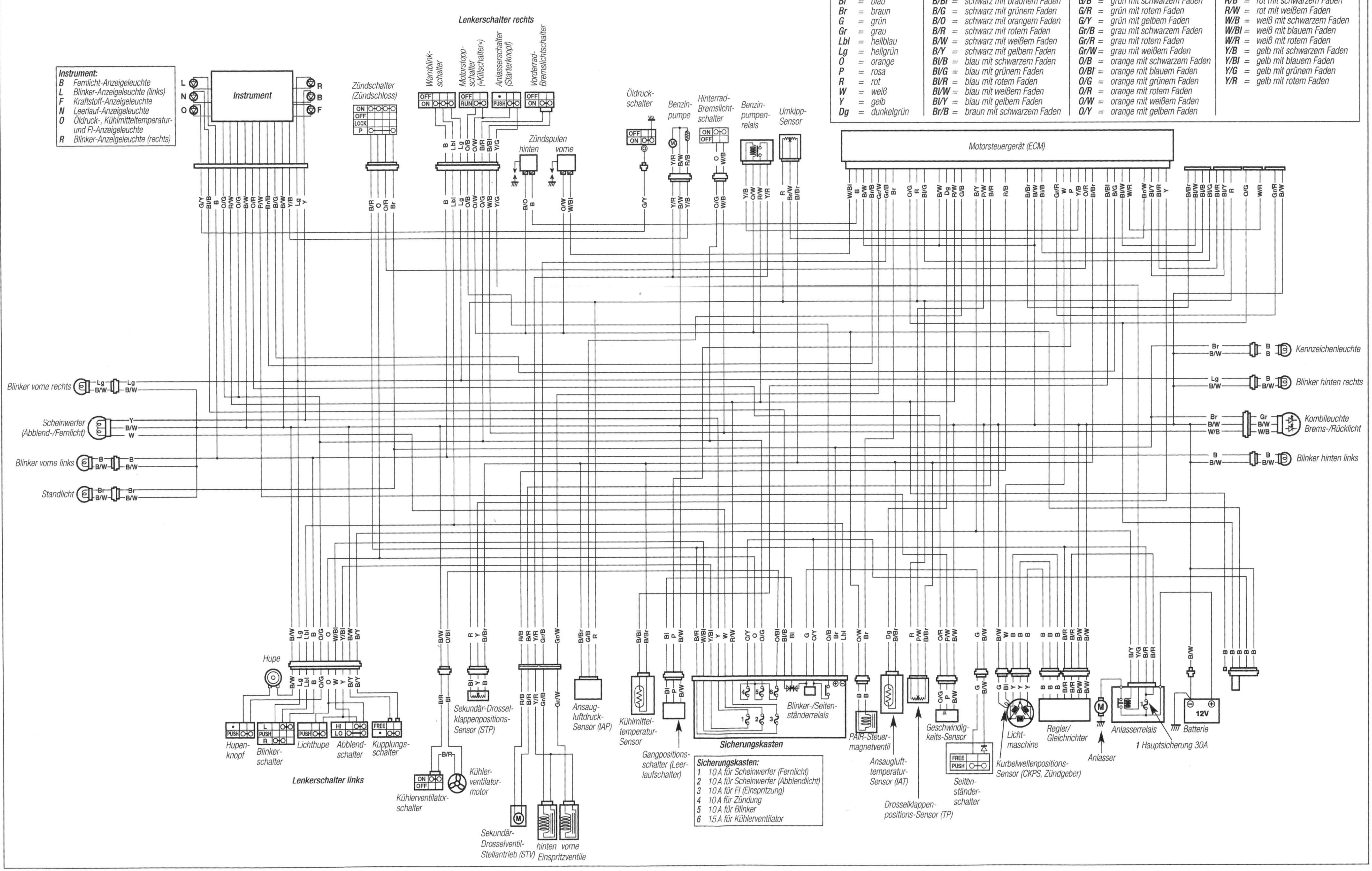

Instrument:
B Fernlicht-Anzeigeleuchte
L Blinker-Anzeigeleuchte (links)
F Kraftstoff-Anzeigeleuchte
N Leerlauf-Anzeigeleuchte
O Öldruck-, Kühlmitteltemperatur- und FI-Anzeigeleuchte
R Blinker-Anzeigeleuchte (rechts)

Kabelfarben:

B = schwarz
Bl = blau
Br = braun
G = grün
Gr = grau
Lbl = hellblau
Lg = hellgrün
O = orange
P = rosa
R = rot
W = weiß
Y = gelb
Dg = dunkelgrün
B/Bl = schwarz mit blauem Faden
B/Br = schwarz mit braunem Faden
B/G = schwarz mit grünem Faden
B/O = schwarz mit orangem Faden
B/R = schwarz mit rotem Faden
B/W = schwarz mit weißem Faden
B/Y = schwarz mit gelbem Faden
Bl/B = blau mit schwarzem Faden
Bl/G = blau mit grünem Faden
Bl/R = blau mit rotem Faden
Bl/W = blau mit weißem Faden
Bl/Y = blau mit gelbem Faden
Br/B = braun mit schwarzem Faden
Br/W = braun mit weißem Faden
G/B = grün mit schwarzem Faden
G/R = grün mit rotem Faden
G/Y = grün mit gelbem Faden
Gr/B = grau mit schwarzem Faden
Gr/R = grau mit rotem Faden
Gr/W = grau mit weißem Faden
O/B = orange mit schwarzem Faden
O/Bl = orange mit blauem Faden
O/G = orange mit grünem Faden
O/R = orange mit rotem Faden
O/W = orange mit weißem Faden
O/Y = orange mit gelbem Faden
P/W = rosa mit weißem Faden
R/B = rot mit schwarzem Faden
R/W = rot mit weißem Faden
W/B = weiß mit schwarzem Faden
W/Bl = weiß mit blauem Faden
W/R = weiß mit rotem Faden
Y/B = gelb mit schwarzem Faden
Y/Bl = gelb mit blauem Faden
Y/G = gelb mit grünem Faden
Y/R = gelb mit rotem Faden

Sicherungskasten:
1 10 A für Scheinwerfer (Fernlicht)
2 10 A für Scheinwerfer (Abblendlicht)
3 10 A für FI (Einspritzung)
4 10 A für Zündung
5 10 A für Blinker
6 15 A für Kühlerventilator

Schaltplan bietet Überblick über Sicherungen und zentrale elektrische Bauteile der Suzuki SV 650 (K4). Für tiefer gehende Detailinformationen verweisen wir auf die Suzuki-interne Werkstattliteratur.

Schaltpläne 31

SV 650 S (Modellcode K4) ab Modelljahr 2004, ohne ABS

Kabelfarben:

B = schwarz	B/Bl = schwarz mit blauem Faden	Br/W = braun mit weißem Faden	P/W = rosa mit weißem Faden
Bl = blau	B/Br = schwarz mit braunem Faden	G/B = grün mit schwarzem Faden	R/B = rot mit schwarzem Faden
Br = braun	B/G = schwarz mit grünem Faden	G/R = grün mit rotem Faden	R/W = rot mit weißem Faden
G = grün	B/O = schwarz mit orangem Faden	G/Y = grün mit gelbem Faden	W/B = weiß mit schwarzem Faden
Gr = grau	B/R = schwarz mit rotem Faden	Gr/B = grau mit schwarzem Faden	W/Bl = weiß mit blauem Faden
Lbl = hellblau	B/W = schwarz mit weißem Faden	Gr/R = grau mit rotem Faden	W/R = weiß mit rotem Faden
Lg = hellgrün	B/Y = schwarz mit gelbem Faden	Gr/W = grau mit weißem Faden	Y/B = gelb mit schwarzem Faden
O = orange	Bl/B = blau mit schwarzem Faden	O/B = orange mit schwarzem Faden	Y/Bl = gelb mit blauem Faden
P = rosa	Bl/G = blau mit grünem Faden	O/Bl = orange mit blauem Faden	Y/G = gelb mit grünem Faden
R = rot	Bl/R = blau mit rotem Faden	O/G = orange mit grünem Faden	Y/R = gelb mit rotem Faden
W = weiß	Bl/W = blau mit weißem Faden	O/R = orange mit rotem Faden	
Y = gelb	Bl/Y = blau mit gelbem Faden	O/W = orange mit weißem Faden	
Dg = dunkelgrün	Br/B = braun mit schwarzem Faden	O/Y = orange mit gelbem Faden	

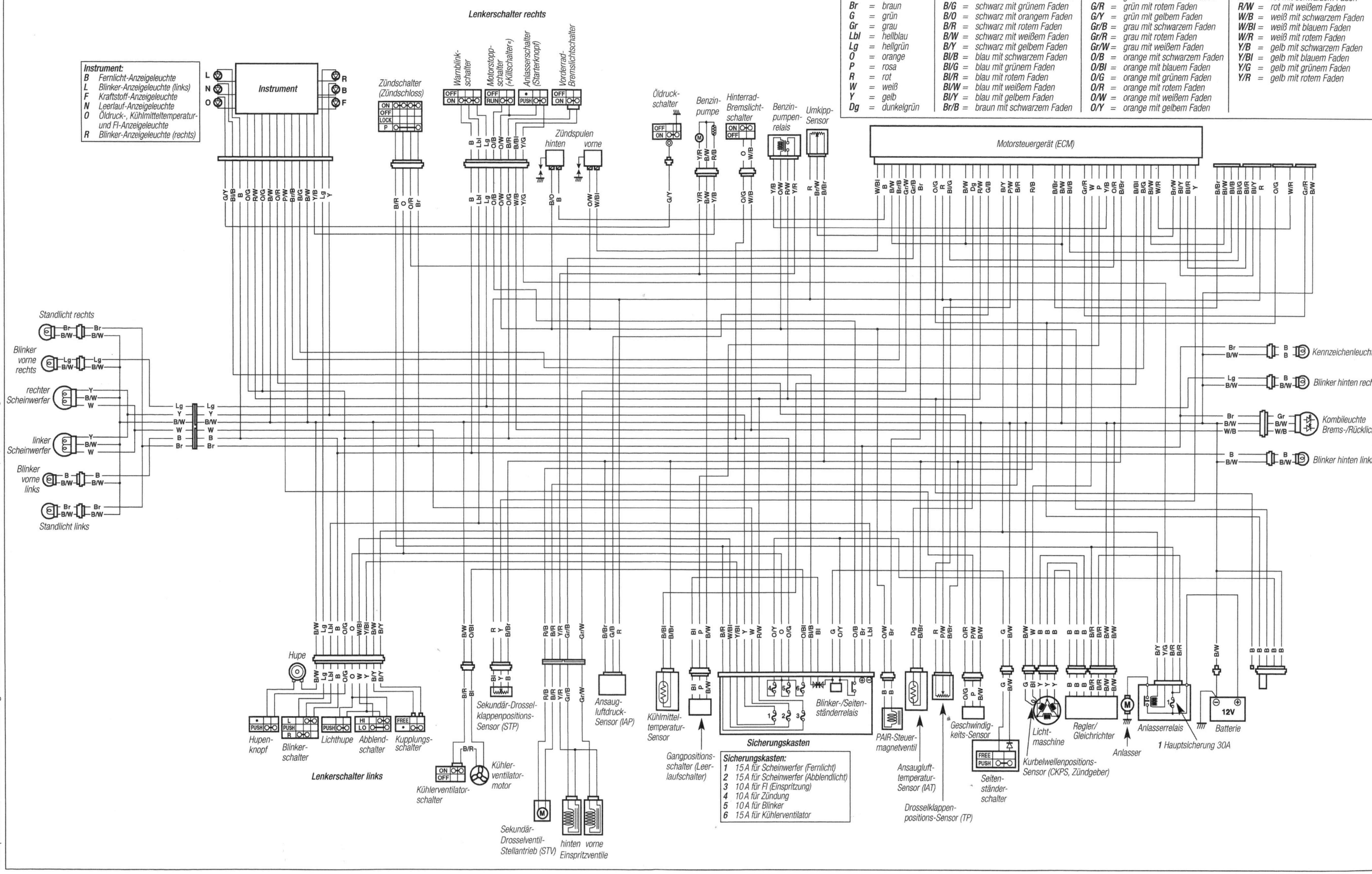

Sicherungskasten:
1 15 A für Scheinwerfer (Fernlicht)
2 15 A für Scheinwerfer (Abblendlicht)
3 10 A für FI (Einspritzung)
4 10 A für Zündung
5 10 A für Blinker
6 15 A für Kühlerventilator

Schaltplan bietet Überblick über Sicherungen und zentrale elektrische Bauteile der Suzuki SV 650 S (K4). Für tiefer gehende Detailinformationen verweisen wir auf die Suzuki-interne Werkstattliteratur.

SV 650 (Modellcode K5/K6) ab Modelljahr 2005/2006, ohne ABS

Kabelfarben:

B = schwarz	B/Bl = schwarz mit blauem Faden	Br/W = braun mit weißem Faden	P/W = rosa mit weißem Faden
Bl = blau	B/Br = schwarz mit braunem Faden	G/B = grün mit schwarzem Faden	R/B = rot mit schwarzem Faden
Br = braun	B/G = schwarz mit grünem Faden	G/R = grün mit rotem Faden	R/W = rot mit weißem Faden
G = grün	B/O = schwarz mit orangem Faden	G/Y = grün mit gelbem Faden	W/B = weiß mit schwarzem Faden
Gr = grau	B/R = schwarz mit rotem Faden	Gr/B = grau mit schwarzem Faden	W/Bl = weiß mit blauem Faden
Lbl = hellblau	B/W = schwarz mit weißem Faden	Gr/R = grau mit rotem Faden	W/R = weiß mit rotem Faden
Lg = hellgrün	B/Y = schwarz mit gelbem Faden	Gr/W = grau mit weißem Faden	Y/B = gelb mit schwarzem Faden
O = orange	Bl/B = blau mit schwarzem Faden	O/B = orange mit schwarzem Faden	Y/Bl = gelb mit blauem Faden
P = rosa	Bl/G = blau mit grünem Faden	O/Bl = orange mit blauem Faden	Y/G = gelb mit grünem Faden
R = rot	Bl/R = blau mit rotem Faden	O/G = orange mit grünem Faden	Y/R = gelb mit rotem Faden
W = weiß	Bl/W = blau mit weißem Faden	O/R = orange mit rotem Faden	
Y = gelb	Bl/Y = blau mit gelbem Faden	O/W = orange mit weißem Faden	
Dg = dunkelgrün	Br/B = braun mit schwarzem Faden	O/Y = orange mit gelbem Faden	

Instrument:
- B Fernlicht-Anzeigeleuchte
- L Blinker-Anzeigeleuchte (links)
- F Kraftstoff-Anzeigeleuchte
- N Leerlauf-Anzeigeleuchte
- O Öldruck-, Kühlmitteltemperatur- und FI-Anzeigeleuchte
- R Blinker-Anzeigeleuchte (rechts)

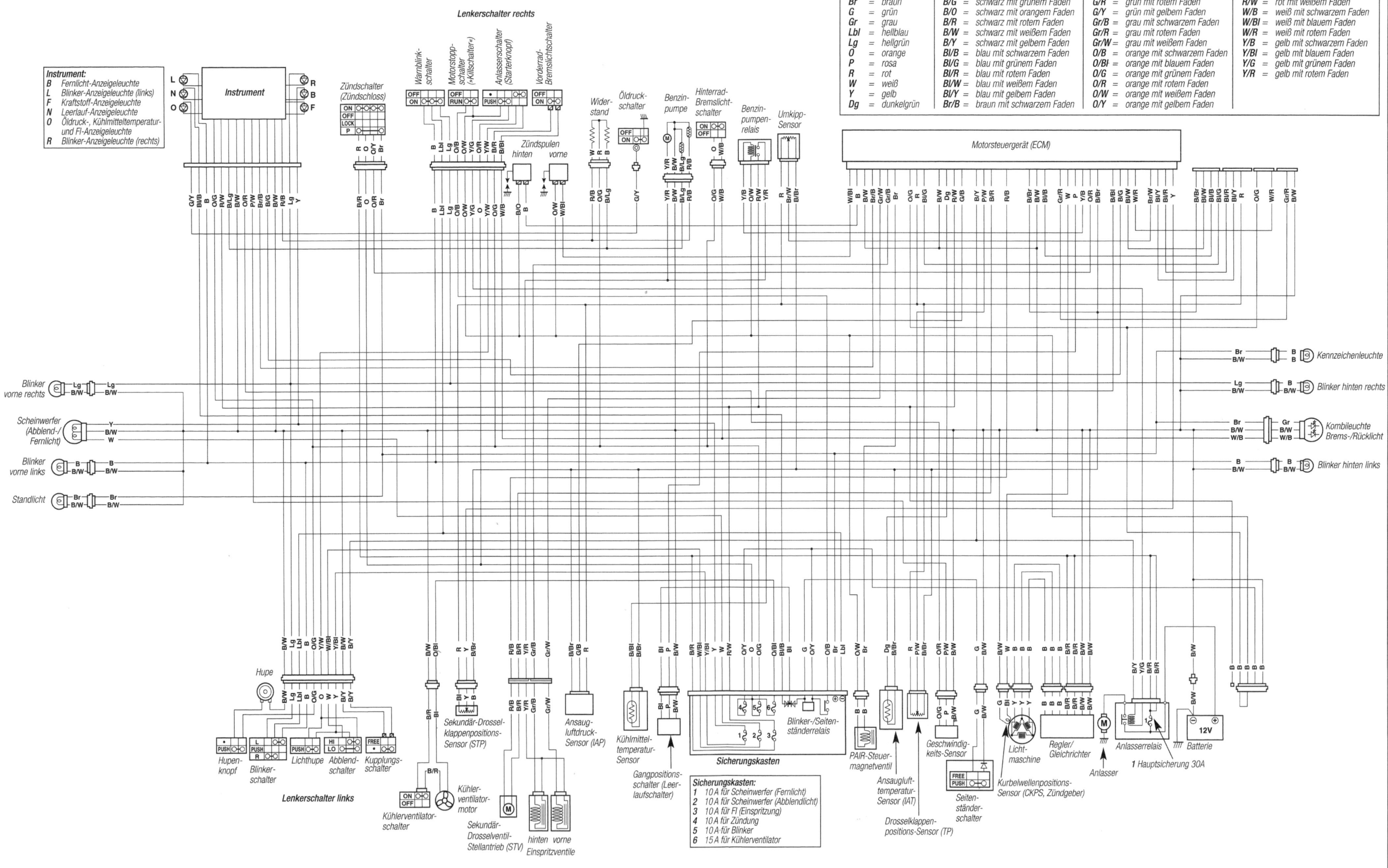

Sicherungskasten:
1. 10 A für Scheinwerfer (Fernlicht)
2. 10 A für Scheinwerfer (Abblendlicht)
3. 10 A für FI (Einspritzung)
4. 10 A für Zündung
5. 10 A für Blinker
6. 15 A für Kühlerventilator

Schaltplan bietet Überblick über Sicherungen und zentrale elektrische Bauteile der Suzuki SV 650 (K5/K6). Für tiefer gehende Detailinformationen verweisen wir auf die Suzuki-interne Werkstattliteratur.

Schaltpläne 31

SV 650 S (Modellcode K5/K6) ab Modelljahr 2005/2006, ohne ABS

Kabelfarben:

B	=	schwarz	B/Bl	=	schwarz mit blauem Faden	Br/W	=	braun mit weißem Faden	P/W	= rosa mit weißem Faden
Bl	=	blau	B/Br	=	schwarz mit braunem Faden	G/B	=	grün mit schwarzem Faden	R/B	= rot mit schwarzem Faden
Br	=	braun	B/G	=	schwarz mit grünem Faden	G/R	=	grün mit rotem Faden	R/W	= rot mit weißem Faden
G	=	grün	B/O	=	schwarz mit orangem Faden	G/Y	=	grün mit gelbem Faden	W/B	= weiß mit schwarzem Faden
Gr	=	grau	B/R	=	schwarz mit rotem Faden	Gr/B	=	grau mit schwarzem Faden	W/Bl	= weiß mit blauem Faden
Lbl	=	hellblau	B/W	=	schwarz mit weißem Faden	Gr/R	=	grau mit rotem Faden	W/R	= weiß mit rotem Faden
Lg	=	hellgrün	B/Y	=	schwarz mit gelbem Faden	Gr/W	=	grau mit weißem Faden	Y/B	= gelb mit schwarzem Faden
O	=	orange	Bl/B	=	blau mit schwarzem Faden	O/B	=	orange mit schwarzem Faden	Y/Bl	= gelb mit blauem Faden
P	=	rosa	Bl/G	=	blau mit grünem Faden	O/Bl	=	orange mit blauem Faden	Y/G	= gelb mit grünem Faden
R	=	rot	Bl/R	=	blau mit rotem Faden	O/G	=	orange mit grünem Faden	Y/R	= gelb mit rotem Faden
W	=	weiß	Bl/W	=	blau mit weißem Faden	O/R	=	orange mit rotem Faden		
Y	=	gelb	Bl/Y	=	blau mit gelbem Faden	O/W	=	orange mit weißem Faden		
Dg	=	dunkelgrün	Br/B	=	braun mit schwarzem Faden	O/Y	=	orange mit gelbem Faden		

Instrument:
- B Fernlicht-Anzeigeleuchte
- L Blinker-Anzeigeleuchte (links)
- F Kraftstoff-Anzeigeleuchte
- N Leerlauf-Anzeigeleuchte
- O Öldruck-, Kühlmitteltemperatur- und FI-Anzeigeleuchte
- R Blinker-Anzeigeleuchte (rechts)

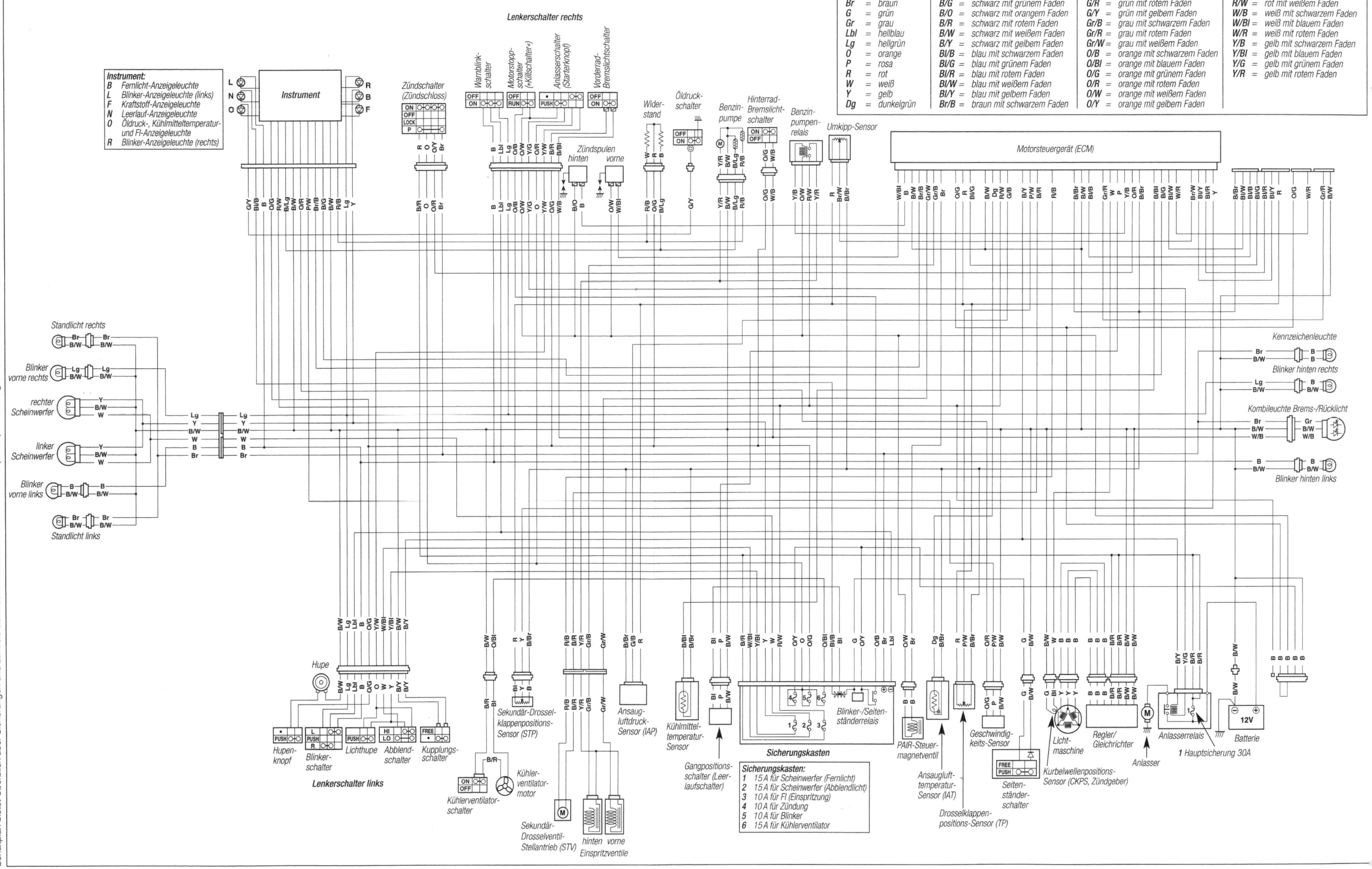

Sicherungskasten:
1. 15 A für Scheinwerfer (Fernlicht)
2. 15 A für Scheinwerfer (Abblendlicht)
3. 10 A für FI (Einspritzung)
4. 10 A für Zündung
5. 10 A für Blinker
6. 15 A für Kühlerventilator

Schaltplan bietet Überblick über Sicherungen und zentrale elektrische Bauteile der Suzuki SV 650 S (K5/K6). Für tiefer gehende Detailinformationen verweisen wir auf die Suzuki-interne Werkstattliteratur.

SV 650 (Modellcode K7) ab Modelljahr 2007, ohne ABS

Kabelfarben:

B = schwarz	B/Bl = schwarz mit blauem Faden	Br/W = braun mit weißem Faden	P/W = rosa mit weißem Faden
Bl = blau	B/Br = schwarz mit braunem Faden	G/B = grün mit schwarzem Faden	R/B = rot mit schwarzem Faden
Br = braun	B/G = schwarz mit grünem Faden	G/R = grün mit rotem Faden	R/W = rot mit weißem Faden
G = grün	B/O = schwarz mit orangem Faden	G/Y = grün mit gelbem Faden	W/B = weiß mit schwarzem Faden
Gr = grau	B/R = schwarz mit rotem Faden	Gr/B = grau mit schwarzem Faden	W/Bl = weiß mit blauem Faden
Lbl = hellblau	B/W = schwarz mit weißem Faden	Gr/R = grau mit rotem Faden	W/R = weiß mit rotem Faden
Lg = hellgrün	B/Y = schwarz mit gelbem Faden	Gr/W = grau mit weißem Faden	Y/B = gelb mit schwarzem Faden
O = orange	Bl/B = blau mit schwarzem Faden	O/B = orange mit schwarzem Faden	Y/Bl = gelb mit blauem Faden
P = rosa	Bl/G = blau mit grünem Faden	O/Bl = orange mit blauem Faden	Y/G = gelb mit grünem Faden
R = rot	Bl/R = blau mit rotem Faden	O/G = orange mit grünem Faden	Y/R = gelb mit rotem Faden
W = weiß	Bl/W = blau mit weißem Faden	O/R = orange mit rotem Faden	
Y = gelb	Bl/Y = blau mit gelbem Faden	O/W = orange mit weißem Faden	
Dg = dunkelgrün	Br/B = braun mit schwarzem Faden	O/Y = orange mit gelbem Faden	

Instrument:
B Fernlicht-Anzeigeleuchte
L Blinker-Anzeigeleuchte (links)
F Kraftstoff-Anzeigeleuchte
N Leerlauf-Anzeigeleuchte
O Öldruck-, Kühlmitteltemperatur- und FI-Anzeigeleuchte
R Blinker-Anzeigeleuchte (rechts)

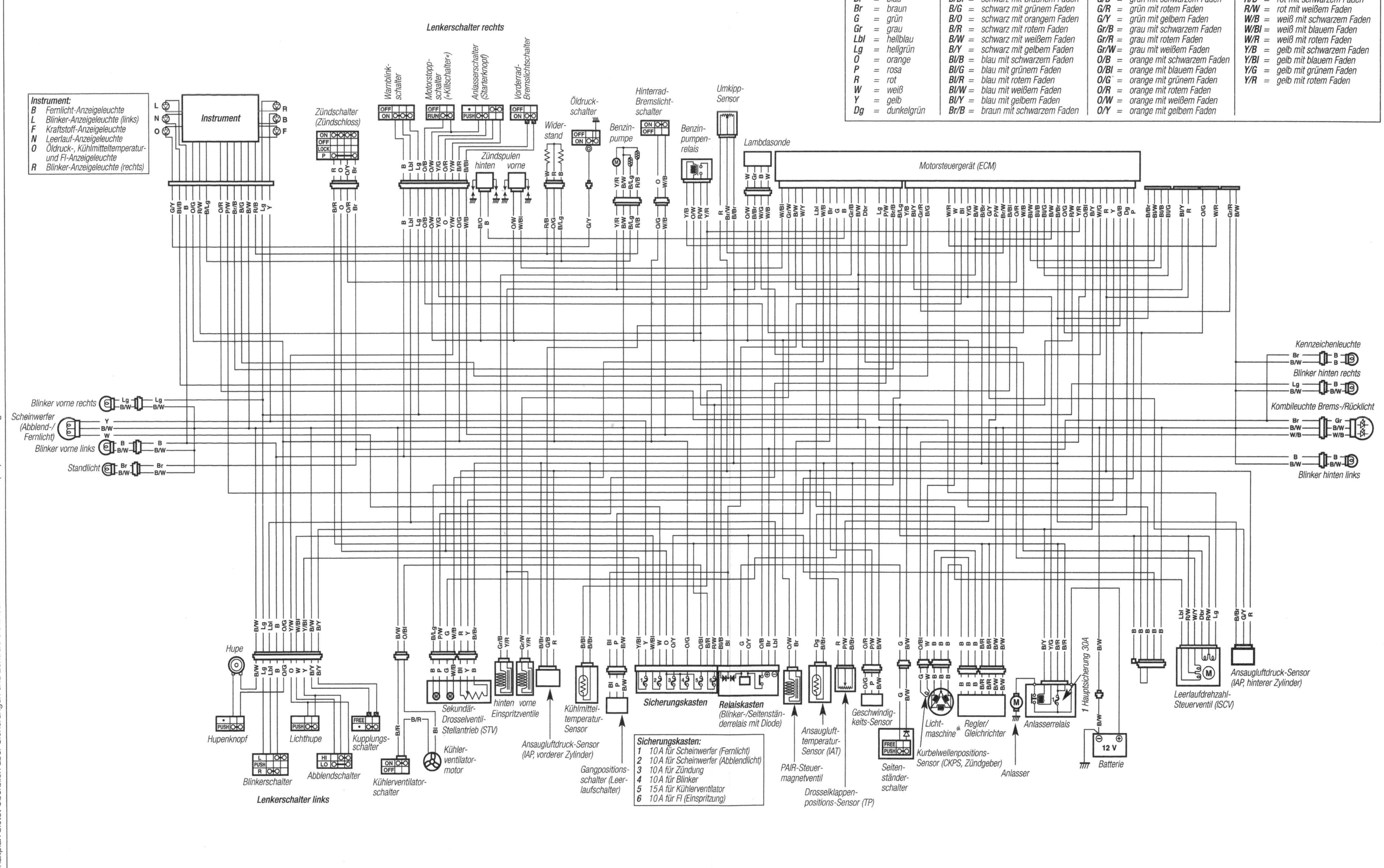

Sicherungskasten:
1 10A für Scheinwerfer (Fernlicht)
2 10A für Scheinwerfer (Abblendlicht)
3 10A für Zündung
4 10A für Blinker
5 15A für Kühlerventilator
6 10A für FI (Einspritzung)

Schaltplan bietet Überblick über Sicherungen und zentrale elektrische Bauteile der Suzuki SV 650 (K7). Für tiefer gehende Detailinformationen verweisen wir auf die Suzuki-interne Werkstattliteratur.

Schaltplan bietet Überblick über Sicherungen und zentrale elektrische Bauteile der Suzuki SV 650 A (K7). Für tiefer gehende Detailinformationen verweisen wir auf die Suzuki-interne Werkstattliteratur.

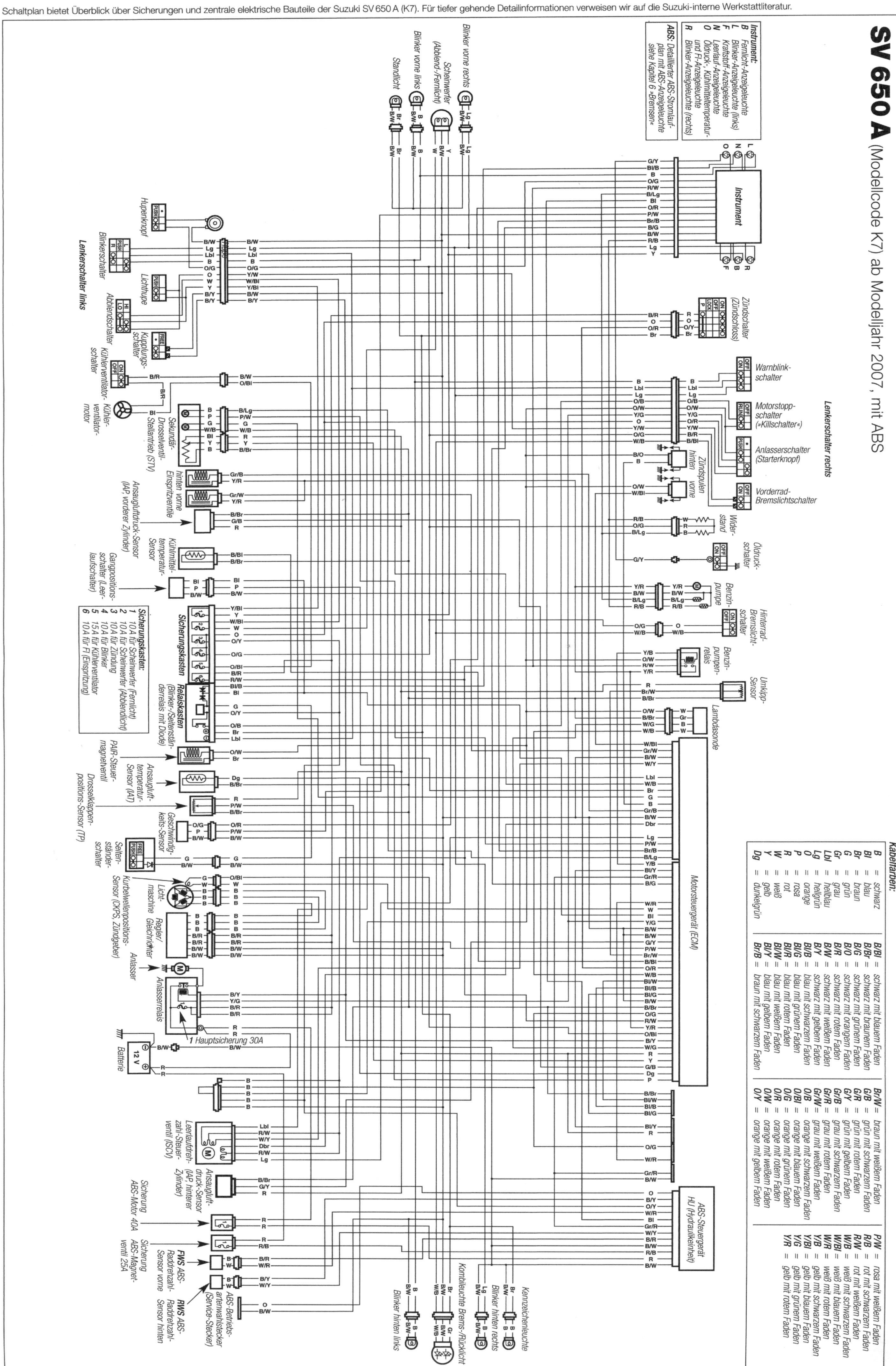

Schaltpläne 31

SV 650 SA (Modellcode K7) ab Modelljahr 2007, mit ABS

Kabelfarben:

B = schwarz	B/Bl = schwarz mit blauem Faden	Br/W = braun mit weißem Faden	P/W = rosa mit weißem Faden
Bl = blau	B/Br = schwarz mit braunem Faden	G/B = grün mit schwarzem Faden	R/B = rot mit schwarzem Faden
Br = braun	B/G = schwarz mit grünem Faden	G/R = grün mit rotem Faden	R/W = rot mit weißem Faden
G = grün	B/O = schwarz mit orangem Faden	G/Y = grün mit gelbem Faden	W/B = weiß mit schwarzem Faden
Gr = grau	B/R = schwarz mit rotem Faden	Gr/B = grau mit schwarzem Faden	W/Bl = weiß mit blauem Faden
Lbl = hellblau	B/W = schwarz mit weißem Faden	Gr/R = grau mit rotem Faden	W/R = weiß mit rotem Faden
Lg = hellgrün	B/Y = schwarz mit gelbem Faden	Gr/W = grau mit weißem Faden	Y/B = gelb mit schwarzem Faden
O = orange	Bl/B = blau mit schwarzem Faden	O/B = orange mit schwarzem Faden	Y/Bl = gelb mit blauem Faden
P = rosa	Bl/G = blau mit grünem Faden	O/Bl = orange mit blauem Faden	Y/G = gelb mit grünem Faden
R = rot	Bl/R = blau mit rotem Faden	O/G = orange mit grünem Faden	Y/R = gelb mit rotem Faden
W = weiß	Bl/W = blau mit weißem Faden	O/R = orange mit rotem Faden	
Y = gelb	Bl/Y = blau mit gelbem Faden	O/W = orange mit weißem Faden	
Dg = dunkelgrün	Br/B = braun mit schwarzem Faden	O/Y = orange mit gelbem Faden	

Instrument:
- B Fernlicht-Anzeigeleuchte
- L Blinker-Anzeigeleuchte (links)
- F Kraftstoff-Anzeigeleuchte
- N Leerlauf-Anzeigeleuchte
- O Öldruck-, Kühlmitteltemperatur- und FI-Anzeigeleuchte
- R Blinker-Anzeigeleuchte (rechts)

ABS: Detaillierter ABS-Stromlaufplan mit ABS-Anzeigeleuchte siehe Kapitel 6 »Bremsen«

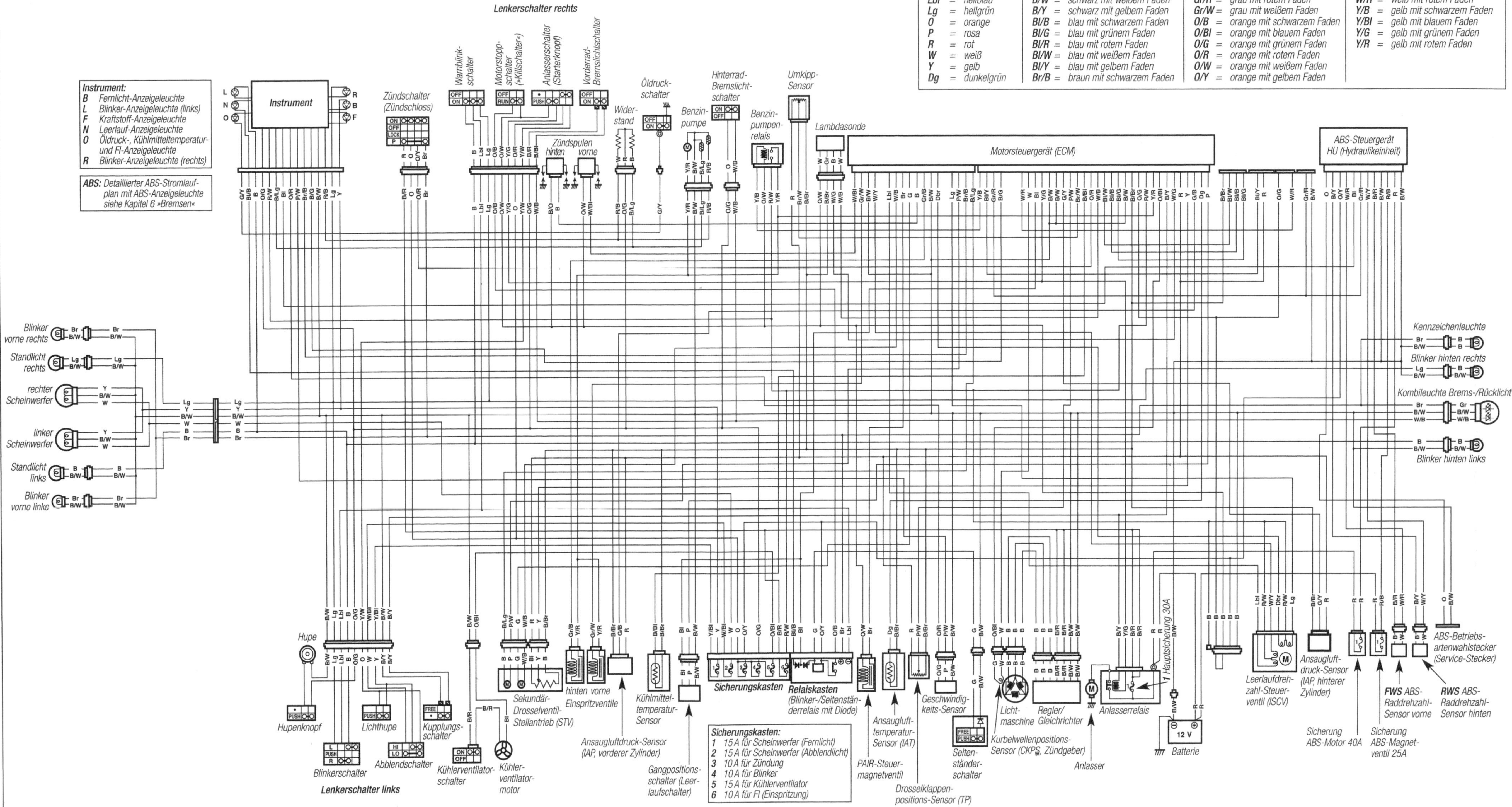

Sicherungskasten:
1. 15 A für Scheinwerfer (Fernlicht)
2. 15 A für Scheinwerfer (Abblendlicht)
3. 10 A für Zündung
4. 10 A für Blinker
5. 15 A für Kühlerventilator
6. 10 A für FI (Einspritzung)

Schaltplan bietet Überblick über Sicherungen und zentrale elektrische Bauteile der Suzuki SV 650 SA (K7). Für tiefer gehende Detailinformationen verweisen wir auf die Suzuki-interne Werkstattliteratur.

Schaltplan bietet Überblick über Sicherungen und zentrale elektrische Bauteile der Suzuki SV 650 S (K7). Für tiefer gehende Detailinformationen verweisen wir auf die Suzuki-interne Werkstattliteratur.

SV 650 S (Modellcode K7) ab Modelljahr 2007, ohne ABS

Kabelfarben:

B = schwarz	B/Bl = schwarz mit blauem Faden	Br/W = braun mit weißem Faden	P/W = rosa mit weißem Faden
Bl = blau	B/Br = schwarz mit braunem Faden	G/B = grün mit schwarzem Faden	R/B = rot mit schwarzem Faden
Br = braun	B/G = schwarz mit grünem Faden	G/R = grün mit rotem Faden	R/W = rot mit weißem Faden
G = grün	B/O = schwarz mit orangem Faden	G/Y = grün mit gelbem Faden	W/B = weiß mit schwarzem Faden
Gr = grau	B/R = schwarz mit rotem Faden	Gr/B = grau mit schwarzem Faden	W/Bl = weiß mit blauem Faden
Lbl = hellblau	B/W = schwarz mit weißem Faden	Gr/R = grau mit rotem Faden	W/R = weiß mit rotem Faden
Lg = hellgrün	B/Y = schwarz mit gelbem Faden	Gr/W = grau mit weißem Faden	Y/B = gelb mit schwarzem Faden
O = orange	Bl/B = blau mit schwarzem Faden	O/B = orange mit schwarzem Faden	Y/Bl = gelb mit blauem Faden
P = rosa	Bl/G = blau mit grünem Faden	O/Bl = orange mit blauem Faden	Y/G = gelb mit grünem Faden
R = rot	Bl/R = blau mit rotem Faden	O/G = orange mit grünem Faden	Y/R = gelb mit rotem Faden
W = weiß	Bl/W = blau mit weißem Faden	O/R = orange mit rotem Faden	
Y = gelb	Bl/Y = blau mit gelbem Faden	O/W = orange mit weißem Faden	
Dg = dunkelgrün	Br/B = braun mit schwarzem Faden	O/Y = orange mit gelbem Faden	

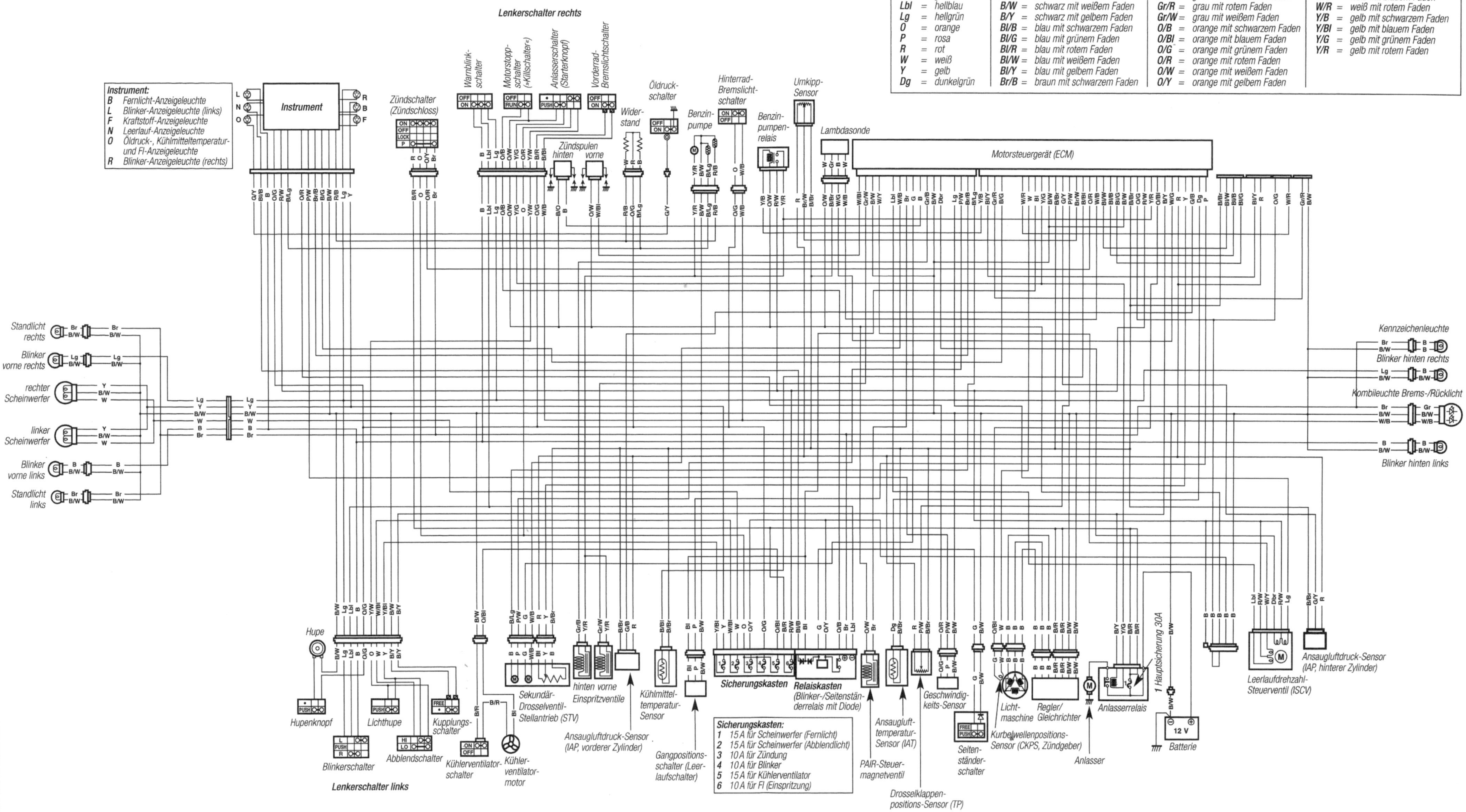